# 건축
# 인문학

양용기 저

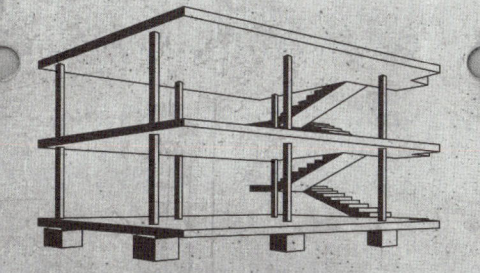

도서
출판 건기원

이 책을

나의 아내 김이선에게

바칩니다.

# 머리말

이 책은 건축물이 인간의 삶 속에 미치는 영향이 다양한 기능을 갖고 다가서지만 우선적으로 형태에 대한 대분류를 이해하여 일반인들이 건축 형태에 대한 거부감을 조금이라도 줄이기를 바라는 마음으로 썼으며, 이 책을 읽는 독자들이 건축물들의 미세한 형태 분류를 이해하지 못한다 해도 최소한 클래식한 형태인지 아니면 그렇지 않은 형태인지 판단하는 데 도움이 되었으면 합니다.

건축물도 다른 분야처럼 다양한 형태들이 역사 속에서 끊임없이 시도되어 왔습니다. 건축이 우리의 삶 속에 깊숙이 관여되어 있고, 의식주 중 어느 것보다 어려워하는 것은 이 '형태'라는, 존재하면서도 추상적인 분야 때문일 것입니다. '형태'를 보고 있지만 그 명확한 대상을 분명하게 정의하지 못하는 것이 '구조'보다 '형태'라는 단어가 더 거리감을 두게 하는 것입니다. 더욱이 '건축 형태'라고 각각 구분하는 것이 너무도 많아 하나도 파악하기 힘든데, 그 수많은 개수에 더욱 질리게 합니다. 그런데 그 많은 형태를 정리해보면 사실은 그렇게 많지 않습니다.

첫 번째 단락에서 건축의 형태를 단순하게 두 가지로 구분하였습니다. 이는 클래식한 것과 클래식하지 않은 것 두 가지입니다. 건축의 형태를 두 가지로 구분한 것은 커다란 범주로 나누어 본 것입니다. 그렇다면 그 범주 안에 속해있는 다른 세분화된 형태들은 무시해도 좋다는 것일까요? 그렇지는 않습니다. 큰 범주도 이해하지 못한 상태에서 상세한 내용으로 들어간다면 배우고자 하는 의지를 넘어 어려움을 줄 수도 있습니다. 특히 건축물의 형태는 언어를 형상화한 것입니다. 순수한 언어에서는 동일한 문자는 동일한 의미를 내포하는 것이 일반적입니다. 그러나 형태 언어에서는 형태가 동일하다 하여 동일한 의미를 갖는다고 말할 수 없습니다. 특히 형태는 문자 언어처럼 명확한 의미를 전달하는 것이 아니기 때문에 관찰자의 지식, 경험 그리고 수준에 따라 하나의 형태가 다르게 해석될 수도 있습니다. 비잔틴 시대에는 동그라미가 동양의 형태로 쓰였고, 르네상스에는 신의 형태로 인식된 것과 마찬가지입니다. 이는 시대나 세대에 따라 다르게 번역될 수도 있는 것입니다.

두 번째 단락은 건축의 일반적인 내용으로 깊이가 있지는 않지만 건축물 속에서 흐르는 내용들을 일반 독자들과 공유하고자 했습니다. 주 내용의 취지는 우리는 전문가와 비전문가를 판단하기 힘듭니다. 자동차 정비사 같은 경우에는 수리 후 그 자동차가 잘 운행되면 좋은 정비사고, 그렇지 않으면 비전문가라는 것을 알 수 있습니다. 이렇게 어떤 분야는 전문가를 즉각적으로 판단할 수 있는 수단이 있습니다. 그러나 건축처럼 기술을 넘어 인간의 전반적인 삶을 다루는 분야는 건축물의 '구조'처럼 판단할 수 있는 영역이 있는가 하면 그렇지 않은 영역도 있습니다.

이러한 영역에 비전문가가 작업을 하면 인간의 정신뿐 아니라 심리적인 상태에도 영향을 줄 수도 있습니다. 그러나 이러한 결과는 오랜 시간이 지난 후에 나타나며, 때로는 전문가도 비전문가를 구분하기 어려울 수도 있습니다. 그런데 이를 구분할 수 있는 방법은 바로 일반인들이 수준이 높아지는 것이며, 이로 인해 전문가들은 일반인보다 수준이 더 높아져야 하고, 이때 비로소 전문가와 비전문가들이 구분이 될 수 있을 것이라는 기대감으로 두 번째 단락을 구성하였습니다.

세 번째 단락은 디자인에도 공식이 있다는 것을 확인하고자 했습니다. 물론 이 공식은 가장 기본적인 것으로 강제적인 것은 아닙니다. 공식이라는 것은 사용하라는 것이 아니고 익숙하면 버리라고 있는 것입니다. 이 '디자인 공식'은 아주 기초적인 것이지만 사실은 더 이상의 방법이 필요 없는 방법이기도 합니다. 건축의 형태를 만들 때 사용하는 방법이지만 다른 분야에서도 사용할 수 있으며, 기본적인 것을 안다는 것은 반대로 기본적이지 않은 것을 시도해보라는 취지로 내용을 서술했습니다.

이 책의 전반적인 주제는 '형태'에 관한 것으로서 이를 이해하는 데 도움이 되었으면 합니다. 보통 책을 쓸 때 틀을 잡고 그에 맞추어서 진행하는 것이 보통인데 저는 두서없이 시작하는 버릇이 있습니다. 그럼에도 이를 편집하는 데 애써주신 건기원 노형두 사장님과 편집부 정강훈 부장 및 북 디자이너께 감사를 드립니다.

안산에서
양용기

# 차례

머리말

## I 건축물은 두 개의 형태만 있다

| | | |
|---|---|---|
| Chapter 01 | 형태 | 10 |
| Chapter 02 | 건축물 형태의 시작 | 18 |
| Chapter 03 | 건축물의 형태는 두 종류뿐이다 | 31 |
| Chapter 04 | 포스트모더니즘 | 71 |
| Chapter 05 | 고전주의와 신고전주의 | 75 |
| Chapter 06 | 네오모더니즘 | 79 |
| Chapter 07 | 제3의 형태 | 88 |
| Chapter 08 | 디자인은 형태를 통하여 문제를 해결하는 것이다 | 92 |
| Chapter 09 | 양식에 붙여진 이름들 | 97 |
| Chapter 10 | 형태의 해체 | 102 |
| Chapter 11 | 최초의 네오모더니즘 베르나르 츄미 | 107 |
| Chapter 12 | 명품은 비전문가(일반인)도 인정한다 | 118 |
| Chapter 13 | 두 가지 형태를 다 표현한 내가 생각하는 가장 훌륭한 건축물 | 121 |

## II 제1과 제2의 건축형태에 영향을 주는 요인들

| | | |
|---|---|---|
| Chapter 01 | 건축형태에 영향을 주는 요인들 | 128 |
| Chapter 02 | 연대표 | 133 |
| Chapter 03 | 디자인 = 기능 + 미 | 138 |

| Chapter 04 | 이야기가 있는 건축물 | 147 |
| Chapter 05 | 건축심사 | 158 |
| Chapter 06 | 건축협회 | 164 |
| Chapter 07 | 전문가 | 167 |
| Chapter 08 | 문화유산 | 171 |
| Chapter 09 | 건축물에는 건축이 없다 | 178 |
| Chapter 10 | 건축은 언어이다 | 181 |
| Chapter 11 | 도시 | 187 |
| Chapter 12 | 시대적인 이름이 갖고 있는 뜻 | 194 |
| Chapter 13 | 인문학 : 잘 먹고 잘 살기 | 199 |
| Chapter 14 | 건축물 형태 | 204 |
| Chapter 15 | 건축물의 역사를 배경으로 한 융복합 | 209 |
| Chapter 16 | 고대와 원론주의 | 214 |
| Chapter 17 | 중세와 복고(역사)주의 | 222 |
| Chapter 18 | 근세(new time)와 장식주의 | 227 |
| Chapter 19 | 근대(modernism)와 구성주의 | 232 |
| Chapter 20 | 중세의 수직주의 | 237 |
| Chapter 21 | 자유 | 238 |
| Chapter 22 | 융복합 | 249 |
| Chapter 23 | 형태 만들기 | 254 |
| Chapter 24 | Postmodernism 과거와 현재의 공존 | 261 |
| Chapter 25 | 도시에도 2가지의 기능을 필요로 한다. | 269 |
| Chapter 26 | 건축에서 보수와 진보적인 형태 | 280 |
| Chapter 27 | 민주적인 형태와 비민주적인 형태 | 284 |
| Chapter 28 | 유니버설 디자인 | 286 |
| Chapter 29 | 역사주의 | 290 |
| Chapter 30 | 두 가지 형태의 구성요소 | 293 |
| Chapter 31 | 담백한 요리 | 296 |
| Chapter 32 | 기능과 형태 | 299 |
| Chapter 33 | 부엌의 두 번째 변화 : 프랑크푸르트 부엌 | 308 |
| Chapter 34 | 시방서와 설방서 | 312 |
| Chapter 35 | 기억되는 것과 기억되지 못하는 것 | 317 |

| Chapter 36 | 존재와 부재 | 321 |
| Chapter 37 | 형태의 휴식과 휴식공간 | 324 |
| Chapter 38 | 전문가의 철학과 능력 | 330 |
| Chapter 39 | 형태와 Story Telling | 333 |
| Chapter 40 | 기준과 명분 | 336 |
| Chapter 41 | 파시즘 건축 | 339 |
| Chapter 42 | 헤르만 무테지우스와 앙리 반 데 벨데 | 342 |
| Chapter 43 | 건축에서 수직적인 요소와 수평적인 요소 | 346 |
| Chapter 44 | 건축이야기 | 348 |
| Chapter 45 | 놀이공간의 변화와 광장 | 355 |
| Chapter 46 | 유명한 도시에는 아름다운 것이 있다. | 360 |
| Chapter 47 | 경력과 이론 | 363 |
| Chapter 48 | 언어와 형태 | 366 |
| Chapter 49 | 변화 | 370 |
| Chapter 50 | 기억을 만드는 건축가 | 374 |
| Chapter 51 | 건축의 모험은 벽과의 싸움이다 | 377 |
| Chapter 52 | 건축가의 증언 | 381 |

# III 형태 만들기도 두 가지뿐이다

| Chapter 01 | 형태 디자인하기 | 386 |
| Chapter 02 | 형태를 만들어 보기 | 395 |
| Chapter 03 | 빼기 | 416 |
| Chapter 04 | 곱하기 | 433 |
| Chapter 05 | 나누기 | 443 |
| Chapter 06 | 축 | 450 |

# IV 마무리

499

# I
# 건축물은 두 개의 형태만 있다

# CHAPTER 01

# 형태

건축은 공간을 만드는 것이 그 근본적인 목적이지만 이를 위하여 사용되는 것이 바로 형태입니다. 형태의 사용은 다양한 분야에서 이루어지고 있습니다. 형태를 사용하는 분야에서 이는 언어처럼 그 의미를 갖고 있습니다. 동일한 형태일지라도 그 의미가 다를 수 있습니다. 르네상스 건축가 알버티[1]는 사각형을 인간의 형태 그리고 원을 신의 형태라고 의미를 부여했으며, 비잔틴 시대에 원은 동양의 의미 그리고 사각형이 서양의 형태로 생각했습니다. 이렇게 동일한 형태지만 그 의미는 개인적인 취향에 따라 정의하는 것에 따라 다른 의미를 가질 수 있습니다. 노베르그 슐츠가 말하길 '취향은 논의되어서는 안 된다'고 그의 〈건축론〉 저서에서 정의했습니다. 이것이 그가 말한 언어의 통합성에 대한 의견을 뒤받침하는 것입니다. 그는 건축이 갖고 있는 가장 큰 문제점을 언어의 무질서함이라고 정의하였습니다. 특히 모호한 표현에서 오는 혼란스러움을 건축이 극복하기 위하여 건축언어의 통일을 주장한 것입니다. 이러한 모호함이 건축주를 포함한 건축의 문외한들을 건축가와 격리시키고 오히려 건축 전문가의 수준을 저하시키는 역할을 한다고 하였습니다. 즉 그 형태의 다양함이 실질적인 기능에 있어서 필요한 것인가 일반인

---

[1] **알버티 Leon Battista Alberti(1406~1472)**
다빈치, 팔라디오와 함께 이탈리아 르네상스 시대의 대표적인 건축가. 그는 원은 완전한 신을 의미하며 평면에 가장 이상적이라 생각했다. 해와 달, 지구와 별 등 모든 것이 원형이라는 발상에서 출발하여 원에서 정사각형, 정육각형, 정팔각형 등이 이루어진다고 보았다.

들을 생각하게 하고 모호한 표현이 일반인들에게 거리감을 불러올 수 있기 때문입니다. 건축주는 자신이 투자하는 비용을 생각하기 때문에 돈의 액수만큼 좀 더 명확한 설명을 기대하고 있기 때문입니다. 그러나 건축주뿐 아니라 건축가들 사이에서도 이 모호한 표현은 혼란을 불러오고 있습니다. 이 모호한 표현이 건축교육의 안정성을 떨어트리고 학생들을 오히려 좌절하게 만들 수 있기 때문입니다. 건축에 있어서 실제적, 심리적, 사회적 그리고 문화적 상황으로 해석해야 한다고 그는 말했습니다. 그러나 많은 건축가들은 애매한 표현으로 또는 자신만의 언어를 사용하는 경우가 많습니다. 그는 현상과 대상에 대하여 다음과 같이 정의하였습니다. '현상은 나타나는 것이고 대상은 존재하는 것'이라 하였습니다. 건축물의 형태는 대상입니다. 그러나 이를 받아들이는 것은 현상입니다. 대상은 뚜렷함에도 불구하고 현상은 동일한 대상에 대하여 다양하게 발생할 수 있습니다. 이는 관찰자가 어떠한 경험과 지식 그리고 상황을 바탕에 두는가에 따라서 동일한 개체가 동일한 대상에 대하여 다양한 현상을 보여줄 수 있습니다. 건축에서 공통적인 대상은 건축물의 형태입니다. 현상은 취향과도 관계가 있기 때문에 이를 통제할 수는 없습니다. 그러나 작업의 방향과 건축가의 작업 의도를 명확하게 해야 하며 대상에 대한 형태의 언어도 통상적인 언어로의 변환에 있어서 구체적이어야 합니다. 일반인이 건축가를 신뢰하지 못하고 도시 난개발의 주범으로 생각하는 이유도 바로 이런 명확하지 못한 태도 때문입니다. 정치적인 상황이 여기에 개입이 되었다 해도 건축가가 이를 담당하고 책임이 있다고 생각하기 때문입니다. 다른 전문분야에도 그 분야의 통용되는 언어가 있지만 건축 분야에는 특히나 통일되지 않은 모호한 단어가 많이 있습니다. 물론 건축이 예술분야를 다루는 이유도 있지만 다른 예술분야와 비교해도 그 범위가 너무도 다양합니다. 그 다양함 속에는 한 단어를 통하여 오해를 불러일으킬 소지가 충분한 것들이 있습니다. 예를 들면 공고문에 '환금換金의 욕망이 투사되는 대상으로서의 집을 설계'하라는 내용이 있습니다. 우리는 일반적으로 소유하고 있는 집에 대한 이미지와 연계성을 갖기에는 그 주제가 너무 추상적입니다. 이 주제하에 설계를 한다해도 그 건축물을 보며 일반인들도 '환금換金의 욕망이 투사되는 대상으로서의 집'을 떠올릴 수 있을지 같은 건축가로서 왜 그러한 대상으로서 그 집을 설계해야 하는지 의문이 들었습니다. 더 황당한 것은 그 주제에 맞게 그 집을 설계하는 사람들입니다. '무엇 때문에?' 여기서 문득 '건축의 목적은 무엇인가?'라는 의문을 갖게 됩니다. 그 주제가 필요하지 않다는 것은 아닙니다. 그러나 우리에게는 설계의 목적이 있을 것입니다. 우선적으로 그 곳을 향해야 합니다. 이 목적이 단지 건축가만의 목적이 되어서는 안 됩니다. 모든 분야에는 발전의 목적이 존재합니다. 건축은 형태가 목적은 아닙니다. 형태는 그 작업과정에 대한 설명을 통하여 명확해지고 그 의도가 담겨 있어야 합니다. 그러나 설명이나 의도가 너무 추상적이거나 구체적이지 못할 때 형태의 존재감은 희미해집니다. 건축물 형태가 만들어지는 과정에는 기능뿐 아니라 여러 요인에서 출발합니다. 이 과정에서 제일 영향을 미치는 요소가 바로 그 건축물을 필요로 하는 인간입니다. 이들이 먼저 만족감을 가져야 합니다. 그리고 그 건축물이 예를 들면 도시계획적인 차원에서 사회적인 역할을 부여 받는 것입니다. 그렇기 때문에 그 건축물에 대한 주체가 우선적으로 명확하지 않으면 정확한 평가는 어렵습니다. 즉 모든 사람이 건축물에 대한 계획과 설계 그리고 시공을 시도할 수 있습니다. 그러나 이를 체계화하고 장기적인 역할부여와 심리적인 의미 그리고 미래지향적인 가치를 부여하기 위해서 건축가의 역할이 필요한 것입니다. 이 작업에서 그 건축가가 충분한 능력과 분석력 그리고 작업 수행능력이 부족하다면 그도 모든 사람의 범주에 속한 건축가일 뿐입니다. 일반인들의 판단은 개인적인 범위가 강하고 자신의 경험과 지식의 지배를 바탕으로 하는 경우가 많습니다. 그러나 건축 분야의 전문가가 아니더라도 한 분야의 전문가는 일반인보다는 판단에 있어서 훨씬 객관적이고 안목이 다릅니다. 실무적인 경험이 없고 이론적인 바탕이 주를 이루거나 위치에 연연하는 하는 사람일수록 보이는 상황의 지배를 받으며 나타난 현상의 과정에 대한 이해력보다는 부정적인 판단이 빠릅니다. 특히 그 분야를 정말 잘 아는 전문가는 나타난 현상에 대한 부정적인 판단보다는 그 현상을 어떻게 변환시키면 더 긍정적인 상황을 보여줄 수 있는가에 대한 분석적이고 대안적인 제시를 보여줄 수 있습니다. 그러나 아마추어 단계에 있는 전문가는 대안 없는 문제점만 보게 됩니다. 그러나 우리가 필요로 하는 발전의 양식은 바로 나타난 현상이 아니고 진보를 위한 다음 단계인 제안 제시입니다. 이를 예를 들어 제시할 수 있어야 하며 보여줄 수 있는 능력입니다. 그래서 앞서가는 그 분야의 전문가를 알아야 하고 이를 분석할 수 있어야 합니다. 현재 진행되는 전문가들의 작품은 마침표가 없는 진행사항입니다. 그들 작품의 공통점은 스타일이 명확하다는 것이며 구체적입니다. 그리고 그들의 실험적인 건축물의 표현은 과거의 연장선상에 놓여 있습니다. 그래서 과거의 작품이 우리에게 필요한 이유입니다. 과거의 작품 이해 없이 그들 작품의 현재성을 결코 이해할 수 없으며 그들 작품의 미래지향적인 의도를 오해하지 않게 됩니다. 인간의 작품 중에 건축물처럼 오묘하고 인간을 이해하는 것은 없습니다. 시대를 반영한 고민이 배여 있고 부조리한 시스템과 싸워 왔으며 우리가 얼마나 위대한 존재인가를 나타내고 있습니다. 하나의 건축물은 인간의 종합적인 표현인 것입니다. 모든 분야의 집합체이고 인간 내면의 외적인 표현인 것입니다. 건축물의 형태는 자연의 최소한의 집합체이며 영역에 대한 자유를 표현한 최소한의 단위이고 결정체입니다. 초기에 인간이 동굴에 들어간 것은 자유의지가 아니었습니다. 이 시기부터 인간은 다시 그곳으로부터 벗어나고자 하는 욕구를 갖게 되었고 이에 대한 시도가 진행되고 있는 것입니다. 완전한 자유는 자유의지를 바탕으로 선택되어져야 합니다. 자연이라는 대상이 인간이 동굴에 들어가기 전까지는 공간이었습니다. 어느 생물체보다도 단점이 많은 인간이 자연을 피하여 폐쇄적인 동굴에 들어가면서 그 단점을 스스로 극복하여 자연 속에서 살아남으려는 의지가 자연에 대한 적대감마저 갖게 된 것입니다. 인간의 역사는 생존에 그 바탕을 두고 있습니다. 초기 건축물은 이를 잘 반영하듯 내·외부의 단절이 명확했으며, 심지어 내부에 대한 관심이 보이지도 않았습니다. 이는 자연에 대한 자격지심이 보이는 것으로 내부 공간의 관심이 보이지 않는 외부 위주의 건축물이 주를 이룬 것입니다. 이것을 보아도 외부 환경에 대하여 인간이 얼마나 신경질적인 상황이었는지 알 수 있습니다. 물론 기술적인 면이나 재료에서 어려움이 있고 과시적인 차원에서 내부보다는 외부적인 형태가 더 강조되었을 수도 있지만 이는 형태에 대한 의지와 관심의 결과일 수도 있습니다.

[그림 I-1]과 [그림 I-2]의 공간의 변화를 살펴보면 점차 내부공간으로 그 흐름이 바뀌면서 다시 내부와 외부의 구분이 사라짐을 볼 수 있습니다. 이는 외부에 대한 관심이 끊이지 않음을 알 수 있으나 아직도 우리가 외부로 나올 수 없음을 알기에 내·외부의 구분을 없애려는 시도가 진행 중임을 알 수 있습니다. 이것이 현재 갖고 있는 건축물 형태의 목적입니다. 이러한 시도는 이미 중세 말 고딕에서 있었습니다. 동굴에 들어가 자연으로부터 보호를 받는다는 안도감은 얻을 수 있었으나 그로 인해 많은 것을 포기해야 했습니다. 이 또한 우리의 삶에 중요한 요소입니다. 그러나 아직 외부 환경에 대한 확신을 가질 수 없었기에 개구부를 통한 내부에서 외부로의 연결을 시도했지만 이는 정상적인 기능을 가질 수 없었습니다. 이러한 우리의 부족한 능력의 한계는 종교에 대한 의존을 부추겼고 이것이 대체만족의 상황을 야기시킨 것입니다. 그러나 외부

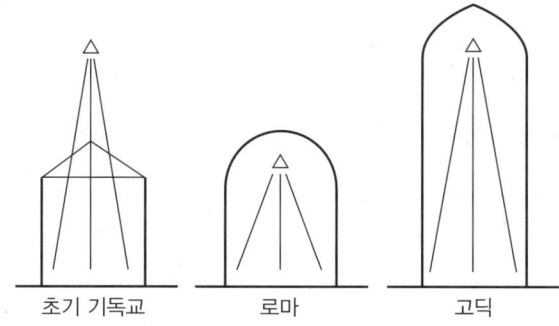

초기 기독교 : 지상의 인간이 하늘의 하나님께 기도
로마 : 인간이 있는 지상에 하나님이 계심
고딕 : 지상으로 내려온 하늘

[그림 I-1] 교회공간의 내용에 관한 3개의 요약

[그림 I-2] 밀라노 두우모 교회_플라잉버트레스. 고딕

I. 건축물은 두 개의 형태만 있다

로의 탈출에 대한 욕구는 포기할 수 없었습니다. 비록 탈출을 시도할 수 없는 상황에서 내부에 대한 관심을 증폭시키고 내부 공간에 대한 열정을 시도했지만 궁극적인 목표는 외부에 있었습니다. 그러나 사회는 이러한 표출을 용납하기보다는 받아들이고 종교적인 해결이 일반적인 상황이었을지도 모릅니다. 그러나 일부에서는 이를 시도하고 벗어나려는 시도가 진행되었는데 이것이 바로 고딕의 형태입니다. 사회적인 상황을 역행하지 않는 상태에서 건축물 형태는 종교적인 내용을 가득 담고 있었고 구조적인 차원에서 이를 해결하려고 해석이 되었지만 사실상 외부로의 탈출을 보여준 첫 번째 시도였습니다. 그러나 이 시대에 이러한 시도는 실로 역겨웠으며 참을성 없는 천한 신분의 표현이었습니다. 특히 고대에서부터 전해 온 교훈적인 형태인 면의 연속성과 부드러움은 고딕에서 날카로움을 보이고 모든 벽면의 디테일은 오히려 혐오스럽고 흉칙한 느낌마저 들었습니다. 고딕인들은 외부 형태의 연속성이 오히려 건축물 형태가 내부를 더 강조한다고 생각하였고 두꺼운 벽체가 내부를 더 강조한다고 생각하였을 수도 있었습니다. 고딕에서부터 외부로 나갈 수 없는 인간들의 내부적인 반항이 시도된 것입니다. 내부에 대한 관심을 높이고 내부와 외부를 연결하는 시도가 이루어진 것입니다. 이들은 탈출하지 못할 바에는 내부를 외부로 끌어들이는 작업을 하였고 벽체를 그 어느 때보다 얇게 만드는 작업을 시도한 것입니다. 이로 인하여 건물의 높이를 가질 수 있었으며, 구조적인 시도를 통하여 플라잉 버트레스라는 내부와 외부 사이에 새로운 개념을 도입할 수 있었습니다. 건축물의 형태에서 벽체가 바로 인간을 고립시키는 주된 요소입니다. 이를 해결하지 않고서 우리는 내부에서 자유로울 수 없습니다. 벽체는 형태를 이루는 데 우리의 시야를 지배하는 가장 주된 요소입니다. 건축물의 형태 변화는 바

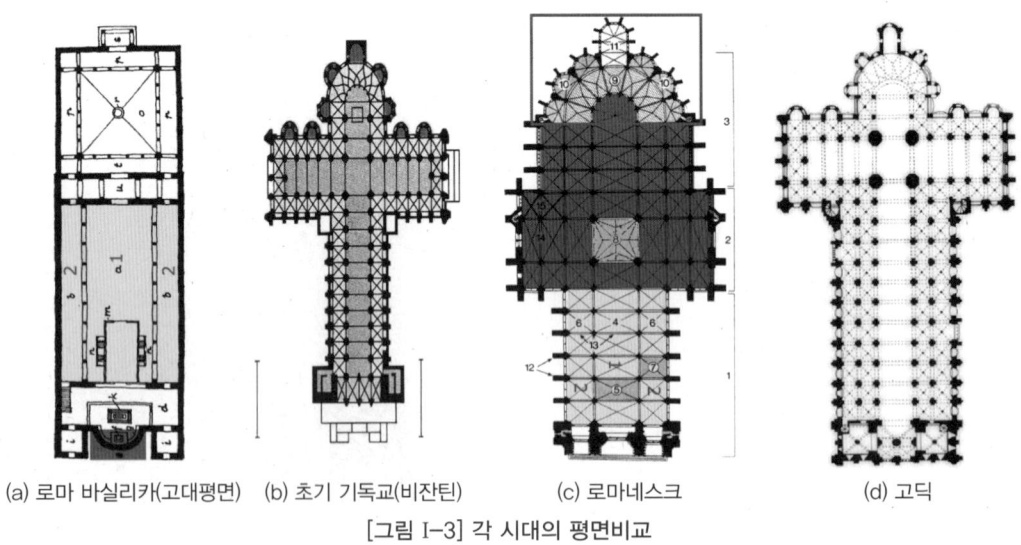

(a) 로마 바실리카(고대평면)  (b) 초기 기독교(비잔틴)  (c) 로마네스크  (d) 고딕

[그림 I-3] 각 시대의 평면비교

로 벽체의 변화입니다. 인간은 시각적인 부분에서 자유에 대한 의존도가 가장 높기 때문입니다.

고딕 시대에 기술적인 한계로 인하여 벽을 제거할 수는 없었습니다. 위의 각 시대 평면을 보면 점차 다양해지는 것을 볼 수 있습니다. 시대(고대에서 기독교 시대)와 지역적인 특징(초기 기독교 비잔틴 건축에서 서양과 동양의 특징이 동시에 보여주고 있습니다)이 추가되면서 내부 공간의 다양함을 시도하고 있습니다. 특히 고딕에 와서 사이 공간의 발생을 보이고 벽의 역할이 개방되는 것을 보이고 있습니다. 점차 외부와 내부라는 이중적인 잣대에 대한 다양한 시도를 보이고 있는 것입니다. 이는 공간 내부에서부터 시작되었습니다. 이것이 공간이 갖고 있는 한계일 수도 있고 외부로 나갈 수 없는 인간의 두려움의 표시이기도 합니다. 공간에 대한 인간의 속박은 동굴에서부터 시작된 것입니다. 초기 그곳에 들어가면서 이렇게 오랜 시간 그곳을 벗어날 수 없으리라는 것을 예상을 하지 못했던 것입니다. 고딕의 위대함은 그 시도를 하는 과정에서 구조적인 문제를 깨달았고 이를 해결하기 위하여 돌이라는 재료의 한계를 극복하려고 했으며, 건축물 자체의 하중을 줄이려는 의도로 이를 예술로 승화시키는 작업이 이루어졌습니다. 고딕 이전 시대의 건축물에서 벽면의 흐름은 구조적인 안정감을 주었고, 두꺼운 벽은 내부와 외부라는 분리를 명확하게 함으로써 심리적인 안도감을 주는 건축물이었습니다. 고딕은 구조와 벽의 분리를 시도한 것이었습니다. 시대적으로 이 기술은 재료의 한계를 극복할 수 없는 일이었습니다. 고딕의 건축물에서 벽은 내부의 기둥과 외부의 플라잉버트레스 사이에 존재하는 요소였고 심지어 이 벽면의 표면은 조소적인 부분으로서 그 기능의 정체성을 명확하게 보여주지 않음으로써 심리적인 불안감을 야기시켰습니다. 특히 많은 고딕(혐오스럽다 또는 흉측하다라는 의미) 건축물의 실패는 더욱 불안감을 증가시켰고 이로 인하여 신뢰를 잃었습니다. 그러나 이 결과는 내부에서 탈출하려는 인간의 시도였으며, 이로 인하여 르코르뷔지에의 돔이노(dom-ino) 시스템과 같은 구조를 얻을 수 있었습니다. 돔이노 시스템은 건축에서 가장 위대한 발명의 하나로서 비로소 내부와 외부의 경계선이 사라지고 구조와 벽이 분리되는 실로 경이로운 발견이었습니다. 인간은 결코 내부에서 빠져나오지 못할 수도 있다는 불안감이 아직도 있지만 이와 같은 건축물의 등장은 일단 진일보한 것입니다. 돔이노 시스템과

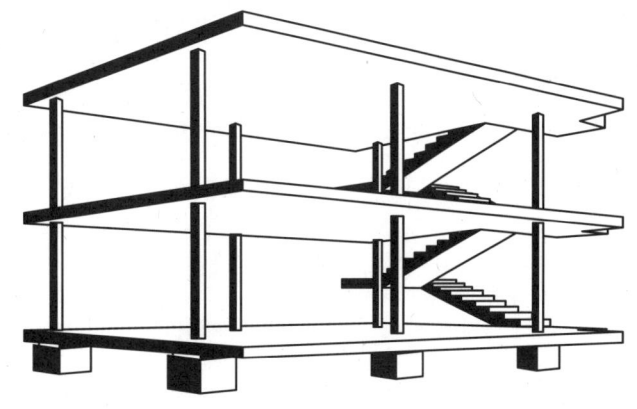

[그림 I-4] 르코르뷔지에_돔이노 시스템

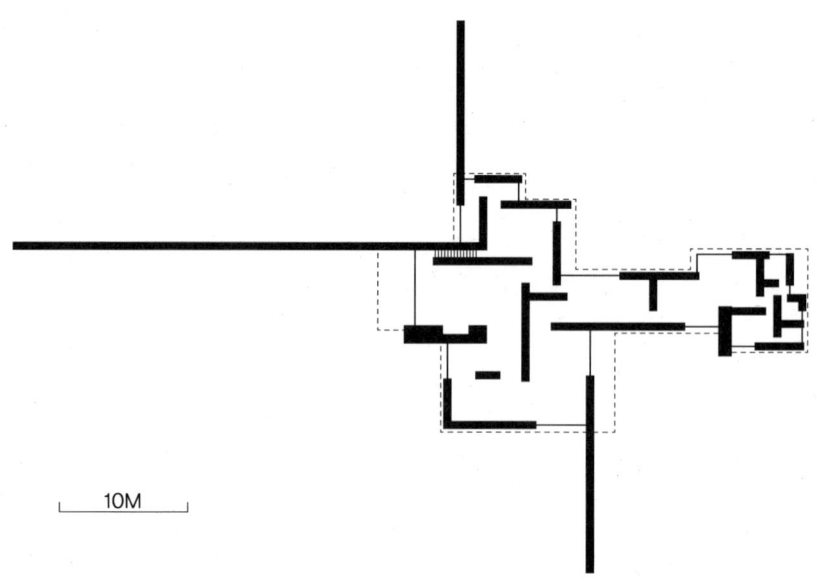

[그림 I-5] 미스 반 데어 로에_전원주택(1923)

같은 원리가 바로 미스 반데어로에(Mies van Der Rohe)의 글라스타워와 전원주택입니다. 그는 글라스타워를 통하여 벽의 존재를 임의로 만들 수 있는 커튼 월의 가능성을 보여주었고 비록 지금은 물리적인 내부에 갇혀 있지만 우리의 시야는 일단 외부로 보내는데 성공한 것입니다. 더 이상 시야가 전진 하지 못하는 곳이 바로 벽이라는 의미를 일깨워 주었으며 벽이 우리의 시야를 지배한 다는 것을 알게 해 준 것입니다. 또한 미스는 내부에만 종속된 벽을 전원주택을 통하여 외부로 끌어내는데 성공하였고 이렇게 벽에게 자유를 부여하면서 우리의 공간에 대한 자유를 시도하고 있습니다. 벽이 사라지면 형태도 사라집니다. 그리고 형태를 부정하는 것이 바로 영역을 부정하는 것이고 영역의 부정은 벽의 존재를 부정하는 것이라는 한정된 공간에서 벗어나려는 우리의 자유를 향한 의지의 첫 단계가 되는 것입니다. 미스의 전원주택에서 내부의 벽이 외부까지 뻗어나간 것은 곧 공간의 연속성으로서 내부의 벽으로 둘러쳐진 제한된 공간, 내부와 외부가 공존하는 상반된 공간 그리고 완벽한 외부공간의 단계를 보여주는 영역의 변화를 동시에 보여주는 것으로 베르나르 츄미[2]의 작품에서도 이러한 시간적 단계를 동시에 표현하여 고정관념을

---

[2] 베르나르 츄미 Bernard Tschumi(1944~ )
스위스 로잔 출생의 프랑스계 스위스 건축가. 현재 아이젠만과 더불어 해체주의 이론을 건축에 가장 잘 접목시키는 건축가로 평가받고 있다. 1983년 '21세기 공원' 국제 현상설계전에서 1등으로 당선되어 건축계에 신선한 충격을 주었다. 이때만 해도 무명에 가까운 건축가였고 실제로 설계한 건축물도 많지 않았다. 주로 이론적인 글쓰기에 주력했다. 그러나 당시 39세의 젊은 건축가 츄미는 〈라 빌레뜨 공원〉 설계를 계기로 주목받는 건축인이 되었다. 주요 작품으로 스위스 로잔에 설치된 역사(驛舍) 등이 있

해체하여 잘 나타내고 있습니다. 이는 공간의 해체를 시간적 단계를 보여주는 것으로 건축물이 나아갈 형태의 미래지향적인 암시입니다. 이러한 시도가 처음 있었던 것은 아닙니다. 근대의 시점을 어디서부터 보는가는 관점의 차이이지만 실질적으로 구성주의가 나오기 전까지 양식을 근대로 보기는 어렵습니다. 이는 그 이전의 형태와 분명한 차이를 찾기가 어렵기 때문입니다. 예를 들어 글라스고우(Glasgow)나 아르누보 같은 경우는 과도기적인 양상을 보이는 것이지 근대 이전의 형태와 큰 차이를 보인다고 말할 수는 없습니다. 구성주의에 와서 형태요소가 분해되고 이를 재결합하는 양상을 보인 것입니다. 이것이 바로 기능적 영역을 구분하고 행위의 시간적 차이를 형태에 적용시킨 예입니다. 그러나 미스와 츄미의 형태와도 차이를 보인 이유는 구조에 대한 완전한 독립을 갖지 못했기 때문입니다. 이들은 구체적인 영역의 차원에서 형태를 추상적인 차원으로 자리를 옮기는 작업을 한 것입니다. 건축물의 정체성은 여러 가지 요인으로 존재와 역할을 하지만 공간을 담고 있는 형태에 대한 우선적인 인식은 필수적입니다.

---

다. 최근에는 뉴욕의 컬럼비아대학의 건축 및 도시대학원 학장으로 있으며, 유럽과 미국에서 작품을 주로 발표하면서 강연활동도 활발히 벌여오고 있다. – "나는 건물을 보고 쾌락을 느껴본 적이 없다. 과거 혹은 현재 건축의 훌륭한 건축물을 보는 것보다도 오히려 그것을 해체하는 것에 쾌락을 느낀다."

CHAPTER 02

# 건축물 형태의 시작

[그림 I-6] 밀림 속에 거주하는 원시인들

'건축물 형태의 시작은 언제부터인가?' 사실상 동굴에선 건축물의 형태란 존재하지 않았습니다. 즉 내부와 외부의 형태가 일치하지 않은 것입니다. 다수가 동일한 공간에 거주하면서 프라이버시가 지켜지지 않고 권위적인 질서에 어려움이 있을 수 있었습니다. 초기에 동굴로 들어 왔지만 이는 자의적이라기 보다는 상황이 선택의 여지가 없었습니다. 임시방편적인 성격이 더 강했던 것입니다. 그러나 환경은 변하지 않았고 인간은 그 이후로 동굴에서 빠져나오기를 지금까지 시도한 것입니다. 사실 모두가 동굴과 같은 폐쇄적인 공간에 머물렀던 것은 아닙니다. [그림 I-6]은 초기 원시인들이 밀림에서 자연스럽게 생활하는 모습입니다. 동굴에서 생활하는 것과는 다르게 음식을 쉽게 구할 수 있었으며, 햇빛이 있고

건축인문학

바닥에 건초를 두어 지열을 방지할 수 있는 환경이 조성되어 있었습니다. 불을 피울 수 있는 재료를 쉽게 구할 수 있고 이를 통하여 맹수를 막을 수 있었습니다. 이는 동굴이나 강가에 모여 살았던 사람들과는 달리 원시인들이 숲속에서 생활이 더 안락했음을 보여줍니다. 그러나 여기에는 오히려 형태의 존재가 내부조차도 존재하지 않았습니다.

[그림 I-7]은 아직도 원시인들의 생활형태를 엿볼 수 있는 생활을 하고 있는 카메룬의 군집형태입니다. 마을의 출입구는 남쪽으로 놓여 있고 동일한 거리를 유지할 수 있는 원형의 형태로 군락을 이루고 있습니다. 여기에서 독립적인 형태의 의미는 중요하지 않고 전체적인 형태가 기능을 하며, 동일한 거리를 유지하며 사회성을 강조한 초기의 형태를 알 수 있습니다. 남자들은 입구 부분에 머물고 여자들의 숙소가 나머지 경계를 이루면서 중앙에 곡물창고가 모든 여자들의 영역에 근접할 수 있는 거리에 배치가 되어 있습니다. 부엌이 각 여자들의 숙소 사이에 배치되어 있고, 균등한 배분과 공동체적인 역할이 잘 나뉘어진 것이 보입니다. 또한 남녀의 배치구조를 보면 방어적이고 보호적인 성격을 갖고 있는 것을 알 수 있습니다. 이러한 군집형태에서 아직도 사회나 환경에 경계적인 성격이 있음을 알 수 있습니다. 원시인들은 주로 동굴에 거주하는 것으로 우리는 많이 생각하고 있습니다. 이는 우리가 근거자료로 삼을 수 있는 것으로서 동굴벽화가 많이 남아 있고 그 외의 군집형태는 보존되지 않았던 이유도 있습니다. 그러나 동굴은 앞에서 말한 것처럼 바닥의 기능이 만족할만한 것은 아닙니다. 그리고 동굴은 그렇게 많이 존재하지 않았을 것입니다. 그러기에 주로 동굴에 머물렀다고 말하기는 어렵습니다. 어쨌든 동굴은 큰 동물을 피하기에는 안성맞춤이지만 장기간 머물기에는 그 환경

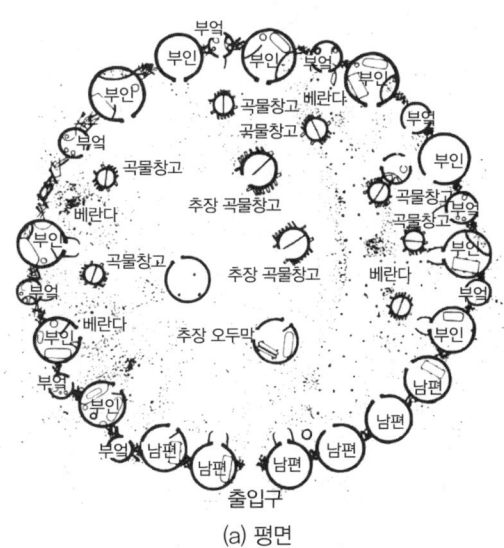

(a) 평면

(b) 입면
[그림 I-7] 카메룬의 마을 형태

이 좋지는 않았습니다. 피난처로서 집은 안전하지는 않았지만 집이 제공하지 못하는 기능을 인간은 찾아냈습니다. 그것이 바로 불입니다. 그래서 인간은 외소하지만 군락을 만들어 단체행동을 하면서 위협적인 존재로 살아갈 수도 있었습니다.

자연에 대하여 취약한 단점을 갖고 있으나 자연환경적인 상황의 변화가 없었기 때문에 인간이 변해야 했으며, 폐쇄된 공간에서의 탈출을 위하여 자연환경으로 다시 돌아갔으나 변화시킬 수 없는 환경에서 살아남기 위하여 오히려 파괴하기 시작하였으며, 이에 따라 자체적인 보호막이 필요했던 것입니다. 자연에 대한 투쟁은 참으로 오랜 기간 지속되었으며 자연에 대한 장기적인 대처기술이 필요했던 것입니다. 이것이 원시적인 건축형태를 변화시키는 요인이 되었고 마치 건축형태가 목적인 것처럼 인식된 것입니다. 그러나 궁극적인 목표는 동굴로부터 벗어나 자연으로 돌아가는 것입니다. 그로 인하여 건축물 형태에 대한 마지막 목표는 처음처럼 아무 것도 갖지 않는 것입니다. 그러나 인간이 자유로운 공간 탈출을 할 수 있는 능력을 갖기 전까지는 공간에 머물러야 합니다. 이로 인하여 우선적으로 시도하는 것이 동굴이 갖고 있는 내부를 동굴 외부로 갖고 나가는 것이었습니다. 이 과정에서 형태에 대한 인식이 생겼고 외부에 대한 관심을 갖게 된 것입니다. 외부에 대한 인식은 실로 큰 사건이었습니다. 내부는 인간의 영역이고 외부는 자연의 영역이기 때문입니다. 공간으로부터 벗어나려는 의지가 잠시 보류되고 외부의 역할에 대하여 깨닫게 된 것이기도 하지만 동굴로부터 나왔지만 이 외부는 영원히 떨쳐버리지도 못할 것이라는 의심이 들기 시작한 것입니다. 그리고 형태에 대한 요소와 기능에 대한 의문이 비로소 생겨난 것입니다. 형태는 내부의 기능을 포함하고 있습니다. 그러나 외부는 내부와는 다르게 기능뿐 아니라 다양한 메시지를 더 강하게 갖고 있었습니다. 특히 형태 변화의 기본적인 상황 외에 점차 지위와 권력에 대한 심볼로서 기능이 추가되었습니다. 명확한 메시지를 전달하기 위하여 단순하고 질서정연한 형태 내용 외에 인간적인 스케일을 벗어난 거대한 규모도 시도하게 되었습니다. 원시적인 시대였지만 표현을 위한 문화적으로 건축물은 최상의 상태였습니다. 권위적인 사회질서가 만들어지면서 상하의 계급이 건축물의 형태에서도 분명하게 드러났습니다. 의복이나 장신구의 발달보다 건축물의 형태를 통한 변화가 더 컸던 것입니다. 거대한 건축물은 하나의 신격화된 표현으로서 등장하게 되고 하층계급은 이를 위한 노동력을 제공하는 역할도 담당하게 되었습니다. 이러한 변화는 동굴 같은 하나의 공간에서 집단생활을 하던 시기에는 불가능했던 일로 통치력을 위한 수단으로 건축물이 사용되는 계기가 되었습니다. 선진화된 문화를 갖게 되는 집단은 영역의 확장으로 국가를 형성하게 되고 건축물은 권위를 나타내는 메시지뿐 아니라 영역을 수호하는 방위적인 기능 또한 부여 받게 됩니다. 즉 건축물이 초기의 자연으로부터 보호를 하는 기능 외에 점차 다른 기능을 갖게 되는데 이를 잘 보여주는 부분이 바로 첨탑입니다(스페인 남부의 안달루시아 지방의 알람브라 궁전은 37개의 첨탑이 있습니다). 이 첨탑의 개수는 바로 정세가 불안했음을 보여주는 예입니다. 이 형태까

[그림 I-8] 알람브라 궁전(1240)_그라나다, 스페인

지 오는데 사실 오랜 시간이 걸렸습니다. 일반적으로 메소포타미안에서 그 구체적인 시작 내용들을 찾아볼 수 있는데 초기 건축형태는 기술적인 한계로 인하여 단순하였습니다. 공간을 형성하는 요소는 바닥, 벽(기둥) 그리고 지붕 등 3가지로 나눌 수 있습니다.

바닥은 건축형태를 구성하는 과정에서 가장 후에 만들어진 부분입니다. 공간을 이루는 3개의 요소 중 바닥은 신성한 의미를 갖고 있습니다. 벽과 지붕은 자연에 대한 대항의 의미로서 작용하지만 바닥은 인간이 발을 딛고 있는 영역으로서 자연에 대하여 존중하는 반대의 의미가 있습니다. 바닥은 인간과 자연을 구분하는 경계이고 인간과 신을 구분하는 경계로서 존재합니다. 현재는 바닥이 건축물을 만들 때 먼저 우선적으로 작업하는 부분이지만 건축술이 발달하지 못한 과거에 바닥은 자연적인 대지를 단순하게 이용하는 부분이었습니다. 특히 지붕의 형성에 있어서 기술을 많이 요구하게 되기에 벽과 지붕의 구분이 명확하지 못했습니다. 이렇게 건축술의 어려움으로 고유공간 외에는 영역을 구분하지 못하였습니다. 그러나 건축술이 발달하고 마당과 같은 부수공간을 형성하는 여유도 갖게 된 것입니다. 앞에서 보여준 카메룬의 군집형태로 권위적인 집단과 일반인의 주거형태가 큰 차이를 보여주지 않았습니다. 그러나 건축술의 발달은 권위와 종교가 연합을 보이면서 신성한 메시지로 건축물의 형태에서 바닥이 사용되게 된 것입니다. 영역의 신성화를 나타내기 위하여 일반인의 접근을 방지하는 방법으로 담장이 생기고 근접할 수 없는 영역을 갖게 된 것입니다. 이는 신성한 영역, 주변공간 그리고 속세건물의 3단계로 나뉘어졌습니다. 이는 신성한 것과 속세가 직접적으로 만나는 것을 방지하는 방법으로 초기에는 시각적인 제한을 두기 위하여 담장을 쌓기도 한 것입니다. 후에 그리스 건축에서 보여주는 것처럼 바닥의 요소인 '단'이라는 요소가 생기면서 속세와 신성한 영역을 구분하는 것으로 발전하였습니다. 초기에 건축물의 형태는 많은 기능을 부여받지 못했습니다. 이는 당시 사람들의 사회적 역

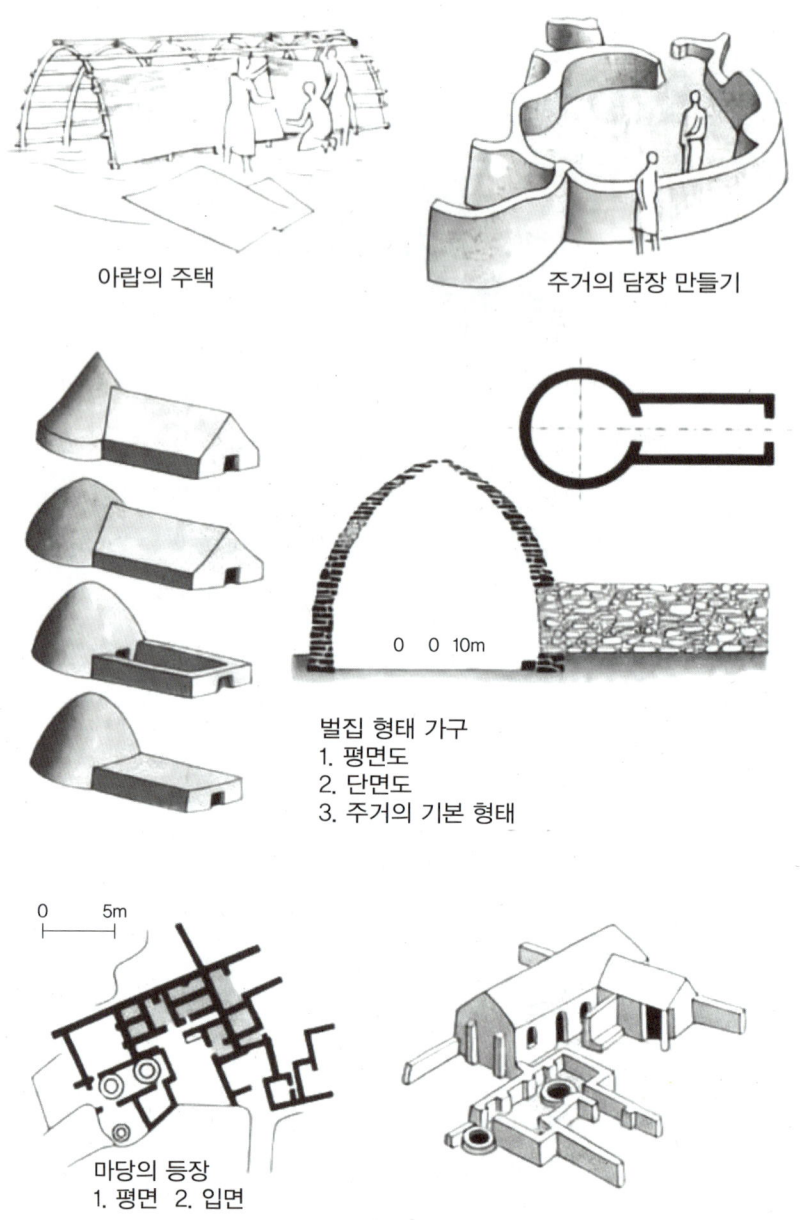

[그림 I-9] 초기의 주거 형태

할이 다양하지 않았음을 의미하고 있습니다. 건축물의 다양한 기능은 곧 다양한 삶의 형태를 만들기 때문입니다. 더 나은 삶을 위하여 건축물이 발달하기도 하지만 앞에서 언급한대로 사실은 공간으로부터 벗어나기 위한 준비를 하는 것입니다. 이러한 이유로 자연에서 살아남기 위한 방법으로 더 많은 능력을 갖기 원하면서 이것이 건축물의 형태에 나타나기 시작한 것입니다. 그러

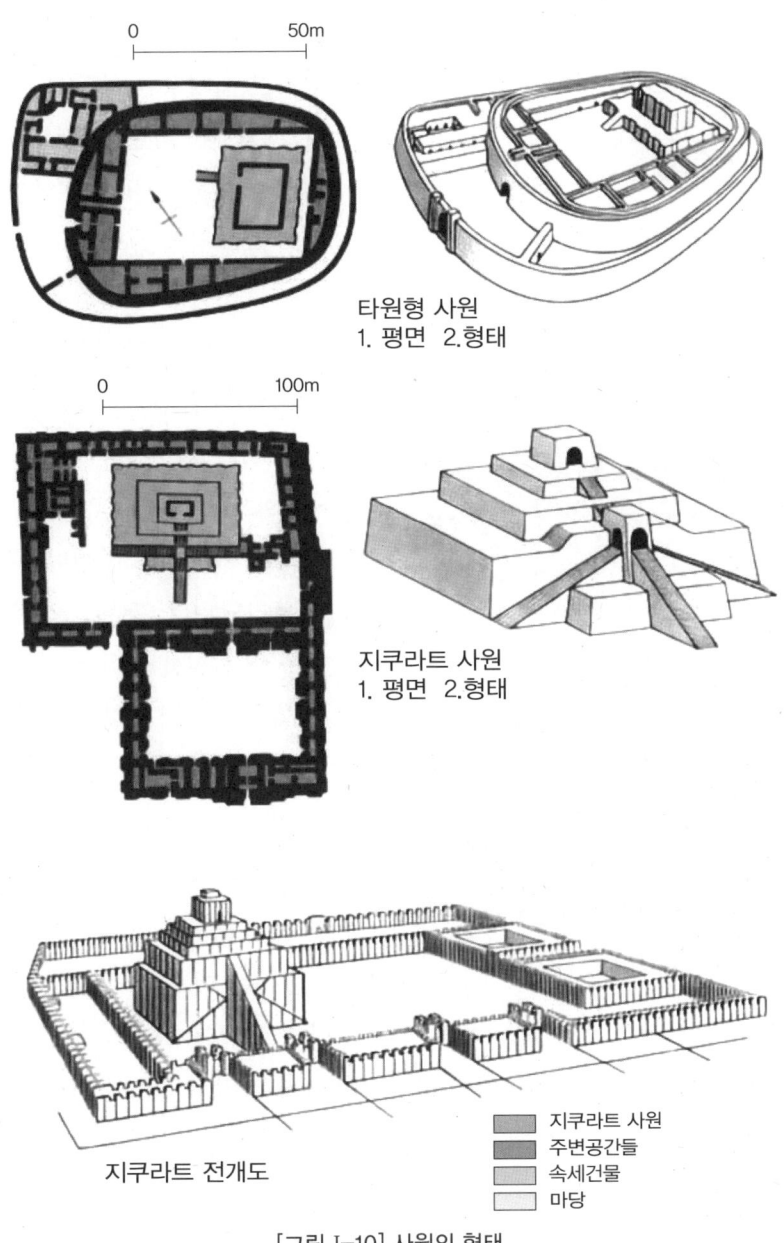

타원형 사원
1. 평면  2. 형태

지쿠라트 사원
1. 평면  2. 형태

지쿠라트 전개도

■ 지쿠라트 사원
■ 주변공간들
□ 속세건물
□ 마당

[그림 I-10] 사원의 형태

나 인간이 공간에서 벗어날 수 없음을 알고 있습니다. 이것이 바로 우리가 갖고 있는 단점을 극복할 수 없음을 의미합니다. 이로 인하여 인간은 공간에서 벗어나기보다는 공간을 자연과 더 가까이 가려고 시도하고 있습니다. 이것이 벽의 두께를 줄이면서 공간이 점차 개방되는 과정을 보여주는 것입니다. 초기에 건축술의 문제로 건축형태는 단순화되었습니다. 단순화는 권위적이고

I. 건축물은 두 개의 형태만 있다

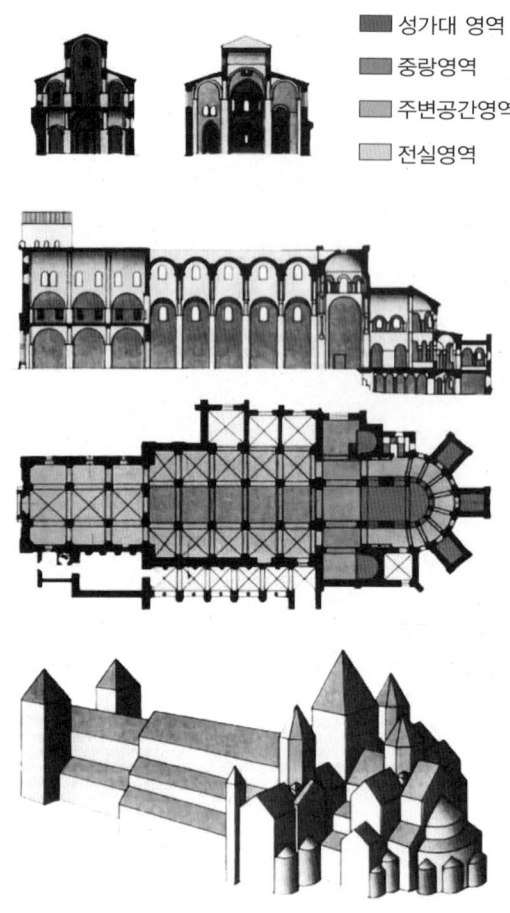

[그림 I-11] 로마네스크 형태

질서를 보여주는 데 효과적이라고 생각하였지만 시대적인 상황이 더 강했던 것입니다. 고딕에서 벽을 줄이는 시도가 있었고 근세에 들어서면서 벽의 의미를 감소시키는 방법으로 장식을 이용하여 벽의 존재를 희석시키는 방법을 사용하였지만 이는 공간에서 벗어나는 정상적인 방법은 아니었습니다. 고딕은 실로 벽을 제거하려는 의지가 강한 시기였습니다. 구조적인 이유로 어느 시대에도 시도하지 않았던 벽의 존재를 무시하고 이로부터 벗어나려는 의지가 강하게 나타납니다. 돔은 직선적인 형태와 비교했을 때 신성한 의미를 갖고 있습니다. 이것은 알버티의 사각형은 인간의 형태 그리고 원은 신의 형태로 정리한 것을 보아도 알 수 있습니다. 이 돔을 받치는 부분이 바로 '드럼'입니다. 고딕 이전과 이후를 비교한다면 돔의 하중을 직선으로 변경하여 중력을 적용하는 이 드럼의 존재입니다. 고딕은 이러한 원리를 플라잉 버트레스로 변경되면서 하중을 받치는 요소로서 사용하지 않고 모든 벽면에 조소적인 작업을 가하면서 다른 기능을 부여하려고 했던 것입니다. 물론 종교적인 이유로 더 높은 건물을 만들어 보려고 시도하였지만 벽의 무게가 걸림돌이었습니다. 고딕이 사용한 것이 바로 플라잉 버트레스입니다. 특히 첨탑의 무게를 줄이는 방법으로 개방된 벽의 형태를 만들었습니다. 이는 또 다른 벽의 등장으로 공간을 나누는 벽이 아니라 기존의 벽을 제거하려는 전 단계 이중 벽이었습니다. 이는 실로 건축물의 형태 변화를 보여주는 혁신적인 방법이면서 형태변화에 대한 신호탄이었습니다. 특히 건축물이 종교적인 의미를 갖고 있고 신성화 되던 중세에 이 시기적인 성격을 만족시키면서 변화를 모색했다는 것은 건축물 형태에 대한 혁신이었습니다. 또한 벽을 공간을 나누고 내부와 외부를 나누는 고유의 기능뿐 아니라 다른 기능을 부여하는 시도가 있었던 것입니다. 목적을 달성하기 위한 방

[그림 I-12] 고딕의 탑형태

법으로 직접적인 시도도 있지만 이렇게 다른 시도가 영감을 주고 이것이 가능함을 그 이후의 시대에 알려주는 계기가 될 수도 있었습니다. 이렇게 단순히 압축력이 작용하는 벽이 홀로 하중을 담당하는 것이 아니라 횡력에도 버티게 하는 시도는 앞의 알람브라궁전의 첨탑이나 로마네스크

I. 건축물은 두 개의 형태만 있다

의 첨탑이 중요한 예시로 작용하기도 합니다. 이 첨탑의 주 목적은 방어를 위한 기능이지만 성벽을 지지하는 역할도 갖고 있습니다. 또한 미스 반데어로에의 전원주택에서 보여주는 벽의 역할은 이와는 차이가 있지만 수직하중을 대신하면서 공간을 형성하며 공간 밖에 존재하는 벽을 자유롭게 해주는 역할을 갖고 있습니다. [그림 I-3]의 그림을 보면 (c) 로마네스크와 (d) 고딕의 건축형태와 평면을 비교할 수 있습니다. 외부적인 형태를 비교하면 고딕이 더 복잡하고 구조적인 성격을 더 잘 보여주며 로마네스크는 외부에 단순한 형태를 취하고 있습니다. 큰 특징은 고딕은 골조구조 형식이며 로마네스크는 벽체구조를 갖고 있기 때문입니다(둘 다 조적식입니다). 그러나 고딕은 외부와는 반대로 내부 공간의 형식을 단순화시켰으며, 로마네스크는 내부 공간이 영역별로 명확하게 구분이 되어 있고 고딕보다 내부가 더 복잡한 형태를 취하고 있습니다. 특히 로마네스크는 전실 영역과 코아(성가대) 영역이 장축의 끝부분에 위치하여 구조적인 역할을 담당하고 있는 반면 고딕은 장축의 좌우로 배치하여 구조적인 안정감을 형태적으로 취하고 있습니다. 이렇게 초기의 건축형태들은 구조적인 측면을 많이 반영하고 있습니다. 현재는 건축물이 구조와 벽체의 분리로 인하여 외부 마감의 발달로 다양한 형태를 시도할 수 있지만 과거에는 마감(surface)과 구조체의 분리가 어려웠습니다. 즉 과거에는 구조체가 형태에 반영된다는 것입니다. 이러한 현상이 근세에 들어 과하게 표현되었고 급기야 알버티의 주장대로 장식과 구조체의 정의가 생겨난 것입니다. 그러나 근세 이전에는 이 분리가 어려웠습니다. 로마네스크까지 장식이 곧 구조체였습니다. 그러나 고딕에 들어서면서 구조체와 장식의 분리를 시도하려 했고 근세에는

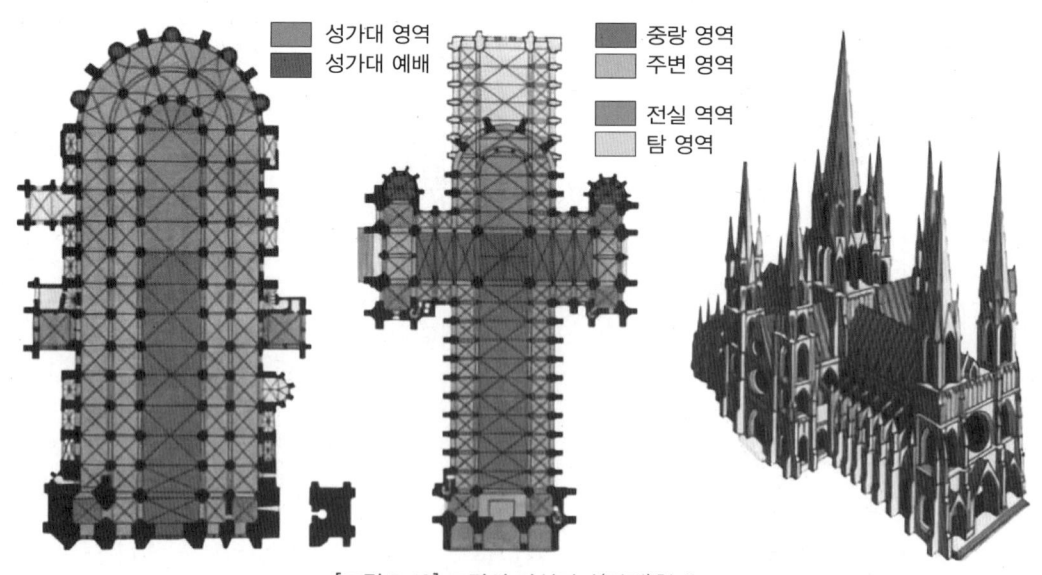

[그림 I-13] 고딕의 바실리카(평면)형태

오히려 장식적인 부분이 더 많이 나타난 것입니다. 장식은 곧 부의 상징을 의미하고 구조체와 장식의 구분이 힘들어지는 상황까지 되었습니다. 특히 기둥의 역할 변신은 혼란스러움을 갖고 오기까지 했습니다. 과거에는 기둥이 주된 하중 전달의 기능으로서 구조체의 대표적인 표현이었으나 근세에 들어 기둥은 벽체(내력벽) 구조에 첨가 사용되면서 장식으로서 쓰이게 된 것입니다. 이로 인하여 알버티는 주된 장식의 표현으로서 기둥을 지적한 것입니다. 내력벽에 기둥의 사용은 불필요한 요소입니다. 기둥이 장식으로 쓰이기에는 그 규모가 장대하였으며 숫자도 과도했습니다. 고딕에 대하여 부정적인 인식을 가졌던 르네상스로서는 고딕에 만연했던 평면의 부조장식을 부정하면서 첨가적인 장식을 만드는 방법을 선택한 것입니다. 그러나 고딕의 과정이 없었다면 르네상스의 벽이 갖고 있던 창도 기능을 제대로 하지 못했을 것입니다. 고딕은 벽의 기능을 변화시켰지만 이로 인하여 창이 자유로워지게 된 것입니다. 이에 대한 혜택을 르네상스가 갖게 된 것입니다. 로마 판테온의 벽두께는 6미터가 넘습니다. 그러나 고대를 답습했음에도 불구하고 르네상스의 벽두께는 더 얇아졌습니다. 이는 고딕에서 시도한 구조를 반영했다는 것이고, 이로 인하여 건축물 형태에 대한 자유를 얻게 된 것입니다. 건축물의 형태는 우선적으로 벽의 형성에 영향을 받게 되고 이로 인하여 바닥과 지붕을 형성하는 것입니다. 즉 중세와 근세의 경계선은 종교와 인문학이라는 사회적인 풍토가 성격을 구분하기도 하지만 건축물의 형태에는 고딕의 영향이 크다는 것입니다. 근세에 들어와 건축물의 형태는 본질을 가리고 자유로워진 벽(구조)에 다양한 표현을 추가하는 경향이 나타났습니다. 근세 초기는 인간의 시각이 순수한 위치에서 시작이 되었습니다. 또한 고대의 향수가 건축물 형태에 등장하는데 그것이 바로 기둥입니다. 기둥은 장식으로 형태의 또 하나의 외피로서 적용을 하게 되고 평범한 벽에 거대한 장식으로 첨가가 됩니다. 그러나 여기에는 종교적인 성격이 강했던 중세에 등장할 수 없었던 고대의 질서와 사회규

(좌)첸니 디페포 치마부에_천사에 둘러싸인 성모와 아기예수(1270년 중세미술), (우)성모자와 아기요한 르네상스 (아래)라온콘 엘 그레코_매너리즘 음침한 색과 비례에 맞지 않는 모양 인물과 배경(1610~1614)

[그림 I-14] 르네상스와 매너리즘의 미술

범 등이 바탕에 깔려 있었고 배열의 질서와 규칙이 일부 계층에 심리적인 부담을 주었습니다. 르네상스는 사실적이고 자연적입니다. [그림 1-14] 상단 두 개의 그림은 동일하게 성모마리아와 예수를 나타낸 그림으로 하나는 중세의 것(좌측)으로 배경과 후광을 금색으로 표현했고, 우측의 것은 자연을 배경으로 사진처럼 옷의 주름이나 표정을 사실적으로 표현한 것이 보입니다. 비잔틴 제국의 멸망 이후 많은 그리스 학자들이 피렌체로 피신하였는데 로마는 고대의 배경이 준비된 도시로 고전주의의 재탄생으로 적합했습니다. 종교적인 상황에서 변화의 물결은 신선한 것이었지만 르네상스는 사실 광범위한 세력에 의하여 진행된 것이 아니었고 일부 교황청을 비롯하여 집권층의 문화였습니다. 이렇게 권위적인 문화는 반발심을 내포하고 있었고, 특히 고전적인 문화가 교훈과 국가에 대한 충성심을 요구하고 있었기에 이에 반발하는 세력이 발생하기 시작하였습니다. 그래서 르네상스에 반항적으로 등장한 것이 바로 매너리즘(manierismo)입니다. 이들은 정확하고 사실적이며 자연적인 상황에 반발하는 표현으로 비례를 파괴하고 반고전주의를 보이며 반항적인 곧 사춘기와 같은 양식을 선보이기 시작하였습니다. 이러한 양상이 건축물의 형태에서도 보이기 시작한 것입니다.

　[그림 I-15]의 건축물을 보면 좌측은 매너리즘 양식의 건축물로 질서정연하고 명확하며 정확한 비례와 로마와 그리스 양식에서 볼 수 있는 형태적인 요소를 사용하여 간결한 형태를 보여주고 있습니다. 그러나 좌측의 건축물은 비례가 부정확하고 벽체와 기둥의 기능이 불분명하며 대

(a) Elias Holl_아우구스부룩 시청(1615), 아우구스부룩, 독일　　(b) 안드레아 팔라디오_빌라 로툰다(1592), 비첸차, 이탈리아

[그림 I-15]

칭의 파괴와 기둥의 변환 그리고 시각적인 혼란스러움을 표현하고 있습니다. 이러한 사회적 개념이 건축물의 형태에도 영향을 미치고 이후로 장식에 의한 변화를 통하여 근대의 등장이 시작된 것입니다. 이전까지는 형태주의 위주의 건축물 형태가 주를 이루었다면 근대는 기능주의의 등장으로 볼 수 있습니다. 기능주의 특히 근대 대표건축가인 아돌프 루스[3]의 '장식은 강도와 같다'는 강한 표현이 이에 대한 반감을 잘 보여주고 있습니다.

건축물 형태는 공간을 감싸고 내부와 외부를 분리하며 영역을 만드는 역할을 합니다. 그러나 이러한 기본적인 기능이 지속되는 상황에서 다양한 형태 변화를 역사 속에서 보여주고 있습니다. 그 특징을 보면 그 시대의 사회를 반영하고 심지어는 정치를 반영하는 경우도 있습니다. 형태의 변화는 기능이 지속되는 상황에서는 부수적인 것입니다. 여기에는 인간의 아름다움에 대한 본능이 바탕이 되고 있습니다. 미에 대한 가치변화를 보여주면서 형태 또한 변화하고 있었던 것입니다. 이는 곧 미의 가치도 변했다는 것입니다.

기디온[4]은 이를 구성적 사실들과 일시적 사실들로 구분하였습니다. 구성적 사실들은 어떤 상황에서도 지속되며 억제된다 해도 다시 나타나 전통과 같이 생명력을 갖고 이어지는 것이며, 일시적 사실들은 그것이 한 시기 또는 관이나 특정한 집단의 의도적인 시도에 의하여 출현이 있었다 해도 지속성을 갖지 못하는 마치 유행과 같은 성격을 갖고 있습니다. [그림 I-16]의 파장을 보면 시간의 흐름에 따라 대모데(추종자, 유행)는 그 파장의 간격이 빈번하지만 양식의 파장은 그 보다 넓습니다. 이러한 과정 속에서 정착되어 미적 기본가치로 자리매김을

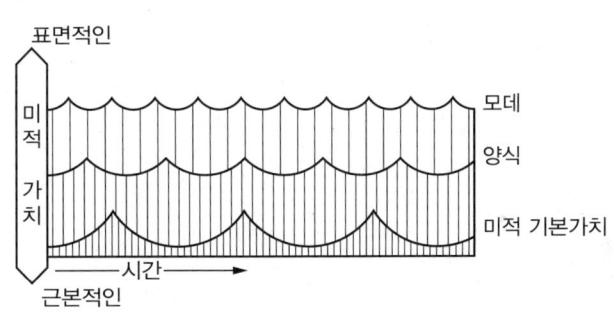

[그림 I-16] 모데(대모데)와 양식의 관계

---

[3] **아돌프 루스** Adolf Loos(1870~1933)
건축물보다 사상으로 더 유명한 건축가. 그는 근거가 건물을 짓는 방식을 결정해야 한다고 믿었으며, 아르누보의 장식을 반대했다. 《장식과 범죄》 그리고 다른 에세이를 통해, 열정을 제한할 필요성의 근거로 '장식의 절제'를 들었다. 체코슬로바키아에서 석공으로 태어났다. 그러나 모친의 사고로 가업을 잇는 대신, 그는 드레스덴Dresden에서 건축을 공부했으며, 그 뒤 미국으로 가서 석공, 식기닦는 일 등을 했다. 미국 건축의 영향으로 루이스 설리반을 존경하였다. 건축가 칼 마이레데르Carl Mayreder와 일을 찾았으며, 1898년 빈에서 그의 사업을 시작했다. 또한 건축학교를 세워 단순하며 기능적인 건축물의 사상을 가르쳤다.

[4] **지그프리트 기디온** Siegfried Giedion(1888~1968)
스위스 근대건축운동의 이론적 지도자이며 미술사가. CIAM(근대건축국제회의) 사무국장(1928~1956년)으로 활약했다. 《공간·시간·건축》은 근대적인 건축과 도시계획의 사고방식을 설명한 그의 대표작이며, 《기계화 문화사》, 《영원한 현재》, 《건축, 그 변천》 등의 저서에서 문명의 겉과 속을 통찰하는 불변의 진리를 탐구했다.

합니다. 표면적으로는 모데가 마치 미의 자리매김을 하는 듯이 보이나 시간의 흐름에 따라 근본적인 미의 가치는 양식, 즉 구성적 사실들만 남게 되어 이것이 전통처럼 자리잡는 것(대모데)입니다. 우리가 현재 유지하는 건축형태들은 이러한 과정을 거치면서 하나의 양식으로 정착되어 형태에 대한 맥을 이어오고 있었던 것입니다. 일반적으로 설계 작업의 초기에 주변 환경에 대한 분석을 합니다. 이는 건축물의 형태 작업을 위한 아이디어를 얻는 데 도움을 주며 건축물의 방향, 개구부, 벽의 종류, 소음 그리고 기타 여러 가지 작업에 대한 방향을 설정하는 데 영향을 미칩니다. 이는 건축물이 만들어진 후 발생할 수 있는 문제를 자체적으로 해결할 수 없기에 좋은 환경과 환경에 적합한 조건을 갖추려고 시도하는 것입니다. 그러나 [그림 I-17]처럼 지금은 이러한 문제를 재료, 설비와 IT가 많이 보완해주고 있어서 자유롭게 작업하기도 합니다. 즉 건축물도 주어진 환경에 적응하며 스마트하게 발전하고 있는 것입니다.

[그림 I-17] 스마트 빌딩

# 건축물의 형태는 두 종류뿐이다

## 1. 제1의 원형

건축물은 종합적인 표현입니다. 도시를 구성하고 공간을 표현하지만 사실상 인간을 위한 작업이기 때문에 심리적인 상황이 기본에 포함되어야 합니다. 이로 인하여 인간의 다양한 취향을 정의할 수 없기에 디자인 분야에서 분야를 구분하고 있습니다. 양식은 사실 사회적 변화 또는 형태의 변화에 그 중점을 두고 있지만 인간의 취향에 그 중심을 맞춰야 합니다. 그러나 이렇게 다양한 이유로 형태의 변화가 있었지만 정리해 보면 큰 틀에서 변화와 미세한 차이 등 범주를 정해 볼 수 있습니다. 큰 틀에서 변화는 시대적인 구분으로 이미 고대(3개), 중세(3개), 근세(5개), 근대(∞) 그리고 현재(∞) 등 다섯 가지로 정리되어 있는 상태이지만 이 구분은 사실상 2개의 틀로 집약시킬 수 있습니다. 그 2개가 바로 고대와 근대입니다. 나머지는 이 2개와 연관되어 있는 형태적 종속성을 갖고 있습니다. 즉 이 두 개가 원형이고, 나머지는 원형의 영향을 받은 것입니다. 즉 이 5개의 구분 속에는 고전주의, 신고전주의 그리고 포스트모더니즘 등으로 구분하지만 사실상 원형 그리고 복고풍으로 더 집약하여 나눌 수 있습니다.

[그림 1-18]의 연대표를 보면 사실상 여러 시기로 구분되어 보이지만 근대가 등장하기 전까지 대부분의 건축물 형태는 고대와 연결이 되어 있습니다. 고전주의·신고전주의가 등장하기도 하지만 이는 건축물의 형태라기보다는 철학이나 정신적인 부분이 강합니다. 고대 이후 구분해 놓은 것을 살펴보면 중세의 비잔틴, 로마네스크 그리고 고딕에서 그 이름에 내용이 담겨 있습니다.

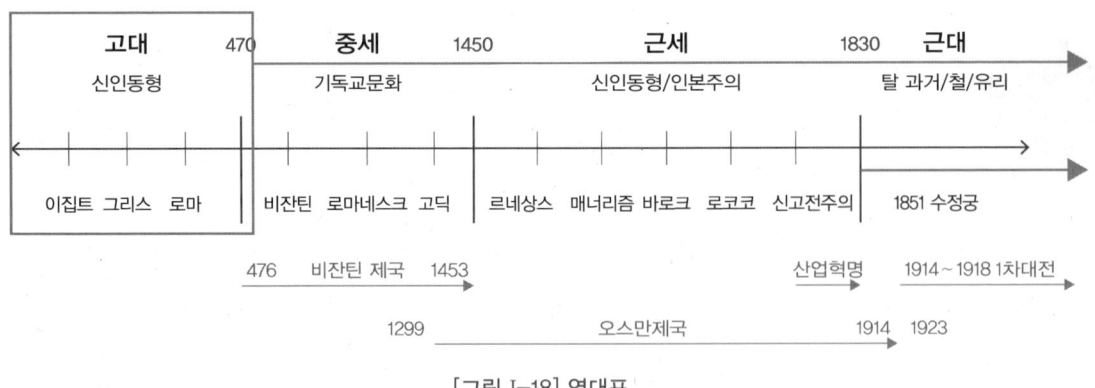

[그림 I-18] 연대표

비잔틴(지금의 이스탄불) 건축은 사실상 건축형태의 변화라기보다는 지역적인 성격이 강합니다. 물론 로마에서 터키의 비잔틴으로 콘스탄틴이 이주하여 만든 당시의 그리스 지역의 새로운 도시이지만 로마의 성격이 강합니다. 로마의 융화정책과 종교의 영향 그리고 지역적인 성격이 건축물의 형태에 반영되어 바실리카에 원형이 추가되는 변화가 나타나기는 하지만 기본은 로마 건축에서 출발했습니다. 정치적인 상황이 서로마에서 동로마로 이전해야 하는 배경을 갖고 있었고, 이에 대한 불안감이 건축물의 형태에 반영된 것입니다. 과거 서로마 건축은 안정된 사회 분위기를 반영하듯 내부와 외부에 대한 분리가 명확하지 않았고 평면(옆의 좌측 평면)이 명확한 흐름을 보이고 있었습니다. 그러나 비잔틴에 와서는 영역 구분이 좀더 복잡해지고 내·외부의 완충적인 역할을 하는 영역이 배분되었습니다. 물론 여기에는 종교적인 성격이 반영되기도 했지만 공간 장축의 끝 부분에 위치한 성가 영역의 원형 공간들은 구조적인 보완 외에도 경계심이 작용한 영향이라고 봅니다. 공간의 복잡성이 곧 심리적인 상황의 반영입니다. 이러한 현상이 로마네스크([그림 1-3])에 와서 더 확실하게 보여주고 있습니다. 하나의 축에 의하여 구성됐던 공간(로마의 바실리카)이 십자형태 안에서 2개의 영역(비잔틴)이 추가되는 십자형태로 구분이 되었고, 로마네스크에 와서는 바실리카가 분할되어 3개의 수직적 영역으로 다시 구분이 됩니다. 로마네스크의 형태는 평면뿐 아니라 입면도 3개의 영역으로 구분이 됩니다. 이는 상당한 경계심을 보여주는 형태로 로마네스크의 정세가 로마 시대보다 불안했음을 나타냅니다. 특히 첨탑의 등장은 앞장에서 다루었듯이 알람브라 궁전의 예를 보더라도 경계심의 표현으로 로마황제와 교황의 권력 분산으로 인한 중앙집권의 체제의 정세 불안을 엿볼 수 있습니다. 그러나 이러한 배경이 있었음에도 건축물의 형태는 순간적으로 새로운 형태가 등장한 것이 아니고 로마 건축물을 기본으로 한 변화이며 이는 전혀 새로운 형태가 아님을 알 수 있습니다. 이름도 로마네스크라고

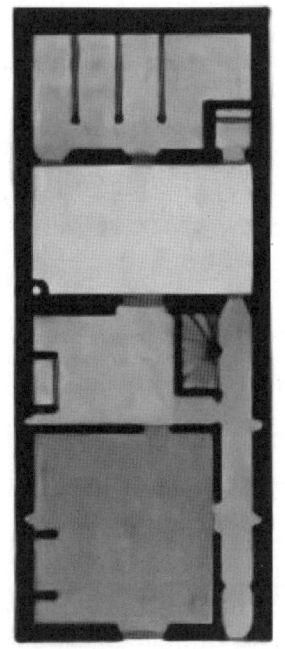
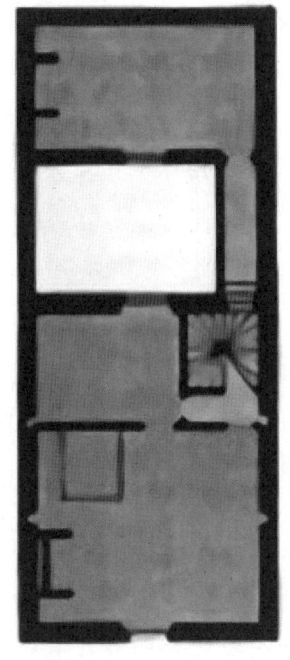

[그림 I-19] 르네상스 평면

르네상스가 붙였음은 이들이 과거 로마의 안정된 정세를 그리워했고 이에 기인한 그리움이 로마풍(로마네스크)으로 나타났음을 보여줍니다. 이러한 분위기는 건축물의 형태뿐 아니라 로마네스크의 벽체구조에서도 나타납니다. 이들의 3단 구성은 평면뿐 아니라 입면도에도 등장하면서 과거 어느 때보다 두꺼운 벽체를 갖게 되었습니다. 이렇게 두꺼운 벽체가 건축물의 여러 기능을 마비시키고 불만족스러운 분위기를 발생하면서 고딕과 같은 새로운 형태를 자연스럽게 불러온 것입니다. 이러한 문제점을 알고 있었지만 구조적인 안정감과 정세적인 문제가 더 컸던 것입니다. 로마네스크에서 평면이 3개의 영역으로 나뉘어졌다는 것은 건축물 형태 자체 또한 그러한 영역으로 나뉘어 졌다는 것입니다. 그러나 로마 시대부터 내려온 아치와 조적식은 그대로 답습이 되었습니다. 고딕은 로마네스크에서 깊어진 공간과 벽체구조의 한계점을 극복하기 위하여 골조구조(조적식으로 쌓은 기둥구조)의 형식(평면에서 성가대 영역 앞의 굵은 기둥 4개)을 취하고 횡력에 대한 구조적인 취약점을 플라잉 버트레스로 극복하려고 시도하였습니다. 그러나 비잔틴 이후로 등장한 원형부분의 성가대 영역은 그대로 유지되고 있었습니다. 이는 시대적인 상황을 극복하지 못한 것으로 객관적인 인정을 받아야 했습니다. 이러한 고민을 보여주는 부분이 바로 전실을 탑(숭고함의 상징)으로 만들고 성가 영역이 낮은 천장으로 만들어진 것입니다. 비잔틴이나 로마네스크는 성가 영역이 전체 공간과 공유하는 공간이 있는 반면 고딕에서는 완전

[그림 I-20] Maria Laach Abbey_Germany 로마네스크

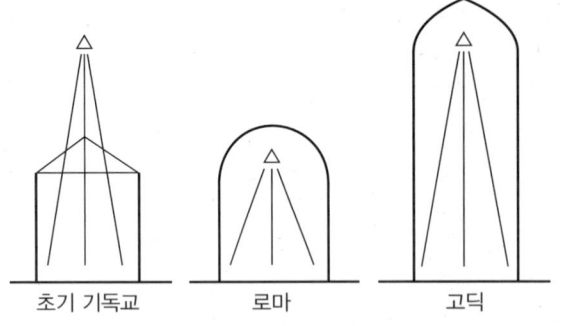

초기 기독교 : 지상의 인간이 하늘의 하나님께 기도
로마 : 인간이 있는 지상에 하나님이 계심
고딕 : 지상으로 내려온 하늘

[그림 I-21] 교회공간의 내용에 관한 tp개의 요약

히 분리된 형태를 보여주고 있습니다. [그림 I-21]의 설명처럼 초기 기독교는 우주 전체를 하나님으로 보는 종교관을 갖은 반면 로마네스크는 인간의 세상에 있는 하나님을 표현하기 위하여 성스러운 분위기와 인간의 영역을 분리하는 작업을 만들었으나 고딕은 하늘 자체를 포함한 공간을 표현하려고 했었습니다. 이러한 종교적인 성격으로 인하여 지상에 있는 하늘을 성스러운 분위기를 위하여 높은 천장을 만들려고 시도하였으나 이는 구조적으로 많은 어려움이 있었던 것입니다. 그러나 이 3개의 공통적인 공간과 건축물 형태의 기본에는 로마 시대부터 내려온 형태가 바탕을 이루고 있었습니다. 그러나 고딕의 이 부담스러운 표현은 정치적인 상황으로 인하여 유럽의 변화가 생겼지만 새로운 시대에 대한 해결책으로 채택되지 못하고 특히 교훈적인 메시지를 담지 못하는 고대의 형태와는 거리가 멀다고 인식되어 근세에는 외면 당하게 됩니다. 오스만 제국에 의하여 무너진 비잔틴 제국은 유럽에 실로 정신적으로 큰 충격이었습니다. 특히 기독교가 공인되고 1000년 이상을 유지해 온 기독교로서는 정치적이나 다른 이유가 아닌 200년 이상 십자군 전쟁을 통하여 배척해 온 종교적 상대에게 무너진 것이 혼란스러운 충격이었습니다. 정신적 혼란에 빠진 유럽 특히 로마와 기독교가 쇠퇴하면서 새로운 정신적 가치관이 필요했던 것입니다. 비잔틴 국가의 많은 세력이 오스만에 의한 비잔틴 점령 후 로마의 피렌체로 피신하면서 기독교하에서 내놓지 못했던 인문학의 필요성을 주장하기 시작했습니다. 역사학자 부루니(Leonardo Bruni)와 인문학자 마네티(Giannozzo Manetti)가 이때 등장하여 인간에 대한 재 조명을 하기 시작합니다. 그러나 이러한 이론을 끌어들이기 위해서 필요한 것이 역사적인 배경인데 이때 등장하는 것이 클래식 작품입니다. 여기서 클래식이라 함은 곧 그리스와 로마입니다. 중세의 멸망이 교훈적으로 역할 하기에는 너무 부정적이었습니다. 건축에서도 이러한 배경으로 로마의 바실리카 형태가 다시 등장하기 시작합니다. 즉 근세도 로마와 그리스의 건축형태가 다시 등장하여 연속된다는 것입니다. 추구하는 미의 가치와 기준 그리고 수행 주체의 변화가 있었을 뿐 형태의 전체적인 변화는 없었고 오히려 고대의 형태의 연속상에서 벗어나지 않았습니다. 고대에도 신상(신화)과 인성의 대립은 있었지만 두 개의 대립은 공존하고 있었습니다. 그러나 중세에는 신상과 인성의 선택에서 모든 것의 상위에는 신상(기독

교)이 기준이 되었으며 근세에 들어서 이 둘의 대립은 동등한 관계로 변화되고 있습니다. 철학에 있어서도 중세는 신상이 우선시 되는 신본주의적 형이상학적인 관계가 강했으나 근세에 들어 변증법적인 관계가 다시 되살아 나고 인간의 역할이 모든 것의 기준으로 등장하면서 건축물의 형태에서 스케일의 변화를 보이기 시작했습니다. 미의 기준은 형태에도 변화를 보이기 시작하여 인간이 정한 질서와 인간의 시각을 기준으로 하는 사실적인 규칙을 중시하게 된 것입니다. 그러나 점차 인간의 미에 대한 질투와 실증이 증가되고 이를 극복하는 방법으로 본질을 가리는 장식에 대한 욕구가 강해지면서 형태는 내적인 요소보다 외적인 표현이 강해졌습니다. 그러나 본질적인 건축물의 틀은 그대로였으며 로마의 형태적인 틀에 점차 돔의 분량이 증가되었습니다.

건축물의 형태가 시대에 따라 변화하는 것처럼 보이지만 [그림 I-22]의 그림에서 보듯 큰 틀의 변화는 없었고, 단순한 형태에서 복잡한 형태의 반복일 뿐 사실상 주기를 갖고 반복되는 것이었습니다. 즉 초기의 그리스와 로마의 건축형태에서 크게 벗어나지 않았다는 의미입니다. 이것이 바로 건축물 형태의 제1원형입니다. 정리하면 건축물 형태는 2가지인데 하나는 고대의 것입니다.

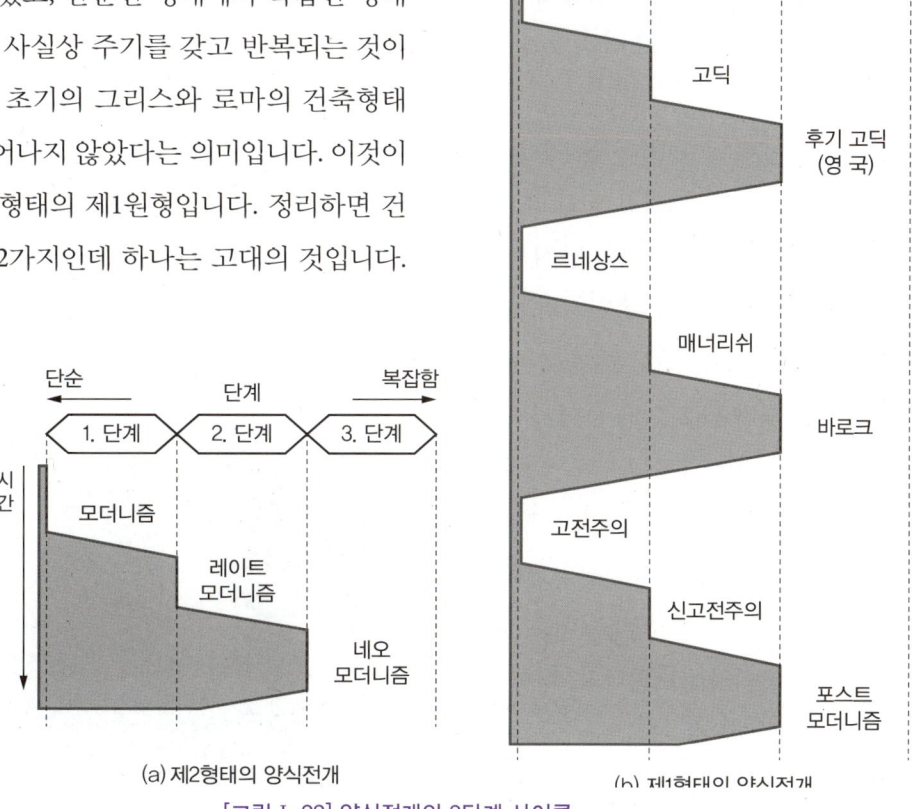

(a) 제2형태의 양식전개    (b) 제1형태의 양식전개

[그림 I-22] 양식전개의 3단계 사이클

I. 건축물은 두 개의 형태만 있다

| 원형 | 복고풍 |
|---|---|
| 고대<br>이집트, 그리스·로마 | 중세와 근세<br>고전주의<br>신고전주의<br>모스트 모더니즘 |
| 근대<br>글래스 고우, 아르누보,<br>다다이즘, 큐비즘, 디스틸,<br>미래파, 표현주의,<br>미니멀리즘 | 국제양식<br>네오 모더니즘<br>해체주의 |

[그림 I-23] 두 가지 형태로 분류

그 이후는 단지 이를 반복하는 복고풍일 뿐입니다. 그렇기에 건축물을 이해하려면 먼저 고대의 형태를 이해하는 것이 먼저입니다. 이 제1의 원형은 고대 이후 지금까지도 진행되고 있으며 현재에 와서는 소위 말하는 클래식한 건축물의 형태를 말하는 것입니다. 현재 우리가 갖고 있는 많은 건축물의 형태 속에는 설계자가 의도와 상관없이 이 고대부터 내려오는 형태 디자인 요소가 쓰이고 있으며, 심지어는 근대의 성격과 복합적인 형태도 등장하고 있습니다. 그러나 고대부터 사용했던 디자인 요소가 비록 많은 부분을 차지하지 않더라도 양식의 범주는 제1의 양식으로 분류가 됩니다. 안타까운 것은 자신의 형태가 어느 범주에 속하는지도 모르는 설계자도 있다는 것입니다. 그 이유는 근대적인 요소와 근대적이지 않은 요소에 대한 인식이 없기 때문입니다. 형태 요소뿐 아니라 배열도 마찬가지이며 규칙도 과거의 양식에 속합니다. 이렇게 양식적인 법칙을 무의식 속에 사용하면서도 자신의 형태가 근대 또는 현대의 것이라고 말하고 있습니다.

## 2. 제1의 원형에 속한 건물의 예

제1의 원형에 속한 건물은 고대의 형태에서 그 형태 요소의 규칙을 갖고 왔다고 앞에서 언급하였습니다. 중세 또는 근세의 양식적인 방법을 따르거나 3가지 대칭 형태, 배열규칙 또는 조적조의 형태 등도 이 범주에 속합니다. 그래서 고대에 속한 양식을 보면 이집트, 그리스 그리고 로마의 형태에서 인용한 건물을 볼 수 있습니다. 이러한 형태가 단독으로 쓰이기도 하지만 복합적으로 사용되는 경우도 있는데 이는 현대의 매너리즘입니다. 그래도 제1의 형태에 속하는 것입니다. 이집트의 건축물을 살펴보면 형태요소로 지금도 대표적으로 인용되는 것이 피라미드입니다. 우리가 일반적으로 피라미드는 이집트나 중동에 국한되어 분포된 것으로 알고 있으나 사실은

[그림 I-24] 피라미드

[그림 I-25] 바다속 피라미드_요나구니 섬(B.C. 8000)

전세계적으로 널리 분포되어 있습니다. 예를 들면 페루나 아프리카에도 많이 분포되어 있고, 유럽 지역에서는 알바니아나 독일에도 있으며 핀란드와 프랑스, 그리스, 이태리 등 여러 나라에서 찾아 볼 수 있고, 북아메리카에서는 미국에서 많이 찾아볼 수 있고, 중국과 티벳에서도 찾아볼 수 있습니다. 놀라운 것은 1987년 일본 남서쪽의 아주 작은 요나구니 섬(Yonaguni Island)의 근처 바다 속에서도 잠수강사 키하치로 아라타케(Kihachiro Aratake)에 의해서 거대한 피라미드가 발견 됐다는 것입니다.

현재까지 이 바다 속의 계단형 피라미드는 약 1만 년 이상된 것으로 추정하고 있습니다. 이렇게 피라미드는 곳곳에 있었는데 당시의 구조적인 기술로는 가장 안정된 형태였기 때문입니다. 특히 남미의 계단형 피라미드는 신전의 기능으로서 그 지역의 가장 높은 건축물로 신성화시키는 심볼로서 밑면이 넓고 위로 올라갈수록 좁아지는 형태를 취할 수밖에 없었을 것입니다. 당시 지역 간의 분리된 성격을 감안한다면 이는 가장 발달된 형태였기 때문에 자연적으로 각 지역에서 발달한 것으로 추정합니다. 구조적인 면에서는 그렇지만 상징적인 형태기호로서는 종교적인 경향이 있고 부와 권력의 상징으로서 피라미드가 사용되었습니다. 이것이 현대에 와서 계속적으로 인용되는 것입니다. 건축물 형태의 다양성을 볼 때 피라미드는 그 성격이 강하고 그 형태적인

[그림 I-26] La Pyramide(1973)_아이보리 코스트

I. 건축물은 두 개의 형태만 있다

특성으로 보았을 때 가장 많이 사용되는 명확한 형태 중 하나입니다. 공간 배치가 다른 형태에 비하여 용이하지 않음에도 잘 사용되는 이유는 홍보적인 성격도 강하고 갖고 있는 메시지가 강렬하기 때문입니다. 아프리카 서부에 아이보리 코스트(Ivory Coast)의 경제수도 아비장(Abidjan)에는 1968년부터 공사를 시작해 1973년에 준공한 건물 La Pyramide가 있습니다. 15층 높이 61.95미터로 이태리 건축가 리날도 올리비어리가 설계한 것으로 당시에는 이 도시에서 가장 큰 피라미드 형태의 건물이었습니다. 이 건물은 상점 건물이 있는 것으로 이 도시의 성격에 맞는 기능을 부여 받았습니다. 1960년 프랑스로부터 독립하여 초대 대통령 우프에트 부아니의 33년 집권 기간 중 초기에 시작한 사업 중 하나였습니다.

다른 피라미드 형태의 건축물과 차이가 있다면 수직적인 요소가 첨가되었다는 것입니다. 위에서 왼편의 사진을 보면 도시의 건축물이 전반적으로 통일된 반면 이 피라미드 건물은 그 형태나 규모가 눈에 뛰게 만들어졌습니다. 이 건물을 지을 당시 주변의 건물은 지금처럼 많지 않았습니다. 그래서 이 건물은 마치 기념비적인 이미지로 도시에 존재했으며 일반적으로 상징적인 건축물이 추구하는 목적이 뚜렷하지만 단순화되는 형태를 건축가가 시도했다고 봅니다. 그러나 이 건물은 상점 건물로서 공간 분포를 효율적으로 운영할 수가 없었습니다. 그리고 2000년 대 들어서면서 하자문제가 발생하여 막대한 예산을 세워 2011년도에 개조에 대한 계획이 정부에 의하여 발표되고 기능도 관광차원의 목적으로 만들 것을 의도하게 되었습니다. 일반적으로 법규나 대지활용도 또는 공간활용 면에서 긍정적인 방법을 위하여 일반적인 형태를 추구하는데 이렇게 공간 손실이 있음에도 불구하고 이러한 형태를 시도하는 이유는 다른 목적이 있을 수 있습니다. 아이엠 페이[5]의 경우는 다릅니다. 그는 삼각형의 건축물 형태에 유능하지만 수직적으로 삼각형을 시도하지 않고 평면적으로 나타내고 있습니다. 이를 통하여 면적의 효율성을 높이며 상징적인 홍보효과도 보려는 의도로 그의 피라미드는 현대판입니다. 아이보리 코스트 빌딩이 피라미드 형태를 갖고 있지만 외부처리는 약간 변형된 것에 비하면 Dubai에 계획된 피라미드는 고대 피라미드에 근접한 형태를 갖고 있습니다. 보통 지구라트(Ziggurat)는 고대 메소포타미아 지역에서 많이 발견된 성탑이나 단탑을 일컫는 이름으로 피라미드의 이미지를 갖고 있습니다. 신성하고 신비한 건축물의 이미지로서 지구라트는 대표적인 형태를 갖고 있습니다. 이를 위해서 현대에

---

[5] **아이엠 페이** Ieoh Ming Pei(1917~ )
중국 광동 출신의 중국계 미국인 건축가. 1960년대 이후 본격적인 작품활동을 하면서 자신만의 건축세계를 형성한 유명한 현대 건축가 중 한 사람이다. 세련된 디자인과 치밀한 디테일로 완성도 높은 건축물을 추구하고 있는 페이의 대표작으로는 〈내셔널 아트갤러리 동관〉(1978년), 〈댈러스 시청사〉(1977년), 〈중국은행〉 1990년), 〈존 핸콕 타워〉(1976년), 〈크리스천 사이언스 처치 센터〉(1975년), 〈루브르 박물관의 유리 피라미드〉(1989년) 등이 있다.

[그림 I-27] 두바이의 피라미드

[그림 I-28] I.M.Pei_유리 피라미드(파리)

와서 많이 변형한 피라미드 형태를 사용하고 있는데 두바이의 피라미드도 그 중의 하나입니다. 일반적인 피라미드가 수평적인 띠를 형성하고 있는 데 반해 이 건축물은 수직적인 요소를 사용하였습니다. 특히 봉우리에 탑을 세운 것은 신비스러운 이미지에 적절합니다. 이 계획안은 이 피라미드 안에 백만을 수용하는 도시적 건축물로서 그 목적이 있습니다. 사막의 한 가운데 새로운 도시를 건설하고자 하는 두바이의 의지는 피라미드가 가장 적절한 형태로 선택되어진 것입니다. 이 외에 지금도 세계 각지에서는 피라미드의 형태가 존재하는데 대부분이 상징적이고 특별한 의미를 갖고 시작되었습니다. 그 중에 아이엠 페이의 파리에 있는 유리 피라미드가 현대와 과거를 잇는 가교 역할로 존재합니다. 피라미드가 왕의 무덤이라는 기능적인 역할 외에 이집트에서는 오아시스의 의미로 사막에서 중요한 요소로 존재 하기 때문에 그 규모가 선택된 것입니다. 이집트의 도시적인 특징을 보면 나일강을 중심으로 동쪽에 마을이 위치해 있고 서쪽으로는 피라미드가 나일강에 직각으로 배치되었습니다. 이러한 배경을 고려하여 페이는 루브르 박물관 정면에 피라미드를 설계한 것입니다. 피라미드를 경계로 하여 박물관은 과거의 이미지이고 반대편은 파리의 현재 상황입니다. 이 건축물을 설계할 당시 미테랑 대통령

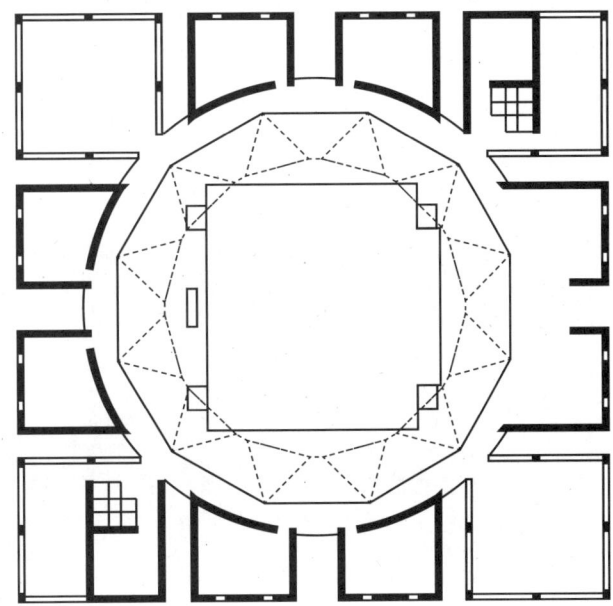

은 프랑스 옛 영광을 재현하고자 하는 의도로 문화적인 분위기를 만들면서 대대적인 건축물도 계획하였는데 그 중의 하나가 바로 이 피라미드입니다. 페이는 부의 상징적인 의미로 이 삼각형을 선택하였고 과거와 현재를 잇는 기호로 시각적인 연결이 가능한 재료 유리를 선택하였습니다. 찰스 젱스는 이 피라미드를 향해 이렇게 말했습니다. "아이엠 페이는 이 피라미드를 통하여 프랑스에 옛 영광을 돌려주려고 하였다." 이렇게 피라미드는 고대의 건축물이지만 아직도 곳곳에 등장하고 있습니다.

제1의 원형에 속하는 형태는 피라미드뿐 아니라 그리스와 로마의 형태요소도 있습니다. 피라미드는 전체적인 형태를 갖추어야 하는 부담이 있는 것에 비하여 그리스나 로마의 형태요소들은 부분적으로 보이고 있거나 혼합해서 사용하는 경우가 많으며 고전주의, 신고전주의 또는 포스트모더니즘에서 사용하는 데 부담감이 적습니다. 시대적인 기술과 과학은 이를 재탄생하게 하는데 실상은 다원주의(Pluralism)에 그 기초를 두고 있습니다. 기하학에 기초를 두고 발달했던 고대 형태는 감성적으로 다가왔고 참여적인 분위기를 만들었는데 기술과 구조에 바탕을 두었던 엔지니어가 앞장섰던 근대의 이성적이고 지적인 형태들은 사실상 형태언어라는 것이 무색할만큼 독보적이고 개인적인 방향으로 흐르면서 거리감이 생겼습니다. 이것이 시대의 흐름이고 이는 자연스럽게 받아들여야 했습니다. 이 때부터 생긴 거리감은 골이 깊었고 이해를 수반하지 않는 받아들임이 작용했습니다. 사회는 이로 인하여 계층의 분리가 생기고 다른 문화의 흐름 속에서 격리의 간격이 점차 벌어지게 된 것입니다. 이로 인하여 일부 계층에서 사회통합을 주장하고 반문화에 대한 운동이 일어나면서 다원주의에 대한 필요성을 제기하게 됩니다. 미래와 진보에 대한 재검토가 이뤄지고 역사를 역행하는 운동이 일어나는데, 이 중의 하나가 바로 역사적인 내용을 중시하는 포스트모더니즘입니다. 이들은 독단적인 모더니즘에 대한 사형선고를 내리고 현대적인 기술에 과거의 형태언어를 덧 입히는 작업을 한 것입니다. 이는 초기에 충격이었습니다. 암

Resorts World Manila, the Marriott Hotel

전주시청사, 설계 김기웅(1981)

묵적으로 과거로 돌아가지 않는 근대의 정신이 바탕에 깔려 있고 이를 목적으로 하여 실로 짧은 시간에 기술과 과학을 바탕으로 문화를 이끌어 왔는데 이를 역행하는 것이 자연스러운 것은 아니었습니다. 형태언어에 대한 개념 이해를 떠나 오랜 시간 지속된 언어의 단절은 시간이 지나면서 자연스러운 현상으로 되었고 이것을 하나의 흐름으로 받아들였던 문화에 있어서 형태언어를 중시하는 포스트모더니즘의 등장은 혼란스러웠습니다. 감성적인 메시지가 전달되었다는 것입니다. 기호적인 언어의 전달이 등장하면서 형태언어의 교감이 생긴 것입니다. 이에 대한 호감이 반가움보다는 오히려 반감으로 다가온 곳입니다. 이는 마치 예상치 못한 상황에 대한 대처반응입니다. 그러나 그것이 배제되어야 하는 상황은 아니었습니다. 그래서 읽히기 시작하면서 급속도로 유행을 타게 된 것입니다.

로버트 벤츄리([그림 I-29])의 Chestnut 언덕에 있는 주택 정면을 보면 곡선은 입구

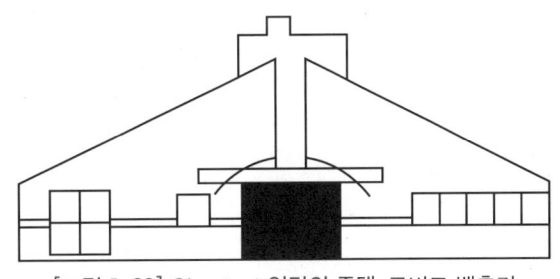

[그림 I-29] Chestnut 언덕의 주택_로버트 벤츄리

의 사각형에서 극적인 긴장감을 보이게 합니다. 여기에서 원형은 약한 이미지를 보이지만 사각형이 강하게 내뿜는 힘 그리고 방향성과 함께 복합적인 이미지를 전달하고 있습니다. 지붕의 넓은 삼각형은 원형과 사각형에서 오는 긴장감을 다시 분해시킵니다. 전체적으로 삼각형과 사각형의 기하학적인 형태로 구성되어 있고 좌우대칭을 이루고 있으며, 이 건물에서는 이러한 작용에도 불구하고 주택의 정면에서 이렇게 대조되는 형태들이 오히려 명확하게 보입니다. 이러한 형태언어 요소들이나 배열 시스템이 사실 근대에는 잘 등장하지 않는 표현입니다. 이 근원을 보면 고대 그리스의 형태에서 찾아볼 수 있고 정면 가운데 곡선은 고대 로마에 등장하는 형태입니다. 이렇게 기하학적인 도형의 배치가 등장하였다고 반드시 제1의 원형으로 볼 수는 없습니다.

예를 들어 Louis I. Kahn의 우니타리 교회의 평면에서는 대조되는 도형 원과 사각형이 종합적으로 보이지 않습니다. 원이 소극적으로 보이고 원의 주변에 사각형이 환경과 연결되면

I. 건축물은 두 개의 형태만 있다

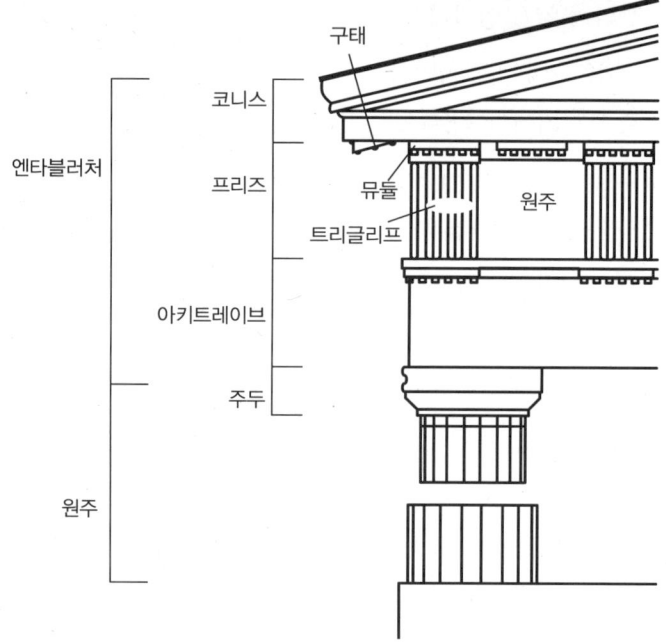

[그림 I-30] 이태리 광장_찰스 무어

서 방문자에게 강하게 나타나기 때문입니다. 이러한 형태 속에서 건물과 건물주변 사이에도 역동적인 관계가 있을 수 있습니다. 로버트 벤츄리와 유사한 배치구조를 팔라디오의 건축물에서도 읽을 수 있습니다. 그가 자주 사용하는 표현으로 정면에 반원을 만들고 곁에 삼각형을 두는 것입니다. 이 형태는 완벽한 좌우 대칭이 의도적으로 나타나고 있으며, 아치와 각 층의 배열구조를 다르게 한 것이 모두 고대에부터 내려온 방식입니다.

고대에는 지역 간의 표현 방식의 차이가 있었지만 중세에는 이것들이 통합적으로 나타나는 것을 볼 수 있습니다. 이것이 바로 다원주의 시초입니다. 그러나 그 범위는 그리스 로마의 영역으로 매우 제한적이었습니다. 로마는 아치, 돔, 볼트, 조적조가 그 특징이며 로마는 삼각형 지붕, 기둥 그리고 단이 그 대표적인 형태요소입니다. 여기에 근대 이전에 자주 보여준 대칭을 이루고 있으며 표현이 명료하고 순수한 기하학이 주를 이루는 특징이 있습니다.

   찰스 무어의 이태리 광장은 다원주의뿐 아니라 포스트모던이 무엇을 추구하는가 잘 보여주었습니다. 한 가지의 요소를 보여주는 것이 아니라 근대 이전의 고대, 중세 그리고 근세까지 모든 표현을 한 곳에 모아 놓았습니다. 이집트의 사각기둥과 그리스의 아키트레이브와 프리즈, 로마의 아치 위에 그리스의 원주, 그리스 코린트 기둥 위에 놓인 아치와 그리스 이오니아식 기둥 위에 놓인 아치 그리고 중앙 공간에 연속성을 표현하여 마치 원근법적인 효과를 보이지만 다른 것을 나타낸 유머와 벽면의 틀만 나타낸 것은 매너리즘의 언어이며 로마 판테온 신전에나 있을 법한 기둥과 아치는 실로 모든 공식을 벗어난 기능주의를 비웃는듯한 표현입니다. 이는 로마 황제의 몸에 그리스의 실크 옷을 입히고 이집트의 장신구를 매달아도 먹고 사는 데 큰 문제가 없음을 증명하려는 의도처럼 보입니다. 아마도 아돌프 루스가 보았다면 그는 제2의 루스하우스를 선보였을 것입니다. 이 광장의 바닥은 원의 형태로 되어 있습니다. 원이 하나가 아니고 여러 개의 테두리를 갖고 있는

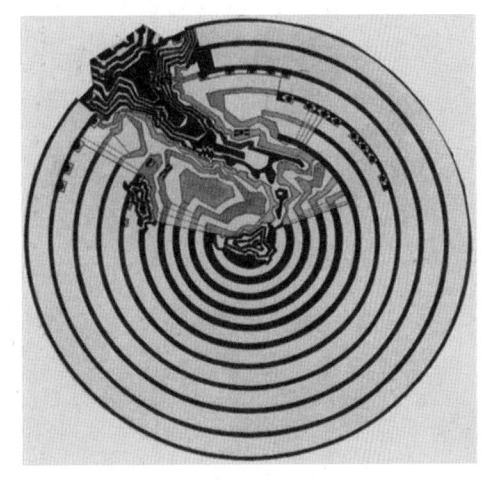

데, 이 반복적인 표현에서 찰스 무어의 유머스럽지만 그 내면의 진지한 의도를 다시 한번 생각해 볼 수 있습니다. 원의 형태는 모든 면이 동일한 값을 갖고 있습니다. 즉, 방향이 없으며 형태 중 가장 간단하고 자극적인 형태입니다. Carl Gustav Jung은 원과 정사각형이 전체를 나타내고 단순성을 나타내는 심볼로서 충분히 이상적이라 하였습니다. 원은 끝도 시작도 없고 끝없이 움직이며 언제나 다시 시작했던 곳으로 돌아옵니다. 연속하여 움직이는 수단으로서 바퀴에 사용되어졌다는 사실이 있습니다. 원은 또한 태양과 달의 표본이며 이와 함께 아주 강한 상징적 의미를 갖고 있습니다. 원의 외곽선에 있는 한 점은 일정한 거리를 갖고 정확한 거리를 명확하지 않은 중간 점을 두고 돌고 있습니다. 원의 형태는 고전 속에서 이미 상징적인 의미와 비례를 결정하는 중요한 역할을 갖고 사용되어졌습니다. Vitruv은 누워 있는 인간의 등을 고정시키고 쭉 뻗은 팔과 다리의 중간 지점에서 발가락과 손가락이 닿는 부분을 찾아냈습니다. Vitruv이 생각한 고대

그리스 건축에서 그가 'old'에 관하여 말하였지만 사실상 그리스 건축에서 원의 형태는 비교적 드뭅니다. 이 원의 형태는 무엇보다 극장을 짓는 데 적용을 하였습니다. 그러나 이러한 시설을 사용한 실질적인 건물이 없습니다. 여기에서 원의 형태는 기능과 음향적인 이유로 선택된 것입니다. 원 형태의 건물을 그리스 건축에서 찾는 것이 쉽지 않습니다. 이것에 관하여 두 가지 이유를 들 수 있습니다. 첫 번째는 모든 면이 막혀버린 원에 대한 그리스인들의 거부감입니다. 그리스의 신들은 과거에 신화나 집안의 불을 지피는 곳에서 매일 식사 중에 제물을 바치면서 존경을 표하는 그 집안의 역사 속에 있었습니다. 동시에 이러한 제물을 바치면서 선조를 생각했던 것입니다. 집안의 중심지, 만남의 장소 그리고 제단이 있는 곳으로서의 이 기능은 원의 형태가 가장 좋은 표현을 만들어 낼 수 있었습니다. 후에 이 배열은 소위 사원 형태에서 불을 지피는 장소로서 과거의 모든 기능을 종합할 때 이러한 형태가 적합했던 것입니다.

고대 로마의 건축에서 원의 형태는 입면에서 아치의 형태가 많은 반면 평면에는 상대적으로 적지만 로마건축에서 지배적인 요소 중의 하나가 되었습니다. 아치와 둥근 천장을 로마가 발견한 것은 아닙니다. 화산재가 풍부했지만 벽돌과 회반죽을 사용한 건축이 가능하게 하는 새로운 시공방법이 적은 무게를 사용하여 넓은 폭의 하중을 지지하는 방법을 그 이전에는 전혀 알 수가 없었습니다. 그래서 이들은 로마 아치의 원조라 할 수 있는 개선문의 아치를 선택한 것입니다. 즉 이 새로운 시작은 다시 기원전 2세기로 되돌아간 것입니다. 전체적인 로마의 건축형태는 간단한 아치에서 파생되었습니다. 근본적인 요소의 흐름은 벽의 흐름을 중단시키고 여러 층으로 쌓는 수로를 만들었습니다. 타원형의 형태 안에서 곧게 하는 대신 원형 경기장의 모양을 만들어 냈습니다. 그래서 전체적인 축을 잡아 돌려서 형태를 살펴보면 하나의 반원을 그리고 있습니다. 일반적으로 반원이나 큰 통의 형태는 목재 천장을 얹거나 화재에 위험성이 적은 공중 목욕탕에 많이 사용되었습니다. 당시의 가장 의미가 깊은 반원형의 건물은 5천 년의 역사 동안 공간의 역사를 증명해 준 판테온 신전입니다. 원의 형태에 기초를 잡은 중앙공간은 장방형 공간과 함께 종교건축의 주 테마가 되었습니다. 로마의 바실리카는 둥근 천장이 천천히 들보를 통하여 놓여지는 초기 교회를 위한 표본으로 되었습니다. 또한 로마 시대에는 활처럼 굽은 형태가 중요한 요소였습니다. 그 반원형의 형태는 그 시대의 콘셉트를 뒤 받침해 주었습니다. 즉 명확한 배열과 함께 반원형의 구조가 공간을 연결해 준 것입니다. 고딕의 새로운 공간 이해는 또한 다른 둥근 천장을 요구합니다. 첨탑의 천정은 구조적이고 안정적인 장점을 갖고 있으며 공간에 대한 상상을 현실화하는 데 아주 적합합니다. 고딕 건축에서 원의 형태는 그 배경 속에서 압박을 받았습니다. 그 적용은 예를 들어 장미 모양의 장식 창문처럼 그 적용 동기가 마땅하지 않았습니다. 종종 입구 위에 놓여 있는 이 둥근 모양의 개구부 기능은 다양하게 표현되었습니다. 그 하나는 빛을 내부로 들어오게 돕는 것이며 다른 하나는 커다란 상징적 의미를 갖고 있습니다. 둥근 창문을 통한 조명은 공간의 가운데 통로의 방향을 인도합니다. 그리고 제단 방향으로 인도하는 것과 내부에서의 움직임을 돕습니다. 둥근 형태는 또한 장미나 태양 그리고 마리아의 심볼 표시로서 이해할 수 있습니다.

르네상스 건축에서는 다시 원이 건축적인 요소로서 중요하게 쓰입니다. 인간의 새로운 위치를 통하여 신에게 향한 인도적인 아이디어가 그 배경 속에 담겨집니다. 명확한 중심을 가지며 모든 면이 동일한 값을 갖는 안정적인 형태로서 원은 이러한 이상적 표현의 수단입니다. Andrea Palladio는 4번째 책의 2번째 장에 그리스의 사원 형태에 관하여 적었습니다. "이렇게 훌륭한 신을 섬기는 우리가 완전하고 훌륭한 것을 사원 형태에 적당한 장식으로 채우기 위하여 찾는 것이 있다. 모든 형태에 대하여 간단하고, 동일하며, 일정하고, 힘이 있으며 그리고 둘러 쌓여 있는 이것은 곧 원이기 때문에 우리는 우리의 사원을 둥그렇게 한다. 인간이 시작도 끝도 확인할 수 없는 것에서 이 원은 단지 하나의 유일한 선에 의하여 제한이 되기 때문에 무엇보다도 사원에는 이 형상이 적합하다. 즉 하나가 다른 하나에 의하여 구별되게 할 수 없는 이 형상이 스스로 동일하며 이 모든 부분이 스스로 경계자로서 형태의 진정한 몫을 차지한다. 마침내 각 부분의 전체 안에서 외향적인 점을 중앙에서 동일한 거리 내에서 찾을 수 있다." 그리고 자신의 시대를 위하여 이 원의 형태를 따랐습니다.

정확히 적용된 모든 형태는 목적을 도우며 이와 함께 의미를 갖게 됩니다. 그러나 형태는 동시에 또한 구조적인 시공방법에 의존을 합니다. 내력기둥과 내력벽을 갖는 골조구조는 오히려 사각적인 형태를 요구합니다. 조적조는 오히려 아치에 합당합니다. 그러기에 원의 형태를 취하게 되는 것입니다. 그리스의 톨로스에서는 형태에 정신적인 내용을 담는 것이 당시의 일상적인 건물방식에 지배적으로 적용되기도 했습니다.

찰스 무어가 바닥에 반복적인 원을 그린 것은 로마 광장의 의미를 떠올리게 하며 이태리 반도를 중심에 놓지 않고 한 쪽으로 쏠리게 하였지만 중심으로 향하게 배치한 것은 원의 형태기호에 대한 응용입니다. 그의 의도를 좀더 정확하게 알 때 우리는 진정으로 웃을 수 있는 것입니다. 이는 그가 모던에 대한 경고로 기능주의가 실패했음을 알리려고 한 것입니다. 여기서 하나의 정보에 대한 송신자와 수신자의 존재를 그는 알리려고 했는지도 모릅니다. 문화의 생성과 지속은 어느 관점에 기준을 두는가에 따라 다릅니다.

이 외에도 고대의 형태를 바탕으로 하는 건축물들은 아직도 많이 진행되고 있습니다. 그러나 이를 대하는 관찰자들은 막연하게 클래식한 형태라고 인식하게 되는데 이에 대한 지식을 조금

[그림 I-31] Renzo_The Shard(2012), Piano, london

더 안다면 건축물을 감상하는 재미가 더 있을 것입니다. 예를 들어 앞에서도 언급하였지만 피라미드의 기원은 지구라트(성스러운 탑)입니다. 지금에 와서 이와 같은 의미를 직접적으로 갖는 건물을 만드는 것이 거부감이 들 수도 있지만 피라미드를 선택하는 목적의 바탕에는 그 도시의 탑과 같은 형태적 기능을 염두에 둘 수도 있습니다. 이는 이미 역사 속에서 그 건축물이 갖고 있었던 대상적 의미로서 일반화된 가치이기 때문입니다.

[그림 I-32] 윌리럼 페레이라_transamerics pyramid(1972), 샌프란시스코

[그림 I-31]의 건물은 런던 브리지 주변에 세워진 럭셔리 건물로서 저층에는 상점과 식당, 25층까지 사무실, 33층까지는 식당과 전시공간, 52층까지는 호화 호텔, 63층까지는 럭셔리 주거공간 등이 있는 72층 건물의 232미터를 자랑하는 유럽에서 두 번째로 높은 2012년에 준공한 마천루입니다. 그러나 이 건물을 런던의 사금파리라고 불리는 것은 조금 어폐가 있습니다. 런던이 이러한 형태를 선택한 이유를 다시 한번 생각해봐야 합니다. 그러나 이러한 형태의 마천루가 이미 미국에는 새로운 것이 아닙니다. 미국 샌프란시스코에는 1972년에 이 보다 더 높은 윌리럼 페레이라(William L. Pereira & Associates)가 설계한 피라미드(Transamerica Pyramid)를 갖고 있습니다. 층수는 48층으로서 런

(a) 멤피스의 실내경기장　　　　　　　　　(b) 라스베가스의 럭소 호텔

[그림 I-33] 다양한 삼각형의 형태

던의 것보다는 작지만(건물 꼭대기의 차이) 높이는 260미터로서 이곳에서는 제일 높은 빌딩이지만 미국 내에서는 37번째 높이일 뿐입니다. 근대 이전의 유럽은 많은 식민지를 통하여 세계 강국으로서 모든 영광을 누렸지만 식민지의 독립과 함께 지금은 그 영역이 많이 축소되었기에 지금도 그 영광을 추억하며 이러한 상징적인 건물을 짓지만 미국은 경제대국으로서 피라미드를 통한 영광을 나타내려 하고 있습니다. 이렇게 근대 이전의 건축물이 갖고 있는 상징적인 의미는 근대와 사뭇 다릅니다. 피라미드는 특히나 신성시되는 건축형태의 대표적인 것으로서 기능적인 면보다는 상징적인 의미가 더 있습니다.

위의 [그림 I-33] (a)의 건물은 멤피스의 실내경기장이고, [그림 I-33] (b)는 라스베가스의 럭소 호텔입니다. 삼각형의 형태가 의외로 다양하게 사용되는 것을 볼 수 있습니다. 그렇다면 앞에서 언급한대로 상징적인 의미도 있겠지만 사실 삼각형이 갖고 있는 형태적인 특징도 있기 때문입니다.

삼각형을 인식하는 것은 삼각형의 구조적 토대에 강하게 의존합니다. 원과 정사각형에서 그 비율과 형태가 동일한 느낌을 주지만 직

[그림 I-34] I.M. Pei, National 갤러리(1978)_3층 평면, 워싱톤

|  | ● | ● | ■ | ▬ | ▲ |
|---|---|---|---|---|---|
| 비례 | 상수 | 변수 | 상수 | 상수 | 상수 |
| 구성 | 상수 | 상수 | 변수 | 변수 | 변수 |
| 각도의 크기 | 상수 | 상수 | 상수 | 상수 | 변수 |
| 변의 수 | 상수 | 상수 | 상수 | 상수 | 상수 |

I. 건축물은 두 개의 형태만 있다

　사각형에서는 또한 길이와 폭의 비율의 구조적 특성을 가지면서 그 형태가 변경될 수 있습니다. '4개의 동일한 직각의 모퉁이에는 무엇이 남는가?' 삼각형에서는 비율과 그 형태가 각의 크기에 따라서 변경이 될 수 있습니다. 다양한 삼각형이 갖는 공통점은 변의 개수와 모든 각의 합이 180도가 된다는 것입니다. 앞에서 지금까지 언급한 모든 규칙적인 형태 중에 삼각형이 가장 불규칙한 것입니다. 또한 이것이 왜 삼각형을 인식함에 있어서 구조적인 토대가 그렇게 중요한 역할을 하는지에 대한 이유도 됩니다. 원, 정사각형 그리고 삼각형은 가장 순수한 3개의 형태들입니다. 이미 인간의 문화 이전에 사람들은 이러한 형태를 수공예의 장식으로서 세계 도처에 사용을 하였습니다. 원이 완결과 완성을 위한 표시가 되는 동안 삼각형은 구성이나 또는 공격을 의미합니다. 원은 내향적이고 안정적입니다. 삼각형은 외향적이고 운동적입니다. 삼각형은 그 간단한 구성 때문에 측정 목적으로 언제나 사용되었습니다. 측정된 두 개의 초점으로부터 3번째 것은 이 두 개의 거리 도움을 받아 삼각자의 정확한 도움을 받지 않고도 측정이 가능해지기 때문입니다. 어떠한 삼각형의 형태를 선택할까하는 방법은 다양한 이유를 통해서 정해질 수 있습니다. I. M. Pei가 설계한 워싱톤 D.C에 있는 국제갤러리의 증축은 대지 뒤로 멀리 성채가 노출되어 보이는 상태의 삼각형 대지 위에 서 있습니다. 이 건물은 건물 전체 내부공간의 조직을 삼각형 대지에 담은 형태를 취하였습니다.

　샤키오 오타니가 설계한 교토에 있는 국제 세미나센터도 또한 삼각형 대지 형태 위에 지어졌습니다. 그러나 이 건물의 평면은 삼각형태는 아니지만 수직적으로 그러한 표현을 사용하였습

니다. 이 형태는 한편으로 전통적인 일본의 건축형태와 연결이 되며 다른 면에서는 건물의 크기에도 불구하고 단조롭거나 둔탁해 보이지 않는 운동력을 나타냅니다.

정사각형이나 직사각형과는 반대로 삼각형은 구조적으로 명확한 형태입니다. 삼각형의 형태로 놓여진 몸체나 공간들은 그 스스로가 안정적입니다. 그렇기 때문에 트러스에 다른 형태보다 삼각형이 더 많이 사용되는 특성이 있습니다. 전화기를 발명한 사람으로 우리에게 알려진 Alexander Graham Bell(1874~1922)은 공간적인 트러스의 개발에 있어서 삼각형의 토대에 선구자적인 일을 행하였습니다. 그는 이미 1800년도 말에 철심으로 흔하지 않은 사면체구조를 주문 제작하도록 하여 트러스의 안정성을 알리려고 계획하였습니다. 오늘날에도 적용하는 바닥용 트러스를 만일 Bell이 선구자적인 업적을 남기지 않았다면 지금도 생각할 수 없는 일입니다.

삼각형적인 평면을 갖는 피라미드로서의 사면체는 이 구조의 공간적인 기본단위입니다. 정사각 평면 위의 피라미드는 사면체와 함께 밀접하게 적용되었습니다. 그리고 이것은 또한 정사각형이 대각선으로 놓여 있는 변과 함께 피라미드 전체가 하나로

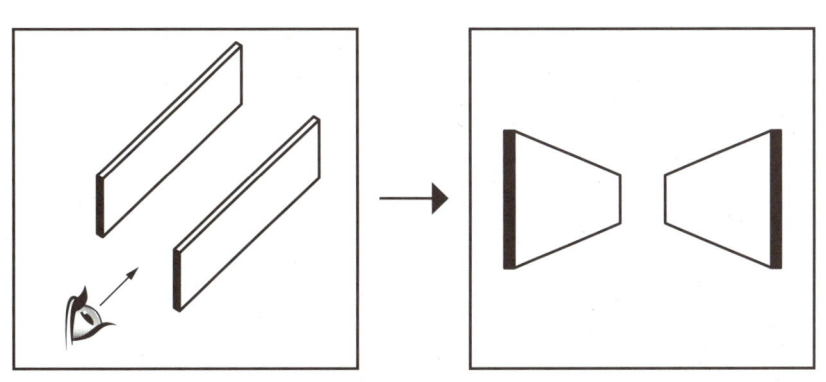

[그림 I-35] 피라미드에 대한 함께 흐르는 선의 지각적인 현상

[그림 I-36] 피라미드_카이로 가자 지구, 이집트

안정적이 되도록 두 개의 삼각형으로 나뉘어집니다. 입방체적인 형태로서의 피라미드는 인식적인 기본적 현상입니다. 원근법적인 거리감을 통하여 유클리드적인 공간 내에서 두 개의 수평적인 선이 우리의 시각적인 흐름 안에서 마침내 서로가 만나기 위하여 흐릅니다. 사실적으로 함께 흐르는 모서리와 함께 모든 입방체 형태를 우리는 피라미드의 한 형태로 동일하게 인식합니다.

피라미드 형태는 두 개의 양면성을 보여주고 있습니다. 하나는 아래로 무게가 점점 더해가는 면의 형태를 갖고 있습니다. 즉 위에서 아래로 계속하여 무게가 증가하는 덩어리화되는 면을 보여줍니다. 다른 면은 위로 갈수록 측면이 축소되는 형상을 보여주고 있습니다. 이렇게 형태가 변화되는 힘이 피라미드가 외형적이고 운동적인 형태로 만들어지면서 긴장감을 갖게 됩니다. 현대 건축에서 외형적인 현상이 피라미드 형태를 취한 것은 의외로 단지 몇 개에 불과합니다. 삼각형의 안정성에서 지지 구조를 기초로 한 프로젝트는 의외로 아주 드물기 때문입니다.

루이스 칸[6]은 필라델피아의 시민회관을 위하여 입방체 단위상에서 뉴욕에 있는 관리건물을 프로젝트로 제시하며 이 빌딩타입을 실질적으로 변경하지 않은 형태 안에서 전개하였습니다. '이 건물은 인위적 조형으로부터 의도적으로 나온 것이 아니고 그 형태가 갖고 있는 자체에서 나오는 스스로 존재하는 구조적 배열 같은 것을 상징화한 것입니다. 이것은 물리적인 질서에서 정신적인 질서를 요구하는 인간의 잠재적인 힘에 대한 믿음을 표현하였습니다. 이러한 경우 물리

---

[6] **루이스 칸** Louis I.Kahn(1901~1974)
1901년 발틱해 연안에 있는 오젤 섬에서 출생. 그의 부친은 스테인드글라스 기술자였고, 모친은 하프 연주가였다. 어려서부터 음악과 그림에 남다른 자질을 보이며 성장. 음악가 혹은 화가의 길을 갈 수도 있었으나 건축을 선택했다. 1947년 예일대학교 교수로 재직하면서 연구와 작품 활동에 몰입. 1955년 중요 논문인 〈오더와 디자인 Order & Design〉을 발표하여 주목받는다. 칸은 도시를 다음과 같이 정의내렸다. "도시는 소년이 그 속을 거닐면서 자기가 일생 동안 무엇을 하는 것이 좋은지, 그 도시를 찾아볼 수 있는 장소이다."
칸이 건축한 〈엑서터 아카데미 도서관〉, 〈리처드 의학 연구소〉, 〈솔크 연구소 실험동〉, 〈킴벨 미술관〉 등을 보면 그의 건축물이 단순히 단일체가 아니라 전체 환경 속에서 도시계획적인 것으로 파악되고 있음을 헤아릴 수 있다.

적인 현상은 외부의 영향 없이 발전되는 것을 뜻합니다. 그리고 그곳에서 발생되는 공간들은 인간을 위하여 사용이 되는 것입니다.' 여기서 건물을 보강하는 핵은 필요하지 않습니다. 왜냐하면 전체 구조 자체가 보강이 되기 때문입니다. 이러한 장점에도 불구하고 이 형태는 또한 문제를 유발할 수 있습니다. 예를 들어 수직적인 연결이 시스템에 무리를 주거나 많은 비용을 감수해야 하기 때문입니다. 그리고 경사가 전면의 면적을 크게 만들면서 유용한 사용면적을 잃게 되는 것입니다. 이렇게 삼각형은 다른 형태가 갖고 있지 않은 특징을 갖고 있기 때문에 선택되는 이유가 있습니다.

제1에 속한 형태들은 수신자의 범위를 넓게 보고 공동체적인 묶음 속에 문화의 역할을 두었다면 제2에 속한 형태의 목적은 송신자와 이를 지적으로 이해할 수 있는 일부 계층에 목적을 둔 것처럼 보이는데 이는 기술과 기능에 관점을 두었기 때문입니다. 찰스 무어의 이 이태리 광장은 사실 두 부류를 대상으로 표현된 것입니다. 하나는 건축에 종사하는 전문가를 대상으로 한 것입니다. 이 광장을 알려면 어느 정도 역사적인 형태 구성에 대한 이해력을 요구합니다. 그 목적은 양식에 대한 것입니다. 르코르뷔지에의 '양식은 귀부인의 머리에 달린 깃털과 같다'라는 의미를 나타내는 것으로 양식의 공식을 파괴하여 형태를 구성하는 데 있어서 어느 요소의 조합도 가능하다는 메시지를 담고 있으며 또 하나는 일반인을 대상으로 형태를 감상하는데, 구성의 틀이 굳이 필요 없다는 메시지를 전달하는 것입니다.

사실 찰스 무어보다 과거의 형태를 구체적이고 공식적으로 나타낸 건축가도 많습니다. 예를 들면 시카고 건축의 루이스 설리반입니다. 미국의 대도시 중의 하나였던 시카고는 19세기 중반에 형성되어 19세기 말에 벌써 170만 명이라는 인구를 갖고 있었습니다. 대부분이 목조 건물이었던 이 도시는 1871년 10월 도시에 대화재로 많은 건물이 소실됩니다. 이를 계기로 도시 재건축에서 새로운 건축물의 필요성을 느껴 등장한 것이 바로 철골 건물입니다. 당시의 시카고 건축가로 윌리엄 르 바론 제니(William Le Baron Jenny;1832~1907), 헨리 홉슨 리차드슨(Henry Hobson Richardson;1838~1886), 다니엘 번함(Daniel Hudson Burnham;1846~1912), 존 웰본 루트(John Wellborn Root;1850~1891), 마틴 로시(Martin Roche;1853~1927), 윌리엄 홀라버드(William Holabird;1854~1923), 루이스 헨리 설리반(Louis Henry Sullivan;1856~1924) 등이 있었습니다. 당시 시카고 건축물 대부분이 이들의 작업으로 형성이 되었습니다. 특히 루이스 설리반의 '형태는 기능을 따른다Form follows Function'는 콘셉트는 당시 건축설계의 방향으로 자리잡아 기능주의 건축의 지표가 되기도 했습니다. 이 시기가 유럽에서는 근대의 시작과 함께 전성기에 이르는 시기로 기능주의와 형태주의(Function follows Form)의 과도기적인 시기로 기능에 대한 방향을 설정하고 라이트[7]를 배출시키는 중요한 계기가 됩니다. 대화재로 시카고는 목조에서 철골구조로 전환이 되며 지금의 마천루 건물이 등장하게 됩니다. 이 시기에 건물이 고층화되는데 일조를 하는 것이 바로 오티스 엘리베이터 등장입니다. 평균 12층 정도의 건축물이 대량으로 들어서면서 시카고는 대 화재 이전의 활성화를 되찾게 됩니다. 기능주의 모토 아래 철골 엔지니어링이 신성하게 불어 오면서 근대의 물결이 시카고에 불지만 건축형태의 변화는 추후 본격적인 근대화의 바람과 거리감이 있었습니다. 이 당시 바우하우스에 비판을 직접적으로 들었던 파리의 보자르학교 출신들이 대거 등장하는데 이 학교에서는 로마네스크 양식을 주로 가르쳤습니다.

이 교육의 방향 이후에 바우하우스의 교육목표와 차이를 보였으며, 이로 인하여 바우하우스는 과거와 결별을 고하는 건축형태를 선보이게 됩니다. 어쨌든 시카고는 3단 구성의 로마네스크 형태가 주를 이루게 됩니다. 이러한 3단 구성은 단지 시카고 건축에만 등장하는 것은 아니고 현대에 와서 마리오 보타[8]의 건축에도 등장합니다. 그에게 있어서 3단 구성은 마치 트레이드 마크

---

[7] **라이트** Wright, Frank Lloyd(1867~1959)
20세기를 대표하는 미국의 건축가. 1887년 근대건축의 선구자 L. H. 설리번의 설계사무소에서 일하는 것을 시작으로 건축계에 첫발을 내딛었다. 초기 유기적 건축 이론에 의한 '프레리하우스(초원주택)' 시리즈 걸작을 다수 제작했으며, 공황 여파로 잠시 부진하다 1936년 '폴링워터(Falling water : 낙수장)'라고 명명된 〈카프만 저택〉, 1939년 〈존슨 왁스 본사〉 등 두 가지 훌륭한 건축으로 제2의 전성기를 맞았다. 자연과 어우러지는 유기적인 건축설계로 유명하다.

[8] **마리오 보타** (1943~ )
스위스의 건축가. 15세가 되던 해에 학교를 그만두고 18세까지 후일 그의 건축작업 대부분의 대상지가 되는 루가노 Lugano 에 있는 건축 회사에서 제도사로 일했다. 그러다가 1961년부터 건축수업을 받기 위해 밀라노의 예술학교를 4년간 다니게 된다. 1965년부터는 베니스에 있는 '르 코르뷔지에 사무소'에서 일하며 카를로 스카르파(Carlo Scarpa)와 지우제페 마차리올(Mazzariol)

처럼 그의 건물에 등장합니다. 그의 건물 마감 또한 조적조를 연상하게 하는 이미지를 보이고 있으며, 3단 구성에 쓰이는 형태 요소 또한 순수한 기하학적인 형태로서 원 또는 사각형 그리고 삼각형 등 단순한 형태를 사용하여 감성적인 이미지를 창출하고 있습니다. [그림 I-37]에서 하단 우측의 사진은 2009년 작품으로 좌측의 건물과 비교하면 건물의 전체적인 면에서 보여줬던 로마네스크의 3단 구성이 형태 자체가 분리되고 좌우 대칭을 고수하던 그가 이를 탈피하는 형태가 파격적으로 변하고 있음을 알 수 있으나 과거 이미지를 갖고 있는 것은 변함이 없습니다. 그의 건축형태가 전체적으로 변화를 보이고 있지만 기본적인 내용은 제1의 원형에서 크게 다르지 않습니다.

과거의 형태 요소에 대한 공식을 따르는 것에는 크게 고전주의, 신고전주의 그리고 포스트모

[그림 I-37] 마리오보타_3단 구성

등의 문하에서 기량을 쌓는다. 1969년에 베니스에서 루이스 칸 전시회를 공동기획한 뒤 루가노로 가서 자신의 사무소를 개설했으며, 1971년에는 그의 대표작 가운데 하나라 할 수 있는 〈카데나초의 단독주택〉을 설계한 뒤 1990년대 초기까지 주택 이외의 건축물은 설계하지 않았다. 그러나 최근에 들어서는 세계적인 건축가의 명성과 함께 파리 주변 이브리 Evry 신도시의 성당이나 여러 도시의 업무용 빌딩 등을 설계하며 이제는 동경이나 샌프란시스코 등지의 대규모 프로젝트 설계를 수행하고 있다. 인간 중심의 건축가로 평가받는 마리오 보타는 자신의 직업을 사회에 대한 봉사로 여기며, 각종 수상 작품뿐만 아니라 강렬하고 때론 논쟁을 야기하는 그의 건축은 사회성에 기반을 두고 있다. "건축은 무無에서 유有를 만드는 것. 즉 창작의 공간. 생활의 그릇. 모든 예술을 낳게 하는 '예술의 모체'라고 생각합니다."

I. 건축물은 두 개의 형태만 있다

더니즘 3가지로 구분해 볼 수 있다고 앞에서 언급했습니다. 시대적 차이는 있으나 원형에 가깝게 재료나 작업방법이 유사한 것을 고전주의, 시대의 차이에 따른 재료의 차이가 있지만 작업방법이 유사한 것을 신고전주의 그리고 시대적 차이, 재료의 차이 그리고 작업방법의 차이가 있지만 작업 콘셉트가 유사한 것을 포스트모더니즘으로 구분해 볼 수 있습니다. 이러한 작업은 언제나 있어 왔고 지금도 진행되고 있는데, 근대가 한창이던 시기에 독일에서는 형태적인 변화보다는 인간의 소외감을 되찾고자 시작되었던 제1의 형태도 있었습니다. 모던이 시작하면서 물질이 풍부하고 형태에 대한 언어의 상실로 한편에서는 인간성 회복을 위한 인간의 내적인 상황을 표현하고자 시작된 표현이 있는데 이를 표현주의라고 부릅니다. 이들은 이상적인 형태로 고딕을 기준으로 하고 로마에서 시작된 재료이지만 가장 인간과 친근한 재료로 벽돌을 선택하였으며 형태도 조소적인 형태를 사용하였습니다. 형태는 크게 조소적 형태, 평면적 형태 그리고 골격적 형태 3가지로 구분해 볼 수 있습니다. 모든 형태가 이 3가지로 명확하게 구분되는 것은 아니지만 많은 부분을 차지하는 방향으로 정하게 됩니다. 표현주의 건축가들은 또한 규칙적인 패턴을 형태에 넣어 마치 표층이 반복되는 듯한 인상을 주어 그렇지 않은 것보다 형태에 대한 이해력을 높였습니다. 이 표현주의도 실상은 제1의 형태 군에 속한다고 할 수 있습니다. [그림 I-38]의 그림에서 3가지 종류를 비교해 보았습니다. 르네상스는 그림처럼 사실적인 표현을 시도하고, 인상파는 빛에 의한 형태 변화를 빛의 속도에 맞추어 표현하다 보니 붓자국이 배경에 그대로 나타난 것이 보이는 반면, 표현주의는 심리적 상태를 마치 매너리즘 시대와 유사한 표현을 나타낸 것이 보입니다. 이것이 건축에서는 심층적으로 표현된 것입니다.

(a) 르네상스(사실주의); 사실적으로 표현
(b) 인상파(빛에 의한 인상); 눈에 보이는 것을 표현
(c) 표현주의(심리적 상황); 보이지 않는 심리적 상태 불안, 공포, 기쁜, 슬픔 등 표현 형태 왜곡, 과장

[그림 I-38] 표현주의_배경색과 형태의 차이

### 3. 제2의 원형(근대)

고대의 영향을 받은 건축물의 형태도 지금까지 계속 진행되고 있습니다. 권위적이고 부의 상징을 의미하거나 특별한 형태에 특히 이 클래식한 건축물의 형태가 많이 사용되고 있습니다. 이 클래식한 형태들은 장식을 위한 작업이 필요하고 특별한 규칙을 요구하며 질서정연한 배열을 요구하기도 합니다. 안정된 규칙적인 형태를 요구합니다. 특히 지금에 와서는 현대적인 기술과 재료를 사용하여 과거의 이미지를 갖고 있는 형태들이 보이기도 하는데 이를 고전주의, 신고전주의 그리고 포스트모더니즘으로 분류하기도 합니다. 전체적인 형태를 보았을 경우 그 차이를 찾기 힘들지만 형태의 기본적인 콘셉트나 디자인 방법은 클래식한 형태에서 기인합니다. 이러한 형태가 유지되는 이유에는 여러 가지 이유가 있으나 가장 큰 원인은 재료가 다양하지 못함에 있었습니다. 그러나 산업혁명 이후 재료의 생산이 용이해지면서 일부 건축가들은 클래식한 형태의 연속성에 의문을 갖게 된 것입니다.

근대 이전의 형태들은 장식으로 마무리를 하게 되는데 여기에는 구조의 단순한 표현이 배경으로 있었던 것입니다. 그러나 산업혁명 이후 주물에 의한 재료의 다양함이 구조와 장식의 분리에 의한 구속에서 자유로움을 주었고 이전의 이중적인 작업을 불필요하게 본 것입니다. 특히 재료의 한계에서 오는 구조적인 구속 때문에 장식 이외의 표현을 할 수 없었던 한계를 건축물 형태 전체의 표현으로 시도를 하게 되었고 과거의 클래식한 범위에서 벗어날 수 있었던 방법을 찾게 된 것입니다. 이것이 제1의 원형인 고대의 굴레에서 탈출할 수 있었던 계기가 되었고 건축물 형태 자체를 장식처럼 시도할 수 있었던 제2의 새로운 시기가 온 것입니다.

제1의 형태에 속하는 건축물은 공간배치나 형태 면에서 사실 큰 차이를 서로 간에 보이지 않고 있습니다. 단지 그리스나 로마의 형태의 틀에서 크기나 기둥, 아치, 볼트 그리고 돔 또는 기하학적인 요소들의 반복과 대칭 같은 규칙적인 배열 요소 등의 큰 틀 안에서 변화를 했을 뿐입니다. 그러나 제2의 형태 군에 속하는 근대 이후에 등장하는 건축물의 형태들은 더 자유롭고 다양한 공간 배치와 다양한 요구들이 등장합니다. 앞에서 언급하였듯이 여기에는 철, 유리와 같은 재료들의 역할이 큽니다. 특히 기둥이 구조체(르코르뷔지에의 돔이노(dom-ino) 시스템)로 역할을 하면서 벽이 자유로워지고 이로 인해 형태와 공간의 자유가 등장하게 되는 것입니다.

이러한 의식적인 변화가 근대에 들어서면서 사실상 가장 큰 변화는 형태기호가 갖고 있는 수신방법에 대한 변화입니다. 제2의 원형, 즉 근대가 시작되었다는 의미는 형태의 이해에 대한 방법이 감성적인 것에서 이성적인(지적인) 부분으로 이동했다는 것입니다. 우리가 일반적으로 어떤 기호를 이해한다는 것은 다시 말해 그 기호에 대한 사전 정보가 있다는 것입니다. 그러면서 정보를 바탕으로 여러 감성적인 반응이 나오는 것입니다. 그러나 근대에 등장한 형태들은 이에 대한 정보취득의 과정이 진행되지 못했습니다. 재료와 기술의 발달이 수신자에게는 새로운 것들이었고 특히 기술적인 부분은 지금까지 건축형태를 이끌어 온 건축가들에게도 그 형태에 대한 이해를 하기 힘든 것이었습니다.

형태 표현에 대한 자유를 얻게 된 제2의 형태 시작은 곧 기존의 문법을 벗어난 자신들만의 문장 표현이 시작된 것입니다. 즉 자신들만의 문법으로 통일되고 반복적인 표현에서 송신자와 수신자 간의 교류가 있었던 제1의 원형으로부터 완전 탈피를 하게 된 것이었습니다. 그래서 근대 건축을 제2의 원형으로 칭하는 것입니다.

"19세기는 학문(이성적 사고)과 예술(감성적 사고)의 분리를 갖고 왔습니다. 사고(이성적 사고 또는 지적인 사고)와 감각(감성적 사고) 사이의 연결이 끊어진 것입니다. 건축가 사이에 존재하는 시각과 인식의 차이, 전문가와 일반인 사이에 존재하는 괴리감 등 오늘날의 건축과 기술 사이의 틈도 이 과정에서 벌어진 것입니다."

근대 이전의 형태들은 의미론적인 것이 많았습니다. 예를 들면 비잔틴의 평면에는 로마 시대에 크게 두각을 보이지 않았던 원형이 등장합니다. 당시에 사각형은 서양의 형태이고 원은 동양의 형태라고 생각했던 로마인들은 비잔틴으로 옮기면서 융화정책의 일환으로 건축물의 평면에 원을 등장시킨 것입니다. 또한 르네상스 건축가 알버티(Alberti)는 사각형은 인간의 형태 그리고 원형은 신의 형태로 간주하여 이를 구분하여 사용하기 시작한 것입니다. 이렇게 과거의 건축가들은 형태나 그 요소에 의미를 부여하여 이를 관찰하는 사람들이 형태와 의미를 번역 또는 오버랩하여 수신자와 송신자 간의 교류가 존재하였습니다.

중세의 기독교 건축물은 종교적인 의미를 형태에 부여하여 입구 부분에 타원형의 오목한 영역을 만들어 모이는 기호를 만들었고, 교회 앞의 광장은 볼록한 형태로 건축물 자체에 대한 느낌이 다르게 표현하였으며, 교회 건축물은 종교적인 의미를 담고 있었습니다.

이러한 형태적 언어를 관찰자 스스로가 경험을 통하여 느끼게 하였으며 정서적인 교감이 일어나게 하였습니다. 이러한 근대 이전의 형태 기호학적인 작업은 관찰자를 참여시켰고 감성적인 참여를 유도했습니다. 그러나 근대는 완전히 새로운 형태 기호를 선보이고 이것이 현대에 와서 수신자와 송신자가 분리되는 극한 상황까지 도달한 것입니다. 오늘날을 포함하여 오랜 시간 동안 종교적, 사회적 또는 정치적인 이상이 건축을 포함하여 예술에 비추어졌고 여기에 개인적인 해석은 전혀 고려되지 않았습니다. 심지어 츄미에게 '라빌레뜨 공원'에 대한 해석을 부탁했을 때 그는 자기도 모르겠다고 하였습니다. 이제 근대는 급기야 자신이 자신을 해체하는 상황까지 온 것입니다.

어떤 양식에 상응하는 예술작품이라는 의미는 단순하게 원본을 복사하는 역할을 해서는 안 된다는 것입니다. 그렇게 되면 우리는 그것을 더 이상 예술로 나타내지 않습니다. 그러나 그 내용 속에 원본의 의미적인 정보는 어느 정도 규칙을 갖고 있어야 하고 이를 통하여 하나의 양식으로 취급하거나 그 범주에 넣을 수 있게 되는 것입니다. 그러면서 이 예술작품의 미적인 정보가 비로소 그 상징적인 내용을 통하여 개인적인 해석을 가질 수 있게 되고 이와 함께 그것이 어떤 일정한 양식에 속한 경우라도 그 안에 개인적인 특성이 있으면 우리는 그것을 예술작품으로 취급하게 됩니다. 그러나 개인적인 참여는 현대의 예술에 이르러서 오히려 더 어렵게 되었습니다. 과거는 단어적인 표현으로써 한 단어 단어에 개인적인 경험과 느낌을 통한 참여를 유도할 수 있었던 것입니다. 그러나 근대를 통하면서 단어적인 형태 기호는 현대에 와서 점점 더 복잡해지고 특히 그 정보제공이 대부분 문장론적인 표시로 되어 있었습니다. 그 때문에 개인적인 해석을 할 수 있는 범위는 적을 수밖에 없었고 이로 인하여 감정적인 욕구는 계속적으로 등한시 되었습니다. 모던이 이해되기도 전에 포스트모던이 의식적으로 다시 모호한 상태로 벌써 자리를 잡았던 것입니다.

모던은 인간을 중심에서 밀어버리고 자신들의 작품을 엮어 나갔으며 공유의 의미보다는 작품을 바라보는 시작점인 중심을 흩어버려 츄미처럼 자신조차도 이해하지 않는 표현으로 나타난 것입니다. 이에 포스트는 독자적인 이 행위에 사망선고를 내리고 감성적이고 동참하는 형태를 다시 제시하여 건축물을 도시의 한 요소로 존재하게 시도한 것입니다. 여기에서 개인적인 욕구에 대한 의문이 계속되었지만 그럼에도 불구하고 개인적인 영향 또한 더 증가하기 시작한 것입니다.

모던건축이 이해력을 요구했다면 포스트모던은 감각을 요구했습니다. 즉 새로 등장한 모던은 아직 이해되지 않았기에 이에 대한 이해력을 요구한 상태이고 포스트모던은 이미 과거의 소재에서 그 요소를 갖고 왔기에 이해는 할 수 있었습니다. 그래서 그 다음단계인 감각을 요구한 것입니다. 즉, 모던은 읽히기를 거부한 것입니다. 형태의 틀을 비틀어 버리며 시각의 시작점 위치에 대한 기회를 박탈하고, 스폰서에게 버림받은 앙갚음을 마치 시민들이 책임이 있는 듯 이들을 소외시키는 반항적인 메시지를 담고 있습니다. 양식이 계속적으로 이어진다는 것은 원본이 존재한다는 것이 아니고 구성요소가 하나의 양식을 인식할 수 있는 질서 속에 있다는 것입니다. 다양한 양식의 의미는 다양한 요소와 다양한 배열구조를 갖고 있다는 뜻입니다. 즉, 어떠한 요소와 구조를 갖는가에 따라 양식의 구분이 결정됨을 말합니다. 이를 통하여 양식의 구분이 좀 더 복잡해지고 다양해지며 관찰자와 작업자의 관계가 분명하게 구분되어집니다.

사실 근대 이전의 양식들은 주기를 갖고 있었습니다. 이러한 반복적인 표현이 개인의 이해와 참여를 돕고 있었습니다. Peter. F. Smith는 건축사의 흐름에서 계속하여 반복되는 과정을 3단계로 주기를 증명하였습니다. 이 주기는 곧 다양한 변화 속에 한 주기가 갖고 있는 불확실성과 모순에 반란을 일으키면서 새로운 것으로 변화하는 것을 보여줍니다. 그러나 그 주기의 큰 틀은 고대의 형태에서 근원을 읽을 수 있었으며 기본적인 요소의 반복으로 볼 수도 있었습니다. 최소한 19세기 중반까지는 그 주기가 유효하다고 할 수 있습니다. 왜냐하면 서양문화의 건축물은 지금까지 포괄적인 요약이 없었기 때문입니다. 그 순환이 진행에 있어서 정확한 반복을 보여주는 것은 아닙니다. 하나 또는 동일한 단계 내에서 시간적 이동의 다양한 변화를 보여주는 것도 사실 가능합니다. 예를 들어 고대 그리스 양식에서 르네상스와는 상이한 매우 다른 공간 해석이 강하게 보이고 각각의 시기 안에서 다양한 하부 순환으로 구분됩니다.

현대건축에서 이러한 배열 시스템은 초기보다 마지막 주기에 더 강하게 보여줍니다. 근대 초기의 수학은 미학의 기본이었습니다. 미스의 작품을 보면 수학적인 배열이 명확하여 인식하는 데 뚜렷하였습니다. 미스를 이 경향의 대표적인 사람으로 여기는 것도 바로 이러한 이유입니다. 근대가 '형태는 기능을 따른다'는 지적인 상황을 요구하는 기능주의가 바탕이었다면, 근대 이전은 '기능은 형태를 따른다'라는 '형태주의'가 바탕으로 있었습니다. 19세기에 서양의 문화를 보면 신비하고 종교적이며 그리고 상징적인 대부분의 네트워크는 예술에서 일반적으로 작용하였습니다. 물론 건축에서 나타난 것은 실로 운명적인 것이었습니다. '예술에서는 기술이 감각의 흥미를 채우게 될 것이다.' 현대건축의 기호에서 문화적 – 상징적 내용은 더 이상 의미 없게 되었습니다. 그러니까 형태의 지적인 표현상에서 선택 가능성이 포기된 것입니다. 이로 인하여 현대건축에는 언어가 없게 된 것입니다. 그러나 포스트모던 양식은 다시 기호를 사용하고 과거의 언어상에서 이해를 하기 위하여 시대적 후퇴를 하였습니다. 기둥과 경사지붕이 다시 건축형태에 받아들여진 것입니다. 포스트모던이 시기적으로 한

[그림 I-39] 필립 존슨, 포스트 모더니즘_
소니(AT&T)빌딩(1982), 뉴욕

걸음 뒤로 물러난 것은 과거의 언어에 다시 순응하고자 하는 것입니다. 이를 보여준 유명한 예로 뉴욕에 있는 Philip Johnson의 AT&T 건물입니다. 이 건물은 높이가 백 미터 이상의 마천루 건물로 경사지붕을 갖고 있고 동시에 가운데 커다란 구멍을 갖고 있는 일반적이지 않은 형태를 보여줍니다. 이 형태를 보면서 직접적인 기호 해석이 가능하지 않을 수도 있으나 규칙적이고 질서적이며 단순한 형태 요소를 통하여 우리는 감성적인 참여를 할 수 있습니다.

정리하면 고대로부터 시작한 제1의 원형이 감성적인 형태 이미지를 제공하였다면 근대에서 시작된 양식 제2의 원형은 지성적인 형태 이미지를 제공한 것입니다. 이를 시작으로 현대에 와서 형태 언어로서 수신자와 송신자의 단절이 시작됐으며 전문가 집단의 전유물과 같은 작업이 시작된 것입니다. 이를 계기로 포스트모더니즘이 역사의 저편으로 후퇴하여 다시 감성적인 형태를 시도하면서 지적인 형태를 요구하는 근대의 종말을 고한 것입니다.

### 4. 제2의 원형에 속하는 건물의 예

근대 이전의 건축물들은 형태적으로 논리적이고 기하학의 배열이 규칙적인 질서를 갖고 있었습니다. 재료 면에서도 다양하지 못했으며 이로 인해 대칭을 유지하고 있었습니다. 특히 기둥과 계단의 활용은 형태를 구성하는 중요 요소로 작용하였습니다. 이는 재료적으로 다양하지 않았음을 나타내는 것으로 구조가 곧 형태라는 상황 때문에 이것이 다양한 형태를 구성하는데 제약으로 작용했음을 알 수 있습니다. 모던의 정확한 시기를 추정할 수 없습니다. 단지 산업혁명이 그 계기가 되었다고 볼 수 있지만 이는 재료의 다양성에 그 기준을 두기 때문이지 건축물의 형태 변화가 시작된 것은 아닙니다. 기술과 재료가 주는 자유로움이 근대 이전과 차이를 보였지만 제1의 원형과 제2의 원형을 구분하는 기준을 굳이 나눈다면 조소적인 상황이 아니고 공간구성에 따른 형태의 변화입니다. 찰스 젱스[9](포스트모더니즘 건축가)는 근대의 시작(제2의 원형)을 1920년으로 보고 있습니다.

---

[9] **찰스 젱스** Charles Jencks
미국의 포스트모던 건축 이론의 대변자인 찰스 젱스는 근대 건축운동 이후의 경향에 대하여 레이트모더니즘과 포스트모더니즘으로 구분했다. 레이트 모더니즘은 근대 건축운동의 사상, 양식을 계승 발전시켜 나가자는 입장으로 미를 기술적인 완성의 결과로 보고 있는 반면, 포스트모더니즘은 근대 건축사상을 전면 거부하고 기술적 측면과 심미적 측면을 동시에 고려하여 사회적 예술로 파악해야 한다고 주장하고 있다. 포스트모던의 디자이너들은 그들이 나타내고자 하는 이미지를 은유, 의인화, 형이상학적인 방법을 동원해서 나타내고 있는데, 찰스 젱스는 모던 건축가와 달리 형이상학적으로 건축을 표현하고자 했던 포스트모던 건축가들의 작품을 대변하는 건축이론가의 역할을 톡톡히 해내고 있다.

이때 러시아의 엘 리스츠키[10]가 등장했고 그의 등장이 구성주의에 영향을 주었으며 이것이 제1의 원형과 구별되는 독립적인 형태를 등장시켰기 때문입니다. 엘 리스츠키 이전 19세기 말 산업혁명 이후에 다각적인 시도가 있었지만 이는 과거의 형태들과 연관이 되어 있는 과도기적인 시기로 근대의 완전한 출발로 찰스 젱스는 볼 수 없었습니다. 예를 들어 가우디[11]를 근대의 양식인 아르누보 건축가의 범주에 넣고 있지만 그의 건축물은 사실 공간적인 분리보다는 형태 표현에 있어서 과거와 차이를 보이고, 표현요소나 과거에 쓰였던 방식에서 차이를 보였을 뿐 과거 양식에 더 가깝다고 볼 수 있습니다. 아직 페트론 체제에 익숙한 건축가들은 표현에 있어서 완전히 자유롭지 못했습니다. 귀엘 집안의 가우디도 그 중의 한 건축가입니다.

[그림 I-40] Proun, El Lissitzky(1921)

[그림 I-41] suprematism, Kazimir Malevich(1920)

구성주의라 함은 단적으로 표현한다면 여러 요소(공간)를 기능적으로 분리하여 하나의 틀 안에 넣는 것과는 다르게 개체(공간)가 각각 자체적인 영역을 갖고 있는 것으로 구분해 볼 수 있습니다. 엘 리스츠키(El Lissitzky, 1890~1941)의 멘토 카지미르 말레비치(Kazimir Malevich, 1878~1935)와 함께 suprematism을 개발하면서 형태의 절대적 가치에 대한 인식을 보여준 것입니다. 즉 과거에는 종합적인 테두리 안에 모든 기능이 들어갔었지만 구성주의는 각 개체 하나의 절대적인 기능과 역할에 대한 관심을 재평가하고 독립적으로 존재의 가치를 부여하는 것입니다. 이는 형태에 대한 최

---

[10] **엘 리스츠키** | El Lissitzky(1890~1941)
러시아의 화가이자 디자이너. 독일에서 건축학을 공부하였다. 귀국 후 1919년 샤갈이 비테프스크에 세운 혁신적인 학교에서 선생으로 재직했다. 그곳에서 '절대주의' 운동을 일으킨 화가 말레비치의 영향을 받았다. 한편 그는 1919년부터 기하학적 추상화 '프라운 Proun'을 그리기 시작했는데, 이 연작은 그가 의도했든 하지 않았든 '구성주의' 운동에 기여하였다. 1920년대 말에는 공간구성의 실험을 통해 판화, 포토 몽타주, 건축 등에서 새로운 기법을 발표하면서 서유럽 예술에 영향을 끼쳤다.

[11] **가우디** | Gaudiy Cornet, Antoni(1852~1926)
바르셀로나를 중심으로 독창적인 건축세계를 선보인 건축가. 스페인 남부 카탈루냐 지방 출신으로 17세에 건축 공부를 시작했다. 곡선과 장식적인 요소를 극단적으로 표현한 건축작품을 남겼으며, 이러한 작품경향으로 19세기 말~20세기 초 유럽에 유행했던 아르누보 작가로 분류되기도 한다. 벽돌과 석재 등 전통적인 건축 재료를 사용했지만, 인체 등 자연에서 얻은 형태를 건축에 반영해 전통 건축과는 전혀 다르고, 현대건축에서도 가히 독특하다고 할만큼 자기만의 건축세계를 완성했다. 대표작으로는 〈코로니아 구엘교회의 제실〉, 〈구엘공원〉, 〈카사 바트로〉, 〈카사 밀라〉, 〈사그라다 파밀리아 교회〉 등이 있다.

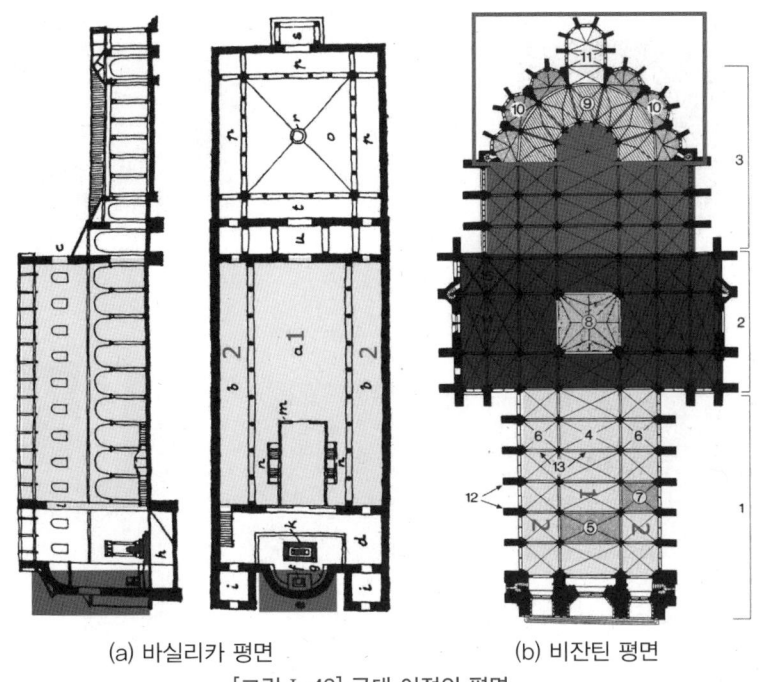

(a) 바실리카 평면  (b) 비잔틴 평면
[그림 I-42] 근대 이전의 평면

소한의 단위를 보여주는 것으로 입체파의 영향을 받은 것입니다. 이러한 형태의 변형은 후에 디스틸과 미래파 그리고 르끄르비제 등 다양한 건축가들에게 영향을 주어 형태뿐 아니라 각 요소의 독립을 부여하여 공간에 대한 변혁이 일어나면서 비로소 근대적인 형태 독립이 나타납니다. 그 이전의 건축형태는 부분적인 변화로서 재료의 도움으로 나타난 변화였습니다.

근대 이전의 평면은 위의 그림처럼 하나의 축 안에서 공간의 배열이 이루어졌습니다. [그림 I-42]에서 (a)는 서양 건축물의 일반적인 평면을 나타내는 바실리카입니다. (b)는 그래도 다양한 공간 형성을 시도했던 로마네스크의 평면 형태이지만 영역 분리만 보였을 뿐 하나의 축에 공간이 묶여 있는 공간구조를 벗어나지 못했습니다. 그러나 [그림 I-43]의 그림을 보면 이반 레오나도프의 1927년 작품으로 각 공간이 자체 축을 형성하고 있으며 공간 분리를 보여 주고 있습니다. 이러한 형태의 시작이 본격적으로 과거와의 분리를 갖고 오면서 제2의 형태 시작을 알린 것입니다.

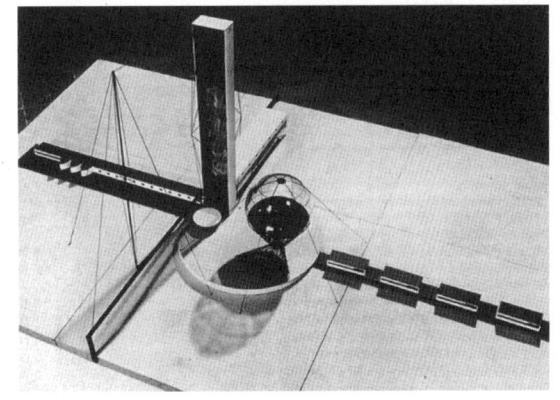

[그림 I-43] leni institut_이반 레오나도프(1927)

I. 건축물은 두 개의 형태만 있다

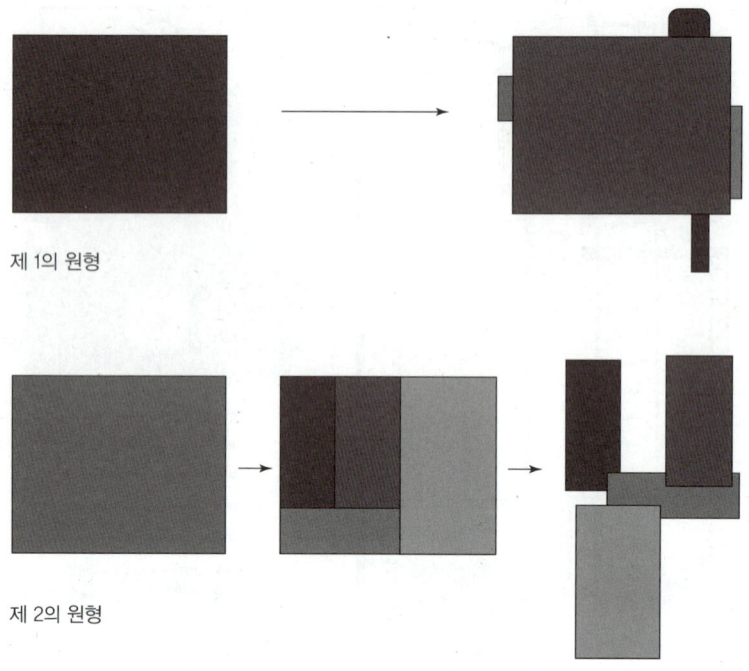

[그림 I-44] 클래식과 모던의 2가지 형태

산업혁명 이후 유리와 철의 다양한 사용법이 가능해지면서 석조가 주재료였던 그 이전의 건축물 표현과는 차이를 보이기는 했지만 장식에 대한 거부감과 장식과 구조체의 일체감을 보이는 현상일 뿐 공간의 변화에 있어서는 큰 차이를 보였다고 할 수 없습니다. 엄격하게 구분한다면 공간 자체를 구성하는 차원으로 새로운 시도가 나타난 것입니다.

[그림 I-44]의 그림에서 제1의 원형에 속하는 형태들은 전체 형태가 하나의 틀 안에 공간을 모두 갖고 있으며 그 틀에 장식적인 요소를 부착하는 형식으로 구성이 되어 있습니다. 그러나 제2의 원형에 속하는 형태 들은 전체적인 틀 안에 있는 각각의 요소를 절대적인 요소로 보고 이 요

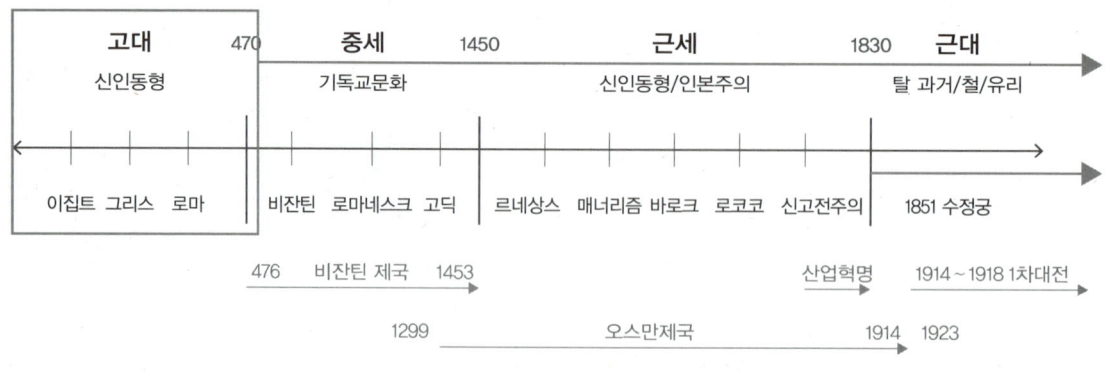

[그림 I-45] 연대표_시대적인 형태의 구분

(a) Los Angeles, CA(2014)　　　　　　　　　(b) 단독주택

[그림 I-46] Emerson College Morphosis

소들이 각자 자신들의 영역을 갖고 있는 독립적인 구성으로 변화가 됩니다.

　이러한 구성을 볼 수 있는 예로 [그림 I-46]의 모포시스 건축물을 살펴봅니다. 모포시스는 형태 안에 또다른 형태를 존재하게 표현하여 개별적인 기능을 부여하고 [그림 I-46] (b)의 경우는 마치 여러 공간이 모여 전체를 이루는 듯한 이미지를 보여주고 있습니다. 이는 제1의 형태에서 보여주었던 장식적인 요소들이 공간으로 만들어져 틀을 제거해 버린 것입니다. 즉 라이트의 풀어헤친 박스와 같은 원리로 그의 로비하우스를 보면 잘 나타나 있습니다. 이러한 표현이 제1의 원형과 차별나게 된 것으로 찰스 젱스가 1920년대 초를 구성주의 본격적인 시작, 곧 근대의 시작으로 보게 된 이유입니다. 그러나 사실상 근대를 철과 유리가 주재료로 쓰이면서 형태가 장식이 아닌 자체적인 변화가 시작되는 것으로 보는 경향도 있습니다. 예를 들면 글라스고의 사각형 디자인이 그리하며, 아르누보의 곡선 디자인, 피카소의 입체파와 여기에서 파생된 더 스틸과 미래파가 또한 과거와 차이를 보이고 있으며, 이 외에도 독일의 표현주의 아방가르드 등이 등장합니다.

　과거의 다양하지 못한 형태적 종류에 비하면 이 시기는 실로 많은 종류의 형태들이 등장하게 되는데 여기에는 페트론 체제(후원 체제)의 붕괴 또한 큰 작용을 하게 됩니다. 시민혁명 이후 신분의 붕괴는 예술가들의 독립을 갖고 오게 되고 이것이 디자인의 혁명을 부르게 된 것입니다. 특히 러시아의 문화혁명은 예술에 절대주의에 대한 인식을 갖고 오고 이것이 새로운 형태의 변화를 이끌게 됩니다. 세계 1차 대전 시기에 산업혁명의 영향으로 시작과 다르게 심리적인 변화가 일어나면서 다다이즘 같은 기본적인 원리를 벗어나는 디자인도 등장하게 됩니다. 결과적으로 제2의 원형은 형태 자체가 장식과 같은 역할을 담당하게 된 것입니다.

## 5. 글래스고(Glasgow)

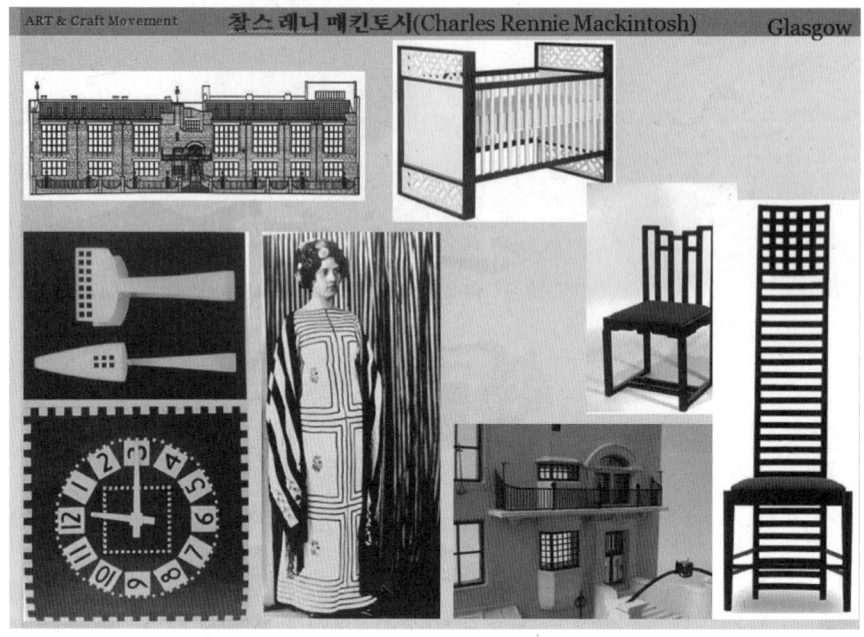

[그림 I-47] 글래스 고우

　[그림 I-47]의 이미지의 공통점은 사각형입니다. 영국에서 시작되어 글래스고파라고 불립니다. 앞에서 언급한대로 과거에는 장식을 면에 부가하는 방식을 취하였다면 근대는 형태 자체를 변형하는 방식으로 위의 이미지에서 보듯이 전체가 사각형의 이미지로 가는 것입니다. 이렇게 기하학적 형태를 질서와 규칙을 갖고 배열하는 것은 사실 과거의 배열 시스템과 같은 방식으로 볼 수도 있습니다. 그러나 이러한 규칙적인 배열을 부가하는 것과 전체가 규칙적인 기하학 형태를 취하는 것은 차이가 있을 수 있습니다. 물론 전체를 놓고 보았을 때 각 영역에 대한 디자인을 시도한 것은 과거 부분적인 디자인 방법과 차이가 있으나 그 작업 방법에 있어서는 크게 변화를 갖고 오지 못하였는데 이는 과도기적인 시기였다는 것을 보여주는 사례입니다. 그래서 글래스고는 근대의 디자인 분류에 속하는 것입니다.

## 6. 아르누보(Art noureau)

　아르누보는 새로운 아트(new art)라는 뜻입니다. 과거에는 전체적인 형태가 직선을 이루었습니다. 아르누보는 곡선을 다루어 생동감을 표현하려고 했던 것입니다. 이들은 생명력의 심볼로서 형태를 자연과 여성의 몸매 그리고 여성의 긴 머리카락에서 가지고 온 것입니다.

[그림 I-48] 아르누보

[그림 I-49] Behrens Haus(2006)_darmstadt. german

## 7. 입체파

어떤 사물이든 형태는 여러 요소가 복합적으로 만들어진 것이 많습니다. 그러나 우리는 하나의 테두리 안에서 그 사물과 형태를 판단하게 됩니다. 예를 들어 인체는 외형적으로 좌우 대칭을 이루고 있지만 사실상 내부는 대칭이 아닙니다. 또한 물은 액체지만 수소 둘과 산소 하나($H_2O$)가 결합하여 만들어

I. 건축물은 두 개의 형태만 있다

[그림 I-50] In the Black Square(1923)

진 화학 원소를 갖고 있습니다. 주택은 거주할 수 있는 방과 부엌시설 그리고 화장실 등 다른 요소의 공간들이 모여서 주거 목적으로 만들어진 건축물입니다. 이렇게 하나의 틀 안에는 전혀 다른 요소들이 모여 전체를 이루지만 그 각각의 요소가 갖고 있는 특징이 드러나기 보다는 묶음으로 통칭되는 경우가 많습니다. 이러한 상황에 대하여 일부에서는 이를 옳지 않게 생각하여 본질에 대한 탐구를 시작합니다. 전체를 이루는 최소한의 요소들이 곧 그 본질이라고 본 것입니다. 더 이상 분해할 수 없는 절대적인 성질이나 색을 가장 근본으로 내세운 것입니다. 이 것이 바로 절대주의(supermatism)입니다. 절대주의는 하나의 틀 안에 감추어진 각 요소들을 자유롭게 개체의 형태로 독립시킨 것입니다. 물은 수소와 산소로 독립시키고 주택은 각 공간을 개별적으로 표현한 것입니다. 이는 칸딘스키에 의하여 그림에서 색의 기본인 3원색과 무채색이 등장하고 형태의 가장 근본인 선의 조합과 순수 기하학이 등장을 하게 됩니다. 이것이 후에 피카소, 엘 리스츠키와 그의 멘토 말레비치의 절대주의로 재등장하여 구성주의에 영향을 주게 됩니다. 피카소는 미술에서 이에 대한 작품과 이론을 확장시키면서 그에 의하여 입체파가 정착하여 분석적 입체파 그리고 종합적 입체파가 선보이고 이를 통하여 미래파와 디 스틸이 등장하게 됩니다. 이 이후가 바로 본격적인 근대로 찰스 젱스가 보는 이유입니다. 즉 구성주의 이전과 산업혁명 사이의 시기는 과도기적인 시기로 보는 견해도 있습니다.

[그림 I-51] 피카소의 그림 원리

## 8. 바우하우스(Bauhaus)

근대의 이론이 정착하고 활성화되는 데 바우하우스의 역할이 컸습니다. 근대가 시작되면서 과거의 탈피를 주장하고 새로운 것에 대한 열망과 시도가 빈번했지만 이에 대한 인식이 부족했고 아직도 파리의 보자르 학교처럼 로마네스크를 가르치고 있으며, 과거는 감성적인 언어가 주를 이루었다면 엔지니어의 역할이 요구되는 근대에는 이성적인 지식과 실질적인 가능성을 요구

[그림 I-52] Hodek Apartment House Prague(1913~1914)

Portrait_of_maric-therese  Portrait_of_Kahnweiler
(a) 종합적 큐비즘  (b) 분석적 큐비즘
[그림 I-53] 종합적큐비즘과 분석적 큐비즘

하고 있었습니다. 그러나 많은 학교에서 아직도 근대 이전의 지식을 전달하고 있었고 특히 아카데미적인 수업을 진행함에 근대에 대한 속도가 늦춰지고 있었습니다.

[그림 I-54] gropius-bauhaus(1925~1926)

이에 1919년 발터 그로피우스[12] (Walter Gropius)는 바이마르에 예술과 기술의 조합을 이루는 건축학교를 설립하게 됩니다. 독일은 유럽국가 중 세계 1차 대전의 여파로 가장 늦게 산업혁명을 받아들이게 됩니다. 이 시기에 독일은 형태주의와 기능주의에 대한 논쟁이 심했으며 이 결과로 품질과 예술성 유지를 위하여 규격화를 받아들이고 다른 국가와 차별화된 근대 개념을 설립하여 출발하게 됩니다. 산업혁명이 가져다 준 대량생산은 예술적인 가치가 저하되는 것을 우려하게 되고 물질만능주의에 빠지게 되는 상실감과 인간성 및 감성적인 영역이 소외되는 상황을 우려하게 됩니다. 독일은 유럽 다른 국가에 비하여 늦게 산업혁명에 발을 들이지만 이를 걱정하여 영국에서 이를 관찰하고 다른 차원에서 산업혁명을 준비하게 됩니다. 전성기인 데사우 시기에 세운 학교 건물 바우하우스는 이러한 학교의 취지를 잘 표현한 건물로 형태에 대한 개념뿐 아니라 부유라는 의미가 적용되는 기술적인 건축물이 등장합니다. 이는 공간 영역의 확장이 물리적인 범위에서 시각적인 차원으로 바뀌는 단계로 기술적인 진보와 예술적인 기대의 융복합적인 상황을 나타낸 건물입니다. 나찌의 억압 속에서 바우하우스는 어려움을 겪지만 바우하우스의 정신은

---

[12] **발터 그로피우스 Walter Gropius**
독일의 건축가. 동프로이젠의 아렌슈타인에서 출생. 샌프란시스코에서 사망. 베를린과 뮌헨에서 건축을 배우고, 1912~1914년 무대장치와 인쇄일에 종사. 여러 가지 건축안을 스케치하였음. 세계 1차 대전 직후 포츠담의 아인슈타인 탑(1920), 슈트트 가르트(1927)와 게니츠(1928)의 쇼켄 백화점을 세워 독일 표현주의의 대표적 건축가가 됐다. 나치스 정권의 압박을 피해 1933년부터 벨기에, 영국, 팔레스타인을 왕복하였고, 1941년엔 미국에 이주함. 1945년 샌프란시스코에서 개업, 센트루이스(1946~1950), 클리브랜드(1946~1952), 미시간 주 그랜드라핏즈(1948~1952), 미네소타주 세인트 폴(1950~1954) 등에 상징적인 장식의 다양한 디자인을 발휘하였고, 유태인 커뮤니티 센터를 세웠다.

미국으로 건너간 그로피우스와 미스 반데어로에(Mies Van Der Rohe)의 열정으로 이어지고 있었습니다. 바우 하우스의 등장은 곧 근대의 개념을 증명하는 역할로서 구성주의와 예술 그리고 기술의 조합을 이루어 낸 정점이었습니다.

### 9. 표현주의

한가지의 과도한 제공은 분명 문제가 될 수 있습니다. 산업혁명 이전의 사회는 단순히 특수 계층을 위한 한가지의 사회였습니다. 그렇기에 시민혁명과 산업혁명은 그에 대한 해결책으로 받아들여졌고 고질적인 사회적 문제를 해결하는 청신호로 받아들여졌습니다. 이 해결책은 실로 인류 역사상 첫 번째 대사건으로 수직적이었던 사회적 신분이 수평적으로 바뀌는 대변혁이었습니다. 또한 재료의 다양성은 모든 산업에 있어서 새로운 가능성을 제시하였고 형태와 생활의 변혁을 몰고 왔으며 미래파처럼 속도의 미를 가능하게 하는 놀라운 시기였습니다. 디자인과 품질에 있어서 차이를 보이기는 했지만 모두가 공유할 수 있는 기본적인 생활이 가능해지는 시기였습니다. 그러나 이러한 상황이 지속되면서 인간의 관계는 점차 물질로 옮겨가게 되고 심지어 정서적인 분위기도 말라가는 상황이 되고 있었습니다. 이에 인간의 기본적인 심성이 소외되는 것을 우려한 일부 예술가 들은 이를 나타내려 시도하게 됩니다. 이들은 인간의 심성을 표현하고자 형태에 도입하게 되는데 4가지 요소를 주제로 나타냅니다. ① 상징적인 형태로 향함을 의미하는 고딕의 방향성, ② 인간 심성의 섬세한 형태로 결정체를 선택하였으며, ③ 인간의 심성이 보이지 않지만 존재하며 그 존재의 가치로서 명확하고 뚜렷한 조소적 또는 조형적 형태를 취하고, ④ 그 형태를 구성하는 재료로 인간과 가장 밀접한 조적조의 기본인 벽돌을 선택하게 됩니다. 여기서 사실 그 선택의 의미는 그렇게 중요하지 않으며, 다른 요소를 선택해도 가능합니다. 그 이유는 인간의 심성에 그 의미를 맞추어야 하며, 그러한 상황을 사라지기 전에 시도한다는 것이 더 중요하기 때문입니다.

산업화의 따른 인간이 소외되고 있는 현실에 대한 저항(표현주의)
1. 고딕건축(인간의 정신을 정화하는 공간)
2. 결정체(석탄이 다이아몬드로)
3. 조소적 형태
4. 조적조

[그림 I-55] 표현주의

(a) 베를린의 거리 풍경_에른스트 루드비히 키르히너    (b) Der Schrei der Natur_자연의 절규_뭉크

[그림 I-56] 다리파마와 청기사파의 표현주의(독일)

사실 표현주의가 유럽 여러 나라에서 선을 보였지만 프랑스와 독일의 표현이 비교가 잘됩니다. 심성이라는 것이 사람의 마음 상태로 프랑스보다 독일은 세계 1차 대전을 거치면서 불안한 상태가 더 잘 표현되었습니다. 미술은 인상주의에 대한 반감으로 시작됐지만 심성이라는 것이 반드시 부정적인 상황만 갖고 있지는 않습니다. 그러나 그 시작이 인상파의 긍정적인 낭만에서 시작됐기 때문에 주 표현이 부정적인 상황으로 나타날 수밖에 없었습니다. 즉 근대의 매너리즘으로 보아도 됩니다. 미술이 일반적으로 자연의 긍정적인 면을 보여주고 화가가 갖고 있는 기술적인 능력을 아름다운 대상을 모티브로 삼는다면 이에 반발하여 등장한 것이 프랑스의 야수파입니다. 그리고 '현재와 미래를 잇는 다리 역할을 자청한다'는 원대한 목표를 갖고 등장한 독일 다리파와 청기사파 보여준 표현주의는 이후 이에 관심을 보이는 각 분야의 사람들에게 영향을 주며 나타나는데 건축도 이에 영향을 받은 것입니다. 그 분야에서 다루는 기본적인 내용과 테크닉을 파괴한 표현으로서 그 시대의 사회적 영향이 컸습니다.

# CHAPTER 04

# 포스트모더니즘

 근대를 기점으로 형태가 두 개로 나뉘어집니다. 그러나 제2의 형태가 등장했다고 해서 제1의 형태가 사라진 것은 아닙니다. 제1의 형태는 계속적으로 지속되는 상황에서 새로운 형태가 등장한 것입니다. 다른 분야는 새로운 시도 속에서도 기존의 것들이 공존하며 지속됐는데 건축의 형태는 잠시나마 첫 번째 시도가 주춤해야 하는 역사적 배경을 갖고 있습니다. 심지어 활동하던 건축가들이 전면에서 물러나고 엔지니어가 앞장을 서야 했던 시기가 바로 제2의 형태가 등장하던 근대입니다. 그림이나 음악은 시대적인 변화 속에서 감성적인 부분과 이성적인 부분이 공존하며 만든 자와 제공자 사이에 언어적인 공유가 가능했으나 건축은 감성적인 부분에서 이성적인 부분으로 빠르게 전이되면서 언어적인 교환이 어려워지는 상황으로 변화되었습니다.

 형태주의는 시대적으로 뒤떨어지는 이미지를 갖게 되고 기능주의가 시대를 반영한 최첨단의 형태로 자리매김하면서 새로 생긴 형태에 대한 이해가 따르지 않으면 공유가 불가능한 시대가 된 것입니다. 이는 국가에도 영향을 주어 기능적인 부분이 부각되면서 여러나라에 근대의 형태들이 도입되어 국제주의라는 건축형태가 빠르게 보급되어 무분별한 형태들이 생성되며 도시가 황폐해지고 지역적인 안배와 환경에 대한 영향을 배제하고 기능에 맞추어 이것이 바로 최첨단의 건축적인 해결책으로 자리매김을 하게 되었습니다. 이 시기가 바로 제1의 형태가 잠시 주춤했던 시기입니다. 이유는 바로 시기적인 압박감도 있었지만 기능이라는 달콤한 언어에 이를 대체할만한 대응단어가 제1의 형태에는 존재하지 않았기 때문입니다. 이는 제2의 형태, 즉 근대의 기능을

I. 건축물은 두 개의 형태만 있다

앞세운 형태 스스로 자신의 문제점을 들어낼 때까지 기다려야만 했던 것과 같습니다.

근대로 보면 분주하고 혈기왕성한 출발이었지만 제1의 형태에 있어서는 암흑기와도 같은 시기였습니다. 연대기를 보면 매 시간대에 이렇게 새로운 출발을 하였지만 이 시기만큼 이전 것을 부정하고 근본 자체를 변화 시킨 시기는 없었습니다. 근대는 짧은 시기 동안 그렇게도 오랜 역사 동안 지속되었던 제1의 형태를 멈춰 세웠고 특히 서민의 형태라는 이점이 더욱 대중 속으로 파고 드는 데 도움이 되었는데 서민들은 소외된 디자인 일색이었던 근대의 형태를 진심으로 반겼을까 하는 의문이 듭니다.

제1의 형태와 제2의 형태 사이의 큰 차이는 바로 장식입니다. 이탈리아 르네상스 이전의 건축물 형태는 바로 구조와 일치했습니다. 건축형태 그 자체가 구조를 보여주고 있었던 것입니다. 그러나 르네상스에 들어와서 구조는 숨겨지게 되고 이중적인 표현이 등장한 것입니다. 가장 큰 표현이 바로 기둥과 벽의 2중 사용이었습니다. 이렇게 하중을 전달하는 구조체가 벽으로 대치되면서 기둥은 장식적인 요소로 전락하게 되고 이를 시작으로 장식의 대표적인 것이 기둥이 된 것입니다. 이를 계기로 장식에 대한 발전이 근세의 주된 표현으로 자리잡게 됩니다. 이 장식이 바로 기능적으로 필요한가 아닌가 하는 투쟁의 가운데 있었던 것입니다. 이는 돈과 관계가 있습니다. 이를 위한 투자가 필수적인가 생각해 보았을 때 이는 서민들에게 부담이 됩니다.

이러한 부담을 해결한 것이 바로 기능입니다. 장식이 투자의 가치가 있는가에 대한 의문이 다시 기능적으로 필요한가라는 의문으로 대치되면서 근대 예술가들은 서민의 입장을 대변해 준 것입니다. 이 대변은 타당했습니다. 경제적인 이유 때문에 장식을 선택한 것이 아니라 불필요하기 때문에 선택하지 않았다는 정당성이 생겨난 것입니다. 왜냐하면 장식이 있는 것이 없는 것보다는 경제적으로 더 들기 때문입니다. 그러나 권위적이고 부유한 상징을 갖고 있는 계층의 많은 부류들이 제1의 형태를 선호하는 것을 보면 이 정당성이 임시 방편적인 변명일 수도 있다는 의견을 자연스럽게 갖게 됩니다. 이러한 의견이 두 개의 형태에 자연스럽게 선택되면서 공유되지 않고 상황에 의하여 잠시 억눌려 있었기 때문이며, 제1의 형태의 의도에 의한 것이 아니라는 의견이 더 지배적입니다. 또한 모든 형태는 선택하는 것이지 선택자의 선택이 아니라 다른 의도에 의하여 제한되어서는 안됩니다.

이러한 상황이 지속되면서 1980년도까지 잠잠했던 제1의 형태가 다시 부활하면서 근대의 종말을 선언하게 되는 대치 상황이 다시 온 것입니다. 이것이 바로 포스트모더니즘(Post modenism=After modernism)의 탄생과 모더니즘의 종말입니다. 포스트모더니즘은 종적을 감춘 형태 언어를 세상에 끄집어 내왔고 감성적인 대화를 다시 사회에 시도하려는 의도입니다. 그러나 과거의 형태를 그대로 사용하지 않고 근대가 주장하는 기능 또한 접목하여 새로운 기술과 새로운 재료를 사용하여 과거의 형태 디자인을 재정비 한 것입니다.

고대는 중세와 근세를 통하여 강렬하게 이어져 오고 고전주의 그리고 신고전주의라는 징검다리 위를 걷다가 근대에 잠시 선택의 기회를 주면서 주춤했지만 다시 화려하게 포스트모더니즘을 통하여 부활한 것입니다. 포스트모더니즘의 부활은 제1의 형태가 다시 맥을 잇게 되는 것인데 이것이 모더니즘의 종말과 시민혁명의 종말을 의미하는 것은 아닙니다. 수직적인 신분의 변화가 수평적인 신분 변화, 즉 부르주아와 프롤레타리아로 바뀌면서 자본가와 노동자의 선택으로 시민혁명의 정신은 이어져 오고 있었고, 이제 선택의 폭이 넓어진 것입니다. 물론 근대는 자신들이 부르주아라고 생각하지 않지만 시민혁명에 의하여 잠시 주춤한 포스트는 이들을 가난한 척하는 부르주아로 치부하고 있습니다. 포스트모더니즘이 과거의 디자인과 연결되어 있지만 고전적인 디자인도 그 자체로 공존하고 있고 시대의 주를 이루었던 모더니즘 또한 선택사항으로 된 것입니다.

이제 모든 건축가들은 자신이 스스로 선택을 하든 아니든 이 두 가지의 부류에서 분류를 당하게 된 것입니다. 즉 어떤 건축가도 이 두 가지 부류에 속하게 되었다는 것입니다. 일반인들도 이제 감성적인 것(제1의 형태)을 선택할 수 있고 이성적인 것(제2의 형태)을 선택할 수 있게 되었습니다. 시대에 뒤 떨어진 선택이라는 기준이 사라지고 취향에 대한 대등한 입장이 만들어진 것입니다.

(a) romeo_new

(b) 개량한복-남여

[그림 I-57] 포스트모더니즘

포스트는 각 분야에서 선을 보였습니다. [그림 I-57] (a) 포스트는 현대를 배경으로 하는 로미오와 줄리엣 영화 포스트입니다. 그리고 (b)는 한복을 개량한 것입니다. 이들의 근본은 과거에 있습니다. 이렇게 시대 속에 잠시 주춤했던 포스트모더니즘은 과거의 디자인에 기능을 첨가하여

I. 건축물은 두 개의 형태만 있다

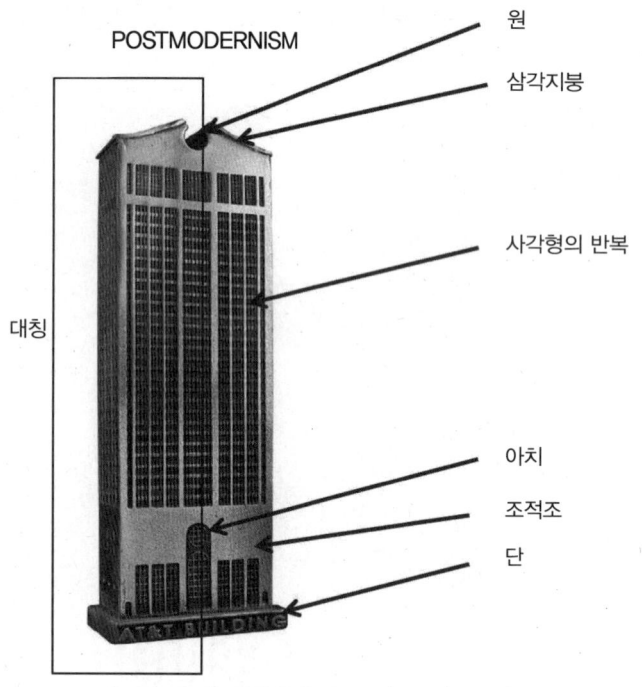

[그림 I-58] 필립 존슨의 소니(AT&T) 빌딩(1982)

다시 등장한 것입니다. [그림 I-58]은 포스트모더니즘을 대표하는 필립 존슨의 소니(AT&T)빌딩입니다.

근세 말에 신고전주의가 등장했는데 매너리즘, 바로크 그리고 로코코가 등장하면서 주류가 왕에서 귀족으로 흐르고 지배계층의 일방적인 사회흐름이 이미 문제시 되면서 교훈적인 메시지가 나온 것입니다.

이렇게 클래식한 내용들은 디자인 자체도 있지만 때로는 시대적인 교훈 전달을 위하여 인용되는 경우도 있습니다. 예를 들어 사회가 혼란스럽거나 어떤 메시지가 필요하게 되면 고전적인 미디어가 많이 등장하게 됩니다.

CHAPTER 05

# 고전주의와 신고전주의

제1의 형태가 고대를 기점으로 하여 시작하게 되는데 중세에도 이 표현은 변경이 되면서 고대의 표현이 주로 사용되고, 특히 그리스(삼각지붕, 기둥, 단)와 로마(아치, 돔, 볼트, 조적조 등)의 형태 요소들이 주를 이루게 됩니다. 그러나 이렇게 뚜렷한 요소들 외에도 르네상스에 등장한 안드레아 팔라디오[13](Palladio Andrea)의 대칭적인 배열, 그리고 순수한 형태를 이루는 삼각형, 사각형 그리고 원의 기하학적 형태의 반복 등이 제1의 형태에 더 추가됩니다. 이러한 추가적인 형태 요소로 인하여 고대부터 전해온 형태요소의 사용에 따라 양식은 좀 더 세분화되지만 역시 제1의 형태에 속한 것은 마찬가지입니다. 이를 구분하는 기준은 원형의 형태와 얼마나 근접하는가에 있습니다. 어차피 시대가 변했기 때문에 고대의 형태와 동일한 모습을 갖고 있다고 해도 이는 더 이상 원형이 아닙니다.

제1의 형태는 크게 4가지로 구분할 수 있습니다. 원본, 고전주의, 신고전주의 그리고 포스트모

---

[13] **안드레아 팔라디오** Palladio Andrea(1508~1580)
르네상스 시대의 건축가. 석공이자 조각가로 활약하다 같은 고향 출신인 시인 토리체노의 후원으로 로마로 유학하였다. 그 곳에서 고대 로마 건축가인 비트루비우스와 로마 유적을 연구한 뒤 고향으로 돌아와 수많은 궁전과 저택을 설계했다. 이 시기에 지은 대표작으로 〈빌라 로톤다〉(1550~1553)가 있다. 〈빌라 로톤다〉는 그리스식 주식과 박공의 현관을 제외하고는 고대 건축물과는 가히 다른 것이었다. 고대건축의 규범을 바탕으로 당시 이념과 결합하여 새로운 양식을 탄생시켰는데, 이른바 '팔라디오 양식'이라 불린다. 북이탈리아의 작은 도시 비첸차에서 시작된 이 양식은 유럽 각지로 전해졌고, 18세기에는 미국에까지 전파되었다. 만년의 작품으로는 비첸차의 〈테아트로 올림피코(사후 스카모치에 의해 완성)〉 등이 있다.

I. 건축물은 두 개의 형태만 있다

더니즘입니다. 원본은 고대의 것만 속합니다. 그리고 시대가 변했지만 원본과 동일한 형태로 만들되 재료와 기술 그리고 표현을 동일하게 하여 거의 원본과 유사하게 만드는 것이 바로 고전주의입니다. 그리고 형태와 표현은 유사하지만 재료와 기술은 그 시대의 것을 적용하는 것이 신고전주의입니다. 포스트모더니즘(Post modernism=After modernism)은 모더니즘 이후에 등장한 과거의 디자인 요소를 사용하여 현대적으로 재구성한 양식입니다. 그러나 건축·미술·음악 등 양식적으로 분류하는 단어가 너무 많습니다. 이 단어에 대한 이해를 시도하다 보면 시간도 많이 걸리고 정확한 이해를 하기도 전에 질리는 경우도 있습니다. 정리하면 과거에서부터(과거라는 단어가 잘못하면 부정적으로 전달될 수도 있어 사용하는 데 편하지 않지만 이해를 돕기 위하여 사용합니다) 계속적인 발전과 변화를 해오면서 전해오는 형태가 있는가 하면, 반대로 중간에 새로운 시도로 등장한 형태로 정리했지만 이것도 사실 쉬운 것은 아닙니다. 이유를 살펴본즉슨 우리 주변의 영향이 큽니다. 그 많은 형태들을 분류하기란 쉽지 않습니다. 이 책이 모두를 설명할 만큼 다룰 수는 없지만 그래도 먼저 큰 분류로 이해하고 흥미가 생겨 상세한 분류를 나누는 데 부족하다면 더 많은 좋은 책이 충분히 있으므로 좀 더 전문적인 지식을 쌓으면 되는 것입니다.

의외로 학생 시절에 고전과 닮은 건축형태를 설계하는 학생은 많지 않습니다. 이는 고전의 형태는 일정한 공식을 알아야 하며 반대로 르코르뷔지에가 보여준 돔이노(dom-ino) 시스템처럼 구조와 벽체가 자유로워진 모던은 형태 구성에 쉽기 때문일 것입니다. 그러나 도시는 다양한 요소로 채워져야 하며 다양한 부류의 인간들이 만족하는 환경을 갖추어야 합니다.

창작은 의도가 담겨져야 합니다. 형태가 잘된 건물과 잘못된 건물은 없습니다. 표현을 잘한 건물과 잘하지 못한 건물만이 존재할 뿐입니다. 그러나 '표현을 잘했다는 기준은 어떻게 정할 수 있는가?' 그것이 바로 의도입니다. 의도적인 콘셉트를 정해서 그것을 형태에 반영하고 그 콘셉트가 형태 속에 잘 표현되어야 하는 것입니다. 그렇다면 그 의도를 관찰자가 알고 형태를 보아야 합니다. 우리가 알고 있는 명품의 공통점이 바로 이러한 의도된 표현입니다. 그래서 형태를 배울 때나 만들 때 이러한 의도를 갖고 표현한다면 좋은 작품을 만들 수 있습니다. 의도하지 않고 우연히 나온 걸작은 절대 없습니다.

다음의 [표 I-1]의 표는 제1의 형태에 속하는 양식을 정리해 본 것인데, 이를 더 간단하게 정리한다면 과거로부터 내려오는 디자인방식을 이어온다는 것입니다.

[표 I-1] 제1에 속하는 건축형태

| | 고대 | 고전주의 | 신고전주의 | Postmodermism |
|---|---|---|---|---|
| 내용 | 이집트, 그리스, 로마의 형태 요소 | 고대, 중세, 근세에 등장하는 건축형태를 동일한 형태, 동일한 건축재료, 동일한 기술, 동일한 표현을 사용하여 재현하는 것<br><br>모든 것이 동일하더라도 시대적 차이로 인하여 원형은 아니다. | 고대, 중세, 근세에 등장하는 건축형태를 동일한 형태, 동일한 표현을 사용하였지만 건설 시기에 사용되는 기술과 재료를 사용하여 재현하는 것<br><br>중세와 근세는 사실상 고대의 신고전주의이다. | 근대 이전의 건축형태에 쓰였던 요소(그리스, 로마, 이집트의 형태 요소)를 사용하고, 중세의 요소(비잔틴의 첨탑, 로마네스크의 3단, 고딕의 버트레스 등), 근세의 요소(르네상스의 기둥과 벽의 분리, 좌우대칭, 매너리즘의 비례 파괴, 바로크와 로코코의 장식 등), 즉 과거의 디자인 요소를 갖고 와서 현대적인 방법으로 재구성하여 표현한 양식 |

　[그림 I-59]의 사진은 1900년대의 남대문(숭례문)입니다. 성벽을 좌우로 연결하여 사대문의 역할을 하고 서울의 관문으로서 기능을 갖고 있었습니다. 그러나 화재로 소실되어 2013년 복원된 것이 [그림 I-60]의 사진입니다. [그림 I-59] 사진과 약간의 차이는 있지만 소실되기 전의 모습 그대로 재현하려고 건축재료와 소실되기 전의 건축기술 등을 시도했습니다. 그리하여 소실되기 전의 원형과 유사한 형태를 얻은 것입니다. 이것이 바로 고전주의입니다. 이해를 돕기 위하여 [그림 I-61](a)의 사진은 이를 노출 콘크리트, 자갈, 금속판, 유리, 석재 그리고 대리석 등으로 변경했으며 지붕뿐 아니라 일부도 재료 변경을 해 보았습니다. 이것이 바로 신고전주의입니다. 형태 그 자체는 동일하지만 재료 변경을 주었고 시공이 용이하게 하고 시대적 흐름에 맞춘다고

[그림 I-59] 남대문(숭례문)_서울(1900)

I. 건축물은 두 개의 형태만 있다

[그림 I-60] 남대문(숭례문)_서울(2013)

해 본 것입니다. 그리고 [그림 I-61] (b)의 사진은 남대문의 이미지를 넣고 르네상스에 유명했던 좌우대칭을 형식을 빌렸으며, 순수한 도형 사각형, 삼각형 그리고 원을 변형 없이 사용해 보았습니다. 남대문과 전혀 상관은 없지만 이를 전체 건축물의 형태에 넣었으며 과거의 형태 공식을 사용하여 만들어 본 것입니다. 이도 이해를 위하여 한 작업이며, 유치해도 이것이 바로 포스트모더니즘입니다. 즉 전체적인 형태에서 원형의 모습을 알 수는 없지만 포스트는 과거의 디자인 공식을 사용하여 인간 중심적이며 감성적인 표현 그리고 중심적인 형태 구성을 갖고 있습니다.

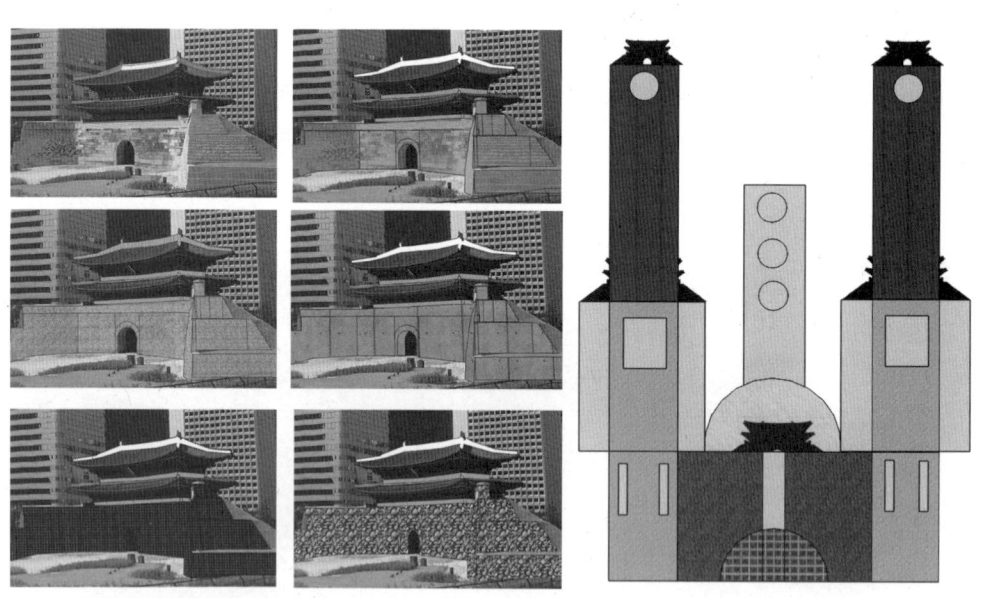

(a) 남대문 변경 모음    (b) 남대문 포스트

[그림 I-61] 고전주의와 포스트모더니즘

# CHAPTER 06

# 네오모더니즘

포스트모더니즘 건축가의 부활은 근대 정신에 어긋나는 것입니다. 그러나 그들은 시대적인 상황 때문에 잠시 몸을 움추리고 시기를 조망한 것일 뿐 근대의 정신만이 해결책이라고 본 것은 아닙니다. 근대의 발생 원인은 다양한 방향에서 시작되었습니다. 시민혁명과 산업혁명이 있었고 식민지에 대한 확장과 강국들의 원자재 확보를 위한 전쟁 그리고 영토 확장과 섬유의 대량생산에 대한 위기고조 등 다양한 원인이 발생하면서 근대의 불꽃이 일어났습니다. 이러한 상황이 사람들의 인식을 바꾸어 놓았고 시대정신이 바뀌면서 체제의 변화도 일어났습니다. 근대 이전의 획일화되고 봉건적인 사회구조로는 일반인들의 지식과 욕구를 만족시킬 수 없었으며 사회참여와 명령체계 또한 한계에 도달한 것입니다.

근대 이전의 혁명이 다양한 구조 속에서 일부 구조에 의한 변화였다면 근대는 두 개의 구조 중 하나의 구조가 요구하는 변화였습니다. 이 변화는 어느 시대보다 빠르게 확산되었으며 전반적인 변화였습니다. 여기서 승리한 하나의 세력은 승리하지 못한 또 하나의 세력을 시대에 뒤떨어진 진부한 것으로 몰아갔으며, 시대를 역행하는 부류로 부정하며 이를 몰아붙인 것입니다. 다양한 이론들이 등장하고 이를 이해하고 인정하기도 전에 사회는 이를 받아들여야 했고 전반적인 규칙을 변경하는 과정이었습니다. 진보적이며 다수이지만 일부를 격리시키는 현상도 나왔습니다.

건축가 아돌프 루스는 과거를 상징하는 장식을 범죄처럼 취급할 정도로 그 표현은 과격했으

I. 건축물은 두 개의 형태만 있다

며 과거에 대한 인식은 부정적인 요소와 같은 이미지를 만들기까지 하였습니다. 긴 역사를 통하여 상호인식되는 과정을 거치면서 발달되어 온 예술은 일부 계층을 위한 부속물로 치부되고, 단계를 거쳐 감성적인 이해를 하던 예술은 기능적이면서 이해를 요구하는 내용을 담지 않으면 안 되는 시대가 온 것입니다. 페트론 체제가 무너지고 예술가들은 새로운 콘셉트를 힘들여 내놓아야 했으며, 근대 이전에 존재했던 왕가, 종교 지도자 그리고 귀족 신분을 파괴와 부정하고 새로운 부르주아, 프롤레타리아 신분이 생겨났지만 이들 사이에서도 이론에 대한 빈부의 차는 커져 갔습니다.

근대 이전의 규칙과 질서는 새로운 방식으로 변화되어야 했으며 그 틀은 과거로부터 탈출이었습니다. 그러나 새로운 것에 대한 검증을 거치기도 전에 근대는 과거에는 가질 수 없었던 물질만능주의라는 과도기적인 상황에도 만족을 주며 긍정적으로 작용을 한 것입니다. 과거의 양식에서 아직 나오지 않은 계층에서는 충격적이고 어려운 상황이었지만 이들은 재기의 시대를 기다릴 수밖에 없었습니다.

근대는 이렇게 다수 계층의 지지를 받으면서 거침없이 직진할 수 있었고 짧은 시기에 많은 것을 시도할 수 있었습니다. 그러나 그 단기간의 성과에도 불구하고 지지층이었던 다수의 일부는 등을 돌리면서 소통에 의문을 갖기 시작한 것입니다. 이 과정에서 고전주의와 신고전주의는 특별한 상황이지만 과거의 것을 간신히 유지하면서 기회를 엿보고 있었던 것입니다. 이를 계기로 포스트모더니즘이 거인처럼 일어났고 근대와의 투쟁을 시작한 것입니다. 이들은 소통과 질서를 내세우고 소외된 계층에 감성으로 호소하였고 이러한 노력들이 받아들여지면서 포스트모더니즘 또한 불같이 일어났고 보수진영에서 이를 뒷받침 했던 것입니다. 그러나 제1의 형태는 보수적인 성격을 띠고 있고, 제2의 형태는 진보적인 성격을 그 내면에 갖고 있습니다. 포스트모더니즘은 이것을 놓친 것입니다.

일반적으로 보수보다는 진보의 수가 많은 것이 특징입니다. 왜냐하면 진보와 보수는 정해져 있는 것이 아니고 그 대상의 상황에 따라서 얼마든지 변경될 수 있는 카멜레온 같은 것입니다. 보수는 현재 상황이 주는 이점을 유지하기를 원하고, 진보는 더 나은 삶을 위하여 현재 상황의 변화를 원하고 있습니다. 아쉽게도 신분의 변화를 원하는 새로운 세상을 위하여 일어난 혁명의 과정을 거쳤음에도 불구하고 아직도 사회는 상류와 그렇지 않은 부류의 비율은 균등하지 않았습니다. 근대가 제공자와 수신자 간의 서로 이해와 소통의 문제가 있었지만 다수의 진보는 기능적인 것을 더 원합니다. 즉 '디자인=미+기능'보다는 '디자인=기능+미'라는 개념에 더 익숙해져 있기 때문입니다. 이는 산업구조를 보아도 알 수 있습니다. 기능적으로 뒷받침되지 못한 상품이 디자인을 바꾼다고 절대 받아들여지지 않습니다. 이미 형태를 이해하기보다는 기능을 이해하지 못해도 사용하는 데 불편하지 않으면 인정하는 사회구조가 전반적으로 뿌리내리고 있기 때문입니다. 그래서 포스트모더니즘은 그 재기에도 불구하고 다시 일부 계층의 전유물로 남게 된 것입니다.

그러나 근대의 정신을 유지하는 계층은 과거의 산물이 재기를 꿈꾸는 이러한 상황을 절대로 놓치지 않고 제2의 모더니즘인 네오모더니즘을 선보인 것입니다. 그것은 바로 과거가 중시하는 질서와 규칙을 다시 벗어나는 형태와 내용의 불일치를 선보이기로 한 것입니다. 즉 어색한 부조화를 나타내고 복잡하지만 융화되지 않으며, 완벽성의 파괴 등 마치 과거를 진부한 것으로 몰아가는 근세의 매너리즘이 되살아난 듯한 형태를 보여주고 있습니다.

중력을 무시하는 부유가 형태 속에 녹아들고 전체를 세분화시키고, 시작과 끝이 갖는 각도가 다르며, 일정함을 거부하며 형태 구성 원리를 무시하는 형태가 모든 고정관념을 해체하며 일어난 것입니다. 이 또한 누구에게도 이해되지 못한 소통의 단절이 있습니다. 그러나 특이하다는 이미지 전달로 이들은 만족하고 우연이라는 농담 속에 소통의 범위를 광범위한 영역 안에 모두를 안고 가려는 시도를 하고 있습니다. 즉 소통을 근본적으로 원하지 않거나 필요로 하지 않는 듯한 형태에 대한 추론 자체를 허락하지 않는 비추론적 콘셉트를 초기부터 사용하고 있습니다. 이렇게 난해한 디자인 구조를 보이자 포스트모더니즘의 건축가 찰스 젱스는 네오모더니즘을 퇴폐적이라고 몰아붙인 것입니다.

[그림 I-62]의 건물은 오스트리아에 있는 Funder Factory 3입니다. 이 건물을 보면 찰스 젱스가 표현한 이유를 이해할 수도 있습니다. 네오모더니스트들이 즐겨 사용하는 붉은 빛의 컬러가 입구 위에 마치 그래프의 선처럼 자유로운 형태의 켄딜레버 차양이 문 위에 놓여 있는데 그 비례는 전혀 고려하지 않은 듯하며, 벽면에는 유리와 타공판처럼 생긴 은빛 면을 이루고 한 쪽 벽면은 어지러운 형태로 엮여져서 지붕에는 마치 주어다 놓은 사다리 같은 격자를 놓았습니다. 모든 요소들이 마치 계획적인 작업에 의하여 준비된 것이 아닌 임시방

[그림 I-62] coop himmelblau, Funder Factory 3, Carinthia, Austria(1988)

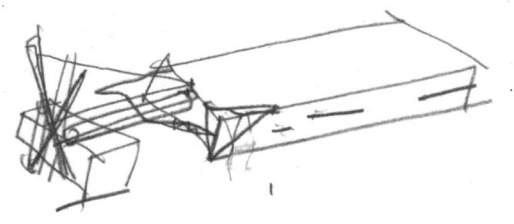

[그림 I-63] funder factory3 스케치

편적인 재료 모음처럼 어우러져 있으며, 한쪽 벽은 면을 이루는 반면 다른 벽은 선들이 어수선하게 엉켜져 있어 극적인 효과를 나타내고 있습니다. 그러나 어지러운 조합의 끝에는 두 개의 굴뚝이 마치 질서로 마무리하는 듯이 정렬해 있는 것이 문득 정신차려 질서를 잡는 듯한 인상을 주고 있습니다([그림 I-63]의 스케치). 이러한 형태들을 이해할 수 있는 광경은 우리 주변에도 많습니다.

[그림 I-64] 달동네

[그림 I-64]의 광경은 서울에 있는 달동네의 흔한 모습으로 네오모더니즘의 콘셉트를 잘 보여주고 있습니다. 네오모더니즘과 포스트모더니즘의 적절한 재료와 형태의 개념은 많이 다릅니다. 포스트가 융합, 질서 그리고 배열의 중요성을 갖는다면 네오는 기능, 적절함 그리고 부조화의 개념을 보여주고 있습니다. 포스트는 타당함에 중점을 둔다면 네오는 그 본질에 중점을 두고 있습니다. 즉 네오는 가능성의 범위가 무한하다는 것입니다. 그 이유는 한계의 범위를 넓혔기 때문입니다. 이는 체계적이고 규칙에 대한 반발로 각 형태의 독립성을 보기 때문입니다. 포스트가 전체적인 내용 속에서 어울림을 주제로 한다면 네오는 구성주의의 기반을 두고 각 개체가 기능을 하는 것에 그 바탕을 두고 있습니다.

[그림 I-65]의 사진은 바나나입니다. 바나나의 휘어짐이 포스트에서는 중요한 요소입니다. 그러

[그림 I-65] 바나나

건축인문학

82

나 네오는 어떻게 휘어진 바나나인지는 중요하지 않고 이것이 바나나라는 것만 의미가 있습니다. 그러나 표면에는 사과라고 적혀있습니다. 이것은 포스트에서 거짓입니다. 그러나 네오는 참과 거짓에 그 의미를 두지 않습니다. 글씨는 글씨이고 바나나는 바나나만의 맛만 갖고 있으면 됩니다. 즉 그 바나나 자체에는 의미를 두지 않는다는 것입니다.

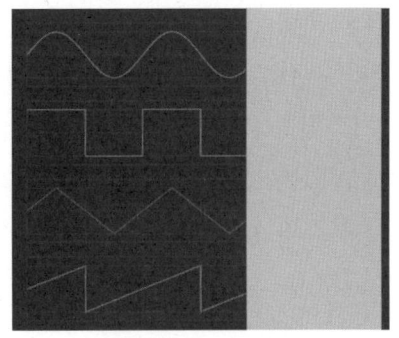

[그림 I-66] 파장

[그림 I-66]의 그림에서 파장의 흐름이 있습니다. 이 파장의 끝 부분이 가려져 있는데 포스트모더니스트들에게는 당연히 규칙적인 흐름을 예상하고 그렇게 흘러야 한다고 생각합니다. 그러나 네오모더니스트들에게 그 흐름의 결과는 중요하지 않습니다. 다양한 파장이 있고 얼마든지 다른 흐름의 파장이 나올 수도 있다고 생각합니다.

[그림 I-67] (a)의 사진은 창문에 붙인 망입니다. 창문의 크기에 비하여 망은 크기가 상당히 큽니다. 포스트에게는 이는 실로 충격이며 문제가 있는 조치입니다. 그러나 네오에서 이는 가능한 것이며 기능을 방해하지 않는다면 충분한 가능성이 있습니다. [그림 I-67] (b)의 사진은 2006년도에 완성한 Frank. O. Gehry의 스페인 Elciego에 있는 Hotel Marques de Riscal이다. 이 건물을 보면 루이스 칸이 건물에게 물어 본 대화 '건물아 건물아 네가 원하는 게 뭐니?'하고 물었더니 '전 기억되기 원해요!' 했던 것이 생각납니다. [그림 I-67] (c)의 건물은 분명 이 대화를 충족시키는 역할을 합니다. 그러나 포스트모더니스트들에게는 혐오스럽고 쓰레기 같은 기억이 될 것이고, 네오모더니스트들에게는 긍정적인 기억이 될 것입니다. 네오모더니즘은 분명히 있을 기억과 규칙과 질서를 해체하는 단계까지 온 것입니다. 심지어는 [그림 I-67] 건물처럼 건축물이 일반적

(a) 창문 망

(b) Frank. O. Gehry_Hotel Marques de Riscal. Elciego, Spain(2006)

(c) Parc de la Villette, Bernard tschumi _Paris, France(1983~1998)

[그림 I-67] 네오모더니즘

으로 형태 안에 차지하는 면적은 분포까지 해체하여 조형물 속에 건축물이 들어가는 지금까지의 주객전도적인 사고의 해체까지 시도한 것입니다.

[그림 I-67]의 그림에서 보듯 사실상 형태는 두 가지로 나눌 수 있으며 계속적으로 변화를 해오고 있는 것입니다. 네오모더니즘은 포스트모더니즘이 등장하는 시기에 선을 보였으며 아직도 두 부류의 형태 디자인에 대한 신경전이 진행 중임을 알 수 있습니다.

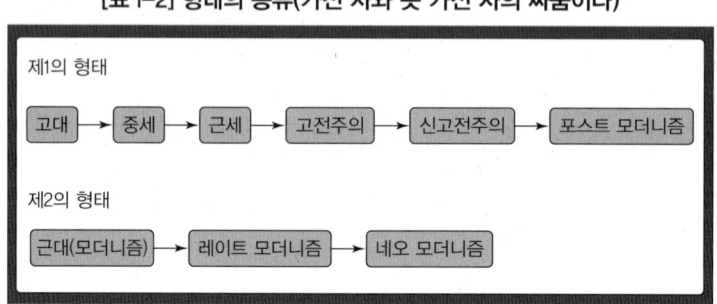

[표 I-2] 형태의 종류(가진 자와 못 가진 자의 싸움이다)

[표 I-2]의 표에서 제1의 형태에 속한 형태 틀이 다양해 보이지만 사실상 근대에 등장한 형태의 종류와 시간대를 본다면 그렇게 많은 변화를 보인 것은 아닙니다. 제2의 형태에 속한 형태들은 더 다양하게 있지만 사실상 구성주의 이전에 나온 형태들과 비교한다면 큰 차이를 보인다고 할 수는 없습니다. 근대 이전의 형태와 구성주의 이전에 나온 형태들의 차이가 있다면 장식과 구조의 작업 차이로서 과도기적인 과정을 보여주고 있습니다. 제1의 형태에 가까울수록 장식적인 부분이 강하고 구성주의에 가까울수록 형태분리에 대한 이미지가 나타납니다. 예를 들어 근대라는 시기에 속한 형태디자인으로 구분하지만 글라스고파나 아르누보는 장식적인 부분에 가깝고 입체파는 구성주의에 가깝습니다. 특히 가우디 같은 경우는 아르누보건축가로 분류하지만 사실상 과거의 디자인을 포함하고 있으며, 오히려 신고전주의로 분류하는 것이 더 이해가 됩니다. 네오모더니즘이 포스트모더니즘에 대한 반발로 나온 것 같은 인상을 주지만 레이트모더니즘(구조와 기술에 대한 자만감 넘치는 표현을 보여줌)에서 이미 그 전조를 보이고 있었습니다.

[그림 I-68]의 작품은 카타르에 있는 Arata Isozaki의 컨벤션센터입니다. 이는 실로 포스트모더니스트들에게는 경악스러운 형태입니다. 특히 [그림 I-69]은 멕시코 연안에 있는 dionisio gonzález의 주거 건물로서 더욱 네오모더니스트들이 즉흥적이며, 건축물의 진지함을 무시하고 퇴폐적이며, 개그스럽다고 말하게 하는 형태입니다. 이러한 형태들은 사실 레이트모던을 보여주

 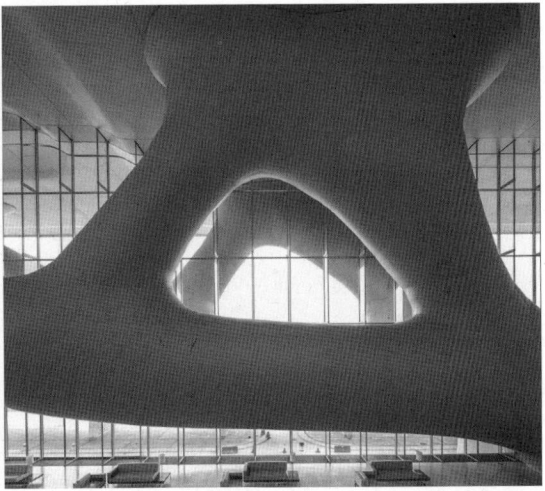

[그림 I-68] Qatar National Convention Center Arata Isozaki

는 것입니다. 이것의 발단을 포스트모더니스트들은 모던으로 보고 있으며, 특히 르코르뷔지에와 아돌프 루스의 책임으로 몰아 가고 있습니다. 찰스 젱스는 르코르뷔지에를 끔찍이도 싫어 했습니다. 프랑스에 르코르뷔지에의 작품이 다른 곳하고 비교했을 때 가장 적은 이유도 그 원인이 있습니다. 한때 르코르뷔지에는 니체의 〈짜라트스트라는 이렇게 말

[그림 I-69] dauphin island II by dionisio gonzalez architecture for resistance, Mexico

했다〉라는 책을 읽고 과거의 잔상을 많이 갖고 있는 파리를 다 불태워버리고 싶다고 한 적이 있는데 이것이 프랑스에 부정적으로 작용한 것이 아닌가 합니다. 이러한 표현이 포스트모더니스트 들에게는 어떤 의미로 작용하는지 포스트모더니스트인 찰스 젱스는 너무도 잘 알고 있기 때문에 그를 그렇게 폄하하는 책을 썼는지도 모릅니다. 그는 네오모더니스트들을 지게를 짊어진 부르주아라고 표현했습니다. 부르주아이면서 부르주아를 거부하는 이중인격자로 표현했으며, 모던을 단지 유행(모데와 대모데에서 대모데. 기디온의 일시적 사실과 구성적 사실에서 일시적 사실)을 좇는 깊이 없는 형태로 전락시켰습니다. 산업혁명 이전은 부르주아라는 단어가 없었습니다. 단지 귀족계급과 그렇지 않은 계급만이 존재했습니다. 그러나 산업혁명 이후 부르주아계급과 프롤레타리아계급이 생성되고 마르크스의 공산주의에 의하여 이는 더욱 명확해 졌으며,

I. 건축물은 두 개의 형태만 있다

이로 인하여 근대 이념에 귀족계급은 마치 사회 악처럼 취급되었기 때문에 포스트모더니스트들은 귀족대신에 사회의 중심축으로 자리잡은 부르주아라는 단어 자체에 민감하게 반응합니다. 특히 사회의 주축으로 올라선 부르주아성 중산층이 더욱 눈에 거슬렸을 수도 있습니다.

고대의 시대적 키워드는 신인동형, 중세는 기독교, 근세는 신인동형과 인본주의입니다. 이 3시대는 동일하게 인간의 관계가 시대적 코드로 들어 갔습니다. 그러나 근대(모던)는 시대적 키워드가 기계입니다. 그렇기 때문에 포스트모더니스트들은 근대를 탈인간중심적으로 보고 있으며, 이를 중점적으로 공격하고 있습니다. 또한 근대의 연장선상에 있는 레이트모던도 키워드가 기술과 구조입니다. 이 또한 탈인간중심적이며 나중에 나온 네오모던은 근대가 들고나온 구성주의마저 던져버리고 여기에 인간의 위치를 아직도 주된 주제로 다루지 않았으며, 재료와 형태의 자유로움으로 더욱 달려간 것입니다. 포스트모더니스트들은 근대 자체를 시대적인 매너리즘으로 보는 경향도 있습니다. 사실 고딕도 그 이전의 시대에 대한 매너리즘이고, 더 깊게 들어 간다면 후대는 전대의 매너리즘으로 볼 수 있습니다. 이러한 결론에서 우리는 초기 형태의 고대와 근대를 빼고 모든 것이 매너리즘의 범주로 넣게 되는 것입니다. 이러한 분류를 꼭 부정적으로 볼 필요는 없습니다. 여당이 있으면 야당이 있고, 우가 있으면 좌가 있고, 위가 있으면 아래가 있고 앞이 있으면 뒤가 있는 것과 같은 이치로 볼 수도 있습니다. 과거 일부 계층의 전유물과 같은 내용들이 이제는 모든 계층이 소유하는 것이 나쁜 것은 아닙니다.

이러한 원리에 의하여 앤디 워홀(Andy Warhol) 같은 인물이 등장한 후 그의 계획대로 화가에게서만 그림을 구입할 수 있었던 시대에서 이제는 편의점에서도 그림을 구입할 수 있는 시대가 온 것입니다. 붓으로만 그림을 그려야 했던 시대에서 펜으로도 그리고 또한 실크 스크린으로 대량생산이 가능하게 만든 그는, 화가에게는 미운 털이지만 일반인들에게 누구나 벽을 꾸밀 수 있는 환영받는 시대를 만든 것입니다. 이를 Pop Art라고 우리는 이름을 붙였고, 그는 1달러 지폐를 그려 프롤레타리에게 균등한 기회를 제공하면서 엄청난 돈을 벌어들여 부르주아가 되는 기회를 갖게 된 것입니다. 그러나 그의 그림은 사실상 포스트모더니즘입니다. 그의 그림은 누구의 초상화인지 모두 알 수 있습니다. 그리고 반복적인 표현은 포스트를 너무도 닮았습니다. 그러나 근대가 선물한 실크 스크린이 존재하지 않았다면 앤디 워홀은 결코 그의 꿈을 이룰 수 없었을 것입니다. 그의 그림의 가치를 예술적으로 따지기에는 너무도 혼란스럽습니다. 그가 Pop Art의 시대를 열었다는 것 외에 우리에게 시사하는 바는 많지 않습니다. 필립 존슨의 글래스하우스처럼 명품은 시대를 지나도 명품이 되어야 합니다. 명품은 모든 부류가 박수를 보내는 자세를 갖고 있습니다. 만일 IT가 발달한 지금 그 그림이 나온다면 그만한 인기를 누릴 수 있을 까 의문이 듭니다. 그림의 가치보다는 한 시대를 개척한 Pop Art 분야의 원조로서 소장가치가 있을 뿐입니다.

앤디 워홀 그림 만들어 보기

## CHAPTER 07 제3의 형태

　제1의 형태가 등장했고 제2의 형태도 등장했다면, 제3의 형태도 등장할 것입니다. 연대표의 과거 시기의 기간을 보면 점점 더 빠르게 다음 단계로 진행되어 가는 것을 볼 수 있습니다. 그리고 일부 계층에서 모두의 계층으로 그 범위가 넓혀졌고 작업이 이뤄지는 시간도 단축되고 있습니다. 과거 시기적인 키워드를 보면 점차 제1의 형태는 인간에서 제2의 형태는 기계로 그리고 아직은 명확하게 단정할 수는 없지만 IT의 역할이 중요한 요소로 작용하고 있습니다. 제1의 형태는 감성적인 부분이 요구되었고 제2의 형태는 이성적인 지식을 요구하였으며, 지금은 그 두 개가 다 필요한 상황입니다. 과거는 형태주의가 중요한 초점으로 작용했으며 근대는 기능주의가 중요한 이슈로 떠올랐습니다. 그러나 지금은 그 두 개 다 요구하는 상황입니다. 이는 시대가 갖고 있는 부족함에서 발생한 것입니다. 그러나 지금은 이 두 개가 다 가능하며 또한 요구되기도 합니다. IT의 발달로 일반인이 필요한 지식을 과거보다는 쉽게 얻을 수 있는 가능성이 커졌으며 일부 계층과 일부 지식인이 점유하고 있던 지식의 확장이 가능해졌습니다. 그러나 그 지식의 정확성은 오히려 더 혼란스럽고 전문가의 역할은 더 명확해졌습니다. 지식의 정확성과 명료함은 많은 혼란을 더 갖고 왔으며 정보의 홍수 수위에 있어야 하는 부담을 갖고 지식의 전달자는 더 많은 전달 기술을 갖고 있어야 합니다.

　인간이 갖고 있던 많은 능력을 IT가 대체하고 있으며 오히려 정보체계를 인간보다 더 신뢰하는 분위기로 흘러가고 있습니다. 인간이 주도하는 시스템에서 인간의 산물인 IT에 의존하며 많은 영역을 내주고 있습니다. 이는 이제 인간 능력의 한계를 IT가 대체하면서 가능한 것과 가능하지 않은 것이 IT와 비교하는 시대가 온 것입니다. 인간은 영원히 공간을 벗어나지 못할 것입니다. 공간을 벗어나는 것이 기후의 변화와 과거보다 인간의 육체가 더 예민해지고, 공간 밖을 향한 목표는 점점 더 희미해져 가고 있습니다. 심지어 왜 공간을 벗어나야 하는가에 대한 목표도 사라지고 있습니다. 자연에 대한 갈망도 환경이 인간을 위협하고 그러한 불안감으로부터 시작되었으나, 이제는 동굴을 벗어나야 한다는 의지는 사라졌습니다. 그러나 우리의 한계는 오히려 점점 더 약해지고 인간 스스로 해결할 수 있는 능력도 과거보다 못합니다.

그러한 한계를 건축에서는 IT의 힘을 빌어 설비를 구축하고 그에 따른 형태를 단순화하는 방향으로 갈 것입니다. 또는 아이디어가 있으나 가능하지 않았던 형태에 대한 시도가 IT의 힘을 빌어 시뮬레이션 과정을 거쳐 오히려 더 복잡한 형태의 시도가 있을 것입니다. 이를 정리하면 형태에 대한 방향은 아주 단순해지거나 아니면 아주 복잡한 방향으로 흘러 갈 것입니다. 이는 곧 포스트모더니즘과 모더니즘의 방향이 극적으로 흘러갈 수 있다는 것입니다. 에너지와 환경문제가 크게 영향을 주어 이것이 형태 구성에 영향을 주게 될 것입니다. 또한 지금까지는 형태의 실험적인 시대였습니다. 그러나 이제 결론적인 형태를 인간들은 얻게 될 것이며, 그것은 오히려 간단한 형태로 만들어지고 속도는 더욱 빨라지고 있습니다. 과학이 더 발달하고 불가능한 것이 가능한 시대로 접어들겠지만 그러나 건축의 궁극적인 목적은 공간으로부터 탈출하는 것입니다. 예를 들어 필립 존슨이 설계한 글래스하우스가 주는 메시지를 우리는 눈여겨 보아야 합니다.

미래는 우리에게 다양한 가능성으로 다가오겠지만 그 도착지는 자연으로 가는 것입니다. 과거의 시작은 인간으로 시작되었고 근대는 새로운 희망으로 전환기를 맞았지만, 이 모든 것의 궁극적인 목적은 인간입니다. 우리 삶의 여러 가능성의 시도와 목적은 우리입니다. 근대 이전이 서론이라면 근대는 본론이고 이제 제3의 형태는 결론으로 끝나야 합니다. 이 내용의 중심에는 결국 우리입니다. 제2의 형태는 그 결론을 찾기 위한 시도이고 미래가 주는 가능성에 이 시도는 계속될 수 있지만, 이것이 궁극적인 목표는 아닙니다.

인간이 공간을 벗어나지 못하는 이유는 인간이 공간이 필요한 이유와 같습니다. 미래에 환경문제가 가장 중요한 이슈가 될 것이라고 앞에서 언급하였습니다. 인간에게 부족한 능력을 미래는 기술로 해결하여 무한한 가능성을 주듯이 인간이 갖고 있지 않은 것도 제공할 것입니다. 그것은 동물은 변화하는 자연의 환경에 적응하여 살아가지만 우리는 그렇지 못합니다. 이것 또한 미래는 해결하여 줄 것입니다.

기술이 모든 가능성을 제공하지만 그 목적의 마지막에는 자연입니다. 자연과 바꿀 수는 없습니다. 그것은 우리에게도 심각한 문제로 다가 올 수 있기 때문입니다. 그래서 우리가 자연에 적응하면서 살아가는 것이 궁극적인 방법입니다. 그렇게 되면 우리는 공간에서 벗어날 수 있고 자연의 일부로 살아갈 수 있게 되는 것입니다. 이것이 제3의 형태로 우리에게 주어질 것입니다. 즉 공간 안에 있으나 공간 안에 있지 않는 것입니다.

IT의 발달은 많은 것을 가능하게 하겠지만 형태를 단순하게 하는 역할도 합니다. 과거에는 자연에 대처하기 위하여 바닥, 벽 그리고 지붕을 두껍게 만들었습니다. 특히 벽의 두께는 창의 기능을 제대로 하지 못하게 했으며 지붕의 형태는 의도적이지 않게 단순화된 것입니다. 내벽도 하중과 상관없이 일정한 두께를 가져야 했으며 일정한 구조를 유지하기 위하여 규모도 작을 수밖에 없었습니다. 이러한 상황으로 인해 자체적인 건축비도 많이 들어갔습니다. 그러나 구조와 벽의 분리가 생기고 단열재의 사용으로 벽의 두께도 변경이 되었으며, 에너지에 관심을 갖게 되면서 공간 규모에 대한 작업이 이루어진 것입니다.

이러한 과정을 통하여 건축형태에서 Envelope(바닥, 벽, 지붕)의 영향은 점차 세분화되고 과거와는 다르게 그 기능적 역할이 변경되기 시작했습니다. 고유적인 기능 외에 시스템화되고, 건축재료의 다양함을 통하여 점차 하이테크화되는 것이 일반화되면서 구조적인 상황이 건축형태를 바꿔가지만 IT의 도입으로 건축물도 스마트해지면서 부수적인 기능이 자동화로 인하여 오히려 형태가 단순화되고 있습니다. 특히 초기에 목재를 사용하던 난방 시스템이 석탄으로 인하여 더 규모가 축소되고, 석유로 인한 설비가 중앙시스템으로 축소되었습니다. 그러나 미래에는 대체에너지로 이도 사라질 것이며, 건축물을 구성하던 많은 요소들이 사라지면서 공간의 개념이 바뀔 것입니다. 또한 초기에는 주거가 곧 작업장이었으나 산업화로 일이 세분화되어 주거와 작업장의 분리로 건축물의 종류가 많아졌습니다. 그러나 IT는 다시 영역 구분을 무의미하게 만들어 개별적인 작업장의 성격을 바꾸고 재택근무가 일반화될 것이며, 인간의 많은 업무를 컴퓨터와 로봇에게 내어주면서 오히려 자연에 영향 받지 않는 레저공간이 확대되고 산업화 시설은 생산을 위한 영역 외에 사라질 것입니다.

장소의 의미가 바뀌면 다기능적인 공간이 생깁니다. 그러나 라이프 동선은 지금보다 더 짧아지면서 현재 머무는 공간이 모든 것을 소화하는 기능을 부여받고 내부와 외부의 구분이 더 없어지는 형태를 갖게 될 것입니다. 인구는 가능하면 정책적인 수치에 의

볏짚 지붕 정자

하여 일정한 수를 유지시키는 수준으로 되고 남녀 비율도 의도적인 수치를 유지하며 이에 따라 자동화 기능으로 가득 찬 다기능적인 건축물로 고층화되면서 건물의 수도 일정해지거나 감소하고 나머지 대지 영역은 자연으로 돌아갈 것입니다. 극장 같은 미디어 영역도 개인공간으로 옮겨지면서 사라지고 만남의 장소는 network가 담당하고 더욱 축소될 것입니다. 이로 인하여 도로의 면적은 현재보다 축소되고 고가도로는 사라질 것입니다.

인터넷은 인간의 삶을 모두 변화시켜 교육시설의 의미가 사라지고 오히려 인간관계에 대한 시설이 증가할 것입니다. 그러나 전체적으로 건축물의 수는 감소하고 이로 인하여 도시의 규모도 대도시와 소도시의 성격이 극한 상태로 변화하여 나타날 것입니다. IT는 하이테크를 사용한 건축물 구조가 지금보다 더 가능하게 하며 이에 대한 소재들이 더 많이 등장하지만 형태는 오히려 단순해질 것입니다. 이는 자연에 대한 갈망을 인간이 끝까지 포기할 수 없기 때문입니다. 그래서 자연 속의 인간을 위한 공간이 등장할 것이며 오히려 이동주택 같은 단순한 형태들이 등장할 것입니다.

건축역사를 보면 제1의 형태, 제2의 형태 등 다양한 형태들이 등장하는 시간적으로 긴 역사지만 전체적인 내용으로 보면 그렇게 다양하지도 않고 길지도 않습니다. 이것이 의미하는 것은 제1의 형태들은 시작이고, 제2의 형태는 실험적인 것이며, 제3의 형태는 결론적으로 등장할 것입니다. 제1의 형태는 감성적이고, 제2의 형태는 이성적이며, 제3의 형태는 이 모든 것을 통합하여 나타날 것입니다. 제1의 형태에 속하는 고대는 신인동형, 중세는 신본주의(기독교), 근세는 인신동형·인본주의 그리고 제2의 형태에 속하는 근대는 기계가 시대적 코드였습니다.

현재는 진행형이지만 IT가 변화의 영향을 주고 있습니다. 이러한 내용에서 우리가 주목해야 하는 것은 인간성 회복과 우리의 한계극복입니다. 제2의 형태에서 인간이 중심에서 벗어나 능력을 빌려오는 형태를 취하면서 급기야 그 자리를 점차 내어주는 현재까지 이르렀지만 르네상스의 인본주의가 예상되어 온 것은 아니었고 우리는 그러한 경험을 했기 때문에 모든 영역에서 인간이 벗어나는 일은 일어나지 않을 것입니다. 그러나 근대 또한 예보하고 밀려 온 것이 아니라는 것을 감안했을 때 건축의 형태에서 최소한 영역 또는 개인 영역의 인간중심적인 성격이 표현될 것이기에 이는 공적인 건축물은 인간이 소외되는 성격을 띠는 형태를 유지할 것이며 개인 영역은 좀더 자연을 가까이 하는 필립 존슨의 유리집(Glass house) 형태를 갖게 될 것입니다.

CHAPTER 08

# 디자인은 형태를 통하여 문제를 해결하는 것이다

건축형태는 바닥, 벽 그리고 지붕 3가지 엔벨로프(Envelop)로 되어 있습니다. 바닥과 지붕 모두 중요하지만 건축형태는 사실 벽과의 투쟁입니다. 우리가 건축물을 바라볼 때 바닥은 숨겨져 있고 지붕은 시야에 들어 오지 않지만 건축물의 형태를 읽는 데 가장 큰 작용을 하는 것이 벽입니다. 건축역사는 이 벽의 역사입니다. 벽의 기능은 첫 번째가 기둥과 같이 위에서 내려오는 하중을 기초까지 전달하는 중력에 순응하는 역할을 합니다. 두 번째는 외부와 내부 그리고 공간을 분리하는 수직적 요소입니다. 이것은 벽이 갖고 있는 고유의 기능입니다. 그러나 이 외에도 더 많은 역할을 벽이 하고 있습니다. 그 중에 가장 중요한 것이 바로 건축물의 형태를 인식하는 데 가장 큽니다. 이 외에도 벽이 갖고 있는 역할은 아주 다양합니다.

건축물은 공간을 형성하는 것이 주목적이지만 도시 또는 그 지역의 미관적인 요소로서 부수적이지만 인식하는 데 중요한 역할을 하는 기능을 갖고 있습니다. 건축물이 자연으로부터 인간을 보호하는 기본적인 임무를 수행하기 위하여 내부라는 공간을 형성하지만 이를 위한 내부와 외부를 가르는 이중적인 기능이 필수적입니다. 형태는 누구나 만들 수 있지만 그 건축물이 정상적인 기능을 하기 위하여 전문적인 기술이 필요합니다. 이 때문에 건축가가 필요한 것입니다.

건축가는 형태를 만들기 위하여만 있는 것이 아니라 정상적인 기능을 위한 임무를 건축물에 부여하는 것입니다. 여기서 기능이란 단지 공간적인 것만 말하는 것이 아니라 앞에서 언급한 도시의 미적인 한 요소로서 제대로 작용하는 기능도 부여하는 것입니다.

우리가 어떤 도시를 방문할 경우 의식적으로는 상세하게 분석하지는 못하더라도 우리의 무의식은 전체적인 도시의 미적인 상황에 영향을 받고 이를 기억하게 되며 건축물이 이정표와 같은 역할을 담당하게 되는 것을 알 수 있습니다. 예를 들어 시카고를 방문하면 정확한 인식은 못하더라도 최첨단의 도시보다는 로마네스크풍이 가득하고 고풍스럽지는 않지만 현대적이지도 않다는 인식을 갖게 되고, 베를린을 방문하게 되면 현대적인 도시라는 인식을 하게 되고 독일 뷰어쯔부룩 또한 고풍스러운 도시라는 인식을 받게 됩니다. 이는 건축가가 부여한 그 도시의 역할입니다. 그런데 건축물의 형태 중 바닥, 벽 그리고 지붕 중 어느 부분에서 우리가 이러한 이미지를 가장 받게 되는가 생각해 볼 수 있습니다. 바닥은 숨겨져 있어서 그 영향이 적으므로 벽과 지붕입니다. 사실 지붕의 역할이 이미지를 만드는 데 가장 중요합니다. 그러나 시각적인 면적으로 보면 벽입니다. 어떤 건축가는 벽과 지붕을 단일화시켜서 형태를 만들기도 합니다. 여기서 일반인들은 벽이 형태를 결정하는 데 가장 중요하다고 생각할 수도 있습니다. '그렇다면 건축가는 단지 벽을 형태 형성에만 집중을 할까?' 그렇지 않습니다. 형태를 만들기 전 건축가는 기능을 먼저 결정합니다. 그리고 형태를 위한 작업을 하는 것입니다. 어쨌든 건축물의 형태를 만드는 데 모든 작업에는 기능이 우선시 된다는 것입니다. 즉 기능은 곧 문제 해결입니다.

건축물은 유기체와도 같고 기계와도 같아서 준공하면 그 결과가 시간이 흐르면서 나타납니다. 여기서 결과라는 것이 반드시 물리적인 것만 의미하는 것은 아닙니다. 공간의 구성이나 개구부의 역할 그리고 에너지 문제 등 그 요인은 많습니다. 즉 디자인을 형태 구성으로 치부하는 일반인이 많습니다. 그러나 형태를 구성하는 것은 곧 문제를 답습하지 않는 문제해결에 의하여 나오는 것입니다. 형태를 위한 형태 구성이 아니라 문제를 해결하는 것이 곧 디자인입니다. 여기에는 경제적인 문제도 속합니다. 그러나 어떤 양식 또는 형태로 구성하는가를 결정하는 것은 건축가의 형태철학이 최종으로 작용합니다. 건축가가 건축물을 위한 재료를 선택하는 경우에도 실험적인 재료 선택이 있을 수도 있지만 건축주의 동의 없이는 부당한 비용이 청구되게 할 수는 없습니다. 이에 대한 선택의 타당한 이유가 있어야 하며, 이것이 건축물의 지속적인 생명과 도시적인 영향에 역할을 하여야 합니다. 어쨌든 건축물의 형태를 결정하는 데 가장 중요한 역할을 하는 사람은 건축가입니다.

그런데 여기서 건축가의 범위에 대하여 생각해 볼 필요가 있습니다. 일반적으로 건축가라 함은 건축물의 형태를 시각적 그리고 기능적으로 책임지는 설계자를 칭하는 것이 관례입니다. 그러나 사실은 건축가와 엔지니어를 동시에 지칭해야 합니다. 건축가는 형태에 대한 아이디어를 내놓는 사람이라면 엔지니어는 건축물이 가능하게 책임지는 사람입니다.

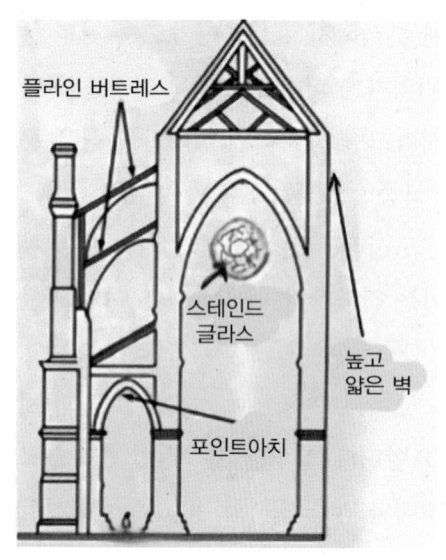

[그림 I-70] gothic의 구조

다양한 건축물의 디자인이 등장하지 않는다는 것은 곧 그 나라에 엔지니어가 다양하지 않다는 의미이거나 건축가 단독으로 작업을 한다는 것을 의미합니다. 다양한 형태가 가능하게 하는 것은 곧 다양한 부류가 공동 작업을 한다는 것입니다.

단순한 형태라 함은 단순한 구조를 말함입니다. '디자인 = 기능 + 미'입니다. 여기서 기능이라 함은 건축물의 가능하게 함을 말합니다. 건축물은 공간을 창조하는 행위이지만 기술적으로는 그 건축물이 지속 가능하게 하는 것입니다. 여기에서 가능성은 곧 구조를 말합니다. 이 구조에는 엔지니어의 역할이 중요합니다. 건축 역사상 이탈리아 르네상스 시기를 제외하고 건축가와 엔지니어의 공조가 있었습니다. 특히 모던은 이 두 그룹의 공조에 따른 시기라고 해도 과언이 아닙니다. 우리나라에 다양한 건축형태가 등장하지 않는 것은 아직도 이탈리아 르네상스 같은 시기를 벗어나지 못했다는 것입니다.

서양 건축사에 등장하는 소위 유명한 건축물은 엔지니어의 역할이 컸습니다. 예를 들어 그리스 파르테논 신전은 그 비례와 구조에 있어서 단골로 등장하는데, 이 건물은 시각적인 형태라기보다는 기술과 구조를 전적으로 나타낸 것으로서 엔지니어의 작품으로 볼 수 있습니다. 구조의 기본이 위에서부터 전달되는 하중을 기초까지 전달하는 수직하중을 유지하는 중력입니다. 이 수직하중을 기초까지 전달하는 부분이 바로 내력벽과 기둥입니다. 이 부분을 잘 처리하는 것이 디자인입니다.

건축사를 보면 이렇게 수직하중을 해결하는 내용이 주를 이룹니다. 근대 이전에는 주 건축재료가 석재와 목재였기 때문에 이를 잘 다루는 건축가와 엔지니어가 합작을 이룬 것입니다. 거의 모든 건축물이 조적조(모르타르를 사용하여 쌓는 방식)로 구조를 이루었습니다. 이집트의 피라미드, 그리스의 신전 그리고 로마의 건축물들이 거의 모두 조적식 구조를 이루었습니다. 그러나 조적식은 압축력에는 견디지만 인장력에는 약하기 때문에 건축적인 형태 구성에 대한 지식만으로는 해결이 어려워 엔지니어적인 지식이 있어야 했습니다. 특히 돔을 받치고 있는 드럼 같은 경우는 예민한 경우에 속합니다. 고딕의 구조가 그렇고 로마의 마스타바 공간은 특히 구조적인 지식을 더 요구했습니다.

이렇게 시각적인 건축형태에 대한 지식만으로는 지금 우리가 소유하고 있는 건축물은 결코 가능할 수 없었으며 기술적인 지식을 갖고 있는 엔지니어의 도움이 있었기에 가능했던 것입니다. 즉 이 시기의 건축물들은 구조가 건축형태에 그대로 드러나 보이는 구조로서 곧 외피 역할을 하는 형식이었습니다. 그러나 이탈리아 르네상스에 들어 오면서 구조체와 외피가 분리되는 현상이 나타나면서 건축가와 엔지니어의 작업이 분리되기 시작한 것입니다. 즉 건축물의 기둥이 외피의 한 형태로 장식적인 역할로 그치면서 건축가 스스로 작업을 하는 경향이 지속되고 이것이 근대 이전까지 근세를 이어 온 것입니다. 이러한 상황이 근세 초기까지 이어지다가 새로운 재료 유리와 철이 건축에 주재료가 되면서 엔지니어의 역할이 다시 부각된 것입니다. 영국의 수정궁이 좋은 예입니다. 건축형태의 디자인에 있어서 지속적이고 안정된 건축물을 만드는 데 엔지니어의 역할이 필요하게 된 것입니다. 영국의 맥도날드(Angus J. MacDonald) 교수는 그의 저서인 〈건축의 구조와 디자인(Structure and Architecture)〉에서 건축가와 엔지니어의 관계를 크게 3가지로 분류하였습니다.

건축가는 형태와 시각적인 주제를 결정하고 엔지니어는 기술적으로 적절한지 보장해주는 기술자의 역할, 건축가와 엔지니어가 동일 인물인 경우 그리고 건축가와 엔지니어가 동반자적인 협력관계로 구분한 것입니다. 이 관계는 건축물 형태를 만드는 데 어떤 관계이든 중요한 역할을 합니다. 디자인은 형태를 만든다는 의미만 있는 것이 아니라 다양한 형태를 시도하는 데 문제를 해결하는 것입니다. 우리가 지금 많이 접하고 있는 하이테크한 건축물의 형태들은 위의 세 번째 관계가 가능했기 때문에 가능한 것입니다. 건축물의 형태가 반드시 다양해야 하는 것은 아닙니다. 그러나 다양한 시도를 위하여 발생할 수 있는 문제를 해결하고 이에 대한 확신을 가져야 한다는 것입니다. 파리의 퐁피드 센터에 있는 철 기둥을 하기 위하여 리차드 로저스는 엔지니어와 200번 넘게 실험을 했다고 합니다. 구조의 양식화, 장식으로서의 구조 또는 건축으로서의 구조이든 어떤 경우이든 건축형태를 만드는 과정에는 구조가 우선시 되어야 하며 이것이 외피에 의하여 가려지든 노출이 되든 형태를 만드는 과정에 두 분야의 관계가 성립이 되어야 한다는 것입니다. 왜냐하면 디자인은 형태를 만드는 것이 아니라 문제를 해결하는 것이기 때문입니다.

이 작업에 있어서 중요한 도면 작업이 바로 디테일입니다. 루이스 칸은 디테일을 '건축의 꽃'이라고 설명했습니다. 즉 디테일

[그림 I-71] 퐁피드 센터의 철기둥

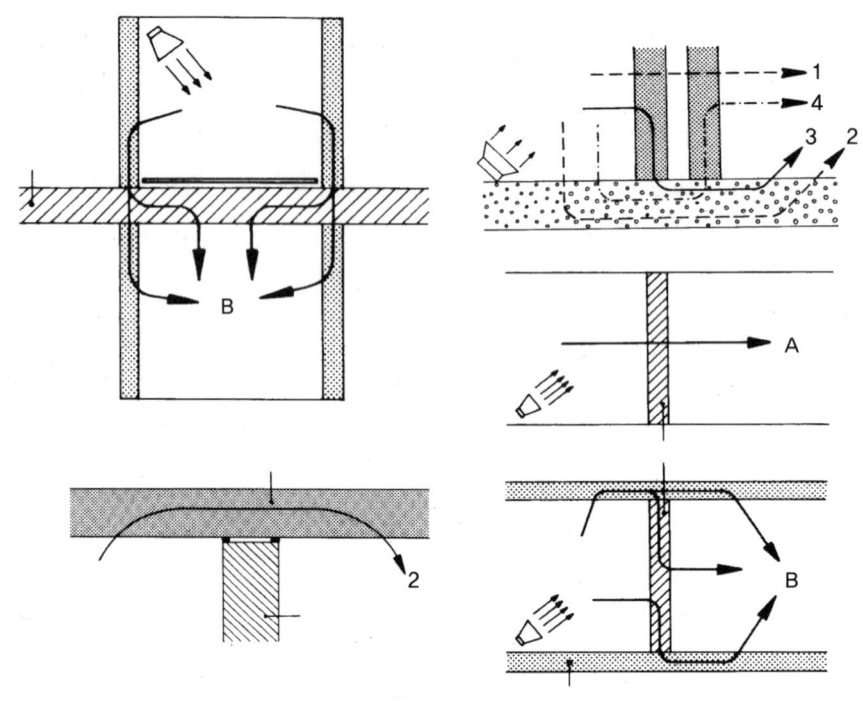

[그림 I-72] 디테일

없는 설계는 꽃없는 꽃밭입니다. 디테일을 다양하게 할 수 있는 능력이 바로 형태를 다양하게 할 수 있는 능력입니다. 도면은 자신을 위하여 그리는 것이 아니고 도면이 필요한 사람을 위하여 그리는 것입니다. 도면은 의사전달의 수단이기 때문에 디테일은 곧 상세한 의사전달이고 설계자의 의도를 가장 잘 나타내는 표현입니다. 디테일은 도면을 그리는 것이 아니고 가장 최선의 표현을 상세하게 나타내는 것입니다. 여기에 새로운 시도와 새로운 표현이 개선되어 나타나 있어야 하는 것입니다. 디자인의 완성은 곧 디테일의 완성이기 때문입니다.

# CHAPTER 09
# 양식에 붙여진 이름들

　소위 우리가 말하는 대가들은 자신들이 이렇게 다양하게 만들어 놓고 이를 이해하지 못하는 우리의 입장을 생각하지 못합니다. 배우는 사람들과 이를 접하는 사람들은 이를 이해하고 행하려면 그에 대한 정의가 있어야 명확하고 의사소통에 사용할 수 있는데 자신들이 만들어 놓고 이렇게 다양한 형태에 대한 정의와 양식에 대하여 서로 논쟁하고 있습니다. 이는 실로 황당할 뿐입니다. 찰스 젱스는 너무 자신의 입장인 포스트에서 논쟁을 피고 있습니다. 그러나 그가 이러한 정의를 내릴 때는 아마도 이렇게 IT가 발달하여 다양한 형태에 대한 시도가 가능해 졌다는 것을 고려했는지 의심스럽고 리차드 마이어[14]나 피터 아이젠만 같은 경우는 그들의 작품에 대한 참여도를 생각해주지 않아 실로 이를 무조건적으로 받아들여야 하는 입장에 어려움을 주고 있습니다. 무엇이 인간을 위한 형태인가 아니면 무엇이 기능을 위한 형태인가 하는 것은 그렇게 중요하

---

**[14] 리처드 마이어** Richard Meier(1934~ )
1960년대 'NewYork 5'라는 칭호로 불렸던 건축가. 'NewYork 5'로는 리처드 마이어를 비롯 피터 아이젠만(Peter Eisenman), 마이클 그레이브스(Michal Graves), 찰스 과스미(Charles Gwathmay), 존 헤덕(John Hejduk) 등을 들 수 있다. 일명 '백색 건축의 대표자'로 불리는 리처드 마이어는 백색을 통해서 전달되는 빛의 효과에 주목하며 채광실험을 통해 백색이 주는 조화로운 공간을 연출했다. 1934년 미국 뉴저지에서 출생했으며 코넬대학에서 건축을 전공하면서 건축가 르 코르뷔지에 와 프랭크 로이드 라이트의 영향을 받았다. 1963년부터는 뉴욕시에 사무소를 개설했고, 최근에는 로스앤젤레스에도 사무소를 열어 활동. 개인주택은 물론이고 병원, 미술관, 교육시설, 사무실 등 상업건축을 다양하게 시도했다. 미국 아카데미 주택상, A.I.A상, 프리츠커상 등을 수상한 경력이 있다. 대표 건축물로는 〈더 글라스 하우스〉, 〈스미스 하우스〉, 〈애틀란타 현대미술관〉, 〈프랑크푸르트 수공예박물관〉 등이 있다.

I. 건축물은 두 개의 형태만 있다

지 않습니다.

　현대는 현대인에게 이미 충분하게 복잡합니다. 우리가 이해를 하고 이를 흉내 내보기도 전에 새로운 것이 쏟아지고 있고 이를 받아들이기도 전에 이미 새로운 것이 준비되고 있습니다. 이들의 논쟁에 목표를 정확하게 이해하지 못했고 그 의도를 파악할 수 없는 상태에서 우리가 포기하기를 원하거나 아니면 무조건적으로 어느 한 편에 입장을 결정해야 하는가 의문을 갖게 됩니다. 선택에 대한 자신감과 만족에 대한 긍지를 결정함에 있어서 전문가들도 통일시키지 못한 이들의 논쟁으로 인하여 보류하게 됩니다.

　인간 역사에 일어난 그 많은 내용의 양을 생각해 보았을 때 다양한 내용이 있음을 다양한 인간의 내면이 존재하는 것으로 인정하여 긍정적인 생각을 할 수도 있습니다. 그러나 건축이 의식주 중의 하나라고 생각해 보았을 때 의와 식에 비하여 건축은 쉽지 않습니다. 의와 식은 우리의 삶 속에서 반복적이고 직접적으로 선택을 하는 경향이 있어서 그러한 느낌을 갖게 되어도 그 분야가 단순한 것은 아닙니다.

　건축은 이에 비하여 간접적이고 전문적인 상황을 요구한다고 하지만 삶 속에서 다른 두 분야보다 더 많이 경험하고 접함에도 불구하고 어려워하지만 필요한 것만은 분명합니다. 아마도 다른 두 개는 선택의 실수가 있더라도 크게 어려움을 주지 않고 번복할 수 있는 기본적인 자유로운 선택의 기능을 갖고 있기 때문에 거기서 관심에 대한 정도를 마무리하기 때문일 것입니다. 그러나 음악이나 미술에 비하면 건축은 훨씬 우리의 삶에 직접적이고 영역의 세분화도 다양하지 않습니다. 미술을 보면 인상파가 표현주의를 인정하고 야수파가 다르기는 하지만 그 나름대로 서로 간에 그들의 유머를 받아들입니다. 달리의 초현실주의는 우리의 상상력의 한계를 넓혀주고 매너리즘 미술은 그들의 고뇌를 이해할 수도 있습니다. 미술은 우리의 삶에 직접적인 영향을 주지 않지만 정서적이고 감성적인 부분을 담당하기에 그럴 수 있지만 건축은 우리의 삶 그 자체에 전체적으로 영향을 주기에 어려운 것이라고 말할 수 있습니다. 그러나 사실 따져보면 접하기 어려운 부분이 형태라기보다는 구조적인 부분이 더 강합니다.

　실질적으로 건축을 어렵게 생각하는 부분은 양식에 대한 영역입니다. 양식이 삶에 직접적인 영향을 주지는 않습니다. 미술을 공부하지 않았어도 피카소는 압니다. 그가 입체파 그림을 그렸는지 거기까지 궁금해하지 않아도 그 이름은 압니다. 음악을 상세하게 몰라도 모짜르트와 베토벤은 압니다. 그런데 이러한 수준으로 보았을 때 건축가를 아는 사람은 많지 않습니다. 우리의 삶에 직접적인 영향을 주는 분야임에도 불구하고.

　그 원인이 있겠지만 건축가들 자체도 자신의 분야에 대한 명확한 정의를 내리지 못하고 있으며 근대 이후 쏟아져 나온 수많은 이름들이 거리감을 만드는 데 일조를 했다고 봅니다. 이를 다 알아야 하는가 의문을 가질 수밖에 없습니다. 심지어 어느 건축가는 자신이 설계한 건축형태가 어느 양식에 속하는지 모르는 경우도 허다합니다. 학생들이 설계를 하면서 어느 경향에 속하는지 모르는 경우는 더 많습니다. 반드시 알고 시작해야 하는 것은 아니지만 알아도 무방합니다. 그런데 일반인들은 어떤가? '1+1=2' 이것은 더하기를 이용한 계산입니다. '2-1=1' 이것은 뺄셈을 이용한 계산입니다. '(2+1) × 4 ÷ 2' 이 계산은 뭐라고 해야 하는가? 그냥 사칙연산이라고 하면 됩니다. 지식의 습득에는 단계가 있습니다. 초기단계에는 굳이 많은 내용을 담을 필요 없이 명확하고 구체적인 틀이나 구성 같은 것을 전달해야 합니다. 이를 숙지하지 못한 사람이 다음 단계를 이해하기는 곤란합니다. 그런데 건축 분야는 양식과 이론과 건축가의 이름을 마구 남발할 뿐 자신의 분야를 스스로도 이해하지 못한 건축 분야의 사람들이 추상적인 내용만 남발하고 있습니다. 특히 그 형태에 대한 요소도 모르는데 형태에 대한 정의가 굳이 필요한가 의문입니다.

라이트가 디자인은 가르치지 말라고 한 내용을 한 번 생각해 볼 필요가 있습니다. 이것이 필요하지 않아서가 아니라 스스로 찾는 능력을 갖게 하라는 것입니다. 디자인은 구조보다 그 영역도 넓고 구체적이지 않으며 사실 개인적인 취향입니다. 그 디자인을 가르쳐서 혼란스럽고 취향에 대한 정체성만 흔들게 하지 말고 명확하고 구체적인 구조 시스템을 이해시킨다면 디자인은 스스로 찾게 될 것입니다. 건축은 오랜 역사를 갖고 있지만 사실상 반복적인 현상을 보이고 있습니다. [그림 I-73]의 연대표는 전쟁을 기준으로 구분해 본 것입니다.

시대를 구분하는 기준이 여러 가지 있겠지만 오히려 혼란스러울 수가 있어 하나를 기준으로

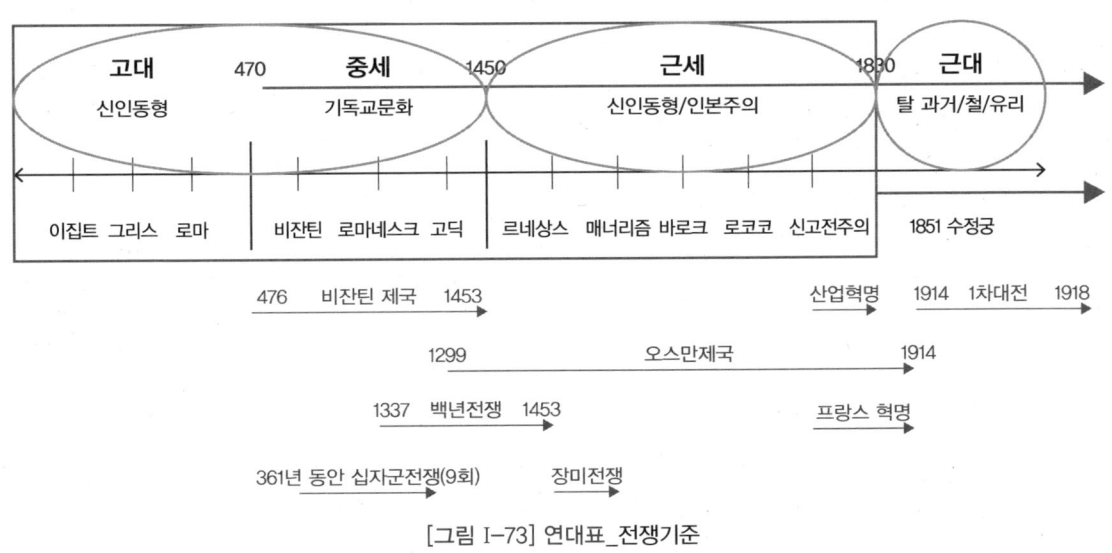

[그림 I-73] 연대표_전쟁기준

I. 건축물은 두 개의 형태만 있다

잡아 본 것입니다. 왜 시대가 갑자기 변화되었는가 여러 가지 이유를 들 수도 있지만 하나의 기준으로 이해시키려는 의도입니다. 초기에 르네상스가 고대와 중세를 구분했을 때는 시대적인 키워드 신인동형과 기독교를 기준으로 하였기에 이러한 방법을 기본적으로 고수하기로 합니다. 그러나 시대의 변화가 있었던 바탕에는 전쟁도 중요한 역할을 하였습니다. 우선적으로 시대를 구분하는 고대, 중세, 근세 그리고 근대는 시대를 묶을 수 있는 키워드가 먼저 이해되어야 합니다. 이를 배제하고 결코 이 구분을 명확하게 할 수 없습니다. 그리고 각 시대에 속한 세분류를 왜 그렇게 부르는지 먼저 이해를 시키는 것이 중요합니다. 각 명칭에 대한 이해가 수반되지 않고 이러한 이름이 갖고 있는 내용을 먼저 설명한다면 그것은 그저 수업일 뿐이고 간단한 이름도 이해 못하고 내용을 설명하는 것은 의미가 없습니다. 정보 전달에 대한 전달자의 역할이 중요한 이유가 여기에 있습니다.

정보 전달자는 크게 3가지로 구분해 볼 수 있습니다. 첫째는 이해 못하고 전달하는 사람, 둘째는 이해하고 전달하는 사람 그리고 셋째는 그냥 전달하는 사람입니다. 이해를 하지 못하고 전달하는 방법은 결코 받는 사람도 이를 이해할 수 없습니다. 정보 전달 방법에서 우선시 되는 것이 바로 전달자가 우선 정확한 이해를 해야 한다는 것입니다. 정확한 이해 없이 전달할 바에는 차라리 좋은 책을 소개하여 수신자가 시간과 노력을 갖고 지식을 습득하게 하는 것이 좋습니다. 정확하게 이해한다면 앞의 연대표도 이해할 수 있을 것입니다. 이 연대표에서 각 명칭은 그렇게 불리우는 이유가 있습니다. 이를 먼저 숙지해야 하는 것입니다. 그런 다음 내용을 전달하는 것이 순서입니다.

이 연대표에서 각 시대별 분류는 사실상 그렇게 종류가 많지 않습니다. 또한 이 시대도 모두 완벽하게 차이 있는 것이 아니라 이전 시대와 연관 관계를 갖고 변화하고 있습니다. 그러나 근대에 들어 와서는 이전의 모든 양식을 합친 것보다 많습니다. 여기서 주의 깊게 볼 것은 앞에 Neo- 또는 New-(Neu)가 붙은 이름들입니다. 이들은 이전 것을 이해해야 합니다. 근대 초기는 사실상 과도기였습니다. 그래서 근대의 개념을 받아들이기는 했지만 사실상 실질적인 근대로 보기는 어렵습니다. 앞에서 언급한대로 찰스 젱스는 구성주의가 도입된 후와 구조와 벽의 분리가 시작된 후(르코르뷔지에의 돔이노 시스템)를 근대로 보고 있습니다. 건축물의 주재료가 석재와 목재에서 철과 유리로 바뀐 것 외에 사실상 그 표현은 근대 이전과 큰 차이를 보이지 않고 있습니다. Post-가 붙은 이름도 마찬가지입니다. 그 뒤에 따라오는 이름에 대한 이해가 먼저 있어야 합니다. 이를 숙지한다면 앞에서의 양식의 반복 그래프를 이해하기 쉽습니다. 우선적으로 양식이라는 것이 표현의 차이이지만 서로 간에 크게 차이를 보이지 않거나 많은 부분이 중복되는 경우가 있습니다. 그렇기 때문에 저렇게 많은 이름이 필요하지 않다는 것입니다. 단순한 형태에서 시작하여 복잡해지는 과정을 거치면서 원본에 대한 복고풍이 반복될 뿐입니다.

이렇게 다양한 이름이 필요한 경우는 모든 내용을 숙지한 추후 문제입니다. 일반인들에게는 오히려 혼란스러울 뿐입니다. 이것이 건축을 어렵게 느껴지게 하는 원인 중 하나입니다. 양식은 단순히 고대와 근대 둘 뿐이고 나머지는 이에 대한 복고풍일 뿐입니다. 물론 이 주장이 억지라고 생각할 수도 있으며 세분화된 내용들에 대한 예의가 아니라 의견을 달 수도 있습니다. 그러나 본 취지는 먼저 양식에 대한 큰 틀을 나누어 이해시키고 세분화된 것은 그 후에 관심의 정도에 따라 알리는 것이 좋다고 생각하기 때문입니다. 양식에 붙어서 따라오는 그 많은 이름들은 무엇 때문에 필요한가? '양식은 귀부인 머리에 있는 깃털과 같다'고 한 르코르뷔지에의 말을 다시 한 번 생각해 봅니다.

귀부인과 깃털

I. 건축물은 두 개의 형태만 있다

# CHAPTER 10

# 형태의 해체

　19세기는 모던을 떠올리는 시기입니다. 두터운 벽은 종교와 권력이 다른 것과 분리되어 있음을 강조하고 기준은 보이지 않는 테두리 안에서 질서를 잡아가고 있던 시기였습니다. 이러한 상황은 19세기로 오면서 규격화된 상황과 개인이 모서리 부분에서 부딪히기 시작했습니다. 모서리는 장식의 한 부분을 차지하고 이를 거부하는 심리는 수동적인 추종과 능동적인 결정에 있어서 그 불만은 급기야 장식의 거부감으로 표출이 된 것입니다. 사회적인 불만은 건축의 모퉁이부터 부수어 가기 시작했으며 급기야 니체가 주창한 신의 죽음은 오히려 잊혀져 갔던 신의 존재를 일깨우는 계기가 되었습니다.

　인본주의를 위하여 부르짖었던 그의 외침은 오히려 신에 대한 테두리를 더욱 강화해야 겠다는 무리들의 결속을 단결시키고 인간은 테두리 밖에서 자신의 위치를 바라보려는 시도가 이루어졌습니다. 그러나 테두리의 외부는 이전부터 존재하지 않았기 때문에 그들의 방황은 급기야 부르주아와 프롤레타리아라는 새로운 계급에 의하여 테두리를 다시금 갖게 되는 것입니다. 이는 18세기를 타도하는 새로운 계급들의 분열을 갖고 왔고 우리는 이를 모던이라고 구분하기 시작했습니다. 그러나 테두리(보여주기 위한 허식)를 경멸하는 계층은 시대를 초월하여 계속하여 존재하고 지금도 계속하여 나오고 있습니다. 체제나 시대처럼 두터운 테두리 같이 그 체제를 부정하는 경우에는 대다수의 그룹으로 번지기도 하지만 테두리 없는 상황에서는 소수의 또는 개인적으로 그 운동이 시작하여 그룹화되는 성향을 보이기 시작했습니다. 이들은 개인의 숫자만큼 다양한 주장을 보여 왔지만 공통적인 것이 있다면 벽의 변화입니다. 왜 벽인가 의문을 한 번 가져볼 수 있습니다. 건축의 형태 부분에서 우리의 심리를 가장 먼저 그리고 계속하여 자극하는 것은 벽입니다. 벽은 공간의 자유를 외치는 시기에도 가장 먼저 타깃이 되었던 부분입니다. 우리의 눈높이에 맞추어서 서 있고 인간의 직립 형태에 비례하여 영향을 가장 많이 주기도 하지만 아마도 벽이 건축물에서 하는 역할 중 하중의 책임을 지고 있어서 인지도 모릅니다. 하중만 해결하면 건축물은 종이 접기와 같은지도 모릅니다. 근대의 시작은 곧 벽의 역할 변화입니다. 르네상스 이전에는 구조와 벽이 하나였습니다. 그러나 근세들어 변화가 시작되고 근대에 들어서면서 이 분리는 완벽해진 것입니다.

근대로 넘어 오면서 장식의 해결은 중요한 과제였습니다. 벽에 붙어 기생하는 장식을 제거하지 않고는 벽의 해결을 보기 어려웠던 것입니다. 이는 과거를 물리치고자 하는 무리에 적절한 과거의 표적의 근거로 작용을 하면서 장식의 부재는 잊고 싶은 기억으로 모두의 과제인 것처럼 작용을 하였습니다. 심지어 과거를 경험하지 않은 사람들도 이를 행해야 하는 부담감으로 작용을 하여 마치 자신이 불행한 과거를 갖고 있는 듯 그것은 하나의 유행으로 작용을 하였습니다. 그러나 과거의 역사 속에서 영광을 누렸던 부류에게 이것은 놓을 수 없는 기억입니다. 이 두 그룹에게 있어서 과거는 이제 그 모습이 뚜렷하지 않고 오히려 장식의 모습은 기억으로 대치가 되어가고 있었습니다. 이렇듯이 기억은 지금도 건축디자인의 중요한 형태언어로 그 역할을 하는 이유가 여기에 있습니다. 그것이 부르주아나 또는 프롤레타리아이든 그 누구나 갖고 있는 요소입니다. 그래서 감성적인 표현을 원하는 포스트모더니스트는 평온한 표면에 툭툭 불거져 나오는 종합적 큐비즘을 퇴폐적인 것으로 간주하고 있는지도 모릅니다. 이 퇴폐적인 언어는 그 의미가 상반되고 있습니다. 찰스 젱스에게는 불필요한 요소이지만 리차드마이어에게는 가능한 일입니다. 그러나 서민에게는 상관없는 일입니다. 그 주제의 논쟁 자체가 무의미하며 소유와 무소유의 의미로만 작용할 뿐입니다.

소유와 무소유를 구분 짓는 최전선에는 벽이 놓여져 있습니다. 그러나 이것은 둘 중의 하나를 선택해야만 하는 흑백논리를 바탕에 깔고 하는 논쟁이기에 이 시대에 와서는 큰 의미가 없습니다. 그 자체가 중세적이며 권위적이라고 할 수 있습니다. 즉 현재라는 것은 과거와 미래 중에 어디에도 속해 있지 않습니다. 이는 단지 그 사이일 뿐입니다. 그러나 현재는 미래를 준비한다는 관점에서 그 역할을 제한 받았습니다. 과거는 그 성격이 존재하지 않습니다. 단지 현재를 규정하는 척도일 뿐입니다. 그러나 현재에 과거와 미래를 묶어 놓기도 하면서 전체성에만 그 중점을 두기도 한 것입니다. 현재는 두 개를 가르는 사이입니다. 그것은 벽과 같습니다. 이것을 제거할 때

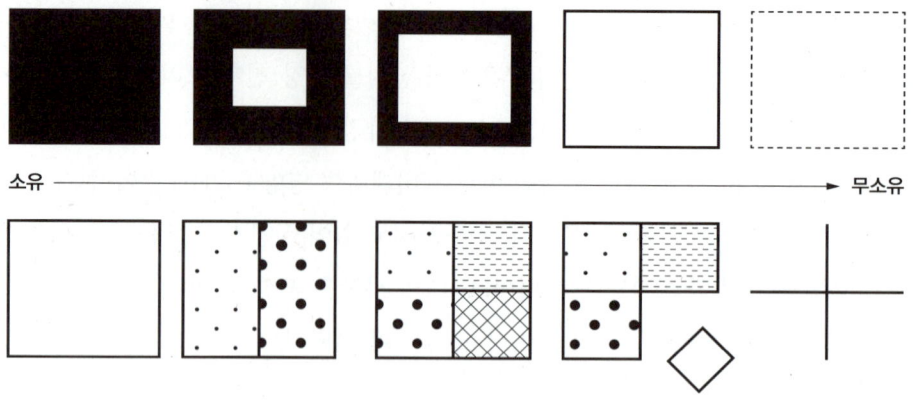

[그림 I-74] 소유와 무소유

시간을 극복하고 장소를 극복할 수 있다고 생각하는 사람들이 있습니다. 그곳에는 자취만 남아 있을 뿐입니다. 기억은 테두리만 갖고 있고 현재는 순간적으로 과거와 미래의 테두리가 되며 테두리는 다시 기억으로 존재합니다.

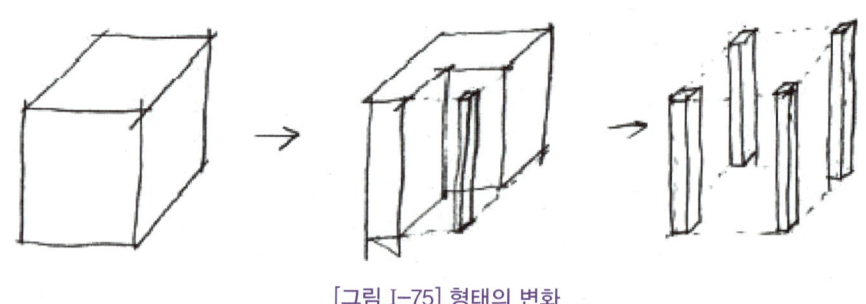

[그림 I-75] 형태의 변화

우리가 하나의 형태를 만들어 나갈 때 제일 먼저 행하는 것은 테두리를 형성하는 것입니다. 테두리가 곧 형태이기 때문입니다. 물론 미니멀리즘 예술가에게는 예외가 될 수도 있지만 일반적으로는 테두리가 곧 형태를 의미합니다. 이는 형상입니다. 이것은 아직 구체적인 내용을 갖고 있지 않은 가능성의 모양이며 희망을 안고 있습니다. 그러나 구체적인 모양에 익숙해져 있는 인간은 완성된 형태를 바라보면서 그 테두리는 점차 잊어가고 있었습니다. 그리고 테두리는 벽의 현재에 숨어 버려서 현재를 품고 있는 과거로서 잊혀져 가고 있었습니다. 누군가 자신을 불러주기만을 바라는 잃어버린 기억처럼 존재를 한 것입니다. 그래서 테두리가 나타났을 때 사람들은 놀라움과 새로움으로 받아들이게 된 것입니다. 그러나 테두리는 처음이며, 과정이고, 마지막입니다. 테두리는 과거와 현재와 미래를 갖고 있는 것입니다. 이 테두리가 츄미를 만났을 때 기지개를 펴고 일어 난 것입니다. 기존의 형태를 간직한 체 그 자태를 보여 주었지만 사람들은 새로운 것으로 받아들였습니다. 그 존재의 과거는 잃어 버리고 자신이 마지막으로 본 것이 마치 원래의 것인 듯 사람들은 그 원조의 개념을 인정하지 않았습니다. 그것은 익숙함에 대한 거부감이었습니다. 그래서 츄미의 테두리는 새로운 것이 아닙니다. 그는 저 역사가 갖고 있는 더 뒤의 역사에서 그 테두리를 깨운 것뿐입니다. 마치 디노 사우리어스가 저 자연의 지배자였던 경우를 아무도 인정하고 싶지 않은 경우처럼 우리의 이기주의는 이제 새로운 테두리 속에 츄미의 테두리 넣기를 망설였는지도 모릅니다.

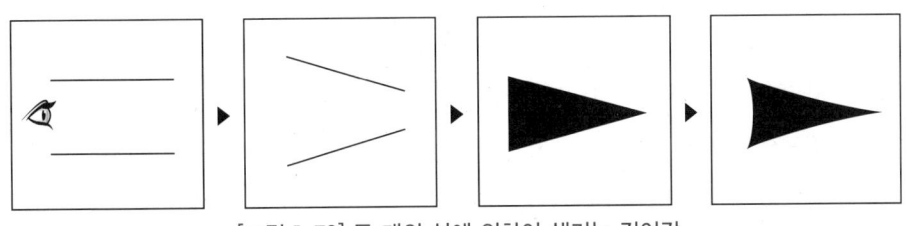

[그림 I-76] 두 개의 선에 의하여 생기는 깊이감

선이 두꺼워지면 면이 된다는 것은 선을 아는 사람들은 다 알고 있습니다. 거꾸로 말해서 면이 가늘어 지면 선이 됩니다. 그리고 두 개의 선은 선으로의 역할 보다는 면의 영역을 제한하는 테두리로 작용을 하지만 통로의 의미가 더 강하게 작용을 합니다. 사실상 모든 것은 하나였습니다. 단지 형태의 변화를 통해서 그 오리지날성을 부정하고 현재의 개념에만 가치를 부여하는 것이 구분하고 영역별로 떨어트려 놓는 데 편하기 때문에 그 쪽을 선택하지만 이는 순수는 아닙니다. 그러한 면에서 본다면 츄미의 테두리는 탈 구성도 아니고 새로운 것도 아닙니다 좀더 과장하고 변형을 통하여 일반적인 형태에 저항적인 행위를 했을 뿐이지 이는 우리의 기억 속에 있는 일부일 뿐입니다. 라 빌레뜨 공원에 대한 인터뷰에서 그는 이러한 표현을 썼습니다. "사람들은 이 공원이 무엇을 나타내려 하는지 쉽게 이해하지 못할 것이다. 그리고 나는 그러한 것이 좋다." 츄미가 한 말입니다. 이러한 표현을 우리가 여러가지 면으로 해석할 수 도 있지만 긍정적으로 본다면 참 다행스러운 말입니다. 그리고 우리는 그의 의도에 편승하고 있고 궁극적으로는 그의 의도를 이해하고 있는 것입니다. '나는 간단히 이해되고 싶지 않다'고 그가 표현을 하였습니다. 그런데 우리가 쉽게 이해한다면 그것은 함정에 빠지는 것입니다. 그는 아마도 우리가 어떻게 이해 했는가를 먼저 물어 보고 그 표현을 빠져 나갈 수도 있습니다. 그러므로 우리는 그의 의도대로 이해하지 못하는 것을 당연시 여기는 것도 좋습니다. 해체주의는 탈 중심적이고 비 인간중심적입니다. 이것은 근대의 형태가 시도했던 의도이며 네오모던에 와서 기능이라는 개념을 앞세워 시

I. 건축물은 두 개의 형태만 있다

작한 것입니다. 포스트모더니스트들이 보았을 때는 그들과의 시각이 다르지만 츄미는 그의 의도에 충실한 것입니다. 즉 읽히지 않으려는 그의 의도가 먹혀 들어 간 것입니다. 이러한 의식의 해체는 이미 오래 전부터 있어 왔습니다. 고딕은 이전의 두꺼운 벽을 해체하려는 의도에서 시작되었으며 르네상스 말기에 나타난 매너리즘은 르네상스의 사실적이고 질서와 규칙 그리고 미켈란젤로와 다빈치에 대한 해체로 시작되었습니다.

이러한 형상이 비단 건축에만 있었던 것은 아닙니다. 미술뿐 아니라 모든 분야에서 나타난 현상인데 이것도 하나의 과정입니다. 이러한 원리로 따진다면 르네상스도 진부합니다. 신인동형이라는 고대의 바탕으로 중세에 신본주의에 맞서 시작됐으며 중세가 보았을 때 신본주의에 대한 반항적인 시작이었습니다. 해체는 곧 고정관념 또는 기본적인 상황에 대한 해체입니다. 수직과 수평이 만드는 사각형에 대한 해체이고 동일한 반지름을 갖는 원에 대한 해체이고 중심의 해체입니다. 감성의 해체이고 시간의 해체이며 흐름에 대한 해체입니다. 해체는 매너리즘과는 다릅니다. 매너리즘이 진부하고 예술의 사춘기라면 형태의 해체는 시간의 파괴입니다. 그러나 이 해체도 실은 벽과 구조의 분리가 가능하지 않았다면 가능하지 않았습니다. 건축의 최종 목표는 공간의 해체입니다. 네오모더니즘의 해체는 시각적인 해체로서 이것은 단지 최종 목표를 위한 실험적인 시도로서 결과는 아닙니다. 찰스 젱스의 언급처럼 모더니스트들은 니체의 "네가 사랑하는 모든 것을 불태워라"라는 기본 개념을 갖고 있습니다. 모더니스들의 출발은 피터 아이젠만[15]의 말처럼 현재를 부정하는 것에서 출발합니다. 이것이 곧 현재를 해체하는 본능이 그들에게 내재해 있기 때문입니다. 이에 대한 결과를 지금은 정의할 수 없습니다. 왜냐하면 과거는 하나의 양식주기가 길었지만 지금은 아주 짧습니다. 그 것을 꼭 생명력이 짧은 것으로 치부하기보다는 시도하는 데 필요한 기술적인 뒷받침이 과거보다는 충분하기 때문입니다. 그래서 우리는 이를 그저 지켜볼 뿐입니다.

---

[15] **피터 아이젠만** Peter Eisenman(1932~ )
미국의 이론파 건축가. 합리주의나 구조주의의 범주에 들며 형태적인 측면에서는 탈기능주의를 표방하는 그는 1967년 뉴욕에서 건축도시연구소 IAUS를 설립하고, 1982년까지 연구소 소장으로 재직하면서 세계 건축계의 이론적 흐름을 주도하는 데 일익을 담당했다. 다양한 건축적 이론과 담론을 담은 〈Oppositions〉라는 기관지를 발행하고, 정방형 평면에 바탕을 둔 다양한 주택을 실험적으로 제작하는 등 이론을 겸비한 건축가로서 활약했다. 그의 주요 작품 중 'House' 시리즈는 그의 실험정신을 단적으로 보여주며 이 실험정신을 뒷받침해준다. 1980년대 이후의 대 표작으로 〈고이즈미 조명회사 사옥〉, 〈막스 라인하르트 하우스〉 등이 있다. 특이한 점으로, 한창 젊은 나이인 30대 때 '뉴욕 5'라 불리는 그룹에서 활동한 적이 있는데, 이 그룹은 리처드 마이어, 존 헤둑 등이 주축이 되어, 근대건축의 아버지인 르 코르뷔지에의 사상을 계승하는 데 뜻을 두었다.

# CHAPTER 11

# 최초의 네오모더니즘 베르나르 츄미

[그림 I-77] 츄미 1

라 빌레뜨 공원에 있는 그의 작품에서 우리는 그동안의 지식을 모두 무용지물로 만드는 것을 깨닫게 됩니다. 그가 그 대지에 처음에 시도한 점과 그리드가 아니라도 우리의 시각은 할 말을 잃게 됩니다. 그가 역사주의에 저항적이라면 관찰자는 츄미 (Bernard Tschumi)에게 저항적으로 될 수밖에 없습니다. 그는 우리에게 그의 편에 설 수 있는 자리를 전혀 내주지 않고 심지어는 자신의 입장만을 밝히고는 그 자리를 떠나 버렸습니다. 온전히 우리의 선택은 그냥 바라보는 것입니다.

마치 하나의 나라와 시간의 흐름을 축소시켜서 각 도시를 만들어 놓고 이 도시를 도로로 연결해 놓은 것 같은 형태를 취하기도 하고 하나의 도시를 축소하여 중심과 외곽으로 만들어 놓은 것 같기도 합니다. 공원을 건축가가 하나의 도시처럼 해 놓았으나 그곳에 건축은 없고 츄미의 암호만으로 가득합니다. 그래도 그 도시는 성벽으로 둘러쳐지지 않았으며 자신을 은폐하는 후미진 곳도 없습니다. 다행스럽게도 계단이 있으며 운하를 건널 수 있게 되어 있고 벽도 몇 개는

I. 건축물은 두 개의 형태만 있다

[그림 I-78] 츄미 2

존재합니다. 길은 어디론가 방향을 설정하고 있으며 그 끝에는 목적지가 존재를 한다는 개념이 있습니다. 그러나 그의 길은 건축물을 지나쳐 가고 있습니다. 그리고 길은 뻗어 나가지만 그의 길 위에는 또 하나의 길이 있습니다. 그것은 불안과 도전으로 받아들일 수 있습니다. 이 공원에서 건축물은 머무는 곳이 아니라 거쳐가는 곳입니다. 그것은 주거의 개념에 대한 도전입니다. [그림 I-78]은 소방서를 떠올리는 붉은 색을 더 강조하고 있습니다. 그 어느 색보다도 붉은 색은 생명을 의미하며 생동감과 현재 진행형을 의미합니다. 그의 건축물은 자신의 존재를 나타내지 않고 오히려 석재의 존재를 더 친근하게 만들고 있습니다.

  건축은 건축적이어야 하는가라는 의문을 진지하게 생각해 본적은 없으나 그의 건축물을 바라 보면 그 의문이 떠오르게 합니다. 그래야 되지 않을까 하는 생각을 하지만 굳이 그에 대한 의문을 끝까지 물고 늘어진다면 왜라는 물음에 구체적으로 갈 자신이 없습니다. 그것은 아무도 정하지 않았지만 존재하는 약속이기 때문입니다. 아마도 츄미는 이러한 주인 없는 약속을 누군가는 책임을 져야 한다는 문제를 제기하는지도 모릅니다. 그의 작품이 추상적이라는 것은 구체적인 것을 좀더 구체화시키려는 의도에서 나온 것인지도 모릅니다. '건축적이라는 것은 무엇인가?' 건축의 주인공이 공간이라는 Zevi의 개념을 생각할 때 공간을 나타내야 하는 것인 건축이라면 츄미의 이 건물에도 공간은 존재합니다. 그러나 공간이 일부라는 것입니다. 즉 건축의 주인공이 공간이 아니라는 것입니다. 공간이 전부여야 된다는 규칙은 어디에도 없습니다. 아마도 그의 작품을 그 보이는 그대로 본다면 의문 투성이가 되지만 그것은 맞는 의문일 수도 있습니다. 그의 작품이 바로 의문을 던지고 있기 때문입니다. '무엇에 대한 의문인가?' 그것은 불확실성에 대한 의문입니다. 추상적으로 존재하는 의문을 형태화시켜서 구체적으로 보이게 하여 우리 스스로 그 해답을 갖게 하려고 하는지도 모릅니다. 그래서 그의 건축물은 암호입니다.

  르코르뷔지에의 옥상정원이 대지에서 빼앗은 땅을 되돌려 주는 것이라면 그의 건물은 빼앗은 그 건너편의 시야를 우리에게 되돌려 주는 것입니다. 다른 건축가들처럼 형태를 구체적으로 나타내지는 않았지만 그만의 형태를 포기할 수는 없었습니다. 그것은 디자이너의 고귀한 임무이기 때문입니다. 주어진 것을 다시 새롭게 만들어서 되돌려 주는 것이 현대산업의 특징이기 때문입니다. 그의 틀은 흩어진 것을 하나의 테두리 안에 넣어서 다시 되돌려 주고 있습니다. 그러나 그 틀 안에 있는 것은 다시 사라질 수 있습니다. 들어 올려진 손은 나의 의지이지만 그 손에 앉은 것은 새 스스로이고, 다시 날아갈 의지를 갖고 있는 것도 그 새 스스로입니다. 츄미의 작품이 독자적이지 않고 아이젠만이나, 게리 그리고 Kazuo Shinohara의 작품과 부분적으로 같은 이미지를 갖는 것은 그 테두리가 형성해가는 형태 속에 우리가 떠올리는 이미지가 존재하기 때문입니다. 그것은 곧 형태의 해체가 아니라 이미지의 해체를 의미합니다. 그리고 그들의 작품 속에는 중심이 뛰쳐 나왔지만 중심이 없는 것은 아닙니다. 이러한 건물의 보이는 테두리를 모두 잘라 버린다면 남는 것은 역시 공간을 갖고 있는 소위 순수한 이미지의 건물입니다. 그렇다면 이것은 해체가 아니고 중심을 벗어난 연장입니다. 그리고 곳곳에 매달려 있는 원이나 삼각형은 그저 장식일 뿐입니다. 알버티의 미와 장식의 비교에 있어서 미는 구조로 볼 수 있습니다. 그리고 장식은 떼어내어도 구조에 전혀 상관 없는 것이라고 했을 때 공간을 이루는 구조물 외의 것은 장식입니다. 이러한 관점에서 봤을 때 모든 것이 포스트모더니즘이고 모던입니다. 찰스 젱스가 10가지 중 6가지의 공통점이 있을 때 그들을 하나의 사조에 넣을 수 있다고 했어도 마찬가지입니다. 이렇게 알버티의 관점으로 보았을 때 [그림 I-78]의 건물은 장식으로 가득한 건물입니다. 고딕의 플라잉 버트레스는 구조의 역할을 훌륭히 해내는 뼈대입니다.

해체와 구성이라는 것이 단순히 형태에만 국한되는 것은 아닙니다. 그의 붉은 격자 안에는 거대한 물레방아의 일부가 땅에 묻혀 놓여져 있습니다. 그 거대함은 힘을 의미하기도 하지만 땅에 묻혀져 있는 것이 무력한 모습으로 보입니다. 이는 기대에 대한 해체입니다. 이는 기능에 대한 구성을 벗어난 것입니다. 완벽한 해체란 곧 아예 존재하지 않는 것이라는 것은 설명하지 않아도 알 수 있습니다. 그러나 건축물이 갖고 있는 인간에 대한 기본적인 역할은 우리가 벗어날 수 없는 굴레입니다. 이러한 상황이 츄미로 하여금 그 테두리 마저 벗어 버리는 그로잉 글라스를 탄생시키게 한 것입니다. 그 글라스는 존재하지 않으면서 그곳에 있습니다. 전과 후, 비시각적 그리고 비 장소적인 건축물을 우리에게 보여주는 것입니다. 이것이 미래입니다.

[그림 I-79]의 건물처럼 '유리로 된 건물을 본적이 있는가'라는 기자의 질문에 츄미

[그림 I-79] 그로잉 글라스(Growing glass)

는 미스의 건축물을 떠올렸습니다. 그러나 그 건물은 유리를 모두 제거했을 경우 철 구조물은 남는다는 것도 그는 설명하였습니다. 그리고 철 구조물이 남았어도 주택의 존재가 있음을 설명하였습니다. 이러한 설명에 라 빌레트를 떠올렸을 경우 거기에는 그 존재가 있다는 의미입니다. 그렇기 때문에 이 그로잉 글라스는 존재하지 않는 것입니다. 그가 경제적인 문제만 없었다면 바닥판도 유리로 만들었다는 의미는 아이젠만의 존재와 부재를 실질적으로 보여주고자 한 것입니다. 우리는 이 곳에서 유리 뒤의 나무를 볼 수 있습니다. 공간을 이루면서 공간이 존재하지 않는 완전한 해체를 시도하려는 그의 의미를 엿볼 수 있습니다. 비디오라는 극히 사적인 사물을 극히 공개적인 장소로 옮기고자 하는 그의 의도는 엄청난 시도이며 욕구 자체를 분해하는 시도가 있는 것입니다.

완전한 해체는 자연 그대로 두는 것입니다. 츄미는 이 건물의 구조에 가장 흔한 재료를 사용하였습니다. 그것은 네오모더니즘 정신에 타당한 방법입니다. 2중적이며 가공이 이루어지고 두 겹으로 된 것은 부르주아적인 이미지입니다. 노출 콘크리트의 솔직함처럼 그 표면이 그대로 드러난 것은 곧 직설적인 표현입니다. 이 건물의 접합은 단순한 클립으로 모두 고정을 시켰습니다. 단순하다는 것은 없음을 향해 가는 손짓입니다. 아마도 유리로 된 클립이 있었다면 그는 클립도 유리로 사용하였을 것입니다. 이것은 그가 대들보와 기둥마저 유리로 한 것을 보면 잘 알 수 있습니다. 후에 이곳에 하얀 풍선으로 한동안 가득 채웠다는 것은 아주 재미난 아이디어였습니다. 이것은 이 건물이 존재하지 않는다는 그의 의도를 잘 반영하는 부분입니다.

표준과 상식은 쉽게 부수지 못하는 벽으로서 우리에게 존재합니다. 그리고 이는 우리의 사고의 범위를 제한하는 하나의 막으로 감싸고 있습니다. 안일하고 정상적인 마무리로 보일 수도 있지만 획일적이고 기계적인 사고로 갈 수밖에 없습니다. 보편적인 것이 무난하다는 의미로 존재의 권리를 포기하고 테두리 안에서 보장된 상황을 받아들이는 결코 창조의 최전방에 위치하지 않은 행위입니다. 비평가들이 비평하는 것은 그들의 행위입니다. 창조자의 행위는 창조하는 것입니다. 이것은 결코 기존의 테두리 안에 존재하지 않아야 하며 고르지 않은 땅 위에 서 있을 수밖에 없습니다. 평탄한 대로처럼 빠르지는 않지만 구렁이 담넘어 가듯이 유유히 흐르는 그 평안함은 결코 무난함에 저항하는 자들의 길이 아닙니다. 안락함에 안주할 수 있는 소망은 모두의 소망일지 모르지만 츄미는 감히 그 게으름의 막을 뚫고 나왔습니다. 흐름은 타고만 있어도 장소의 이동을 만끽할 수 있습니다. 그러나 그것은 자신의 존재를 스스로 개척하려는 자들의 자리가 아닙니다. 네오모더니스트들은 그 흐름에 대항하고 못된 송아지처럼 끝없이 뚫고 나오려 합니다. 그 세계에서 자신의 영원한 위치는 없습니다. 언제나 새로운 모습은 시간의 흐름이 평가를 합니다. 그래서 르코르뷔지에는 7년마다 자신의 새로움을 시도하였으며, 그는 비평에 두려워하지 않았습니다. 오히려 변화없는 자신의 게으름에 두려움을 갖었는지도 모릅니다. 롱샹교회는 그 증거입니다. 츄미의 위치는 흐름에 평행하지 않습니다. 그것이 비 건축이라 해도 그는 자신의 언어를 말하지 않고 표현하는 것입니다. 뒤에 서 있는 역사는 철지붕과 방향을 같이 하면서 한 순간의 흐름을 대신하고 있습니다. 그러나 츄미는 과감히 뚫고 나온 것입니다. 때로는 두 개의 다리로 아니면 하나의 다리를 끌고라도 나오는 것입니다. 이 양철판은 라 빌레뜨 공원의 주변 도로이고 이를 뚫고 나온 것은 츄미의 뚫어진 벽입니다.

[그림 I-80] 츄미

공간을 다 채워 버린다는 것은 너무도 이기적일 수 있습니다. 이렇게 되면 완전히 채워진 것은

[그림 I-81] 츄미

I. 건축물은 두 개의 형태만 있다

하나의 독립된 개체로 존재를 하게 되는 것입니다. 그러나 조금씩 비워 갈 때 공간은 나눔의 삶에 동참하는 것입니다. 벽의 추상적인 의미는 단절입니다. 그리고 시각의 끝입니다. 그래서 우리는 개구부의 필요를 단순히 기능적인 것에만 두지 않고 벽의 기능을 조금이라도 무능력하게 만드는 것입니다. 그리고 벽이 선다는 것은 차단입니다. 외부와 내부의 차단은 냉정함입니다. 이는 융통성의 부족이 될 수도 있고 빼앗은 자의 억지적인 타당성이 될 수도 있습니다. 공간 내 인위적인 조명이 들어 왔을 때 그 공간은 완벽하게 자연을 포기하는 것입니다. 이러한 고집은 자연에 대한 이기주의며 공간의 자유를 빼앗는 것입니다. 츄미의 이 처마 밑의 공간은 이러한 상황을 극복한 것입니다. 이것은 비단 츄미의 표현만은 아닙니다. 이것은 라이트의 로비저택에 잘 표현이 되었으며 일본의 건축이 갖고 있는 베란다의 기능이 그렇고 한국 초가집의 마루가 그러한 완충영역입니다. 자연과 인간이 같이 공유하는 공간 그리고 충격이 없는 공간입니다. 시간과 영역을 초월하고 테두리는 있으나 개방된 공간입니다.

츄미의 라 빌레뜨는 자연에게서 공간을 빼앗은 것이 아니라 서로 공유하는 공간입니다. 영역을 표시하였지만 공유하는 공간이고 단순히 기능적인 만족에 머무는 것이 아니라 점차로 퍼져 나가는 건축입니다. 그것은 소유에서 무소유로 가는 과정을 표현한 것이고 공간의 자유를 그냥 얻는 것이 아니라 단계 별로 어떻게 진행되어 가는가 하는 것을 표현한 건물입니다. 형태에서도 가장 기본적인 수평과 수직의 요소가 모여서 된 것으로 이는 진정한 해체가 단순한 것에서 이루어진다는 것을 그가 사용한 재료들에서도 여실히 나타나고 있습니다.

솔리드(solid)에서 보이드(void) 또는 보이드에서 솔리드로 가는 과정입니다. 이는 소유에서 무소유 그리고 무소유에서 소유로 가는 과정입니다. 해체는 안에서 밖으로 가는 것입니다. 가장 중심에 있는 것은 자기 자신입니다. 이는 자신의 해체가 곧 우주의 해체이며 공간이 건축의 중심에 있는 것이 아니고 전체 건축물 중에 공간이 일부를 차지하는 것입니다. 몇 개의 요소는 비 건축적일 수 있습니다. 그것은 그 개체 하나를 보았을 경우입니다. 그것이 진정 해체주의적인 시각입니다. 그러나 여기서는 전체를 하나의 건축물로 모아서 보아야 하며, 이를 다시 개별적으로 분리해 놓은 것으로 볼 수 있습니다. 이는 종합적 큐비즘의 확대입니다. 그러므로 라 빌레뜨는 작게 보아야 합니다. 라 빌레뜨 공원 자체가 하나의 완충공간이며 여기에 놓여진 각각의 요소가 공간을 채우는 가구이며 룸이 되고, 거실이 되며 태양은 조명이 되어야 합니다. 바닥의 솔리드한 면은 위로 올라가면서 솔리드한 선이 보이드한 면을 이루고, 선은 다시 보이드화되어 가며 허공에서 완벽한 보이드로 모든 것이 무소유로 되어 갑니다. 이 형태에서 굳이 구조적인 안정감을 시도하려고 한 것이라고 일반적인 상식을 끌어들이고 싶지 않습니다. 이것은 이 구조체의 최상부의 수평적 테두리가 없는 것을 보았을 때 이는 완전한 개방이 아닌가하고 오버해 보기도 합니다. 완성과 명확한 표현이 없다는 것 그리고 구체적인 설명을 주지 않았다는 것은 답답할 수도 있겠지만 느낌의 자유라는 해방감도 있습니다. 이것은 이들 부류가 추구하는 것입니다. 명확한 포스트모더니즘처럼 그 소재의 근거를 불러올 수 있고 역사적인 뿌리를 보여주는 것은 오히려 그 작품을 하나의 테두리에 가두어 둘 수도 있습니다. 그러나 그것이 단지 이해를 구하는 데 필요한 요소라면 이해를 구하지 않는 부류들한테는 분명한 공식을 필요로 하지 않습니다. 르네상스 시대의 건축가 Alberti는 미(美)라는 의미를 구체화시키기 위하여 장식과 비교한 적이 있습니다(여기에서 우리가 주목해야 하는 것은 르네상스라는 시기를 염두해 두고 보아야 할 것입니다). 그는 건물의 외관을 형성하는 요소로 2가지를 나누어 보았습니다.

[표 I-3]

| 미(美) | 장식 |
|---|---|
| 1. 건물의 각 요소 간의 조화와 일치<br>2. 나빠지는 상황이 아니면 더하거나 떼어내고 변형될 수 없는 요소<br>3. 고유하고 원천적인 것<br>4. 건물이 본래부터 가지고 있는 조화<br>5. 건물의 모든 부분을 통해 유지되는 일정한 비례체제<br>6. 비례를 결정하는 주된 키는 피타고라스의 체계 | 1. 미에 선명함을 더해주고 이를 향상시켜 주는 것<br>2. 구조의 기본적인 비례를 변형시키지 않고 부가되거나 제거될 수 있는 것<br>3. 부가적인 것<br>4. 건물을 아름답게 꾸미는 것<br>5. Alberti가 주된 장식으로 보는 것은 기둥 |

이렇게 그는 미와 장식을 분명하게 구분을 하였는데 미의 내용을 보면 그것은 곧 구조에서 출발한다는 것을 알 수 있습니다. 구조는 마감의 내부에 숨겨져 있고 마감의 성격에 건축물의 이미지를 보여 주는 것이 일반적입니다. 이러한 이유로 일반인들은 건축물의 판단에 있어서 그 외부의 이미지를 먼저 떠올리기 쉬운데 이 또한 쉽게 다룰 수 없는 부분입니다. 그러나 건축물에는 건축이 없다는 말이 있습니다. 이 의미는 '건축물은 건축을 표현하는 구체적인 방법이기는 하지만 건축이라는 것이 건물만을 보고서 평가할 수는 없다'는 것입니다. 의도와 발생동기 그리고 그 과정에서 발생되는 모든 행위가 판단을 하는 데 작용을 합니다.

실질적으로 건축은 추상적으로 출발을 하여 구체적인 결론을 끄집어 내는 데 목적이 있습니다. 여기에서 추상적인 작업이라는 것은 추론을 하여 여러 가지 분석과 과정을 통한 방법을 사용합니다. 이것은 기존의 결과를 이용하는 방법도 있지만 새로운 것에 대한 시도를 하는 경우도 있습니다. 그러나 궁극적인 목표가 인간을 위한 실질적인 생활에 적용이 되는 작업이라는 것에 초점을 맞추어서 하기 때문에 많은 예를 아는 것이 도움이 되고 이를 적용해 보는 것도 좋습니다.

때로 형태만을 그대로 모방하는 것은 아무 의미가 없습니다. 그러나 그 형태에 적용된 콘셉트와 방법은 마치 하나의 작품을 만들어 내는 기술과 같은 것으로 이는 모두에게 공유가 될 수 있는 가치를 갖고 있습니다. 이 책에서는 기존의 사용된 콘셉트를 가능한 응용해 보고 이를 사용한 다른 종류의 건축물을 살펴보기로 합니다. [그림 I-82]의 평면도에서 우리는 일반적인 건물과는 다른 것을 볼 수가 있습니다. 일반적으로 건물이 만들어가는 공간은 공간의 시작과 구조체의 시작이 같으며 구조체의 끝과 공간의 끝도 같이 마무리되는 것이 보통입니다.

이것은 형이상학적인 사고에서 나온 발상입니다. 그러나 미스의 건물에서 이러한 발상은 여지없이 무너지고 그는 공간과 구조의 자유로움을 그대로 표현한 것입니다. 아마도 그는 평생의 숙원이었던 공간의 자유를 위하여 내린 결론인지도 모릅니다. 그의 건축물에서 구조는 형태 속에 잠재해서 드러나지 않으려고 합니다. 그러나 그는 구조 속에 내재한 하중을 디자인의 한 요소로 잘 적용시키는 프로 중의 한 사람이며 이를 제시하여 메시지를 전달하고 있습니다. 그는 이미 공간의 자유에서 공간에 포인트를 두지 않고 시각적인 자유에 초점을 맞추어 시도를 하였습니다. 이것이 현재에 와서는 츄미의 그로잉 글라스에서 완성단계에 이릅니다. 하나의 개념에만 몰두하여 시각을 지배하는 사고의 단편성을 부정하고 우리는 보는 것을 믿는 것이 아니라 보는 것을 생각하는 피카소의 개념이 미스의 건축물에 역력히 드러나고 있으며 이를 실현시키고 있는 것입니다. 구조가 구조로서만 또는 장식이 장식으로서만 기능을 해야 하는 것이 아니라 서로가 통합되기도 하고 각자의 기능을 보완해 주는 역할은 이미 아르누보의 정신이었습니다. 이것은 변증법적인 사고의 기본입니다.

공간이라는 존재는 원래부터 존재하지 않았습니다. 아리스토텔레스의 표현처럼 공간은 무엇인

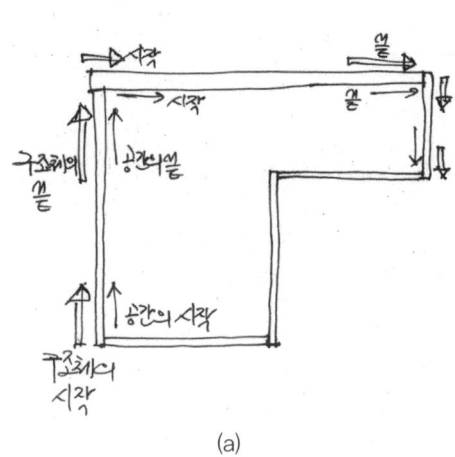

(a)

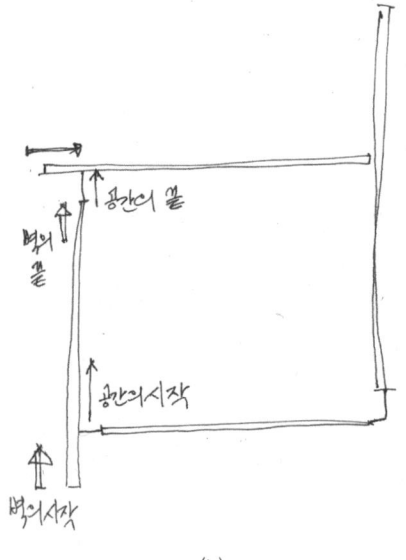

(b)

[그림 I-82] 공간과 구조체의 관계

가를 담기 위한 그릇과 같은 것입니다. 이러한 주제로 살펴 보았을 경우 무엇인가를 담기 위한 공간의 종류는 너무도 많습니다. 음식물을 담는 그릇도 공간이며 연인의 사랑을 담은 마음도 추상적인 공간으로 볼 수가 있습니다. 그렇다면 '건축물에서 다루는 공간은 사람을 담는 공간인가?' 그렇지는 않습니다. 그 속에는 많은 종류의 사물이 존재합니다. 그렇기 때문에 건축물 공간의 정의는 사물에 초점을 맞추기보다는 인간의 심리적인 상태를 담는 공간으로 보는 것이 바람직할 것 같습니다.

공간 그 스스로는 존재하는 것이 아니기 때문에 공간의 자유를 준다는 것은 곧 그 안에 존재하는 인간의 자유를 의미하는 것입니다. 그러나 엄격하게 따져 본다면 이는 인간의 시각을 의미한다고 할 수 있습니다. 한 공간에서 인간의 시야에 대한 한계를 두지 않을 경우 우리는 자유롭다고 말할 수 있습니다. 이러

[그림 I-83] 눈보다 높게

한 논리를 발전시킬 때 진정한 벽이라는 것은 곧 시야가 멈추는 곳이 됩니다. 다시 말하면 벽은 공간을 제한하는 곳이 아니라 시야를 제한하는 곳이 되는 것입니다. 미스는 이러한 생각을 갖고 우선적으로 취한 방법이 공간과 구조체를 분리하는 것이었습니다. 그래서 그는 우선적으로 벽의 연결을 끊었고 벽과 공간의 시작과 끝을 다르게 한 것일지도 모릅니다. 여기에서 불투명한

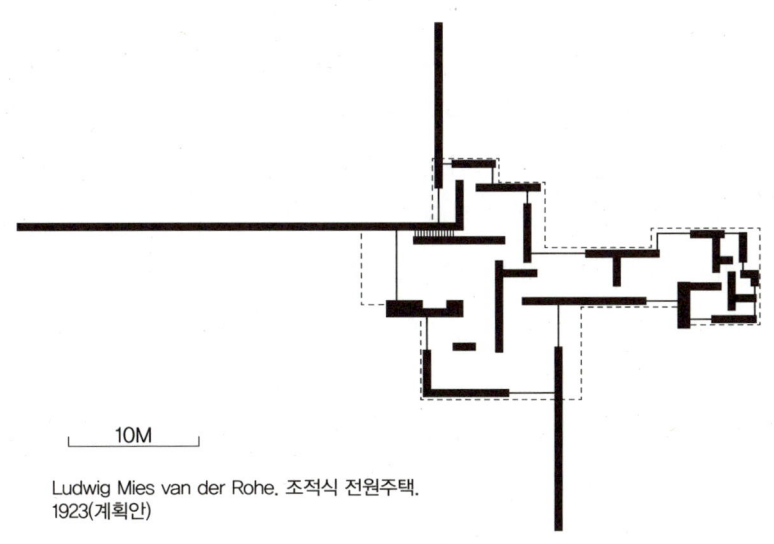

Ludwig Mies van der Rohe. 조적식 전원주택. 1923(계획안)

[그림 I-84] 미스_전원주택(1923)

I. 건축물은 두 개의 형태만 있다

벽과 투명한 벽의 구분은 분명히 시야의 연속성에 그 성격을 둔 것입니다. 그리고 미스는 4방향의 연장된 구조체의 길이를 다르게 하여 형태의 자유를 다시 한 번 시도한 것으로 보입니다. 그에게 있어서 구조체 간의 분리는 곧 평면도 자체가 선적인 요소로 구성이 되게 보이게 하는 것입니다. 선은 방향성을 갖습니다. 여기에서 방향성 또한 심리적인 요인으로 볼 수 있는 것입니다. 이와 같이 건축물 자체의 형태보다는 그 속에 숨겨져 있는 의미를 읽을 때 건축물은 생명력을 갖고 그 건축물은 우리에게 한층 더 가까이 다가서며 함께 호흡을 하게 되는 것입니다. 획일적이고 일방통행적인 사고는 파시즘적인 잔재입니다. 이것은 디자인을 하는 데 있어서 최대의 적이며 다양한 사고를 막는 것입니다. 미스의 작품이 보여 주고자 하는 것은 바로 이러한 개념입니다. 거기에 벽이 있고 바닥이 있는 것이 아니라 개념이 서 있으며 다양한 사고의 하나를 제시한 것이 깔려 있는 것입니다. 그가 우리에게 보여주고자 하는 것은 건물은 없고 다양한 가능성의 하나를 또 다시 제시한 것입니다. 우려가 되는 것은 현재 한국의 교육 시스템에 NCS라는 체계를 만들고 있는데 이는 참으로 구 시대적이고 전체를 인정하지 않는 획일적 사고방식입니다. 누가 말했지는 정확하지는 않지만 '악법도 법이다'라는 말을 떠 올리게 하는 정책입니다. 역사적 경험과 수많은 인류의 지도자를 배출한 그 시기 그리고 한국의 경제적 상황과 지식의 바탕을 두고 있는 이 시점에서 아직도 이러한 틀 속에 젊은이들을 대량생산하는 정책을 공개적으로 비판하지 못하는 실정이 부끄럽습니다. 모 국가는 교육정책의 바탕에 누군지는 모르지만 빌 케이츠 또는 스티븐 잡스 또는 아인슈타인 같은 지도자가 나올 것이라는 희망 아래 모든 학생들을 그들이 갖고 있는 잠재성과 능력의 무한한 가능성을 보고 지도한다고 했습니다. 그러나 지금 거꾸로 가는 한국의 교육 실정에 모든 전공과 학생들을 하나의 틀 안에 넣어 또 하나의 스펙을 만들게 하고 그들의 다양한 가능성과 사고를 제한하는 이 실정이 안타까울 뿐입니다. NCS적용이 필요한 전공이 있고 그렇지 않은 전공이 있습니다. 이는 선택하게 하는 것입니다. 역사를 보면 강요 받은 것이 오래가지 못하는 경우를 우리는 많이 보았고 이러한 정책은 오히려 정지시키는 것이 아니고 후퇴를 시키는 것입니다. 왜냐하면 시간이 투자되었기 때문에 그 만큼의 발전이 없다면 이는 퇴보이기 때문입니다. 앞에서 거론한 다양한 사고와 가능성을 제시한 대가들은 틀 안에서 벗어난 사고가 가능했기 때문입니다. 우리의 젊은이들을 만들려고 하기보다는 우리가 갖고 있는 지식이 구태적인 것을 먼저 인정하며 이를 전달하고 이들에게 360도의 방향이 있음을 알려주기만 하면 됩니다. 선택은 우리보다 자유로운 이 젊은이들이 선택하게 해줘야 합니다. 선택의 권리는 우리의 몫이 아니고 젊은이들의 몫입니다.

피터 아이젠만의 말이 떠오릅니다. "건축은 표준성에 흡수되지 않고 저항하는 것이다. 흡수에 대한 저항이 바로 현재성이다." 그의 표현을 분석한다면 표준이라는 것은 곧 과거입니다. 표준을 따른다는 것은 과거의 연속선상에 있을 뿐 건축가가 현재 새로운 것을 만드는 것은 결코 아니라는 것입니다. 즉 그것은 과거를 반복적으로 재생산할 뿐이며, 그렇기 때문에 표준을 위반한다는 것은 말 그대로 위반이 아니라 새로운 창조를 의미한다는 것입니다. 그의 표현을 또 들어보자. "역사에는 항상 두 가지 힘이 작용하고 있다. 그 한 가지는 유형을 전형화하고 표준화하기 위해 움직이는 정상화·일반화의 힘이다. 또 다른 한 가지 힘은 위반의 힘인데, 이것은 표준화에 대항하는 방향으로 나가고, 이를 바꾸려고 한다. 이 위반의 힘은 여러 번 반복되어 새로운 유형에 다시 흡수된다." 이 표현에서 보면 표준에 대한 위반은 다시 반복이라는 과정을 통하여 표준이 되고 여기에서 또 다른 위반을 통하여 새로움이 탄생합니다. 즉 형태는 크게 두 가지뿐이 없습니다. 원형과 복고풍입니다. 원형에 대하여 새로운 시대에는 그것을 새로운 기술과 새로운 재료를 사용하여 다시 만드는 작업일 뿐입니다. 이것이 반복되는 과정에서 피터 아이젠만 같은 건축가는 이에 속하지 않는 형태를 만드는데 그것이 바로 제2의 형태가 되고 다시 이에 대한 복고풍이 반복되다 또 다른 제3의 원형이 탄생되는 것입니다.

피터 아이젠만의 표현을 상기하면서, 지금 우리가 보고 있는 건축물을 크게 세 가지 관점에서 보기로 합시다. 먼저 표준에 속해 있는 것, 그리고 그 표준을 위반하는 것, 마지막으로 새로운 표준에 흡수되는 것이 그것입니다. 그의 표현대로 상식은 곧 표준일 수 있습니다. 우리는 이렇게 표준 또는 상식적인 것에 너무 익숙해져 있습니다. 우리는 우리의 젊은이들을 익숙하게 만드는 것에 조심스럽게 결정해야 합니다.

그들은 너무도 무한하기 때문에.

CHAPTER 12

# 명품은 비전문가(일반인)도 인정한다

'명품과 싸구려의 차이는 무엇인가, 이 둘을 구분하는 기준은 무엇인가, 이 둘은 왜 차이가 나는가?' 이 둘은 분명하게 존재합니다. 이 두 가지를 구분하는 기준에는 규모, 재질 그리고 형태가 없습니다. 그렇다면 무엇이 이 둘을 규정하는가? 과연 전문가의 선택만이 기준이 될 수 있는가? 그렇지 않습니다. 그러나 이 둘을 규정하는 기준은 반드시 있을 것입니다. 그렇다면 반드시 명품만이 존재해야 하는가? 어느 전문가도 자신의 작품이 싸구려가 되기를 원하지는 않습니다.

싸구려는 시끄럽습니다. 싸구려는 자신의 자리도 없이 쌓여 있으며, 누군가 자신을 선택해주기를 애타게 바라며, 약한 충격에도 상하며, 대량생산되어 어디에서나 존재하지만 쉽게 버림을 받습니다. 그러나 명품은 자신의 자리를 지키며, 개별적으로 존재하고, 아무나 자신을 선택할 수 없으며, 장인의 오랜 고통과 선택에 의하여 탄생되어 오래 지속됩니다. 이러한 기준만이 명품과 싸구려의 차이일까? 사실 명품이 싸구려가 될 수 있고 싸구려가 명품이 될 수 있는 결정적 기준이 있습니다. 그것은 바로 탄생의 고통입니다. 이를 결정하는 데 중요한 역할을 하는 것이 바로 그 물건의 장인입니다. 그 장인의 고뇌와 정성이 싸구려와 명품을 탄생시키는 데 역할을 하는 것이지 자리도 재료도 규모도 아닙니다. 전문가만 선택한 명품이 있고, 일반인만 선택한 명품이 있을 수 있습니다. 그러나 진짜 명품은 누구나 선택합니다.

명품만이 갖고 있는 특징이 있습니다. 그것은 바로 감동적인 탄생의 비밀입니다. 명품이 탄생하는 과정에는 장인의 손을 거치면서 인내와 고통과 선택이라는 과정이 따릅니다. 이를 견디어

내지 못하면 결코 탄생할 수 없는데 건축에서는 설계자가 이를 견디어 내는 것입니다. 어느 명품의 건축물치고 설계자의 창조적인 행위와 사고 그리고 인내가 존재하지 않는 것은 없습니다. 우리가 관찰하는 것은 바로 이 형태의 외곽선이 아니라 이 형태의 탄생까지 이야기를 듣는 것입니다. 이것이 바로 Story telling입니다. 건축가 없는 건축물은 없습니다. 그러나 Story없는 건축물은 있습니다. 이 Story가 바로 명품을 결정하는 기준입니다.

안다는 것은 그리고, 말하고, 글로 표현할 수 있어야 합니다. 이 3가지가 수반되지 않는다면 그 것은 부족한 것입니다. 형태는 보기만 하는 것이 아니라 듣기도 하는 것입니다. 형태는 보기만 하는 것이 아니라 들은 것을 읽기도 할 수 있어야 합니다. 이 3가지 중 하나로도 부족하면 그것은 명품이 될 수 없습니다. 역사 속에 등장하는 명품들의 공통점이 바로 이것입니다.

후손들이 그 작품을 놓고 얼마나 많이 회자하는가? 즉 이 회자 속에 끼지 못하면 명품에서 사라지는 것입니다. 그렇다면 작품은 반드시 명품이어야 하는가? 가능하면 명품이면 좋습니다. 때로 명품의 탄생에는 작가 자신도 모르는 경우가 있습니다. 그래서 전문가들은 명품을 찾아 그 작품이 명품임을 증명하기 위하여 탄생의 비밀을 구체화시키는 작업을 합니다. 그 작품이 명품이기 때문에 역사 속에서 살리기 위하여 작품을 볼 수 없어도 탄생의 비밀을 모든 사람에게 전달시키기 위하여 구체화시키는 것입니다.

프랭키 게리의 작품에는 물고기의 story가 있고, 피카소에게는 입체파의 소리가 들어 있으며, 달리의 작품에는 꿈이 있으며, 자하 하디드의 작품에는 다이나믹이 있으며, 아이엠 페이의 유리 피라미드에는 프랑스의 영광이 들어 있고, 리베스 킨트의 작품에는 부유가 있으며, 필립 존슨의 AT&T 빌딩에는 매너리즘이 있고, 시카고 건축물과 마리오 보타 건축물에는 로마네스크가 숨겨져 있으며, 아르누보에는 생명력과 Japanism이 주제이고, 리차드 마이어에게는 백색을 통한 고딕의 플라잉 버트레스 같은 두 번째 피부가 담겨 있고, 훈드레트 바써에게는 가우디가 숨겨져 있고, 츄미의 글래스하우스와 안도 타다오[16]에게는 벽의 비밀이 담겨져 있는 것처럼 명품들은 형

---

[16] **안도 타다오** 安藤忠雄(1941~ )
'근대 건축과 동양적 세계관을 결합한 건축가'로 평가받는 일본의 건축가. 오사카 출신의 안도 타다오는 고등학교 졸업 후 프로복서로 활동한 전력을 가지고 있다. 어느 날 우연히 헌책방에서 20세기 건축거장 르 코르뷔지에의 작품을 다룬 책을 읽고 건축에 매료되었다. 그 뒤 제도권이 아닌 독학으로 건축을 공부하여, 공고 출신으로서 세계적인 건축가로 발돋움했다. 고졸이라는 저학력 콤플렉스를 극복하기 위해 무수히 많은 책을 읽었고, 1962년에 세계로 시선을 돌려 프랑스·영국·미국·모스크바·아프리카 등지를 돌며 고전 건축물을 스케치했다. 7년 동안의 여행을 마치고 고국으로 돌아와 '안도 타다오 건축연구소'를 설립했으며, 그로부터 다시 7년 뒤인 1976년 본격적으로 건축가로 데뷔했다. 주요 작품으로, 자연의 경건함을 신앙으로 승화시켰다는 평가를 받는 〈물의 교회〉가 있다. 1995년 건축계의 노벨상인 프리츠커상을 수상했고, 도쿄대·예일대·하버드대 등 교육 현장에서 객원교수로 활동하기도 했다. 무엇보다 이채로운 점은 2007년 제주 섭지코지의 휘닉스아일랜드 미술관과 전시관 그리고 콘도의 설계를 맡은 점이다.

태를 만든 것이 아니고 자신의 이야기를 만든 것입니다.

형태만 있는 것은 껍데기만 있는 것과 같습니다. 그 형태가 단단해지고 유익하며 그 존재 자체가 유익하게 만드는 것이 바로 작업의 이야기입니다. 그러나 그 스토리는 반드시 논리적이어야 합니다. 그 스토리는 반드시 형태에 나타나야 합니다. 그 스토리는 반드시 유익해야 합니다. 집장사의 건축물에도 스토리는 있습니다. 그러나 가슴에 담을 만큼 감동적이지 않아 그 건축물도 그렇게 보이는 것입니다. 그 스토리가 바로 그 형태이고 공간입니다. 우리는 공간을 벽을 통해서만 인식할 수 있다고 생각하지만 공간은 형태에 있는 것이 아니고 그 스토리 안에 있습니다. 그러므로 스토리가 없는 형태는 공간이 없는 형태입니다. 형태를 구성하는 것은 소설을 구성하는 것입니다. 건축가는 형태라는 요소를 스토리를 통해서 만드는 것이지 형태만 있는 형태는 없는 것입니다. 왜냐하면 형태는 인식할 수는 있어도 깨달을 수 없기 때문입니다. 지금 보고 있는 형태는 그 자리를 떠날 수 없습니다. 그러나 그 형태가 갖고 있는 스토리는 지구 반대편까지 전달될 수 있습니다. 그 건축물이 있는 지구 반대편의 사람들이 그 스토리를 듣고 그 건축물을 인식하는 것입니다. 스토리 없이 탄생된 건축물은 복사와 같습니다. 마치 싸구려를 대량 생산하듯이 형태를 올바르게 인식하게 만드는 방법이 바로 스토리입니다. 그 스토리가 그 형태를 올바르게 인식할 수 있게 해줍니다. 스토리가 바로 그 형태의 호적입니다.

명품의 건축물 형태를 만들 능력이 없는 사람은 디자인 능력이 부족한 것이 아니라 스토리 구성능력이 부족한 것입니다. 디자인은 구성한 상상력을 시각화하기 위하여 구체화시키는 작업도구일 뿐이지 그것이 능력이 아닙니다. 무한한 상상력은 무한한 지식과 인간애에서 발생됩니다. 그렇기 때문에 이를 위하여 다양한 책을 읽는 것이 도움이 됩니다. 명품은 시대를 초월하여 존재합니다. 그래서 명품입니다. 그렇기 때문에 상상력 없는 지도자들은 명품을 함부로 판단해서는 안 됩니다. 명품인 사람들은 명품을 알아 봅니다. 명품이 아닌 사람들이 판단하여 우리의 역사 속에서 사라진 명품은 너무도 많습니다.

명품은 시대를 반영합니다. 그 시대의 조건과 다른 사항들이 명품을 결정하는 요소 중 하나입니다. 그렇기 때문에 다른 어떤 조건으로도 함부로 판단해서는 안 되는 것입니다. 충분한 검증과 자료를 토대로 분석해야 하는데 때로는 자신의 지위를 잘못 인식하여 마치 지위와 능력이 같은 것으로 착각하여 결정을 내리는 몰지각한 싸구려들이 자신의 판단을 기준으로 명품은 싸구려로, 그리고 싸구려는 명품으로 결정하는 경우가 있습니다. 이는 실로 안타까운 일입니다. 전문성은 진짜 전문가에게 맞기는 것이 바로 지혜입니다.

# CHAPTER 13

## 두 가지 형태를 다 표현한 내가 생각하는 가장 훌륭한 건축물

1. 가장 훌륭한 건축물은 필립 존슨의 글래스하우스입니다.

I. 건축물은 두 개의 형태만 있다

121

2. 건축의 목적을 가장 잘 나타낸 건축물은 필립 존슨의 글래스하우스입니다.

3. 모든 양식을 표현한 건축물은 필립 존슨의 글래스하우스입니다.

4. 모든 벽을 표현한 건축물은 필립 존슨의 글래스하우스입니다.

5. 가장 훌륭한 건축가의 집은 필립 존슨의 글래스하우스입니다.

I. 건축물은 두 개의 형태만 있다

6. 모든 시대를 표현한 건축물은 필립 존슨의 글래스하우스입니다.

7. 메시지를 가장 많이 남긴 건축물은 필립 존슨의 글래스하우스입니다.

8. 최고로 큰 건축물은 필립 존슨의 글래스하우스입니다.

9. 자연을 가장 많이 담고 있는 건축물은 필립 존슨의 글래스하우스입니다.

I. 건축물은 두 개의 형태만 있다

10. 찰스 젱스가 말하는 가장 아름다운 벽지를 갖고 있는 건물

11. 이것은 위대한 건축가 르코르뷔지에로부터 시작되었습니다.

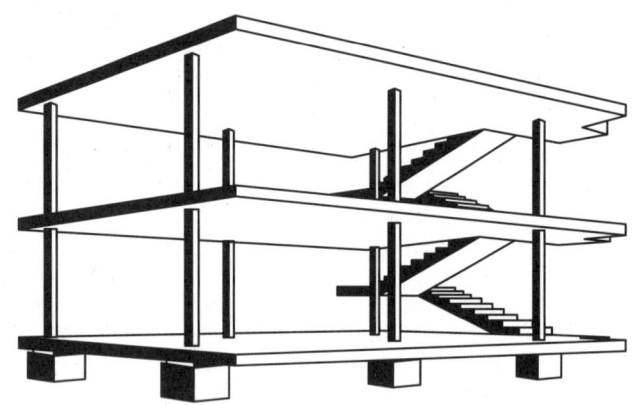

12.
 필립 존슨의 글래스하우스에는 지금까지의 모든 건축형태와 미래에 추구하고자 하는 건축의 방향과 해결책 그리고 보수(제1의 형태)와 진보(제2의 형태)를 통합한 형태를 암시하고 있습니다. 그래서 글래스하우스는 현존하는 가장 훌륭한 건축물입니다.

# II
# 제1과 제2의 건축형태에 영향을 주는 요인들

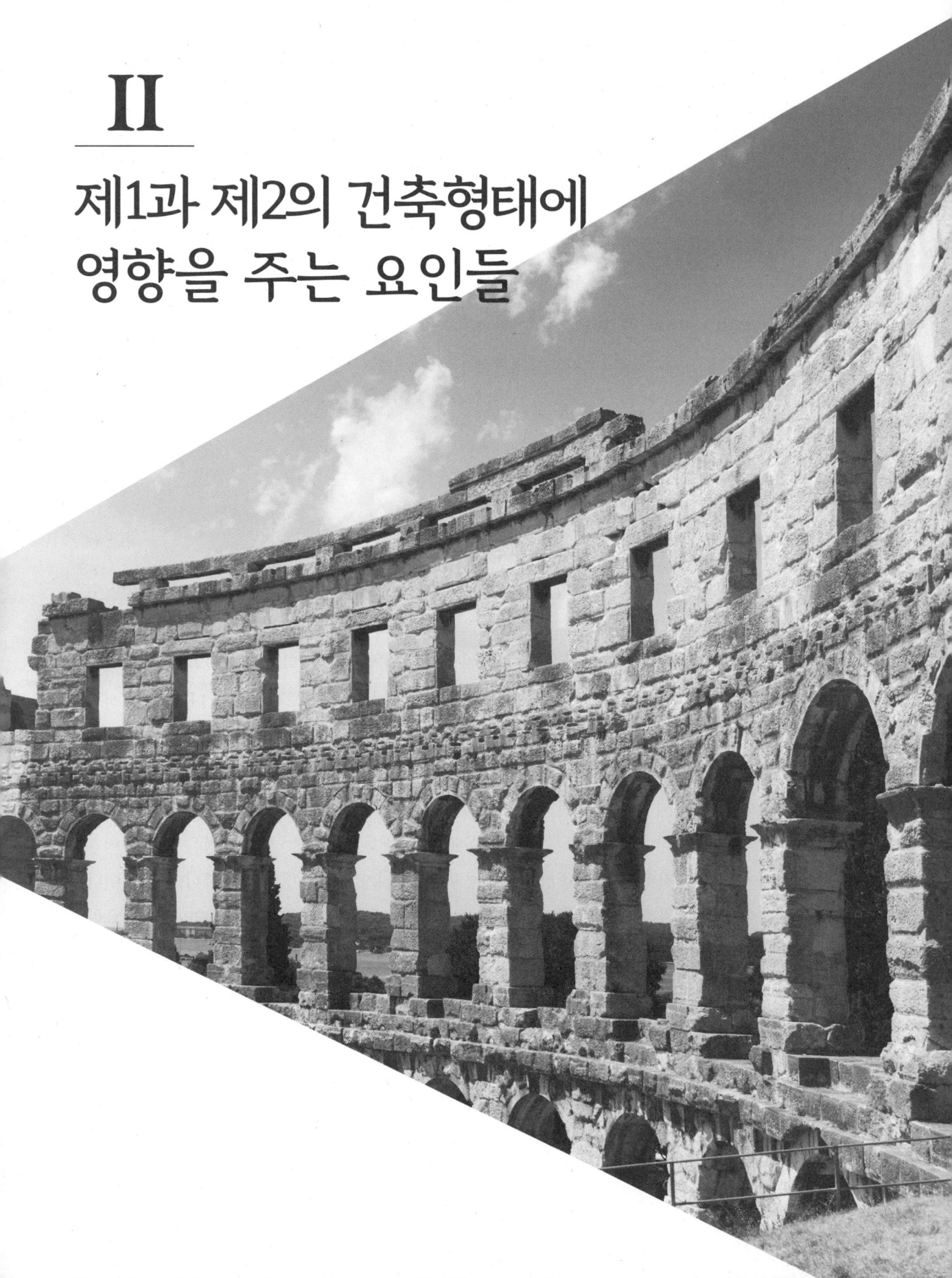

# CHAPTER 01

# 건축형태에 영향을 주는 요인들

## 1. 시작

한 분야에 관하여 지식을 갖고 있다는 것은 그림으로 그릴 수 있어야 하며, 언어로 설명할 수 있고, 글로 표현할 수 있어야 합니다. 이 작업 중 하나라도 부족하다면 이는 완전하게 이해하지 못한 것입니다. 특히 현대 사회에는 전문 분야가 과거보다 더 세분화되고 컴퓨터와 같은 매체를 이용하여 작업이 많이 이루어지는 성격을 보면 이 세 가지 능력이 반드시 필요합니다. 이는 시각(그림)과 청각(언어) 그리고 정신적인(글) 분야를 만족시키는 행위로 이 세 가지 능력이 충족되고 이것이 바탕이 되지 않는 설명을 통하여 수신자를 이해시키는 행위는 강요가 될 수 있으며 올바르지 않습니다. 이 세 가지를 수반한 설명을 통하여도 수신자가 이해하지 못한다면 그것은 더 이상 전달자의 책임이 아닙니다. 다른 전문 분야도 마찬가지로 이 세 가지의 과정을 통하여 이해력을 높여야 하지만 건축은 특히 종합예술로서 이 세 가지가 전달과정에 필요합니다. 음악이나 미술과 같이 청각과 시각을 통한 전달방법에 비하여 건축은 사전에 충분한 이해와 동의를 요한 후에 작업이 시작되는 분야이기에 이해를 시키는 것이 쉽지 않습니다. 이 세 개의 분야 중에서 언어를 통한 작업 전달방법이 가장 어렵습니다. 그림이나 글은 청각을 통하여 수신자가 자신의 경험과 지식을 바탕으로 이해를 돕지만 언어는 완전히 다른 상상을 갖고 전달자와 수신자가 대화를 할 수 있는 가능성이 있습니다. 이는 마치 전화 대화를 통하여 서로 간에 이해를 하는 것과 같습니다. 그렇기 때문에 비전문가와 전문가의 차이는 대화를 통하여 구분할 수도 있습니다. 수신자가 전문 분야에서 완전 초보라는 입장에서 어렵고 난해한 예를 들어가며 이해를 시키기보다는 수신자의 입장에서 쉬운 예를 들어 가며 대화를 할 수 있는 수준을 전문가는 갖고 있어야 합니다. 지식이 부족하거나 자신의 분야를 완전히 이해하지 못한 전문가는 결코 언어로 상대방을 이해시킬 수 없으며 난해한 이론만 늘어 놓을 뿐입니다. 공부를 하였으나 자신의 분야를 이해하지 못한 전문가도 부지기수입니다. 전문가는 대화상대의 수준에 따른 예와 이론을 충분히 보여주어야 하는 데 여기서 먼저 따라오는 것이 바로 언어입니다. 건축은 언어입니다. 형태 언어로서 역사 속에서 정리된 형태 문장과 형태 단어를 갖고 있습니다. 전문가의 수준만으로 그 분야의 발전을 갖고 올 수 없습니다. 그 분야가 발전하기 위해서는 일반인의 수준도 높아져야 전문가와 비전문가를 구분할 수 있습니다. 일반인의 수준이 낮으면 전문가 집단에는 비전문가도 활동할 수 있는 기회가 주어지는 것입니다. 수없이 많은 전문서적이 있음에도 불구하고 이 전문서적들이 전문가들의 영역에만 머물러 있는 이유도 바로 일반인을 설득할 수 있는 능력이 부족하기 때문입니다. 대부분의 일반인들이 세계적인 건축가 한 명도 모르고 있다는 것은 건축가들의 책임입니다. 우리가 미술을 전공하지 않았어도 미술가의 이름을 한두 명은 알고 있습니다. 음악을 전공하지 않았어도 음악가 한두 명을 알고 있습니다. 그러나 미술이나 음악회처럼 굳이 방문할 필요도 없고 어디서나 볼 수 있는 건축 작품이 주변에 풍부하다는 장점을 가졌음에도 불구하고 건축가 이름을 하나도 모른다는 것은 참으로 안타까운 일입니다. 비전문가일수록 작품에 대한 부정적인 마인드를 갖고 있습니다. 이는 부정적인 마인드가 충격적이며 관심을 끌기에 충분하기 때문입니다. 그러나 우리가 추구해야 하는 것은 긍정적인 마인드에 있으며 배울 점도 긍정적인 내용에 담겨 있습니다. 긍정적인 마인드는 부정적인 마인드를 풀어나가는 열쇠이기 때문입니다.

일반인 또는 수준 미달의 건축 전문가에게 물었을 때 그 건축물의 부정적인 부분만 부각시켜 설명하는 예를 종종 보았습니다. 그것은 그 전문가의 자질이 아직 부족하기 때문입니다. '저 건축물은 우리에게 그래도 좋지 않은가?' 하나의 건축물은 여러 면에서 우리에게 시사하는 부분을 갖고 있습니다. 그 부분을 먼저 보아야 합니다. 그 건축물의 탄생과정을 본다면 이해하기 더 쉽고 의미를 배우게 됩니다. 언어로 설명을 시작하고 이에 그림을 추가하여 이해를 도우며 의미를 부각시킬 수 있는 좋은 글을 추가한다면 하나의 건축물을 설명하는 데 충분합니다.

건축분야도 다른 분야와 마찬가지로 인간의 역사 속에서 발전을 해 왔습니다. 특히 의식주 중의 하나라는 의미는 시사하는 바가 큽니다. 그러므로 건축을 이해하는 데 필수적인 것이 바로 역사의식입니다. 초보자일수록 역사개념이 부족하며 비논리적인 지식을 갖고 있어도 역사적인 바탕을 두지 않고 있습니다. 이 역사의식이 바로 인문학의 시초이며 미래를 예측하는 기준이 됩니다. 건축도 초기에는 광범위한 영역적인 성격과 국가적인 성격을 갖고 시작하였습니다. 그러나 전쟁과 인문학적인 사건이 발생하면서 시대적인 성격을 반영하고 급기야는 개인적인 영역으로 다양해지고 있었습니다. 이렇게 다양해지게 된 배경에는 개인적이고 인간적인 욕구가 구체화되었던 계기가 있었습니다. 이러한 배경을 이해하는 것이 지식을 습득하는 데 유리합니다. 시대적인 틀을 이해하는 것은 지식을 습득하면서 이를 정리하고 담아두는 서랍을 만드는 행위와 같습니다. 시대적인 틀이 정리가 되지 않은 상화에서 습득하는 지식은 마치 물건을 한 곳에 가득히 쌓아두는 행위와 같은 것으로 정리되지 않기 때문에 이를 다시 활용하기에는 역부족입니다. 역사를 안다는 것은 현재와 미래를 이해하는 데 필수적입니다.

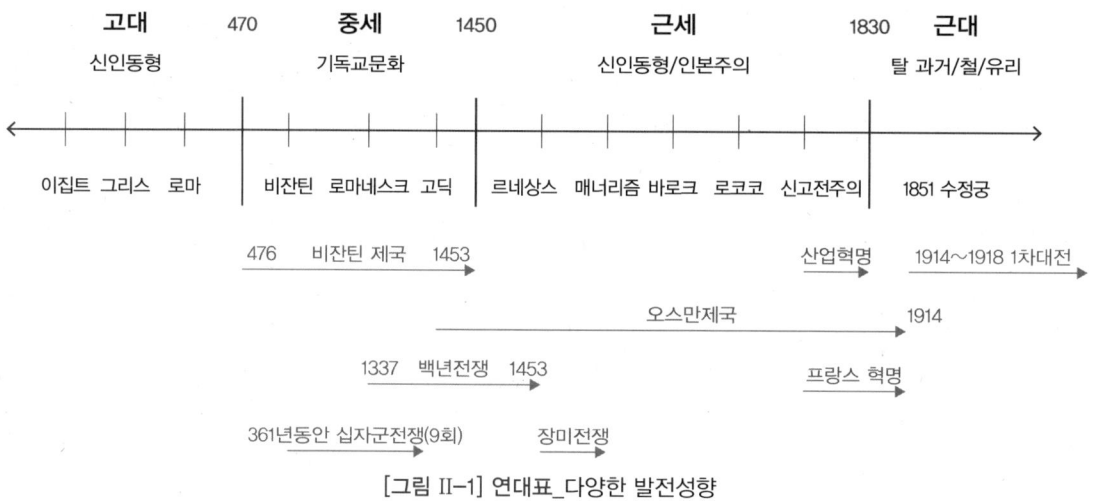

[그림 II-1] 연대표_다양한 발전성향

역사가 구분되어지게 된 것은 합의하에 이뤄진 것이 아닙니다. 다양한 사건과 인간적인 욕구에 의하여 발생되어졌습니다. 어떤 기준을 갖고 구분하는가에 따라서 해석이 달라질 수도 있습니다. 그러나 이러한 배경의 바탕에는 인문학이 그 바탕입니다. [그림 II-1]의 연대표를 살펴보면 다음 시기까지의 시간이 점차 짧아지고 있음을 볼 수 있습니다. 그리고 한 시기의 내용도 점차로 다양해지며 급기야는 매우 복잡해졌음을 알 수 있습니다. 이는 초기 육체적인 시작에서 정신적 그리고 심리적인 상황으로 발전하고 있음을 알 수 있는 것입니다. 이러한 다양한 발전 성향을 보이는 내면에는 바로 인간을 위한, 인간에 의한, 인간을 향한 고지가 있었기 대문입니다. 건축은 심리학입니다. 건축을 경험하는 3가지 단계도 바로 이러한 과정을 거칩니다. 그러나 최종단계에서는 심리적인 만족이 바로 목표가 되는데 이것이 바로 인간의 성향을 잘 나타내고 있습니다.

시대적인 주제어를 보면 신에서 점차 인간적으로 변하고 산업혁명과 함께 기계적인 역할이 커지면서 현재는 전자(IT)로 넘어가고 있습니다. 그러나 넓게 본다면 근세를 중심으로 인간이 핵심 언어로 서서히 등장합니다. 인문학의 시작이 르네상스인 이유가 바로 여기에 있습니다. 모든 시기가 초기에는 새로운 것에 대한 성격이 강하고 점차 성숙기에 접어들면서 완전히 새로운 시대를 창조하고 급기야는 비판적인 초기 내용에 대한 부정적인 상황이 발생하면서 새로운 시대의 도래를 암시하는 양식이 등장을 합니다. 이를 우리는 신고전주의라 부르기도 합니다. 신고전주의 발생의 기초는 그 시대의 성숙기를 거치면서 초기 의도와는 다르게 흘러가는 세대에 대한 교훈적인 내용을 담고 있습니다. 이는 그 시대가 갖고 있는 여러 분야에 대한 시대의 변화를 요구하는 메시지인 것입니다.

건축물은 시대의 상황을 반영합니다. 그림과 음악이 그렇듯이 건축물도 시대의 상황을 이해한다면 건축형태가 갖고 있는 메시지를 이해하는 데 유리합니다. 예술은 서로 간에 영향을 줍니다.

'형태는 무엇인가?'

음악가가 악보로 메시지를 전하고 미술가가 그림으로 자신의 의도를 전하듯 건축형태도 3차원으로 메시지를 전달하는 것입니다. 건축가는 형태를 만들 때 자신의 의도를 담습니다. 이것이 바로 우리가 형태를 보는 자세입니다. 즉 작업의 출발에 의도가 담기는 것을 콘셉트라고 부르기도 합니다. 이 콘셉트는 시작과 함께 마무리까지 일관되게 진행되어야 합니다. 때로 아마추어 건축가들은 다양한 콘셉트를 형태에 담기도 하는 데 이는 옳지 않습니다. 건축형태 작업을 하는 동안 건축가는 다른 예술가와 다르게 기능이라는 또 하나의 요소를 먼저 생각합니다. 이는 건축물의 작업목적에 기능이 중요한 요소이기 때문이다.

기능의 요소는 사실 건축가의 몫이라기 보다는 주어진 고유의 요소입니다. 이 기능의 요소는 작업 중 여러 요인의 영향을 받습니다. 이 영향에 따라서 건축가는 기능의 요소를 적절하게 연결시키고 배합하여 유기적으로 만드는 작업을 합니다. 이 작업의 기준은 사용자의 입장에서 해석되어야 합니다. 기능의 조합이 잘된 것을 우리는 잘 풀었다고 합니다. 기능의 기준은 건축물의 내부입니다.

내부의 공간요소에 따라서 건축물의 성격이 결정되거나 건축물의 성격에 따라서 공간기능이 결정되는 것입니다. 학교는 학교가 필요로 하는 공간기능을 가져야 하며 병원은 병원기능을 위한 공간요소를 가져야

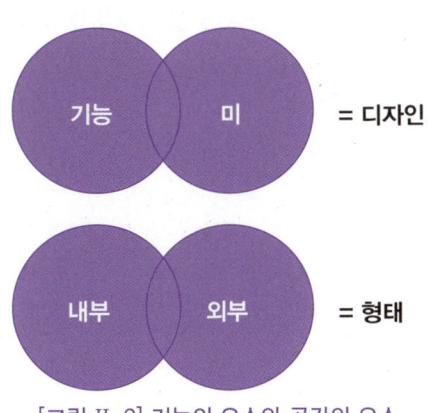

[그림 II-2] 기능의 요소와 공간의 요소

합니다. 학교를 병원의 공간요소를 갖춘 건축물로 만들 수 없습니다. 이것이 바로 기능을 위한 요소로서 기능은 건축가의 몫이라기보다는 고유요소입니다. 이렇게 고유의 기능요소는 내부를 구성하는 것으로 사용자의 편의와 건축물로서의 고유기능을 원활하게 조직되어야 합니다. 여기에 반하여 미는 외부적인 요소가 강합니다. 물론 내부의 형태도 중요하지만 도시에서 건축물의 형태는 도시를 구성하는 요소로서 외부적인 형태가 우선적입니다. 건축물에 호기심을 자극하는 1차적인 작용으로서 외부 형태는 중요한 역할을 합니다. 여기서 1차적 범위는 일반인을 포함한 것으로 이들에게 공간기능의 파악은 아직 이릅니다. 이러한 상황을 볼 때 기능과 미 또는 외부와 내부의 일치가 반드시 필요한 것은 아닙니다. 일치해야 한다면 인테리어의 존재를 의심할 수밖에 없으며 건축물의 다양성에 문제가 생기는 것입니다.

건축물의 기능이 변경되는 경우 외부 형태가 바뀌기도 하지만 사실상 미적인 원인이 주를 이루는 경우가 대부분입니다. 즉 병원이 후에 학교가 될 수 있고 학교가 후에 병원이 될 수도 있다는 것입니다. 구조를 바꾸지 않는 이상 기능은 얼마든지 변경이 가능합니다. 그러므로 건물의 외부 형태는 반드시 기능과 동일하게 만들 필요가 없다는 것입니다. 과거에는 형태주의와 기능주의 영역이 구분되던 시기도 있었습니다. 그러나 현재는 이에 따른 설비가 많은 문제점을 보완해 주기 때문에 이 둘의 공존과 분리가 가능해졌습니다. 특히 현재 작업은 수작업보다는 IT를 이용한 작업이 대부분이므로 과거에 미적인 영역에서 한계를 느꼈다면 현재는 설계 작업에 있어서 선택의 폭이 제한된 기능 영역보다는 미적인 영역의 한계가 디자이너의 능력을 더 요구하고 있으며 실현 가능성이 더 커졌습니다. 이 작업을 하는 데 IT의 공존이 가능하며 모든 분야의 프로그램이 적용되고 있습니다. 예를 들면 건축설계에서 주로 다루는 프로그램의 선택의 폭이 넓어져 비행기처럼 더 복잡한 역학적인 문제를 해결해 주는 프로그램이 도입되기도 합니다.

이러한 배경을 생각해볼 때 하나의 건축물을 분석하는 것은 더 복잡해졌으며 기능적인 분야에서 개인적인 미의 메시지를 찾는다면 건축물을 경험하는 데 더 큰 즐거움을 얻을 수 있습니다. 이렇게 형태에 담겨진 건축가의 메시지를 읽으면서 건축 경험의 시작이 되는 것입니다.

# CHAPTER 02 연대표

[그림 II-3] 역사 막대

　건축 분야뿐 아니라 모든 학문의 이해를 돕기 위해서 필요한 기초적인 틀이 우리의 역사입니다. 나는 이를 지식의 서랍이라고 말하고 싶습니다. 이는 서랍이 없다면 소유하고 있는 사물을 모두 한 곳에 쌓아 놓아야 하는 데 이는 다시 찾는 데 어려움을 겪게 되는 것과 같습니다. 이렇듯 이 연대표의 서랍이 명확하다면 우리가 습득하는 대부분의 지식은 이 연대기에 속하기 때문에 어떤 지식이든 습득 즉시 이 연대표 서랍에 넣는다면 기억하기도 쉽고 이해하기도 쉽습니다. '다양한 역사의 변화목적은 무엇일까?' 이것이 바로 인문학의 뼈대입니다. 인간은 더 좋은 환경과 삶을 갖고자 지금까지 변화를 해왔고 계속하여 변화를 할 것입니다. 이 변화의 내면을 어떤 관점에서 살펴보는가에 따라서 해석이 다를 수 있습니다. 그러나 가장 두드러진 현상이 바로 전쟁입니다. 전쟁을 통하여 인간은 정체성의 의미를 생각하게 되고 평화를 위하여 또 전쟁을 만들고 있습니다. 그러나 가장 괴로운 전쟁은 인간 내면의 전쟁이었습니다. 시작은 인문학적인 것을 바

[그림 II-4] 홀로키네티즘_루빈 루네즈

탕으로 하였으나 사실상 인간은 자신의 위치를 점차 잃어 버리면서 멈추지 못하고 있습니다. 그 끝이 어디인지 모르나 우리의 본질을 얻기 위하여 우리의 본질을 버리고 있는 것입니다.

모든 연대기를 살펴보면 새로운 시대에 대한 시작이 있고 성숙기를 거치면서 초기와는 다른 흐름을 보이면서 세대 차이에서 오는 괴리로 신고전주의가 나오고 급기야 새로운 변화를 불러 옵니다. 신고전주의는 교훈적인 내용을 전하면서 이전 시대를 그리워하는 모양을 나타내고 있습니다. 그러나 독일에서의 산업혁명 초기 반 데 벨데와 무테지우스[17]처럼 갈등을 겪지만 새로운 흐름을 막을 수는 없습니다. 이는 비잔틴 제국의 멸망과 함께 인문주의자들이 로마로 돌아가면서 시기를 틈타 일어나는 것과는 다릅니다. 새로운 세대는 성장하고 구시대를 기억하는 세대는 점차 소멸되는 것으로 삶의 기준이 달라지는 자연스러운 현상입니다.

건축에 직접적인 영향을 준 시기로 고대 이집트, 그리스 그리고 로마로부터 본다면 원형은 고대뿐입니다. 그 이후는 모두 고전주의, 신고전주의 그리고 포스트모더니즘의 연속입니다. 단지 차이가 있다면 모더니즘에 들어와서 국제주의라는 것이 등장하고 이것이 또한 반복되는 현상입니다. 이 현상의 내면에는 단순히 건축 독자적인 변화만 있는 것이 아니라 음악 그리고 미술 등 다른 분야와 상호간의 영향을 주고 있습니다. 그러나 그 시대적인 배경은 모두 같습니다. 그렇기에 연대표를 이해하는 것은 시대적인 상황을 이해하고 전반적인 지식을 쌓는 데 중요합니다. 특히 연대표에 등장하는 각 시대 이름의 유래가 중요합니다. 이름이 그렇게 불리워지는 것은 내면에 그 내용이 담겨져 있기 때문입니다. 그러므로 이름을 외우기 전 왜 그렇게 불리우는지 그것을 먼저 이해한다면 도움이 됩니다. 예를 들면 비잔틴은 로마가 비잔틴으로 옮겨지면서 이름의 유래가 되었는데 이러한 배경을 이해한다면 유익합니다. 그러나 먼저 고대의 이집트, 그리스 로마를 정확히 이해하는 것이 아주 중요합니다. 이것이 고대 이후의 내용을 파악하는 데 중요하기 때문입니다. 소위 고전주의와 신고전주의 내용들은 대부분이 그리스와 로마의 내용을 담고 있기

---

[17] **무테지우스** H. Muthesius(1861~1927)
독일의 건축가로 W.모리스의 '미술공예운동'에 영향을 받아 실생활에 필요한 건축을 추구했다. 합리적인 주택 건축과 실용적 공예품의 생산의 필요성을 주장하며 '독일공작연맹'을 결성했다. 이 단체는 독일의 미술, 공업, 수공예 분야의 전문가들이 협력하여 규격화된 기계생산품의 질적 향상을 도모했는데, 1914년 쾰른에서 열린 '산업미술 및 건축전시회'를 통해 근대 건축을 알리는 계기가 되었다. 대표적인 건축물로는 발터 그로피우스의 관청 건물과 반 데 벨데의 극장 등이 있다.

[그림 II-5] 비잔틴 제국

때문입니다.

 현대에 들어와 포스트모더니즘 또한 이 두 시대의 내용이 주를 이루기 때문입니다. 단지 변화가 있다면 재료와 기술의 발전으로 인하여 두 시대의 형태가 다양하게 표현되었을 뿐입니다. 더욱이 IT의 발전은 새로운 예술을 선보이기도 하지만 복잡한 과거의 예술을 복합적으로 쉽게 표현하는 데 많이 사용되기도 합니다. 기계가 핵심단어로 사용되던 근대가 있었다면 IT기술이 핵심단어로 떠오르는 현대가 있습니다. 두 시대의 공통점은 바로 엔지니어입니다. 이는 인간이 주를 이루던 근세와 비교한다면 또 다시 인간이 중심에서 멀어지는 것이 아닌가 합니다. 그러나 이 또한 인간을 위한 기술의 발전이라고 할 수도 있습니다.

 모든 분야가 그렇듯이 연대기 초기에는 그리스, 이집트, 로마와 같이 국가의 개념을 갖고 집단적인 성격을 갖고 있었습니다. 그러나 점차 그 집단의 규모가 구체적이고 소규모적으로 변화되다가 급기야는 개인적인 성향으로 바뀌어 가는 것을 볼 수 있습니다. 고대는 신인동형이라는 키워드를 묶여지고, 중세는 기독교 문화 속에서 형성이 되었으며, 근세는 신인동형의 재현과 인본주의가 바탕을 이루고 있었습니다. 근세의 인본주의는 점차 그 틀이 개인적인 성향으로 가는 방향성을 보여주고 있는 것입니다. 개인적인 성향으로 구체화되지만 큰 범주는 존재합니다. 단지 큰 범주를 개인적인 디자인 방법으로 표현하고 있을 뿐입니다. 예를 들면 해체주의 건축가 중에서 구조를 해체하고, 형태를 해체하고 그리고 사고를 해체하는 등 그 방법의 차이를 보이고 있

[그림 II-6] 빈센트 반 고흐_별이 빛나는 밤에(1889)

을 뿐입니다. 이는 인상주의 화가들이 그림에 붓 터치 자국을 공통적으로 남기는 것과 차이를 보이고 있습니다. 급기야 표현은 하나의 스타일을 갖고 뚜렷한 이미지를 나타내기 시작한 것입니다. 이로 인해 우리는 예술가의 이름을 붙여서 모짜르트 풍, 바그너[18] 풍과 같이 그 스타일을 이해하는 데 더 가까이 갈 수 있었습니다. 우리가 작품을 관찰하는 데 그들의 작업수준을 보는 것은 옳지 않습니다. 이미 이들의 수준은 프로급이므로 작업 수준의 기준이 아니라 이들이 작품을 통하여 전달하고자 하는 의도를 알아보는 것이 작품을 관찰하는 데 도움이 됩니다. 작가들은 자신의 작품을 통하여 하나의 방향을 설정하여 관찰자와 그들의 작품을 통하여 소통하고자 하는 것입니다. 즉 화가는 그림을 통하여, 음악가는 악보를 통하여 그리고 건축가는 형태를 통하여 자신들의 메시지를 전달하고자 하는 것입니다. 때로는 그 메세지가 난해하고 암호처럼 숨겨져 있을 수도 있으나 소위 대가들의 작품은 그들의 작업 의도를 갖고 있습니다. 이것이 소통되고 자신의 작품이 전위적인 역할을 하기도 합니다. 그래서 대가들의 작품은 원조개념으로 보면 이해하는 데 도움이 됩니다.

처음으로 다시 돌아가서 연대기가 지식을 습득하거나 어떤 현상을 이해하는 데 유리한 이유는 우리가 주변에 갖고 있는 모든 결과들은 순간적으로 발생한 것이 없습니다. 그 원인과 과정이 있고 그리고 결과를 본 것입니다. 연대기는 모든 지식의 원인이며 과정이기도 하지만 결과를 추론하는 데 근거가 되는 내용입니다.

'건축물은 왜 그렇게 생겼는가?' 이 물음에 기능적이든, 구조적이든, 시각적이든 어느 하나도 과거와 연결하지 않고 충분히 설명할 수는 없습니다. 미래는 추론으로 나타납니다. 미래에 대한

---

[18] **오토 바그너** Otto Wagner(1841~1918)
오스트리아의 건축가. 1894년 빈 미술학교 교수로 임용되어 이론과 설계면에서 근대건축을 주도했다. 초기에는 고전적 작풍을 지향했으나, 1890년대에 아르누보에 공감했다. 카를 광장 주변의 〈지하철 역사(1894~1897)〉는 이런 아르누보적 미가 물씬 풍기는 작품이다. 이와 같이 새 시대에 부응하는 실용주의적 양식을 제창했으며 대표작으로는 〈빈 광장 정거장(1894~1897)〉, 〈빈 우체국저축은행(1904~1906)〉, 그리고 헤이그 평화궁의 설계 등이 있으며, 주요 저서로 20세기 건축의 선언문이라 불리는 《근대건축》(1895)을 남겼다. 한편 우리나라의 〈서울역〉을 설계한 점이 이색적이다.

두려움을 없애기 위하여 많은 추측을 하지만 이를 뒷받침 해줄 수 있는 이론이 바로 과거입니다. 현재는 진행형이기에 미래에 가깝습니다. 과거 건축물의 주재료가 석조와 목조였던 이유는 다른 이유가 없습니다. 그 시대에 쉽게 구할 수 있는 재료가 그것이었기 때문입니다. 당시에는 그것이 당연하지만 지금 목조와 석조를 주재료로 사용한다면 다른 재료도 충분히 있기 때문에 이에 타당한 이유가 있어야 합니다. 그리고 미래에도 이 재료가 주가 될 것인지는 생각해 보아야 합니다. 왜냐하면 모든 재료는 그 시대가 갖고 있는 장점과 단점이 있기 때문입니다.

[그림 II-7] Logo_iQ-House-sm

형태의 변화에도 시대적인 성격이 있습니다. 이로 인하여 새로운 양식의 이름이 등장하고 이에 관한 원인을 이해해야 새로운 것을 시도할 수 있는 능력이 생기는 것입니다. 연대기를 과거에 대한 지식의 틀로 보면 안 됩니다. 미래를 알기 위한 지식의 틀로 사용하기 위함에 그 목적이 있습니다. 모든 논리에는 서론이 등장해야 합니다. 근대의 등장 배경에는 르네상스가 존재합니다. 르네상스의 배경에 중세를 빼 놓을 수 없습니다. 이렇듯이 지금 IT의 발달로 많은 것이 가능해지고 편리해진 것은 사실입니다. 그러나 그것이 모두는 아닙니다. 그렇게 편리한 것을 제공해 줌에도 불구하고 일부에서는 IT가 급격히 발달하면서 부정적인 불안감도 갖고 있습니다. 우리의 많은 것을 IT가 대체한다는 불안감입니다. '이는 어디에서 오고 근거가 있는 것일까?' 연대기를 보면 점차 인간이 중심에서 벗어나고 다른 매개체가 그 자리를 차지하고 있는 것을 알 수 있습니다. 버릴 수 없는 선택의 강요라는 상황이 우리 역사 속에서 있어 왔습니다. 석재와 목재가 친환경적이라는 것을 알면서도 우리는 그렇지 않은 다른 재료를 선택하였고 이에 대한 문제점을 누군가는 해결할 것이라는 막연한 기대감을 갖고 오다 지금 여러 가지 사회적·환경적 문제를 갖고 있습니다. 인간의 역사가 숫자적으로 보면 긴 것 같지만 사실 크게 4개의 틀과 하나는 지금 진행 중입니다.

# CHAPTER 03

# 디자인 = 기능 + 미

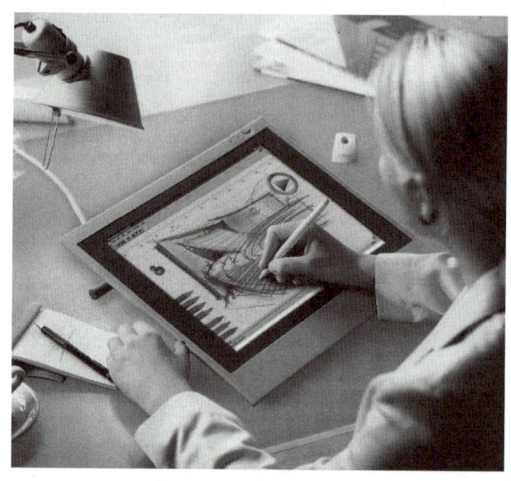

[그림 II-8] 형태 작업

디자인을 이해하는 것이 쉬운 것은 아닙니다. 그 이유는 디자이너의 다양한 의도가 때로는 명확하게 또는 암호처럼 숨겨져 있기 때문입니다. 이를 읽고 이해할 수 있다는 의미는 곧 디자이너와 소통이 된다는 것입니다. 디자인을 하는 사람들 또한 자신의 의도를 명확하게 나타낼 수 있는 능력이 있어야 합니다. 전문적인 지식을 필요로 하지 않아도 관찰자가 자신의 위치에서 어떤 메시지를 얻을 수 있어야 합니다. 이는 탄생의 비밀을 갖는 것일 수도 있습니다. 자신의 의사를 표현함에 있어서 정리되지 않았거나 작업의도 또는 표현하고자 하는 것이 명확하지 않은 상태에서 만들어진 표현이나 작업은 관찰자도 명확하게 그 의도를 읽을 수 없습니다.

프로가 되는 첫 번째 길이 바로 언행일치입니다. 이 언행일치는 시작과 함께 마지막까지 일치되어야 하고 그 의도를 결코 변경해서는 안 됩니다. 그렇기 때문에 전문가가 되기 위하여 먼저 배우는 것이 자신의 의도를 정리할 수 있어야 하며, 이를 표현하는 기술을 배워야 합니다. 디자이너의 의도가 바로 작품의 의도이기 때문입니다. 그래서 안다는 의미는 말로 할 수 있어야 하며, 그림으로 그릴 수 있어야 하며, 글로 설명할 수 있어야 합니다. 이 중에 하나라도 부족하면 정확히 아는 것이 아니라고 앞에서도 언급한 바 있습니다. 모든 작품이 단순하고 1차원적인 표현수단을 사용해야 한다는 것은 아닙니다. 그러나 표현에서 가장 빠른 것이 바로 시각적인 부분입니다. 여기에서 먼저 호기심을 유발할 수 있는 역할이 주어져야 합니다. 이것을 육체적인 반응이라고 말할 수도 있습니다. 육체적 반응은 상당히 개인적인 것으로 특별히 교육적인 수준을 요구하지는 않습니다. 이를 1차적인 소통이라고 볼 수 있습니다. 이것이 만족되어야 다음 단계로 넘어가는 것입니다. 1차적인 소통이 이뤄지지 않으면 결코 2차적인 정서적 단계로 이어질 수가 없습니다. 정서적 단계는 상식적인 수준으로 기본과 기본적이지 않은 것으로 나누어 볼 수 있습니다. 이를 디자인에서 기능적인 영역으로 볼 수도 있습니다. 2차적인 단계에 대한 소통 이후 지성적인 상황으로 갈 수 있습니다. 이 단계는 전문적인 지식을 갖고 있다면 정확한 소통을 하는 데 도움이 되며, 이 또한 디자인에서 기능의 영역입니다. 기능적인 영역을 바꾸어 말하면 기본적인 영역이라고 말할 수 있습니다.

    이렇게 기능 또는 기본적인 영역은 명확해야 하며 소통을 하는 데 필수적인 사항입니다. 디자인은 하나의 작업을 통하여 전달자와 수신자 간의 소통수단입니다. 여기에는 이처럼 단계가 있습니다. 이 단계는 크게 기능적인 부분과 미적인 부분으로 나눌 수 있는데 기능적인 것은 기본적인 요소로서 작품을 이해하는 데 수신자가 갖출 수 있는 것 또는 준비할 수 있는 것으로서 사실 디자이너가 변경하지 않는 것입니다. 이를 변경한다면 다른 성격을 갖게 되며 혼란이 올 수도 있습니다. 그러나 미적인 부분은 디자이너의 몫입니다. 기능을 변경하지 않는 상황에서 미적인 작업이 이뤄져야 옳습니다. 즉 미적인 작업은 디자인 작업에서 '1 + 1'과 같은 것입니다. 즉 필수적인 것은 아닌 영역입니다. 우리가 작업을 관찰하면서 기능과 같은 기본적인 부분만을 본다면 이는 너무 육체적이고 정신적인 만족을 얻을 수 없게 됩니다. 즉 디자인 작업을 다시 설명한다면 아래와 같습니다.

$$\text{디자인} = \text{기능 + 미} = \text{육체적인 영역} + \text{정신적인 영역}$$

    디자인을 함에 있어서 어느 분야나 기본적인 작업과 디자이너의 창의성을 요구하는 작업을 필요로 합니다. 기능적인 부분은 이미 결정되어져 있고 이를 변경하는 것은 한계가 있다고 위에서 이미 언급한 바 있습니다. 이 기능이 바로 작업의 성격을 결정짓기 때문입니다. 기능부분에 속한 요소들은 모든 디자이너에게 동일하게 적용됩니다. 주어진 기능적인 요소들을 어떻게 배치시키고 움직이는 작업이 디자이너의 몫입니다. 대부분의 기능적인 요소들은 내부에 속한 경우가 많습니다. 건축의 경우 기능적인 요소들이 공간이 될 수 있습니다. 공간의 배치가 실용적이고 활용 면에서 긍정적인 성격을 갖고 있어야 합니다. 일반적으로 사용하면서 이에 대한 판단이 명확해지는데 이 배치가 부정적인 상황을 연출하게 되면 이미 건축물은 변경에 있어서 어려움을 겪습니다. 그래서 시공에 들어 가기 전 도면을 통하여 충분한 분석을 하고 시뮬레이션을 통하여 미리 판단하는 것입니다.

공간의 배치 작업에는 반드시 타당한 이유가 존재해야 합니다. 이 영역은 디자이너의 감각처럼 느낌이나 감정적인 역할이 아니라 구체적이어야 하며, 육체적·정신적으로 긍정적이고 건강의 효과를 도출해야 하는 의무를 갖고 있기 때문입니다. 이 배경에는 사용자라는 구체적이고 고차원적인 존재가 있기 때문입니다. 이해되는 차원이 아니라 경험하고 작용하는 기능적인 분명한 결과를 갖고 오기 때문입니다. 그렇기 때문에 도면의 사전 작업에서 충분히 타당한 결과를 도출한 후 시공으로 전개되어야 하는 것입니다.

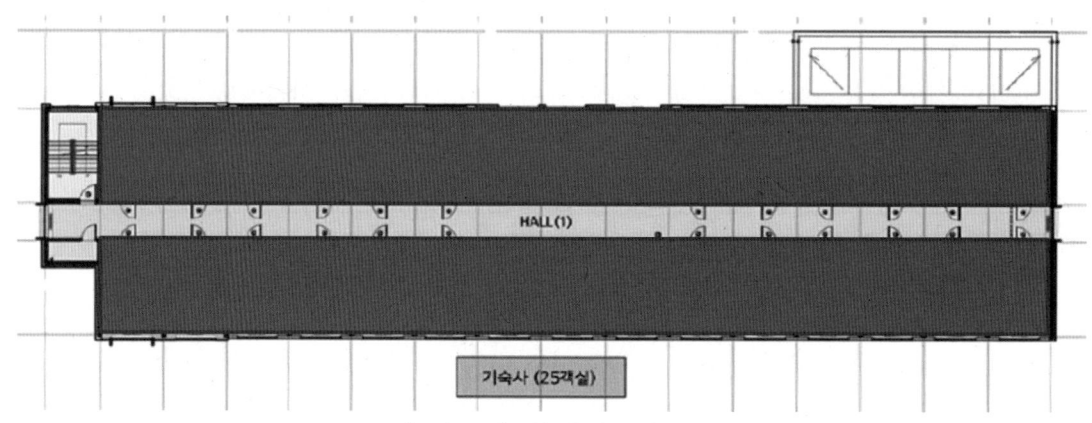

[그림 II-9] 기숙사 건물 평면도

[그림 II-9]의 건물은 학교기숙사 평면도입니다. 과거에는 이러한 공간 배치를 많이 보았습니다. 그 이유는 알 수 없지만 현재 시대적인 요구에 의하면 이러한 중복도를 두는 것은 옳지 않습니다. 과거에는 한국의 설계수준이 빛과 에너지 그리고 환기에 대한 요구사항이 크지 않았습니다. 그러나 이 조건은 이제 필수사항이 될만큼 공간배치에 있어서 고려해야 할 사항입니다. 심의에서 지적사항이 되었지만 변경은 할 수 없게 되었습니다. 즉, 승인의 주체가 바뀌었고, 시대적인 문제를 안고가야 하는 불편한 승인이 되었습니다. 이는 설계의 첫 단추부터 오류가 생긴 일반적인 예로서 결코 설계를 하는 사람이 배우지 말아야 할 사항입니다.

이 도면의 배치는 실로 구시대적이며 충분한 대지 조건을 갖고 있음에도 이해할 수 없는 공간 구조를 갖고 있는 것입니다. 국가경제와 함께 인간 삶의 질은 점차 나아지고 있습니다. 질의 변화는 점차적으로 육체적에서 정신적 그리고 심리적인 만족을 얻는 방향으로 가고 있으며 그렇게 되어야 합니다.

기능적이 작업을 하는 데 필수사항이 바로 진보된 환경을 제시해야 하는 것입니다. 이 환경을 조성하는 데 있어서는 직위와 그 어느 권력도 작용을 해서는 안 됩니다. 건축물은 설계자를 위한 것이 아니라 바로 사용자를 위하여 만들어지기 때문입니다. 어느 역사도 기초적인 사항이 배제된 작업은 오래가지 않았으며 밝은 미래를 만나게 하는 데 걸림돌로 작용을 하였지 긍정적인 교훈을 제시한 때는 없습니다. 이렇게 옳지 않은 작품은 강요이며 슬픔입니다. 디자인을 하는 데 있어서 기능적인 부분은 디자이너의 몫이 절대 아니며 사용자의 몫이라는 것을 결코 잊어서는 안 됩니다.

[그림 II-10]의 평면도는 다른 예로서 이것은 실버타운입니다. 설계자는 면적의 활용과 건축주의 요구에만 치중하여 이와 같이 중복도에 좌우로 실배치를 하였습니다. 구조적 그리고 기능적으로는 문제가 없습니다. 그러나 건축은 예술, 공학 그리고 인문학이 결합된 종합적인 직업입니다. 특히 엔지니어가 아니라 건축가라는 것은 인문학에 대한 반영이 있지 않으면 안 됩니다. 이 평면에서 계단이 좌측에 있고 복도를 따라 실배치가 되어 있을 때 계단의 가장 반대 쪽 공간에 거주하는 노인이 가장 일찍 돌아가실 확률이 가장 높을 수 있다는 것을 놓친 것입니다. 이 노인은 반복적인 외로움을 얻게 될 것이고 이것이 우울증과 같은 심리적 상황이 부정적으로 작용하게 될 것입니다. 건축은 공간 배치를 하는 것이 아니고 섬세한 사람이 머무는 공간을 창조하는 것입니다. 이러한 내용을 가장 효율적으로 작업하는 것이 디자인입니다. [그림 II-10] 3개의 도면 중 밑의 작은 도면이 이에 대한 해결을 제안해 본 것입니다. 중앙계단을 두어 균등

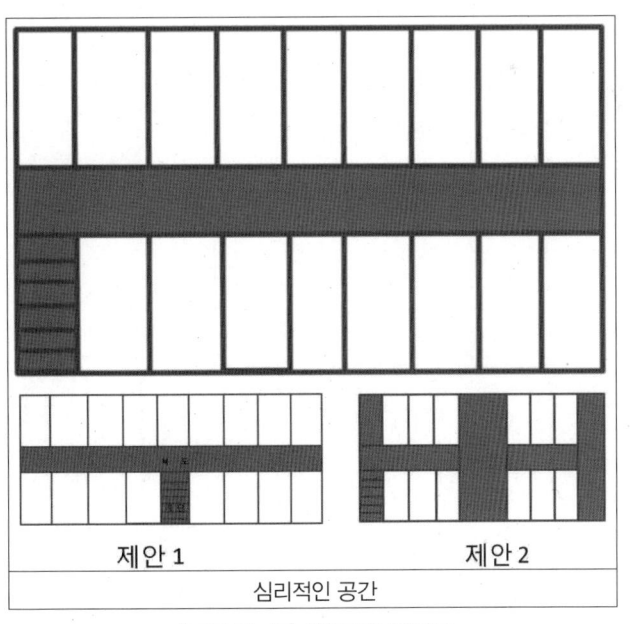

[그림 II-10] 실버타운 평면도

한 배분으로 상황을 받아들이는 환경을 만들고 또는 고립됐다는 느낌을 받지 않도록 배치하는 것입니다. 또한 채광은 심리적 상태에 지대한 영향을 미칩니다.

　기능은 사용자의 몫이며 공공성을 갖고 있다면 미는 디자이너의 개인적인 성향이 있으나 이 또한 넓게 본다면 공공성을 갖고 있어야 합니다. 건축물은 기능에 따라서 그 고유의 존재 가치를 갖고 있기도 하지만 도시적인 차원에서 미를 담당하는 공공성을 갖고 있습니다. 특히 건축물은 도시를 채우는 형태 역활의 미로서 의도적이든 또는 그 반대가 되었어도 도시민 모두가 공유하는 역할을 하게 됩니다. 이러한 의미를 건축가는 작업 시 분명하게 의도하여야 하며 이를 반영할 의무가 있습니다. 형태미는 건축물이 갖고 있는 고유의 것이기도 하지만 그 형태를 만들 때 도시에서의 기능도 반영을 하여야 합니다. 형태 작업에는 다양한 원인이 반영됩니다. 특히 법규는 형태를 만드는 작업 시 공통된 반영 내용으로서 기본적인 검토 내용입니다. 그러나 법규를 위반하지 않는 한도 내에서 건축가는 도시의 기능에 긍정적인 작용을 하도록 작업하고 미적인 부분을 책임질 수 있는 의무를 할 수 있는 능력을 갖추고 있어야 합니다. 시민에게 긍정적으로 반응하는 건축물은 그 도시의 성격을 바꿀 수 있으며 도시의 홍보물로서 중요한 역할을 하기도 합니다. 더욱이 현대와 같이 기술과 재료가 다양한 시기에 건축물의 형태는 과거보다 더 많은 의미를 갖고 있습니다.

　[그림 II-11]의 건물은 뉴욕에 있는 시그램 빌딩입니다. 이 빌딩의 좌우에 있는 건물들의 도로 경계선은 일정한 끝선을 이루며 도로 면에 접해 있습니다. 대도시는 대지의 활용도를 높이기 위하여 최대한의 면적을

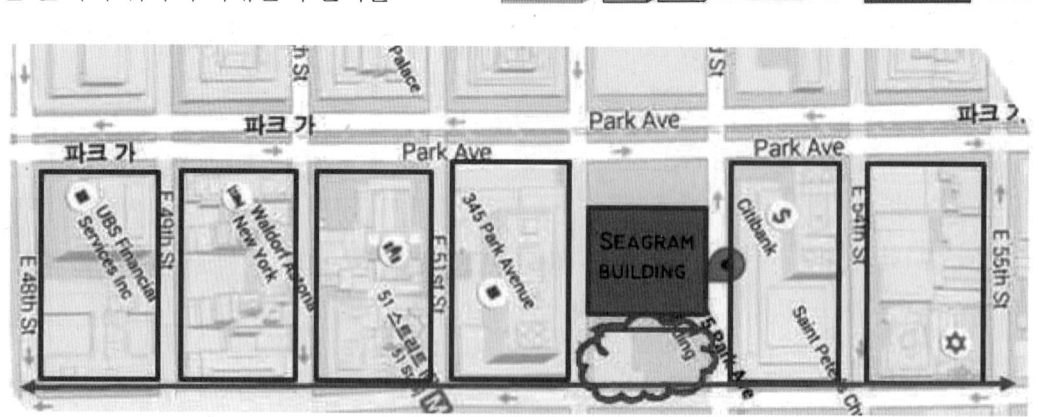

[그림 II-11] 미스 반데어로에, 필립 존스_seagramm building, 375 Park Ave, New York, 미국

사용하기에 이러한 현상이 일반적입니다. 그러나 미스 반데어로에의 시그램 빌딩은 이러한 상황을 고민한 것이 보입니다. 도로 인접 선을 다른 건물과 동일하게 할 수도 있지만 미스는 그렇게 하지 않았습니다. 건물을 Set back시켜서 solid한 파사드의 연속성을 중단시켜서 void한 공간을 확보하여 심리적인 상황을 변화시켜서 도시의 공간을 양보하였고 이 영역은 또 하나의 새로운 공간을 확보하면서 도시민을 위한 Meeting Point를 자연스럽게 발생시켰습니다. 이 영역은 하나의 광장이 되었고 이 광장은 건물을 기억시키는 역할 뿐 아니라 건물과 도시를 연결시키는 역할까지 부여받게 됩니다. 이러한 작업은 건축물 외관을 장식하는 미의 직접적인 작업 외에도 공유하는 기능을 부여하여 시민과의 소통하는 미를 갖게 되는 것입니다. 이러한 영역이 바로 공공성을 부여하고 융합하는 기능의 미를 갖게 되는 것입니다.

미의 역할은 이렇게 직접적인 작업뿐 아니라 간접적인 기능을 부여하면서 건축물의 긍정적인 의미를 부여받기도 하는 것입니다. 건축가는 형태의 미에 대한 구성을 고민하면서 건축물을 바라보는 직접적 또는 간접적인 시민과의 소통을 생각하게 됩니다. 그 형태가 화려하고 요란스러울 필요는 없습니다. 그러나 건축물이 만들어지면서 이미 도시의 미를 구성하는 역할을 부여받는 것을 생각해야 합니다. 형태의 미를 구성할 때 많은 건축가들은 이기적인 생각으로 객관적이지 못한 원인으로 인하여 안목이 좁고 자유롭지 못한 미를 만들기도 합니다. 사실상 이는 건축가의 능력 부족이기도 합니다. 설계의 전체 작업 중 기능과 미의 영역을 굳이 나눈다면 미를 구성하는 부분은 그렇게 많지 않습니다. 그러나 기능을 경험하는 일반인보다는 그렇지 못한 사람이 더 많으며 오히려 보이는 형태에서 영향을 받는 사람이 더 많습니다. 이것이 작업 시 건축물의 사용자와 형태에서 오는 미를 접하는 수신자를 구분할 줄 아는 능력을 갖고 있어야 합니다. 형태는 만드는 것이 아니라 만들어집니다. 이것이 형태를 만드는 작업의 시작입니다. 외부 형태는 우선적으로 내부의 기능에 의하여 어느 정도 결정됩니다. 이것이 자연스러운 작업의 순서입니다. 이 초기 작업에는 공간의 활용성과 동선의 원활함 그리고 그 시대가 요구하는 에너지나 친환경 또는 환기와 같은 기본적인 요구사항을 반영하면서 이를 적용하여 형태를 만들어 가는 것입니다.

이 기본적인 요구가 존중되고 유지되는 상황에서 형태에 대한 마무리 작업이 진행되는데 많은 건축가들은 이미 작업 초기 자신이 의도하는 형태 디자인에 맞게 구성을 하는 경우가 있습니다. 때로 어떤 건축가들은 기능적인 부분을 마무리 짓고 그 외의 형태 디자인을 위하여 의도적으로 첨가하는 경우도 있습니다. 그러나 후자의 경우 이는 내부 공간과 별개의 디자인으로 진행될 수 있으며 이는 장식을 첨가하는 것과 같이 될 수도 있습니다. 이러한 작업의 경우 형태를 디자인한다는 경향보다는 첨가하는 디자인이라고 보는 것이 옳습니다. 이런 작업은 과거 기술적인

[그림 II-12] Tenerife Concert Hall, Tenerife Auditorium, Santa Cruz de Tenerife, Canary Islands, Spain(2003)

진보가 지금보다 못한 경우 부분적인 디자인을 하는 것으로 마치 르네상스 이후 장식이 첨가되는 성격을 갖고 있습니다. 그러나 현대에 와서 많은 건축가들이 전체적인 형태를 초기 작업부터 자신이 의도하는 대로 공간 구성과 함께 동시에 형태 디자인을 병행하는 작업이 이루어지고 있습니다.

[그림 II-12]의 건물은 2003년에 스페인에 만들어진 Tenerife Concert Hall로서 시각적으로 보아도 외부의 형태와 내부 공간의 구조가 일치하지 않음을 알 수 있습니다. 우리가 말하는 소위 대가들은 이러한 작업을 통하여 우리에게 형태를 보여주고 있으며, 이것이 구별된 미를 선보이고 있는 것입니다.

공간 구성을 이루고 후에 형태를 꾸미는 작업은 자신의 의도대로 형태를 만들지 못하는 경우가 많습니다. 이유는 이미 공간 구성이 외부에 많은 영향을 미치기 때문에 형태를 만든다면 이를 변경해야 하기 때문에 선택권이 많지 않기 때문입니다. 이러한 형태들은 의외로 잡다한 것이 많으며 단편적인 형태만 변경할 수 있다는 단점이 있습니다. 과거에는 이렇게 부분적인 형태만을 변경했기 때문에 개인적인 경향보다는 전체적인 사조를 따를 수밖에 없었으며 양식의 큰 분류에 속해질 수밖에 없었습니다. 그러나 초기 공간 구성부터 이미 형태 디자인을 의도하고 만들게 되는 건축가들은 큰 부분에서 하나의 사조에 속할 수도 있지만 그 사조에서도 개성적인 디자인을 만들어가고 있습니다. 예를 들면 해체주의 건축가 군에 속하는 설계자라고 해도 그들의 개인적인 표현은 여러 가지 면에서 영역이 분명하며 차이를 보이고 있습니다. 해체주의 건축가로서 피터 아이젠만, 자하 하디드, 리베스킨트[19] 그리고 프랭크 게리 등이 있으며, 그들 중 피터 아이

---

[19] **리베스킨트** Daniel Libeskind(1946~ )
폴란드 출신의 유대인 미국 건축가. 음악을 전공했으나 건축으로 방향 전환을 하였으며 피터 아이젠만, 베르나르 츄미, 프랭크 게리 등 '7인의 해체주의자' 중 한 명으로 불린다. 베를린 〈유대인 박물관〉을 설계하면서 건축가로서 널리 이름을 알렸고, 9·11 테러로 붕괴된 뉴욕 세계무역센터 자리에 지어지는 〈프리덤 타워〉를 설계해 국내외로부터 큰 관심을 받기도 했다. 건축 및 도시 설계에 있어 혁신적인 인물로 알려져 있는 그는 건축의 대중화와 소통의 가능성 등을 천착하는 건물을 주로 설계하였다. 주요 작품으로 〈노스 임페리얼 전쟁 박물관〉, 〈로열 온타리오 박물관〉 등이 있으며, 한국에서의 첫 작품인 현대산업개발 신사옥 〈아이파크타워〉를 설계하였다(2005년 완공).

젠만은 골조의 해체에 수직과 수평을 해체하고, 자하 하디드는 직선을 해체하였으며, 리베스킨트는 중력을 해체하고, 프랭크 게리는 면과 직선을 해체하였습니다. 음악은 악보로 자신들의 작품을 표현하고 미술가는 그림으로써, 소설가는 글로써, 작품을 표현하지만 그 방법의 차이가 과거와 크게 달라지지 않았습니다. 그러나 건축은 개인적인 성향을 보이기에는 과거에 너무 많은 제약이 있었습니다. 건축재료가 다양하지 않았고, 기술이 상상력을 표현하기에 부족했으며, 그 상상력을 실현시키기에도 작업의 방법과 구조가 너무 어려웠습니다. 현재는 이 부족한 영역이 가능해졌으며, 특히 IT의 발달은 컴퓨터 프로그램을 통하여 상상력의 표현을 가능하게 해주고 있기에 다른 분야에 비하여 늦은 감이 있지만, 이 혜택을 입어 지금은 많은 건축가들의 작품 표현이 다양해지고 있습니다. 표현이 다양해지는 가능성은 내부와 외부의 분리가 가능해지면서 독립적인 표현이 가능해 졌다는 것입니다.

과거에는 구조와 벽의 분리가 어려워 표현의 한계가 있었으나 지금은 가능합니다. '외부는 내부를 반영해야 하는가?' 이러한 의문이 대두된 때가 있습니다. 이 물음의 대답을 위해서는 디테일의 변화를 먼저 보아야 합니다. 초기 벽체는 하나의 재료로 구성이 되었었습니다. 점차 벽의 두께가 얇아지면서 그 두께만큼 다른 재료가 첨가된 것입니다. 그러나 재료 간의 접촉면에 환기문제로 습기가 생기고 이것이 내부 공간에 영향을 주게 되어 그 사이에 공간을 띄우는 작업이 병행하게 됩니다. 이것이 벽을 내부 영역과 외부 영역으로 분리하면서 외부를 이루는 벽이 더 자유롭게 되고 독립적인 표현으로 다양해진 것입니다. 그러나 이 작업도 단순히 외부를 표현하는 목적으로 만들어지면 비경제적인 이유가 될 수 있기 때문에 타당한 기능을 가져야 하는 것입니다. 예를 들어 위의 Tenerife Concert Hall은 미적인 부분도 있지만 외부의 형태들이 그림자를 만들어 내부 공간에 긍정적인 영향을 주기에 타당한 것입니다. 즉 미를 위한 미는 의미가 없다는 것입니다.

[그림 II-13]의 사진은 강원도 고성군입니다. 어느 건축가가 이 위치에 실버타운 건설을 제안한 적이 있습니다. 공기도 좋고 경치도 아름다우며 실버라는 인생의 시대에 걸맞는 위치입니다. 아침 해가 뜨는 경관은 실로 그림과 같이 아름답습니다. 그러나 이러한 기준은 잘못 잡은 것입니다. 이 기준은 경관에 맞춘 것입니다. 기준은 실버타운에 거주하는 사람에 맞추었어야 합니다. 정년을 하기 전의

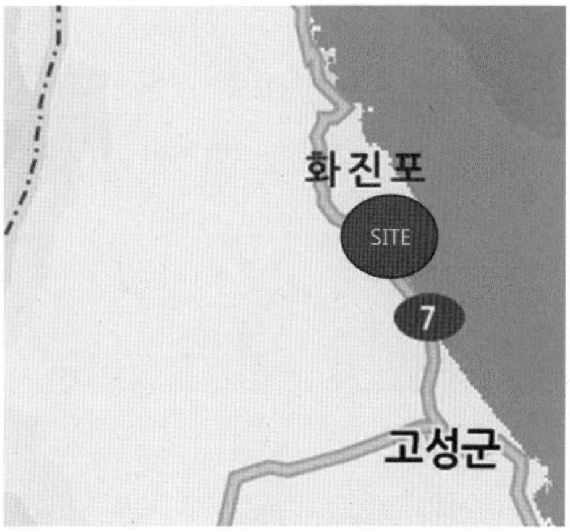

[그림 II-13] 실버타운 건설제안 위치

사람들이나 활동력이 있는 사람들은 생활 속에 자연스럽게 사회성을 갖고 있습니다. 그러나 사회성을 잃은 사람들은 그렇지 않습니다. 경관의 아름다움도 좋지만 이는 이들에 대한 배려가 아닙니다. 시간이 지날수록 이들은 사람을 그리워할 것이며 이 환경이 심리적으로 역효과가 날 것이라는 사항을 고려하지 못한 것입니다. 이들에게 우선적으로 사회성이 일어나는 환경을 만들어줘야 하며 환경보다는 사람들과의 관계가 단절되지 않게 만들어 줘야 합니다. 이들이 이곳에 있어야 하는 이유는 없습니다.

   이렇게 왜곡된 기준으로 시작을 하는 경우에는 반드시 실패를 합니다. 이처럼 건축은 공간을 만들기만 하는 것이 아니라 사용자의 삶을 만드는 것입니다. '디자인=기능 + 미'에서 기능이라는 기준에는 사람이 존재해야 하며 여기에는 사람의 심리적인 상황을 반드시 고려해야 하는 것입니다.

# CHAPTER 04

# 이야기가 있는 건축물

건축물의 형태를 감상하는 방법은 여러 가지 있습니다. 이 방법을 알면 그 건축물에 대한 재미가 더할 것입니다. 건축가의 의도와 작업 콘셉트, 역사적인 배경 그리고 형태에 담긴 내용 등을 알면 이해하는 데 많은 도움이 됩니다. 이를 위해서 사전조사를 한다면 도움이 많이 될 것입니다. 그러나 건축가의 의도나 작업 콘셉트를 일반인이 알기에는 조금 더 노력을 해야 합니다. 하지만 역사적인 배경이나 형태에 담긴 내용은 건축관련 책뿐만 아니라 미디어나 다른 방법을 통하여 조금만 노력하면 얻을 수 있는 내용들입니다. 이는 마치 음악회나 미술관람을 가기 전 그에 대한 소개를 아는 것과 같습니다. 아는만큼 보이고 재미가 더합니다. 여기서는 몇 개만 소개를 해보기로 합니다.

## 1. WTC (World Trade Center)

건축물은 보는 것이 아니라 읽는 것입니다. '1776'은 미국의 역사에서 중요한 숫자입니다. 영국에서 건너온 청교도들은 영국의 세금 문제로 1776년 7월 4일 영국으로부터 독립하고자 독립선언문을 공표합니다. 이것이 현재 미국 시작의 큰 부분을 차지합니다. 미국이 독립하는 데 일조를 한 프랑스는 세계의 자유를 선언하고자 미국독립 100년이 되는 해에 자유의 여신상을 선물하기로 결정합니다. 우리는 여기서 왜 여신상인가 의문을 가질 수밖에 없습니다. 프랑스는 영국과의 불화로 미국을 도왔고 1789년 대혁명 이후 7월 혁명과 2월 혁명을 또한 겪었습니다. 이렇게 많은

II. 제1과 제2의 건축형태에 영향을 주는 요인들

 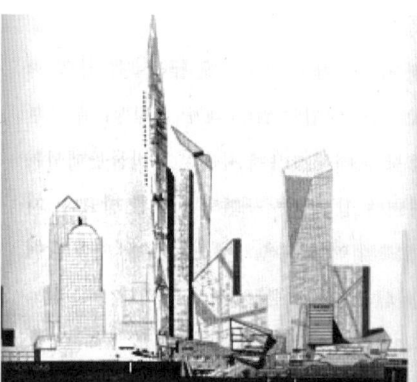 

[그림 II-14] 들라쿠르아_민중을 이끄는 자유의 여신(1830)   [그림 II-15] 리베스킨트_세계무역센터 재계획 당선작, 뉴욕(2015)

혁명 속에서 등장한 것이 바로 깃발을 들고 있는 마리안이라는 평범한(일반계층) 여자였습니다. 즉 자유를 상징하는 것은 로마 시대부터 여인이 상징적이었기 때문에 자유의 여신상도 이 프랑스 혁명의 상징인 붉은 모자를 쓴 마리안을 모델로 삼은 것입니다. 뉴욕에 위치한 자유의 여신상을 만들 때 그 구조를 담당한 사람이 바로 파리의 에펠 탑을 만든 사람이 구스타프 에펠이라는 것을 아는 사람은 많지 않습니다. 당시 자유의 여신상을 세울 곳으로 여러 도시가 선정되었지만 퓰리처 재단을 설립한 조지프 퓰리처의 노력으로 뉴욕이 선정되었습니다. 뉴욕은 그렇게 세계 역사에 등장하여 화려한 도시로 성장하지만 2001년 9월 11일 비운의 사건으로 다시 세계 이목을 받습니다. 뉴욕의 상징적인 건물 중 하나인 세계무역센터가 테러를 당하는 사건입니다. 이 사건 후 뉴욕 시는 5명의 건축가에게 지명 공모전을 하여 건축가 리베스킨트(삼성동 현대 아이파크 디자인)의 작품이 선정됩니다. 이 건축가는 작업을 하면서 두 가지를 강력하게 설계 팀에게 요구합니다. 건물 높이가 1776피트를 넘기지 말고, 매년 9월 11일 WTC에 두 번의 테러가 가해졌던 시간인 오전 8시 46분에서 10시 26분 사이에는 추모구역에 그림자가 만들어지지 않게 설계할 것을 요구한 것입니다. 또한 자유의 여신상과 같은 이미지를 갖도록 설계가 진행된 것입니다.

## 2. 에펠탑

에펠탑이 만들어지기 전 파리에서는 고딕 노트르담 성당(90미터)이 가장 높았고, 유럽에서는 독일에 있는 고딕건물인 쾰른성당이 150미터, 이집트 기자 피라미드가 146미터로 200미터를 넘는 건물이 존재하지 않았습니다. 그런데 에펠이 1885년 300미터(정확히 304.8미터, 1000피트) 철제타워를 제안합니다. 세계가 고층빌딩을 짓게 되는 신호탄이 바로 에펠탑이 됩니다. 에펠이 죽기 전 1923년까지 이 탑이 세계에서 가장 높은 것이었습니다. 또한 에펠탑은 봉건주의에 반대하는 모더니즘 승리의 상징입니다. 에펠탑을 짓는데 파리의 지식인들은 대부분 반대했습니다. 예술적이지 못하다는 이유 때문이었습니다. 심지어 에펠탑 건립을 반대하는 300명 위원회가 설립되기도 합니다 (300미터에 맞추어 1미터마다 한 명씩). 철제는 결코 예술품이 될 수 없다는 회원 대부분은 예술계의 유명인사들로 구성되었습니다. 소설가 모파상은 이 에펠탑이 싫어 자주 이 탑에 와서 점심식사를 했습니다. 에펠탑이 보이지 않는 유일한 곳이기 때문입니다. 그는 그의 소설 〈방랑생활〉이라는 책에서 에펠탑 때문에 프랑스를 떠난다고 표현하기도 했습니다. 그는 에펠탑을 깡마른 피라미드라고 표현했을 정도입니다.

　에펠탑이 세워질 때 유럽은 모더니즘의 시대의 한 가운데 있었습니다. 이는 곧 석재와 나무가 주를 이루던 시대와 결별로 철이 주인공으로 떠오르는 시대였습니다. 에펠탑 만들기 10년 전에 에디슨에 의하여 전기 시대가 시작되고, 오티스에 의해 엘리베이터가 발명되며, 오토와 다임러에 의하여 동력엔진이 나오면서 과거의 산물이 뒤로 물러나는 과도기였습니다. 특히 에펠은 건축가라기보다 공업엔지니어였기 때문에 더 인정받기가 어려웠습니다. 그러나 지금 에펠탑은 파리를 대표하는 상징이 되었습니다. 에펠탑의 주어진 생명은 20년이었습니다. 그러나 여러 사회적인 발달로 인하여 지금까지 이어 오게 되었는데 그 에펠탑이 부러운 것이 아니고 그러한 결정을 하는 사람들이 있는 것이 부럽습니다. 이 탑은 파리의 상징이 아니고 철골구조의 상징입니다. 이 재료가 최선의 것은 아니지만 한 시대를 대표하고 그 시대의 상황을 알 수 있다는 것에 의미가 큽니다.

　에펠이 있어서 뉴욕의 자유여신상 구조가 존재하고, 철골이 있어서 하이테크가 시도되었으며, 철골이 있어서 골조구조가 진일보한 것입니다.

## 3. 김중업

한국의 건축가 김중업[20]. [그림 II-16]의 건물은 제주대에 있었던 김중업이 설계한 건물입니다. 그러나 지금은 우리가 볼 수 없습니다. 이는 참으로 안타깝고 화가 나는 일입니다. 어떤 연유로 사라지게 되었는지는 모르지만 이 건물이 없다는 것이 바로 그것을 결정한 사람들의 몰지각한 수준을 말하는 것입니다. 그가 한국의 훌륭한 건축가라는 것을 설명하기에는 많은 내용이 있습니다. 굳이 르코르뷔지에의 사무실에서 일을 하였고 대학교수였다는 설명은 오히려 그의 작품과 그가 건축가로서 가졌던 메시지를 희석시키는 내용입니다. 그는 우리의 암울한 시대를 살았던 건축가였으며 그 암울한 시대에 건축물을 통하여 시대적인 메시지를 전달하고자 하였습니다. 특히 그가 뛰어난 건축가였다는 것은 소위 우리가 말하는 세계적인 대가들의 성향을 그의 작품에서 볼 수 있다는 것입니다.

[그림 II-16] 김중업_제주대

작품의 수량이나 작품의 미적인 가치를 보고 판단하는 것은 아마추어나 하는 행동입니다. 그가 현재 활동하는 건축가였다면 아마도 구조나 기능면에서 성격이 다른 작품을 선보였을 것입니다. 그러나 그의 작품에서 지붕은 시대를 막론하고 등장하였을 것입니다. '그는 왜 지붕을 그렇게도 그의 작품에 등장시켰을까?' 그것이 바로 그가 뛰어난 건축가라는 것입니다. 동시대에 살았던 다른 건축가들은 수많은 건축물들을 설계하였지만, 그의 작품에서는 경지에 도달한 어

---

[20] **김중업** 金重業(1922~1988)

평양 출신의 건축가. 김수근과 함께 한국 현대건축의 1세대로 평가된다. 서양 건축의 한국화로 독보적인 한 자리를 차지하는 그는 한국 현대건축가로는 처음으로 프랑스 르 코르뷔지에 건축연구소에서 4년간 수학했으며, 건축미술과 교수. '김중업 합동건축연구소' 소장, 프랑스 문화부 고문 건축가 등을 역임했다. 주요 저서로 《김중업-건축가의 빛과 그림자》가 있고, 대표 작으로 〈서강대학 본관〉, 〈주한 프랑스대사관〉, 〈제주대학본관〉, 〈삼일 빌딩〉, 〈육군박물관〉 등이 있다.

느 메시지도, 통일감도 얻을 수 없었습니다. 그는 형태를 통하여 건축가로서 후배들에게 건축가의 역할을 보여주려 하였던 것입니다. 언어는 동일한 구조와 반복되는 언어사용에서 이해를 도울 수 있으며, 반복적인 표현에서 이해를 얻을 수 있으며, 반복적인 표현은 프로만이 가질 수 있는 자세입니다. 이를 스타일이라고 말할 수 있습니다.

　어느 분야를 막론하고 대가들의 공통점이 바로 자신만의 스타일입니다. 그 스타일이 아름답고 멋진 것이 아니어도 괜찮습니다. 그 경계는 너무도 개인적이고 불분명하기 때문에 표현에 있어서 중요하지 않습니다. 프로의 작품에는 형태 속에 발전을 암시하는 진보된 미래의 정신이 무의식적으로 담겨져 있어야 하는 것입니다.

　스타일이 중요한 것입니다. 스타일은 메시지의 반복적인 표현에서 수신자와 소통을 도울 수 있으며 급기야 이해를 하는 것입니다. 물론 그 메시지는 형태를 통하여 나타나야 합니다. 작품을 미적인 기준에서만 본다면 이는 실로 좁은 안목을 나타내는 것입니다. 역동적인 시대와 근대를 제대로 갖지 못한 한국의 건축에 그는 건축의 길을 제시하였던 것입니다. 건축가는 형태로 말을 합니다. 시대를 앞서가고 지도자적인 위치에서 그의 건축물은 실로 침묵 속에서 조용한 메아리를 보내 온 것입니다. 우리는 그의 작품을 제대로 이해하지 못하였고 부의 입장에서 그를 오해하는 실례를 범한 것입니다. 아마도 그의 작품을 이해하고 그의 메시지를 보았다면 우리의 건축은 지금보다 더 큰 걸음을 갔을 것입니다.

　'그는 왜 지붕을 선택했는가?' 그가 르코르뷔지에도 아니요, 프랑스 건축도 아닌 지붕을 선택한 것을 우리는 읽었어야 했습니다. 서양에 기둥과 계단이 있다면 동양은 지붕이 있습니다. 특히 우리의 지붕은 많은 것을 의미합니다. 지금은 소실되어 사라진 제주대 건물을 보면 그의 의도를 더 잘 알 수 있습니다. 지붕의 처마 끝 부분이 위로 올라간 것은 결코 우연이 아닙니다. 아시아 국가 중 유사한 지붕을 갖고 있는 중국, 일본 그리고 한국의 지붕을 보면 왜 그의 지붕이 그러한 형

따리성당(1915)_나시족 전통가옥, 중국

동대사 본당, 일본
[그림 II-17] 다양한 전통지붕

한국민속촌, 한국

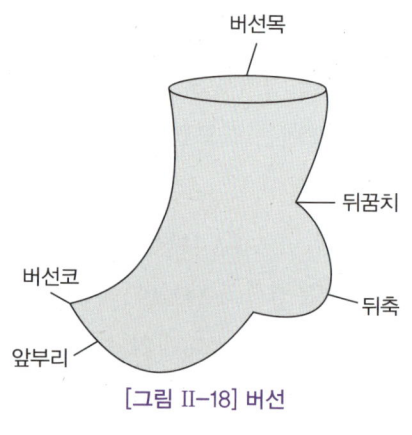

[그림 II-18] 버선

태를 갖고 있는지 더 잘 알 수 있습니다. 우리의 처마는 중국처럼 강렬하지도 않고 일본처럼 수평도 아닙니다. 버선의 코처럼 완만한 곡선을 이루며 내부 공간에 빛을 유입하는 기능을 갖고 있습니다. 그는 건축가입니다. 전쟁이 끝나고 모든 것을 새롭게 시작해야 하는 시기에 김중업은 건축의 시작도 한국적인 스타일을 선보이고자 한 것입니다. 동양에서 지붕이 갖는 의미는 서양과 다릅니다. 서양의 지붕은 처마가 없습니다. 처마가 없는 지붕은 기능적인 역할만이 존재하는 것입니다. 그러나 동양의 처마가 있는 지붕은 건축물을 덮는 그 이상입니다. 이는 근세에 서양의 건축물에 기둥이 하는 역할과도 같습니다. 이런 것이 프랭크 로이트 라이트[21]를 동양의 건축에 눈 돌리게 한 것입니다.

서양건축의 발달은 공간의 발달입니다. 폐쇄된 공간이 자유를 찾는 과정이 서양건축의 역사라면 동양은 영역의 발전입니다. 라이트는 이러한 차이를 보고 동양의 건축 콘셉트를 나타낸 것이 바로 로비하우스입니다. 그의 건축물에서 유난이 처마가 강조되고 공간의 개념을 넘어 확장된 영역을 보여주는 건물입니다. 이 건물에서 그의 '해체된 박스'라는 설계개념을 나타냈는데 처

[그림 II-19] 프랭크 로이드 라이트_로비하우스

---

[21] **프랭크 로이드 라이트** Frank Lloyd Wright
미국의 건축가. 주택건축에 특별한 관심을 보였다. 〈프레리하우스(초원주택)〉 시리즈로 유명하며 〈카프만 저택〉, 〈존슨 왁스 본사〉도 설계했다. 광활한 지형을 기반으로 자연과 조화되는 유기적인 건축이 그의 특징이다.

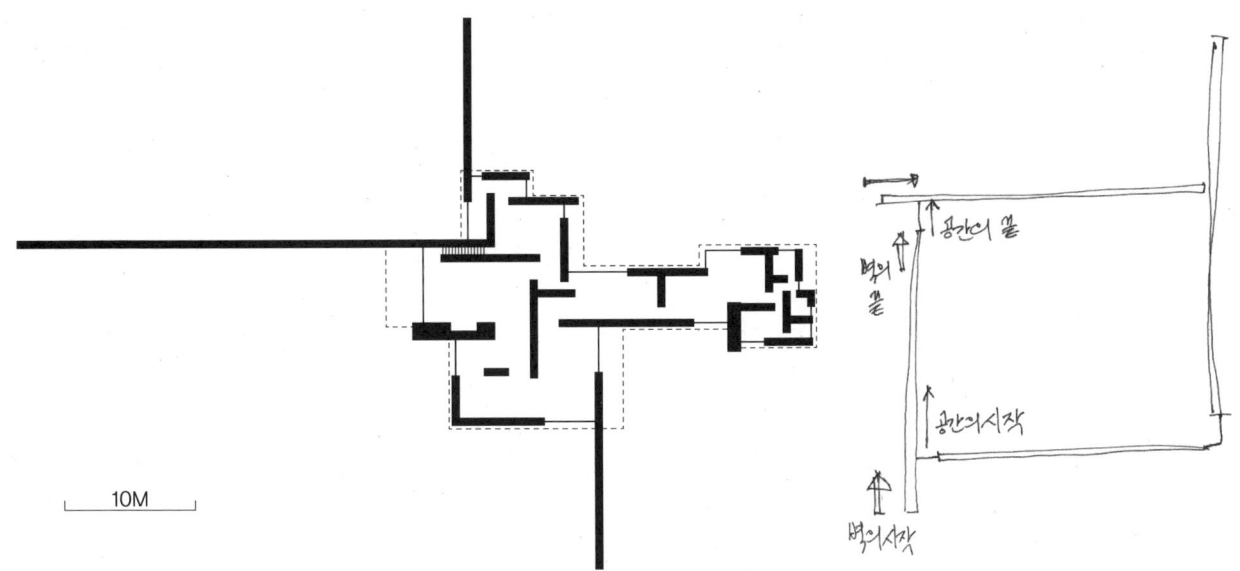

[그림 II-20] 미스의 전원주택(1923)_공간과 구조체의 관계

마의 존재가 이렇게 명확하게 드러난 작품은 서양의 어느 건축가에게서도 찾아 볼 수 없습니다. 그러나 이러한 작업 콘셉트는 동양의 전통가옥에서 이미 그 모습을 드러내고 있었습니다.

미스 반데어로에의 벽돌전원주택에서는 서양 건축의 개념인 공간의 자유가 잘 드러나고 있습니다. 과거에 서양건축에서 구조와 공간의 존재가 동일시되던 콘셉트를 과감하게 무너트린 그의 개념은 공간과 구조를 자유롭게 한 의도가 잘 드러납니다. 미스에게 있어서 벽은 구조를 담당하지만 자유로움도 갖을 수 있는 두 개의 개념이 하나에 공존하는 요소였습니다. 그의 전원주택에서 긴 벽이 공간을 탈출하여 홀로 뻗어나간 벽이 새롭게 만들어낸 공간은 어떤 것인가 의문을 갖게 됩니다. 내부의 공간 외에 자유로운 벽이 만들어낸 자유로운 새로운 공간이 탄생한 것입니다. 이것이 바로 영역입니다. 이 벽이 만들어 낸 영역은 자유롭습니다. 어디에도 속하지 않은 영역입니다. '이는 어디에서 온 것인가?' 이러한 개념도 바로 동양 건축의 특징입니다. 특히 한국건축에서 이러한 영역은 언제나 존재해 왔습니다. 이 영역의 시초는 바로 처마입니다.

'처마 밑은 어디에 속하는가?' 내부에서 보면 외부이며 외부에서 보면 내부입니다. 이렇게 상반된 개념이 서로 공존하는 공간은 한국건축의 특징입니다.

[그림 II-21]에서 c는 내부입니다. 그리고 A는 외부입니다. 그렇다면 a와 b는 무엇인가? 이 영역을 구분하는 기준은 울타리입니다. 울타리의 어원은 '울'입니다. 울이 확대되어 '우리(공동체)'로 발전한 것입니다. 서양의 내부·외부의 명확한 구분에 비하여 한국의 영역은 '울'의 존재로 중

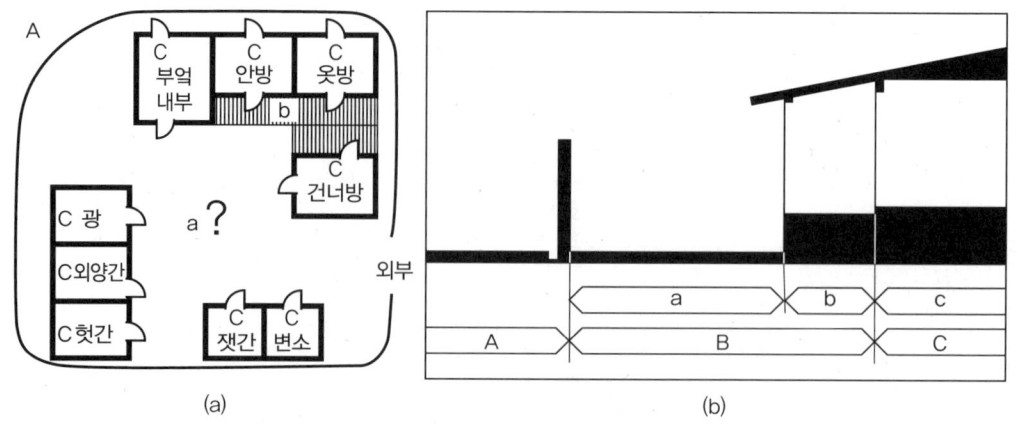

[그림 II-21] 상반된 영역의 개념

간 영역을 갖고 있습니다. 이 중간 영역은 내·외부에 속하기도 하고 속하지 않기도 합니다. 이렇게 상반된 영역이 공존하는 것이 한국의 바로 우리의 특징입니다. 이러한 것을 갖고 있는 것이 바로 처마입니다. 김중업은 이러한 인간적인 영역을 보았으며 이것을 우리의 건축에 나타내고자 했던 것입니다. 가장 우리 같은 콘셉트입니다. 그의 지붕의 존재 의미는 여기에 있었던 것입니다.

아마추어는 작품마다 그 성격이 다릅니다. 그러나 프로는 자신의 스타일을 나타내려고 노력합니다. 그것이 가장 자신스럽기 때문입니다. 모짜르트 스타일이 있고, 피카소 스타일이 있고, 고흐나 달리의 스타일이 각각 있듯이 건축에도 프랭크 게리의 스타일이 있고, 자하 하디드의 스타일이 있고, 리베스 킨트의 스타일이 각각 존재합니다. 자신의 스타일을 나타내려는 욕구는 프로에게 너무도 자연스러운 것이며 그것이 바로 실력입니다. 아마추어는 수없이 많은 작품을 만들어도 자신의 스타일을 만들지 못합니다. 이는 기본적인 능력의 경지가 아직 되지 못했다는 것입니다. 앞에서도 언급했듯이 기술과 재료의 발달은 자신의 스타일을 만드는 데 도움이 됩니다.

'그렇다면 스타일은 왜 필요한 것인가?' 이는 형태를 만드는 목적과도 같습니다. 이를 다시 묻는다면 형태는 왜 만드는가 하는 의문을 갖게 됩니다. 즉 아마추어와 프로의 차이가 바로 이에 대한 답입니다. 김중업은 자신의 스타일을 통하여 형태를 만드는 목적에 대한 답을 후학에게 형태를 통한 메시지를 전달하려고 한 것입니다. 건축물 형태에 대한 설계는 도면을 정확히 그릴 줄 아는 것으로 충분합니다. 도면을 그리는 목적은 자신에게 있는 것이 아니라 도면을 필요로 하는 사람에게 있습니다. 그러므로 프로는 자신을 위하여 도면을 그리지 않습니다. 프로는 형태를 통한 자신의 일관적인 메시지를 담기 위하여 도면을 그립니다. 즉 프로에게 필요한 것은 자신의 생각을 담은 형태를 만들기 위한 '언행일치'입니다.

[그림 II-22] 김중업_경남문화예술회관

　김중업을 생각하면 20세기 초반의 스위스 공학자 로버트 마일라트가 떠오릅니다. 그의 작품은 실로 공학과 예술을 연결해주는 위대한 작품들로, 엔지니어로서 건축가들의 잡다한 일을 하는 위치에서 결코 그들에게 의존하지 않는 독립적인 사람이었습니다. 현대 교량의 원조이며 콘크리트를 예술로 승화시킨 위대한 사람입니다. 그는 건축가가 해 놓은 기능적이지 못한 모든 것을 제거하는 용기를 가졌으며 중세의 고딕의 정신을 잇는 예술가였습니다. 교량이라는 기능적인 형태를 예술로 승화시켜 교량에 대한 우리의 인식을 증폭시키고 예리하게 바라보는 능력을 만들어 준 인물입니다. 그러나 그는 살아생전 전문성이 떨어지고 형편없는 기득권을 갖고 있던 심사위원들에게 많은 고초를 당하였으며, 이로 인하여 우리는 더 많은 아름다운 교량을 볼 수 있는 기회를 잃게 되었습니다. 그는 엔지니어였으나 동일한 요소가 반복될 때 미적인 부분이 더 잘 이해된다는 것을 우리에게 일깨워 주었습니다.

　김중업이 르코르뷔지에의 영향을 받은 부분이 있다면 바로 이 지붕입니다. 르코르뷔지에와 알토 등 몇몇 건축가를 제외하고는 지붕을 다루는 기술이 많이 부족했습니다. 이 부분이 건축물의 미적인 부분을 가장 많이 담당하고 있다는 것을 김중업은 알고 있었고 지붕을 통하여 건축가의 상상력을 펼칠 수 있는 용기가 있었던 것입니다. 서양 건축에서 지붕에 대한 부분이 약한 것은 바로 건축가들이 지붕의 디자인을 많이 주저하기 때문입니다. 마일라트의 천재성을 알아주지 못한 시대에 산 것이 불행이라면 김중업 또한 그런 상황이었습니다. 김중업의 천재성과 그의

[그림 II-23] 로버트 마일라트_콘코리트 교량

건축에 대한 열정을 그 시대가 알았다면 마일라트와 같은 경제적인 구속도 없었을 것이며, 한국의 건축설계는 벌써 선진국 수준으로 다가갔을 것입니다. 예술이 예술로 다시 태어날 수 있는 것은 바로 표현에 대한 용기를 그 사회가 주고 그것을 통하여 얻는 것입니다.

김중업의 지붕을 이해하려면 먼저 독일의 월터 그로피우스를 이해하는 것이 좋습니다. 그는 독일의 건축에 미래정신을 담은 형태를 선보이면서 유럽이 과거에 갖고 있었던 지성과 감성의 분리에서 통합을 이룬 건축가입니다. 독일 건축의 한 획을 그은 피터 베렌스는 독일의 근대건축을 이끈 그로피우스의 스승입니다. 당시 그의 사무실에는 근대 건축을 이끈 미스 반데어로에, 르 코르뷔지에 그리고 그로피우스가 있었습니다. 김중업의 계보를 역추적하게 되면 베렌스까지 갈 수 있다는 증거가 여기서 나오는 것입니다. 아이러니하게도 이 세 사람의 건축은 유럽의 전통적인 모서리 부분이 베렌스에게도 존재하였음에도 불구하고 모두 새롭게 선보이며 근대 건축을 이끌게 됩니다. 미스의 글래스하우스가 그렇고, 르코르뷔지에의 돔이노 시스템이 그러하며, 그로피우스의 파구스 공장이 그 예입니다. 특히 그로피우스의 공장 건물 파브리크를 보면 김중업의 지붕이 이해가 됩니다. 모든 영역에 덮개를 첨가하여 영역을 통합시키는 이 작업은 그로피우스에게도 나타납니다. 이러한 표현은 우연히 디자인되지 않습니다.

대부분의 건축가들이 바닥과 벽의 디자인에 집중할 때 지붕이라는 요소를 만들어 낸 진보된 표현입니다. 특히 그로피우스가 파구스 공장을 통하여 모서리를 제거하여 벽을 구조체가 아닌 스크린으로 승화시키는 것을 선보였다면 김중업은 모서리의 연속성을 통하여 존재 가치를 부정하는 시도를 한 것입니다. 김중업이 놀라운 건축가라는 것은 그의 작품과 예술성을 보고 말하는 것이 아닙니다. 아마도 그가 지금 활동하는 건축가라면 이 책에서 결코 다루지 않았을 것입니다.

앤디 워홀이 진정 훌륭한 미술가인가, 피카소의 그림은 왜 다른가, 달리는 왜 그런 그림을 그렸는가, 루이스 칸은 그 천재성에도 불구하고 왜 그렇게 건축을 하였는가?

우리에게는 한국의 현대건축을 이끈 사람이라고 불리우는 건축가는 김중업 외에 또 있습니다. 그러나 그는 성공한 건축가이지 훌륭한 건축가는 아닙니다. 그는 한국의 현대건축을 이끌지 않았습니다. 그의 건축은 신고전주의에 가깝습니다. 그를 알아보지 못하고 그의 작품이 얼마나 유치한지 알지도 못하고 떠들어 대는 수준이 안타깝습니다. 그가 김중업과 다른 것은 그 시기에 주어진 기회를 한국건축을 위하여 쓰지 않고 자신의 기회로 만들었다는 것입니다. 그가 형태구성의 가장 기본이 되는 선이 무엇인지 알까라는 의문이 드는 건축가입니다. 김중업은 경쟁하지 않고 건축형태를 위한 자신의 메시지를 꾸준히 시도했다는 것입니다. 어느 나라에나 선구자적인 건축가가 있습니다. 그는 미래지향적입니다. 선구자적인 사람은 자신의 작업을 통하여 메시지를 전합니다.

김중업은 자신의 건축물에 이미 한국의 포스트모더니즘으로 일관된 메시지를 보이고 있었습니다. 건축가는 형태를 통하여 말하고 프로는 언행일치라는 것을 보여준 것입니다. 그리고 프로는 자신만의 스타일이 있어야 한다는 메시지 남긴 것입니다. 형태는 언어이고 언어는 정보전달의 수단이며 명확해야 하니까.

# CHAPTER 05 건축심사

우리가 현재 경험할 수 있는 건축물들을 만나기까지 그 과정 속에는 안타까운 순간도 많았습니다. 존재하는 건축물들은 대부분이 실현되기까지 여러 과정을 거칩니다. 그 중에서도 심사를 거치는 과정이 있습니다. 이것은 일반적인 것으로 당연한 것입니다. 좋은 품질을 얻으려는 단계로서 이는 필요한 것입니다. 이 심사의 기준은 여러 가지가 있을 수 있습니다. 이 과정에서 발주처 또는 건축주의 의견은 필수적인 것으로 초기의 의도가 잘 반영되어야 합니다. 그러나 건축주는 전공인이 아닌 경우가 많기 때문에 심사에서 전문가의 판단에 맡기는 경우가 많습니다. 심사위원들은 이를 잘 반영해야 하며 도시건축으로서의 기능도 보아야 하며 미래지향적인 메시지를 볼 수 있어야 하고 건축심사위원으로서의 전문인 자격이 필수적이어야 합니다. 그러나 때로 심사위원 중에 이에 미달되는 사람들도 많이 볼 수 있습니다.

전문가도 두 부류가 있습니다. 자신의 전공을 아는 전문가와 시험봐서 합격은 하였지만 자신의 전공을 알지 못하는 타이틀 소유자 전문가가 있습니다. 후자의 경우는 자신의 내면은 자신이 전공을 잘 모른다는 것을 알고는 있습니다. 그러나 오픈된 장소에서는 이를 들키지 않으려고 엄청난 노력을 합니다. 설계경력이 많다고 설계를 잘하는 것은 아닙니다. 지위를 갖고 있다고 해서 전문가라고 보기 힘든 사람도 많습니다. 심지어는 설계도에 대한 지식이 부족하면서도 지위 때문에 심사위원으로 선정되는 경우도 보았습니다. 교수 중에는 실무경험이 없고 전문적인 지식이 부족함에도 타이틀을 갖고 있는 사람도 많습니다. 특히 한국의 건축가들은 건축사 시험을 보기 위한 경력을 만들어서 단지 시험을 보기 위한 경력을 만들고 실질적인 전문적인 지식 없이 합격한 사람도 많습니다. 다양한 지식을 바탕으로 하지 않고 경력도 없으며 단지 학위를 받아 전문적인 수업을 하는 아이러니한 일도 많습니다. 심사위원의 많은 수가 대학교수가 참여하기도 합니다. 또한 설계 사무소를 운영하면서 전문성이 떨어지는 경영인으로서의 건축사도 많습니다.

심사위원의 자격을 검증한다는 것이 참으로 어렵습니다. 기본적인 지식이 부족하면서도 심사위원을 하는 사람들도 많이 봤습니다. 특히 전문성이 떨어지는 사람이면서 이러한 지위나 타이틀을 좋아하는 사람들도 많습니다. 이러한 사람들이 나쁜 것은 진정한 작품을 평가하는 데 결코 객관적일 수 없으며 개인적인 안목으로 심사를 한다는 것입니다. 이유는 객관성을 가질만한 지식이 바탕에 없기 때문입니다. 그렇기 때문에 전문적인 지식으로 입지를 만들 수 없기 때문에 다른 방법으로 지위나 타이틀을 가지려고 하고 이것을 이용하여 발전을 방해한다는 것입니다. 이는 참으로 안타까운 일입니다. 특히 한국인의 뛰어난 능력이 이들의 개인적인 욕심과 전문적이지 못한 능력으로 인하여 낙오되고 미래지향적인 도시를 우리는 갖지 못하는 것입니다. 물론 이는 한국에만 있는 일은 아닙니다. 우리가 선진국대열에 들어선다는 현재의 상황을 고려할 때 선진국을 기준으로 보면 그들에게도 이러한 상황이 있었습니다. 물론 지금도 있지만 과거에 대부분이었다는 것입니다. 그러나 우리는 현재 이러한 상황이 너무 만연해 있다는 것입니다. 이를 제한할 시스템이 우리에게 아직 없다는 것이 안타까운 일입니다.

타이틀을 갖고 있으면 이것이 바로 능력과 직결되는 상황이 안타깝습니다. 더 많은 기회와 꿈을 펼쳐야 되는 우리 젊은이들에게 이들은 암적인 존재입니다. 포스트모더니즘의 전문가가 미니멀리즘을 평가하고 모더니즘의 전문가가 당당하게 고전주의 건축물을 심사하기도 하고 심지어는 이것이 무엇인지도 모르는 심사위원도 수두룩합니다. 우리에게 자랑할만한 건축물이 하나도 없는가 하는 의문보다는 먼저 우리에게 제대로 된 심사위원이 왜 없는가를 먼저 물어야 합니다. 건축계획을 심사해야 하는 사람이 조경 식수의 수를 걸고 넘어가고 내용의이 부족하거나 형태도 제대로 나타내지 못한 설계도가 심사에서 선택되는 상황이 부지기수입니다. 이는 그것을 발견할만한 능력이 애초부터 없는 심사위원이 있었기 때문입니다.

한국의 시공기술이 설계보다 발달한 것은 결코 우연이 아닙니다. 부족한 설계도를 갖고 문제 삼기에는 시공이 진행될 수가 없습니다. 그래서 시공은 자체적인 성장을 할 수밖에 없었던 것입니다. 이는 참으로 안타까운 것입니다. 설계도 따라 시공을 한다는 것은 불가능하기 때문입니다. 시공사가 설계도를 문제 삼기에 한국은 그러한 상황이 갖춰지지 않았습니다. 왜냐면 시공사도 설계도를 제대로 볼 수 있는 능력이 없기 때문입니다. 그래서 현장에서 시공과정 중 해결하기 때

II. 제1과 제2의 건축형태에 영향을 주는 요인들

문입니다. 시공을 하는 데 설계, 감리 그리고 시공사 3개 파트가 있지만 시공사가 그 중에 을이라는 고정관념이 심리적으로 있기 때문입니다. 특히 기성을 받는데 시공사는 문제를 일으키려고 하지 않거나 설계도의 문제점을 알고 있어도 이를 추가공사로 이끌어 낼 수 있는 좋은 기회가 될 수 있기 때문입니다.

어쨌든 좋은 질의 건축물을 갖는 데 첫 단추가 심사입니다. 이들의 변화가 없다면 결코 두 번째 단추가 정당하게 끼워지지 않습니다. 여기에서 특히 나쁜 것이 정치적인 상황입니다. 대형공사 일수록 정치적인 분위기가 작용합니다. 그들은 이익관계가 성립되면 전문적인 상황은 결코 중요하지 않습니다. 정치가는 건축을 모릅니다. 건축 또한 정치가를 모릅니다. 어리석고 무능한 사람일수록 정치적인 것을 좋아합니다. 특히 순수한 심사에서 자신이 정치적인 상황에 도움이 된다는 것을 뿌듯해하는 무능한 심사위원도 많고 아무렇지 않게 순수한 심사를 청탁이나 결속을 통하여 작품 선정을 하는 것을 당연한 것으로 여기는 사람도 많습니다. 이들은 선정된 작품에 자신이 열심히 무리를 모았다는 것을 자랑스러워 합니다. 참으로 어리석은 사람입니다. 밝은 미래는 어느 분야에나 존재하듯이 밝은 미래를 후퇴시키는 무리도 어느 분야에나 존재합니다. 이들은 결코 자신을 부끄러워하지 않고 뜻대로 되지 않았을 때 목적을 실패했다고 생각합니다. 그러나 진실된 선정작품은 반드시 나타납니다. 이렇게 무능력한 심사위원들이 떨어뜨렸지만 시간이 늦춰질 뿐 악의 무리가 계속 나타나듯 이에 대항하는 작품도 계속 만들어집니다. 그 건축물을 계속해서 봐야 하는 시민과 도시만 안타까울 뿐입니다.

비전문적인 전문가가 쓰는 공통적인 단어는 대부분 추상적인 단어인데, 이는 너무도 좋은 단어입니다. 어디에나 어울리는 단어이기 때문입니다. 이러한 단어를 이해하지 못한 사람의 설명은 듣는 사람도 이해하지 못합니다. 전문가는 전문적인 단어를 사용해야 합니다. 전문적인 단어는 구체적이며 디테일합니다. '좀 더 아름답게' 만들어 보라는 심사위원을 만나본 적이 있습니다. 그 말을 이해할 수도 없었지만 그 심사위원의 말을 이해하려는 작품제출자도 이해할 수 없었습니다. 복도가 40미터 이상 되는 중복도라서 빛의 유입이 어려워 외부의 좋은 날씨에도 언제나 불을 밝혀야 하는 에너지 문제가 있고 창이 없어 환기가 어려우니 중간에 공간을 두거나, 편복도를 시도하면 훨씬 공간을 사용하는 데 더 아름다울 수 있다는 제안까지는 이해가 됩니다. 그러나 아름답다는 단어는 너무 개인적입니다. 이러한 단어는 혼란스럽고 아마추어적인 발언입니다. 그리고 미래지향적인 성격도 없습니다. 르네상스 미술가에게 매너리즘 미술이 아름다울 수가 없습니다. 그 반대도 마찬가지입니다. 야수파의 미술은 야수적이라서 이름붙여진 것입니다. 포스트모더니즘 건축가 찰스 젱스는 피터 아이젠만이 디자인한 커피잔을 퇴폐적이라 표현했습니다. 그

[그림 II-24] 로버트 마일라트의 교량

러나 그는 이 표현을 쓰기 위해서 네오모던 건축이라는 책 한 권을 썼습니다. 이는 얼마나 그가 '지성적인 사람인가를 나타내는가?' 그런데 누군가의 작품을 놓고 좀 더 아름답게 하라는 말은 얼마나 천박한 말인가를 느낍니다. 천박한 심사위원이 심사한 작품은 천박해질 수밖에 없습니다. 이것이 안타까운 현실입니다. 작품에 문제가 있는 것이 아닙니다.

이러한 상황이 역사 속에서 많이 있었다는 것이 안타깝습니다. 교량하면 마일라트입니다. 그는 능력부족의 심사위원들로 인하여 희생당한 우리의 안타까움입니다. 그의 교각은 실로 보는 이로 하여금 놀라움을 자극합니다. 그 이유는 기존의 교량건설과 형태에 익숙해져 있는 사람들에게 기술과 미학의 가능성을 제시하였기 때문입니다. 기본적인 재료와 형태를 사용하는 것에 익숙하고 그렇게 해야만 한다는 타성에 젖은 이들에게 새로운 것을 제시하였던 것입니다. 그 새로운 것은 육중한 교각이 머리에 꽉 차있던 게으른 자들에게 미래지향적이며 교훈을 던져주고 있었습니다. 때로 기능적이지 못한 것들이 과도하게 쓰여지고 있는 경우가 있습니다. 마일라트는 이러한 것을 제거함으로써 그것이 가능함을 제시하였던 것입니다. 기능과 미가 곧 구조의 일부분이 될 수 있다는 것을 보여준 것입니다. 즉 과학과 예술의 일치를 보여준 것입니다.

마일라트가 이 교량을 만들 시기에는 지금처럼 구조계산이 자유롭지 못했습니다. 그렇기 때문에 경직된 사고를 갖고 있는 사람들에게 그의 제안은 결코 이뤄지기 힘들었습니다. 그는 구조에 형태를 부여하려고 시도했던 것입니다. 그러나 그의 천재성을 인정할 수 있는 건축가를 그는 만나지 못했던 것입니다. 그럼에도 그는 포기하지 않고 그의 작업을 진행한 것이기에 지금 우리는 예술과 기술의 진보를 이루고 있는 것입니다. 이러한 상황이 단지 그에게만 있었던 것은 아닙

[그림 II-25] UN본부

니다. 우리가 알고 있는 많은 대가들이 이러한 과정을 거쳤습니다. 이러한 과정이 있었기에 그들이 탄생했다고 자기 정당성을 주장하는 무능력한 자들의 부끄러운 핑계도 있을 수 있지만 이 또한 어리석은 생각입니다. 이들의 천재성과 시도를 인정할 수 있는 불행하지 않은 시대를 만났다면 그렇게 독단적인 발전과 부분적인 시도가 발전의 속도를 저해하고 외로운 싸움이 아닌 통합적인 발전을 갖고 왔을 것입니다. 지금에 와서 우리가 피카소의 이름을 부르지만 그도 초창기 고립된 상태에서 독자적인 작품활동을 했다는 것을 우리는 깨달아야 합니다.

건축의 거장으로 불리우는 르코르뷔지에 또한 이러한 수난과 어려움 속에서 작품 활동을 했다는 것을 우리는 안타까워해야 합니다. 우리가 알고 있는 UN본부 건물도 전문가의 결합이 없었다면 지금 존재하지 않았을 것입니다. 각 나라가 관계되는 건물이라서 각 나라의 대표 건축가가 파견되었고 르코르뷔지에는 프랑스 대표로 파견이 되었습니다. 그러나 파워가 있었던 미국은 대표 월레이스 헤리슨을 파견하고 그를 팀장으로 앉혔습니다. 그는 욕심이 많고 독단적인 사람으로 마치 자신이 모든 계획을 독단적으로 이행하는 개인적인 야망이 강한 사람이었습니다. 그가 단독으로 모든 계획안에 대한 실행을 하려고 했을 때 나머지 국가 10명의 건축가가 힘을 합쳤기 때문에 르코르뷔지에의 UN본부 건물이 진행될 수 있었습니다. 그러나 이러한 불행한 상황은 UN문화센터 유네스코 설계자 선택의 순간에 또 정치적인 간섭이 생기면서 당시 가장 뛰어난 능력을 발휘 할 수 있었던 건축가 르코르뷔지에는 외면 당했습니다. 다른 위원이었던 당시 유명한 4명의 건축가들이 문제의 해결자로 선정된 르고르비제를 도우려고 했었지만 미국무성 대표 야곱이 강력하게 거부권을 제기하면서 그의 유네스코 계획은 탈락한 것입니다. 여기에 미국이 건물 비용을 대부분 지불한다는 바탕이 깔려 있었습니다. 르코르뷔지에의 큰 프로젝트 대부분이 프랑스와 미국에는 없다는 것이 우리를 슬프게 합니다. 이것이 자연스러운 상황에서 벌어진 일이라면 이해할 수도 있으나 순수하지 못한 내면이 있다면 안타까운 일입니다. 스위스 출신이면서 프랑스 대표적인 건축가가 되었음에도 불구하고 그가 평생을 투쟁한 도시가 파리라는 것이 우리를 놀랍게 합니다. 당시 파리의 주도권은 아카데미 보자르파가 장악하고 있었습니다. 이들은 예술을 그렇게도 싫어했습니다. 이것은 천재 건축가를 파리가 놓치는 실수를 한 것입니다. 르코르뷔지에와 일을 한 사람들은 그가 그렇게 녹녹한 사람이 아니라고 말들을 합니다. 이것은 그가 어리석은 자들에 대한 투쟁이 있었고 그의 천재성이 옳은 것에 대한 포기를 하지 않았기 때문이 아닌가 합니다. 그에게는 미래를 내다보는 능력이 있었고 감각이 있었기 때문입니다. 그의 훌륭한 작품들이 그래도 우리에게 있다는 것은 그의 능력을 알고 그를 믿는 발주처와 심사위원들이 존재했었기 때문입니다. 요즘처럼 비전문가가 활동하고 심사위원의 질이 떨어지고 건축주들의 수준이 형편없고 평범했었다면 아마도 지금보다 더 적은 수의 훌륭한 작품들을 갖고 있었을 것입니다.

일전에 나는 모 학교에 학교 기숙사에 대한 콘셉트를 제시한 적이 있습니다. 대부분의 한국 학교 기숙사는 방 하나에 여러 명을 투숙하게 하는 방식으로 되어 있습니다. 이러한 방식은 개인 사생활에 대한 고려가 전혀되지 않은 것으로 작은 공간이라도 개인 당 방하나를 배치하고 공동체적인 생활을 주거와 같은 시스템으로 하려고 작은 주방을 계획하여 제시한 적이 있습니다. 학교는 기숙사를 통하여 경제적인 이익을 기업과 같이 많이 취하지 않는 그들의 의도를 그대로 뒷받침한다면 오히려 학교 외부보다 더 좋은 시설에 저렴한 가격의 기숙사를 학생들에게 제공하고자 하는 의도가 있었습니다. 보증금도 외부와 같이 비싼 금액을 받지 않고 학기제로 운영하기 때문에 3개월만 받는 것으로 제시했었습니다. 그러나 학교 측의 제안으로 심의가 열리고 내 제안은 채택되지 않고 일반적인 기숙사로 모두 변경이 되었습니다. 학교 측의 제안을 무시하는 것은 아닙니다. 그러나 두 가지 황당한 학교 측 질문에 나는 답할 수 없었고 이것이 결정적인 문제가 되어서 추진할 수가 없었습니다. 학교가 제시한 그 두 가지는 바로 '학생들이 창문으로 뛰어내려 자살하면 어떻게 하는가'라는 것이며 그래서 그것을 막기 위하여 여러 명이 한 방에 있어야 하며, 주방은 '불이 나면 어떻게 하는가'라는 질문에 주방을 없애기로 결정한 것입니다. 나는 이 질문이 진정한 우려에서 나온 것이라고 생각지 않습니다. 당시 기획실장이 나를 좋아하지 않는 사람으로 심의 위원을 통하여 이와 같이 황당한 질문으로 막은 것입니다.

건축가는 '사회적 상상력'이라고 불릴만한 독특한 감각을 지닌 천재성을 소유하고 있어야 한다고 지그프리트 기디온은 말했습니다. 상상력은 미래지향적인 안목이 있는 사람들만이 인지할 수 있습니다. 그래도 아직 우리에게는 기뻐할만한 건축물이 많습니다. 무지한 심사위원들과 일방적인 발주처만 없다면 이 훌륭한 작업들이 통합적으로 움직이고 더 질이 좋은 미래를 앞당기는 데 외로운 1인 투쟁이 아닌 공동의 작업이 이루어질 것입니다. 창조적인 작업을 하는 사람들은 결코 포기하지 않습니다. 그러나 이제 막 창조적인 대열에 들어서는 젊은이들을 막을 권리는 우리에게 없습니다. 좋은 능력과 안목을 갖고 있는 지도자들이 우리에게 있다는 것은 참으로 행복한 일입니다. 개인적인 욕심과 정치적인 상황 그리고 능력이 부족한 이들이 결정권을 갖는다는 것은 우리 시대의 암흑을 불러 오는 것입니다.

II. 제1과 제2의 건축형태에 영향을 주는 요인들

## CHAPTER 06 건축협회

한 분야의 발전에는 개인의 능력도 중요하지만 통합적인 부분에 있어서 협회의 역할을 무시할 수 없습니다. 모든 분야에는 발전적인 이상과 방향을 설정하기 위하여 통합적인 의견을 모아 미래지향적인 역할을 담당하는 기관이 존재합니다. 협회가 바로 이것입니다. 협회는 그 분야의 객관적인 방향을 설정하여 굵고 긍정적인 이상을 실현하는 데 도움을 주게 됩니다. 개인적인 역할이 갖고 있는 단점과 역활을 보완하며 기술을 통합하고 이론을 정립하며 극히 객관적인 역할을 담당하게 됩니다. 그러나 협회의 궁극적인 목표는 그 분야가 국가에 공헌하고 나아가 세계로 향한 발전에 중추적인 역할을 해야 한다는 것입니다. 소수를 통합하고 다수에 의한 권력을 키우는 것이 아니라 힘을 모아 발전을 하는 데 지렛대 역할을 해야 한다는 것입니다. 소수나 다수를 위한 결집이 아니라 기술에 대하여 객관성을 부여하는 역할을 해야 하는 것입니다. 정치적인 성격이나 개인의 영달을 위하여 존재해서는 더욱 안 되며 스타성에 휘둘려서는 더욱 안 됩니다.

협회의 존재는 개인과 무관해야 하는 것이 당연하지만 아무런 역할을 하지 못하는 것은 더욱 의미가 없습니다. 협회가 여러 개 존재한다는 것은 그 당위성이 더욱 강하게 되고 역할 분담에 있어서 긍정적으로 작용할 수도 있습니다. 그러나 파벌이 존재한다면 오히려 역효과가 나게 되고 덩치 큰 개인이 존재하는 것과 다르지 않습니다. 시간의 흐름 속에서 정지란 없습니다. 협회가 존재하고 역사가 흐른만큼 그 시간에 비례하여 발전이 없다면 곧 퇴보입니다. 협회는 개인적인 성격을 가질 수 없지만, 부당한 개인이 많을 경우에는 이를 대변하는 역할도 해야 합니다. 특히 기득권에 대항할 수 없는 개인의 능력과 발전에 대하여 협회는 대변자가 되어야 하며, 부당한 흐름을 거부할 수 있는 역할도 해야 합니다. 능력 있는 개인을 모두에게 보여주는 역할을 해야 하며 잘못된 법규에 대하여 발전적으로 수정하는 역할을 하기도 하면서 그 분야의 종사자 모두가 의존할 수 있는 등받이가 되기도 해야 합니다.

회원과 비회원이 협회에는 존재해서는 안 됩니다. 각 나라에는 훌륭한 건축협회가 존재합니다. 이 협회의 역사를 보면 반드시 훌륭한 협회장도 존재를 해 왔습니다. 협회는 순수할 때 그 진가를 발휘하고 당당하게 앞으로 나아갈 수 있습니다. 여기에는 협회장의 역할과 철학이 중요하게 작용합니다. 개인이 세상을 나아가기 위한 발판으로 협회가 존재하기보다는 협회가 개인을 세상으로 이끌기 위하여 협회가 존재를 해야 합니다. 무능력한 사람들이 협회를 이끌어 가거나 개인의 존재감을 위하여 협회가 구성될 때 그 시기는 암흑기가 됩니다. 오랜 시간의 암흑기는 많은 젊은이들을 좌절시키고 역사를 거꾸로 가게 만듭니다.

이 암흑기는 빛이 나타나야 사라집니다. 협회는 이 빛을 유지하고 발굴하는 능력을 키워야 합니다. 어둠 속에서는 속도도 늦고 바른 길로 가는지 판단하기 어렵기 때문입니다. 건축협회는 그 시대가 갖고 있는 건축적인 문제의 해답을 제시하여야 하며 이를 위하여 능력자들을 발굴해야 합니다. 개인의 용기와 능력보다는 협회의 능력과 영안이 개인의 능력과 용기를 더 발전시킬 수 있습니다. 개인에게 실험적인 시도는 어렵습니다. 그러나 협회는 이를 도와야 하며 지도자가 아니라 무대를 만들어줘야 합니다.

대부분의 개인은 현실과 미래에 대한 꿈을 꾸게 됩니다. 그러나 협회는 이 꿈을 실현시켜주기도 하지만 미래에 대한 보장도 해 줄 수 있는 능력을 갖추어야 합니다. 개인은 꿈을 꿉니다. 특히 젊은이의 꿈은 그 시대의 미래입니다. 이 꿈을 실현시킬 수 있는 능력이 협회의 역할입니다.

협회가 시대적인 변화 속에서 긍정적인 역할을 한 예는 많습니다. 산업혁명에 뒤늦게 영향을 받은 독일은 공작연맹의 역할로 차별화된 산업을 일으킬 수 있었으며, 1차 대전의 패배로 2등 국가였던 독일은 다른 유럽국가에 뒤떨어진 독일 산업을 협회의 힘으로 다시 일어서는 계기를 만들었습니다. 미국의 건축가 협회 A.I.A(the American Institute of Architects)는 전통적인 유럽의 디자인 독주에도 불구하고 미국의 건축가들뿐 아니라 세계적인 건축가들의 중심으로 자리잡는 능력을 보여주고 있습니다.

한국에도 대한 건축사협회 및 건축가 협회가 존재하고 있습니다. 다른 나라에 비하여 역사적인 배경은 짧지만 과도기적이고 역동적인 시대 속에서 그 존재감을 잃지 않고 있습니다.

그 분야에 대한 지식의 폭이 사회에 전반적으로 퍼져 있지 않다는 것은 그 분야 전문가들의 책임이 큽니다. 그 사회에서 노력하는 전문가가 살아남는 방법은 먼저 일반인들이 깨우쳐야 합니다. 일반인들의 수준이 높으면 전문가의 수준은 당연히 높아지고 일의 진행이 논리적으로 전개됩니다. 그러나 일반 전문가들이 이러한 계몽을 하기는 사실 힘듭니다. 이것이 바로 협회의 정체성입니다. 협회의 여러 사무 중 하나가 사회에 그 분야에 대한 인식과 지식의 폭을 넓히는 내용이 있어야 합니다. 가능성 있는 젊은 건축가를 발굴해내고 누구에게나 기회가 주어지는 사회를 만들고 건축에 대한 홍보가 학교뿐 아니라 사회전반적으로 폭을 넓혀 건축에 대한 꿈을 다음 세대가 갖게 하며 이론에 대한 정립과 양식에 대한 홍보를 통하여 아름다운 국가를 만드는 데 중추적인 역할을 해야 합니다. 모두 입이 되고 모두의 귀가 되며 모두의 생각을 정리해주어야 합니다. 이상적인 의견이겠지만…….

# CHAPTER 07

# 전문가

[그림 II-26] architect

    어느 분야에나 전문가는 존재합니다. 전문가는 한 분야에서 기술과 이론 그리고 분석적인 능력을 갖추고 있어야 합니다. 전문가 집단이나 전문가가 많을수록 그 분야는 더욱 성장하고 발전할 수 있습니다. 그러나 비전문가 또한 존재합니다. 이들을 일반인들은 구별하기 어렵습니다. 학력이 높고 실무경험이 많다고 해서 전문가라고 말할 수는 없습니다. 전문가와 전문가인척 하는 비전문가 이들이 공존하는 것은 실로 안타까운 일입니다. 일반인들이 구별하기 어렵다고 하였지만 전문가와 비전문가를 구별하는 것은 바로 일반인들의 수준입니다. 일반인들의 수준이 높아진다면 전문가의 수준 또한 높아야 합니다. 곧 비전문가들이 구분이 된다는 것입니다. 그러나 일반인들의 수준이 기준이하라면 비전문가들이 활동할 수 있는 기회가 주어집니다. 전문가와 비전문가의 경계선에는 전문성이 갖고 있는 양심이 존재합니다.

    전문가들은 그들의 분야를 발전시키고 개발합니다. 그러나 비전문가들은 자신의 욕심을 위하여 감언이설로 일반인들을 속이고 있습니다. 이것은 사회의 속성으로 자연스러운 현상입니다. 이 두 그룹을 명확하게 구분하기는 쉽지 않습니다. 그러나 일반인의 수준은 이를 가려낼 수 있는 능력이 있습니다. 왜냐하면 일반인들은 결과물을 갖고 있기 때문입니다. 그러나 그 때는 너무

II. 제1과 제2의 건축형태에 영향을 주는 요인들

늦습니다. 비전문가가 활동할수록 그 분야는 점차 후퇴하고 잘못 만들어진 배처럼 언젠가는 침몰할 수 있습니다. 그리고 비전문가는 전문가를 침몰시키고 감소하게 만드는 성격이 있습니다. 이는 마치 논에서 자라는 잡초 피와 같은 것으로 이를 걸러내는 역할은 바로 농부입니다. 농부는 벼와 피를 구분할 수 있는 능력을 갖고 있어야 이를 잘 솎아내는 작업을 할 수 있습니다. 피는 건강한 벼가 취해야 할 영양분을 빼앗아가는 역할을 하면서 논을 망치고 있습니다. 사회에서 이러한 비전문가가 활동을 하게 되면 많은 문제가 발생합니다. 학력을 기준으로 하는 사회일수록 비전문가의 활동은 정당성을 부여 받습니다.

전문가는 공동체와 미래를 바라보고 작업을 하지만 비전문가는 자기 개인과 현재의 상황만을 바라보고 작업합니다. 이러한 사회에는 불신과 부패가 난무하게 되고 국가에도 문제가 발생할 수 있습니다. 그 분야에는 그 분야의 전문가가 일하는 것이 마땅합니다. 전문가는 실무와 이론 그리고 분석적인 능력을 갖추고 있어야 한다고 앞에서 언급한적이 있습니다. 전문가는 이를 판단할 수 있지만 일반인에게는 사실상 어려운 일입니다. 지식을 전달하는 사람과 이를 수신하는 사람 사이에 이해가 된다는 작용이 존재합니다. 지식을 전달하는 사람이 이를 이해하지 못하고 전달한다면 받는 사람도 결코 이해하지 못합니다. 전문가는 지식을 전달하는 과정에서 그것이 어떤 어려운 수준의 내용이라도 이해를 하고 전달한다면 그 대상이 어떤 수준의 사람일지라도 결코 이해시키지 못할 이유가 없습니다. 즉 비전문가는 내용을 이해하지 못하고 전달하는 경우가 종종 있습니다.

이렇게 전달하는 사람의 종류가 전문가와 비전문가 두 종류가 있듯이 이해를 하고 전달하는 사람과 그렇지 못하고 전달하는 사람도 두 종류가 있습니다. 일반적으로 이해하지 못하면 자신의 탓으로 돌리는 경우가 있는데 이것은 틀린 반응입니다. 어떤 내용일지라도 파악하고 전달하는 사람이 바로 전문가입니다. 이는 전문가는 앞에서 말한 3가지의 능력을 갖고 있기 때문입니다. 비전문가는 단지 그 분야의 전달자로서 존재할 뿐 실무에 있어서는 결코 자신의 일을 파악하지 못한 사람이 많습니다. 자격증이나 졸업장이 결코 그 사람의 실무적인 능력을 나타내지는 못합니다. 단지 그 사람이 그 분야의 공부를 했다는 공식적인 인증일 뿐 그것이 실무의 능력과 동일하지는 않다는 것입니다.

그렇다면 학력이나 공식적인 자격을 증명할 수 없으면서 실무적인 경험이 많다고 전문가라고 말할 수 있는 것은 아닙니다. 이러한 종류의 사람은 단지 일의 흐름을 나타낼 수 있을 뿐 문제 해결에 대한 논리를 제시할 수 없는 경우도 있습니다. 즉 이론적인 바탕이 부족하다는 것입니다. 만들어진 현상에 대한 이해를 할 수 있을 뿐 일의 전개나 분석과 같은 부분에서 문제에 부딪히는 경우가 있습니다. 분석은 분야의 발전과 밀접한 관계가 있습니다. 실무에 대한 경험만 갖게 되면 일방적인 사고에 빠질 수 있는 위험이 있으며 다양한 전개나 가능성에 대한 진취적인 방향을 놓치는 실수를 할 수도 있습니다. 특히 전공에 대한 역사적인 인식이나 그 분야의 다양한 전문가들에 대한 지식이 부족한 사람은 일방적인 사고를 갖고 있을 가능성이 높습니다. 그 분야의 역사에 대한 박식한 지식은 곧 그 분야의 미래에 대한 가능성을 갖고 있다는 것입니다. 격동의 세월과 단계적인 변화를 인식한다는 것은 자신의 전공에 대한 겸손함을 갖게 되는 계기가 됩니다. 이는 곧 기술의 발전과 이론의 다양한 변화에 대하여 자신을 개방하고 있다는 것이며 직면한 문제에 대하여 어떻게 대처할 것인가 지혜를 갖게 되는 것입니다. 자신의 전공 분야 속에 등장했던 역사적인 인물과 현존하는 전문가를 다양하게 알고 있다는 것은 그 자신이 전공에 대한 열망과 지식을 탐구하는 자세를 갖고 있다는 것이며 자신의 지식의 범위를 넓히고자 하는 의지를 갖고 있음을 보여주는 것입니다. 이것이 바로 전문가의 자세이며 직면하는 문제에 대한 대처방안을 늘 준비하고 있다는 것입니다.

자신의 전공에 대한 역사적인 인식의 필요성을 느낀다는 것은 그 자신이 이제 경지에 오르고 있다는 것을 말합니다. 이는 곧 성정과정에서 인격의 성숙함과 같이 자신의 뿌리에 대한 욕구가 자연스럽게 생기는 것처럼 전공에 대한 지식의 완성을 위하여 역사적인 틀이 필요함을 인식하는 것과 같습니다. 자신의 분야에 대한 올바르고 박식한 역사인식이 부족한 전문가는 아직 미성숙했음을 말하는 것입니다. 지식의 완성은 곧 과거로 돌아가는 것입니다. 현재의 모든 형태는 과거에서 왔기 때문입니다. 이것이 미래로 가는 필수적인 과정이기 때문입니다. 개인적인 지식의 틀과 독자적인 지식으로 인류를 위하여 공헌한 위인은 아직 없었습니다.

교육현장에서 이러한 전문가의 자질을 갖고 있는 선생이 반드시 필요합니다. 현실에 대한 인식부족과 역사적인 바탕을 갖고 있지 않은 교육자는 무한한 가능성을 갖고 있는 젊은이들을 망칠 수 있고 그들의 다양성을 죽이는 역할을 할 수 있기 때문입니다. 특히 실무 능력이 없으며 이론적인 바탕만을 갖고 있는 단순한 아카데미적인 교육자는 국가의 미래에 해를 끼칠 수 있습니다. 학위취득을 바탕으로 순탄하게 과정 속에서만 성장한 교육자는 더 위험합니다. 그러나 실무경험이 전무하며 이론적인 바탕마저 부족한 교육자가 지금 학교에 아직 넘쳐나고 있는 것이 현실입니다. 이들은 엉터리 교육으로 무한한 가능성을 갖고 있는 젊은이들을 수업의 강요라는 포장 속에서 어둠으로 몰고 가고 있으며 미래에 대한 부정적인 견해를 심어주고 있습니다.

교육은 강요가 아니고 이해입니다. 학생을 이해시키지 못하는 교육자는 전문성이 부족한 교수입니다. 어둠이 아니라 지식에 대한 빛이 젊은이 들에게 비춰져야 합니다. 전문가는 전문가를 양성하듯 비전문가는 전문가를 어둠 속으로 인도할 수 있습니다. 이러한 폐단을 막기 위하여 만들어진 예가 바로 바우하우스입니다. 이들은 과거에 집착하고 미래지향적이지 못한 보자르 학교와 같은 폐쇄적인 폐단을 막기 위하여 다양한 기술을 가르칠 학교를 필요로 하여 만들어진 것입니다. 그러나 이러한 취지에도 불구하고 당시 이 학교의 목적에 적합한 당시의 전문성을 갖고 있는 발터 그피우스와 미스 반데어로에[22] 같은 교육자들이 없었다면 지금 우리가 경험하고 있는 다양한 결과들이 아직도 나타나지 않았을 수도 있습니다. 이렇게 훌륭한 교육자를 갖고 있다는 것은 그 민족과 세대에게 큰 행운입니다. 이렇기 때문에 전문가가 우리 사회에 필요한 것입니다. 지위가 사람을 만든다는 말이 있습니다. 이것은 실로 오해를 불러일으킬 수 있는 말입니다. 그럴 수도 있습니다. 그러나 업무는 사람을 만들지 않습니다. 사람이 업무를 하는 것입니다. 그러므로 업무를 할 수 있는 사람이 그 지위에 있어야 합니다. 경륜과 지식이 있어도 그 업무에 타당한 사람이 그 자리를 차지해야 미래지향적인 조직이 만들어지는 것입니다.

각 시대에는 그 시대를 구원한 위인이 있습니다. 각 시대는 미래로 지향하는 희망과 문제를 갖고 있고 이를 해결하면서 미래를 준비하고 있습니다. 각 시대는 사람을 필요로 하고 있으며, 이들이 바로 전문가입니다. 사회는 이러한 전문가들을 기다려주어야 하고, 믿어주어야 하며, 기회를 주어야 합니다. 모든 젊은이들은 준비하는 전문가입니다. 그러나 이들을 내치거나 이들이 전문가의 길로 들어서게 하는 것이 바로 사회이고 교육현장입니다.

건축형태가 두 가지인 것 같이 지도자도 두 가지입니다. 지도자 같은 지도자와 그렇지 않은 지도자입니다. 젊은이도 두 가지입니다. 꿈이 없는 젊은이와 꿈을 갖고 있는 젊은이입니다. 전문가도 두 가지입니다. 전문성을 가진 전문가와 전문성이 없는 전문가입니다. 사회도 두 가지입니다. 전문가를 많이 가진 사회와 전문가가 많지 않은 사회입니다.

---

[22] **미스 반데어로에** Mies van der Rohe, Ludwig(1886~1969)
미국의 건축가. 르 코르뷔지에, F. L. 라이트와 함께 20세기 건축계를 대표한다. 초기 표현주의 경향을 보이며 〈철과 유리의 마천루 안(案)〉, 〈철근 콘크리트조 사무소 건축안〉 등 혁신적인 초고층 건축안을 발표하였다. 1920년대 중반, 국제합리주의 건축운동의 한가운데서 정열적으로 활동하며 국제적 명성을 얻었다. 전통적인 고전주의 미학과 근대 산업의 요소가 되는 소재를 교묘하게 통합한 건축으로 건축사상 한 시대를 열었다는 평을 받으며, 대표작으로 〈글래스 타워〉, 〈뉴욕의 시그램 빌딩(1958)〉, 〈시카고의 연방센터(1964)〉 등이 있다.

## CHAPTER 08

# 문화유산

역사적인 산물들은 그 자체의 형상에 가치가 있는 것이 아니라 그 존재의 의미에서부터 시작합니다. 이것이 바로 문화유산이 보존되어야 하는 이유입니다. 사건이나 실수로 인하여 과거의 산물이 사라지는 것은 어쩔 수 없다고는 하지만 고의로 또는 대안으로 문화유산을 파괴하는 것은 실로 어리석은 지도자임을 나타내는 것입니다. 앞에서 언급한 것과 같이 비전문가가 전문적인 분야에서 결정권을 갖으면 안 되는 이유가 바로 이것입니다. 문화유산은 어떤 내용이나 경우라도 보존해야 합니다. 이는 그 사회의 갖고 있는 지식의 원천이기 때문입니다. 문화유산의 존재를 개인이나 조직이 결정할 권리는 누구에게도 없습니다. 그것은 정체성을 부정하는 행위이기 때문입니다. 지식은 점과 같이 분리되어 존재하지 않고 마치 긴 실타래처럼 연결되어 있습니다. 그리고 현재의 해석이 미래에는 또 다른 해석으로 탈바꿈할 수 있는 충분한 이유가 있으며 그 존재의 의미는 각 시기와 각 시대와 각 사람마다 다르게 작용할 수 있기 때문입니다. 서양의 역사에 있어서 우리가 서양의 지식을 앞지를 수 없는 이유 중 하나는 그들은 언제나 각 시대의 문화유산을 체험하고 다양하게 현재의 시간에도 체험할 수 있는 환경을 갖고 있기 때문입니다.

우리의 문화유산도 이와 같이 후손들에게 남겨주어야 합니다. 이것이 바로 지식의 정체성이며 우리 존재의 증거이며 지식의 끈이 되기 때문입니다. 문화 유산을 보존한다는 것은 곧 후손에게 선대로서의 의무를 다하는 것이며 지식의 끈을 연결해줘야 하는 역할을 성실히 수행하는 것입니다. 자랑스러운 과거는 후손들에게 용기를 주지만, 부끄러운 과거도 가치가 있습니다. 문화유산

II. 제1과 제2의 건축형태에 영향을 주는 요인들

은 교육적 가치를 갖고 있기 때문입니다. 어리석은 지도자는 미래를 핑계 삼아 현재와 과거를 청산하고 삭제하려고 합니다. 그러나 누구에게도 이렇게 할 권리를 갖고 있지 않습니다. 어리석고 비전문성을 띄고 있는 지도자가 나오지 말아야 하는 이유가 바로 이것입니다. 이것이 바로 역사적인 지식 바로 성숙한 지식을 가져야 하는 이유입니다.

　미래를 보여 줄 수는 없습니다. 현재는 진행형이기 때문에 확신할 수가 없습니다. 그러나 과거는 미래를 예견할 수 있는 근거가 되며 현재의 결말을 예측할 수 있는 확실한 자료가 되기 때문입니다. 지금의 우리가 후손들에게 해야 할 의무 중에 하나가 바로 문화유산을 보존하여 물려주는 것입니다. 우리의 선조가 그렇게 했기 때문입니다. 유럽에 많은 국가들의 과거와 현재의 생활수준이 많이 다른 이유가 원인이 있겠지만 선조가 남겨준 문화유산을 어떻게 현재와 접목시키고 미래 후손을 위하여 이어나가는가 하는 정책적인 차이가 주 요인이 될 수도 있습니다.

　우리가 모범적으로 떠올릴 수 있는 국가나 도시들을 보면 과거와 현재가 공존하는 도시의 특징을 갖고 있음을 느낄 수 있을 것입니다. 유럽의 많은 국가들은 문화유산 보존에 다양한 투자와 시스템을 갖고 있습니다. 독일의 건축교육에 "Denkmal Pflege"라는 과목이 배정되어 있습니다. 이는 문화유산 보존을 위한 전문가적인 교육의 필요성에서 만들어진 것입니다. 체계적이고 전문성을 갖춘 관리자 배출을 위한 시스템이라고 볼 수 있습니다. 이에 비하면 우리는 아직 이에 대한 필요성을 절실하게 느끼지 못하고 있는 듯합니다.

　독일 중부에 위치하며, 2차대전 전에는 헤센 주의 수도였던 다름슈타트라는 도시가 있습니다. 독일의 많은 도시가 2차대전 후 파손된 문화유산을 위한 국가적인 차원에서 이를 준하고 있는데 각 도시마다 존재하는 'Lotto'가 바로 이러한 취지에서 만들어진 것입니다. 이 도시는 2차대전에 많은 건물이 파괴를 당했지만 장기간에 걸쳐 복원을 이루고 있습니다. 다름슈타트는 규모는

[그림 II-27] 마틸덴훼헤(1944)_다름슈타트, 독일

(a) Mathildenhaehe 전시관(2006)_darmstadt, 독일    (b) Ernst Ludwig Haus_Mathildenhaehe, 독일

[그림 II-28] 마틸덴훼헤의 전시관과 에른스트루트비히 하우스

작은 도시이지만 독일 아르누보 건축의 요람지이며, 지금은 현대 미술과 음악 그리고 천체관측소로도 유명한 도시입니다. 이 도시의 가장 높은 곳 마틸덴훼헤는 19세기에 조성된 지역으로 박물관 언덕 또는 도시의 머리라고 불립니다. 근대의 아르누보(독일은 유겐트스틸이라고 부른다) 건물이 잘 보존된 지역입니다. 이 곳의 러시아식 예배당 건물은 1897~99년에 옛 러시아의 황제 Nikolaus 2세가 그의 처남인 대작 Ernst Ludwig을 위해 페테스부르크의 정원 건축가 L. N. Benois를 통해 건축하였습니다. 1899년 예술잡지 발행인이었던 A. Koch이 Ernst Ludwig에게 제안하여 마틸덴훼헤 일부에 예술집단지를 조성하였습니다. 건축가로 우리가 너무도 잘 알고 있는 J. M. Olbrich, Peter Behrens, 그리고 P. Huber가 참여하였고 미술가로는 H. Christiansen과 P. Buerck 그리고 조각가로는 L. Habich와 R. Bosselt가 참여하였습니다. 이들이 도시구성을 할 당시 첫 번째 공통과제는 그들의 주거와 작업실을 만들고 전시 기간을 갖는 것이었습니다. 작업은 건축물 이상의 모든 생활 영역에서 새로운 예술 스타일을 창조하는 것이 목적이었습니다. 전시회는 1901년 '독일 예술의 증명'이라는 타이틀을 갖고 열렸으며 이때 유겐트 스타일(Jugedstil)을 보여주었습니다. 이후 1904년, 1908년, 1914년에 개최된 전시회는 예술과 경제적인 면에서 큰 성공을 거두었습니다. 1901년 전시는 Ernst Ludwig Haus에서 열렸습니다. 건물은 빈에서 온 J. M. Plbrich가 설계하였습니다. 그는 오스트리아 빈 분리파와 아르누보 건축가로서 다름슈타트의 유겐트 스틸에 영향을 주었습니다. 2차대전 중 파괴되었던 예술집단지의 아틀리에는 1950년 재건되었습니다. 또한 1899년부터 1914년까지의 전시회 포스터에서 가구 등에 이르기까지 당시 예술가들이 남긴 자료에 대한 방대한 수집이 이루어졌습니다. 1905년에 영주 Ernst Ludwigdl가 결혼하자 이 도시는 선물로 결혼탑(Hochzeitsturm)을 설계하였습니다. 설계(1907~08)는 Olbrich가 담당하였습니다.

[그림 II-29] Hochzeitsturm_darmstadt, 독일

48.5미터 높이의 이 탑은 다섯 손가락의 형태로 부드러움, 평등, 지혜, 강함 그리고 영주의 방패를 상징합니다. 이 건물은 이후 도시의 상징으로 자리잡았으며 1981년부터 국가 문화보호재로 지정되었습니다. 현재 마틸덴훼헤 주변 건물들은 모두 일반인들이 사용하고 있습니다. 전시관에서는 연중 미술관련 행사가 이어지며, 결혼 기념탑에서는 도시를 한눈에 조망할 수 있게 개방되고 있습니다. 마틸덴훼헤의 남쪽에 위치한 주택들은 모두 아르누보 양식입니다. 일반인들이 주거를 하고 있지만 도시의 문화재로 등록되어 있어 거주자와 도시가 공동관리를 하고 있습니다. 거주자들은 건물이 어떤 역사적 배경과 가치가 있는지 충분히 이해를 하고 있으며, 시민들이 언제든 사용할 수 있도록 관리됩니다. 독일의 문화재 건물 대부분은 현재의 생활 속에서 사용되고 있으나, 보존적인 가치에 있어서 문화재로서의 데이터 저장은 엄격하게 이루어지고 있습니다. 이것은 한 예입니다. 이 외에도 우리가 소위 관광지로서 알고 있는 대부분의 도시들이 문화재라고 알면 됩니다. 우리의 관광 자원이 부족한 것이 바로 여기에 있습니다. 어느 나라도 원본을 그대로 갖고 있는 나라는 많지 않습니다. 복원이라는 작업을 거치고 관리되고 있습니다. 복원 비용이 문제가 된다는 것은 아직 국가적 수준미달이라는 의미이며 관리차원의 문제를 제시하는 것은 비전문가 공무원이 존재한다는 것입니다. 해결은 언제나 긍정적인 시작에서 준비가 됩니다. 이 도시는 이러한 작업을 통하여 교실과 책에만 있는 수업을 현장으로 나오게 할 수 있었습니다.

(a) Olbrich Haus_1844(좌), 2006(우).darmstadt, 독일　　　(b) Behrens Haus(2006)_darmstadt, 독일

[그림 II-30] 생활 속에서 사용되는 독일문화재

독일의 도시들이 많은 문화재를 보유하고 있고 관광상품으로도 충분한 도시들이 많이 있지만 다름슈타트 도시를 예로 든 것은 작은 도시이지만 시민들에게 자기 도시의 어느 부분을 외부인에게 소개할 것인가 하는 콘텐츠를 보유하고 있다는 것입니다. 내가 사는 도시가 어떤 도시인지 시민들은 알게 되었고 이러한 내용의 역사나 예술 부분이 등장할 때 지식의 한 축을 제시했다는 것입니다. 유럽에는 풍부한 문화재를 보유한 도시가 많습니다. 유독 독일의 특징은 파리나 로마처럼 다른 나라에 비하여 문화재들이 밀집되어 있지 않고 분산되어 있으나 이를 잘 살리고 있습니다.

또 다른 예로 Oldenburg Weser/Ems지역에 있는 굴프하우스(Gulfhaus)입니다. 이건물을 예로 든 이유는 일반적으로 문화재보호라는 수준은 역사적 가치가 높은 것을 생각하는데, 그 수준이라는 것의 경계가 없다는 것을 보여주기 위해서입니다. 그 수준의 범위가 너무도 다양합니다. 양

[그림 II-31] 개조 전 건물

식의 기준에서는 형태를 들 수 있고 내용면에서는 역사적인 배경을 볼 수 있으며 구조 면에서도 그 가치를 따질 수 있습니다. 그렇기 때문에 문화재는 일단 보호를 해야 하는 것입니다. 그것이 후에 어떤 분야에 영향을 끼치게 될 것인지 우리가 따질 필요는 없습니다. 후손들이 이를 판단할 것이기 때문에 우리는 복원하고 유지시켜 주면 되는 것입니다. 이 건물의 일부는 농가로 쓰였고 일부는 마구간이나 외양간으로 사용하던 것입니다. 네덜란드 북부에 위치한 프리즈 지방의 양식으로 4개의 원형기둥과 보로 구성된 라멘구조입니다. 보존가치의 기준은 독일에도 흔하지 않은 양식이기 때문입니다. 건물은 소, 말과 더불어 곡물과 건초도 함께 보관하였었습니다. 그래서 이 건물을 프리즈 농가 또는 굴프하우스라고 부르기도 합니다. 건물은 18~19세기에 지어진 것으로 추정되며 1992년 그 기능을 상실하였으나 1994년에서야 올덴부억 지역의 문화재 관리청에서 개수작업을 시작하게 되었습니다. 대보수 후에도 원소유주가 계속 사용을 하지만 형태, 구조 그리고 공간적인 기능 배치는 현실에 맞게 관리청에서 변경을 하였습니다. 관리청은 이 건물을 6개의 주거 영역으로 다시 구분하고 Workshop 주말 휴식 그리고 주말 단체 모임을 등을 개최할 수 있도록 계획하였습니다. 중앙에는 다목적 공간을 두어 2층의 갤러리를 통하여 연극, 음악회, 전시, 조각, 세미나 그리고 발표회등을 개최할 수 있도록 운영하기로 결정합니다. 이 다목적 공간

[그림 II-32] gulfhaus 개조 후(좌), 개조 전 내부 중앙(우)_oldenburg(18세기), 독일

에는 140개의 탁자를 배치할 수 있고 약 180명의 인원을 수용할 수 있습니다. 갤러리의 3면 벽에는 창을 배치하여 자연광을 내부로 유도하여 쾌적한 공간을 만들었습니다. 건물의 주변은 산책을 즐길 수 있는 공간을 만들어서 지역주민과의 교류를 유도합니다. 이 건물은 지역에서 문화와 커뮤니케이션의 대명사로 인식이 되었으며 주민들의 중요한 공간으로 사용되고 있습니다.

어리석은 정책을 결정하는 정치가가 어리석은 것이 아니라 어리석은 국민은 어리석은 정치가를 선택하게 되어 있습니다. 그들은 대표로 일을 하라고 선택되어진 것이지 그들이 대표가 아닙니다. 그들이 우리 것을 지켜주는 것이 아니고, 그들은 그들의 것을 취하려고 노력합니다. 우리가 우리 것을 지켜야 하며 우리가 결정하면 그들은 그것을 실행하게 하여야 합니다. 그러나 국민이 자기의 것만 지키려고 한다면 우리의 것은 사라지게 될 것입니다. 우리가 먼저이고 개인의 것은 그 속에 존재해야 합니다. 우매한 국민은 우매한 미래를 만든다는 것을 깨달아야 합니다. 문화재를 보호하는 것과 문화재를 활용하는 것이 언제나 동일한 의미는 아닙니다. 원본 자체로 유지되어야 하는 것이 있는 반면 원본을 활용하며 유지될 수 있는 것도 있습니다. 걸림돌이 된다고 없애는 것보다는 보수하여 활용하는 것이 더 가치가 있습니다.

정책의 결정은 다양한 각도에서 이루어져야 합니다. 하나의 문화 유산에 대한 평가도 마찬가지입니다. 한 가지 측면에서 결정되어진다면 보존되어야 할 가치는 충분하지 않습니다. 제거하는 작업은 늦을수록 좋고 평가는 빠를수록 좋습니다. 모든 역사는 연결되어 있습니다. 가치는 그 시대가 평가하면 안 됩니다. 미국은 특이한 예로 유럽에 비하여 짧은 역사를 갖고 있음에도 그 짧은 시기를 현재와 동일하게 진행시키고 있으며, 첨단의 문화유산과 접목시키고 있음을 알 수 있습니다. 이에 비하여 그들보다 유구한 역사를 자랑하는 우리는 복원의 가능성조차 생각하지 못하지만 현재 유지도 힘들어 하고 있습니다. 이는 어리석은 지도자가 어리석은 결정을 내려 국민을 어리석은 시간 속에 살게 하고 있기 때문입니다. 이것은 세대 간의 융합을 위한 방법을 찾지 못하고 균열을 초래하는 근본적인 원인을 알지 못하는 비전문가가 일을 하기 때문입니다. 슬로우 시티의 시작은 과거를 끌고 가는 육중함에서 나온다는 것을 알아야 합니다. 그래서 미국은 끌고 가야 하는 과거가 적기 때문에 다른 어떤 나라보다 첨단으로 더 빨리 갈 수 있었던 것입니다. 그러나 유럽보다 더 많은 문제를 해결 없이 빠르게 가야 하는 것도 미국입니다. 결코 미국만이 도시 모델이 될 수 없는 이유가 바로 이것입니다.

　문화 유산은 우리 모두의 것입니다. 개인이 선택할 수 있는 내용이 아닙니다. 그러나 이에 대한 보존가치의 평가는 다음 세대로 미루는 것이 좋습니다. 지금 우리는 우리 것만 준비하면 됩니다. 보존의 의미는 곧 지혜를 배우는 것입니다. 보존한다는 것은 유지한다는 것이 아니라 지혜를 증명하는 것입니다. 과거 현재가 공존한다는 것은 각 세대간의 통합을 의미합니다. 역사 이래로 과거 유산을 끄집어 내는 경우는 지혜와 고난을 이기고 시대를 이겨야 하는 경우에 자료로 쓸 때가 많았습니다. 그리고 확신 없는 미래에 대한 긍지를 불어 넣어야 할 경우에 선례로 보이는 경우가 많았습니다. 문화유산이 많은 국가는 국민의 자긍심이 높으며 미래에 대한 확신이 높습니다. 문화유산의 종류는 많지만 건축물은 그 중에서도 으뜸입니다. 전쟁을 치룬 우리나라 같은 경우는 더욱 그 가치가 높습니다. 지금도 그렇지만 건축물에는 그 시대를 반영하고 그 시대의 삶을 엿볼 수 있으며 이로 인하여 심리적인 안정감과 체계적인 지식을 쌓을 수 있습니다.

　문화유산의 보존은 지금 세대가 갖고 있는 의무 중 하나입니다.

CHAPTER 09

# 건축물에는 건축이 없다

건축물에는 건축이 없다고 루이스 칸은 말했습니다. 건축은 건축물을 만들기 위한 사전 작업입니다. 창작물은 그 탄생의 비밀을 갖고 있습니다. 이 비밀을 안다면 우리는 결과에 대하여 다른 시각을 갖고 감상할 수 있습니다. 건축은 모든 분야의 집합체입니다. 영화를 관람할 경우 그 영화의 배경으로 등장하는 건축물을 본다면 영화감독의 의도를 더 잘 알 수 있습니다. 그림을 관람할 경우도 마찬가지입니다. 화가가 선택한 그림 속에 등장하는 건축물은 그림을 감상하는 또 다른 기회가 됩니다. 건축은 모든 배경의 결정체입니다. 건축은 많은 단어를 선택하여 그것을 압축해서 형태로 만들어내는 고난도의 행위입니다. 우리가 음악을 감상하고 그림을 감상하지만 사실상 근접하는 것이 쉽지는 않습니다. 그것은 그들의 작품을 감상하는 시작이 틀렸기 때문입니다. 소위 대가들의 작품은 그들의 실력을 보는 것이 아니고 원조 개념으로 보아야 합니다. 그들의 작품이 위대한 것은 그 작품이 우리에게 전달하는 메시지의 첫 목소리이기 때문입니다. 인간이 기본적으로 갖추어야 할 3가지가 바로 '의·식·주'입니다. 이 중에서 '주'가 건축입니다. 이렇게 우리의 삶 속에 깊숙이 관계된 영역임에도 불구하고 건축은 나머지 '의·식'에 비하여 어려운 것으로 간주하는데, 사실 건축도 약간의 지식만 있으면 가까

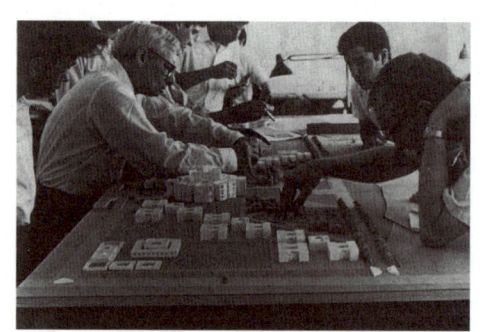

[그림 II-33] louis kahn

이 할 수 있는 분야입니다. 우리가 여행을 하는 경우 관광의 대부분이 건축물입니다. 건축물은 시대를 반영합니다. 그래서 관찰하는 건축물의 시대를 알고 있다면 더 쉽게 이해할 수 있는 것입니다.

디자인은 크게 3분야로 나뉘는데 현재 진행 중인 디자인(유행), 첨단 디자인 그리고 과거를 담고 있는 디자인이 있습니다. 현재 진행 중인 디자인은 다시 모데와 대모데 2개로 나눌 수 있는데, 모데는 어떤 디자인을 처음 시작하는 것을 말하고, 이것이 사람들에게 인정되면 사람들이 모방하게 되는데 이를 대모데라고 부르며 소위 유행이라고 말하기도 합니다. 첨단 디자인은 일반적 구성(구조)을 벗어나 새로운 기법을 시도하는 것으로 여기에는 첨단과학과 기술이 동반되는데, 예를 들면 현재 IT가 모든 분야에 시도되는 것과 같은 상황입니다. 소위 하이테크 빌딩, 스마트 빌딩 또는 인텔리전트 빌딩이라는 말이 여기에 해당합니다(SK텔레콤 T타워). 그러나 이에 반하여 마치 현실에 적응하지 못한 인상을 주는 것과 같이 과거의 디자인을 도용하여 소위 복고풍이라고 부르는데 현대의 기술과 재료를 사용하여 만드는 디자인으로 고전주의(과거의 디자인을 변형 없이 원형 그대로 갖고 오는 디자인=복원된 남대문), 신고전주의(과거의 디자인에 현대의 재료를 접목하여 만드는 것=압구정 현대 백화점) 그리고 포스트모더니즘(과거의 디자인 요소를 현대의 디자인과 재료 그리고 기술을 사용하여 만드는 것=강남 교보타워) 등이 이에 속합니다. 건축 디자인도 마찬가지입니다. 전원주택과 주상복합 아파트 등이 현재 진행되는 건축물이며 건축가 자하 하디드의 동대문 디자인플라자(DDP)같은 것이 첨단 디자인에 속하며, 이것을 이해하려면 어느 정도 역사적인 지식을 바탕으로 합니다. 역사를 이해하려면 먼저 그 내용보다는 고딕(흉칙하다 또는 혐오스럽다의 뜻)처럼 그 시대의 이름이 갖고 있는 의미를 알고 있다면 건축물을 이해하는 데 도움이 됩니다.

건축물은 인간의 역사와 함께 시대를 반영하며 변모해 왔습니다. 건축물을 이해하는 가장 빠른 방법은 직접 경험하는 것입니다. '디자인=기능+미'라고 정의할 수 있습니다. 기능은 경험을 통해서 이해할 수 있는 방법이지만 미는 개인적인 것과 객관적인 것으로 나눌 수 있습니다. 객관적인 이해를 하기 위해서는 루이스 칸이 한 말과 같이 건축물과 건축 행위가 다르다는 것을 인식하고 그 작업과정과 배경에 대한 지식을 갖고 본다면 즐거운 경험을 할 수 있습니다. 예를 들어 건축은 건축물을 짓기 위한 모든 행위를 의미하며 건축물은 이에 대한 결과입니다. 그러나 우리는 일반적으로 건축물을 보고 평가를 내릴 경우가 종종 있습니다. 그럴 수 있습니다. 그러나 이는 개인적인 평가이지 올바른 감상이 될 수 없습니다. 때로 결과에 대한 평가가 과정을 알게 되면 변하는 경우가 있습니다. 과학은 결과가 원하던 것과 다르게 나오면 과정이 어떻게 진행되었든 잘못된 것입니다. 그러나 감상은 그런 이성적인 것이 아니고 감성적인 내용입니다. 그래서 과정을 알고 보는 것이 중요합니다.

건축물에는 건축이 없다라는 말은 곧 건축물은 이성이지만 건축은 감성적인 부분이라는 것입니다. 그래서 건축물만 보면 왜 그렇게 건축물이 생겼는지 결코 알 수 없습니다. 그렇기 때문에 그 과정을 모르고 건축물을 보게 되면 개인적인 경험과 개인적인 지식의 틀에서 감상하기에 한계가 있습니다. 객관적이지 못하다는 것입니다. 건축물을 감상하는 방법에는 육체적인 경험, 감성적인 경험 그리고 지성적인 경험 3가지가 있다고 카우텔이 말하였습니다. 앞의 2가지는 개인적인 취향이 많이 작용하지만 지성적인 것은 전문적인 지식이 필요합니다. 건축물은 도시에서 중요한 역할을 담당하고 있습니다. 먼저 내 주변에 어떤 건축물이 있는지 의도적으로 감상해 보는 것도 좋은 경험입니다.

[그림 II-34]의 건물은 핀란드에 있는 교회로서 설계자가 도면의 좌측에 나무를 그려 넣었습니다. 이 도면을 이해하기 위해서는 벽의 의미를 이해하면 좋습니다. 위의 평면도에서 진하게 굵은 검정 선은 하중을 받는 벽을 표현한 것입니다. 그리고 좌측에는 굵은 선이 없습니다. 이는 하중 벽이 없다는 것으로 유리로 된 벽입니다. 즉 이 공간에는 좌측 벽이 없고 밖의 나무가 벽이 되는 것입니다. 이것이 설계자의 의도입니다.

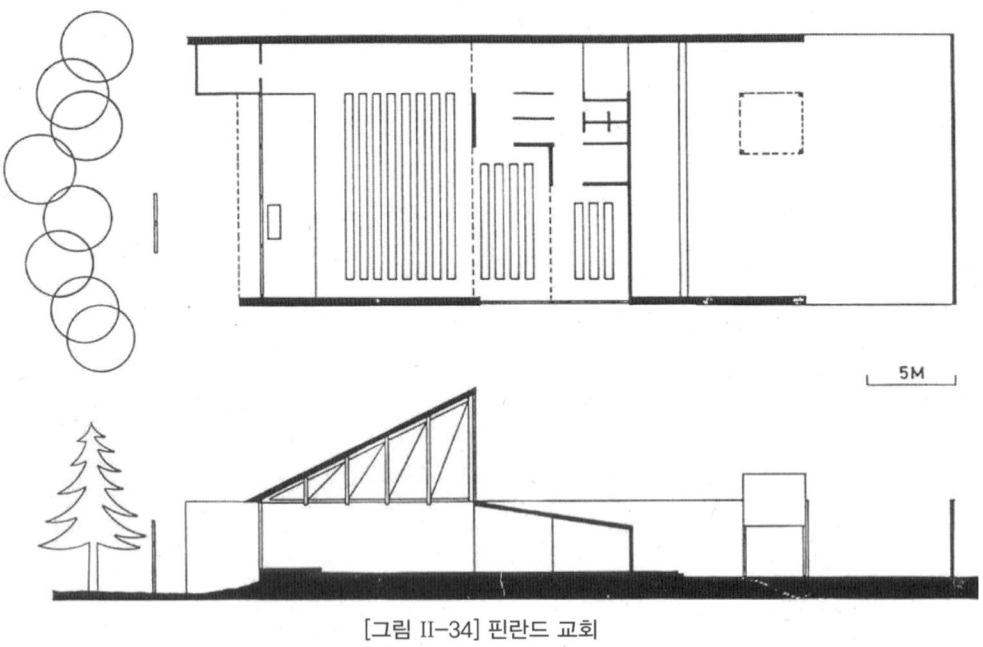

[그림 II-34] 핀란드 교회

## CHAPTER 10

# 건축은 언어이다

언어는 어디에나 있습니다. 언어의 필요성을 굳이 설명하지 않아도 알고 있습니다. 우리가 성장하면서 자연스럽게 습득하는 것 중의 하나가 언어입니다. 동물에게도 언어가 있지만 인간의 언어가 더 섬세하고 구체화되어 있습니다. 고등동물일수록 언어 체계는 복잡하고 섬세합니다. 이는 다양한 표현의 욕구에서 발생한 것입니다. 언어는 단지 기호에 의해서만 구성되는 것이 아니라 다른 표현 방법을 사용하여 간접적으로 내용을 전달하기도 합니다. 언어는 인간이 갖고 있는 최고의 장점이라고 할만큼 가치가 있습니다. 장점이기 때문에 이를 잘 사용하고 개발해야 합니다. 그러나 언어가 제대로 표현되지 않거나 부정적인 내용을 담고 있을 경우에 이는 실로 무기가 될 수도 있습니다.

인간의 역사가 변화하듯 언어도 많은 변화를 해 왔습니다. 그 목적은 인간의 사고의 폭을 넓히는 목적으로 개발이 되었으며 문명과 함께 새로운 단어와 표현의 등장이 주 원인이 되었습니다. 사고가 단순한 사람은 사용하는 단어의 폭도 좁습니다. 이렇듯 사회도 마찬가지입니다. 다양한 문화를 소유하고 있는 조직은 다양한 언어체계를 구사하고 있습니다. 이 역할을 직접적으로 담당하는 것이 문학입니다. 동일한 표현을 다양한 구성으로 표현하는 기술을 나타내는 것으로 이는 인간이 고등동물임을 나타냅니다. 그러나 이렇게 직접적인 문장이나 말을 나타내는 것 외에 다른 언어체계가 있는데 이것이 바로 예술입니다.

언어가 구체적인 표현을 수사한다면 예술은 정신적이고 정서적인 면을 나타내는 것으로 이는

II. 제1과 제2의 건축형태에 영향을 주는 요인들

의식적인 것과 무의식적인 부분을 담당합니다. 예술의 언어체계는 교육을 받지 않았다고 해서 모르는 것은 아닙니다. 단지 의식적인 부분이 적다는 것입니다. 예술은 고차원적인 의사소통 체계를 갖고 있기 때문에 고차원적인 감성 부분을 담당합니다. 우리의 정신적인 내면은 이를 강렬히 원하고 있습니다. 예술은 삶의 긍정적인 부분을 담당하고 있기 때문입니다. 기호나 말을 통한 언어체계가 우선적이기 때문에 이를 주로 사용하지만 예술의 언어도 우리의 의식은 강렬히 원합니다. 이는 고등교육을 받지 않았어도 인간의 기본적인 욕구로서 존재하지만 구체화시키는 데는 노력이 필요합니다. 단지 삶 속에서 이에 대한 기회와 경험을 갖는 데 어려울 뿐입니다.

사회에서 일반적으로 통용되는 언어를 보면 그 사회의 상태나 수준을 평가할 수 있습니다. 문제를 갖고 있는 사회는 그 문제에 관계된 단어를 주로 사용하고, 그 사회의 구조에 관계된 단어가 일반적으로 사용됩니다. 폐쇄적인 사회는 언어의 발달이나 다양성이 부족합니다. 왜냐하면 언어가 곧 사고의 폭을 담당하고 있기 때문에 폐쇄적인 사회는 이를 허용하지 않기 때문입니다. 이는 곧 그 사회의 구성원들의 사고가 다양하게 발달하지 못한다는 의미입니다. 언어의 역할이 갖고 있는 기능이 이렇게 중요하다는 것입니다. 언어의 발달은 모든 학문의 기초를 이루는 것으로 이를 소홀히 한다면 그 사회는 결국 도태되고 말 것입니다. 예를 들면 한국은 수능이라는 걸림돌이 청소년이 문학을 접하는 데 걸림돌이 되며, 사회의 구조가 문학을 접하는 데 어려운 구조를 갖고 있습니다. 이들에게 문학에 시간을 투자하라는 권고는 마치 물속에서 힘차게 뛰라는 말과 같습니다. 아마도 문학도서 100권을 읽을 경우 수능 점수 10점씩 추가한다고 하면 모든 청소년이 문학도서를 지금보다는 많이 읽을 것입니다. 언어의 발달은 모든 분야에 골고루 이루어져야 합니다.

사회가 안정되고 체계화될수록 언어는 간결해지고 명확해집니다. 각 세대, 각 지역에 대한 언어의 분포는 골고루 발달해야 하며 서로가 이해할 수 있는 상황이 되어야 합니다. 한 세대 또는 한 분야의 언어가 주를 이룬다는 의미는 곧 그 사회가 문제가 있음을 나타냅니다. 이는 마치 앞에서 다루었던 문화재보호라는 의미와 통하는 것으로 세대 또는 사회의 융복합과 관계가 있습니다.

소리를 갖고 사용하는 언어를 1차적인 언어라고 표현한다면 예술언어는 2차적인 언어체계라고 말할 수 있습니다. 1차적인 언어체계가 발달하면 2차적인 언어는 자연적으로 시작합니다. 문화의 암흑기 또는 예술의 암흑기라는 표현을 다르게 한다면 1차적인 언어의 불안이라고 말할 수 있습니다. 1차적인 언어가 불안하면 발전하던 2차 언어의 퇴보가 시작됩니다. 스탈린 시대의 문화말살이 그랬고 히틀러 시대가 그런 상황이 있었습니다. 1차 언어의 발달 없이 2차적인 언어를 의도적으로 발전시키는 것은 의미가 없습니다. 이는 자연적으로 발생하고 발달해야 창의적인 작품들이 나오기 때문입니다. 2차적인 언어의 가능성은 1차적 언어보다 그 의미와 이해의 범위가 넓고 이해라는 행위와 정서적인 것까지도 담당하게 됩니다.

지도자들 그리고 전문가들이 일반인과 다르게 갖춰야 하는 능력이 바로 이것입니다. 이러한 능력이 부족한 자들이 앞장을 선다면 그 사회는 퇴보만이 있을 뿐입니다. 1차원적인 언어는 의사소통에 그 목적을 둔다면 2차 언어는 정서를 담당합니다. 지도자들은 그 사회가 갖고 있는 인기 문학이나 영화가 주로 다루는 내용을 보기보단 그 주제를 더 살펴보아야 합니다. 예술의 장점 중의 하나가 간접적인 표현입니다. 폐쇄되고 경직된 사회일수록 그 표현의 주제가 다양하지 못하며 이를 통하여 사회의 목소리를 내기 때문입니다. 그리고 더욱 그 언어구조가 복잡하며 시끄럽습니다. 예술에서 대표적인 것이 음악과 미술입니다. 음악이나 미술을 통하여 감정을 전달하는 것입니다. 이는 감성적인 부분을 이용하여 나타내는 것으로 정신적인 부분의 통합 없이는 결코 수신할 수 없습니다. 경직되고 폐쇄적인 사회를 만드는 지도자들이 단순하고 어리석다는 것을 예술가들은 알기 때문에 2차원적인 언어를 통하여 그들이 알 수 없는 복잡한 구조의 메시지를 전합니다. 그래서 이들은 2차 언어를 이해하지 못하고 그 분야에서 소외되는 자격지심으로 더욱 폭군으로 변하는 것입니다.

언어의 질은 곧 그 사회의 질이 됩니다. 질이 좋지 않은 단어가 주로 통용된다는 것은 그 사회가 문제가 있음을 나타냅니다. 그러나 반복되어 사용하다 보면 우리는 여기에 익숙해지고 사용하는 데 불편함을 더 이상 느끼지 않을 수도 있습니다. 이 말은 사회가 병들어 가고 있음을 의미합니다. 우리는 의식과 무의식 두 가지를 다 갖고 있습니다. 이 두 가지가 만족되야 진정한 행복을 느낄 수 있습니다. 무의식의 존재를 무시해서는 안 됩니다. 이 무의식을 의식으로 끌어 올리는 것이 바로 2차 언어의 역할입니다. 우리가 이해하지 못한다거나 또는 잊어 버린다는 말은 곧 우리의 뇌리에서 사라진다는 것이 아니고 무의식에 이 모든 것이 다 저장되고 있음을 알아야 합니다.

동일한 사물이나 현상을 놓고 어떤 이는 이해하고 어떤 이는 이해하지 못하는 것은 무엇 때문인가? 아마도 교육이나 지식 수준의 역할로 돌릴 수도 있습니다. 맞을 수도 있습니다. 그렇다면 그것은 개인의 수준이 아니라 그 사회의 수준입니다. 1차적인 언어의 표현이 말이라면 2차적인 언어는 예술로 표현됩니다. 예술은 인간이 추구하는 행복의 조건 중의 하나입니다. 이는 강제적으로 되는 것이 아니라 자연스럽게 나타나야 합니다. 모든 사람이 예술을 접하고자 하는 욕구가 있습니다. 그러나 그렇지 못한 삶을 산다는 것은 그 사람이 관심이 없는 것이 아니라 그 사회구조가 그 사람을 접근할 수 없는 각박한 삶을 제공하고 있다는 것입니다.

예술은 의도적으로 접근해야 하는 종류도 있지만 일상 생활 속에서 자연스럽게 접하는 것도 있습니다. 이 중의 하나가 바로 건축입니다. 건축도 언어입니다. 이는 형태 언어로서 건축을 전공하지 않은 사람도 이 언어를 이해하고 봅니다. 우리가 의도하지 않고 하루 생활 속에서 가장 많이 접하는 것 중의 하나가 바로 건축물입니다. 하루 세끼 식사 그리고 하루에 한 번 옷을 갈아 입으며, 하루에 만나는 사람보다 더 많이 만나는 것이 바로 건축물입니다. 그러나 이를 인식하는 사람은 많지 않습니다.

건축물은 환경입니다. 좋은 환경은 좋은 의식구조를 가질 수 있고 좋은 도시생활을 만들 수 있으며 안정된 사회생활을 할 수 있게 만듭니다. 이것이 바로 사회지도자들이 알아야 하는 조건입니다. 도시민들에게 좋은 도시 환경을 제공해야 합니다. 우리의 의식은 선택하여 보지만 무의식은 광범위한 영역을 관찰하고 있습니다. 그러나 의식을 지배하는 것은 무의식 체계입니다. 무질서하고 혼란한 도시환경이 그러한 사회를 만든다는 것을 지도자들은 알아야 합니다. 강제적인 시스템은 오래가지 못하지만 자연스러운 것은 강하고 지속적으로 흐름을 유지하기 때문입니다.

아름답고 예쁜 것은 없습니다. 그것은 개인적인 취향이기 때문입니다. 그래서 일반적이고 다양한 선택을 도시는 제공해야 합니다. 좋은 예가 바로 과거 현재 그리고 미래가 공존하는 도시입니다. 2개 이상의 존재는 반드시 질서가 제공되어야 합니다. 지도자는 검증의 능력과 객관적인 안목을 갖추고 있어야 합니다. 건축물은 도시민에게 거대한 예술품으로 존재해야 합니다. 이는 건축의 기본적인 기능 외의 역할로서 도시는 선택의 기로에서 이를 반드시 감안해야 합니다. 건축물은 내부와 외부라는 영역의 구분이 있습니다. 내부는 기능적인 성격이 강하지만 외부는 도시적인 역할을 합니다. 이것이 건축물이 갖고 있는 예술적인 언어입니다. 그런데 건축물의 외관이 단순하면 도시민들에게 단순한 언어를 제공하는 것이고 상상력을 자극하는 외관은 추상적인 언어를 말하는 것입니다.

도시는 다양한 타입의 사람들이 존재하듯 다양한 건축 언어를 제공해야 합니다. 우리에게 감동을 주는 건축물을 도시가 갖고 있다는 것은 감동적인 언어가 도시에 있다는 의미입니다. 아름다운 환경에서는 사람들이 아름다운 꿈을 꿀 수 있고 환상적인 환경에서는 환상적인 일을 계획할 수 있습니다. 안정적인 도시구조와 배치는 안정적인 질서와 삶을 사람들에게 도시는 제공할 수 있습니다. 인위적이고 시스템적인 질서를 만드는 것도 중요하지만 도시민이 스스로 느끼고 정서적인 환경을 갖출 수 있도록 도시를 계획하는 것은 중요합니다.

도시계획은 그 도시에 존재하는 사람들의 삶에 영향을 미칩니다. 그렇기 때문에 건축의 시작은 도시계획부터 시작이 되어야 하며 완성은 건축물로 마무리하는 것입니다. 아름다운 것은 지속적인 생명력을 갖고 있습니다. 즉 지속적인 생명력을 보이는 내용을 도시에 채워야 합니다. 지속적인 생명력은 개체의 형태에서 오는 것이 아니라 조화입니다. 개체 간의 조화가 미의 근원이 될 수 있기 때문에 하나의 사물을 놓고 그 판단의 기준이 다를 수 있습니다. 그래서 객관적인 기준에서 도시의 내용이 채워져야 합니다. 도시의 공동체적인 성격을 갖고 있기 때문입니다. 형태언어를 갖고 있는 건축물도 직접적인 언어전달 수준보다는 다른 예술품과 같이 간접적인 언어수단이기 때문에 너무 난해한 표현은 의사전달에 어려움을 줄 수도 있습니다.

그렇다면 미니멀리즘과 같은 심플하고 명료한 형태만이 존재를 해야 하는가? 그렇지 않습니다. 도시의 구성원이 다양하듯 표현도 다양한 건축물을 도시는 가질 수 있습니다. 이렇게 다양한 형태들을 정리하는 역할을 바로 도시가 하는 것입니다.

건축물이 단어라면 도시는 문장입니다. 문장의 구성이 명료하고 문명하다면 그 구성요소인 단어는 당연히 어떤 단어라도 명확하게 전달이 될 것입니다. 그래서 도시는 언어수단의 문장과 같은 역할로서 분명한 구성과 조직을 갖출 필요가 있습니다. 2개 이상의 요소는 서로 간의 질서와 규칙을 유지하면서 융합을 이루는 것이 좋습니다. 도시는 다양한 기능을 갖고 있기 때문에 이에 대한 충분한 검토와 분석을 통하여 만들어져야 합니다. 물론 도시의 시작은 자연스러운 흐름을 먼저 파악하고 이에 대한 내용을 바탕으로 만들어져야 합니다. 이것이 바로 과거를 돌아봐야 하는 이유입니다. 과거는 시대적인 의미가 중요한 것이 아니라 검증이라는 관점에서 보아야 합니다. 아름다운 것이 과거 시간 속에서 도태되고 전해 오는 것들은 이미 그 사회가 검증하고 수용의 의미가 있다는 것입니다.

이를 살리고 이를 바탕으로 현재가 이루어져야 하듯 도시의 구성도 과거에 만들어진 구성을 파괴하지 않는 선에서 연장되어야 하며 새로운 도시를 형성함에도 이를 교훈 삼아야 합니다. [그림 II-35]의 사진은 OHIU라는 전자기판으로서 도시의 기능 형태를 보여주고 있습니다. 제

[그림 II-35] 전자기판

한된 영역 안에서 효율적이고 기능적인 역할을 수행하기 위하여 적절한 배치와 크기를 사용하였습니다. 동일한 기능을 하는 부속이 한군데 밀집되어 있고 외부와 연결을 위한 부속은 그 방향에 타당하게 배치가 되었으며, 이 배치의 가장 영향력 있는 원인은 서로 간에 연결된 동선입니다. 잘못 배치가 되면 동선이 꼬이고 길어지며 이 영향으로 기판이 커질 수도 있습니다. 이 기판의 설계자는 이를 충분히 고민하였고 그 시대의 가장 적절한 부속품을 찾아내었던 것입니다. 도시도 이러한 배치를 고려해야 하며 분산된 기능은 마치 논리적이지 못한 언어 표현과 같이 혼란을 갖고 올 수 있으며 기능적이지 못한 도시를 만들 수 있습니다.

## 나는 물고기를 마셨다

위의 문장은 문법적으로 맞지만 내용상은 틀립니다. 언어는 그 문법구조와 내용이 명확해야 정보전달의 효과를 볼 수 있습니다. 도시는 정보의 집합체입니다. 전원과 차이가 있다면 도시는 전원보다 액티브하고, 공격적이며, 꼬여있는 문장체계를 갖고 있는 것이 맞습니다. 마치 여러 사람이 모여 있는 선술집에서 각자가 떠드는 이미지를 갖고 있지만 대상과는 그 거리가 근접해야 하고 수신자가 충분히 이해할 수 있는 소리체계를 갖고 있어야 합니다. 그리고 그 많은 소리 속에서 수신자는 발언자의 톤과 강도에 익숙하게 됩니다. 즉 발언자의 특징에 맞게 반응하는 것입니다.

도시가 이렇게 그 특징을 가지면 사람들은 명확한 기억을 그 도시에서 갖고 갈 것입니다. 하이델베르크는 고성이 있는 도시입니다. 월스트리트는 금융도시에 있습니다. 용인은 민속촌이 있는 도시입니다.

그 건축물들이 좋은 평가를 받는 이유 중의 하나는 적합한 환경을 갖고 있기 때문이며, 도시에 맞는 적절한 단어를 구사했기 때문입니다.

## CHAPTER 11

# 도시

도시는 마치 신체구조와 같습니다. 그 규모에 상관없이 다양한 기능을 수행하고 있습니다. 초기 원시 도시 형태는 소규모였으며 가장 기본적인 목적을 수행하고 있었습니다. [그림 II-36]은 초기 원시인들이 밀림에서 자연스럽게 생활하는 모습입니다. 동굴에서 생활하는 것과는 다르게 음식을 쉽게 구할 수 있었으며, 햇빛이 있고 바닥에 건초를 두어 지열을 방지할 수 있는 환경이 조성되어 있었습니다. 불을 피울 수 있는 재료를 쉽게 구할 수 있고 이를 통하여 맹수를 막을 수 있었습니다. 이는 동굴이나 강가에 모여 살았던 사람들과는 달리 원시인들이 숲속에서 생활이 더 안락했음을 보여줍니다. 이는 초기 도시의 형태로 당시에는 [그림 II-36]과 같이 동굴이 아니고 숲속에서 군락을 이루며 위협적인 신호로 불을

[그림 II-36] 밀림의 도시

II. 제1과 제2의 건축형태에 영향을 주는 요인들

피워 연기를 보내며 안전을 꾀하고 있는 것이 보입니다. 숲은 다양한 재료와 식량을 얻을 수 있고 바닥에 깔게 재료로서 적당한 것들이 충분히 있습니다. 동굴의 딱딱한 바닥 재료에 비하면 이곳은 충분히 안락함을 제공하는 장소입니다. 즉 건축물에서 최소한의 요소만을 만들어야 한다면 그것은 바닥이 될 것입니다. 이는 직접적으로 우리 몸에 영향을 주기 때문입니다. 그래서 동굴보다는 동굴 밖을 더 선호하고 군락을 이루어 살았을 것입니다.

지금의 도시와는 다르게 많은 기능을 필요로 하지 않았기 때문에 소규모의 형태를 유지하며 살았습니다. [그림 II-37]은 아직도 원시인들의 생활형태를 엿볼 수 있는 생활을 하고 있는 카메룬의 마을 형태입니다. 마을의 출입구는 남쪽으로 놓여 있고 동일한 거리를 유지할 수 있는 원형의 형태로 군락을 이루고 있습니다. 남자들은 입구 부분에 머물고 여자들의 숙소가 나머지 경계를 이루면서 중앙에 곡물창고가 모든 여자들의 영역에 근접할 수 있는 거리에 배치가 되어 있습니다. 부엌이 각 여자들의 숙소 사이에 배치되어 있고, 균등한 배분과 공동체적인 역할이 잘 나뉘어진 것이 보입니다.

원시인들은 주로 동굴에 거주하는 것으로 우리는 많이 생각하고 있습니다. 이는 우리가 근거자료로 삼을 수 있는 것으로서 동굴벽화를 많이 찾아냈었기 때문입니다. 그러나 동굴은 앞에서 말한 것처럼 바닥의 기능이 만족할만한 것은 아닙니다. 그리고 동굴은 그렇게 많이 존재하지 않았을 것입니다. 그러기에 주로 동굴에 머물렀다고 말하기는 어렵습니다. 어쨌든 동굴은 큰 동물을 피하기에는 안성맞춤이지만 장기간 머물기에는 그 환경이 좋지는 않았습니다. 피난처로서 집은 안전하지는 않았지만 집이 제공하지 못하는 기능을 인간은 찾아냈습니다. 그것이 바로 불입니다. 그래서 인간은 외소 하지만 군락을 만들어 단체행동을

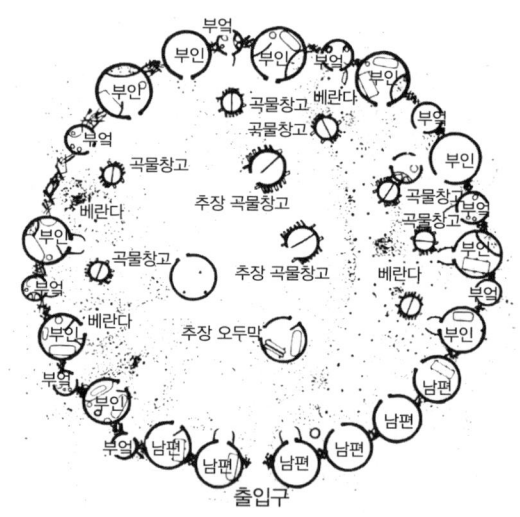

[그림 II-37] 카메룬의 마을_평면과 입면

하면서 위협적인 존재로 살아갈 수도 있었습니다.

이것이 초기의 도시형태입니다. 그러나 문명의 발달 그리고 인구의 증가는 더 많은 기능을 요구하면서 세분화된 단체 생활은 영역과 기능의 분할이 다양해진 것입니다. 인구의 증가는 조직을 이루고 이에 대한 지도자의 필요와 단체 활동이 조직화되면서 군락이 생기고 군락간의 주요 생산물의 차이는 물물교환과 함께 시장이 형성되고 주거와 다른 기능으로 인하여 영역의 세분화가 되기 시작한 것입니다. 도시는 질서를 요구하게 되고 이에 대한 구분으로 도로가 발생하게 됩니다. 도시에서 도로는 교통을 담당하는 기능을 하지만 영역을 구분하는 경계선으로도 역할을 하게 됩니다. 도로의 생성은 영역을 연결하는 주 기능을 갖지만 생산성의 중요한 열쇠가 됩니다. 도시는 폐쇄적인 영역을 갖는 건축물과는 다르게 개방된 영역으로서 다양한 기능이 인위적인 구성보다는 자연스러운 배열을 갖게 됩니다. 건축물에는 개인적인 공간 공공적인 공간 그리고 준개인 공간(공용 공간)이 존재를 합니다.

도시도 마찬가지로 이것이 보장되어야 합니다. 도시에서 개인적인 공간은 다시 건축물이 되며 공공적인 공간은 광장 그리고 공원과 같은 영역입니다. 그러나 카페나 식당과 같은 영역은 준 개인적인 공간 또는 준공용 공간으로 존재를 합니다. 명확한 공간의 구분도 중요하지만 이와 같이 준공용 공간의 존재는 도시에서 중요한 요소입니다. 단지 도시에서만 그런 것은 아닙니다. 모든 영역에서 이러한 3단계 구분은 2단계 구분보다 심리적으로 안정감을 줍니다. 그리고 기능적인 도시의 영역 구분은 좀더 기능적이고 환경적인 차원에서 중요합니다. 하나의 영역에 주거, 상업 그리고 산업지역이 혼합되어 있는 것은 환경과 동선의 측면에서 부정적입니다. 그리고 이 3영역의 사이에는 녹지가 존재하는 것이 좋습니다. 이 녹지는 각 영역의 완충적인 역할을 하게 됩니다. 여기서 중요한 것은 이 녹지의 연결입니다. 도시는 인간만의 영역은 아닙니다. 개별적인 기능이 가능한 각 도시는 분리되어 배치 할 수 있지만 녹지는 도로처럼 끊어져서는 안 됩니다. 녹지가 연결되어 있지 않다면 동물을 위한 그 기능을 잃게 되며 이는 단순히 인간만의 영역으로 존재할 뿐입니다. 도시는 인간과 자연의 공존을 허락해야 합니다. 궁극적으로 이것이 인간을 위한 방법입니다. 녹지가 바로 동식물의 연결통로이기 때문입니다. [그림 II-38]은 green city라고 예

[그림 II-38] green city

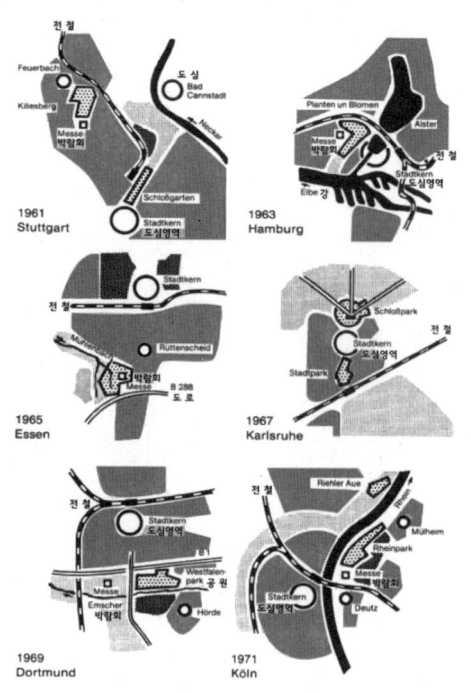

[그림 II-39] 독일 도시의 녹지와 도심의 관계

로 보여준 사진입니다. 그러나 녹지 조성이 단순히 도시의 녹색을 위한 계획으로 존재할 뿐 동식물을 위한 기능은 없습니다. 녹지가 밀폐되어 있고 인간의 영역에 둘러싸여 있기 때문에 동식물에게 안락한 환경이 제공되지 않고 있습니다.

[그림 II-39] 그림은 독일 도시의 녹지 띠입니다. 이 녹지들은 동식물을 위한 충분한 영역을 확보하고 언제든 동물들이 이동할 수 있는 연결통로가 확보되어 있기에 인간과 공존할 수 있는 환경을 갖고 있습니다. 도시는 일반적으로 노동 시간에 발생하는 소음 및 동식물에게 불안감을 줄 수 있는 요소를 무수하게 갖고 있으나 그 후에 동식물들이 활동할 수 있는 영역을 확보해 주어야 합니다. 문명이 발달하면서 도시는 확대되고 건물은 대부분의 기능을 할 수 있는 조건을 갖추었기 때문에 녹지 확보에 대한 정책이 달라져야 합니다. 과거에는 발달하지 못한 도시의 기능이 자연스럽게 공존하면서 녹지확보를 의도적으로 하지 않아도 됐었습니다. 그러나 이제는 자연에 대한 공존의 가치를 과거와는 다른 의도적인 정책을 필요로 합니다. 이것이 실질적으로 인간을 위한 환경조성이기 때문입니다. 도시에서 녹지 영역은 70%를 유지하는 것이 좋습니다.

　문명이 발달하면서 모든 기능이 과거보다 조직화되고 스마트해지면서 도시의 형태도 면적인 확장보다는 점과 같은 형태로 만들어져야 합니다. 이는 동선이 짧아지고 활동영역도 적어지기 때문입니다. 이를 위해서는 각 영역의 구분이 명확해지고 구분시키는 것이 좋습니다. 선진국으로 갈수록 상업구조가 조직화되고 체인으로 만들어지면서 정리가 되고 있습니다. 이는 분산된 과거의 영역을 정리시키는 요인이 되고 있습니다. 도시가 네트워크화되고 인위적인 동선이 이제는 유선상으로 대체되고 있기 때문입니다. 그러한 원인으로 우리는 더 많은 녹지를 확보할 수 있고 필요로 합니다. 도시가 갖고 있는 영역으로 주거, 상업, 산업 그리고 공공기관 등이 있습니다. 이 영역들은 과거 이동수단의 발달 전과 지금의 상황과는 다른 관계를 갖고 있어야 합니다. 또한 과거의 각 영역의 고유기능이 지금은 많이 달라지고 있습니다. 과거에는 각 기능들이 명확했지만 지금은 한 영역에서 다양한 기능을 할 수 있는 상황입니다. 예를 들면 주거에서 작업이 이뤄질 수 있고 상업이나 공적인 업무도 반드시 방문해야 하는 것이 아니라 인터넷상으로 가능해지고 있습니다. 이는 각 기능의 규모가 과거보다는 축소되고 요구되는 시간도 감소되고 있다는 것입니다. 이에 대체되는 것이 바로 여가 시간입니다. 이를 위한 도시의 기능이 추가되어야 합니다.

마을(thorp)이라는 의미는 늘 긍정적으로 다가옵니다. 그곳은 추억의 시작이며, 가장 순수한 영역으로 우리의 시간 속에 머물러 있습니다. 최소한 골목 세대에게는 그렇다는 것입니다. 마을은 일반적으로 하나의 동일한 목적을 갖고 형성되었습니다. 농촌, 어촌 그리고 산촌과 같은 것입니다. 마을을 도시의 발달에 합류시켜 도시의 종류와 크기를 인간의 성장기와 비교하여 구분한다면, 어린아이와 같은 시간대라고 말할 수 있습니다. 마을은 동일한 목적을 갖고 있는 사람들이 모여 만든 자연스러운 영역입니다. 마을의 원조는 동굴이라고 볼 수 있습니다. 인간은 자연과 맹수로부터 보호받기 위하여 초기에 집단으로 생활한 곳이 이곳입니다. 도구의 발달과 불의 발견으로 이곳을 빠져 나와 생활한 곳이 지금 마을의 초기 형태입니다. 앞의 [그림 II-37] 그림은 카메룬에 가면 이러한 초기 마을의 형태를 간직하고 있는 곳을 아직도 볼 수 있습니다. 이 마을의 형태를 살펴보면, 지름 30미터 정도 원형으로 만들어져 있으며 출입구가 하나이고 출입구 부분에 남자들의 숙소가 위치하고 경계선을 따라 여자들의 숙소가 배치되어 있습니다. 추장의 숙소는 곡물창고와 가까이 있는 외부로부터 가장 먼 위치인 중앙에 놓여있습니다. 흥미로운 것이 여자들의 숙소마다 부엌이 배치되어 있으며 소규모의 곡물창고가 있다는 것입니다. 이 마을의 형태가 단순한 구조를 갖고 있다는 것을 알 수 있습니다.

마을이 갖는 의미는 다릅니다. 마을은 구성원 간에 공통의 목적 하에 형성이 되지만, 여기에 더 많은 추상적 요소들이 자연 발생적으로 생성이 됩니다. 이를 바탕으로 마을을 물리적(Physical), 실효적(Effectual) 그리고 연상적(Associative) 의미로 구분합니다. 물리적인 의미는 마을의 규모를 말합니다. 마을 위치를 정하는 데 필수적인 요소가 자연적 조건입니다. 앞에서 예를 든 카메룬처럼 평지에는 울타리가 필수적입니다. 울타리는 규모적 역할도 하지만 마을 형성의 주목적인 방어적 기능이 더 강합니다. 평지는 지평선과의 관계가 중요 요소로 작용하며 맹수나 다른 마을로부터의 공격에 대한 방어를 위한 완충작용을 합니다. 울타리는 영역에 대한 메시지가 강합니다. 공동체의 조직적인 구성을 위한 기본 틀이 될 수 있으며, 마을 내 각 영역의 세분화를 위한 기준이 되기도 합니다. 초기 마을 형성은 단순한 의도로 만들어졌으며 가족적인 성격을 크게 벗어 나지 않았습니다. 그러나 점차 구성원이 다양해지고 질서를 부여받고 이에 대한 사회적 요구로 마을의 규모가 커지게 되며, 상하관계의 필요성에 의하여 영역을 구분하는 울타리가 중요한 역할을 하게 됩니다. 한국처럼 산악지대가 많은 경우는 주변의 지형이 울타리 역할을 하게 됩니다. 이것이 초기 마을의 형태입니다. 그래서 농촌이나 산촌의 마을은 골짜기에서 시작합니다. 주변의 자연 환경이 자연스럽게 타 지역과 시각적 그리고 영역별로 구분되며 마을의 확장은 골짜기를 따라 이어집니다. 이러한 지형적 확장이 평지에서는 중앙을 기준으로 균등하게 확대되는 반면 골짜기 마을은 산세지형을 따라 확장되기에 그 분포가 일정하지 않습니다. 그러나 어촌의 경우 분포기준이 해변이므로 이 선을 따라 마을이 분포됩니다. 그 시대의 욕구와 생활패턴에 적합한 조건을 갖춘 마을은 점차 발달되면서 기능이 추가되어 도시의 성격을 갖게 되는 것입니다. 실효적 의미로서 마을은 곧 삶의 시작, 심리적인 의미입니다. 육체적인 고향이 부모라면 영역적인 고향은 마을입니다. 마을을 구성하는 요소가 바로 심리적 또는 물리적 울타리인데 이 울타리의 추상적인 상징이 '울'의 의미 '우리'입니다.

인간은 다른 생물체에 비해 육체적 단점이 많아 공동체적인 생활 방식을 통해 그 단점을 보완하려는 욕구가 있습니다. 루소의 사회계약론에서 불평등기원론을 보면 인간에게는 자기애와 자비심이 있다고 믿습니다. 굳이 마을과 도시를 기능적 면이 아니고 인간의 필요성에 기초하여 분석해 본다면 마을은 자기애가 강하고 도시는 자비심에 의한 결과라고 볼 수도 있습니다. 자기애는 자연법에 더 가깝습니다. 또한 자비심은 자기애에 근거한 이익을 위한 필요입니다. 울타리라는 개념은 마음의 경계선입니다. 심리적으로 마지막 울타리를 의미하는 영역이 도시보다는 마을이 더 강합니다. 자기애의 발상지는 바로 부모입니다. 그래서 우리는 명절이 되면 부모가 계신 곳으로 가고 싶어 하고 타향에서 지치면 고향으로 돌아가려는 의지를 갖고 있습니다. 바로 마지막 동류(nos semblables)를 찾아가서 마음의 위안을 찾는 것입니다. 고향이라는 장소의 연상적인 영역으로 마을을 떠올리는 것이 바로 그 곳이 연상할 수 있는 요소가 많기 때문입니다. 삶 속에서 잠시 과거로 돌아갈 수 있는 유일한 쉼터를 마을이 갖고 있기 때문입니다. 연상적 의미로 마을은 전래에 대한 기억입니다. 이러한 예로 독일의 도시계획을 예로 들 수 있습니다. 독일은 도시에서 마을을 떠올리는 전래적인 상징적 요소를 간직하려는 의도가 도시계획

에 담겨 있고 도시를 마을과 같이 과거 그대로 유지하려는 노력이 보입니다. 대부분 독일 도시는 자급자족하는 시스템을 갖고 있으며 고향의 개념을 갖게 하는 마을 시스템을 유지하려 합니다. 이는 거대한 대지 규모 때문에 자율적으로 마을의 변화를 주지 못하는 미국과 차이가 있습니다. 독일의 자동차 번호판은 그 도시의 이름 첫 알파벳을 갖고 있어 그 번호판을 단 자동차를 보며 고향마을에 대한 전례를 떠올리는 연상이 가능합니다. 마을이라는 이름 그 자체는 그 어느 영역보다 연상적 전례로 삼을만한 상징이 많은 곳입니다. 평화롭고 안정감을 찾는 지역이 있다면 아마도 마을이라는 이름을 붙일 만한 전례적 상징이 많을 것입니다. 이러한 상징으로서 지역의 입구, 다양한 골목길 그리고 무엇보다 마을 구성의 원천이 되는 이웃이라는 요소일 것입니다.

마을에 대한 의미를 3가지로 분석했지만 마을은 지역적인 의미 이상을 갖고 있습니다. 요즘의 아파트 세대는 마을의 의미가 다를 것이며 마을 이름 속에 담겨 있는 묘미를 알지 못하는 것이 아쉽습니다.

## CHAPTER 12

# 시대적인 이름이 갖고 있는 뜻

르네상스는 자신들이 최첨단이라는 생각하에 자신들은 근세(new time)라고 이름 붙이고 고대(신인동형: 신과 인간을 동일시하는 시대)를 하나로 묶고 기독교 중심의 중세(비잔틴, 로마네스크 그리고 고딕)를 하나로 르네상스가 시대를 구분하였습니다. 고대는 자체적인 신앙을 갖고 있는 공통점이 있으며 이집트는 태양신(Ra)를 믿었고 소위 죽음을 여행을 떠나는 것이라 생각하여 여행 후 육체를 찾아 정신이 다시 돌아올 것을 예상하여 미이라를 만들었으며 그리스는 험한 자연에 대항하여 약한 인간의 의지를 북돋기 위하여 신화를 만들어 인간의 약점을 보완하기 위한 대책으로 신화에 의지하였습니다. 로마는 문화융합 정책의 일환으로 복합적인 역사를 갖고 있었습니다.

지금의 이스탄불은 로마(서로마)가 기독교를 공인한 콘스탄틴의 등장 이후로 터키(당시에는 그리스 땅이었음)로 수도를 옮길 때의 원래 이름은 비잔틴이었습니다. 불안한 정세의 서로마(지금의 이태리)는 457년에 비잔틴으로 수도를 옮기면서 이 시대를 비잔틴문화(초기 기독교)라 부릅니다. 이 비잔틴 문화는 1000년을 유지하다 오스만제국에 1453년 망하면서 비잔틴은 이슬람교에 의하여 이스탄불이라고 이름이 바뀌게 됩니다. 비잔틴(기독교)이 번성하여 영토를 넓히지만 과거보다 로마황제와 교황의 세력이 약해지고 과거 로마를 그리워하여 로마풍(로마+네스크(풍))의 3단 구성과 아치, 돔 그리고 볼트 형식의 건축물이 다시 등장하여 로마스타일(로마네스크)을 따랐다하여 로마네스크라 이름 지었습니다. 오스만 제국(이슬람)의 확장으로 기독교

정세는 더욱 약해지고 그 불안한 사회정서가 건축물에 나타나 하나님을 향한 정체성의 불안으로 성당의 높이가 높아지면서 구조적인 불안감으로 건축물은 다이어트를 시작하여 르네상스가 보았을 때 앙상한 뼈대가 남은 흉측하고 혐오스럽다는 뜻의 고딕의 시대가 시작됩니다. 비잔틴(기독교, 신본주의)의 몰락은 신에 의존하던 시대가 막이 내리면서 인간의 홀로서기를 시작하여 인간 스스로 해결하는 인문학 시대에 접하게 됩니다. 이를 우리는 인본주의라고 부르면서 르네상스가 시작됩니다. Renassance(Re(다시)+nassance(만들다))의 이름처럼 이들은 새로운 것이 아니라 다시 시작했다는 뜻을 갖고 있습니다. 이는 신본주의를 거부하고 고대의 신인동형을 따르게 됩니다. 그러나 인간의 미완성적인 성격은 곳곳에서 착시효과로 나타나면서 급기야는 인간의 정체성에 의심을 갖게 되고, 르네상스가 주는 부담감으로 인하여 오히려 르네상스의 질서를 꼬집으며 새로운 것이 아닌 이전의 작품을 바탕으로 변형시키고 비례를 파괴하는 반항적인 진부한 매너리즘에 빠지게 되는데 이것이 바로 매너리즘 시대입니다.

르네상스는 자연에 의존하게 되면서 자연에 대하여 관심이 고조되는데 이것이 바로 프랑스식 정원(건축물을 축으로 정원이 좌우로 나열된 구조, 베르사유 정원)과 영국식 정원(화가들의 그림 속에 등장하는 정원 모티브로 발전하게 되는데 건축물이 정원의 일부로 등장하게 됩니다. 풍경정원이라고 부르기도 합니다. 스투어헤드 정원. 영국 월트셔주)의 등장입니다. 그러나 인간의 정체성은 계속 방황을 거듭하여 혼란스러움을 극복하지 못하고 바로크와 로코코 같은 장식이 과도하게 사용되는 상황이 극을 이루면서 시민혁명과 산업혁명의 발단으로 모더니즘

[그림 II-40] 베르사유궁전(프랑스식 정원), 파리, 프랑스

II. 제1과 제2의 건축형태에 영향을 주는 요인들

[그림 II-41] 클로드 로랭_스투어헤드 정원(영국식 정원). 월트셔주, 영국

(새로운 것이라는 뜻)이 시작됩니다. 이는 귀족과 평민이라는 수직적인 계급관계가 자본가와 노동자라는 새로운 계급을 발생시키고 스폰서 제도 속에 있었던 예술가들은 스스로의 자급자족이라는 환경 속에서 탈 과거를 외치면서 새로운 세계를 엽니다. 여기에는 철과 유리라는 새로운 재료의 등장으로 맥켄토시[23]의 사각형 디자인(glasgow), 곡선을 다루는 아르누보(new art), 3차원을 시도하는 피카소의 큐비즘을 통한 미래파(속도의 미)와 데 스틸(3원색과 면)이 등장하고 산업화에서 오는 인간의 정서를 표현한 표현주의(impression) 등 수없이 많은 디자인들이 쏟아지고 급기야는 포스트모더니즘(postmodernism)과 네오모더니즘(neomodernism) 등이 등장하면서 디자인 빈부의 싸움이 시작됩니다.

사실상 형태는 크게 오리지널 형태(원형), 복고풍 그리고 국제 양식 3가지 타입으로 나뉩니다. 이 구분은 어느 나라에도 적용이 됩니다. 그러나 각 나라의 지역적인 구분을 떠나 일반적인 서양건축을 기본으로 한다면 고대(이집트, 그리스 로마)가 원형에 속하며 모더니즘 이전의 형태와 고전주의, 신고전주의, 시카고 건축 그리고 현대에 와서 포스트모더니즘이 복고풍으로 나눌

---

[23] **매킨토시** Mackintosh, Charles Rennie(1868~1928)
영국의 건축가. 글라스고에서 출생하여 글라스고 미술학교에 다녔으며 재학 중에 맥도널드 자매, 맥네어 등과 함께 팀을 이루어, 식물을 모티프로 하는 곡선 양식을 개척했다. 이 부드러운 양식은 본국인 영국보다도 유럽 각국에서 더 환영받았다. 특히 빈의 '분리파' 운동과 함께 근대건축의 선구적 역할을 했으며, 주요 설계 작품으로 모교인 〈글라스고 미술학교(1889)〉, 동同 미술학교의 〈서익西翼도서관(1909)〉 등이 있다. 그 뒤 모교에서 건축학과장으로 취임하여 교육에도 힘쓰다가 1915년, 교직에서 물러난 뒤 건축과 관계를 끊은 채 수채화가로서 여생을 보냈다.

수 있고 그 외 모더니즘과 국제 양식을 구분해 볼 수 있습니다. 그렇기 때문에 형태에 대한 구분을 명확히 알기 위해서는 고대의 것부터 이해하는 것이 좋습니다. 이를 구분하기 위하여 각 형태가 갖고 있는 이름이 있는데 이 이름들이 바로 내용을 함축하고 있습니다. 우리는 여러 가지 방법으로 지식을 얻게 되는데 이를 이해하거나 유지하는 것은 쉽지 않습니다. 원인은 많겠지만 그 중의 하나는 이 시대적인 구분이 명확하지 않기 때문에 마치 한 곳에 물건을 쌓아놓고 찾지 못하는 것과 같습니다. 어떤 지식이든 이 시대적인 구분의 틀 속에 넣을 수 있습니다. 이 시대적인 구분을 이해한다면 마치 서랍과 같이 이 지식을 그 틀 안에 넣으면 됩니다. 이 시대적인 내용들이 단순히 역사 속에서 존재하는 것이라면 굳이 필요하지 않을 것입니다. 그러나 앞에서 언급하였듯이 이는 계속적으로 반복되고 있습니다. 특히 시대적인 아픔이나 분열 속에서 이 복고적인 내용은 반드시 등장을 하며 각 시대의 마지막에 놓인 양식들은 그 시대의 세대에게 전하는 교훈적인 내용을 담으면서 고전주의 또는 신고전주의로 복고풍을 보여주고 있습니다. 각 시대의 초창기 양식들은 이전 시대의 극한 상황을 이겨내어 새로운 양식을 보이며 등장하는 것을 보여주고 이후 전성기에 들어서며 절정의 형태를 이루지만 또한 과도기적인 성격을 나타내어 훨씬 이전의 형태를 그리워하는 양식을 조금씩 보여주다 말기에는 급기야 완전히 새로운 것을 시도하는 양상을 보입니다. 좋은 예로 중세를 볼 수 있습니다. 고대의 시대를 마감하고 새로운 시대로 접어들면서 비잔틴으로 옮기면서 동서양의 합과 이 시대의 주를 이루는 기독교를 보이는 비잔틴문화가 시작됩니다. 그러나 이러한 시도는 절정을 이루지만 또한 새로운 시대에 대한 차이를 보이면서 이전의 로마를 그리워하는 복고가 나타나기 시작하면서 로마네스크가 등장을 합니다.

[그림 II-42] 역사 막대

로마네스크는 이데올로기의 극한 대립을 보여주는 좋은 예입니다. 즉 새로운 것과 이전의 것이 일치를 보이지 못하면서 나타난 좋은 예입니다. 이러한 시대가 다음 세대를 결정하는 데 중요한 역할을 합니다. 어느 세대가 득세를 하는가에 따라서 다음 세대의 성격을 결정짓기 때문입니다. 고대는 새로운 기독교가 등장하면서 시작되었고 중세는 새로운 세대가 주를 이루는 최첨단의 극한 양식을 보였지만 보수에 밀려 근세가 시작되는 로마와 그리스가 주를 이루는 복고풍인 르네상스가 등장을 하게 됩니다. 근세도 왕권보다는 귀족이 주축이 되는 바로크 같은 새로운 세대의 등장이 있었지만 말기에 신고전주의라는 보수의 등장이 있었습니다. 이는 다시 보수의 승리로 끝나는 듯이 보였으나 신분교체를 알리는 완전히 성격이 다른 근대가 승리를 하게 됩니다.

[그림 II-42]의 역사 막대에서 각 시대의 근본이 되는 것을 보면 시대별로 차이를 보이고 있습니다. 이 근본을 이해하지 못하고 그 시대를 이해하기는 힘듭니다. 역사를 돌아보는 목적은 미래를 보기 위해서입니다. 신인동형에서 근대 기계까지의 키워드를 살펴보면 점차 구체화되는 것을 볼 수 있습니다. 이를 통하여 '지금 우리의 키워드는 무엇일까?' 바로 IT입니다. 그러나 근대의 기계 또는 IT는 넓게 보면 사실상 인간을 위한 수단입니다. 이는 근세의 인본주의가 점차 구체화되고 있음을 나타냅니다. 즉 인본주의 끝난 것이 아니라 계속 연속되어 진행형이라는 의미입니다. 즉 역사는 아직도 왕성하게 흐르고 있으며 과거형이 아니라 현재 진행형인 것입니다. 그리고 각 시대의 진행된 역사 막대를 보면 고대 6000년에서 점차 짧아져 근대는 거의 30년이라는 기간 동안 그 생명력을 왕성하게 유지했지만 지금의 시대 변화는 실로 하루가 다르게 변화하고 있음을 알 수 있습니다. 이로 인하여 요즘 나오는 운동 중에 Slow City라는 말까지 등장하고 있는 것입니다. 이 말의 등장을 우리는 의미보다 배경을 한 번쯤 생각해야 할 것입니다.

시대의 흐름에 적응하는 세대가 있는 반면 이를 힘들어하거나 문제가 발생할 수도 있다는 것을 암시하는 것입니다. 그리고 우리는 이것이 또 다시 새로운 시대를 시작하는 단어가 아닐지 생각해 봐야 합니다. 그리고 진정 이것이 인간을 위한 인문학에 근거한 것인지도 음미해볼 수 있습니다.

# CHAPTER 13

# 인문학 : 잘 먹고 잘 살기

요즘 들어 인문학과 융복합이라는 단어가 자주 등장합니다. 그렇다면 '인문학은 무엇을 의미하는가? 이제서야 인문학에 관심을 갖기 시작한 것일까?' 그렇지는 않습니다. 인문학의 시작은 중세가 마무리되면서 시작되었습니다. 아니 그 이전에도 있었지만 지금까지의 연속성은 사실 중세 이후입니다. 기독교가 주를 이루던 시대에 인간의 정체성은 종교적인 바탕에서 이루어져야 했으며 시대적인 제약으로 인하여 큰 소리를 낼 수 없었습니다. 그러나 인문학에 대한 의지는 이미 오래 전부터 있어왔을 것입니다. 그 시대의 주를 이루는 것이 아니면 역할을 할 수 없었을 뿐입니다. 이 인문학이 큰 소리로 등장하게 된 배경에는 역설적으로 말하면 오스만제국의 역할이 컸습니다. 기독교가 주를 이루던 중세에 인문학자들의 학문은 시대를 역행하는 작은 소리였습니다. 오스만에 의하여 비잔틴 제국이 멸망하고 비잔틴의 인문학자들은 로마로 피신해야 했습니다. 비잔틴 시대에 의지했던 기독교는 그들에게 큰 실망을 주었고, 실의에 찬 사람들에게 새로운 정신이 필요했을 것입니다. 로마로 피신한 인문학자들은 이를 계기로 그들의 목소리를 높이기

humanities

II. 제1과 제2의 건축형태에 영향을 주는 요인들

시작한 것입니다.

그렇다면 '인문학의 목적은 무엇인가?' 이것은 주체의 이동입니다. 사실상 인문학의 기본목적을 따라간다면 모든 역사가 인문학을 기본으로 하고 있었습니다. 그러나 그 진정한 주체가 무엇이었는가에 따라서 진정한 인문학인가 하는 생각을 하게 됩니다. 인문학을 연구하는 학자들은 인문학에 대하여 부정적인 시각을 갖고 있습니다. 특히 인문학을 이미 접해본 선진국은 더하며 IT가 발달한 현대에는 인문학의 존재에 대하여 불안해 합니다. 그러나 경제 분야에서는 다른 시각을 갖고 있습니다. 사람을 통하여 이익을 남겨야 하는 그들에게 모든 것은 인문학으로 시작하고 아직 끝을 낼 수가 없습니다. 어떤 사회이든 인간을 위한 이론을 내세우지 않는다면 지지를 받을 수 없었기 때문입니다. 그러나 진정으로 인간을 위한 내용을 바탕으로 하는가 하는 의문입니다. 고대에 공표된 것은 인문학을 바탕으로 하는 것 같았지만 사실상은 지배자의 의도가 내포되어 있었고, 이를 눈치챌만한 능력이 시민들에게는 없었습니다. 기독교 문화가 바탕이었던 중세 때에도 마찬가지입니다. 인간을 위한 것으로 시작되었지만 믿음이라는 다른 과정이 있었습니다. 즉 인간들이 이를 알아챌만한 능력이 없었으며 인간의 목표를 이루는데 그에 대한 지식을 습득할 수 있는 방법이 없었습니다. 깨달음의 과정이 그들에게 필요했으며 목적을 이루는 데 확신이 부족했던 것입니다.

모두가 가는 방향을 가지 않으면 불안해 했고 그들이 갖고 있는 이상과 이념에 대한 옳고 그름을 판단할 수 있는 기준에 대한 잣대가 전체적이었기 때문입니다. 독자적인 이상과 행복을 추구하기에는 이에 대한 위험성이 있었고 정의의 테두리를 집단 내에서 평가받는 것, 즉 이데올로기를 갖고 있지 않으면 왕따를 감수해야 하는 위험성과 객관적인 기준이 지배를 하던 시기였습니다. 즉 인문학이 없었던 것이 아니라 성숙하지 못했던 과정의 시기였습니다. 인간이 만들고 인간이 구성원으로 있는 국가의 발전이 바로 인문학의 발전입니다. 이데올로기가 주를 이루고 지배자의 정책이 주를 이루던 그 시대에는 그것이 바로 인문학이었습니다. 그러나 국가가 발전하고 인간 개인이 자신의 위치를 찾기 시작하면서 진정한 인문학에 근접하게 되는 것입니다.

인문학의 발전에는 경제적인 바탕이 반드시 뒷받침되어야 합니다. 이는 인간이 육체와 정신이라는 두 개로 분리되어 있기 때문입니다. 그러나 대부분의 인간은 우선적으로 육체적인 자유로움을 먼저 우선시 하기 때문입니다. 정신은 자유를 원합니다. 그러나 육체의 간섭으로 집중력이 떨어지기 때문에 우선적으로 이를 해결하려고 하기 때문입니다. 하지만 이 육체적인 자유로움은 과정일 뿐이지 진정한 자유로움은 정신의 자유로움입니다. 이것이 해결되지 않으면 인간의 자유로움은 존재하지 못합니다. 그래서 중세까지의 인문학의 등장은 많은 걸림돌이 존재했고 위험성을 감수해야만 했습니다.

　국가가 제국이 되기 위해서는 바로 이러한 두 개의 자유로움을 수반해야 했습니다. 그러나 많은 국가가 제국으로서의 꿈을 이루는 데 실패한 이유가 바로 이 두 개의 자유로움을 제공하지 못했기 때문입니다. 제국의 조건은 바로 모든 분야의 성장입니다. 이 성장의 바탕이 바로 이 두 개의 자유로움입니다. 이는 하나의 목적을 이루는 데 발생할 수 있는 상황을 미리 예견하고 준비할 수 있는 능력이 있어야 하며, 이에는 다양한 사고를 준비해야 했습니다. 그러나 아직도 집단적이고 조직적이며 개인의 자유가 보장되지 않은 상황에서 원대한 꿈을 시작한 국가들은 예견하지 못한 문제에 부딪혀 좌절하고 말았습니다. 이러한 예를 보여준 사람이 바로 비잔틴제국의 역사학자 Leonardo Bruni와 인문학자 Giannozzo Manetti입니다. 이들은 이미 비잔틴 시대에 인문학의 완성을 꾀하고 있었지만 그 시대적인 가치관과 기준에 밀려 자신들의 이론을 공론화하기 힘들었습니다.

　비잔틴제국의 몰락과 종교적인 기독교의 패배는 이들에게 좋은 기회였습니다. 가치관과 공황에 빠진 시민들에게 이들은 어떤 것도 아닌 인간이 주체가 될 것을 공론화했으며 이것이 받아들여진 것입니다. 이것이 바로 인문학의 구체적인 시작이었습니다. (물론 인문학을 바탕으로 하는 사회를 만들려고 시도한 것은 이보다 더 오래 전에 중국에서 있었습니다. 노자와 같은 사람입니다.) 이들은 조직이나 어떤 시스템이 이끌어 가는 사회가 아니라 인간이 주체가 되어 인간을 위한 사회 곧 인간이 행복을 느끼는 사회를 만들고자 했던 것입니다. 종교나 그 어떤 것도 행복을 제공하는 주체가 되면 안 되는 것이었습니다. 인간 그 스스로가 행복해지고 이를 만들어 가는 사회를 만들고자 했던 것입니다. 그러나 그들이 활동했던 그 사회는 아직 준비가 되지 않았던 것입니다. 그리고 이러한 배경을 만들만한 배경도 발생하지 않았기 때문에 그저 교훈적인 말로 작용했던 것입니다. 즉 육체적인 자유가 그 시대에는 아직 완벽하게 준비되지 않았던 것입니다.

　1999년 5월 미국의 타임지에 아시아 사람들은 생각할 줄 모른다고 하였습니다. 맞는 말입니다. 그러나 그들은 아시아에는 인문학이 아직 정착되지 않았다고 쓰는 것이 옳았습니다. 그들은 아시아 사람들이 왜 생각하지 않는지 정확하게 분석할 능력이 없었던 것입니다. 여기서 생각한다는 단어는 개인에 기준을 두고 한 말입니다. 아직 경제성장이 육체적인 자유로움을 갖을 만한 준비가 되지 않았기 때문에 조직적으로 움직였기 때문입니다. 개인의 역량과 사고가 발달하기에는 준비가 되지 않았기 대문입니다. 그들은 자신들의 잣대로 아시아를 바라봤기 때문입니다. 그들이 먼저 경제성장을 이루었기 때문이지 그들이 사고의 능력이 아시아 사람보다 뛰어나다는 의미는 아닙니다. 이러한 분석을 그들은 놓쳤습니다. 그들은 이미 우리보다 먼저 인문학의 혜택을 누렸다는 것입니다. 그래서 그들은 단순히 사실상 인문학을 그들의 기준으로 아시아를 바라보는 실수를 한 것입니다. 비잔틴 이전에 이미 아시아에 특히 중국에는 인문학을 바탕으로 하는 지식이 있었습니다. 건축물의 형태에도 서양과 동양의 형태에서 인문학적인 철학이 들어 있습니다. 그들의 형태는 내부와 외부라는 2원화된 구조로 되어 있습니다. 그러나 동양의 형태는 내부, 중간 영역 그리고 외부라는 3단계를 거칩니다. 여기에서 이 중간 영역이 바로 인간적인 영역입니다(Chapter 04. 3. 김중업 내용 참조).

인문학은 곧 국가의 발전을 의미합니다. 경제적인 발전만이 아니고 모든 분야의 발전이 준비가 되어 있다는 것입니다. 그러나 정확히 말한다면 기본권의 성숙단계와 개인의 독립적인 성장 그리고 가능성의 의미를 내포하고 있습니다. 기본권이 보장되지 않는다면 사회는 긴장되고 조직적인 태도와 의견을 요구하는 사회가 되고맙니다. 이 기본권을 쟁취하기 위하여 단합된 모습과 그 조직에 속해 있어야 하며 개인의 의사와 생각은 존중받지 못하는 모습을 보이게 됩니다. 이러한 상황 속에서 인문학의 발달은 아직 이른 느낌을 줍니다. 이러한 상황이 좀더 발달하여 어떠한 상황 속에서도 기본이 지켜진다는 확신이 들면 개인은 주변을 살펴볼 수 있는 여유가 생기고 조직의 안전과 발달이 보장된 상황에서 개인은 자신을 돌아보게 됩니다.

개인의 독립은 단지 육체적인 상황만을 의미하는 것이 아니고 정신적인 독립을 말합니다. 이를 위해서 지식에 대한 욕구와 여유가 생기고 좀더 논리적인 사고를 위하여 지식에 대한 탐구가 시작됩니다. 이는 한 분야에 발달한 전문가적인 지식에 대한 만족이 아니고 전분야에 대한 상식을 받아들일 준비가 되었다는 것입니다. 기본권이 발달하기 전 개인의 존중보다는 조직과 사회 이데올로기가 정의에 대한 기준이 되었기 때문입니다. 이렇게 지식뿐 아니라 상식의 갈망은 지식에 대한 자유로움을 얻게 되고 스스로의 삶을 영위하는 능력이 생기며 모든 분야가 비로소 통합되는 발전을 갖고 오게 됩니다. 그렇다고 조직의 존재가 약해지는 것은 아닙니다. 조직은 오히려 다양한 능력을 갖게 되며 통합적인 지식을 바탕으로 그 발전의 기초를 다질 수 있는 기반을 만듭니다. 이는 모든 분야의 가능성에 대한 안목이 생기며 이러한 상태가 지속되면서 국가는 탄탄한 기반을 다지게 되고 분석적인 능력을 소유하게 됩니다. 단순히 먹고 살기(육체적인 상황) 위한 수준에서 잘 먹고 잘 살기(정신적인 상황에 대한 욕구) 위한 생활로 옮겨지는 것입니다.

인문학이 발달하기 전에는 전문가와 비전문가가 활동할 수 있는

thinker

MA.Humanities

불안한 사회가 마련됩니다. 다양한 지식을 소유하는 일반인들이 생기면서 일반인보다 월등한 지식을 소유해야 하는 전문가는 더 전문가로 바뀌고 비전문가가 가려지는 상황이 전개됩니다. 더 나은 삶을 갖고자 하는 개인의 욕구는 토론이나 세미나 또는 문화강좌 같은 집약적인 지식에 대한 기회를 찾기 때문에 많은 강좌가 생깁니다. 과거에는 일부 계층만이 영위한 문학이나 예술과 같은 정신적인 분야가 일반화되고 이에 대한 지식을 습득할 수 있는 기회가 다양하게 제공됩니다. 건축도 마찬가지입니다. 과거에는 의식주의 하나로 존재했던 기준이 아니고 다양한 디자인을 요구하게 되고 의뢰자와 설계자라는 명확한 구분이 아니고 하나의 결론을 도출하기 위한 파트너로 존재를 하게 됩니다. 이는 건축 전분야에 영향을 주어 획일적이던 디테일이 다양하게 등장합니다. 이는 곧 빈부의 차가 명확했던 인문학 발달 이전과는 다르게 외형적으로는 큰 차이를 볼 수 없습니다.

## CHAPTER 14

# 건축물 형태

건축물의 형태도 다른 오브젝트처럼 다양한 방법에 의하여 형성이 됩니다. 그러나 크게 형태 성향을 나누어 보면 ① 부가적인 형태와 ② 자체적인 형태, 그리고 ③ 복합적인 형태 등 세 가지로 나누어 볼 수 있습니다. 부가적인 형태는 원형에 다른 것을 첨가하여 형태 변화를 꾀하는 것으로 이는 기술적인 면 또는 기능적인 면보다는 미적인 부분에 더 중점을 두었다고 할 수 있습니다. 이러한 형태 변화는 내부 공간에 큰 영향을 미치지 않으며 외적인 형태 변화를 하는 데 수월합니다. 주로 surface 변화에 역점을 두고 있으며 장식적인 요소가 강합니다. 이러한 표현기법은 근세 이후에 강하게 나타나기 시작했으며 장식의 원조가 되었습니다. 그러나 이는 근본적으

Heatherwick Studio_The Sheung Wan Hotel, 홍콩

liebeskind_walmart, 미국

로 건축물의 형태라고 볼 수 없습니다.

근대 초기 기능주의와 형태주의 간의 불화가 있었습니다. 장식으로 형태를 감추는 것은 형태주의 일환으로 볼 수 있습니다. 이렇게 본 형태에 다른 재료를 부착하여 데코레이션과 같은 방법으로 형태를 꾸미는 것에 반하여 등장한 것이 노출 콘크리트 방식입니다. 본질을 나타내자는 취지에서 시작한 노출 콘크리트는 그 자체가 디자인으로 보이기도 하는 데 여기에는 본질적인 디테일이 구성이 되어야

프랭크게리_현대미술관_빌바오, 스페인

하기에 오히려 작업이 쉽지 않습니다. 그리고 피터 아이젠만이나 리베스킨트 또는 프랑키 게리처럼 본질의 형태 자체를 일반적인 형태에서 벗어나 디지인하기도 합니다. 여기서 우리가 이들의 작품을 이해하기 위하여 먼저 일반적인 형태를 짚고 넘어가는 것이 좋습니다. 일반적인 형태란 중력에 순응하여 대부분의 부재가 수직과 수평을 이루는 것을 말합니다. 이것이 모든 것의 기준이지만 이들에게 이것만이 정답은 아닙니다.

이렇게 수직과 수평의 형태가 주를 이루는 것은 모든 면에서 유리합니다. 내부 공간 배치를 용이하게 할 수 있으며 하중의 흐름을 원활하게 하고 동선의 흐름을 자연스럽게 흐르게 하는 장점이 있습니다. 이러한 형태를 이루는 가장 큰 이유는 바로 구조입니다. 하중의 흐름이 원활하며 부재의 연결이 용이하고 공간활용이라는 장점이 있기 때문입니다. 그런데 이러한 구성을 벗어난 형태들은 다시 말하면 일반적인 구조형태를 벗어났다는 말과 같습니다. 즉 구조와 외피가 분리되는 상황이 본격적으로 온 것입니다. 그래서 우리는 이러한 형태를 '탈 구조'라고 부릅니다. 그렇다고 구조가 불안정하다는 의미는 아닙니다. 즉 모든 것에는 먼저 기준이 있어야 합니다. 그리고 그를 원점으로 하여 기준을 벗어났으면 '탈-'이라는 접두사, 즉 모든 형태에는 탈이 들어간 것과 그렇지 않은 두 가지로 분류할 수 있다는 것입니다. 기준에 따라서 정답이 축약되며 달라질 수 있기 때문입니다. 전문가로 들어 설수록 기준에 의존하게 되고 아마추어 일수록 기준의 의존도가 낮습니다. 그래서 성급한 결론을 내립니다.

교실 입구 문을 가리켜 그 문이 큰지 작은지 물어 본적이 있습니다. 대답은 다양하게 나왔습니다. 어떤 이는 크다고 하고 어떤 이는 작다고 하기도 합니다. 이렇게 다양한 답은 기준이 모호

할 때 생깁니다. 사회도 마찬가지입니다. 하나의 사건에 대한 다양한 해석과 사고는 바로 그 사회가 정의하는 기준이 없거나 모호하다는 의미입니다. 이는 바로 인문학이 아직 성숙단계에 들어가지 않았다는 것입니다. 즉 일반인들이 지식에 대한 수준이 낮다는 것입니다. 문에 대한 다양한 대답을 듣고 난 후 다시 묻습니다. 저 문이 보잉 747 비행기가 들어오기에 큰지 작은 지. 기준이 주어졌을 때 모든 사람이 동일한 대답으로 작다고 말했습니다. 다시 쥐가 들어오기에 어떤지 되물었습니다. 이렇게 우리가 보는 모든 것들은 동일한 상황을 놓고 기준에 따라 다른 답을 얻을 수 있는 것입니다. 건축물 형태에 대한 정의를 전문가는 개인적으로 내리면 안 됩니다. 일반인들은 그 정의에 영향을 받기 때문입니다. 그래서 전문가는 객관적인 설명만을 해야 합니다. 즉 판단은 듣는 자의 몫으로 남겨야 하는 것입니다.

**[표 II-1] 건축현장 조직도**

| 소 속 | 발주처 | 설 계 | 시공회사 | 비 고 |
|---|---|---|---|---|
| 직책 | 현장 감독 | 감 리 | 현장소장 | |
| 주 업무 | 총 괄 | 설계도 | 시 공 | |
| 업무 내용 | • 도면의 내용<br>• 공사 스케줄<br>• 현장의 흐름<br>• 시공 작업 내용<br>• 안전관리<br>• 품질검사<br>• 안전시험<br>• 시방서<br>• 발주처의 창구<br>• 건축재료 결정<br>• 발주처에 결정을 위한 제안<br>• 일일공사관리<br>• 공정관리<br>• 일일 회의 진행<br>• 발주처에 공사내용 수시 보고 | 시방서 설계도에 따른 시공관리<br>• 품질검사<br>• 전체감리 연결<br>• 설계 변경<br>• 설계자 연결<br>• 도면 검토 | 시공 스케줄(허가사항 포함)<br>• 공사품질관리<br>• 현장 안전 관리<br>• 공정 사전검토<br>• 재료 품질관리<br>• 도면검토<br>• 준공도면 | |
| | | • 감독은 매일 소장으로부터 작업보고서를 서류로 제출 받는다.<br>• 감독은 발주처와 의논하여 현장회의 외에도 발주처의 결정권자와 정규적으로 회의를 갖는다.<br>• 감독은 모든 건축재료의 결정에 발주처의 허락을 받는다.<br>• 공사스케줄이 지켜지지 않을 경우 시공사에 패널티가 발생한다.<br>• 감독은 감리가 의무를 다하는가 체크하여야 한다.<br>• 감독은 발주처의 입장에서 모든 것을 결정하여야 한다.<br>• 감독은 매일 현장을 보며 매 공정이 마무리되기 전 확인해야 한다.<br>• 감독은 기성에 서명하기 전 모든 것에 책임을 져야 한다. | | |

건축물의 형태는 다양합니다. 이는 모두 다양한 계획과 설계자의 의도를 갖고 만들어진 것이며 그래야 합니다. 만일 그 설계자가 능력 있는 사람이라면. 건축물의 형태는 크게 건축가 자신의 의도를 잘 표현한 것과 그렇지 않은 것으로 다시 나눌 수 있습니다. 여기서 자신의 의도라는 의미는 건축가 개인의 생각을 말하는 것이 아니라 충분한 객관적인 자료를 토대로 이를 건축물에 나타낸 것을 말합니다. 설계에 있어서 형태가 갖고 있는 의미는 그렇게 중요하지 않습니다.

왜 그런 형태가 만들어졌는지 그 과정과 방법이 그 건축가의 능력을 나타냅니다.

우리가 갖고 있는 건축물의 형태는 크게 원형(고대), 복고풍(고대 이후와 모더니즘 이전까지, 고전주의, 신고전주의, 포스트모더니즘 등) 그리고 국제 양식 3가지 타입이 있다고 앞에서 언급한 적이 있습니다. 대부분의 건축가들은 국제 양식을 만들고 있습니다. 그러나 다양한 형태를 표현 할 수 있는 능력이 필요합니다. 물론 건축가 자신의 타입이 있다고 말할 수 있으나 역사적인 지식은 반드시 필요합니다. 건축물은 지었다가 부정적인 역할을 하면 다시 부수고 지을 수 있는 것이 아닙니다. 준공 후 도시에서 중요한 역할을 하며 우리의 삶에 직접적으로 영향을 미치기 때문에 충분한 분석과 디자인에 대한 사명을 갖고 설계해야 합니다. 건축사 자격증이나 경험으로 짓는 것이 아닙니다.

인문학이 발달하기 전 건축주는 단순히 사용자의 입장에 있었습니다. 그러나 미디어의 발달과 인문학 강좌 등을 통하여 지식이 풍부해진 그들은 이제 사용자의 측면에서 전문가입니다. 그들의 의견은 아주 중요합니다. 그들에게 만족을 주지 못하는 건축물은 그것이 누가 설계를 하든 좋지 않은 것입니다. 단순히 그렇게만 해석할 것도 아닙니다. 시대적인 상황과 조건 그리고 여러 가지 배경도 살펴보아야 합니다. 즉 객관적인 평가에 대한 기준을 충분히 모아야 합니다. 그래서 건축가는 건축주와 충분히 의논하고 이를 표현할 수 있는 능력을 갖추어야 합니다. 건축물은 모든 부분에서 사용자를 위한 기능을 포함하여야 합니다. 그리고 개인적인 미가 아니라 객관적인 디자인을 갖추고 있어야 합니다.

우리 주변에는 디자인을 떠나서 너무 기본적인 기능만을 갖고 있는 건축물이 많습니다. 이를 위해서 너무 많은 경비를 반복 지출하고 있는 것입니다. 앞에서도 언급했듯 여기에는 일반인의 수준이 낮은 이유도 있지만 건축 전문가들의 수준이 낮은 것과 다수의 의견을 따르는 판단의 종속적인 부분이 더 큽니다. 소위 건축가로 활동하는 사람들과 건축교수 중에는 수준 이하의 사람들도 많습니다. 특히 이 수준 이하의 사람들이 심의나 심사위원으로 활동하는 사람들이 많다는 것이 문제입니다. 이들의 수준을 판단 할 수 있는 객관적인 기준이 없기 때문입니다. 일단 자신의 전문성에 역사적인 지식이 없고 충분한 실무 능력이 없는 사람은 절대로 가르치거나 심의를 해서는 안 됩니다. 그들은 훌륭한 작품을 판단할 수 있는 객관적인 능력이 부족하기 때문입니다. 그들이 최선을 다하고 갖은 자료를 다 뒤져서 노력한다고 해도 우리는 아는만큼 보이기 때문입니다. 양식이 무엇인지 어느 건축가가 어떤 스타일의 형태에 능숙한지 또는 그 스타일은 어떻게 만들어지는지 이해를 못하는 사람도 활동하고 있습니다. '형태 = 언어' 입니다.

언어의 폭은 그 사람의 사고의 범위를 나타냅니다. 건축물의 형태는 도시의 언어입니다. 다양하고 품위 있는 디자인의 건축물을 갖고 있는 도시는 그 도시민이 품위 있는 언어를 갖게 만드는 힘이 있습니다. 일반인들이 이를 이해하지 못한다고 생각하는 것은 실로 큰 실수입니다. 우리의 의식은 이해라는 범위에서 움직이지만 무의식은 무궁한 이해력을 갖고 있습니다. 무의식의 가치는 무궁한 것으로 우리의 이해 범위를 넘어서 작용하고 있습니다. 의식은 교육수준에 의존하지만 무의식은 주변의 모든 것을 받아들이고 작용합니다. 이 무의식이 풍부하고 차고 넘칠 때 의식과 스위치가 일어나며 수준 있는 작용을 하게 됩니다. 그런데 무의식은 이 품위 있는 모든 범위의 언어에 반응하며 풍부해집니다. 그렇기 때문에 유익한 환경이 필요한 이유가 바로 이것입니다. 특히 모든 시대가 공존하는 사회는 이 무의식의 풍부함이 더 해지며 이해하지 못한다고 해도 역사적인 대상에 반응합니다. 반응에 대하여 의식적이냐 또는 무의식적이냐 하는 문제입니다.

다양한 지식이 다양한 표현을 만듭니다. 특히 인간의 심성이 다양한 것을 감안한다면 건축은 이 양면을 결코 무시해서는 안 됩니다.

CHAPTER 15

# 건축물의 역사를 배경으로 한 융복합

건축의 역사라고 하기보다는 예술사라고 부르는 것이 옳습니다. 건축이 독자적인 발전을 했다기보다는 예술의 각 분야에서 영향을 받기도 하고 주기도 했습니다. 특히 미술과는 관계는 더욱 긴밀합니다. 미술이 2차원적인 표현에 가깝다면 건축은 3차원적인 표현에 가깝습니다. 조형물이 3차원에 가깝다면 건축물은 공간을 갖고 있습니다. 공간을 갖고 있는 조형물이 있다면 건축물은 인간을 위한 공간이 있어야 합니다. 더 차이가 있다면 건축은 조형물을 넘어 인간을 그 주제로 한다는 것입니다. 역사는 곧 기억의 서랍과 같은 역할을 한다고 앞에서 언급하였습니다. 우리가 많은 지식을 습득하는 것에 비하여 이해를 하거나 그 지식을 담고 있지 못하는 것은 정리할 서랍이 없어 한 곳에 쌓아 놓았다가 후에 찾지 못하는 것과 같습니다. 우리가 습득하는 대부분의 지식들은 이 역사의 틀 속에 담겨있습니다. 그러므로 연대표(지식 서랍)를 갖고 있지 못하면 이를 정리하기 힘들고 곧 이를 잊어버리게 됩니다. 역사는 계속 진행하고 있습니다. 그래서 역사적인 배경을 아는 것이 중요하지만 실질적인 이유는 바로 검증된 역사를 통해 불투명한 미래를 예측해 볼 수 있다는 것입니다. 역사 막대([그림 II-42])를 보면 각 시대의 변화 시기가 빨라지고 있음을 알 수 있습니다. 6000년 이상 걸렸던 고대에 비하면 중세는 약 1000년 그리고 근세(New time)는 300년 정도 그리고 근대는 절정기가 30년 정도이고 현대인 지금은 하루가 다르게 변화하고 있습니다. 이렇게 시기가 짧아지는 배경에는 기술의 발달이 있습니다. 과거에 비하여 인간의 역할을 기계가 많은 부분을 담당하면서 사회의 변화가 빨라지고 있습니다.

II. 제1과 제2의 건축형태에 영향을 주는 요인들

근대가 시작하면서 건축도 건축디자이너보다는 엔지니어 역할이 더 커졌었습니다. 근대 초기 새로운 기술과 재료를 디자이너가 담당하기에는 역부족이었으며 이를 표현하기가 힘들었습니다. 에펠탑을 설계한 구스타프 에펠이 그랬고 교량의 마술사 로버트 마일아트가 있었습니다. [그림 II-1]의 연대표의 시대를 대표하는 키워드를 보면 신에서 인간 그리고 점차 기술로 변화해 가는 것을 볼 수 있습니다. 시대적인 변화를 보면 여러 사건이 있었지만 큰 변화의 원인에는 전쟁이 있었습니다. 고대에서 중세로 넘어가면서 콘스탄틴의 로마 입성이 있었고, 중세에서 근세로 가는 길목에는 십자군전쟁, 백년전쟁 그리고 장미전쟁이 있었습니다. 사실상 미국의 독립에는 장미전쟁의 영향을 받는 헨리 8세가 있었으며, 근세로 넘어가게 된 가장 큰 원인은 바로 십자군 전쟁으로 인하여 기독교가 쇠약해진 틈을 탄 오스만에 의한 비잔틴 제국의 침략이 컸습니다. 그리고 근세에서 근대로 가는 역사에는 시민전쟁으로 인한 귀족의 몰락으로 인한 신분 변화가 있었습니다. 전쟁이 있었다고 말하지만 모든 것이 인간의 생존권에 대한 기본적인 내용이었습니다. 우리가 역사를 깊이 알 필요는 굳이 없다고 봅니다. 그러나 어느 정도 변화의 원인과 인간의 요구를 위한 어떠한 투쟁들이 있었는지 조금은 알 필요가 있습니다. 이렇게 시대가 변화하면서 각 시대의 경계선에는 다음 시대를 예고하는 경고적인 예술의 메세지가 늘 있었다는 것입니다.

고대의 주역이었던 로마에는 과도기적인 정치성과 납으로 인한 중독 등과 같은 사건이 생기고 중세의 말기에는 중세 초기에 보였던 안정적인 형태가 아닌 그 시대 사람들에게는 흉측하고 혐오스럽게 보였었던 고딕과 같은 형태의 메시지가 있었습니다. 인간이 주인이 되는 근세에 들어 과거 보다는 다양성을 보였지만 정신적인 방황은 급기야 신고전주의라는 그리스와 로마를 배경으로 하는 교훈적인 내용을 담아 다시 과거를 그리워하는 세대 간의 갈등을 보이는 양상을 보이기 시작한 것입니다. 그러나 사실상 가장 큰 역할은 인간의 평등을 보여주었던 종교전쟁에 의한 깨우침입니다. 이로 인하여 수직적인 신분체제(귀족과 평민이 수평적인 신분체제(자본가와 노동자)로 바뀌게 되지만 사실상 가장 큰 원인은 페트론 체제의 붕괴입니다.

이를 잘 보여준 건축가가 바로 스페인의 자랑 안토니오 가우디입니다. 가우디에게 구엘 집안이 없었다면 기회가 주어지는 데 더 시간이 걸렸을 것입니다. 근세가 마무리되고 근대가 시작되는 시점에 있었던 가우디에게 사그라다 파밀리아 성당 같은 것은 사실상 근대가 시작되는 시점에서 과도기적인 디자인을 보여줍니다. 과거의 것을 털어버리고 새로운 것을 시작하려는 시대에 고딕의 형태가 등장하는 것은 역행이 될 수도 있었기 때문입니다. 그러나 이것은 근세가 도래함을 알리는 신호였습니다. 이렇게 역사의 내용을 보면 발전이라고 부르기보다는 변화를 계속해 왔는데 이 변화의 중심에는 인간의 욕구가 자리잡고 있었습니다. 그 욕구는 실험적인 작업을 통하여 지속되어 왔지만 인간의 다양성이 자리잡고 있었습니다. 인간의 다양성은 지식과 밀접한 관계를 갖고 있습니다. 지식이 풍부하지 않았던 시기에는 변화의 속도와 다양성이 풍부하지 않았습니다. 그러나 시대 속에 쌓여온 변화는 지식으로 남게 되고 이는 곧 우리의 사고가 섬세한 능력을 갖게 되며 이로 인한 욕구에 대한 상상은 현실화하려는 시도로 이어졌습니다.

분야는 세분화되고 각 분야는 자체적인 발전을 계속해 왔습니다. 근대에 들어 이 속도는 더 빨라져 인간 스스로 갖고 있는 한계를 기계의 힘을 빌어 시도하게 됩니다. 기계의 발전은 가능성의 한계를 극복하지만 인간의 욕구를 만족시키는 데 완전한 것은 아니었습니다. 기계는 많은 것을 가능하게 하였지만 예술에 대한 영역은 아직 한계가 있었습니다. 이 한계는

[그림 II-43] 가우디_사그라다 파밀리아대성당 (1882~), 스페인

아직 인간의 손길을 필요로 하였습니다. 특히 상세한 부분에 있어서 아직은 부족하였던 것입니다. 이는 기술적인 부분만이 아니고 모든 분야에서 한계를 갖고 왔습니다. 특히 각 분야의 개별적인 작업은 욕구충족에 있어서 만족감을 주지 못하였던 것입니다.

육체의 만족 그리고 정신의 만족에 이어서 이 둘의 통합이 요구되었습니다. 분야의 통합이라는 시도가 요구되었습니다. 이 가능성의 시도에는 IT의 등장이 있었습니다. 시간과 영역을 초월하는 시도는 분야의 가능성을 보여주었고 스마트 폰의 등장처럼 건축에도 스마트 빌딩이 시도된 것입니다. 인간이 게을러졌다기보다 육체적인 상황에서 사고적인 상상을 실현하는 단계로 온 것입니다. 생산, 포장 그리고 유통이라는 단계가 분리되지 않고 하나의 작업 선상에서 이뤄지듯 건축도 설계, 시공 그리고 건축주의 과정이 하나로 이어가는 단계가 가능하게 된 것입니다. 준공 후 건축주가 자신의 취향에 맞춰 인테리어 또는 설비를 재작업하던 시기와는 다르게 모든 것이 초기 작업에서 이뤄지게 된 것입니다. 이는 건축형태에도 많은 영향을 주었습니다.

고대에는 내부와 외부의 관계가 명확하게 이뤄진 것에 비한다면 현재는 공간의 존재 자체가 의미가 없어졌습니다. 이는 사실 설비의 혁명이기도 했습니다. 또한 형태를 만드는 작업에서도

작업에 한계가 있었습니다. 그러나 지금은 컴퓨터로 시뮬레이션을 돌리고 구조의 가능성을 미리 계산할 수 있으며 이로 인해 다양한 형태를 시도할 수 있게 되었습니다. 사실상 다양한 형태를 가능하게 하는 것은 구조와 재료의 가능성입니다. 어떤 분야가 서로 융합하거나 복합적인 작업을 하는가에 따라서 예상하지 못한 작업을 이뤄낼 수 있게 된 것입니다. 그러나 여기에도 문제는 있었습니다. 복합적이거나 융합이 이뤄졌다고 해서 만족스러운 결과를 언제나 얻는 것은 아니었습니다. 이 융복합적인 작업이 사실 처음 있었던 것은 아닙니다. 이미 근대에 피카소의 분석적 큐비즘과 종합적 큐비즘이 융복합과 유사한 내용을 담고 있습니다.

지금 사회가 융복합적인 작업 시스템을 원하는 데는 많은 이유가 있습니다. 지금까지의 방법으로는 이 사회가 갖고 있는 문제를 해결할 수 없다는 것을 깨달았기 때문입니다. 그렇다면 '지금까지의 방법은 무엇인가?' 바로 분업이었습니다. 그리고 시작(욕구)과 결말(충족)까지의 시간이 많이 소요되기 때문이었습니다. 여기서 경비와 인력부족이 발생하기 때문입니다. 이미 미래파는 속도의 미를 주장하였었습니다. 입체파는 여러 요소의 종합성으로 하나의 형태를 이루고 있음을 알리려 했던 것입니다. 속도의 미를 나타내기 위하여 미래파는 종합적인 기능의 필요성을 나타낸 것입니다. 하나의 영역에 여러 가지 기능을 두어 연속적인 흐름이 있었습니다. 이것이 융

피카소_분석적 해체

피카소_종합적 큐비즘

복합의 시작입니다. 지금은 기계보다 더 정확하고 능률적인 전자가 생기면서 이를 접목한 산업 스타일들이 등장하고 있습니다. 건축에도 스마트 빌딩이 등장하고 자동제어 장치가 있는 인텔리젠트 빌딩이 만들어진 것입니다. 이는 건축과 IT의 융복합으로 건축도 전분야에 걸쳐 기술의 복합이 생겼습니다. 이것이 시사하는 바가 큽니다. 즉 건축이 갖추고자 하는 고유의 기능이 과거의 시스템만으로는 충분한 해결을 볼 수 없기 때문입니다. 자동제어 시스템은 인간의 한계와 불만족을 대신하는 데 충분하였고 기능적으로 더 좋아질 가능성을 갖고 있습니다. 고대부터 발달해온 모든 분야의 목적이 바로 안락함이었을 수도 있습니다. 그러나 여러 가지 기술적인 한계와 그로부터 발생되는 문제점이 완전한 해결을 보여주지 못하였습니다. 단지 여러 가지 복합적인 기술이 하의 목적을 달성하기 위한 시간이 필요했을 뿐입니다.

　이제 스마트 시대가 열린 것입니다. 이것이 분야의 융합과 복합을 가능하게 한 것이며 건축도 이를 응용하는 데 충분했습니다.

CHAPTER 16

# 고대와 원론주의

[그림 II-44] vpdlwl 213 Giza pyramid _이집트

    이집트를 생각해 보면 떠오르는 것이 많지만 그 중에 피라미드가 대표적입니다. 왜 그렇게 피라미드를 크게 지었는지 한 번쯤은 생각해 볼 수도 있습니다. 피라미드는 왕의 무덤입니다. 단지 그러한 이유로 그렇게 크게 만들지는 않았을 것입니다. 여기서 우리는 건축물의 정의에 대하여 한 번 생각해봐야 합니다. '크기에 상관없이 건축물과 조형물 차이의 기준은 무엇인가?' 건축물은 인간을 위한 공간이 존재해야 합니다. 피라미드는 초기에 건축물보다는 조형물로 인식이 되었습니다. 그러나 이집트의 종교적인 성격을 살펴보고 그것이 건축물이라는 것을 알게 된 것입

니다. 그들에게 죽음은 의미가 달랐습니다. 생의 마지막이 아니고 여행을 떠나는 것입니다. 여행을 떠나기 위하여 왕은 그에 걸맞게 하인이 필요하고 심지어 부인도 대동해야 하는 상황이 있었습니다. 그래서 죽은 왕을 위해서 그들을 생매장도 해야 하기에 공간이 필요했던 것입니다. 여행을 떠나는 시기는 명확하지만 돌아오는 시기는 확실하지 않았습니다. 그것이 1년이 걸릴지 100년이 걸릴지 후손에게는 막연했습니다. 여행에서 돌아오면 본 몸체로 돌아가야 하기에 몸을 온전히 보관을 해야 했습니다. 또는 그들에게 죽은 후의 몸을 잘 보존해야 내세에 잘살 것이라는 의미도 있었기 때문입니다. 이것이 쉽지 않았던 이집트가 선택한 방법이 바로 미이라입니다. 죽으면 시체의 내장과 머리의 골을 꺼내고 방부제를 바른 후 메가소마(벌레의 종류)를 몸에 넣어 마무리합니다. 그러나 이 몸을 영원히 보호하는 것이 이집트의 문제였습니다. 그래서 그들은 피라미드와 같이 필요한 공간보다 큰 규모의 형태를 선택하고 입구를 찾지 못하게 한 것입니다.

여기까지가 그들이 피라미드를 만들게 된 이유였다면 그 규모에 대하여 생각해보았으면 합니다. 피라미드 각 단위로 본다면 그 규모가 방대하지만 이집트의 사막이 갖고 있는 지평선에서 우리의 눈으로 볼 수 있는 좌우의 길이에 피라미드를 놓고 본다면 그 규모는 결코 크지 않습니다. 이것이 건축적인 해석입니다. 그렇다면 그들이 초기에는 왕의 무덤을 산 속에 파던 것과는 다르게 사막에 놓은 이유가 있을 것입니다. 사막에 산이 적은 이유도 있지만 피라미드의 위치를 살펴보면 사막의 곳곳에 흩어져 있지 않고 영역적으로 공통점이 있는 것을 알 수 있습니다.

이를 살펴 보기 전 이집트인들의 도시계획을 먼저 살펴보아야 합니다. 이집트에는 나일강이 남에서 북으로 흐르고 있습니다. 나일강은 이집트인들에게 단순한 강이 아니고 더 많은 의미를 갖고 있습니다. 이 강은 이들의 도시계획을 위한 축이 되었습니다. 방위가 일반인들에게는 방향을 의미하지만 이들에게 방위는 다른 의미를 갖고 있을 수 있습니다. 나일강의 오른쪽은 동쪽입니다. 동쪽은 해가 뜨는 곳으로

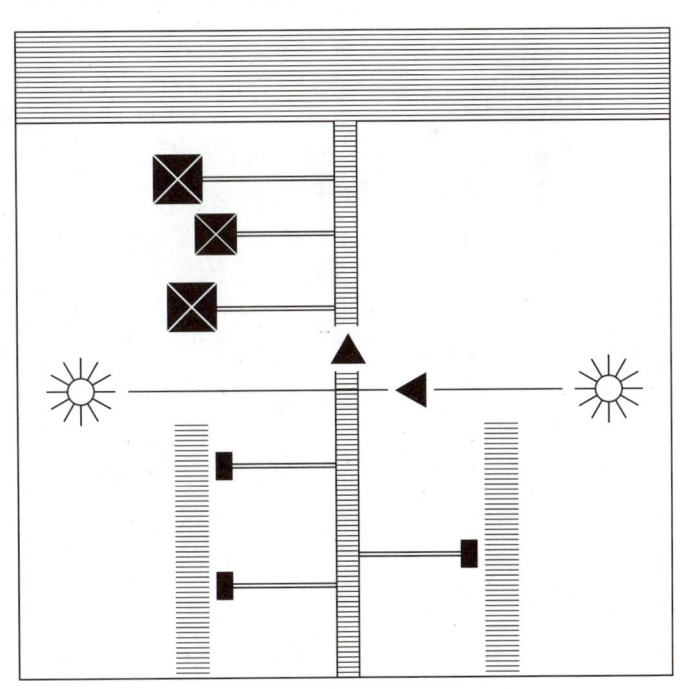

[그림 II-45] 나일강과 마을의 위치

곧 희망을 나타내고 탄생을 의미하기도 합니다. 그래서 이들은 동쪽에 마을이 위치하게 도시를 건설했습니다. 그리고 반대로 서쪽은 해가 지는 곳으로 절망이며 죽음입니다. 그래서 이집트 인들은 나일강의 서쪽에 강을 향하여 직각을 이루게 배치하여 피라미드를 설치하였습니다. 이러한 도시계획을 당시 이집트 인들은 다 알고 있었습니다. 사막을 횡단하거나 헤매다 피라미드를 발견한다면 이들은 자신들의 위치를 알게 되고 우선적으로 방위를 결정합니다.

사막에서 피라미드를 발견했다는 것은 곧 오아시스를 발견하는 것과 같습니다. 피라미드의 동쪽으로 나일강이 있고, 나일강의 동쪽으로 마을이 있다는 것을 알기 때문입니다. 이러한 이유가 아니라면 나일강의 서쪽에 직각을 이루게 피라미드를 모아놓지는 않았을 것입니다. 그렇기 때문에 피라미드는 왕의 무덤이기도 하지만 사막에서 이정표 역할을 하기도 합니다. 너무도 넓은 사막의 지평선을 본다면 그 피라미드의 크기는 오히려 작은 것입니다. 죽은 자에게는 무덤이지만 산 자에게는 삶의 이정표가 되기 때문입니다. 이것이 건축적인 해석입니다. 역사가 과거에만 머문다면 굳이 우리가 지금 이해할 필요가 없습니다. 그러나 이 역사적인 내용은 지금도 흐르고 의미가 사용되고 있습니다.

이것을 이해한다면 I.M.Pei가 왜 루브르박물관 앞에 피라미드를 설계했는지 이해할 수 있습니다. 즉 이러한 원리를 이해하지 못한다면 건축가들이 파리의 그 피라미드에 열광하는 원인을

[그림 II-46] I. M.Pei_루브르 박물관의 피라미드

알지 못합니다. 포스트모더니즘 건축가 찰스 젱스는 이 피라미드를 향하여 "아이엠 페이는 이 피라미드를 통하여 프랑스에 옛 영광을 돌려주려 하였다"고 말하였습니다. 미테랑 대통령이 프랑스에 문화혁명을 위하여 당시 많은 투자를 했던 이 의도를 아이엠 페이는 간파했던 것입니다. 그 건축가가 단순히 삼각형의 대가라서 그 피라미드를 만들었다고 치부한다면 이는 실로 안타까운 일입니다. 일반인들이 루브르박물관에 들어가 그 많은 작품들에 매료되어 있을 때 우리는 그 피라미드가 갖고 있는 형태가 아닌 그의 의미와 선택에 박수를 보내는 것입니다.

페이의 피라미드는 루브르박물관과 시내의 경계선에 놓여 있습니다. 그의 피라미드는 시야가 막힌 돌(사암과 화강암)이 아니고 유리로 되어있습니다. 이집트의 피라미드는 내부와 외부가 차단되어 있지만 페이는 피라미드가 시야를 차단하게 하지 않았습니다. 이는 프랑스의 요구(를 만족시키기 위함이다. 과거(루브르박물관)와 현재(지금의 파리)를 잇는 시간적인 연결통로로 그는 유리를 선택한 것입니다. 이는 과거의 영광이 현재에도 재현되기를 바라는 프랑스의 염원을 나타낸 것입니다. 왕의 상징이 곧 그에게는 영광의 상징적인 형태로 선택된 것입니다. 박물관과 도시의 경계선에 그 피라미드를 설치하고 유리를 선택한 것은 시각적인 제한을 두지 않아 시간의 연속성을 나타낸 것입니다. 이것이 페이가 선택한 역사적인 내용을 현대에 접목시킨 융복합의 형태였습니다. 도시의 건축물이 기능으로서 가져야 하는 기본적인 역할 외에 도시의 의미로서 기능을 갖도록 역할을 했던 것입니다.

그리스는 이집트와 대조적인 환경을 갖고 있었습니다. 사막의 획일적인 자연환경에 비한다면 그리스의 환경은 험난한 형태를 갖고 있었습니다. 이것이 신화가 필요했던 원인이 되었고 그들에게는 자연에 굴하지 않고 살아나갈 정신적인 배경이 필요했습니다. 그 배경으로 신화가 필요했으며 신화를 통하여 용기를 얻고 이것이 정신적인 지주로서 작용한 것입니다. 이들은 지속적인 배경을 유지하고자 신화를 배경으로 원형극장과 신전을 건축하여 신화를 현실화하려고 노력했습니다. 자연의 상태에 적합한 신이 곳곳에 등장하고 인간의 한계에 이를 통하여 극복하려고 노력한 것입니다. 이는 그리스의 종교와 같은 역할을 하였던 것입니다. 이 믿음은 신전의 디테일에 잘 나타나 있습니다.

각각의 신전은 세밀한 규칙 속에 건축이 되었으나 신전이 갖추어야 하는 형태에 대한 통일성을 유지했습니다. 이것이 신전의 모델이 되었습니다. 삼각지붕과 기둥 그리고 단의 세 가지 규칙을 반드시 지켰습니다. 이러한 3가지 규칙은 신전에서 반드시 필요한 요소였습니다. 기독교의 성막을 살펴보아도 입구가 있고 신전에 들어 가기 전 손을 씻는 곳이 있으며 신전의 영역으로 구분이 됩니다. ① 신전에서 건물의 하부에 있는 단은 인간의 영역과 신의 영역을 구분하는 경계선의

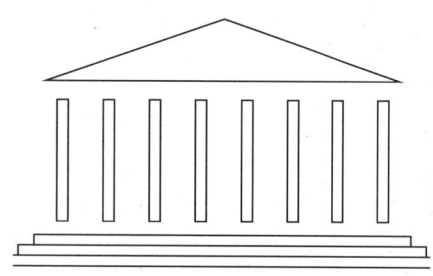

신전의 형태 조건  　　　수덕사 대웅전  　　　봉정사 대웅전

[그림 II-47] 신전의 모델

역할을 하는 기능을 갖고 있습니다. 이는 곧 인간의 영역과 신의 영역이 직접적으로 닿으면 안 되는 의미를 보여주는 것으로 신전에서 필수적인 요소입니다. ② 수직적인 기둥은 상승효과를 보이며, ③ 삼각지붕은 성스러운 의미를 갖고 있습니다. 이러한 신전의 요소는 동서를 막론하고 모두 같은 구성을 갖고 있습니다.

　그리스인들은 신전에 쓰이는 기둥의 종류도 3가지로 구분하여 남성적인 신전, 여성적인 신전 그리고 그 외의 신전에 쓰이는 기둥을 구분하였습니다. 이는 곧 신전에 생명력을 불어넣는 작업입니다. 도리스식 기둥은 받침이 없는 대신 기둥의 윗 부분에 다른 요소(주식, capital)를 단순화 시켰습니다. 이는 더 강하게 보이려는 의도를 나타낸 것입니다. 나머지 2개의 기둥에는 받침(주초, base)이 있으며, 기둥에 촘촘한 선을 나타내어 당시 그리스 여인들이 즐겨 입던 실크원피스의 주름을 나타내어 여성스러움을 더했습니다. 앞에서 건축형태의 종류를 원형(고대), 복고풍, 국제 양식 등 이렇게 3가지로 압축한 내용이 있습니다. 주변에서 국제 양식을 가장 많이 볼 수 있는데 이는 형태의 자유로움 때문입니다. 이는 곧 원형에서 형태의 해방을 의미하기 때문입니다. 이 해방은 곧 시대의 해방입니다. 그런데 복고풍에서 가장 많이 볼 수 있는 것이 바로 그리스 양식입니다. 특히 권위적이고 품위를 따지는 형태에 그리스 형태가 많이 선택됩니다. 이는 곧 신전이라는 고유의 성질

[그림 II-48] 그리스식 기둥의 종류

미시시피 청사_Federal style(1812), 미시시피

압구정 현대 백화점, 서울

[그림 II-49] 신고전주의

이 그 형태에 담겨져 있음을 일반인들도 무의식 속에서 느낀다는 것을 의미합니다. 그렇기 때문에 아무리 복고풍이라 해도 신전이 갖고 있는 3가지 요소(단, 기둥 그리고 삼각지붕)를 반드시 지켜야 합니다. 이를 벗어난다면 그것은 더 이상 그 고유의 의미를 간직하지 못하고 망치는 행위입니다.

그리스는 대리석이라는 건축재료를 얻을 수 있었습니다. 이는 그리스 인들의 손기술이 다른 민족에 비하여 뛰어나 섬세한 조각을 할 수 있다는 것이 아니라 그 재료의 특성이 주는 이점을 최대한 살렸다는 것입니다. 그리스가 다른 나라보다 더 정교하고 섬세한 조형을 가능하게 할 수 있었던 배경에는 이 재료의 역할이 컸습니다. 고대의 대표적인 이집트, 그리스 그리고 로마 모두 신전이 있었지만 그리스의 신전 형태가 가장 무난하고 규모 면에서도, 확대와 축소 면에서도 그 기본적인 형태가 유지될 수 있는 것은 그 비례관계가 유지되기 때문입니다. 그래서 지금도 그리스의 신전형태는 다양한 곳에서 응용되고 있습니다. 특히 단의 형태 변화는 도시에서 그 기능이 역

시카고 미술관

미국 제2은행(1824)_필라델피아

[그림 II-50] 그리스 건축

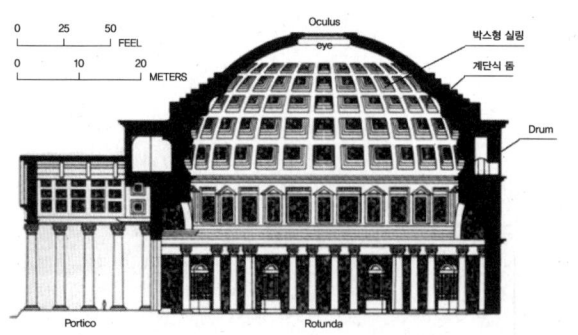 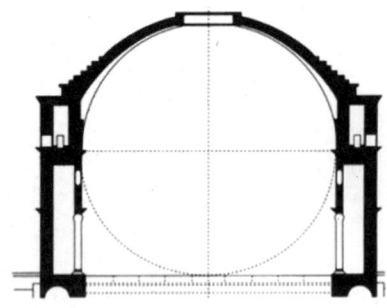

[그림 Ⅱ-51] 판테온 신전_로마시대

할을 가능하게 하기 때문입니다. 단은 신전으로 들어가는 첫 단계이지만 이것을 확장하면 도시에서 뚜렷한 목적을 주어지지 않고 상황에 다라서 기능이 응용되는 역할을 하는 데 이것이 단이 갖고 있는 긍정적인 부분입니다. 단의 계단 수가 적어지면 단순히 계단으로서 쓰이지만 개수가 많아지면 계단의 기본적인 기능 외에 휴식 공간으로([그림 Ⅱ-50]) 부가적인 역할을 갖게 됩니다.

   로마는 단순합니다. 그러나 앞의 다른 시대보다 더 기능적이고 공간에 대한 발전을 보이고 있습니다. 그들의 건축형태는 전면의 디자인에 비하여 나머지 부분은 단순했습니다. 그러나 사실상 후기로 가면서 로마의 건축은 점령지의 모든 건축을 복합적으로 사용한 좋은 예입니다. 그들의 기둥은 고유적이라기보다는 응용한 것이었으며 융복합적인 요소들이 많이 보입니다. 공간에 대한 욕구에서 출발한 것이 바로 아치와 돔입니다. 넓은 공간을 갖고 싶은 로마가 만들어낸 창작물입니다. 목욕탕의 사회적 역할과 수로 그리고 화장실 형태는 로마가 과학적이고 실용적이었다는 것을 그대로 보여줍니다. 이집트나 그리스와는 다르게 구조적인 욕구에서 발생한 또 하나의 발견이 바로 조적조의 벽돌입니다. 그들은 역학적인 지식이 있었음을 조적식에서 보여주고 있고, 판테온 신전의 드럼으로 받쳐져 있는 돔의 두께가 위로 갈수록 얇아지고 돔의 면을 격자형태로 파내서 자체적인 하중을 줄이는 것을 보면 구조에 대한 지식이 풍부했다는 것을 알 수 있

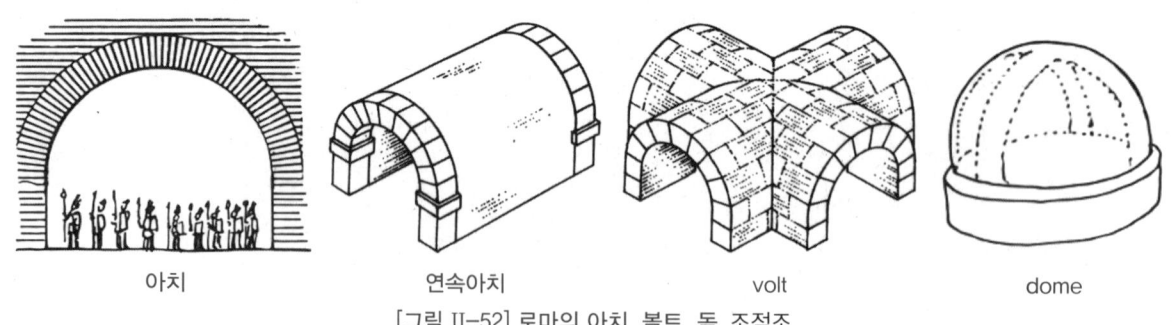

[그림 Ⅱ-52] 로마의 아치, 볼트, 돔_조적조

습니다. 돔을 형성할 때 거의 정형의 원을 만든 것도 결코 우연이 아닙니다. 이는 실로 큰 공간을 만들 때 완벽한 형태의 원이 하중의 흐름을 감소시킨다는 지식을 갖고 있었음을 말해줍니다. 완벽함은 단순히 형태만을 두고 말하지는 않습니다. 미술가 라파엘로는 이미 그 판테온의 가치를 알고 이를 너무도 사랑했기에 이 건축물에 잠드는 축복을 갖게 됐습니다. 완벽함은 단순히 형태만으로는 되지 않으며 바로 융복합적인 바탕에서 이룰 수 있음을 보여준 것입니다.

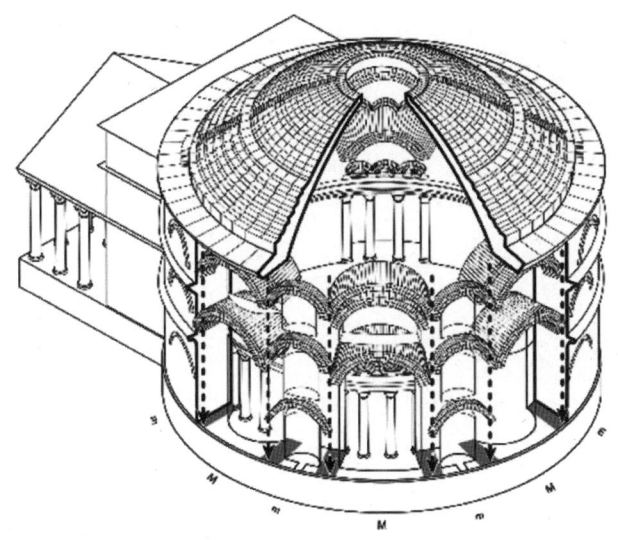

판테온_둥근 벽을 갖고 있는 구조적 시스템

## CHAPTER 17

# 중세와 복고(역사)주의

중세의 사건은 바로 기독교의 공인에서 시작합니다. 초기 기독교는 동서양의 융복합입니다. 로마는 비잔틴으로 옮기면서 서양의 사각형과 동양의 원을 복합적으로 형태에 사용하기 시작했습니다. 이는 동양의 반발심을 줄이려는 정치적인 의도가 있었지만 그래도 효과가 있었기에 천년제국이라는 칭호를 얻을 만큼 성공적이었습니다. 오스만에 의하여 무너질 때까지 비잔틴 제국은 건재했고 내부적으로 어려움이 없었는데 바로 정치적 융화정책의 효과가 컸던 것입니다. 십자군 전쟁이라는 사건만 없었어도 그렇게 쉽게 무너지지는 않았을 것입니다. 후에 르네상스가 시작되면서 종교적인 상황을 벗어나 인문학이 발생할 수 있었던 계기가 된 것입니다.

또한 르네상스는 독자적인 문화를 형성하지 않고 고대의 신인동형을 갖고 오게 된 것도 바로 이 십자군 전쟁에 의한 종교에 의한 실망이 컸을 수도 있습니다. 그러나 중세의 문화는 근세보다 더 다양했으며 훨씬 구조적이었습니다. 특히 정치적인 상황에 더 영향을 받았고 그로 인한 건축물의 형태가 다양하게 등장하게 된 것입니다.

메스의 형태가 로마네스크에 와서 중정을 갖는 성벽의 형태로 바뀌게 된 배경에는 로마 황제의 힘이 약화되고 자체적인 힘을 키워야 하는 정치적인 불안감이 있었습니다. 이로 인하여 건축물의 하단에는 창고 또는 하인들의 숙소가 있는 공간이 존재하고, 중간 영역은 준 개인 공간으로 거실 같은 모두의 공간이 존재하는 영역이고, 상층부는 개인 공간으로 구획되었습니다. 그래서 하층부에서 중간 영역으로 올라가는 계단은 돌계단으로 소음이 발생하지 않았으나 중간 영

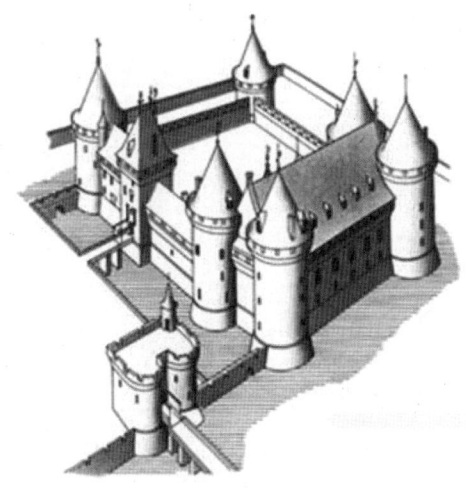

[그림 II-53] 로마네스크

역에서 상층부로 올라가는 계단은 나무계단으로 소음이 발생하여 인기척을 느낄 수 있는 구조로 만들어진 3단의 수직적 공간구조를 갖게 됩니다. 이것이 로마네스크 양식을 가르친 보자르 학교 출신들의 활동무대였던 시카고 건축에 영향을 미치게 된 것입니다.

시카고에 대화재가 발생한 후에 도시 재건을 위하여 보자르 학교에서 유학하던 많은 건축가들이 귀국하여 로마네스크 양식을 시카고에 선보인 것입니다. 또한 비잔틴으로 시작한 초기 기독교의 양식의 흐름 속에서 로마네스크가 등장한 것은 다른 시대의 흐름에서도 보여준 일반적인 모습으로 하나의 양식이 시작되어 흐르다가 지루함을 보이면서 과거의 것에 대한 향수의 일종으로 다시 로마의 것을 그리워하면서 발생한 것이 바로 로마네스크(로마풍)입니다. 로마에서 발생한 양식의 요소들이 다시 등장한 것입니다. 이는 비잔틴 건축 속에서 같이 성장하였지만 로마의 디자인 요소(아치, 돔, 조적조)들이 당시 중세에 적합하게 변형을 한 것입니다.

그러나 역사의 흐름 속에서 과거를 회상하는 과정 다음에는 반대로 새로운 것이 등장을 하게 되는 것을 보았습니다. 고딕은 바로 이에 대한 암시였습니다. 이전의 양식들은 부분적인 변화를 꾀하기는 했지만 과거의 것을 답습하는 고전주의에서 크게 변화하지 못했습니다. 비잔틴은 계속 흐르고 다시 과거 로마의 것을 답습하는 과정에서 일부의 건축가들은 여러 가지 문제점을 그대로 갖고 가는 것에 불만이 있었습니다. 특히 벽의 두께가 주는 육중함은 여러 가지 요소들이 제 기능을 하지 못한다는 것을 알고 있었고, 이 시대 가장 큰 원인인 종교적인 바탕에서 오는 방황을 해결하는 데 앞서 건축적인 해결을 보고 싶었습니다.

　기독교의 시작으로 세상은 새로운 희망으로 가득 찼습니다. 내세에 대한 희망과 하나님에 대한 종교적인 믿음을 우선적으로 여겼던 시대였기에 모든 것에는 이들의 믿음을 향한 형태가 필요했습니다. 특히 하늘의 존재에 대한 의문이 당시 교회의 형태를 결정하는 데 중요한 역할을 한 것입니다. 기독교가 공인될 당시의 인간과 하늘의 존재는 개별적이었습니다. 그러나 교회 내에 하나님이 계시다는 믿음은 교회 공간을 성스럽게 만들기 위하여 하늘을 닮은 돔의 형태를 필요로 하였던 것입니다.

　하나님과 하늘이 인간과 공존한다는 믿음은 더 높은 교회건축을 필요로 하게 되었고 이렇게

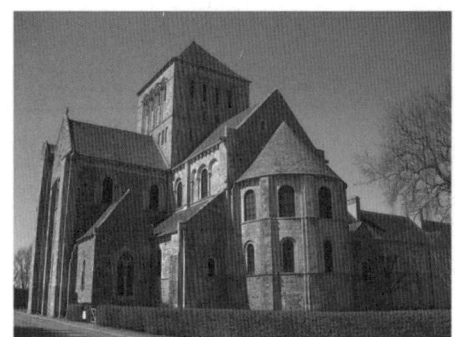
Lessay Abbey, Normandy, France 로마네스크

Maria Laach Abbey, Germany 로마네스크

마퀘트 빌딩, 시카고 Marquette Building, Chicago, 1893-4, Holabird and Roche

마샬 피이드 백화점, 시카고 Henry Hobson Richardson, Marshall Field Wholesale Store, Chicago 1885-87 (demolished 1931)

[그림 II-54] 로마네스크_시카고

높은 건축물의 필요에서 과거에서부터 내려온 건축물의 벽 두께는 문제가 되었습니다. 이러한 벽의 두께는 높은 건축물의 생성에서 많은 하중의 어려움이 있었고 이를 해결하기 위하여 교회건축의 다이어트가 필요했던 것입니다. 하중의 흐름을 연구한 고딕건축가들은 내부와 외부의 구분을 위한 벽만을 남겨놓고 하중의 흐름도를 따라 얇아진 벽의 안전을 위한 해결책으로 외부에 지지대와 같은 외피를 만들었는데 이것이 바로 플라잉 버트레스입니다. 그러나 이것만으로는 높아지려는 교회건축의 문제점이 해결될 수 없었습니다. 그래서 모든 부분에 부조라는 방식을 사용하여 자체적인 하중을 줄이는 방법을 강구하게 된 것입니다.

벽이 얇아지면서 창의 기본적인 가능인 환기와 빛 그리고 시야확보라는 역할이 가능하게 되지만 환기에 대한 역할을 아직 어려운 시기였습니다. 그

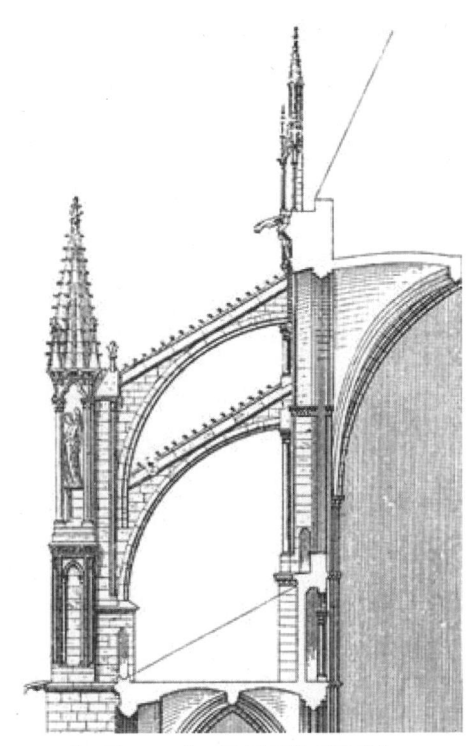

[그림 II-55] 고딕 플라잉 버트레스

[그림 II-56] Richard Meier & Partners Architects(1997) _The Getty Center, LA.USA

러나 창은 새로운 기능을 부여받게 되는데 이것이 바로 스테인드 글라스입니다. 아직 인쇄술이 발달하지 않은 시기에 성경 내용의 전파가 부족한 시기였습니다. 성서에 등장하는 내용을 바탕으로 스테인드 글라스는 교훈적인 내용을 전하는 데 좋은 수단이 되었고 특히 빛을 통한 방법은 성스러운 분위기를 만드는 데 적합했습니다. 고딕 건축가들은 이렇게 디테일한 부분을 그대로 두지 않았습니다. 본래의 취지는 하중을 줄이는 목적이었지만 이를 위하여 시대적인 상황에 맞게 모든 부분에 부조를 통하여 종교적인 상황을 나타내면서 하중을 줄이는 천재적인 작업을 한 것입니다. 첨탑의 상승은 이 부조가 가능했기에 더 높이 상승할 수 있었던 것입니다. 이 작업이 가능하게 했던 것이 바로 작업이 용이한 사암의 선택이었습니다. 이전의 어떤 건축물과도 그 양식의 차이를 보여준 고딕 건축물은 이렇게 실험적인 작업에 의하여 탄생했지만 로마 양식에 익숙했던 사람들에게는 실로 혼란스러운 모습으로 다가 올 수도 있었던 것입니다. 그래서 르네상스 사람들은 이렇게 익숙하지 않은 형태를 혐오스럽고 흉측한 형태로 보고 고딕이라는 이름을 붙이게 된 것입니다. 그래서 이들은 다시 로마의 형태를 재현하기를 바랬던 것입니다.

CHAPTER 18

# 근세(new time)와 장식주의

    고대 후의 중세는 기독교라는 사건을 발단으로 새로운 가치관을 시작했지만 사실상 로마 건축 양식의 형식을 크게 벗어나지는 못했습니다. 중세 후기에 고딕의 등장으로 양식의 변화를 보이기는 하였어도 이는 과도기적인 성격으로 어느 시대나 새로운 시대 변화를 하기 전 나타나는 현상이었습니다. 로마와 그리스 양식은 근세에 와서도 계속 진행되었습니다. 오스만에 의한 비잔틴 제국의 멸망으로 시대의 코드가 바뀌었을 뿐 건축 양식에 있어서는 큰 틀은 변화하지 않았습니다. 기독교가 바탕이 되었던 중세의 몰락으로 로마로 피신한 인문학자들에 의하여 그늘에 있었던 인문학이 양지로 나왔습니다. 실의에 빠진 비잔틴에서 물러간 로마인들을 일으켜 세울 새로운 시대적 코드로 인문학은 좋은 돌파구였습니다. 주체가 바뀌면서 새로운 시대에 대한 열

인쇄기와 구텐베르크(약 1440)

르네상스 그림

II. 제1과 제2의 건축형태에 영향을 주는 요인들

(a) 다빈치_최후의 만찬   (b) 틴도레또_최후의 만찬
[그림 II-57] 최후의 만찬_소실점 위치

망은 인간 위주의 활기로 가득찬 계기가 되었던 것입니다.

집중과 선택이라는 과정에 중세에 실망한 유럽은 새로운 시도에서 인문학만으로는 실의에 찬 유럽을 일으켜 세우기에는 부족했습니다. 그래서 종교적인 충격에 빠진 이들에게 교훈적인 신화와 역사가 필요했던 지도자들에게 고대는 정신적인 대체 수단으로서 명분이 있었습니다. 근세에 인간 중심의 내용은 좋은 방향이 될 수 있었지만 정신적인 충격을 완화할 수 있는 방법도 필요했습니다. 인간 위주의 문화 코드는 희망적인 목적지를 나타낼 수 있지만 그 목적지로 향하는 의지를 심어줄 수는 없었습니다. 여기에 신인동형이라는 내용은 신으로부터 갑작스럽게 인간으로 방향 전환을 할 경우 발생할 수 있는 충격을 줄이는 데 좋은 예가 될 수 있었습니다. 그래서 중세는 인본주의와 신인동형이라는 두 가지 바퀴를 축으로 하여 움직이기 시작한 것입니다. 고대의 신인동형과 차이가 있다면 고대는 일부 계층이 이 영역에 속했다면 근세는 인간의 범위를 훨씬 넓힐 수 있는 가능성을 갖고 있었고 인간 자체의 존재를 높이는 성격을 갖고 있었습니다. 이는 곧 실의에 찬 유럽을 일으켜 세우는 좋은 콘셉트였습니다.

이러한 정신세계는 인간의 활동 범위를 더욱 넓히는 데 박차를 가하게 되고 급기야 신인동형에서 인간의 범위가 고대보다 더 중점적으로 기능을 하게 되는 역할을 하게 됩니다. 고대의 신인동형은 제한된 일부 계층이 인간의 권위를 높이기 위한 목적과 인간이 신의 일부가 되려는 성격이 강했다면 근세에는 신의 존재가 인간의 정신적인 부분으로 한정되는 역할이 강했습니다. 즉 인간의 범위가 더 넓어졌다는 것입니다. 이것이 인간 스스로 신으로부터 독립하여 살아가려는 의지가 되었고 이를 위해 인간이 신보다 부족한 능력을 과학의 힘을 빌어 헤쳐나가려는 노력을 한 것입니다. 이에 대한 결과로 많은 창작물이 쏟아져 나왔고 더 넓은 세상과 영역확장에 대한 가능성이 생긴 것입니다. 실로 인간의 삶을 바꾸는 시도가 이루어졌고 그로 인해 우리의 사고는

(a) 매너리즘 건축

(b) 파르미자니노 목이 긴 성모(1534-40)
[그림 II-58] 매너리즘

끝없이 펼쳐졌습니다.

정체되었던 삶의 모습은 하루가 다르게 새로운 소식들로 가득 찼으며 도구의 도움으로 인간은 스스로 부족한 부분은 덮을 줄도 아는 지혜를 갖게 된 것입니다. 그러나 인간의 지혜에 대한 한계를 느끼게 하는 장애요소는 너무도 많았습니다. 신앙은 이를 극복하고 인정하며 사는 지혜를 주었지만 홀로서기를 외친 인간에게는 쉽지 않은 상황이었습니다. 신으로부터 독립할 수 있다는 자신감에 들떠 있던 상황에서 새로운 도전은 인간 스스로의 정체성에 대한 의심이 일었고 이것이 바로 매너리즘을 탄생시키는 요인이 되었습니다. 신으로부터 자유를 갈망하던 인간에게 자연은 다른 극복해 나가야 하는 장애물이었습니다.

여기에서 자연에 대한 상징적인 요소로 정원에 대한 관심이 높아졌습니다. 그러나 프랑스는 이미 이전부터 정원에 대한 관심이 있었습니다. 그러나 이 또한 인간 중심의 차원에서 시작된 것이기에 매너리즘에 빠진 인간이 대상으로 여기기에는 그 콘셉트가 맞지 않았습니다. 프랑스 정원은 왕의 권력에 대한 상징으로서 건축물을 중심의 축으로 하여 대칭적인 모양을 갖고 있는데 이는 자연에 대한 지배의식이 있었기 때문입니다. 즉 프랑스가 정원을 곁에 두었던 시기에 자연은 신과 같은 절대적인 권력을 부여받지 못했었습니다. 그러나 르네상스 이후 자연은 신과 같은 존재로 자연이 주체가 되고 인간의 전유물은 이에 대한 부속품으로 속해야만 되었습니다. 그래서 영국은 프랑스와는 다른 정원에 대한 개념이 필요했지만 이에 대한 방법이 없었습니다. 영국이 발견한 정원은 바로 그림 속(풍경화)에 있었습니다.

고대의 신화를 바탕으로 그려진 풍경화 속에는 그리스나 로마의 건축물이 프랑스 정원처럼

(a) 베르사유 궁전_프랑스　　　　　　　　(b) 클로드 로랭_스투어헤드 정원. 영국

[그림 II-59] 정원_르네상스의 자연

주체가 아닌 하나의 요소로 역할이 소극적이고 정원의 일부로서 등장하고 있었습니다. 고대의 배경은 신화를 교훈처럼 사용하고 이를 정신적인 지주로 자주 등장하는 요소였습니다. 또한 르네상스의 시작은 인본주의의 틀로서 시작을 하였지만 기본적인 틀이 강하고 인간의 다양성을 논하기에는 아직 규제와 틀이 강하였습니다. 이는 다양한 인간의 변덕을 나타내기에 부족했고 인간의 내면을 표현하기에 제한적이었습니다. 그래서 매너리즘에 와서 과장되고 변형적이며 반항적인 내용이 등장한 것입니다. 인간이 역사 속에 주인공으로 등장하면서 화려하고 밝은 면만 르네상스가 강조한 반면 매너리즘은 당시 콜레라와 전염병에 찌든 유럽으로서는 현실을 반영하지 못한 것으로 보고 비례를 벗어나고 일상적이지 않은 사고를 표현하면서 자기 정체성을 찾아보려고 노력한 것입니다.

　과학의 발달로 중세에 믿어 왔던 가치관의 변화가 오히려 인간의 한계와 무능함만 더욱 가중되었지만 이를 받아들이기에는 역사 속에서 주인공의 역할이 주는 달콤함을 버릴 수는 없었습니다. 정체성의 불확실성에서 오는 방황이 있었지만 한계의 부분을 장식으로 극복하려는 공허함은 더욱 가열되었습니다. 이는 도구와 인간성에 대한 차이점과 동질성에 대한 진실을 가리려는 본능적인 행위로서 진실은 점차 가려지고 있었습니다. 만일 이에 대한 냉철과 이성이 좀 더 크게 작용했더라면 근대의 출현은 좀 더 늦어졌을지도 모릅니다.

　진주의 화려한 가치는 있었으나 그 진주가 기괴하게 생겼고 삐뚤어진 모양(바로크)으로 만들어졌고 급기야 자신들의 무능함을 비웃는 바로크의 등장이 있었던 것입니다. 이는 어떤 노력과 모양으로도 인간의 본질이 성스러우며 위대해질 수 없다는 자포자기의 표현으로서 나타난 것입니다. 이렇게 지배계급이 자기 번민에 빠지게 되면서 다수에 의한 유흥적인 문화가 등장합니다.

(a) 미켈란젤로_엠마오에서의 저녁식사(1601~1602), 바로크

(b) 자크 루이_다비드 호라티우스 형제의 맹세(1784년), 신고전주의

[그림 II-60] 바로크와 신고전주의

 이것은 스케일의 문제입니다. 사치스럽고 우아함을 나타내려고 하지만 사실상 자기 번민은 깊어만 가는 것입니다. 즉 본질이 아닌 껍데기에 둘러쳐진 문화가 주를 이루게 된 것입니다. 이것은 방황의 최정점에 도달했다는 것입니다. 여기서 세대 간의 분리와 결별이 일어나고 급기야 사회 불안이 팽배해진 시대가 온 것입니다. 젊은 세대는 사치를 좇는 반면 기성세대는 이러한 상황을 염려하여 그리스와 로마 시대를 원점으로 보며 그 시대의 정신에 향수를 느끼며 신고전주의를 통하여 교훈적인 메시지를 전달하게 됩니다. 이러한 상황이 지속되면서 사회는 분리되고 모순이 팽배해지면서 변화된 새로운 시대에 대한 욕구가 확장됩니다.

 사회의 흐름을 담당했던 일부 계층의 역할이 약해지고 반대로 소외계층이었던 피지배세력의 불만이 팽배지면서 사회는 변화에 순응하게 됩니다. 이것이 바로 시민혁명입니다.

CHAPTER 19

# 근대(modernism)와 구성주의

근대를 가능하게 했던 가장 큰 사건은 바로 산업혁명(약 1760)과 루소가 등장하는 시민혁명(1789)입니다. 역사가 변화하면서 영향을 미치는 가장 큰 요인은 바로 행복일 수도 있습니다. 그 행복의 순서는 육체에서 시작하여 정신적인 부분으로 발전해 나갑니다. 즉 계속적인 발전의 순서가 있다는 것입니다. 육체적인 만족이 먼저이고 그것이 해결되면 그 후는 추상적이지만 구체사항으로 넘어갑니다. 산업혁명은 이를 우선적으로 해결하여 준 것입니다. 바로 기계를 통한 대량생산에 의하여 소수에서 다수로 그 수요와 만족을 채워주면서 2차적인 상황으로 발전된 것입니다. 역사에서 보면 지도층은 지배세력을 유지하기 위하여 피지배계층에 충분한 물자를 제한한 것이 바로 이러한 이유입니다. 그러나 이것은 사회구조의 변화이고 예술계통은 다른 부분에서 변화가 있었습니다.

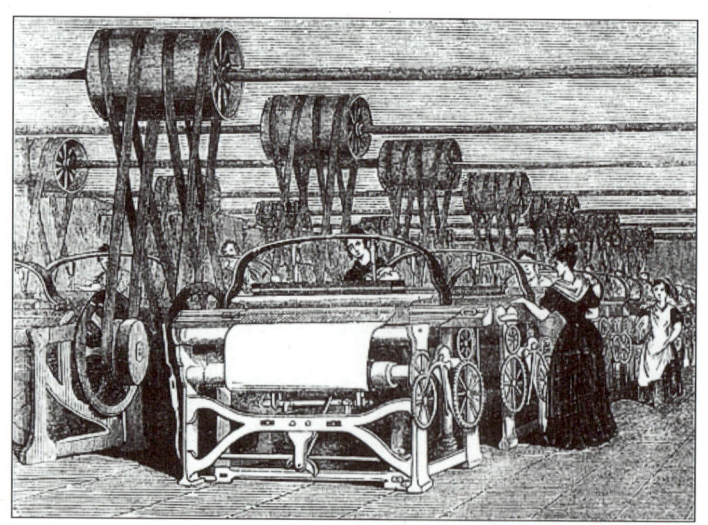

[그림 II-61] 산업혁명(약 1760년)

건축인문학

[그림 II-62] 시민혁명_베르사유로 향하는 파리 시청 앞 여인들

당시 대부분의 예술가는 페트론체제(후원체제) 하에 있었습니다. 시민혁명은 이러한 구조에 직접적인 영향을 주었고 예술가들은 자체적인 활동으로 바뀌었습니다. 경제적으로 예술가들에게는 안정된 체제였지만 이들 또한 새로운 세계에 대한 반감은 없었던 것 같았습니다. 그래서 탈 과거라는 큰 틀에서 이들의 새로운 작업이 시작된 것입니다. 이들에게 탈 과거라는 모토는 재료에서 우선적인 선택이 있었습니다. 과거는 석재와 목재가 주를 이루었던 반면 모더니즘은 유리와 쇠였습니다. 물론 과거에도 이 재료는 사용되었지만 주재료로 사용하기에는 기술적인 어려움이 있었습니다. 그러나 산업혁명 이후 기계의 발달은 이 두 재료의 대량생산과 주물의 기술이라는 가능성을 제공하였기에 가능했습니다.

앞의 고대, 중세 그리고 근세의 어느 시대보다도 변화의 아픔을 겪은 이유 중의 하나가 바로 이 재료였습니다. 시대는 변하였지만 재료의 변화는 없었습니다. 그러나 주재료로서 철의 등장은 거부감을 일으켰고 시대 변화의 항목으로서 자리매김을 하는 데 시간이 필요했습니다. 앞의 세 시기(고대, 중세, 근세)보다는 본질적으로 바뀐 시기였고 새로움의 극치를 이룬 시간이었습니다. 모든 분야에서 변화가 가능했던 것은 바로 수직적인 신분에서 수평적인 신분으로 바뀌면서 시대 변화의 주역들이 달라졌다는 것입니다. 소수에 의한 변화가 아니고

[그림 II-63] 수정궁_박람회장(1851), 영국

다수에 의한 변화로서 근본적인 새로움이었습니다.

고대의 형태가 원형으로서 그 이후의 형태를 복고풍으로 만드는 원인이었다면 근대는 새로운 원형이 탄생하는 시기였습니다. 근대 이전의 형태는 고전주의와 신고전주의가 존재한다면 근대 이후에는 복고풍에 또 하나 포스트모더니즘이 등장합니다. 즉 원형은 고대의 형태와 근대의 국제 양식이 있고 아직 새로운 원형이 나오지 않은 상태입니다. 그 외의 것은 전부 복고풍의 반복입니다.

근대는 건축재료의 변화뿐 아니라 구조와 배치에 대한 변화도 있었습니다. 재료의 변화가 있었기 때문에 이것은 너무도 당연했습니다. 아돌프 루스의 연립주택은 철근 콘크리트로 지은 첫 건물이었으며, 찰스 젱스가 제로 양식이라 칭한 글래스하우스는 기능적 기둥의 변화에 대한 불안감을 보여준 예가 되기도 했습니다. 조형은 기능의 대한 지식의 자유로움에서 시작됩니다. 근대 건축가들이 장식에 대하여 근본적으로 배타적인 것은 아니었습니다. 이들은 형태주의와 기능주의에 대한 분리를 오히려 반대한 것입니다. 장식을 위한 장식을 배제하고 건축물 자체를 하나의 장식으로 본 것입니다. 여기에서 장식에 대한 정의가 필요합니다.

르네상스 건축가 팔라디오의 〈건축 4서〉에 구조와 장식의 구분에서 보면 '떼어내어도 안전상 문제가 없는 것'을 장식으로 보았습니다. 근대 이전의 건축가들은 구조와 장식에 대한 분리가 명확했지만 근대 건축가들은 구조와 장식을 하나로 보고 작업하고자 했던 것입니다. 아돌프 루스는 이 분리에 대한 회의를 보이고 그것이 얼마나 무의미한 작업이며 반시대적인 정신인가 보여주고자 했던 것입니다. 이러한 정신이 국제 양식의 바탕이 되었고 르코르뷔지에의 구조와 벽의 분리를 보여준 돔이노(dom-ino) 시스템 같은 실리적인 형태가 등장한 것입니다. 이러한 개념은 한 단계 더 나가 물리적인 사고에서 추상적인 사고로 발전된 것입니다. [그림 II-64]의 그림에서 보듯이 공간 내·외부의 문제가 아니고 공간의 자유를 추구하는 방법을 생각한 것입니다. 공간의 자유가 바로 우리의 자유입니다. 이는 진정한 변증법의 결과이며 개혁입니다.

초기 건축물에서 공간의 개념은 미비했습니다. 이는 공간 존재 자체가 중요하지 않았다는 것이 아니고 건축물의 가장 기본적인 목적을 달성하는

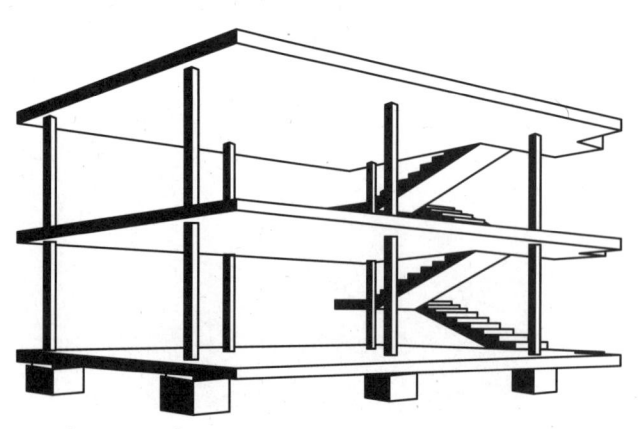

[그림 II-64] 르코르뷔지에의 돔이노(dom-ino) 시스템

데 있었기 때문입니다. 그러나 이러한 물리적인 기능은 공간이 내부라는 개념과 인간존재의 중요한 기능을 갖게 되었고 울의 의미로서 그 기능을 넓혀가게 된 것입니다. 아직 공간은 물리적인 것에서 벗어나지 못했습니다. 단지 내·외부를 구분하는 영역으로서 존재할 뿐이었습니다. 그러나 공간의 의미가 물리적인 가치가 아니고 곧 인간의 가치이며 공간의 의미는 곧 인간의 의미임을 깨닫게 되었습니다. 초기 건축물이 과시목적이었고 외형적인 면이 강했던 반면 건축물은 곧 인간을 위한 공간을 내포하고 있음을 깨닫게 된 것입니다. 이 의미가 발달하여 물리적인 가치에서 심리적이고 정신적인 가치로 공간의 위상이 달라진 것입니다.

근대에 들어서면서 공간의 자유가 가능했던 것은 바로 구조에 대한 자유였습니다. 현대에 와서는 설비에 대한 자유였습니다. 이제는 내·외부에 대한 구분은 물리적으로만 존재할 뿐 시각적인 의미는 없어졌습니다. 이에 대한 대표적인 건축물에 글라스타워(glass tower)가 있습니다. 대부분의 하중을 기둥(골조구조)이 담당하고 벽은 사라진 건물입니다(벽의 의미: 시야가 더 이상 가지 못하는 그곳이 벽입니다). 이 경우 유리로 물리적 벽을 만드는 데 이것은 넓은 의미의 벽은 아닙니다. 유리에 커튼을 드리우면 시야가 더 이상 가지 못하는, 그 커튼이 곧 벽이 됩니다(커튼월). 이러한 콘셉트를 잘 보여준 건물이 바로 미스 반데어로에의 글라스타워 또는 벽돌집입니다. 벽과 구조의 분리는 사실 르네상스에서 시작했지만 근대처럼 간격을 두었다기보다는 하중의 흐름에 대한 분리였습니다. 즉, 벽체 안에 기둥이 동시에 쓰여진 것이 예입니다. 그러나 근대에 들어와 건축재료가 달라지면서 이것이 더 가능해 진 것입니다.

근대는 이러한 건축의 기본 개념뿐 아니라 디자인에 대한 발전도 변화를 보였습니다. 우리가 익숙하게 접하는 모든 디자인이 이 시기에 나왔다고 보아도 됩니다. 단지 응용하여 약간의 변화가 있을 뿐 국제 양식에서 출발한 복고풍의 하나일 뿐입니다. 특히 입체파와 구성주의는 이전의 개념에서 완전히 탈피한 신개념이었습니다. 이것은 지금도 많은 영향을 주고 있으며 이것이 진정한 모던이라고 생각하는 건축가도 있습니다.

사실 이 구성주의 시작은 칸딘스키에서 시작되었으며 후에 말레비치와 엘 리스츠키가 영향을 받은 것으로 알고 있습니다. [그림 II-65]의 건물 파구스 공장에서 모서리의 자유가 바로 구조의 자유를 의미합니다. 월터 그로피

[그림 II-65] 월터 그로피우스_파구스 공장

우스는 이 건물을 통하여 부유의 의미를 근대 건축에 전한 것이며 이것이후에 다른 건축가들에게 영향을 미친 것입니다.

　르코르뷔지에의 돔이노 시스템에 나타난 것과 같은 구조에서 계단이 갖는 의미 또한 구조에서 인장력과 압축력에 의지하는 건물에 수평력에 대한 해결책을 제시한 것입니다. 이러한 시도는 다른 디자인에 대한 가능성을 자신감 넘치게 해 줬습니다. 데 스틸(De stil)에서 미래파 그리고 표현주의까지 다양한 시도가 가능하게 한 것입니다.

(a) 몬드리안_디자인 계단　　　　　　　　(b) 미래파 3차원 아트

[그림 II-66] 구성주의

CHAPTER 20

# 중세의 수직주의

제1의 형태는 고대, 중세 그리고 근세가 있다. 근세는 르네상스가 시작되면서 고대의 신인동형에서 그 원리를 갖고 왔기에 형태에 있어서 고대와 같이 묶을 수 있다.

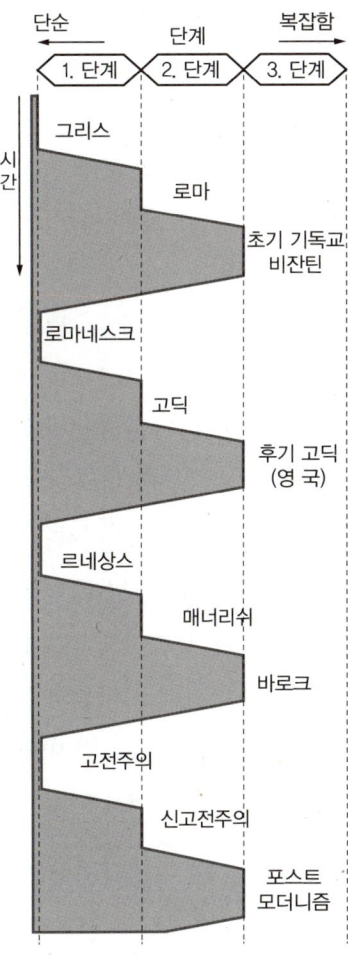

제1형태의 양식전개_3단계 사이클
[그림 II-67]

# CHAPTER 21

# 자유

역사가 이렇게 끊임없이 변화하는 궁극적인 목적이 있을 것입니다. 단순히 기술의 발전과 재료의 발전을 위한 것은 아닙니다. 그것은 다른 분야를 살펴보아도 마찬가지입니다. 과거에는 각 분야가 독립적으로 발전을 하였지만 현재는 통합적인 발전을 꾀하고 있으며 영역 간의 관계를 갖고 있습니다. 근대가 시작되어 성숙기에 들어 갔을 때에는 건축가보다 오히려 엔지니어가 건축물에 더 많은 영향을 미쳤었습니다. 구스파프 에펠이 그랬고, 로버트 마일라트(Robert Maillart)가 그런 경우입니다. 당시 단순하게 건축가만 이 건축을 주도하였다면 지금 우리가 접하지 못한 작품들도 있었을 것입니다. 또한 피카소 같은 경우는 미술 분야의 화가였지만 그가 미친 영향은 전분야에 걸쳐서 있습니다.

이러한 복합적인 발전은 각 분야가 동등한 수준을 갖고 있어야 합니다. 여기에는 경제적인 수준도 중요합니다. 경제적인 선진국이 이러한 상황을 주도하는 이유가 바로 여기에 있습니다. 즉 경제와 기술 그리고 이들의 융복합은 같은 선상에 존재를 해야 한다는 것입니다. 이러한 상황을 개발도상국도 깨닫고 있지만 경제의 밑바탕이 준비되지 않아 아직 그 수준에 도달하지 못하는 것입니다. 이는 모터를 만들 기술은 있지만 자동차를 만들 수많은 기술이 뒷받침되지 않으면 복합적인 기술 연합이 불가능하다는 것입니다.

경제적인 상황이라 함은 앞에서 말한 것과 같이 육체적인 상황이 해결되고 그 다음 수준을 시도할 수 있다는 것입니다. 그런데 경제적 선진국을 보면 공통점이 있습니다. 바로 사고의 자유가 존재한다는 것입니다. 이들이 꿈꾸는 것은 바로 각 분야의 자유입니다. 그렇다면 '각 분야는 어떤 자유를 향해서 가고 있는가?' 그것은 '상상의 가능성'입니다. 그들이 꿈꾸는 상상을 현실화하기 위하여 노력하는 것입니다. 그렇다면 '왜 상상을 현실화시키기 위하여 그렇게 노력을 하는가?' 여기서 우리는 상상의 주체를 먼저 생각해야 합니다. 그것은 인간입니다. 즉 상상의 자유는 곧 인간의 자유입니다. '인간은 어떤 자유를 꿈꾸는가?' 그것은 '경계의 자유'입니다. 아마도 백남준의 비디오 아트는 그 경계를 허무는 예술일 것입니다. 시간과 공간을 초월한 그의 상상을 우리에게 보여준 것입니다. 시간과 공간의 한계에 갇힌 우리를 보여 준 것입니다.

'우리의 육체는 궁극적으로 왜 필요한가?' 육체는 정신을 위하여 존재한다(정신주의)와 정신은 육체를 위하여 존재한다(육체주의)는 이론을 만들어 볼 수도 있습니다. 이는 공간의 관계와도 비교해 볼 수 있습니다. 내부는 외부를 위하여 존재한다(외부주의)와 외부는 내부를 위하여 존재한다(내부주의)고 말해 볼 수도 있습니다.

'이러한 정의가 과연 필요한가?' 초기에 인간들이 공간을 필요로 한 것은 자연과 동물들 때문입니다. 즉 자의적이지 않았습니다. 그 전에 인간들은 자율적으로 생활했으며 공간적이지 않았고 영역적이었습니다. 그러나 자의적이지 못한 이유로 공간을 찾아 들어가면서 내부적인 생활을 하였지만 심리적 내적으로는 내부에서 외부처럼 자유로움을 갈구했는지도 모릅니다. 공간 밖의 생활이 초기에 내부로 들어간 것처럼 외부에서의 자유로운 삶이 해결되지 못했지만 언제든 다시 밖으로 나오기를 바라고 있었는지도 모릅니다.

그렇다면 '누가? 육체가 아니면 정신이 또는 둘 다?' 언제나 둘의 욕구가 같았던 것은 아닙니다. 정신은 콘셉트를 만들고 육체는 집을 지었습니다. 사실상 이 둘의 행위를 보면 정신의 목적을 이루기 위한 행위임을 알 수 있습니다. 그러나 공간의 기능을 필요로 하는 것은 정신보다 육체가 먼저입니다. 그러나 만족의 꼭대기에는 정신이 놓여 있습니다. 정신과 육체가 갈망하는 것이 언제나 동일하지는 않았습니다. 특히 만족에 있어서 둘의 목표는 다릅니다. 정신은 자유로움을 원하지만 육체는 쾌락을 바라는지도 모릅니다. 이 쾌락은 감각적입니다. 그러나 정신이 갖고 있는 영역의 한계는 없습니다. 이 둘은 끊임없이 자신들의 목적을 향해 전진하지만 이 목표의 차이점에서 분열이 일어나고 갈등을 갖게 됩니다. 정신은 육체를 도구처럼 사용하기를 원하고 육체는 정신으로부터 자유로워지기를 갈망할지도 모릅니다. 즉 육체는 내부를 원하고 정신은 외부를 원합니다. 여기서 우리가 말하는 궁극적인 목적을 어디에 두어야 하는가 정해야 합니다.

우리의 주변에는 많은 교훈이 있습니다. 심지어 교육을 통하여 인간의 질서에 타당한 인간을 만들려고 노력하고 있습니다. 과연 이 교훈과 교육은 '정신과 육체 중 어느 것을 목표로 하는 것

일까?' 아니면 둘 다일까? 아닙니다 실질적으로 살펴보면 교훈과 교육은 정신이 육체를 설득하고 제한하기 위한 방법입니다. 그리고 우리는 정신이 원하는 진정한 자유를 얻으려고 노력하는 것입니다. 각 분야에서 이러한 현상은 많이 일어나고 있습니다. 건축에서 이렇게 끝없이 발전을 꾀하는 것도 내부에서 외부와 같은 자유로움을 위한 정신의 표현입니다. 그러나 이상은 있으나 그것을 뒷받침해 줄 준비가 되어 있지 않았던 것입니다. 이를 위하여 각 분야의 정신은 끝없이 시도하고 기다려 왔던 것입니다. 공간의 자유 이것이 바로 정신의 목표입니다. 이것은 영역의 한계를 초월한 자유입니다. 상반된 것이 공존할 수 있는 자유로운 영역입니다. 내부에 있지만 외부를 느낄 수 있는 자유입니다. 육체는 내부에 있으나 정신은 외부를 느끼게 하는 것입니다. 육체의 움직임에 의존해야 하는 정신의 자유를 의미하는 것입니다. 이렇게 느낄 수 있는 공간을 인간은 지금까지 시도한 것입니다.

그것이 바로 물리적인 벽은 존재하나 시야가 확보된 공간입니다. 예를 들면 미스 반데어로에의 글라스타워 또는 전원주택(1923)계획안 같은 것입니다. 이러한 자유가 가능하기 위해 시간이 필요했습니다. 재료와 구조의 자유가 먼저 필요했기 때문입니다. 모든 사고와 가능성이 언제나 존재했지만 이를 이루기 위해서는 시간이 필요했고 이를 위하여 보수파와 개혁파의 논쟁이 있어 왔습니다. 이 논쟁의 정당성을 결론 내리기는 쉽지 않습니다. 이 논쟁 모두 중

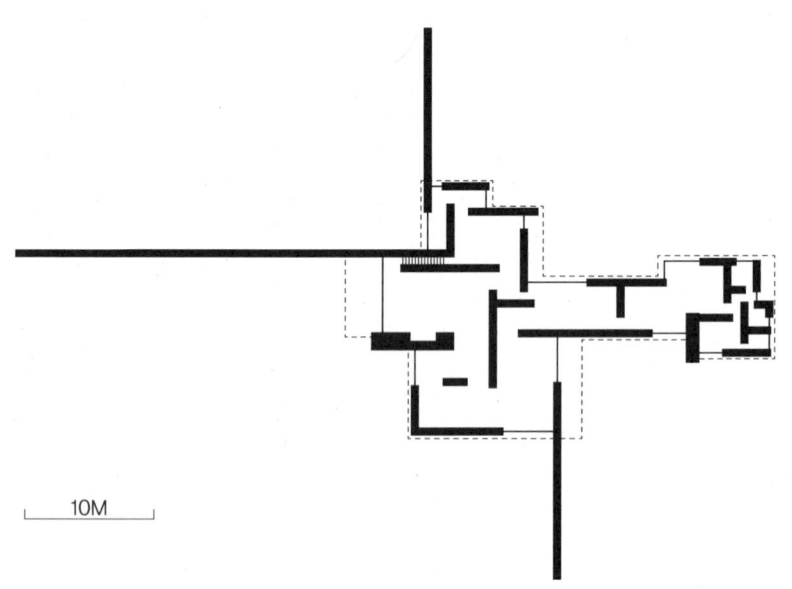

[그림 II-68] 미스의 전원주택(1923)

요할 수 있다는 것입니다. 르코르뷔지에의 돔이노(dom-ino) 시스템이 획기적인 안이 될 수 있다는 것이 바로 이러한 자유를 보여주었기 때문입니다. 그 시스템은 너무도 간단하고 단순하지만 이를 위하여 오랜 역사를 기다려 온 것입니다. 그 구조 속에는 물리적인 영역 안에 우리의 육체를 둘 수 있지만 정신의 자유로움을 느낄 수 있기 때문입니다.

　이렇게 구조의 자유를 통하여 가능성을 보면서 영역적으로 내·외부를 구분하였지만 완벽한 내부를 만들기 위해서 필요했던 것이 설비였습니다. 육체를 완전하게 만족시킬 수 있는 공간이 존재해야 우리는 진정한 정신적 자유를 찾을 수 있었기 때문입니다. 설비의 자유가 시도되면서 부딪힌 것이 바로 친환경적이고 에너지 절약적인 문제였습니다. 이에 대한 해답을 현재 제시하는 것이 IT입니다.

　피카소의 작품을 보면 초기에는 다른 미술가와 크게 다르지 않았습니다. 그러나 그는 자신이 그린 그림에서 자유로움을 얻지 못했습니다. 그 구속이 바로 2차원적인 표현이었습니다. 그가 그리는 사물은 3차원인 반면 그의 그림은 2차원이라는 구속을 벗어날 수 없었습니다. 그는 이 구속에서 벗어나는 방법을 시각적인 표현에서 찾았습니다. 3차원적인 사물(큐빅)은 다양한 방향이 주는 모양의 구성으로 만들어 졌음을 깨달았고 이는 바라보는 위치에 따라서 차이가 있음을 깨달았습니다. 이 다양한 방향에서 얻는 모양의 조합이 바로 사물의 근본임을 나타내고자 했습니다.

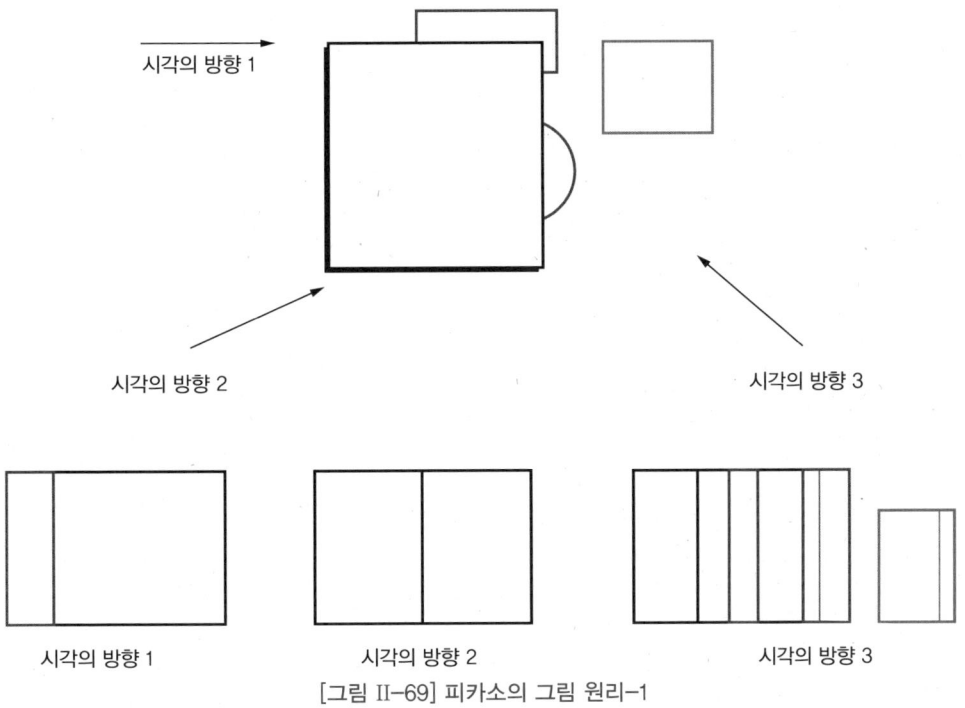

[그림 II-69] 피카소의 그림 원리-1

II. 제1과 제2의 건축형태에 영향을 주는 요인들

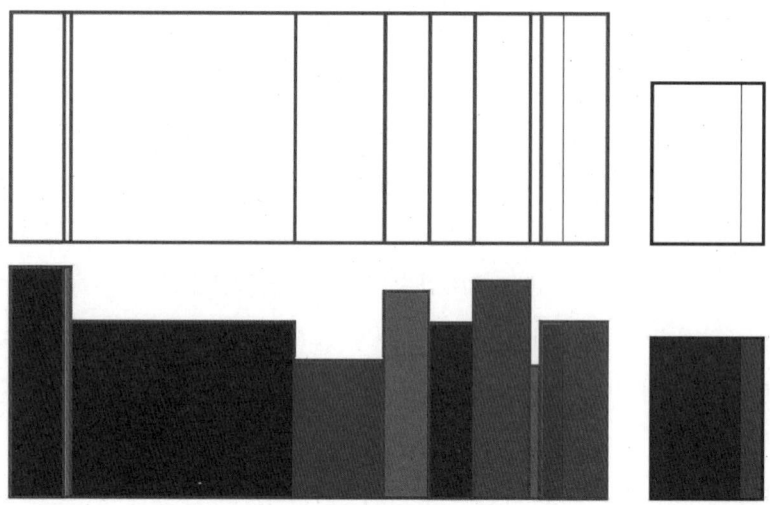

[그림 II-70] 피카소 그림 원리-2

    그는 하나의 사물을 여러 방향에서 바라본 각각의 그림을 조합하여 이를 구성하여 본 것입니다. 이러한 작업을 통하여 그는 다시 새로운 형태를 얻게 되었습니다. 그러나 여기에 필요한 것이 인간적인 시각과 작업입니다. 그래서 각각의 높이는 차이를 보이고 또한 원근감에서 오는 생명력을 색으로 재구성하였습니다. 이것이 그가 하나의 사물에서 얻은 새로운 3차원적인 형태이며 그것이 그의 자유였습니다. 본질적인 사물에서 출발하였지만 그는 표현의 자유를 얻었고 그의 사고에서 새로운 작품을 만들어 낸 것입니다. 그러나 그는 더 많은 자유를 원했습니다. 그것이 바로 그가 얻은 형태의 원소를 재구성하는 작업이었습니다. 재구성은 그의 완벽한 자유에서 재탄생해야 되었습니다. 원형과 동일한 모습을 보여야 하는 것 자체가 구속이었기 때문입니다. 하나의 사물에서 얻은 요소들은 그 형태가 갖고 있는 원자와 같은 것이고 그 원자를 어떻게 구성하는 가에 따라서 새로운 형태를 재탄생시키는 자유로움을 깨달은 것입니다. 이것이 그가 3차원적인, 즉 큐빅의 형태에서 찾은 자신의 작품입니다. 즉 그는 2차원에 3차원은 높이가 추가되는데 그 높이가 바로 각 개체간의 간격으로 본 것입니다. 앞면과 뒷면의 사이에는 간격이 존재를 합니다. 즉 2차원 또는 두 개의 요소끼리는 서로 간의 앞 뒤를 구분할 수 없습니다([그림 II-71]에서 2개의 요소). 그러나 제3의 요소가 개입하면서 그림 1과 2의 관계가 좀 더 명확해집니다([그림 II-71]에서 3개의 요소). 그는 이러한 방법을 사용하여 2가지 자유로움을 나타내었습니다.

    이 작업에서 그는 좀더 발전하여 모든 요소들의 구성이 규칙적으로 재구성될 수도 있지만 그렇지 않을 수도 있음을 보여줍니다. 만일 그 구성이 규칙적으로 재구성된다면 원형 그대로는 아니지만 그래도 어느 정도 형태를 유지할 수 있겠지만(종합적 큐비즘) 그러나 구성의 배열이 완전

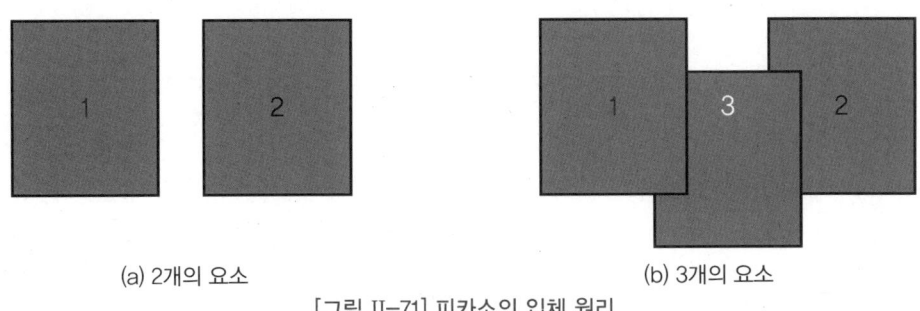

(a) 2개의 요소            (b) 3개의 요소

[그림 II-71] 피카소의 입체 원리

히 바뀐다면 새로운 형태를(분석적 큐비즘) 만들어 낼 수 있다는 가능성을 제시합니다. 이러한 원리는 후에 다른 분야에도 영향을 주게 됩니다.

   이 두 가지 방법에 의하여 그가 우리에게 전달하는 메시지는 분석을 통하여 원형으로 돌아가기는 어렵지만 새로운 형태를 재 창조할 수 있는 가능성을 제시한 것입니다. 그는 그저 이렇게 작업을 했을 뿐입니다. 그러나 그의 방법은 다른 분야에 새로운 아이디어를 제시하고 이를 통하여 다양한 시도가 선보이게 됩니다. 데 스틸(종합적 큐비즘)과 미래파(분석적 큐비즘)라는 새로운 형식이 등장을 합니다. 종합적 큐비즘은 원형에서 나온 각 요소에 대한 존재의 중요성을 부각시켜 이 각 요소가 모여야 종합적인 형태가 만들어지는 데 초점을 맞추었습니다. 그러나 분석적 큐비즘은 각 요소의 존재는 중요하지 않습니다. 단지 전체적인 형태를 구성

[그림 II-72] 피카소_종합적 큐비즘과 분석적 큐비즘

하는 각 요소가 필요할 뿐 각 요소 하나하나가 갖는 의미는 무시되어야 한다는 것입니다. 즉 새롭게 구성된 전체적인 형태가 더 중요하다는 것입니다. 도로에는 차도와 인도가 존재를 합니다. 이 두 요소는 단순히 도로라는 기능을 가능하게 하는 형태요소일 뿐이지 인도나 차도의 존재는 중요하지 않습니다. 그러나 종합적 큐비즘은 그렇지 않습니다. 도로의 기능을 구성하기 위하여 인도와 차도가 명확하게 구분되어야 한다는 것입니다. 이 둘은 내용면에서 약간의 차이를 보이

지만 사실 그 근원은 같습니다. 그리고 이 둘의 공통점이 바로 요소의 융복합이라는 것입니다. 작업을 완성함에 있어서 요소 중에 한두 개가 부족해도 완성되는 것이 아니고 구성요소 모두 존재를 해야 되는 것입니다.

데 스틸(De still)의 대표적인 미술가 몬드리안[24]은 자신의 작품을 완성하는 데 필요한 요소를 설명하였습니다. 이 요소에는 기하학적인 형태, 순수한 형태, 수직과 수평의 구조, 형태의 다양성으로서 크기의 변화 그리고 3원색과 무채색의 구성을 그의 작업방법으로 제시하였습니다. 미래파는 속도의 미를 지향하는 것으로 이를 나타내는 형태를 표현하고자 수직과 수평보다는 대각선적인 형태를 지향하고 속도의 개념으로서 소음을 발생하는 요소들로 자동차, 도로, 기차역 그리고 불켜진 도시 등을 지향하고 박물관이나 미술관 같은 정적인 것들을 배제하였습니다.

프로와 아마추어의 차이는 언행일치입니다. 이들은 작품을 그들의 콘셉트에 맞추어서 작업을 합니다. 작업의 내용 중 그들의 작업요소들이 한두 개 부족하다면 그것은 그들의 작품이 아닙니다.

[그림 II-73]의 그림은 2차원적인 표현이지만 건축에서는 선의 굵기와 명암으로 원근감을 나타냅니다. [그림 II-73]의 그림들도 그러한 관점에서 본다면 입체적인 느낌을 받을 수 있습니다. 이러한 개념을 건축에 도입하여 설계한 건축물이 [그림 II-74]의 그림들입니다.

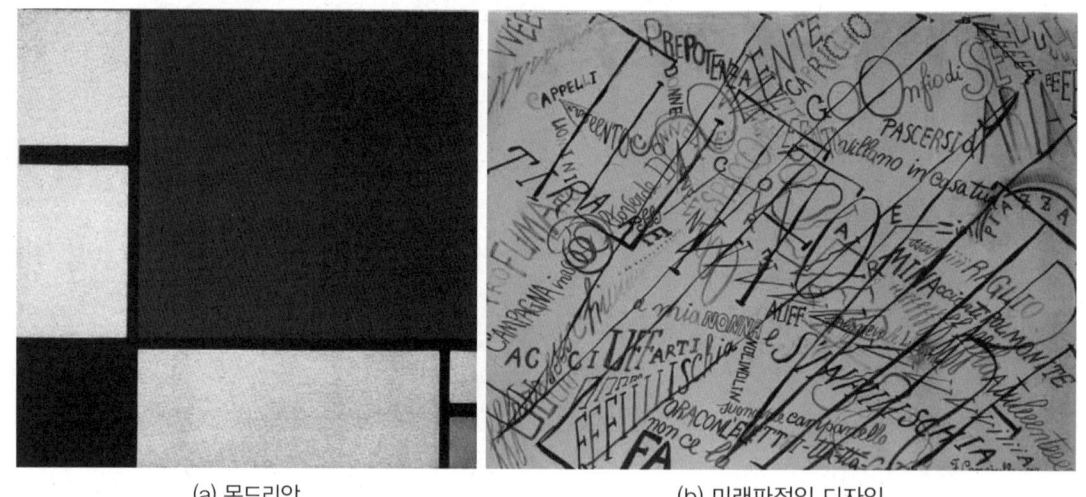

(a) 몬드리안      (b) 미래파적인 디자인

[그림 II-73] 데 스틸(De Still)과 미래파

---

[24] **몬드리안 Piet Mondrian(1872~1944)**
네덜란드 출신의 화가이자 건축가. 1914년 제1차 세계대전 발발 당시 파리에서 큐비즘 화가그룹으로 활동하던 몬드리안은 네덜란드로 돌아와 신조형주의(Neo-plasticism) 회화운동을 일으킨다. 전형적인 입체주의를 바탕으로 한 이 운동은 데 스틸De Still의 화가들과 건축가들이 함께 주창하면서 명확한 기하학적 질서를 건축이념으로 채택하게 되었다. 'The Style'이 라는 뜻을 지닌 '데 스틸'이라는 그룹 명칭으로 이후 17년간 계속된 이 운동은 바우하우스와 그 이후의 근대조형(기능주의 · 국제 양식)에 커다란 영향을 미치게 된다.

(a) 데 스틸 디자인 건물: Rietveld Schröder House, Netherlands(1924)　　(b) 미래파적인 건물 : Hodek Apartment House Prague (1913-1914)

[그림 II-74] 데 스틸(De still)과 미래파_건축

이러한 다양한 변화 속에는 인간의 자유를 향한 갈망이 내재되어 있습니다. 그 자유를 향한 방법이 바로 시각의 자유입니다. 건축에서는 시각에 연결된 것이 벽입니다. 그러나 벽은 구조적인 해결이 먼저이기 때문에 이를 해결하기 전에는 시각적인 자유를 제공할 수 없습니다. 그래서 시대를 통하여 구조의 해결을 향한 건축재료의 발전을 시도하는 것입니다. 건축재료의 변화는 곧 형태의 변화를 갖고 올 수 있으며 이것이 물리적인 벽과 시각적인 벽의 완전한 분리를 갖고 올 수 있는 것입니다. 공간의 자유가 인간의 자유입니다. 물리적인 영역에서 추상적인 영역을 만들어 낸다면 인간은 차원을 달리하는 공간의 존재를 느낄 수 있는 것입니다. 앞에서 언급한 르 코르뷔지에의 돔이노 시스템이 위대한 이유가 바로 구조의 자유가 아닌 공간의 자유를 시도한 것이기 때문입니다. 미스는 하중을 전달하는 방법으로서 기둥뿐 아니라 벽체가 존재를 하고 이 벽이 구조체이면서 공간의 장식으로도는 계속되고 있습니다. [그림 II-75] 미래파의 연속성으로서 리베스킨트와 아르누보의 자하 하디드를 예로 들 수 있습니다.

(a) 리베스킨트_Royal Ontario Museum(2007), 토론토.미국　　(b) 자하 하디드_헤이다르 알리예프 센터(2013),바쿠.아제르바이잔

[그림 II-75] 미래파와 아르누보

이 두 건물의 외형은 공통점을 찾아 볼 수 없을만큼 차이를 보이고 있습니다. [그림 II-75] (a)의 작품 다니엘 리베스킨트의 건물에 상징처럼 등장하는 것이 바로 사선입니다. 미래파가 속도의 미를 중시하면서 이에 대한 표현으로 사선을 등장시켰는데 리베스킨트의 작품에 다시 등장합니다. 이것은 미래파에 의한 희생자였을지도 모를 유태인이었던 그가 사용했다는 것은 모순처럼 보입니다. 그가 해체주의 건축가인 이유가 바로 여기에 있습니다. 일반적인 형태는 수직과 수평으로 이루어졌습니다. 이것이 기본이며 출발입니다. 그러나 그는 그러한 고정관념을 해체하여 사선의 형태를 만들기 시작한 것입니다. 그가 이 사선을 갖고 오게 된 이유는 바로 무중력입니다. 중력에 의존하는 모든 형태에 대한 반발로 그는 무중력 상태를 표현한 것입니다. 마치 무중력 속에서 사물이 공중에 떠다니는 형상으로 중력에 묶여 있는 고정관념에 대한 탈출입니다. 수직과 수평이 안정(다른 힘이 가해지지 않으면 정지된 상태를 유지) 된 상태에 있는 반면 사선은 자체적으로 운동력(기운 방향으로 넘어가려는 성질)을 갖고 있습니다. 이러한 성격을 가장 잘 보여주는 건물이 바로 베를린에 있는 유태인 박물관입니다. 마치 유태인의 학살을 떠올리게 하는 독일과 베를린이라는 지역적인 성격과 날카로운 금속으로 이루어진 박물관은 그가 건물의 성격을 마치 고민하며 설계한 듯한 인상을 그대로 전달하여 줍니다. 특히 외부 벽면과 내부에 만들어진 창의 사선들은 유태인의 상처처럼 보입니다. 그러나 그는 그러한 과거에 묶여 있는 고뇌보다는 미래파가 주장한 구질서를 개편하는 데 파괴라는 수단을 사용하고 세계를 재편성하고 인종에 대한 청소수단으로 전쟁을 긍정한 그들의 형태에 대한 긍정적인 재사용으로 미래파가 좋아했던 사선을 다시 사용했는지도 모릅니다. 지금도 그의 건축물 형태는 대부분 이러한 사선으로 이루어졌습니다.

[그림 II-76] 유대인 박물관, 베를린

'이 사선은 어디에서 왔는가?' 축을 사용하여 작업을 하면 이러한 형태를 얻을 수 있습니다. 그의 작품에서 나타난 사선은 무중력에 의한 '부유'라는 내용을 담고 있지만 그

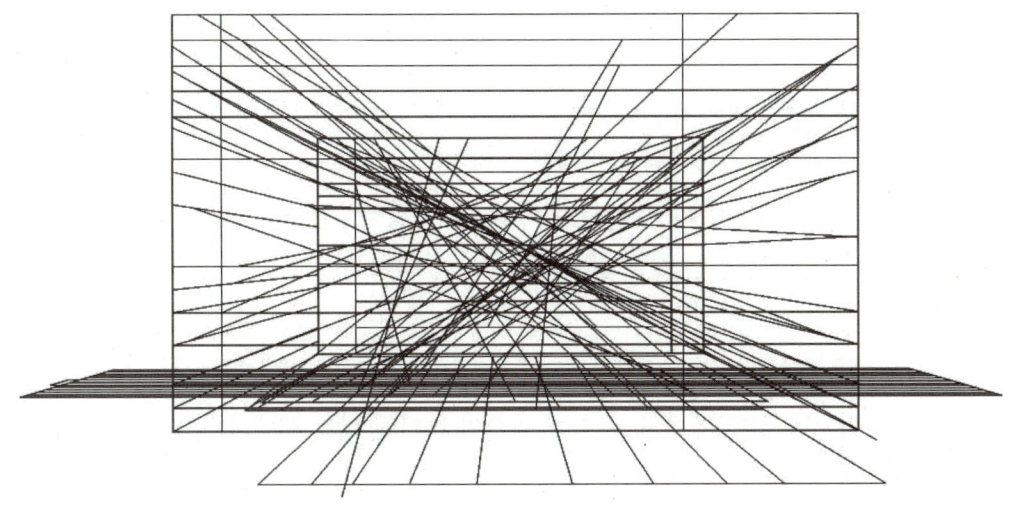

[그림 II-77] 축으로 만들기 입면도

사선은 축에서 옵니다. 그 축은 저 멀리 어디서든 올 수 있습니다. 이것이 그가 추구하는 형태에 대한 자유, 곧 사고의 자유입니다.

우리가 하나의 사물을 볼 때 그 사물의 형태를 이루는 것은 사물이 갖고 있는 외곽선이 만나는 꼭지점까지입니다. 이것이 우리가 형태를 만들어야 하는 시각의 한계입니다. 그러나 그는 형태가 갖고 있는 형태 외곽선에 대한 연장선을 따라가면 더 많은 형태가 존재함을 보여주고자 했는지도 모릅니다. [그림 II-78]은 우리가 일상에서 보는 계단입니다. 그러나 그 계단의 외곽선을 연장하면 (b)의 그림과 같은 축을 얻어 낼 수 있습니다.

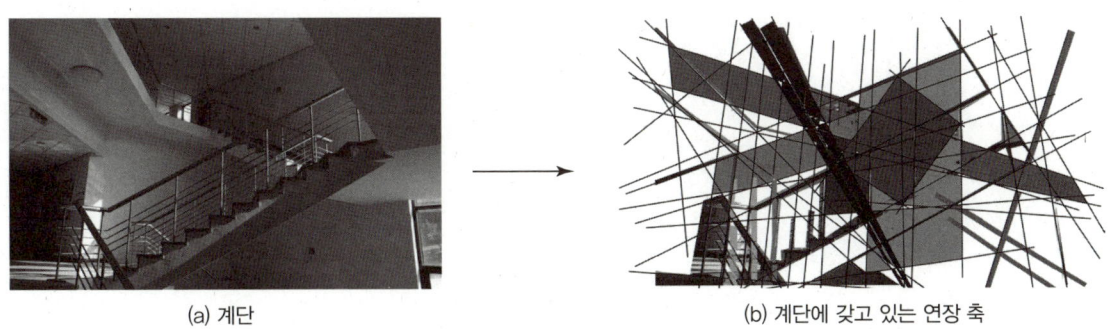

(a) 계단      (b) 계단에 갖고 있는 연장 축

[그림 II-78] 계단이 갖고 있는 축

II. 제1과 제2의 건축형태에 영향을 주는 요인들

우리는 때로 보는 것이 전부라는 생각을 갖을 때가 있습니다. 그러나 보는 것은 수많은 형태 중 하나의 테두리를 형성하며 존재하는 것일 뿐 그 안에는 수많은 형태가 존재하고 있습니다. 보이는 형태의 외곽선을 연장하여 다시 연결하면 새로운 형태를 얻을 수 있습니다. 이는 실물로 존재하는 형태가 전부라는 고정관념을 버리면 숨겨져 있는 새로운 형태를 찾을 수 있는 것입니다. 이것은 사고의 자유입니다. 또한 정체된 형태에 대한 생명력을 찾는 것으로 가능성의 자유이기도 합니다. 이렇게 형태 창조는 사고의 자유에서 시작되고 고정관념에 대한 구속에서 자유로워지면서 보이지 않은 것을 찾는 것에서 시작합니다. 역사가 아직도 진행 중이고 수많은 시도가 나오는 것은 만족할 만한 자유가 아직 없기 때문입니다. 자유는 영역의 자유도 있지만 진전한 자유는 사고에 대한 자유입니다. 건축은 이를 위하여 그어진 선을 제거하며 공간의 자유를 얻으려 최선을 다하는 것입니다.

CHAPTER 22

# 융복합

역사의 모든 것이 융복합을 향한 것이었습니다. 현 시대의 불합리는 이 융복합이 이뤄지지 못한 결과입니다. 다 같이 힘을 합치는 것입니다. 과거는 융복합에 대한 의지는 있었으나 이를 접목시키기에 기술적으로 부족하였습니다. 그래서 융복합의 시작은 기술적인 충돌이 적은 부분부터 시작을 한 것입니다. 융복합을 6차 산업이라고 부릅니다. 이는 모든 분야의 존재가 가능할 때 이뤄집니다. 건축은 융복합은 집합체입니다. 배치도에 선을 그으면서 복합적인 분야가 힘을 합칩니다. 인간 자체가 융복합적인 조직을 갖고 있습니다. 육체와 정신의 융복합이며 사고의 융복합입니다. 이를 돕는 것이 건축입니다. 건축은 시대를 반영합니다. 그리고 그 시대가 갖고 있는 최고의 기술을 반영하려고 시도합니다. 건축은 형태의 융복합이기도 합니다. 형태를 구성하는 모든 선이 건축물에 존재합니다. 앞서 말한 인간을 위한 공간이 존재하기 때문입니다. 여기서 인간을 위한 공간이라 함은 곧 육체와 정신의 만족을 위한 것을 말합니다. 이에 대한 기본적인 개념은 이미 인식되었지만 이를 실현시킬 수 있는 사

[그림 II-79] 사람을 위한 집

II. 제1과 제2의 건축형태에 영향을 주는 요인들

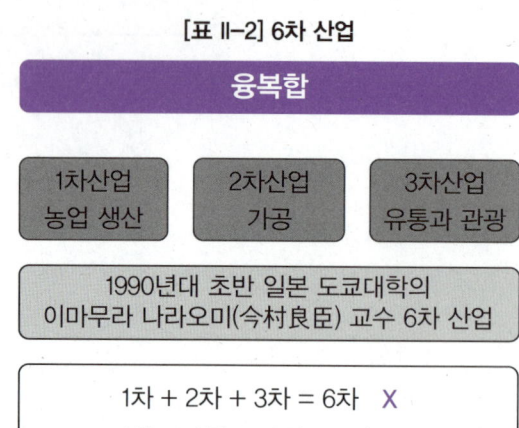

[표 II-2] 6차 산업

회적 바탕이 준비되지 못했던 것입니다. 신분의 분리가 이를 막았고 육체적인 만족의 해결이 우선적이었기 때문입니다. 이 문제는 인류가 계속 해결해야 할 상황으로 포기하지 않고 끌고 왔으며 기회가 될 때마다 이를 시도하려 하였지만 이를 인식하지 못한 부류로부터 제약을 받아왔습니다. 특히 지도층의 무지는 역사를 역행하는 실수를 범하기도 하였고 현명하지 못한 지도자 층의 좁은 안목은 이에 대한 뒷받침 하는 데 결정력이 부족했습니다. 그러나 이에 대한 시도는 포기되지 않았으며 예술계통에서 먼저 앞장을 섰습니다. 역사는 이를 부정적으로 보기도 했습니다. 그러나 앞에서 계속 언급한 연대기를 살펴보면 3영역으로 매 시대가 나뉘는데, 첫 번째는 그 시대의 안정화를 보이고, 중간은 과거를 회상하며, 말기에는 그 시대 자체를 번민하는 과도기적이며 반항적인 양상을 보여 왔습니다.

이는 실로 인간의 변덕스러운 체질로 보기보다는 더 성숙한 미래를 꿈꾸는 순진함으로 보입니다. 미래를 향한 발전으로만 보기에는 때로 인간의 심리적인 상황과 순수성이 배제되는 양상을 보이기도 했지만 이러한 것들은 역사 속에서 사라지고 진정 인간이 추구하는 긍정적인 내용들만 살아남는 디자인 적자생존의 모습을 통하여 걸러졌습니다. 그러나 이러한 시도들이 진행되는 동안은 그 방법들이 진정 무엇을 위한 것인지 혼란스러울 때도 있었습니다. 미국이 세계 역사 속에서 주도적인 역할을 하게 되는 바탕으로 꼭 경제적인 부만 꼽을 수는 없습니다. 체계적이고 논리적인 방법과 분석의 과정을 거치는 유럽에 비하여 미국은 현실과 이상에 대한 실현의 조건을 시도하였으며 다방면에 있는 가능성을 보여줬습니다. 즉 미국은 이미 각 분야의 융복합에 익숙해져 있었던 것입니다. 우리가 영호남으로 갈라지며 남인·북인으로 갈라지며 패싸움을 할 때 그들은 동서를 잇는 철도를 연결하는 데 심혈을 기울였고, 우리가 깨알같이 다양함을 주장할 때 그들은 인종의 차별을 없애려고 남북전쟁을 했으며, 과거와 미래를 잇는 노력을 그들이 시도할 때 우리는 아직도 과거에 매달려 미래에 대한 확신을 심어주지 못했습니다.

중세가 무너지고 신의 범위가 약화될 때 비잔틴은 로마로 돌아가 인간과 신의 융복합이 있는 르네상스를 시도했습니다. 르네상스가 인본주의라고 주장하지만 사실은 신인동형이라는 고대의 철학을 갖고온 것이 먼저였습니다. 이러한 출발은 후에 자연과 인간의 융복합을 위하여 매너리즘이라는 아픈 시기를 겪었습니다.

우리의 환경도 사실은 기본에는 융복합의 원리가 자리잡고 있었습니다. 자연과 인간의 조화는 숭고함에 배어 있고 존중의 바탕에 이러한 정신이 놓여 있었던 것입니다. 그러나 무지한 지도자들이 권력을 잡으면서 각 분야의 결합보다는 분리가 팽배해진 것입니다. 무지한 지도자는 사고의 범위가 좁습니다. 그들의 결정권은 그들의 영역을 벗어날 수 없으며 국가와 민족이라는 광범위한 단어를 사용하면서 이 단어의 의미를 사실은 알지 못합니다. 여기에 가장 큰 잘못은 국민에게 있었습니다. 이 지도자들이 정확하게 안 것이 바로 이 부분입니다. 국민을 무지하게 하는 것만이 그들이 살길이었기에 그들은 국민과 각 분야의 융복합을 결사반대로 막는 데 심혈을 기울였던 것입니다. 1등과 꼴찌는 공존해야 그 가치가 사는 것이며, 1등은 한 분야에만 존재하는 것이지 모든 분야에 그 존재가 인정되는 것은 아닙니다. 그러나 이 무지한 지도자들은 이들을 분리하는 데 성공하였으며 개인적인 경쟁을 부추키는데 열을 올렸습니다. 집단 자체는 복합적인 성격을 띠고 있는 듯이 보입니다. 그러나 집단의 분리는 오히려 혼란스러움만 갖고올 뿐입니다.

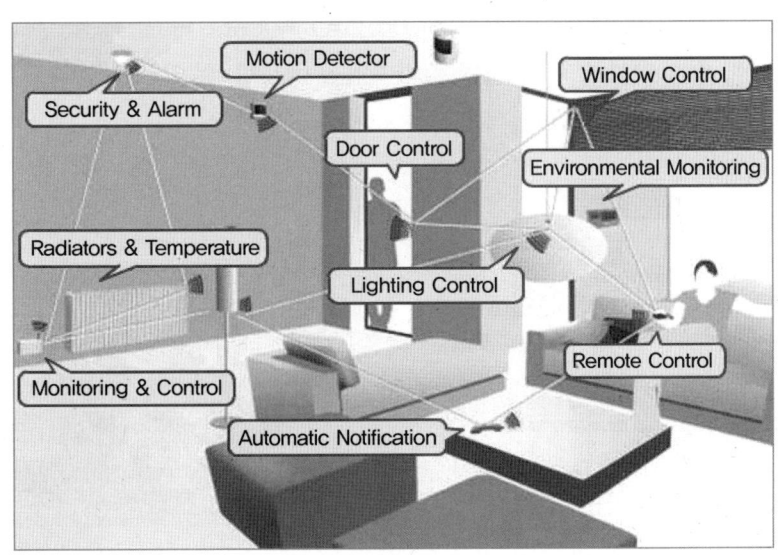

스마트 빌딩

건축도 마찬가지 입니다. 하나의 건축물을 완성하는 데 건축주, 설계 그리고 시공이 절대로 분리될 수 없습니다. 이는 업무의 분리이지 결코 하나의 목적을 달성하는 데 절대적으로 분리가 될 수 없습니다. 특히 설계자는 건축주와 시공자를 연결하는 중추적인 역할로서 중요한 역할을 맡고 있습니다. 그 역할이 갖고 있는 무게에 비하여 설계는 중시되지 못했습니다. 이것이 한국건축이 발전하는 데 걸림돌이 되었습니다.

각 학문의 발달은 공존해야 합니다. 그러나 기초는 경시되고 시대의 바람에 따라서 좌우되는 뿌리 약한 모습을 갖고 있습니다. 이러한 상황이 지속되면서 창조적인 생산보다는 이미 선진국이 버린 때지난 결과를 갖고 오는 언제나 한 발 늦은 물건에 만족해야 합니다. 그러나 이제 인터넷의 발달은 지역적인 폐쇄성을 개방하였고, 얕은 눈속임을 확인시켜주는 기능도 제공하고 있습니다. IT는 광범위한 영역을 하나로 묶어주지만 오히려 우리의 행동 동선을 단순화시켜주었습니다.

다른 분야도 IT의 혁신은 역할이 컸지만 건축에서 IT는 안락한 공간을 구성하는 데 중요한 요소가 되었습니다. 과거 건축은 건축재료와 구조에 대한 연구로 발전의 초점을 맞추었다면 IT는 공간 구성에 대한 인식을 바꾸어 놓았습니다. 다양한 형태를 만드는 데 복잡한 계산을 가능하게 해주었고, 형태 디자인의 작업을 용이하게 도와주었습니다. 특히 작업의 시간 단축을 해주면서 막대한 비용을 절감해 주었고, 가상현실에 대한 구체성을 예상할 수 있게 해준 것입니다. 생산과 과정이라는 주제가 주를 이루던 과거에 비하여 이제는 구성에 더 비중을 두고 있습니다. 즉 상상을 현실화시키는 데 가능성이 커졌다는 것입니다. 그러나 실현하는 데 단독적인 작업보다는 복합적인 결합이 많은 부분에서 효과적입니다. 이렇게 복합적인 작업이 가능하게 되면 초기에 전체적인 상황을 파악하고 이에 대한 준비작업을 예상할 수 있으며 중복되는 비용을 절감하게 되며 효과를 더 높일 수 있습니다.

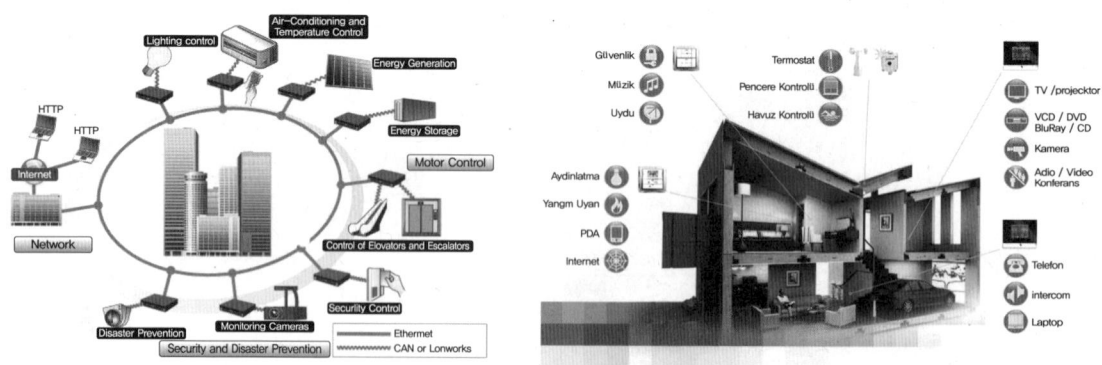

인텔리전트빌딩

융복합적인 건축물로서 스마트 빌딩 또는 인텔리전트 빌딩을 예로 들 수 있는데 이 건물들은 다양한 분야가 시도되는 빌딩으로서 자동제어 시스템을 갖추고 있어 환경에 능동적인 상황으로 반응합니다. 이러한 시스템은 건축뿐 아니라 여러 분야에 적용되는 것으로 건축은 종합적인 시스템을 요구하기에 광범위한 융복합의 집합체라고 할 수 있습니다. 앞에서 언급한대로 이는 구조와 재료의 자유를 얻은 다음 단계라고 볼 수 있습니다. 이는 공간의 자유를 향한 또 하나의 도약입니다.

## CHAPTER 23

# 형태 만들기

　건축물은 공간을 갖고 있습니다. 이 공간은 인간이 생활할 수 있는 기능을 갖고 있습니다. 아리스토텔레스는 '공간은 무엇인가를 담는 것'이라고 말했습니다. 무엇인가라는 추상적인 명사에 건축은 인간을 적용시키면 됩니다. 건축의 작업은 이 공간의 구성을 통하여 외부에 명확한 형태를 구성하면서 시작합니다. 내부는 외부를 반영해야 하는가라는 의문을 갖게 됩니다. 반대의 경우도 마찬가지입니다. 과거에 재료나 구조의 자유로움이 지금보다 다양하지 않았을 때 의도적이지 않았지만 내부는 외부를 반영하는 경우가 많았습니다. 그러나 지금은 그 두 개의 요소가 서로 자유롭게 구성되는 경우도 많습니다. 이는 구조의 자유로움이 있기 때문입니다.
　우리는 공간의 필요성에 의하여 형태를 만들지만 외부는 도시적인 성격을 갖고 있습니다. 건축물은 도시에서 사막의 피라미드와 같이 이정표가 될 수도 있고 도시를 기억하는 추억이 될 수도 있으며 도시를 구성하는 조형물로서 역할을 하기도 합니다. 아름다운 도시는 아름다운 건축물을 갖고 있습니다. 여기서 아름답다는 단어를 정의해 볼 필요가 있습니다. 이 단어의 의미는 너무도 광범위합니다. 그리고 개인적입니다. 일반인들은 특히 그렇습니다. 대부분의 건물이 수직과 수평으로 이루어졌고 박스 형태를 이루고 있기 때문에 이에 익숙해져 있습니다. 다수의 건물이 이러한 형태를 이루고 있기 때문에 일반인들은 이것이 평범한 형태라고 생각하기 때문에 이와 비슷하지 않으면 특이한 형태라고 생각합니다.
　그렇다면 '건축가는 왜 모두 박스 형태를 만들지 않고 특이한 형태를 만드는가?' 반대로 '왜 박스 형태를 만들어야 하는가?' 답변은 너무도 다양합니다. 대지활용면도 있고 법규도 있고 고유의 원인이 있을 수도 있습니다. 그러나 이러한 기본적인 원인 외에도 설계자의 의도가 담겨져 있기 때문입니다. 만일 그 설계자가 의식을 갖고 있는 건축가라면 건축가의 성향이 강하게 들어 있습니다. 특히 건축가의 스타일이 나타나는 것입니다. 건축가는 공간을 창조하지만 도시를 꾸미는 사람들이기도 합니다.

건축형태는 시대와 지역적인 재료를 반영하기도 합니다. 과거에는 초가집과 기와집이 많았고 이집트에는 사암, 그리스에는 대리석 그리고 로마에는 벽돌이 많았던 것이 바로 그렇습니다. 그러나 구조가 발달하고 건축재료의 발달은 지역적인 재료로부터 자유로워지고 다양해지고 있으며 재료의 결정은 오히려 디자인을 위한 방향에서 결정되기도 합니다. 이는 곧 공간의 자유를 향한 그 시대의 정신이 형태를 좌우하는 데 영향을 미친다는 것입니다. 그러나 형태의 최종 단계는 사실상 설계자의 취향과 이상이 결정합니다. 그 설계자가 추구하는 개인적인 형태 디자인이 결정하는 것입니다. 초보자들은 여러 형태를 시도하고 나타내지만 궁극적으로 개인적인 디자인이 담겨져 있어야 합니다. 그렇게 시도하는 것이 이상적입니다.

형태를 만드는 디자이너들은 자신만의 특성이 있어야 합니다. 우리가 아는 유명한 예술가들은 일반적으로 몇 단계를 거쳐 최종적으로 자신만의 디자인 특성을 제시하며 세상에 알려져 왔습니다. 피카소도 처음부터 입체적인 그림을 그린 것은 아닙니다. 달리도 처음부터 초현실주의 그림을 그린 것은 아닙니다. 초기 단계에는 자신의 작품에 대한 기술적인 레벨을 높이고 자신 작품에 대한 콘셉트를 구체화시키는 과정을 거치는 것입니다. 우리가 아는 대가들은 자신의 실력이 뛰어남을 우리에게 제시하고자 작품을 만드는 것이 아닙니다. 그들은 경지에 오른 그들의 실력을 통하여 자신의 작품에 메시지를 전달하고자 하는 것입니다. 우리는 그들의 작품을 감상할 때 그 부분을 찾아야 하는 것입니다.

피카소는 자신의 작품을 통하여 물체가 입체로 되어 있고, 입체는 다시 구성을 이루는 요소의 집합체이며 그 집합체는 자신의 영역과 타 요소와 근본적인 위치를 갖고 있다는 것을 알리고자 했던 것입니다. 완성된 결정체를 보는 것이 아니라 그 결정체가 어떤 요소로 구성되어 있는가를 그는 보여주고자 했던 것입니다.

달리는 4차원적인 시간과 공간 그리고 그 영역 안에 있는 사물들이 현실과 다른 개념을 갖고 있을 것이라는 자신의 생각을 우리에게 전달하고자 했던 것입니다. 우린 그 작품을 보며 우리의 상상을 좀더 구체화할 수 있으며 그들의 상상에 동참하여 그 흥미를 공유하는 것에 의미가 있습니다. 즉 미술가들은 그림을 통하여 자신의 흥미를 이야기하고자 했으며 음악가들은 연주를 사용하고 건축가들은 형태를 사용하여 자신의 상상력을 공유하고자 하는 것입니다. 너무 복잡하게 그들의 작품을 감상할 필요가 없습니다. 그들이 말하고자 하는 것을 깨닫고 같이 상상하며 그 상상을 나타내는 방법을 그들에게 배우면 되는 것입니다.

궁극적으로 인간의 무한한 상상력이 어디까지인지 그들은 우리를 대표하여 시도하는 것이고 다른 상상력과 표현을 할 수 있는 후대를 위하여 계단 하나를 놓은 것 뿐입니다. 이 상상력의 위대함은 파급효과가 있어 한 분야의 상상력의 실현은 다른 분야에 영향을 미친다는 것입니다. 모든 분야는 사실상 공동체적인 영역 안에 있습니다. 분야의 성격은 다르지만 인간의 상상력 실현을 위한 목표는 같습니다. 예술가들은 자신의 상상력을 표현하는 데 교육에 의하여 표현력을 키우기는 하지만 사실상 내면에 있는 상상력을 나타내기 위한 과정일 뿐입니다.

대부분의 사람들은 자신의 삶의 형태에 영향을 받습니다. 특히 어린 시절의 상상력이 잠재해 있다가 이것이 무의식 속에서 작용합니다. 이렇게 무의식 속에 잠재해 있는 것을 긍정적으로 표현하기 위하여 필요한 것이 올바른 교육입니다.

올바른 교육은 지식을 전달하는 것이 아니라 그 원리를 알려주는 것입니다. 정확한 교육은 정확한 지식을 전달하는 것이 아니라 그 지식의 원리를 알려주는 것입니다. 대부분의 교육자는 자신이 얻은 지식을 전달하는 중간상인과 같은 저급한 역할을 하는 데 이것은 옳지 못합니다. 먼저 교육자가 그 지식을 이해해야 합니다. 이해하지 못한 지식은 받는 자도 반드시 이해 못합니다. 그러나 문제는 여기에 있는 것이 아니고 받는 자가 이해 못하는 상황뿐 아니라 옳게 이해 하지 못하는 데 문제가 생깁니다. 이러한 상황이후에 정직한 사회를 만들지 못하고 비전문가가 전문가 사회를 인도하는 상황이 생깁니다. 정확한 지식은 행위와 결정에 대한 용기를 줍니다. 결점과 어두운 면을 장점과 밝은 면으로 바꾸는 능력을 갖게 합니다.

모든 건축물은 형태를 갖고 있습니다. 그러나 모든 건축형태가 감동을 주는 것은 아닙니다. 이것은 형태에 대한 올바른 지식을 습득하지 못했기 때문입니다. 기능이 기본적인 조건이라면 미는 감동입니다. 기능이 건축가의 구속이라면 미는 자유입니다.

디자인 = 기능 + 미
디자인 = 육체적인 것 + 정신적인 것
디자인 = 구속 + 자유

이러한 감동을 만들 수 있는 능력은 바로 건축가가 감동을 갖고 있어야 합니다. 미술이나 음악의 형태는 건축과 다릅니다. 이 두 분야는 형태적인 것 보다는 미적인 부분이 더 큽니다. 그러나 건축물은 일반인들에게 주는 메시지는 형태에서 먼저 시작합니다. 형태는 건축가의 소설과 같은 것으로 감동적인 작업계획이 먼저 수반되어야 하며 형태구성에 대한 자신의 철학이 스토리처럼 짜여진 후 만들어져야 합니다. 어느 것 하나도 우연한 방법 또는 무계획적인 작업방식에 의하여 만들어진 형태는 마치 이해하지 못하고 전달자의 입장에서 수업하는 선생과 같이 아무런 감동도 주지 못합니다. 그러나 건축물이 도시를 구성하고 그 지역을 지나는 모든 사람들이 보아야 하는 것이라면 이렇게 단순히 작업할 수 는 없습니다. 건축가는 형태를 사용하는 소설가와 같습니다. 내용도 없고, 구성도 없는 소설은 읽지 않는 선택의 기회가 있지만 건축물은 눈을 감고 그 옆을 지나갈 수 없습니다. 이것이 건축가가 형태를 디자인 작업 시 취할 의무입니다.

프랑크 게리의 작품을 볼 때 그저 곡선이 충만하고 비정형이라는 이미지만 본다면 그는 많이 섭섭할 것입니다. 그의 작품에는 물고기가 자주 등장하고 그의 작품 마감이 대부분 조각난 형태임을 눈여겨 보아야 합니다. 그는 어린 시절 아팠던 기억을 그리움으로 나타냈고 그것을 긍정적으로 표현하려 했으며 그 시절 자신의 좋은 친구였던 물고기가 바로 자신의 정체성의 주역으로 생각했던 것입니다. 물고기의 형태와 그 물고기를 감싼 비늘과 그 물고기가 자신의 앞에서 힘차게 나아가던 그 동선을 추억의 요소로 삼았던 것입니다.

형태를 감상하는 좋은 방법 중의 하나가 작업자의 의도입니다. 사실 형태 자체는 메시지를 전달하는 수단에 대한 도구입니다. 때로 그 형태가 갖고 있는 내용이 동일 하지만 내용이 다른 경우도 있습니다. 표현방법의 차이가 다른 것입니다. 형태를 통하여 해체주의를 전하고자 하는 건축가들은 많습니다. 그러나 표현 방법은 다릅니다. 이들은 대부분의 형태가 수직과 수평 그리고

(a) Frank Gehry_El Peix, 바르셀로나, 스페인    (b) Frank Gehry_Guggenheim Museum(1997), 벨바오, 스페인

[그림 II-80] 프랑크 게리의 작품

직선으로 이루어져 있으며 다양하지 않은 건축재료에 대한 고정관념에 대한 새로운 제시를 한 것으로 이러한 고정관념에서 탈피하여도 가능하다는 것을 보여준 것으로 우리는 이를 해체주의라고 이름 붙인 것입니다.

   형태는 크게 원형 그리고 그 원형의 복고풍 이렇게 2가지 범주에 속합니다. 원형은 다시 제1의 원형은 고대, 제2는 국제 양식 그리고 제3은 그 국가의 토착 형태로 나눌 수 있습니다. 원형이라 함은 그 형태가 처음 시작한 것을 말하며 그 시대가 지났으므로 그 이후는 모두 복고풍이라고 말할 수 있습니다. 즉 모든 형태는 이 3가지 범주에 들어있습니다. 그 형태가 해체주의이든 아니

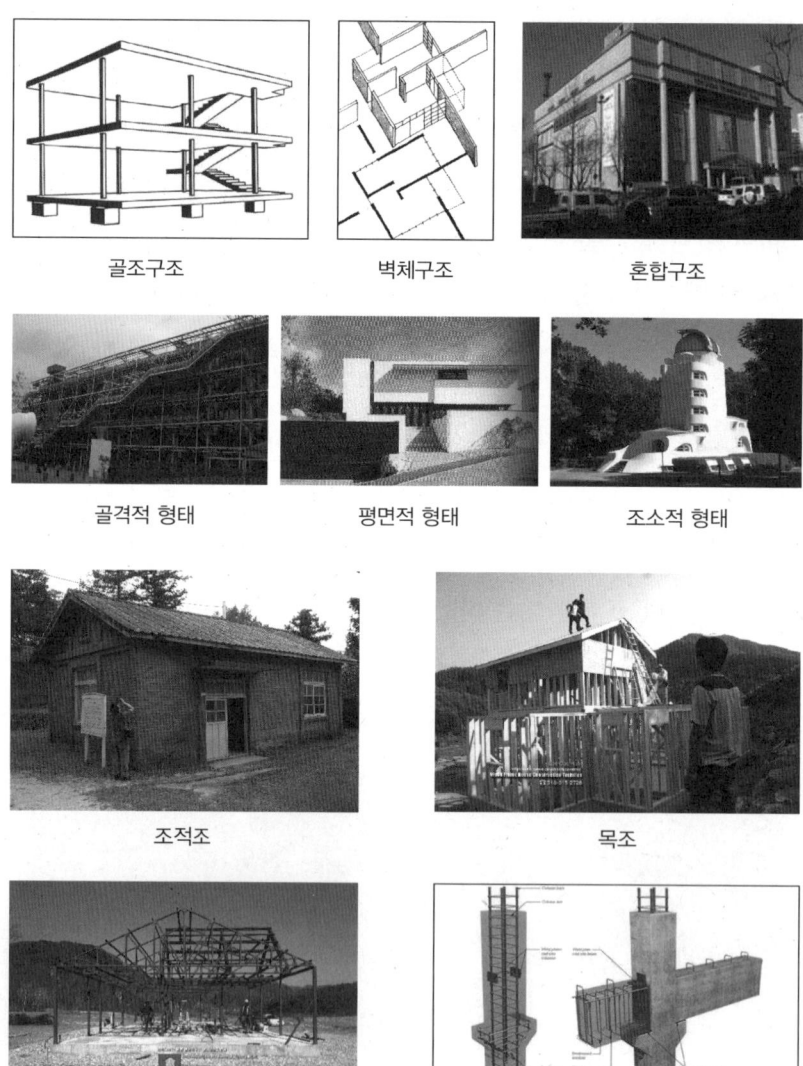

면 다른 주의를 갖고 있다 해도 형태가 갖고 있는 이미지는 모두 이 영역 안에서 찾을 수 있습니다. 즉 제4의 원형이 아직 나오지 않았다는 것입니다. 형태를 이루는 기본적인 요소를 기준으로 한다면 다시 그 특징에 따라서 또 구분해 볼 수 있습니다.

하중을 기준으로 한다면 골조구조(기둥으로 하중을 전달), 벽체구조(벽체를 통하여 하중을 전달) 그리고 혼합구조(골조구조와 벽체구조를 병행사용)가 있고 형태를 기준으로 하면 골격적 형태(뼈대가 보이는 형태, 예 : 사다리), 평면적 형태(면이 강조된 형태), 그리고 조소적 형태가 있습니다(조형물처럼 일정한 모양을 보여주는 형태).

재료를 기준으로 했을 때는 4가지 타입이 있습니다. 조적조(쌓으면서 지은 건축물, 예 : 벽돌 건물), 목조(나무로 지은 건축물), 철골조(H-빔, I-빔) 그리고 철근 conc.조(철근과 콘크리트를 사용하여 지은 건축물)가 있습니다.

건축물의 형태를 감상하는 데 외형적인 모양을 보고 평을 할 수 있지만 위의 내용처럼 기본적인 속성을 파악한다면 이해가 빠릅니다. 형태를 만든다는 의미는 단순할 수도 있습니다. 그러나 건축에서 형태의 의미는 인간과 연결을 시켜야 합니다. 형태를 만든다는 의미는 곧 인간의 자유

육체적　　감정적　　지성적
[그림 II-81] 건축 감상의 3가지 방법

와 기쁨이 그 형태 안에 담겨져 있어야 합니다. 건축물을 감상하는 데 윌리엄 W. 카우델[25]은 3가지 방법이 있다고 하였습니다. 육체적, 감정적 그리고 지성적으로 구분하였습니다. 이를 살펴보면 육체적이라함은 가장 기본적인 조건을 만족시켜야 한다는 것으로 감정적 또는 감성적은 상식적인 수준으로 여기까지는 일반인들도 건축물을 감상하는 데 개인적인 영역을 말하는 것입니다. 그러나 지성적인 감상은 전문가의 수준으로 형태만을 보고 올바른 감상을 할 수 없음을 말합니다. 건축물의 형태는 이유가 있습니다. 역으로 말한다면 이유를 갖고 형태를 만들어야 한다는 것입니다. 재료 하나 그리고 처마 하나도 설계자의 의도가 담겨져 있어야 한다는 것입니다. 우연발생적으로 만들기에는 시간과 돈이 투자되었고 장기간 사용하며 도시를 꾸미는 조형물적인 역할을 부여받기 때문입니다. 건축물은 그 시대를 반영합니다.

---

[25] **윌리엄 W. 카우델 William W. Caudill(1914~1983)**
미국의 건축가. 미국 오클라호마 Stilllwater(1933~1937)를 거쳐 매사추세츠의 기술교육기관인 케임브리지에서 교육을 받았다. 그 뒤 텍사스의 A. & M.대학에서 디자인을 가르치면서 건축가로서의 길을 걷게 된다. 그가 휴스턴에 'Caudill, Rowlett and Scott'라는 회사를 설립할 당시 그는 이미 교육기관을 위한 건축 디자인에 굉장한 관심을 가졌으며, 이것은 'CRS(1950년에 'CRS'로 회사를 시작함)에 영감을 주었으며 이 분야에 전문적인 회사로 만들게 된다. 카우델은 자기 자신을 '교수/이론과 실습에 관한 건축'이라고 설명했으며 연구가, 철학자, 경영자, 재능 있는 디자이너들에게 지대한 공헌을 했다. 초등학교에 관한 그의 초창기 연구자료가 1941년에 발간되었는데, 이것은 학교 디자인의 기술적인 측면과 기능적인 측면 모두의 문제를 해결하는 분석적인 책이다. 이 책의 실질적이고 일반적인 양식에 대한 논쟁은 1950~1960년 사이 현대적인 학교를 건설하는 권위 있는 단체들에게 영향을 주었다. 카우델은 텍사스를 시작으로 미국 전역에 걸쳐 수많은 학교를 지었다.

## CHAPTER 24
# Postmodernism 과거와 현재의 공존

세익스피어의 4대 비극 중 하나인 로미오와 줄리엣이 있습니다. 두 가문의 싸움 속에서 만들어 가는 사랑이야기로 전세계적으로 알려진 작품입니다. 이 작품의 배경은 16세기 중반 중세와 근세의 과도기로 아직은 중세의 모습을 갖고 있었던 시기입니다. 칼을 허리에 차고 말을 타고 달리던 그 도시의 풍경이 떠올려지는 시대로 현대의 모습과 많이 다릅니다.

두 가문의 싸움 속에서 운명적으로 만난 두 사람의 사랑은 애틋하면서 사랑스럽기도 합니다. 특히 마지막의 모습은 심금을 울리는 장면입니다. 우리에게 이 모습을 아름답게 남긴 영화가 1968년도에 선보인 로미오(레너드 위팅)와 줄리엣(올리비아 핫세)입니다. 현대보다 자유롭지 못하고 제한된 상황 속에서 이들이 만들어내는 스크린은 정말로 그런 사랑을 해보고 싶은 욕구마저 일으키게 하는 장면이었습니다. 나이가 드신 분들이 로미오와 줄리엣을 떠올린다면 대부분의 사람들이 이 영화를 떠올리며 그 배경 또한 칼싸움을 하는 이태리 중세의 모습을 떠올릴 것입니다.

1996년 이러한 기대를 깨고 로미오(레오나르도 디카프리오)와 줄리엣(클레어 데인즈)은 새로운 배경의 영화를 선보입니다. 두 가문의 원수지간과 그 가문의 아들, 딸로 등장하는 것은 동일하나 배경은 현대로 바뀌고 말대신 자동차를 타고 다니며 칼대신 총을 쏘는 내용으로 바뀌었습니다. 영화의 애절한 마지막 장면조차 동일합니다. 즉 영화의 구성과 내용은 원래 로미오와 줄리엣을 벗어나지 않았을 뿐 그 시대적 배경과 영화 촬영기법이 현대적으로 바뀐 것입니다.

한복은 우리의 전통의상입니다. 과거에는 일상복이던 것이 지금에 와서는 특별한 날이 아니면 입지 않게 되었는데 이유는 양복보다 여러 가지 면에서 불편하다고 생각하기 때문입니다. 전통한복을 입기 위해서는 알아야 할 것이 많으며, 옳게 매듭을 지어야 하는 것이 많습니다. 이러한 작업들이 옷이 불편하다는 것만큼 한복을 멀리하게 되는 이유가 되기도 합니다.

그래서 등장한 것이 개량한복입니다. 전통한복에 비하여 형태, 옷 모양 그리고 작업이 단순하게 되어 착용하는 데 훨씬 일반화 시켰습니다. 현대인의 옷을 입는 것과 많이 다르지 않습니다. 그러나 전통한복이 갖고 있는 그 이미지는 가능한 유지시키려는 노력 또한 엿보입니다. 우리는 이를 과거와 현대를 접목시킨 퓨전 이라고 말하기도 하지만 사실상 이는 포스트모더니즘의 콘셉트를 따른 것입니다.

옆의 피라미드는 이집트에 있는 것으로 그 입구를 쉽게 찾을 수 없으며 거대한 사암덩어리로 왕의 권위를 보여주는 상징물로서 존재를 합니다. 사막의 오아시스 상징물로 나일강의 서쪽에 수직으로 자리를 잡고 있습니다. 과거 왕의 상징물로 이만한 크기나 위협적인 것이 없을 정도로 상징적인 역할을 하고 있습니다. 5000년의 기간에 걸쳐 변화를 보이지 않았던 이집트의 역사만큼이나 그 육중함을 보여주고 있습니다.

I. M. Pei-루브르 박물관의 피라미드

이 피라미드는 1989년 선보인 I.M. Pei의 루브르 박물관 앞에 있는 피라미드입니다. 루브르 박물관의 의미는 남다릅니다. 과거 식민지를 갖고 있었던 프랑스의 세력과 그 위세를 그대로 표현해주는 상징적인 곳입니다. 둘 다 피라미드 이지만 페이는 왜 이곳에 피라미드를 디자인했는지 우리는 한 번쯤 생각해 볼일입니다. 찰스 젱스는 이 피라미드를 보고 "이 피라미드는 모던의 탈을 쓰고 프랑스에 영광을 돌려주었다."라고 표현했습니다.

프랑스 파리의 개선문은 파리의 많은 역사를 같이 하고 있는 상징적인 건축물입니다. 파리를 오가는 중요 행렬이 이 개선문을 통과할 만큼 도시의 출입구로서 중요한 요소입니다. 위의 개선

개선문_파리(1836)

요한 오토 폰 스프렉켈젠_Grande Arche(1982), 라데팡스, 파리

[그림 II-82] 파리의 신·구 개선문

II. 제1과 제2의 건축형태에 영향을 주는 요인들

(a) Ungers_Messetower(1983)    (b) Jahn_전람회 건물(1991)    (c) gothic 성당

[그림 II-83] 프랑크푸르트의 신·구 고딕 건물

문과 하나의 축을 이루며 신도시에 만들어진 것이 라데팡스의 Grande Arche입니다. 이 신 개선문의 디자인은 현대적이지만 그 역사적인 이미지는 구 개선문을 떠올리게 합니다.

[그림 II-83]의 (a), (b) 두 건물들은 프랑크프루트에 있는 Ungers의 1983년도 작품과 jahn의 1991 작품으로 전람회 건물입니다. 이 두 건물은 최근의 작품임에도 불구하고 대칭, 격자화된 기하학, 스케일과 형태, 이 지역의 붉은 색조 석재에 대한 역사적인 기억을 담고 있습니다. 특히 독일 중부 지방은 남부 지방의 흰 사암과 비교되게 붉은 사암으로 된 중세의 건물들이 많이 자리 잡고 있습니다. 위의 두 건물은 이러한 지역적 특성을 감안하여 도시적인 맥락으로서 두 건물을 참여시킨것입니다. 찰스 젱스는 포스트모던에 대한 정의를 다음과 같이 내렸습니다. "역사적 기억, 도시적 맥락, 장식, 재현, 은유, 참여, 공공 영역, 다원주의 그리고 절충주의를 그 디자인이 포함하고 있을 때 포스트모던으로 볼 수 있습니다." 그의 정의를 바탕으로 보았을 때 위의 두 건물은 포스트모던으로 볼 수 있습니다. 즉 포스트모던은 그 모티브를 과거에서 갖고와 현대적인 기술로 만들어낸 작품으로 볼 수 있습니다.

[그림 II-84]의 두 건물은 매너리즘 양식의 건물입니다. 기독교의 등장과 함께 신인동형론의 바탕을 이룬 고대의 시기가 매듭을 짓고 유일신의 중세 시기가 등장을 합니다. 초기 기독교의 등

(a) 매너리즘  (b) 로마네스크가 있는 매너리즘

[그림 II-84] 매너리즘 양식_로마네스크

장이 세상에 보이면서 비잔틴이 등장을 합니다. 직사각형이 주를 이루던 형태요소에 동양의 요소인 원이 등장을 하고 로마의 정세불안은 경계를 나타내는 첨탑이 건축물에 등장하기 시작합니다. 그리고 석조건물의 절정을 이루게 되는 중세에 구조적인 불안감이 첨탑의 증가를 더하게 됩니다. 특히 로마황제의 정치적인 불안함이 시작되는 중세에 자체적인 경계를 갖추려는 욕구에 의하여 건물은 외부 영역, 중간 영역 그리고 개인 영역을 이루는 3단 영역 분리를 이루게 되며, 이것이 외부의 형태에도 3단 구성으로 반영이 됩니다. 중세의 시작인 비잔틴, 과도기의 로마네스크 그리고 중세의 절정을 이루는 고딕에서 건물의 외형적인 차이점을 많이 볼 수 있습니다. [그림 II-85]의 건물은 뉴욕에 있는 필립 존슨의 소니(AT&T)빌딩입니다. 1978년에 시작된 이 건물은 3단 구성, 롤스로이스의 라지에이터를 보이는 창의 격자, 영국 18세기에 등장한 로코코 양식의 치펀데일 가구의 꼭대기 원 그리고 경사지붕 등 역사적인 표현들을 보이고 있습니다. 이렇게 과거에서 형태적인 모티브를 갖고 와서 만들어 내는 것이 포스트모더니즘의 대표

[그림 II-85] 필립존슨_소니(AT&T)빌딩

적인 방법입니다. Postmodernism(1960)의 Post의 대체단어는 after입니다. 즉 after modernism 으로 표현할 수도 있습니다. 말 그대로 모더니즘(1900~1960) 후에 등장한 것입니다. 포스트모더니즘을 사실상 한마디로 규정하기에는 쉽지 않습니다. 그러나 위에서 언급하였지만 역사적인 것과 관련이 있으며 이를 현재적인 것과 접목시키는 절충적인 양식을 갖고 있습니다.

[그림 II-86] (a)의 건물은 로마에 있는 백화점 건물로 정리된 철골 격자 구조에 로마 시대 도로계획([그림 II-86] (b)의 그림)을 정리해 놓은 듯이 로마 시대의 거리를 나타내며 조적조로 벽을 구성하고 있습니다. 벽면에 창을 내지 않고 오히려 설비관을 덮은 관으로 벽의 구획을 나누어 놓았습니다. 이러한 건물의 디자인이 구 로마에서 모티브를 갖고 온 것을 알 수 있습니다.

[그림 II-87] (a)의 건물은 안산대학교의 진리관 건물로 이 건물에는 그리스 신전([그림 II-87] (b)그림)의 형태가 숨겨져 있습니다. 상단부의 삼각형. sims부분, 기단부 그리고 하단의 계단 부분이 형성되어 있습니다. 이는 신전의 전형적인 모습으로 이 3가지 요소가 필수적인 부분입니다. 그러나 삼각형 가운데 놓인 원형이나 각 창문의 상단부 아치 형태는 로마의 산물로서 이 형태는 복합적인 형태를 취했다고 볼 수있습니다. 특히 가운데 기둥의 배열이나 창문의 배치배열은 그리스양식과 많이 다름을 볼 수 있습니다. 그러나 기둥과 삼각형의 중간부분인 sims의 배열은 그리스 건축을 그대로 옮기려는 의도가 보입니다.

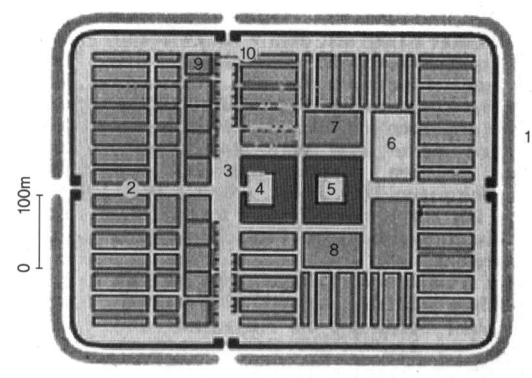

[그림 II-86] (b) 로마도로

[그림 II-86] (a)
Franco Albini_La rinascente 백화점(1957), roma

[그림 II-87] (a) 진리관_안산대학교

[그림 II-87] (b) 그리스 신전

앞에서 살펴본 바와 같이 Postmodernism의 특징들을 알 수 있습니다. Postmodernism을 주도하는 건축가들은 모더니즘을 난해한 디자인으로 치부하고 있습니다. 모더니즘이 발생한 시기에 클래식한 디자인을 추구하던 그룹은 사회의 흐름에 그들의 위치를 드러내지 않았던 것입니다. 그러나 모더니즘의 등장을 환영했던 것은 아닙니다. 그들의 등장에는 과거 타도의 목소리가 컸는데 그 과거에는 클래식한 것이 담겨져 있음을 알고 있었기 때문입니다. 특히 아돌프 루스의 장식을 강도 취급하는 행위와 콘크리트 주택의 등장에는 입을 다물고 있을 수밖에 없었습니다. 그러나 1972년 Minoru Yamasaki(세계무역센터 설계. 9.11테러로 파괴됨)의 미국 미주리 주 세인트 루이스에 있는 푸르이트 이고에의 주택단지가 무너지면서 Postmodernism 건축가들은 기지개를 폈습니다. 이 건물은 11층 33개동이라는 거대한 프로젝트로서 특히 모더니즘의 지도자 르코르뷔지에의 설계지침을 반영한 작품이라는 것이 충격이었습니다. 모더니즘의 주요 콘셉트인 기능주의의 승리로서 이 건물은 Postmodernism을 기죽일만큼 기대작이었으며 상징이었습니다.

모더니즘에 비하면 훨씬 형태주의에 가까웠던 Postmodernism은 드디어 정비를 갖추고 1980년대에 Post(after) modernism이라는 깃발을 들고 다시 등장하게 됩니다. 이들이 갖고 온 무기는 역사적인 기억인데, 이것이 Postmodernism입니다.

[그림 II-88] Pruitt-igoe_collapse series, 세인트 루이스

## CHAPTER 25

# 도시에도 2가지의 기능을 필요로 한다.

　다양한 요소를 포함하고 있는 도시는 풍부한 내용과 도시의 질을 나타내는 기능을 부여받고 있습니다. 도시는 공간이라는 성격보다는 면적과 기능의 성격을 더 많이 갖고 있습니다. 제한된 면적 내에서 주어지는 기능을 소화해야 하는 의무를 갖고 있습니다. 이 의무는 역사라는 시간 속에서 지속적인 기능을 보여 주어야 하기 때문에 장기적인 계획을 갖고 만들어지고 있습니다. 건축에서 조망과 피신은 구성 하는 데 필수적인 바탕입니다. 이러한 의미가 건축공간뿐 아니라 도시에도 존재해야 합니다. 건축물은 도시에 비하여 그 기능의 역할이 상황에 따라 분명하게 주어지고 그 기능을 무리 없이 수행합니다. 그러나 한 가지 기능만을 하는 건축물은 없습니다. 병원건물이 사무실 건물로, 학교가 생산업체 기능으로 목적을 얼마든지 탈바꿈 할 수 있습니다. 그러나 도시는 이미 이 모든 기능을 수행해야 하는 의무를 부여받고 성장하고 있습니다. 이 기능은 자연적으로 만들어지는 것으로 이를 원활하게 수행하지 못하면 도시는 황폐해지고 많은 문제를 갖게 됩니다. 자연적으로 만들어지는 기능이지만 이 현상이 때로는 균등하지 못한 구조로 발달할 수도 있기에 계획적인 관찰과 조정을 필요로 합니다. 그러나 인간의 영역과 자연의 영역에 대한 분포와 기능을 명확하게 구분하지 않으면 너무 인위적인 상태로 변화할 수 있고 후에 자연의 복구가 어렵게 되어 도시는 오히려 기능을 상실하게 됩니다.

　앞에서 말한 조망과 피신이라는 구성이 평행선을 이루며 발달해야 하는 것입니다. 조망은 자연의 영역이며 피신은 인위적인 영역으로 구분할 수도 있지만 넓은 영역으로 본다면 피신 또한 자연의 영역으로 보아야 합니다. 이를 지속적으로 유지하기 위해서 도시계획 초기에 도시 영역 70% 이상을 자연의 영역으로 구분하여 이를 유지하도록 해야 합니다. 그러나 개발도상국은 이에 대한 인식이 부족하거나 이를 유지하기 위한 능력이 부족하기에 이를 인식한 후에는 이미 시기적으로 늦은 경우가 많습니다. 동물들은 영역에서 개체 수를 자연적으로 유지하며 먹이사슬을 유지하듯 인간들도 도시영역과 인구 밀집도에 대한 인식을 정책적으로 만들어야 미래에 다가올 문제를 적게 만들 수 있는 것입니다. 의외로 선진국들도 도시 정책의 실패를 경험하며 신도시에 대한 수정을 받아들이고 있으며 인구와 영역에 대한 밀집도를 유지하며 도시기능을 긍정적으로 만들어가고 있습니다.

도시는 다양한 계층이 구성원으로 정착할 수 있어야 합니다. 미래지향적이지 못하고 전문가 집단이 아닌 다른 분야에서 도시계획을 주도한다면 미래에는 황폐해지고 도시의 기능을 잃어갈 수 있습니다. 앞에서 말한 조망과 피신에 대한 구조가 도시 구성에 기본적인 틀로 정착되어야 합니다. 여기에서 피신은 공간 구성을 의미하기도 합니다. 고유의 기능을 갖고 있는 공간이 존재해야 하며 이들은 명확하게 구분이 되어있어야 합니다. 이것이 분명하지 않으면 도시의 세분화와 소음, 공해, 쓰레기, 폭력, 범죄 등 다양한 문제가 도시에서 발생하는 데 이 원인은 바로 명확하지 않은 영역의 혼란 속에서 발생합니다. 그래서 단순히 건축물 내의 공간만이 고유의 공간으로 보면 안되고 도시 자체를 하나의 건축물로 보며 구 안의 영역들을 넓은 의미의 도시공간으로 보아야 합니다. 이렇게 공간이라는 제한된 의미의 영역의 존재만이 있으면 안 됩니다. 그래서 이를 위한 조망이 필수적으로 준비 되어야 하는 것입니다. 공간의 개념이 없다면 조망의 의미도 필요하지 않습니다.

공간의 영역이 명확하게 구분되어 있어야 하듯 이 둘의 구분도 명확해야 합니다. 이 모두를 위하여 도시에서 필요한 것이 바로 질서와 규칙입니다. 굳이 이들이 있어야 하는 것은 아닙니다. 그러나 다양한 구성원이 생활하는 도시를 유지하려면 모든 구성원이 외우지 않고 인식할 수 있는 질서잡힌 시스템 속에서 도시가 움직여야 합니다. 이것이 바로 도시생활에 다수를 하나로 묶으며 질서 속에서 유지되는 혼란을 주지 않는 방법입니다. 좋은 시스템은 강압적인 규칙 속에서 부여하는 것이 아니라 무의식 속에서 심리상태가 반응하게 하는 것입니다.

[그림 II-89]의 사진은 횡단보도에 있는 신호등의 위치를 보여주는 것입니다. 독일과 일본 같은 경우는 신호등의 위치가 횡단보도에 붙어 있습니다. 그래서 이들은 붉은 신호에서 횡단보도를 넘어가지 않습니다. 그러나 한국의 경우는 미국처럼 신호등이 멀리 있기 때문에 운전자들이 신호를 보면서 운전하기에 횡단보도를 넘어가는 경우가 빈번하게 일어나고 있습니다. 이렇게 시

독일

미국

일본

한국

[그림 II-89] 횡단보도와 신호등

스템의 차이가 있음에도 마치 한국인이 일본이나 독일인보다 신호체계를 지키지 못하는 준법정신이 결여된 민족으로 스스로 생각하고 있습니다. 이는 엄연히 다른 것입니다. 국민성이 그런 것이 아니고 시스템이 준법정신을 지키기 힘들게 만들어 놓은 것입니다. 이는 하나의 예일 뿐입니다. 더 많은 시스템이 국민들이 의식적으로 지켜야 하는 수준 이하로 만들어져 있습니다.

앞에서 말한대로 좋은 시스템은 무의식 속에서 지켜질 수 있게 만들어져야 하는 것입니다. 일반적으로 정부 주도하의 제도들은 그 정부가 끝나면 그 제도도 끝나는 경우가 많습니다. 이는 전문가 집단이 만들지 않았거나 도시의 속성을 바탕으로 하지 않고 강압적인 흐름 속에서 지켜지기 때문입니다. 근본적인 원인과 체계를 갖추지 않고 성과적인 목표로 만들어졌기 때문입니다. 대표적인 것이 독일의 히틀러 시대의 시스템입니다. 전후 독일은 이를 전면적으로 수정했고 지금은 시스템이 국민을 인도하는 것이 아니라 국민을 돕는 시스템으로 자리잡았습니다.

II. 제1과 제2의 건축형태에 영향을 주는 요인들

정보 시스템에 있어서 이를 활용하는 데 수용집단의 성격을 판단하고 이를 복잡한 단계를 거치거나 학습을 통한 수용체계를 만드는 것은 세련되지 못한 방법으로서 수용집단이 얼마나 자연스럽게 또는 부담을 갖지 않고 수용할 수 있는가가 시스템을 정착시키기 전에 충분한 시뮬레이션을 통한 실험을 거치는 것이 좋습니다. 객관적이고 일반화시키지 못한다면 그 시스템의 의 생명력보다 우선적으로 적용하는 데 많은 문제점을 갖고 올 수 있고 발생한 문제점을 수용하는 포용력을 갖고 시작해야 합니다. 법이기에 이를 지키게 하기보다는 법이기에 이것이 자연스럽게 도시에 흘러가게 하는 것이 좋습니다. 독일의 또다른 한 예로 교통 표지판의 시스템을 볼 수 있습니다.

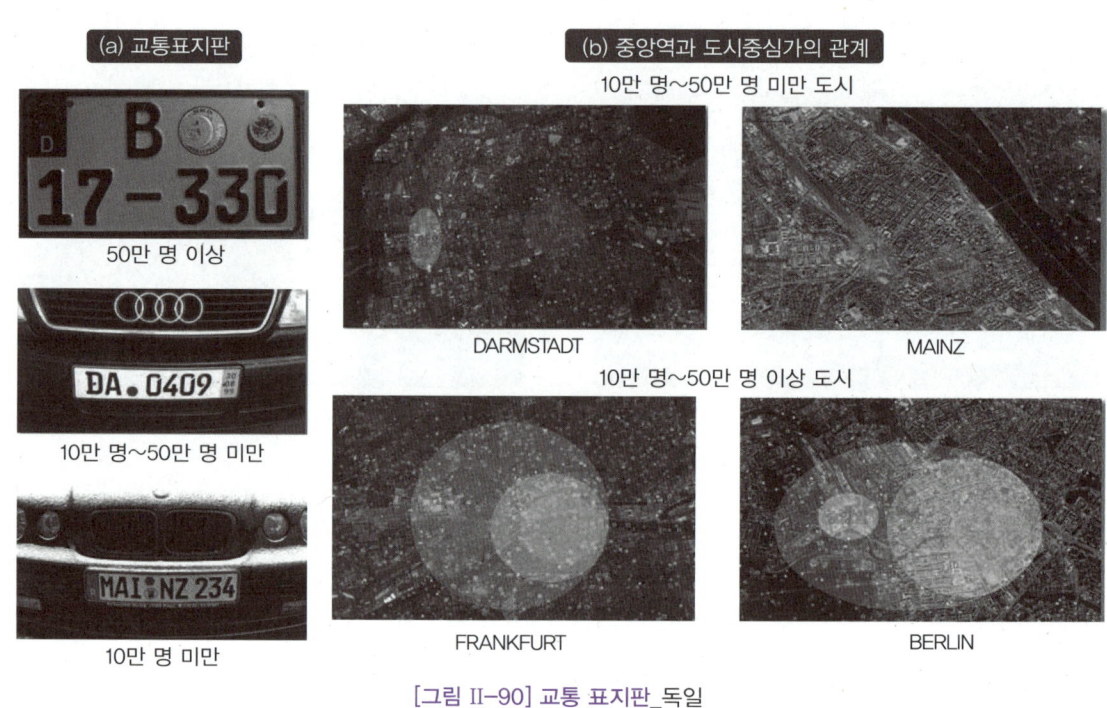

[그림 II-90] 교통 표지판_독일

[그림 II-90]의 그림은 독일 자동차 번호판의 시스템으로서 3가지 종류를 볼 수 있습니다. (a)에서 첫 번째는 앞의 알파벳이 1개, 두 번째는 2개 그리고 세 번째는 3개의 알파벳으로 시작합니다. 이 알파벳은 자동차가 속한 도시 이름의 첫 기호로서 B는 Berlin을 의미합니다. 알파벳의 개수의 의미는 1개는 도시인구가 50만 명 이상, 2개는 10만 명에서 50만 명 미만 그리고 3개는 10만 명 이하를 의미하는 것으로 도시보다는 지방(district)을 의하는 것입니다. 이 표지판의 의미가 도시민에게 직접적인 영향을 준다기보다는 도시의 정보와 자동차에 대한 소속을 알려주는 역할이

더 큽니다. 그러나 이러한 단순한 시스템이 신뢰성과 정보체계에 대한 부담감을 줄여주고 있음을 보여줍니다. [그림 II-90]의 (b)는 도시 규모에 따른 중앙역의 위치가 우연적이 아니고 계획에 의한 구성이었음을 보여주는 것으로 50만 이상의 인구를 갖고 있는 도시는 중앙역이 도시 중앙에 위치하고 있고, 소도시는 도시 외곽에 중앙역이 위치하고 있음을 보여주고 있습니다. 여기서 도시의 규모가 갖고 있는 정보의 역할은 그렇게 중요한 것이 아니고 국가가 도시의 정책에 있어서 인구 정책 등 체계적인 시스템을 갖고 움직이며 그 시스템을 의도적으로 유지한다는 것을 엿볼 수 있는 것입니다. 도시의 역사는 우리가 생각하는 것만큼 길고 다양성을 갖고 있습니다. 이를 관리하는 사람들이 자연발생적으로 도시 시스템을 나둔다면 아마도 걷잡을 수 없는 상황이 발생할 수도 있습니다. 이를 네트워크상에서 관리하며 조직화하는 데는 분명히 전문성과 체계적인 관리에 대한 지식을 필요로 합니다. 다음에 나오는 사례도 마찬가지입니다.

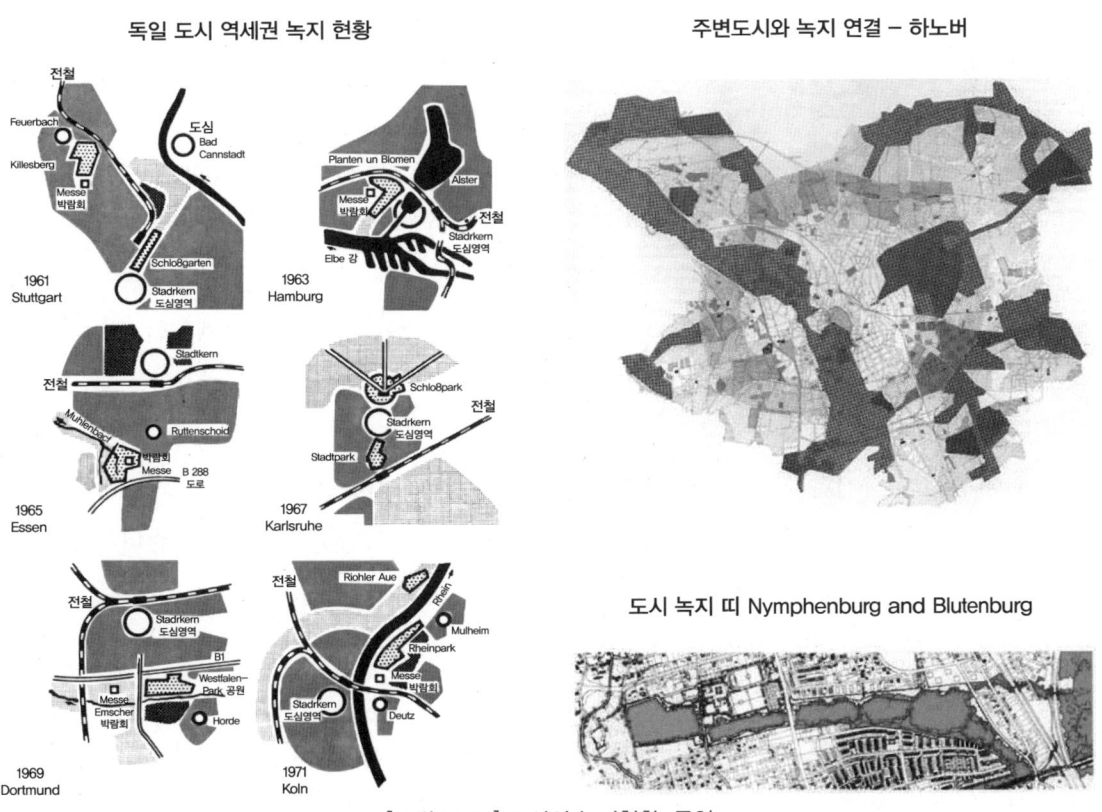

[그림 II-91] 도시의 녹지현황-독일

[그림 II-91]의 사진은 독일 도시 내 녹지현황입니다. 녹지는 단순히 그린 영역으로 보면 안 됩니다. 녹지는 도시민을 포함한 모든 생물이 살아가는 생명의 발생지로서 단순히 인간을 위한 영역으로 기능을 부여하면 안 됩니다. 녹지는 생명의 띠입니다. 도로가 출발했으면 목적지까지 도달해야 하는 기능을 갖고 있어야 하듯 녹지도 그러한 기능이 있어야 합니다. 도시가 그 기능을 수용할 수 있는 최소한의 용량을 갖고 있어야 하듯 녹지도 생물이 살아갈 수 있는 최소한의 용량을 갖고 있어야 합니다. 인간이 도시를 개발하면서 녹지의 양이 줄고 생물이 위험을 갖게 되는데 이것은 인간에게도 위험이 되고 있습니다. 인구의 증가는 녹지영역과 반비례하듯 이에 대한 대책이 없다면 미래에는 황폐한 도시가 만들어 질 것입니다. 그러나 인구를 위한 면적을 포기할 수 없는 것입니다. 그렇기에 도시는 동식물이 살아갈 수 있는 녹지를 철저한 계획 아래 유지해야 하며 최소한 녹지 띠는 유지시켜야 합니다. 이는 줄어드는 녹지 면적을 띠로 형성하여 이웃도시와 연결시키는 것이 동식물이 느끼는 위험으로부터 조망과 피신이라는 도시 개념을 녹지에도 부여해야 하는 것입니다.

녹지 감소는 동식물의 멸종을 불러오고 이것이 급기야 인간의 멸망으로 이어질 것입니다. 녹지의 감소로 생기는 부정적인 암시로 홍수와 싱크홀이 보이고 있으며 특히 아열대 현상과 사막화를 우리는 눈여겨 보아야 합니다. 위의 그림에서 독일의 도시들은 예전과 같은 녹지 상태를 유지하려고 노력하는 것이 보이지만 도시의 팽창으로 힘들어 하는 것을 볼 수 있습니다. 특히 역세권에 녹지를 형성하는 모습을 눈여겨 보아야 합니다. 뮌헨 근처 도시 님펜부억과 블루텐부억 두 도시는 증가하는 인구로 인한 녹지 감소를 두 도시와 연결하여 녹지 확보를 계획한 것이 보입니다. 도시 내 녹지 유지는 중앙집약적인 특성에서 발생하는 도시의 문제점을 해결하는 데도 도움이 됩니다.

[그림 II-92]의 사진은 안산시의 녹지변화에 대한 사례입니다. [그림 II-92] 좌측 윗 부분이 1985년 안산시의 모습으로 녹지의 영역이 많은 부분을 차지하고 있음을 알 수 있습니다. 그러나 아래 부분 2011년을 보면 녹지는 거의 사라졌음을 알 수 있습니다. 남은 녹지도 띠를 이루지 못하고 파생적으로 분포되어있습니다. 영역은 녹지이지만 이러한 상황에서는 결코 동식물이 살 수 없는 상황입니다.

[그림 II-92]의 우측 윗 부분을 보면 2008년 도시인구가 급격하게 증가하다 멈췄습니다. 그러나 도시의 개발은 이미 증가하는 인구에 맞추어 개발되었을 것입니다. 참으로 한심하고 미래지향적인 안목이 없는 초보자의 결정이었음을 알 수 있습니다. 그러나 이러한 상황이 단지 안산시에만 있는 것이 아니고 전국적으로 행해지고 있다는 것이 개탄할 일입니다.

## 안산시 사례

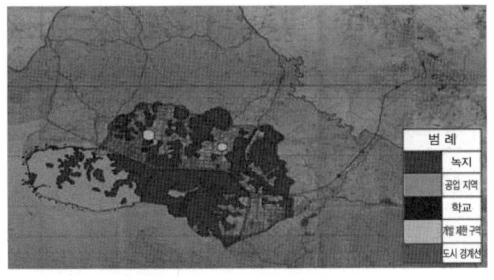
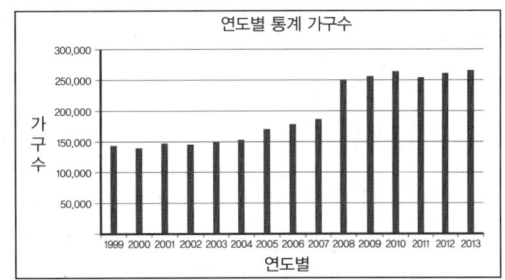
1985년과 2011년 안산시 지역 분포 비교

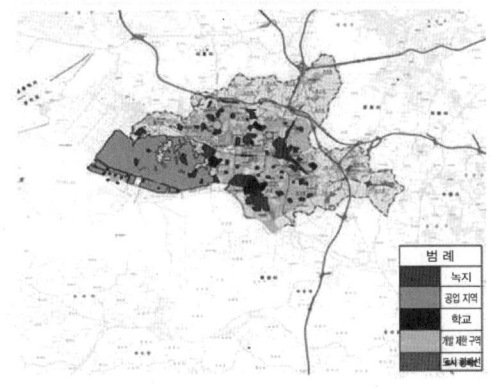
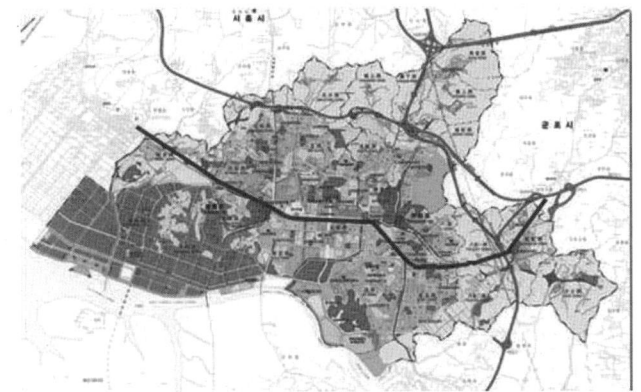

[그림 II-92] 녹지의 변화 사례_안산시

(a) 조성공사          (b) 조감도

[그림 II-93] 녹지의 변화 사례_안산시

[그림 II-93]은 안동문화관광단지 조성을 위한 시설지구 조성공사(a)와 이에 대한 조감도(b) 입니다.

조감도 상으로는 공사 후 다시 녹지가 조성될 같은 이미지를 만들고 있지만 이것은 이미 자연 파괴를 만들었고 이 지역을 기점으로 이미 동식물의 파괴가 이루어질 것을 우리는 알고 있어야 합니다. 결코 이전과 같은 환경을 자연에 제공하지 못함을 인식해야 합니다. 이는 이미 프랑스에서 근대 이전부터 시작한 자연에 대한 인간의 지배사상이 갖고 온 문제점을 우리는 아직도 인식하지 못하고 있음을 나타내는 것입니다. 동양사상은 원래 자연 상태를 피하여 자연의 일부로서 우리가 들어가는 것이지 자연 상태를 변경하는 자세가 아니었습니다. 물론 도시도 도시의 기능을 하기 위하여 필요한 작업을 필요로 합니다. 그러나 도시 하나의 확장은 미래적인 계획과 인구의 증감에 대한 대책을 정확하지는 않아도 이에 대한 계획을 갖고 움직여야 합니다. 이것이 바로 도시계획입니다.

[그림 II-94]은 독일 헤센주에 위치한 도시 프랑크푸르트와 다름슈타트 도시입니다. 독일에서 두 도시는 도시 크기에 있어 프랑크푸르트는 인구 순위(2011년 기준) 5위로서 인구 686,927명으로 도시면적 248.31km²이고, 다름슈타트는 55위(2011년 기준)로서 인구 144,332명이고 도시면적은 122.09 km²입니다. 두 도시를 비교하면 프랑크푸르트가 다름슈타트에 비해 인구 4.7배, 면적은 2배가 더 큽니다. 프랑크푸르트는 도시 인구가 1875년에 10만을 넘기 시작하여 7배인 지금의 인구를 갖는 데 150년이 걸렸고, 다름슈타트는 1937년에 인구 10만을 초과하여 80년 동안 4만 정도 도시인구가 증가하였습니다. 물론 두 도시의 도시 코드는 전혀 다릅니다. 프랑크푸르트는 경제도시로서 공항도 갖고 있지만 다름슈타트는 연구도시로 현대과학의 중심지로 키워온 것입

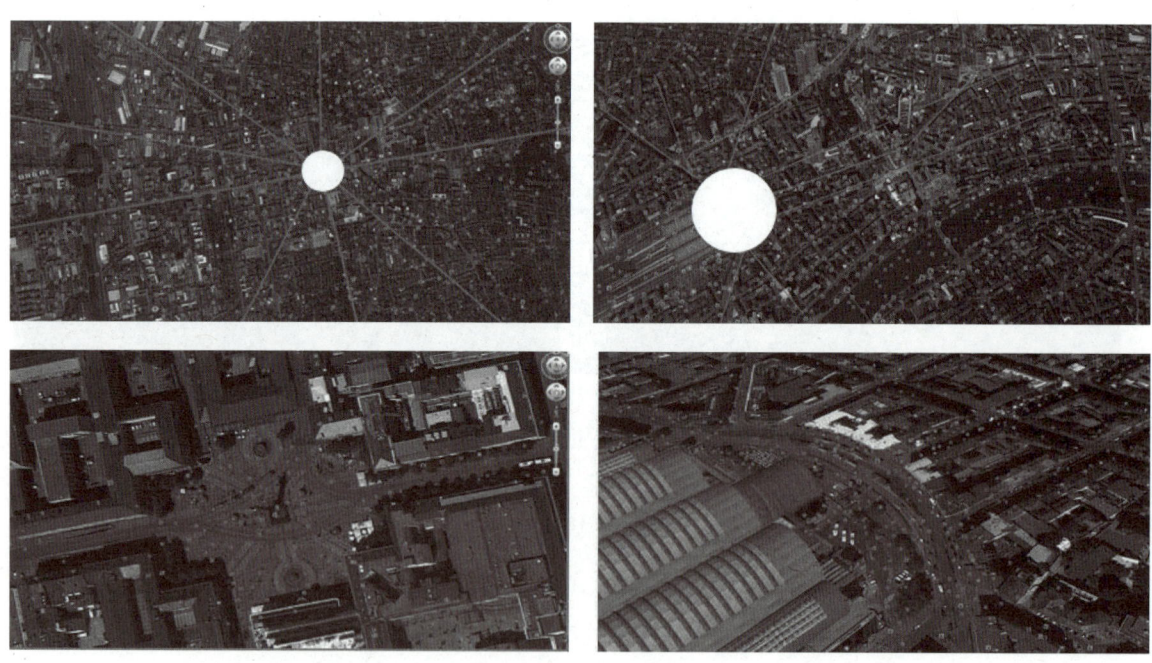

(a) DARMSTADT            (b) FRANRFURT

[그림 II-94] 대중교통 동선과 중심가 조감도_헤센주, 독일

니다. 여기서 이 도시 코드에 대한 성격이 결코 우연이 아니라는 것입니다. 독일의 도시인구가 50만이 넘는 도시는 총 80개의 도시 중 15개, 그리고 100만이 넘는 도시는 베를린, 함부르크 그리고 뮌헨 등 3도시뿐입니다. 이 도시들도 이러한 인구를 갖는 데 평균 250년이 걸렸습니다. 그리고 프랑크푸르트와 다름슈타트 두 도시의 인구증가율은 비슷하게 0.40%와 0.41%입니다. 이 수치가 의미하는 것을 본다면 도시계획에 대한 무지의 결과입니다.

[그림 II-94]의 사진에서 대도시는 중앙역(사진에서 원형)이 도심 가운데 있고 소도시는 도심의 외곽에 위치해 있습니다. 이 위치에 대해 유추해 본다면 아마도 대도시도 초기에는 중앙역이 소도시처럼 도심의 외곽에 위치해 있었을 것입니다. 그러나 도시 계획의 목적에 따라 중앙역을 중심으로 도시가 확장되었고 한 영역을 발전시키는 것이 아니라 중앙역을 중심으로 도시를 확장시켜 나갔음을 알 수 있습니다. 도시 코드를 오랜 역사 속에서 유지하며 도시의 성격을 가능한 발전시켰으며 인구증가에 대한 대비를 의도적으로 하고 있음을 알 수 있습니다. 도시 간 경쟁적으로 도시를 발전시키는 것이 아니라 도시 코드에 맞게 각 도시가 진행하고 있음을 알 수 있습니다. 장기적인 발전 계획에 따라 도시 진행 속도를 콘트롤하면서 인구증가율에 대한 대비 속

· 자전거와 역세권의 연결
· 길은 목적지까지 이어져야 한다.
· 자전거 교육의 필요성

[그림 II-95] 자전거 도로_독일

에서 진행하였기에 새로운 도시욕구에 반응할 수 있고 도시민과 도시가 서로 적응하게 대처하는 것입니다. 여기에는 도시민의 요구조건뿐 아니라 도시의 요구조건도 장기적인 계획에 담겨 있음을 알 수 있습니다. 도시는 다양한 생활방식에 적응해야 하므로 다분화된 기능과 미래에 대한 준비를 할 수 있었던 것입니다. 즉흥적이고 분석력이 떨어지는 도시는 낭비와 기능의 마비를 만들 수밖에 없으며 시대에 적응하지 못하는 것입니다.

[그림 II-95]는 독일의 자전거 도로입니다. 도로의 기능은 출발지에서 목적지까지 도달할 수 있게 하는 것입니다. 이러한 모든 행위의 취지에는 사람의 보호입니다. 위의 자전거 도로의 위치는 자동차 도로, 자전거 도로 그리고 인도 순서입니다. 물론 상황에 따라서 자전거 도로가 차도의 중앙에 위치하는 경우도 있지만 이는 그 도시민이 충분한 자전거 운전에 대한 교육을 받은 상황에서 가능한 일입니다. 우리나라 같은 경우는 차도, 인도 그리고 자전거 도로의 순서로 되어 있는 곳이 많습니다. 이는 공무원들이 자전거 도로에 대한 지식이 부족해서가 아니라 자전거 도로에 대한 인식이 부족하여 이미 가로수가 그 자리를 차지하고 있어 어쩔 수 없이 그 순서가 바뀐 것입니다. 그래도 나무를 다 뽑는 상황이 발생할지라도 지금의 순서는 안 되는 것입니다. 이유는 그 기능을 하지 못하기 때문입니다. 앞에 신호등에서 언급하였지만 모든 시스템은 무의식에서도 가능한 것이 좋은 것이라고 했습니다. 상황이 나쁘다하여 기능을 하지 못하도록 형식적

**수공간과 조망**

수공간은 무두를 위한 서비스영역이 되어야 한다.

으로 만들어 놓는 것은 무지의 소치이며, 많은 시간과 경제적인 낭비를 불러오며 전체적인 시스템을 무능력하게 만들 수도 있기 때문입니다.

앞에서 건축의 조건으로 조망과 피신을 언급하였습니다. 도시는 도시의 대지를 도시민을 위하여 제공해야 합니다. 최소한 3영역의 구분이 있다면 도시는 건강하게 될 것입니다. 자연의 영역, 완충영역 그리고 인간의 영역입니다.

자연의 영역은 자연으로서 자유롭게 존재해야 합니다. 이 영역에서는 인간이 제외되어야 하며 그 인간숫자와 침범에 대한 제한이 명확해야 하는 것입니다. 자연의 영역은 우리의 도로처럼 반드시 서로 연결이 되어야 자연의 동식물이 이 곳을 따라서 발전할 수 있습니다.

그리고 완충영역입니다. 자연과 인간의 영역이 직접적으로 연결되는 것은 옳지 않습니다. 완충영역으로서 공원이나 자연에 대한 조망의 목적이 존재해야 합니다. 이 영역은 사실상 인간을 위한 것이 아니라 자연의 생물체를 위한 것으로 인간과 자연 누구에게도 속하지 않고 중립적인 위치로 존재해야 합니다.

마지막으로 인간의 영역입니다. 이곳에서는 인간이 도시민으로서 자유롭게 살아갈 수 있어야 하며 도시목적이 인간적으로 존재하는 것입니다. 독일의 도시들이 소규모로 흩어져 있고 도시와 도시 사이에 자연의 영역이 존재하는 것이 결코 우연이 아님을 눈치챌 수 있습니다. 아마도 자연과 인간 사이에 추구하는 유니버설 디자인이 바로 여기에 속할 것입니다.

## 건축에서 보수와 진보적인 형태

CHAPTER 26

건축에도 보수와 진보적인 형태가 공존합니다. 이 두 개의 형태에서 경계선적인 시기를 지적한다면 근대로 볼 수 있습니다. 근대 이전은 정서적인 시대로 형태를 중요시하던 시기였습니다. 이 시기에는 기능적인 목적을 건축물에 부여하기에는 기술이나 재료와 같은 여러 제약이 근대보다 많았기 때문에 그 표현의 한계를 극복해야 했습니다. 그래서 이 시기를 형태주의라고 부르기도 합니다.

근대에 들어서면서 기술과 재료에 대한 범위와 시도가 가능해지고 엔지니어의 역할이 대두되면서 형태보다는 기능적인 시도가 그 이전보다 가능해지며 다양한 구조가 선보이고 형태만을 위한 목적에 부정적인 시각을 갖게 되었습니다. 이 시기를 기능주의 시대라 부르기도 합니다. 물론 이러한 시대 변화를 가지고 오게 된 계기와 배경에는 정치적인 요인과 같은 변화의 물결이 작용합니다. 프랑스의 시민혁명과 영국의 산업혁명이 바로 중요한 원인으로 꼽힙니다. 프랑스의 시민혁명은 사회적 신분에 대한 새로운 것을 요구하는 욕구의 불을 지폈으며, 산업혁명은 이러한 새로운 시도를 가능하게 해주는 배경으로 작용하기도 합니다. 그러나 지금에 와서 여러 요인이 결과를 낳게 되는 계기가 되었지만 형태적인 면에서 바라본다면 한쪽으로 치우치는 것은 옳지 않습니다. 그 이유는 형태에 대한 만족과 평가는 사실 개인적인 판단이 주를 이룰 수 있고, 한 면으로만 흐르던 시대의 문제점이 발견되었으며 지금에 와서는 서로 보완하는 관계이기 때문입니다. 어쨌든 이 두 개의 형태는 이 시대에 서로 두 축을 이루며 흐르고 있습니다.

먼저 보수적인 형태를 분석해 보면 그 특징의 범위가 명확합니다. 이 특징이 지속된 원인에는 과거 자유롭지 못한 재료에서 오는 구조의 한계가 배경으로 작용합니다. 이 시대는 건축물의 주재료는 석조입니다. 물론 목조도 있었지만 건축물의 규모다 서양건축사의 주축을 이루는 상위 계층의 건축물을 본다면 석조가 주를 이루었다고 말할 수 있습니다. 석재는 가공의 한계가 있으며 그 재료 자체가 구조체의 범위를 벗어날 수 없다는 제한 때문에 형태를 이루는 특정한 규칙을 유지하면서 발달을 해 왔습니다.

근대 이후 우후죽순처럼 쏟아져 나온 다양한 형태와 비교하면 이해하기가 더 쉽습니다. 다행스러운 것은 근대 이후 정치적인 배경으로 인하여 주춤했던 현대 건축가들 중 다수가 이러한 보수적인 형태를 아직도 고수하며 진행한다는 것입니다. 찰스 젱스, 필립 존슨 그리고 마리오 보타 같은 건축가들이 이러한 유형에 대표적입니다. 이 건축가들뿐 아니라 보수적인 형태에는 공통적인 형태요소들이 있기 때문에 이들을 하나의 부류로 묶는 데 기준이 되는 것입니다. 그 공통적인 요소들을 나열해 본다면 순수한 형태 원인, 사각형 그리고 삼각형이 등장하며 이 요소들이 반복적이고 질서와 규칙을 갖고 사용되고 있습니다. 보수적인 형태를 이루는 데 여러 요소들이 있지만 이 순수한 형태의 규칙은 진보적인 형태와 구분하는 데 매우 중요한 요소로 꼽힙니다.

보수적인 형태에 등장하는 다른 요소는 대칭적인 형태의 배열입니다. 그리고 3단 구성의 전체적인 형태를 보이고 있습니다. 또한 조적조식의 이미지를 갖고 있다는 것입니다. 결론적으로 하나의 형태 축을 갖고 있다는 것입니다. 이러한 요소들이 건축가에 의하여 자율적으로 선택된 것이 아니라 이미 고대에서부터 공통된 형태요소로 전해온 것입니다. 순수한 형태는 이미 오래 전부터 전형적인 형태요소로서 전해왔는데 원은 로마의 형태로 자리매김을 하였고, 삼각형은 그리스의 전유물이며, 사각형은 서양건축의 평면으로서 오랜 역사를 갖고 있었습니다. 대칭적인 형태는 권위적이며 상류층의 상징적인 요소로 늘 사랑을 받아왔습니다. 3단 구성은 왕족과 교황의 권력분리에서 발생한 부호의 자체적인 생존을 나타내는 요소로서 로마네스크에서부터 구체화된 형태가 발전한 것입니다. 이 형태요소들은 전형적인 보수 형태의 필수요소로 쓰이면서 진보적인 형태와 분리되어 쓰이고 있습니다.

근대는 산업혁명의 산물이기도 하지만 사실은 시민혁명의 틀에서 구체화된 것입니다. 그래서 근대 건축가들은 앞에서 열거한 보수적인 형태들을 탈피하고자 했으며, 특히 보수 형태의 단순한 바탕을 가리고자 시도했던 장식 거부를 최대의 목표로 삼았습니다. 그러나 다양한 재료와 기술의 뒷받침에도 불구하고 기능적인 면만 강조하려 했던 근대의 형태에 나타나는 단순함을 탈피하는 것이 이들에게도 숙제였습니다. 이를 위하여 근대의 건축가들은 과거에 사용했던 단순함의 탈피도구였던 장식대신 도용한 것이 바로 형태의 다양한 축입니다. 과거에는 단순한 바탕에 장식을 가미하여 화려함을 시도하였다면 근대는 형태 자체를 장식으로 바라보고 이들을 통째로 움직였던 것입니다. 그 대표적인 것이 라이트의 풀어헤친 박스(1910), 엘 리스츠키의 프로운 연작(1920), 르코르뷔지에의 돔이노 시스템(1910), 미스 반데어로에의 벽돌조 전원주택 계획안(1924) 등입니다.

근대 이전에도 시대의 변화는 있었습니다. 예를 들어 고대, 중세 그리고 근세 등이었습니다. 그러나 이들의 변화 속에 큰 틀은 그대로 유지되고 있었으며 형태적으로도 미세한 부분이었을 뿐 전체적인 형태는 유지되고 있었습니다. 그 배경에는 과거의 정치적인 틀이 유지되었다는 것입니다. 그러나 근대의 등장은 송두리째 바꿔 놓은 사건으로 과거에 대한 탈피가 주목적이었습니다. 건축도 예외가 될 수는 없었으며 과거를 닮은(장식) 형태는 시대를 역행하는 것으로 간주되기도 했습니다. 그래서 과거의 형태를 지속한다는 것은 과거의 정치를 지속한다는 의미가 될 수 있었기에 과도기적인 상황 속에서 과거를 탈피한 근대의 독단적인 질주가 있었던 것입니다. 즉 전근대적인 행위를 사회는 인정하지 않았으며 시대에 뒤떨어진 행위로 본 것입니다.

이러한 근대의 독주는 1972년까지 계속되었습니다. 그러나 1972년 Minoru Yamasaki의 미국 미주리 주 세인트루이스에 있는 푸르이트 이고에의 주택단지가 무너지면서 역사의 질주를 계속할 것 같았던 근대는 된서리를 맞게 됩니다(II편 Chapter 24. [그림 II-88] 참조). 찰스 젱스가 르코르뷔지에를 그토록 공개적으로 미워할 수 있었던 이유가 바로 이 사건 때문입니다. 이 사건은 6000년의 역사를 책 속으로 묻어 버렸던 100년 간의 근대의 속도를 멈추게 하는 사건으로 침묵 속에 잠잠하게 대로에서 사라졌던 보수의 진영이 들고 일어나 거리로 쏟아져 나오게 하는 계기가 된 것입니다.

보수와 진보는 이제 독주에서 대립관계로 경쟁을 하는 시대가 된 것입니다. 이때 보수에서 새롭게 들고 나온 것이 바로 포스트모더니즘(Post modernism=after modernism)입니다. 기능주의를 내세우던 진보의 형태가 오히려 안정적이지 못하고 산만하다는 것이 보수주의 건축가들의 이론입니다. 이들은 안정적이며 정서적인 형태를 다시 세상에 끄집어 내왔으며 역사주의적인 형태 만들기를 원했던 것입니다. 특히 레이트모더니즘의 오만함과 퇴폐성은 보수주의를 더 화나게 했던 것입니다. 그러나 진보에서도 여기에서 물러날 수만은 없었습니다. 그래서 잠시 주춤했던 진보가 새롭게 들고 나온 것이 바로 네오모더니즘(Neo modernism=New modernism)입니다. 이들은 레이트모더니즘보다 더 퇴폐적이고(보수의 입장에서 보았을 때) 더 복잡한 축을 형태에 추가한 것입니다. 특히 그 시대가 제공하는 첨단의 재료와 기술을 앞세워 보수와의 간격을 더 넓힌 것입니다. 진보적인 형태는 기능주의에서 시작하였습니다. 그리고 이성적인 형태를 추구한 것입니다. 보수가 감성적이고 형태주의에 그 기초를 두고 있다면 진보는 이렇게 경계선을 유지하려 했던 것입니다.

　보수가 동참하는 형태를 추구한다면 진보는 관찰하는 형태를 만드는 것입니다. 보수가 통일된 하나의 틀을 추구한다면 진보는 다수의 틀을 인정하는 것입니다. 보수가 단순성을 원한다면 진보는 다양성을 원하는 것입니다. 보수가 읽히기를 원한다면 진보는 느끼기를 원합니다. 보수가 동의를 원한다면 진보는 참여를 원합니다. 그러나 보수이든 진보이든 우리의 곁에 다양성이 있어서 좋습니다.

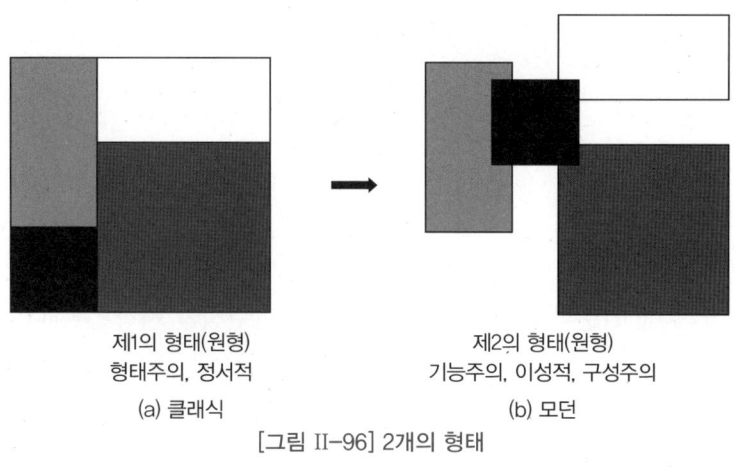

제1의 형태(원형)　　　　　제2의 형태(원형)
형태주의, 정서적　　　　　기능주의, 이성적, 구성주의
(a) 클래식　　　　　　　　(b) 모던

[그림 II-96] 2개의 형태

# CHAPTER 27

# 민주적인 형태와 비민주적인 형태

　르네상스의 시작은 곧 인문학의 시작입니다. 그러나 민주적인 시작은 아니었습니다. 민주적이라는 단어의 사전적 의미는 '국민이 모든 결정의 중심에 있는, 또는 그런 것'이라고 나옵니다. 그렇다면 '건축의 형태에도 이러한 의미를 적용할 수 있을까?' 이를 위하여 인문학이 의도적으로 시작한 르네상스를 찾아 보기로 합니다. 인문학은 사람이 그 중심에 있는 것입니다. '무엇 때문에 인문학이 시작되었는가?' 르네상스 이전인 고대는 사람이 중심에 있었지만 종교적인 끈과 연결이 되어 있습니다. 그리고 바로 이전 중세는 기독교가 중심이었던 시대였습니다.

　인간 그 자체가 중심이 되었던 시대는 르네상스부터입니다. 그렇다면 '그 이전의 건축물의 형태는 어떠했는가?' 이를 관찰하기 위한 방법이 바로 스케일과 동선입니다. 근세 이전의 스케일 기준은 종교였습니다. 즉 스케일을 결정하는 데 국민의 안위와 사용수준에 맞추지 않고 종교적인 기준이었습니다. 그렇다면 이 기준에는 어떤 것을 적용하였을까요? 신을 본적도 없고 경험한 적도 없는 인간이 상상하는 기준은 신비로움일 것입니다. 이 신비로움의 기준에는 그 신의 주된 설교가 바탕이 되었으며, 따라서 그래서 초기 종교적인 건축물들은 소박하고 단순하였습니다. 아마도 인간의 욕심에 대한 내용이 주를 이루어서인지도 모릅니다. 그러나 어느 순간부터 종교적인 시설이 화려하게 등장하기 시작합니다. 이는 마치 권력자의 건축물과 그 기준을 동일하게 하거나 심지어는 그보다 더 화려하게 등장합니다.

　각 지역에 퍼져 있는 피라미드의 스케일은 인간의 심성을 압도하는 크기입니다. 그래도 초기에는 궁궐이나 귀족의 공간만큼 큰 스케일은 아니었습니다. 공간은 그 소유자의 의도와 관계가 있습니다. 결코 건축가는 건축주의 의도에 어긋나는 건축물을 만들지 않습니다. 그러나 건축주가 그 공간을 개인적인 소유의 목적으로 사용한다면 그 스케일에 있어서 문제될 것은 없습니다. 그러나 공관은 그렇지 않습니다. 공관의 사용자는 국민입니다. 과거에도 공관을 자신의 권력과 권위의 상징으로 건축했던 집권자들이 있었습니다. 히틀러 시대의 건축물이 그러하며 스탈린 시대의 건축물이 그렇고 지금도 곳곳에 많은 권위자들이 자신만을 위한 공관을 건축하려는 의도를 갖고 있습니다. 물론 이에 대한 원조는 과거 집권자들의 건축물로 돌아갈 수 있습니다.

종교적인 건축물들이 인간의 스케일을 벗어나 지어진 데는 사실 종교지도자들이 등장하면서부터입니다. 어떤 종교이든 화려함과 웅장함을 말하는 내용은 없습니다. 대체적으로 종교시설은 3단계로 그 영역을 구분합니다. 인간의 세계, 중간 곧 완충 영역 그리고 신의 영역입니다. 이는 신의 권위를 나타내고자 하는 의도가 아니고 인간을 보호하기 위한 내용이 담겨져 있습니다. 그러나 본질이 퇴색되어 이를 종교지도자들이 이를 권위로 이용하고 있는 것입니다. 그 대표적인 것이 바로 긴 기둥과 높은 천장, 무겁고 커다란 문 그리고 많은 계단입니다. 이러한 거대한 스케일을 통하여 인간이 외소함을 느끼고 겸손해지기를 바라는 의도가 있는 것입니다. 그러나 이는 종교라는 특정 목적이 있지만 공관은 그렇지 않습니다. 그럼에도 불구하고 거대한 스케일을 나타내는 공관이 우리 주변에도 많습니다.

앞에서도 언급하였지만 건축가는 건축주의 의도에 맞게 설계합니다. 공관은 그 작업 업무에 초점이 맞추어져 있는 국민의 영역이지 권위자의 영역이 결코 아닙니다. 특히 대지의 입구에서 건축물의 입구까지 긴 거리를 두는 것은 심리적인 압박성을 갖고 있는 의도가 보입니다. 건축물은 고체덩어리이지만 공간은 심리적인 성격을 갖고 있습니다. 민주적인 건축물과 공간은 국민이 좋은 경험을 하게 하는 것입니다.

압도적인 스케일과 과도한 장식 또는 무장식 그리고 강렬한 수직 형태들은 그 자체가 민주적이지 못합니다. 중세의 완결편은 고딕건축입니다. 고딕은 건축물로서 인간의 능력 이상을 보여주는 훌륭한 건축물이지만 인간의 스케일은 아닙니다. 특히 종교적인 의미로 하늘을 향한 그 수직선은 인간의 감성을 나타내는 것은 아닙니다. 그러나 지금도 이 고딕과 같은 수직적인 관계를 보여주는 공관이 많다는 것이 안타깝습니다.

## CHAPTER 28

# 유니버설 디자인

모두를 위한 디자인으로 불리는 '유니버설 디자인'은 인문학적 의미를 깊이 품은 개념으로 다가옵니다. 몇몇 사례를 들어 유니버설 디자인을 다르게 말한다면 스마트 디자인이라고 말할 수 있습니다. 과거에 우리가 핸드폰이라고 불렀으나 지금은 다양한 기능이 추가되어 스마트 폰이라고 부릅니다. 유니버설 디자인도 특정한 집단을 위한 것이 아니고 모든 연령 또는 세대를 위한 디자인이라고 생각한다면 쉬울 것입니다. 즉 어떤 사물이 하나의 기능을 갖지 않고 다양한 계층을 만족시키는 보편적 기능을 갖게 되는 것에 목적이 있다고 생각하면 됩니다.

예를 들어 높낮이를 변경할 수 있는 책상은 모든 이의 신체조건에 맞추었고, 인체공학적 의자는 청결을 위한 등받이 탈부착과 높낮이 또한 변경할 수 있으며, 바닥패턴을 다르게 하여 시각장애인들이 쉽게 알아 볼 수 있게 하고 있으며, 버너를 끄지 않은 상태에서 조리기구를 제거하면 경고음이 들리는 자기 유도식 가열대, 요즘 나오는 냉장고 중에 자주 사용하는 물건을 넣을 수 있는 공간이 있는 작은 문이 있는 냉장고입니다. 그리고 청각장애인을 위하여 비상시 신호음과 플래시가 동시에 작동되게 한다거나, 자동차의 파워핸들 등을 예로 들 수 있습니다.

10년 전부터 몇몇 지자체를 중심으로 유니버설 디자인이 각광 받아 왔지만 최근에는 관심이 예전만 못한 듯합니다. 유니버설 디자인이 한국 사회에 도입되고 있는 정도를 파악할 필요가 있습니다.

유니버설 디자인이 우리나라에 도입된 초기에는 전반적인 사회적 필요에 의해서 라기보다는 장애자라는 특정계층을 위한 해결책으로 도입한다는 의미가 컸습니다. 그랬기 때문에 이것이 지속적인 상황을 만들지 못하였고, 최근 우리나라의 사회적 환경에서는 유니버설 디자인이 자율적으로 전분야에 도입되어야 하는데 나타나지 않고 있습니다. 특히 건축에서도 장애인 관련법의 테두리 안에서만 형식적인 도입에 그치고 있습니다. 이로 인해 아직 일반화되지 못하여 가격이 상승함에 따라 새로운 상품개발에 걸림돌이 되고 있는데, 이는 이러한 제품들은 특수분야를 위한 개발이라는 잘못된 인식 때문입니다. 아직도 우리 주변을 보면 안내표지판의 위치나 표시의 난해함이나 건물 입구의 자동문 설치, 램프의 경사도, 가구의 높이 등이 규격화되지 않고 있습니다.

장애인 등 사회적 약자를 배려하는 건축 등이 국내에서는 제대로 활성화되지 못하고 있는데 그 요인이 있을까? 가장 큰 원인은 유니버설 디자인에 대한 범위입니다. 이 디자인의 취지는 장애인이라는 특별한 계층의 조건을 만족시키는 것이 아니라 보편적인 요구조건이라는 범위로 확대시켜서 전체 세대를 위한 기능적인 디자인에 초점을 맞추어야 하는 데 그 시작에서 벗어났고, 이로 인하여 생산의 단가가 높아져 생산 부분에서 적극적인 자세를 보이지 않았습니다. 사실 노약자나 장애인을 위한 각종 시스템은 그렇지 않은 사람, 즉 비장애인에게 더 편리합니다. 장애인들에게는 그것이 최소한의 조건이지만 신체 건강한 사람에게는 덤일 수 있습니다. 그런데 국내의 인식과 모든 시스템이 아직은 다양한 세대와 사회적 약자를 위한 구조가 아닙니다. 여기서 우리는 모두 사회적 약자이거나 그러한 상황으로 되어 간다는 인식이 필요합니다. 어린이도 약자이고 점차 사회가 노령화되고 있음을 인식해야 하는 데 장애인이라는 특정계층에만 초점이 맞춰져 있는 것이 가장 큰 요인입니다. 우선적으로 모든 유니버설 디자인에 대한 규격과 기준이 설정되어야 하는 데 이것이 아직 구체화되지 않은 것이 가장 큰 요인이라고도 볼 수도 있습니다.

유니버설 디자인을 고려한다고는 했지만, 이에 대한 몰이해 등으로 본래 취지에서 벗어난 시설 등을 주변에서 접하는 경우가 있습니다. 앞에서도 언급하였지만 유니버설 디자인에 대한 범위를 장애인이라는 특정 계층에 두는 오해로 인하여 필요에 대한 사회적 인식이 부족하여 법의 테두리를 벗어나는 수준에서 일어났기 때문에 그 시설이 정확하게 이뤄지지 않았습니다.

예를 들면 휠체어를 위한 화장실의 회전공간이 최소한 1.5미터를 넘어야 하는 데 형식적으로 만들어졌고, 계단에서는 노인이나 어린이 등이 잡아야 하는 손잡이가 벽 부분에 설치되지 않은 곳이 대부분이거나 벽에서 3.8cm 정도 간격을 맞추지 못하고 있어 급하게 잡기 어렵고, 계단 대신 만들어진 램프의 경사가 너무 가파르거나 세탁기 등 가전기기의 조작 위치가 너무 뒤에 있거나 위에 있어서 휠체어를 사용하는 노인들에게는 불편합니다. 또한 레버식 문고리는 화재 시 뜨겁게 달구어져 어린아이들이 잡기 힘든 상황인데 아직도 알 형태 문고리가 있는 건물이 있습니다. 바닥의 미끄럼 방지의 부재, 화장실의 변기와 문의 간격, 계단과 계단참의 구분 부재, 승강기 내 손잡이 부재 등 아직도 많이 주변에 있습니다. 특히 거리의 인도는 아직도 많은 문제가 개선되지 않고 있습니다.

사회적 약자를 비롯해 보다 많은 사람들이 접근하기 쉬운 건축은 지금 시대에 왜 중요할까 생각해 봅니다. 접근하기 쉬운 건축은 지금뿐 아니라 언제나 중요했습니다. 시대의 성격은 그 시대를 사는 사람들에게 익숙합니다. 과거가 감성적인 시기였다면 지금은 이성적인 시대입니다. 즉 과거는 이해하는 것보다 습관에 의존해도 되는 시기였지만 지금은 많은 것을 이해하지 못하고 대처해야 하는 경우가 발생하고 있습니다. 그렇기 때문에 새로운 환경에 더 경직되고 긴장감이 발생합니다. 세대 간에 큰 문화 차이를 보이지 않았던 과거와는 다르게 지금은 연령별로도 정보 수준의 차이를 보이고 있습니다. IT의 발달은 사람을 의지하던 시대에서 시스템을 의지해야 하는 시대로 바뀌고 있습니다. 이렇기 때문에 사회적 약자라는 범위가 신체적인 상황뿐 아니라 지식적인 사회적 약자라는 범위로 더 광범위하게 넓혀지고 있기에 접근방법에 대한 정보체계에 안정성과 보편성이 요구되고 있습니다.

건축은 사람을 위한 행위입니다. 그래서 새로운 시스템을 건축에 적용하게 되면 이에 대한 접근이 용이한지를 반드시 테스트 해야 하는 것입니다. 약자에 대한 배려라는 의미는 옳지 않고 누구에게나 용이한 것이라는 의미가 옳습니다. 그래서 현대 사회는 더 세분화되고 복잡해지기 때문에 누구에게나 접근의 용이함을 반드시 검토해야 하는 것입니다. 결국 건축 정책 역시 인문학적인 접근이 필요하다는 정치적 당위성을 생각하지 않을 수 없습니다.

바람직한 건축 정책은 어떠한 모습을 띠어야 할지를 알아보면 르네상스 이전에는 모든 기준이 사람을 위한 것이 아니고 종교에 바탕을 두었습니다. 그러나 근세가 시작되면서 인간이 기준이 되는 인문학적인 시도가 발생한 것입니다. 시대가 근대로 접어들면서 주체가 되었던 인간은 기술의 등장으로 자리를 내주었습니다. 이 기술이 1980년대에 한계를 보여주면서 다시 인간의 의미를 찾게 된 것입니다. 인문학의 목적을 짧게 말한다면 잘 먹고 잘 살자는 것입니다. 과거에는 먹고 사는 것에 초점이 맞추어졌지만 여기에 '잘'이라는 단어가 추가된 것입니다. 즉 먹고 사는 것에서 잘 먹고 잘살자는 것으로 바뀐 것입니다. 그렇다면 여기서 '잘'의 의미는 무엇일까? 먹고 사는 것이 육체적인 의미라면 잘 먹고 잘 살자는 것은 거기에 정신적인 만족이 추가된 것입니다. 건축도 마찬가지입니다. 과거에는 육체를 보호하는 기본적인 행위였다면 이제는 정신적인 만족도 제공하는 건축이 제공되어야 하는 것입니다. 그것이 바로 건축물의 디자인입니다. 우리나라는 경제수준에 비하여 우리가 디자인한 건축물이 많지 않습니다. 이는 우리 스스로를 신뢰하지 못하였고 우리의 뛰어난 젊은이들에게 기회를 제공하지 못한 것입니다. 기득권 때문입니다. 도전적이고 공격적인 디자인을 할 수 있는 디자인 능력을 갖춘 젊은이들이 많이 있습니다. 이들에게 국가가 기회를 주어 미래를 준비하는 것입니다. 그리하여 국회의사당이나 대법원 같은 거대하고 권위적인 형태가 아닌 건축의 미를 우리 스스로 우리 도시에 채워 나갈 수 있는 기회를 우리 건축가들에게 제공하는 기회를 많이 만들어야 할 것입니다.

유니버설 디자인을 비롯해 사람을 중심에 둔 건축, 모두에게 평등한 건축의 중요성을 인지할 필요가 있습니다. 사실 건축은 사람을 위한 행위입니다. 그러므로 우리는 사람을 진정으로 위한 후보를 선별해야 하겠습니다. 사실 유니버설 디자인은 앞에서도 언급했지만 특별한 계층을 위한 디자인이 아니고 모든 연령, 즉 전체 생애주기를 향한 디자인입니다. 유니버설 디자인은 최소의 기준을 정하는 것이 아니고 최다의 기준을 적용시킬 수 있는 디자인을 말하는 것입니다. 디자인은 형태를 만드는 것이 아니고 문제를 해결하는 행위입니다. 그러므로 우리는 과거 그 정치가가 어떤 언행일치와 미래지향적인 안목과 평등한 객관성을 갖고 있는지를 봐야 합니다. 프로는 언행일치입니다. 모든 덕목을 갖추지 못했다 하더라도 그 정치가의 과거를 보며 사람에 대한 객관적 신뢰성을 판단하는 기준으로 삼는다면 건축에 대한 결정에 있어서도 큰 그림을 그릴 것이라 생각합니다.

'한 사회 안에서 자유, 평등과 같은 민주주의의 중요한 가치를 실현하는 데 보탬을 주는 건축은 어떻게 발전할 수 있을까?' 과거 히틀러 시대에 지어졌던 건축물은 그 규모와 숫자가 적지 않았음에도 불구하고 지금 교훈적인 위치에 있지 못하고 스탈린 시대의 건축물 또한 그러합니다. 우리나라에도 이러한 건축물이 많이 있습니다. 이 건축물들의 공통점은 정부주도하에 이뤄졌다는 것입니다. 각 분야가 자율적으로 일을 할 수 있게 해야 합니다. 건축 또한 그렇습니다. 법규가 법규로서 제한적인 기능을 하는 것이 아니라 건축행위를 위한 지지자로서 존재를 해야 합니다. 정부는 큰 틀을 만들어 이를 제시하고, 디자이너는 디테일한 부분에 있어서 자율적인 행위를 할 수 있는 기반이 되어야 하는데, 법규가 제한적인 틀로서 존재를 하기에 이 틀만을 벗어나기 위한 디자인이 목적이 되기도 하기에 자율적인 디자인이 어렵습니다.

예를 들어 유니버설 디자인의 4가지 원리 중 안전성이 있습니다. 이러한 것은 법에서 다루고 나머지는 디자이너 몫이어야 합니다. 그런데 때로 정부가 깊숙이 개입하게 되면 나머지 3개인 기능성, 수용성 그리고 접근성에 있어서 제한을 받게 됩니다. 이렇게 되면 자유롭고 평등한 건축을 만드는 것이 어렵게 됩니다. 결론적으로 말한다면 그 분야는 그 분야의 전문가가 하는 것이 가장 자유롭고, 평등하며 민주적인 결과를 만들어 낼 것이라 믿습니다.

# CHAPTER 29

# 역사주의

　역사주의라는 단어가 시작된 배경은 사실 근대입니다. 근대가 시작되기 전 건축뿐 아니라 예술의 흐름은 연속적인 성격을 띠고 있었습니다. 이전 시대와 큰 차이를 보이지 않고 부분적인 발전을 통한 변화의 흐름이었습니다. 그러나 근대는 이전 시대와의 차별을 근본으로 하고 있었기 때문에 역사라는 과거의 의미가 수면으로 떠 오른 것입니다. 이 역사주의는 근대가 태동하는 1800년대 초기에 더 두드러지게 되는데 이는 근대와 그 이전의 과도기적인 성격을 보였기 때문입니다. 아마도 근대의 태동을 이 시기가 바라지 않는 의지가 있었기 때문으로 봅니다.

　산업혁명이 몰고 오는 변화에 기득권은 불안을 보였으며, 시민혁명은 시대의 변화에 대한 노골적인 표출이었기에 이것에 반하여 역사주의라는 주제가 시기적으로 필요했던 것입니다. 과거와 연결되어 있는 영역은 새로운 것의 출연으로 불안하기보다는 정통성에 대한 의지가 발생한 것입니다. 그래서 지금까지는 자연스럽게 이어져 온 흐름을 의도적으로 재정립하고자 했습니다. 그러나 위 두 개의 사건은 과거에 있지 않았던 새로운 변화로 이를 막을 수는 없었습니다. 또한 근대의 등장은 준비된 사건이라기보다는 오랜 역사 속에서 응집된 덩어리로 마치 눈덩이처럼 순간적인 등장이 아니고 내재했던 다른 계층의 의지가 폭발한 것입니다. 불평등했던 사회 조직의 개편이었으며 균등하지 못한 분배법칙의 재계산이었습니다. 특히 획일화된 구조의 내재된 변화가 물결을 탄 것입니다.

　근대 초기는 앞에서도 언급하였듯 과거와 새로움이 공존하는 시기로서 두 축은 서로의 것을 포기할 수 없었습니다. 과거에서부터 자연스럽게 이어져 온 형태들은 새로운 것에 대한 불안감이 있었습니다. 그래서 흐름에 대한 재정립을 할 수밖에 없었던 것입니다. 그렇지만 이것을 당시에는 역사주의라고 말할 수는 없었고 흐름이었습니다. 오히려 새로운 양상을 보이는 근대의 등장이 그렇게 커질 것이라고 생각할 수는 없었습니다.

　이러한 두 개의 사건은 근대의 등장을 정당화시켰고 오히려 그 이전의 것을 역사주의라는 과거의 이미지로 규정짓게 된 것입니다. 그 이유에는 근대의 정체성에 대한 명확한 명분과 범위를 결정하는 데 희생양이 필요했는데 새로운 것에 대한 규정은 확신이 적으므로 오히려 지난 것과의 비교가 명분을 만드는 데 좋은 예가 될 수 있기 때문입니다. 만일 그 두 개의 사건이 존재하지 않았다면 아마도 근대가 그렇게 그 이전의 것과 경계를 만드는 데 어려움이 있었을 수도 있었으며, 빠르게 발전할 수도 없었을 것이며, 반대로 역사주의가 길을 잃지도 않았을 것입니다. 그 두 사건은 근대가 어떤 성격을 갖추어야 하는지 반 강제적인 강요가 되었고, 과거의 것은 잠시 역사에서 물러나야 하는 계기가 된 것입니다.

　물론 이 두 사건만이 있었던 것은 아닙니다. 그 원인을 굳이 따져 들어간다면 여러 원인이 있겠지만 전쟁이 가장 중요한 역할을 했습니다. 바다를 점령하는 전쟁은 강대국의 중요한 이유가 되었으며 이것이 식민지를 넓히게 되면서 대량생산에 대한 필요에 의하여 변화가 생기고, 이로 인하여 권력과 경제라는 과거의 구조에 변화가 생겼으며 이로 인하여 시민들이 다른 것을 생각할 수 있는 안목이 생긴 것입니다. 그러나 이렇게 많은 사건 중에 오스만 제국의 역할이 아주 중요했습니다. 오스만 제국은 비잔틴의 몰락과 함께 근세를 탄생시키고 오스만 제국의 몰락은 20세기 근대를 단단하게 만들고 역사주의 흔적을 몰아내는 계기로 작용했습니다.

　변화의 역동 속에 과거가 잠시 추춤하는 사이 재료와 기술을 앞세운 근대의 새로운 물결이 커다란 해일처럼 몰아치자 새로운 것에 대한 수용은 마치 하나의 흐름처럼 작용하여 변화의 톱니는 더욱더 가속하게 됩니다. 과거 각각의 분야를 담당하던 전문가의 집단은 단순했습니다. 이는 기술이 단순했기 때문입니다. 하지만 근대는 새로운 기술의 등장으로 엔지니어라는 새로운 그룹의 등장으로 이를 수용하지 못하는 그룹은 역사주의라는 범주에 속하는 현상이 생겨난 것입니다. 그리고 근대를 이해하지 못하는 것은 진부한 것으로 인식되는 사회현상이 자리잡게 된 것입니다. 이는 역사주의가 원한 것이 아니기 때문에 이들의 침체는 기회를 엿보고 있었습니다.

　돌진하던 근대의 문제점이 드러나자 다시 과거의 형태가 등장하게 된 것입니다. 그러나 과거의 진부한 틀 속에서 다시 등장한 것이 아니라 이들은 움추려 있는 동안에도 새로운 시대를 읽고 있었으며 이를 받아들이는 데 준비를 하고 있었습니다. 새로운 재료와 기술을 수용하기는 하지만 과거의 디자인 공식은 그대로 유지하고 있었습니다. 그래서 이들은 자신들의 표현을 고전주의, 신고전주의 그리고 포스트모더니즘이라는 3개의 방향으로 탈바꿈 하여 등장하지만, 그 시대가 주는 긍정은 내포하고 있었습니다.

   1980년대 과거의 등장을 우리는 새로운 역사주의 형태라고 부릅니다. 근대 이전의 형태와 시민혁명 후 독단적으로 질주했던 근대 형태들은 서로가 기득권으로 역사에 자리를 잡으려고 시도했습니다. 그러나 지금은 이 두 개가 서로 축을 이루며 진행되고 있습니다. 이는 선택의 폭이 넓어진 좋은 현상이라고 봅니다.

Polhemus Savery Dasilva_역사주의 건물

## CHAPTER 30

# 두 가지 형태의 구성요소

형태는 풍부하게 있습니다. 그러나 이를 근본적인 요소로 분석해 본다면 사실 두 가지뿐입니다. 바로 규칙적인 형태와 불규칙적인 형태입니다. 규칙적인 형태는 소위 삼각형, 사각형 그리고 원입니다. 이를 우리는 순수한 형태라고 부르기도 합니다. 여기서 규칙이라는 단어의 의미는 바로 반복을 의미합니다. 반복은 리듬을 갖고 있습니다. 리듬을 갖고 있기 때문에 반복이 있는 것입니다. 순수한 형태는 이러한 리듬을 통하여 표현됩니다. 반복적인 리듬의 유무에 따라서 클래식한 형태인가 아닌가 기준이 될 수도 있습니다. 클래식한 형태는 이렇게 순수한 형태를 반복적으로 사용하는 특징이 있으며, 전체적인 형태의 대칭적인 성격을 결정하는 기준이 되기도 합니다.

건축물 형태를 구분하는 기준이 클래식한 것과 그렇지 않은 것 두 가지로 크게 구분하는 데 이 내용에는 규칙적인 것과 불규칙적인 것이 포함됩니다. 규칙적인 형태에는 전체적인 형태가 하나의 테두리 안에 있는 것과 기능적으로 형태를 구분하여 전체적인 테두리를 제거한 형태로 구분할 수 있습니다(Chapter 27. 민주적인 형태와 비민주적인 형태). 이를 좀더 확장하여 언급한다면 피카소의 입체파적인 그림과 그렇지 않은 그림으로 나누는 것과 같습니다.

규칙적인 형태의 특징 중 하나가 바로 무게중심입니다. 규칙적인 형태는 무게중심이 하나이고 그렇지 않은 형태는 무게중심이 두 개 이상입니다.

II. 제1과 제2의 건축형태에 영향을 주는 요인들

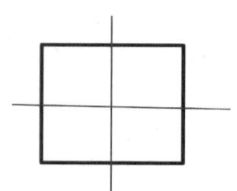 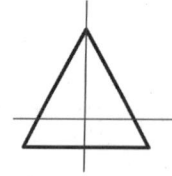 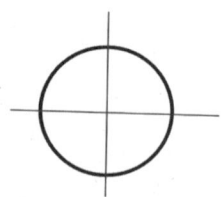 

[그림 II-97] 규칙적인 형태의 무게중심　　　　　　[그림 II-98] 불규칙적인 형태의 무게중심

[그림 II-97]의 그림처럼 불규칙적인 형태의 무게중심이 다르기 때문에 전체적인 형태의 성격이 다르고 이로 인하여 배치가 다르게 나타나는 것입니다.

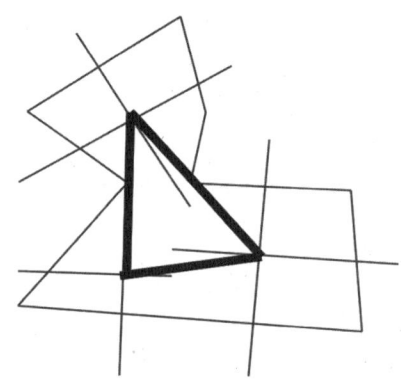

불규칙적인 형태에서 만들어진 무게중심을 연결하여 새로운 선을 얻을 수 있는데 이것이 공간 배치의 복도와 같은 가장 짧은 거리의 동선을 얻게 되는 것입니다. 대지가 규칙적인 형태일 경우 단락 'III편 Chapter 01. 4 기본적인 형태의 기능'의 내용처럼 대지와 건축물의 기본적인 배치를 구성할 수 있지만 불규칙적인 대지의 형태에서는 위와 같은 배치에서 출발하는 것이 좋습니다.

이처럼 형태를 구성하거나 읽을 때는 먼저 규칙적인 형태인가 또는 불규칙적인 형태인가를 먼저 인식하는 것이 중요합니다. 이를 다시 정리하면 규칙적인 형태는 무게중심을 1개를 갖고 있으며 동선이 간단하고 짧다는 것이며, 불규칙적인 형태는 무게중심이 2개 이상이며 다양한 동선이 발생한다는 것입니다. 이러한 규칙은 단지 건축물과 대지와의 관계에만 적용되는 것이 아니고 입면처럼 건축물 전체의 형태에도 적용하거나 찾아볼 수 있습니다.

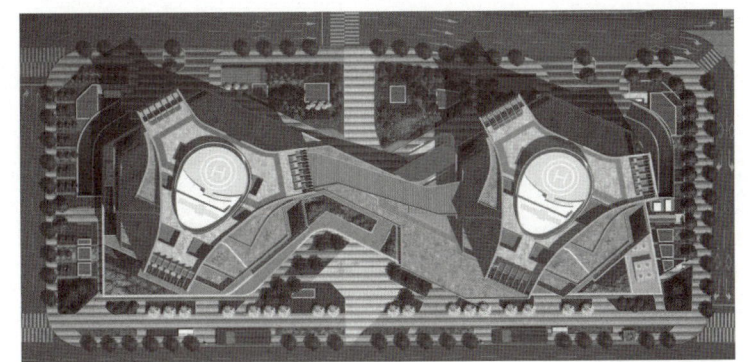
(a) 규칙적인 대지 형태_삼성레미안, 서울

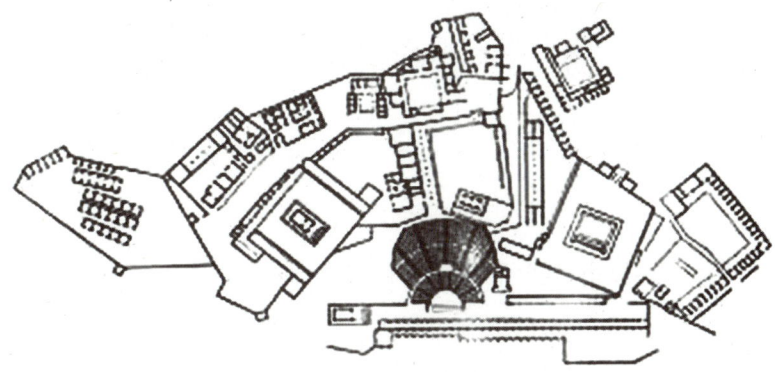
(b) 불규칙적인 대지 형태_아크로폴리스(기원전 3~2세기), 터키

(c) coop himmelblau_Funder Factory 3(1988), Carinthia, Austria
[그림 II-99] 불규칙적인 형태의 이미지

## CHAPTER 31

# 담백한 요리

1981년 러시아 에르미타주 박물관에서 15세기 중반(약 500년 전)의 노트 한 권이 발견됩니다. 코덱스 로마노프라 불리는 요리 노트로 누구의 노트인지 알 수 없었지만 양피지 종이에는 요리 아이디어로 가득 찼습니다. 이 책에는 다양한 주방기구 스케치와 필체가 있었습니다. 그리고 내용 중에는 다음과 같은 글이 수록되어 있었습니다. "건강하게 살려면 닥치는 대로 먹어서는 안 된다. 그리고 항상 모자란 듯 먹어야 한다. 꼭꼭 씹어 먹어야 하고, 무엇을 먹든 간단한 것을 제대로 익혀먹어야 한다." 또한 반복적인 내용으로 다음과 같은 글도 있었습니다. "담백한 요리의 이점을 세상 모든 사람들이 알아야 한다."

이 노트의 내용은 당시 피렌체 최고의 맛 집 '세마리 달팽이'라는 레스토랑을 문 닫게 한 이야기에서 시작됩니다. 당시 이유 없는 원인으로 사람이 죽어 가면서(추측건대 당시 스페인 감기가 치명적이었다) 이 레스토랑의 요리사들이 모두 사망하자 홀에서 서빙을 하던 아르바이트생이며 이 노트의 기록자가 주방장이 됩니다. 아직 스파게티가 등장하지 않았던 시기로 당시 이탈리아 음식의 주재료였던 메추리, 개구리, 달팽이, 물개, 토끼, 뱀, 공작새, 양머리… 등이었는데 이 청년은 이 모든 것을 외면하고 신개념 요리를 선보이고자 합니다. 자신의 일에 열정으로 가득차고 새로운 것에 대한 상상력이 풍부한 이 청년은 지금까지의 기름진 요리방법이 틀렸으며 담백한 요리의 이로움을 세상에 알리고자 했던 것입니다. 특히 모든 것에 상상력이 뛰어나지만 요리사가 꿈이었던 그에게 주방장 자리는 새로운 음식을 선보일 좋은 기회였습니다. 안초비(이탈리아 요리에 자주 등장하는 소금으로 절인 멸치 종류)에 녹색 이파리를 덧붙인 간결한 요리를 앞세운 새로운 주방장의 요리로 레스토랑이 운영됐지만 그 명성에 종지부를 찍고 음식이 인정받지 못하면서 식당은 폐업되었습니다.

거리로 내 쫓긴 이 청년은 손에 쥐어진 새로운 일자리를 위한 추천서(당시에는 일자리를 잃으면 이전 직장에서 추천서를 작성해 줌)에 음식이 아닌 만돌린 연주자로 적극 추천된 것에 만족하지 못하고 자신이 추천서를 고치기 시작합니다. 장치 발명가로 타의 추종을 불허하고 회화와 조각에 뛰어난 실력을 갖고 있으며, 특히 음식을 잘하는 데 그 중에서도 세상에 없는 최고의 빵을 구워낸다고 추천서 내용을 스스로 변경합니다.

추천서를 들고 피렌체를 떠나 당시 폭군으로 알려진 밀라노 스포로치 궁에 있는 총독 루노비코 스포르차(후에 이 청년의 후원자가 됨)에게 전달합니다. 추천서를 받은 총독은 다재다능한 이 청년을 요리사가 아닌 파티 총 책임자로 채용하게 됩니다. 요리를 하지 못하게 된 이 청년은 무엇을 하든 열정적인 사람으로 밀라노 최고의 파티를 기획하게 되고 이것이 성공하여 총독의 신임을 얻게 되어 드디어 요리사가 됩니다. 다양한 요리를 시도할 수 있는 기회가 온 것입니다. 총독 조카 혼인을 위한 파티를 위한 음식으로 계란을 곁들인 돼지고기와 빵, 삶은 양파 한 개 그리고 계란 한 개 등을 선 보였지만 파티는 실패합니다. 기름진 음식을 좋아하던 이탈리아 사람들에게 환영받지 못한 것입니다.

총독의 노여움을 샀으나 포기를 모르는 이 사람은 요리뿐 아니라 궁정 주방에 대한 열정도 가득하여 신개념의 주방을 만들면 최초가 될 것이며 사람들이 총독을 우러러 보게 될 것이라는 말로 설득하여 다시 기회를 얻게 됩니다. 몇 달에 걸쳐 오리털 뽑는 기구, 돼지고기 써는 기구, 반죽하는 기구, 자동화된 조리기구, 자동석쇠, 사람대신 장작을 나르는 기계, 인공 비를 뿌려 화재를 막는 기계 등을 설계합니다. 드디어 신개념 주방을 오픈 하는 날 음식을 기다리던 사람들이 참지 못하고 주방으로 가보니 난리였습니다. 천장에서는 물이 멈추지 않아 바닥은 물난리이고, 반쯤 죽은 소가 빠져 나오려고 발버둥을 치며, 장작 기계는 멈추지 않아 부엌은 나무로 가득했지만, 단 하나 제대로 작동하는 것은 끝없이 음악을 보내는 시끄러운 반자동 북이었습니다. 동력을 해결하지 못했던 것입니다. 이런 와중에 등장한 음식은 담백함을 자랑하는 상추 두 잎과 루도비코 총독을 실물처럼 조각한 사탕무 하나(조각 실력이 뛰어남).

'세마리 달팽이'라는 레스토랑에 이어 '이 사람은 요리 빼고 다 잘한다'는 내용의 총독 추천서와 함께 17년 궁중 생활을 뒤로 하고 1495년 산타마리아 델레 그라치 수도원으로 다시 쫓겨납니다. 일을 끝맺지 못하는 사람이라는 수식어를 갖고 있는 수도원에서 그의 임무는 벽화를 그리는 일이지만 1년 동안 붓 한 번 잡지 않고 음식과 와인을 모두 축내기만 하자 수도원이 총독에게 고자질합니다. 그가 수도원에서 그려야 하는 벽화는 대부분 만찬 그림입니다. 2년 7개월 수도원 체류 기간 중 그가 그림을 그린 시간은 단지 3개월입니다. 나머지는 모두 준비 기간이었습니다. 그가 드디어 벽에 만찬 그림 들을 그리기 시작했습니다. 지금까지의 요리 방법이 틀렸다고 세상에 알리고자 했던 그가 이때 탄생시킨 걸작이 바로 레오나르도 다빈치의 '최후의 만찬'입니다. 요리사를 꿈꾸며 그렇게도 알리고 싶었던 소박하고 담백한 음식으로 가득 채운 레오나르도 다빈치의 식탁이 드디어 탄생된 것입니다.

이 그림을 보면서 사람들은 그의 원근법적인 구도와 각 인물의 표정, 자연스러운 포즈 등 전문가로서의 우수한 능력과 새로운 시도를 말하지만 정작 그의 다양한 인간적 메시지가 담긴 모데(창조자)와 대모데(추종자)의 차이를 알아차리지 못합니다. 그가 위대한 것은 언제나 모데의 위치에 있었다는 것입니다. 작가는 자신의 세계관을 자신의 작품에 담습니다. 우리가 주시해야 하는 것은 그는 자신의 신념을 모든 디테일에 나타냈다는 것입니다.

작품을 감상하는 방법에는 보고, 듣고 그리고 읽는 것이 있습니다. 이 3가지 중 하나라도 부족하면 충분한 감동을 받기 어렵습니다. 잘 알고 있다는 것은 3박자, 즉 스케치 할 수 있어야 하고, 글로 쓸 수 있어야 하며, 말로 설명할 수 있어야 합니다. 이 3가지 중 하나라도 못하면 자세히 모르는 것입니다. 소위 위대한 작품들은 작가들의 3박자 언행일치를 보여준 것입니다.

프로들이 뛰어난 것이 아니고 언행일치를 보이는 능력이 있기 때문에 프로인 것입니다. 아마추어는 큰 그림만 그리지만 프로는 디테일을 통한 마무리라는 것을 인식하며 작품을 감상한다면 작가와의 영적 교감을 얻을 수 있습니다.

# 기능과 형태

## 1. 루이스 칸의 디자인에 대한 정의

루이스 칸의 디자인에 대한 정의를 인용해 보자.
"형태는 '무엇'이며 디자인은 '어떻게'를 의미한다고 그는 정의를 내렸고, 또한 형태는 비개인적이며 디자인은 개인적이다(디자이너의 몫)."

그가 이 비유를 명확히 하기 위하여 예를 들은 것을 여기에 또 인용해 보자.
"형태는 모습도 차원도 가지고 있지 않다. 예를 들면, 하나의 숟가락이 다른 것과 차이나는 것은 그 특징적인 형태인 잡는 부분과 담는 부분이다. 하나의 숟가락은 은이나 금 혹은 나무, 크거나 작게, 그리고 깊거나 낮게 만든 특정한 디자인을 함축한다."

여기에서 그가 숟가락에 관하여 설명한 것을 살펴 보기로 하자. 그가 숟가락의 형태로 예를 든 잡는 부분과 담는 부분은 곧 숟가락의 기능을 말하는 것이다. 그리고 숟가락이 갖고 있는 재질에 은이나 금 그리고 나무, 또한 크거나 작게라는 표현은 만족된 기능이 전제된 후에 어떻게 그 숟가락만의 특성을 나타낼 것인가 하는 문제이다.

이 설명을 건축설계에 응용해 보면, 설계작업에 들어 가기 전에 우리는 어떠한 건축물을 설계할 것인가 먼저 결정을 해야 합니다. 예를 들어 주택, 병원, 학교, 백화점 등 특수한 목적을 갖는 건축물에 대한 설정을 제일 먼저 해야 하는 것은 타당합니다. 이러한 설정이 완료되면 그 목적에

II. 제1과 제2의 건축형태에 영향을 주는 요인들

합당한 자료와 공간에 대한 정보를 얻을 것입니다. 이러한 작업이 완료되면 어떠한 구조물로 건축물을 구성할 것인가 결정해야 합니다. 만일 이러한 작업이 먼저 수반되지 않고 건축물에 대한 설계를 한다는 것은 나중에 많은 문제를 갖게 될 것이 자명합니다. 이후에 스케치와 계획설계도면 그리고 기본설계도면를 시작하게 됩니다. 여기서 집고 넘어가야 할 것이 있습니다. 루이스 칸이 말한 형태와 디자인의 경계를 명확히 하자는 것입니다.

그의 이론에 따르면 형태는 곧 기본적인 기능을 의미하고 디자인은 그 형태를 구별짓도록 또는 돋보이게 하는 행위입니다. 과거에 많은 건축가들 간에 기능주의(형태는 기능을 따른다)와 또는 형태주의(기능은 형태를 따른다)를 놓고 논쟁을 하였습니다. 그러나 위에서 언급한 기능은 이러한 논리하고는 거리가 멉니다. 곧 여기에서 의미하는 기능은 고유의 기능을 충족시키는 것을 말하는 것입니다. 이 고유의 기능(형태)을 우선적으로 정하든 또는 루이스 칸이 말하는 디자인을 먼저 정하고 형태에 대한 결정을 하든 관계는 없습니다. 단지 설계에 있어서 이러한 요소가 결정이 되어야 한다는 것입니다.

루이스 칸은 "형태는 비개인적이며, 디자인에서 발생하는 사용 가능한 돈과 장소와 고객과 지식 등과 같은 상황적 행위와는 무관하다"고 말하였습니다. 그리고 그는 "형태는 사람이 어떤 활동을 하기에 좋은 공간들의 조화를 보여준다"고 부연적으로 설명하였습니다.

그가 주장하는 의미를 다르게 한다면 형태는 각 건물이 갖고 있는 공통적인 요소이며 인위적으로 발생하는 것이 아니고 필수적인 것입니다. 이러한 그의 논리에 비추어 볼 때 건축형태는 곧 건축물이 갖고 있는 각 요소의 조화입니다. 그렇다면 '개인적이지 않으면서 건축물에서 발생하는 상황에 무관한 필수적인 요소는 무엇인가?' 이를 좀 더 살펴보기 위하여 그의 다른 이론을 살펴 보겠습니다. "덕트와 인공조명시설, 공기조화시설, 단열재, 그리고 흡음재 등이 건물과 조화를 이루고 있는 것이 일반적이며, 다른 사람들이 행한 것을 똑같이 반복하게 된다"고 그는 설명하였습니다. 아마도 그가 설명하고자 하는 형태가 이를 말하는 것이 아닌가 생각합니다. 그는 이러한 것을 도면에 표현해야 한다고 말했습니다. 그는 학교에 있을 때 학생들에게 구조도면을 항시 먼저 그리도록 했습니다. 그리고 그 다음 건물외관을 어떻게 구성할 것인지를 표현하는 도면을 그리도록 했다고 합니다.

다음의 글은 Realization and Form(《깨달음과 형태》, 1999년 8월, 시공문화사)에서 인용한 루이스 칸의 어록입니다.

"또한 학생들에게 구조도면을 먼저 그리도록 한다. 그 다음 건물 외관을 어떻게 구성할 것인지를 표현하는 도면을 그리도록 한다. 건물은 단일체가 아니므로 모든 장비, 자재 등이 건물과 조화를 이루어야 한다. 그 중 하나는 기술적인 측면도 포함되며 그러한 분야에 대한 지식을 도면으로 표현할 수 있어야 한다. 그러나 일부는 도면으로 표현하기 어려운 것들이 있다. 나는 이러한 것에 가장 관심이 많다. 오늘날 건물의 특징은 어떤 것인지 발견하려는 모든 책임을 타인에게, 즉 전문인이 아닌 사람들에게 전가하려고 한다. 공간의 본질은 우리가 알 수 없는 것이다. 우리는 타인의 창조적 결과물을 취하고 그것들을 어떤 전유물로 해석하여 쉽게 하나의 형태에 도달하는 경향이 있다.

그러나 읽혀질 공간에 대한 내적인 조사를 통해 도달해야 한다. 나는 건물에 대해서가 아니라 오늘날의 거장들이 우리를 위해 어떻게 '시작'을 했는지를 알기 위해 건축가들에 대한 공부가 필요하다고 생각한다. 그들이 건물을 완성하기 위해 어떤 과정을 거쳤는지를 알아야 한다. 그들의 결론은 바로 그들의 것이다. 만약 다시 시작해야 한다는 자세를 취하는 사람들을 발견할 수 있다면 그 사람들에게서 아직 실험되지 않은 잠재력이 많음을 발견할 수 있을 것이다. 특히 엔지니어의 잠재력을 느끼기 위해서는 전체를 볼 수 있는 시각을 가져야 한다. 그 다음에야 비로소 '건축이란 건물'에 어울리는 피아노 곡을 연주할 수 있을 것이다."

루이스 칸은 '건물이 단일체가 아닌 여러 요소가 조화를 이루어 만들어진 하나의 형태'라고 말한 것입니다. 여기에서 여러 요소란 건축물을 완성하기 위하여 필요한 모든 부분을 말하는 데 루이스 칸은 디자인의 부분은 제외시킨 것이 분명합니다. 특히 위의 인용문에서 엔지니어의 잠재력을 논하면서 건물 전체를 볼 수 있는 시각을 말하였습니다. 이것이 건축을 설계하는 사람이 갖추어야 할 자세입니다. 그렇다면 '어떻게 전체를 볼 수 있는 시각을 갖출 수 있는가?' 우리가 어떤 한 건축물을 바라보면 우선적으로 마음에 드는지, 또는 멋있는지 개인적인 느낌을 갖게 됩니다. 그런데 그 느낌이라는 것이 다분히 개인적이기 때문에(디자인은 개인적입니다.) 설득력이 적습니다. 그러나 만일 그 형태의 구성원리나 구조적인 면을 이해하고 있다면 그 건축물은 관찰자에게 훨씬 가깝게 다가설 것입니다. 예를 들어 골격적 형태의 건축물을 보면 많은 건축가가 힘을 느낀다고 합니다. 이는 그 구조가 어떻게 작용하는가를 알기 때문입니다.


## 2. 우리에게 디자인이란 무엇인가?

누구나 디자인을 할 수 있습니다. 그러나 훌륭한 디자인에 대한 욕구가 우리를 힘들게 합니다.
라이트는 "디자인을 가르치려 하지 말고, 그 원리들을 가르쳐라." 라고 말하였습니다. 디자인은 다분히 개인적이라고 위에서 언급하였습니다. 이를 가르친다는 것은 무리입니다. 이는 개인의 능력이나 감각이 다르고 각 건물의 형태에 따라 그 디자인의 성격이 다르게 나타나기 때문입니다.

"이 곳을 멋있게 바꿔봐!"라고 교수가 학생에게 지시하는 것을 들은 적이 있습니다. 이것이 얼마나 어려운 말입니까. 누구나 멋있게 하고 싶은 욕구가 있습니다. 그러나 '멋있다'는 단어의 범위는 한정되어 있지 않으며, 이는 루이스 칸의 말처럼 개인적이고 개성 같은 것을 말합니다. 좌우되는 것이기에 그 학생은 점점 더 딜레마에 빠지게 될 것입니다. 왜냐하면 그 학생은 자신의 수준에서 최고의 디자인을 해 갖고 온 것이 분명하기 때문입니다.

"이 곳의 창문을 넓힌다면 5m 공간에 충분한 빛을 제공하고 좁은 계단에 비하여 계단이 차지하는 공간이 너무 많으므로 원형 계단으로 바꾼다면 공간확보도 될 것이다."라고 말한다면 학생은 창문이 넓은 공간을 이해할 것이고 언제 원형 계단이 필요한지 알게 될 것입니다.

'우리에게 디자인은 무엇인가?' 디자인은 우연하게 생기는 것이 아닙니다. 디자인은 우선적으로 디자인을 할 대상이 존재해야 하며 그 대상은 기본적인 형태를 갖추어야 합니다. 여기서 기본적인 형태는 원리이며 원리는 곧 구조적인 문제와 연결될 수도 있습니다.

어느 학생이 철골조로 백화점을 설계하는 데 사각형과 원이 상충된 평면을 만들었습니다. 그런 후 사각평면에 [그림 II-100]와 같이 내부 기둥을 만든 것입니다. 이 건물은 교량구조를 한 건물로 바닥의 중앙이 다리처럼 지상에서 떨어져 있는데 구조적으로 안정감을 주기 위하여 내부기둥을 이렇게 많이 설치하였으며 내부 기둥간의 간격은 5m입니다. 나는 이 학생이 백화점에 이렇게 좁은 기둥간격에 많은 기둥을 생각한 의도를 탓하지는 않았습니다. 이 학생은 건축물의 구조

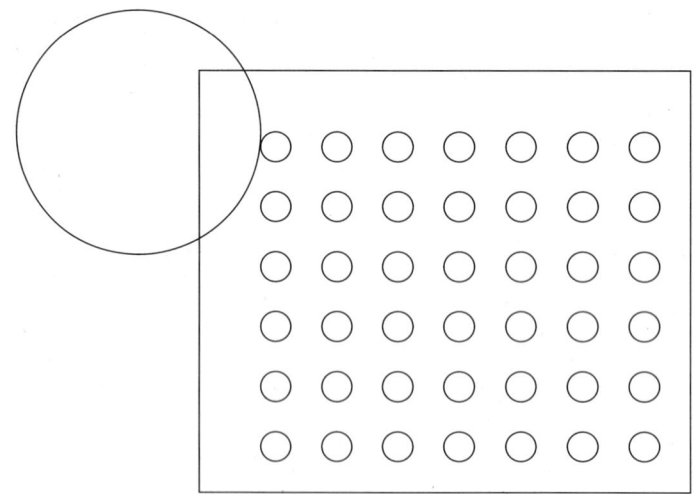

[그림 II-100] 기둥구조

적 안정에 대한 고민을 하였고 그 고민을 해결한 결과가 이렇게 나타난 것입니다.

이것이 그의 구조적인 지식에서 나온 디자인입니다. 이 경우 이 학생에게 내부에 있는 기둥을 제거할 수 있는 구조적인 문제를 제시한다면 그의 건축물은 내부적인 공간에 자유가 생길 것입니다.

### 3. 디자인은 구조적인 것에서 시작한다.

고딕이라는 용어는 15세기 인문주의자(르네상스)들이 고딕을 비하하기 위하여 만들어 낸 말로 반 고전적인 또는 야만적인이라는 부정적인 뜻을 내포한 용어입니다. 그렇다면 '반 고전적이고 야만적이라는 기준은 어디에 기준을 두고 한 말인가?' 이 용어의 의미는 르네상스파뿐 아니라 그 이후에도 고딕을 단지 로마네스크 이후에 완성된 결과로만 보았습니다.

이것은 고딕을 단지 구조적 관점에서만 집착된 실수였으며 그러한 구조적 발전을 수단으로 이룩한 미학적 표현의 풍부성과 공간적 성격의 변화를 깨닫지 못한 데서 기인합니다. 어쨌든 고딕 시대의 건축가들은 다른 시대의 건축가들보다 건축의 형태에 구조적인 면이 강조되어 보였고 그들의 형태는 그 구조를 뒷받침해 줄 디자인을 선택한 것입니다. 우리가 중세건축을 본다면 내부에 존재한다는 느낌 그리고 어딘가에 존재한다는 느낌을 만들어 내는데, 현대건축에 와서는 그 느낌이 사라졌습니다. 즉 중세의 건축에는 '울'이라는 것이 존재를 하였습니다. 중세 이전의 건축물은 그 자신의 내부(교회)에 환경이 존재했습니다. 그러나 고딕에 와서는 교회와 그 주변환경 사이의 새로운 관계를 나타냅니다. 초기 기독교 교회의 외부가 연속적인 에워싸는 덮개였고, 로마네스크 교회는 요새(성주와 주변환경에 대한 첨탑의 발생)였던 반면에 시각적 혹은 상징적 비 물질화는 고딕 시대에 와서는 벽체의 진정한 해체에 의하여 대체되며 그 교회는 투명해지고 환경과 상호작용합니다.

고딕의 교회는 더 이상 은신처로 보이지 않고 더 큰 전체, 즉 주변환경과 통하게 되는데 이는 기독교의 진리인 신성한 이미지를 구체화했으며 그 개방된 구조를 통해 이 이미지는 전체 사회에 전해졌습니다. 많은 비평가들이 고딕 건축물을 보면서 공통적으로 표현하는 것이 '돌임에도 불구하고'라는 표현입니다. 여기에서 돌은 고딕건축의 형태를 어떻게 만들 것인가에 대한 디자인 요소가 된 것입니다. 그들의 디자인은 여기에서 그치지 않고 고딕의 교회는 구조적인 투명성을 나타내기 시작하여 선택한 또 하나의 디자인은 빛에 대한 기독교적 상징주의에 새로운 해석을 제공했습니다. 그것이 스테인드글라스입니다. 성당들에서 색유리는 인접한 신의 존재를 증명하는 듯한 매개체로 자연광을 변형시켰습니다.

이렇게 고딕 건축이 새로운 이미지를 전달할 수 있었던 것은 구조적인 시도가 있었기 때문이며 다른 건축에 대하여 고딕의 디자인이 개인적인 독창성을 지녔기 때문입니다. 고딕 이외의 건축물은 필요 이상으로 두꺼운 벽체를 지녔으며, 창의 기능이라는 것이 단지 최소한의 빛을 유입하는 것이지 시각적인 요소는 배제되었습니다.

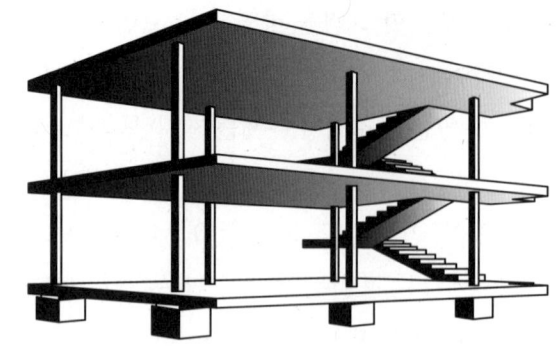

이는 당시의 건축가 들이 구조적인 문제에서의 자유로움을 갖지 못했기 때문에 그들의 디자인에 대한 선택의 폭은 좁을 수밖에 없었습니다. 이것은 시간이 흐르면서도 계속되었고 건축가들의 손에는 언제나 공간에 자유를 주고 싶은 욕구가 떠나지 않았다는 것을 당시의 건축적인 형태가 종교적인 차원에서만 해석하지 않아도 나타납니다.

## 4. 르코르뷔지에의 돔이노 시스템

미스의 창조적인 힘은 마침내 공간에 자유를 주고픈 욕구를 도면화하였고 라이트의 콘크리트 건축물에 벽을 허물어 버리는 과감성이 많은 건축가에게 용기를 주었으며 르코르뷔지에의 돔이노 시스템이 주는 교훈의 일부에는 이러한 내용을 내포하고 있습니다. 이를 실행할 수 있었던 바탕은 바로 구조적인 지식이 바탕이 되었기 때문에 디자인에 대한 용기를 갖게 된 것입니다. 아마도 루이스 칸은 디자인이라는 분야가 주는 막연함에 하나의 길을 제시하고 이것을 우리에게 전달하고자 학생들에게 먼저 구조도면을 그리게 하고, 그 다음 건물 외관을 어떻게 표현할 것인가를 나타내도록 했다고 말하는지도 모릅니다. 진정 디자인을 잘 하고 싶다면 구조적인 것에 대한 지식을 먼저 쌓으라고 말하고 싶습니다. 조적조, 목조, 철골조 그리고 철근 콘크리트의 바닥, 벽체, 천장 그리고 지붕의 구성이 다르며, 각 구조마다 나타나는 상세적인 부분이 다릅니다. 이러한 것에 대한 지식을 갖게 된다면 이제는 개인적인 디자인만이 남는 것입니다.

우리가 자신을 위한 책상을 설계한다고 가정해 보세요. 한 번도 책상을 설계해보지 못한 사람이라도 건축물을 설계하는 것만큼은 어려워 하지 않을 것입니다. 그러나 건축물의 설계와 책상의 설계의 차이는 없습니다. 그런데 '책상의 설계를 더 간단하게 생각할 수 있는 용기는 어디에서 오는 것일까?' 우리가 늘 사용해 왔고 또한 그 구조적인 부분을 이해하기 때문입니다. 기본적으로 어느 공간이 필요하며 벽체 구조, 골조구조 또는 복합구조를 이용할 것인지 자신감을 갖고 결정할 것입니다.

많은 학생들이 건축과를 졸업한 후에 자신이 건축에 대한 자신감이 있는가 물으면 자신 없어 하는 이유가 바로 디자인에 대한 기준을 두고 생각하기 때문입니다. 그러나 건축물을 바라볼 때 구조적인 부분이 보인다면 이는 이미 형태를 보기 시작한 것이며, 루이스 칸이 말하는 엔지니어로서 건축물의 전체적인 시야를 갖게 되는 것입니다. 우리가 말하는 디자인의 영역은 너무도 그 범위가 넓습니다. 즉 훌륭한 디자인을 가진 건물이란 각 개인적인 만족을 충족시켜주는 이미지를 내포하는 것인데 이를 짧은 학창시절에 습득하기란 쉽지 않습니다. 우리는 이를 위하여 연습하고 원리를 습득하면서 익히는 과정을 우선적으로 할 뿐입니다. 그러나 구조적인 지식은 이미 그 원리가 많이 나와있고 그것은 반복을 통하여 습득할 수 있습니다. 우리가 학교에서 주로 하는 설계가 계획단계의 설계입니다. 그러나 사회에 진출하면 당장 작업해야 하는 것이 실시설계도면에 있는 도면의 검토나 상세적인 부분을 다루는 것이 현실입니다. 그러므로 사회에 나가면 다시 해야 한다는 말을 공공연하게 하는데 사실 계획단계의 설계는 쉬운 것 같으나 가장 어려운 단계의 설계입니다. 이는 옷의 첫 단추와 같은 작업으로 이러한 것을 하기에는 아직 역부족입니다.

### 5. 모방하는 훈련을 하지마라

많은 학생들에게 어떤 종류의 건축 책을 선호하는가 물은 적이 있습니다. 대부분의 학생들은 사진이 많은 책을 선호합니다. 이렇게 그림이 많은 책만을 보면서 그들이 어떠한 것을 자신의 지식으로 삼는지 의문을 갖지 않을 수 없습니다. 아마도 모방의 방법을 배울 것입니다. 많은 건축의 거장들은 모방에 대한 경고를 하였습니다. 루이스 칸은 "나는 단지 '원칙'을 모방하는 것에는 동의한다. ……모방하는 사람만큼이나 신중하지 못했다. …… 그러나 그는 모방하지 않았다."라고 말했으며 라이트는 '모방하기보다는 오히려 경쟁'할 것을 권하였습니다. 형태를 구성하는 요소(구성원리; 공간계획과 구조적인 것)는 모방해도 무관하지만 디자인(개인의 몫)을 모방하는 것은 자신의 권리를 포기하는 것이라고 아마도 루이스 칸이 말하고 싶을 것이라 믿고 싶습니다. 학교는 창의적인 것을 훈련하는 장소입니다. 이 창의적인 힘을 키우기 위해서 이론책을 많이 권하고 싶습니다. 처음에는 어렵고, 접하기 힘들겠지만 나의 건축적인 지식에 대한 욕구를 채워줄 수 있는 것은 이론책입니다. 이론에 대한 바탕이 없는 상황에서 다른 건축가의 작품을 본다면 전혀 다른 것을 떠올리는 오류를 범할 수 있기 때문입니다. 우리에게 훌륭한 건축물도 훌륭하지 않은 건축물도 없습니다. 단지 훌륭한 원리나 미숙한 원리가 그 건축물에 들어 있을 뿐입니다. 그러나 그러한 것을 발견하기에 사진책은 충분하지 않습니다. 우리가 주로 사용하는 말 중에 작품경향이라는 말이 있습니다. 이러한 단어가 내포하는 것은 곧 그 건축가의 철학과 창조성이 그 작품마다 들어 있기에 분류가 가능한 것입니다. 남의 건축물을 옮긴 것보다는 미숙하지만 자신의 철학이 들어간 건축물이 더 훌륭합니다.

## 6. 질서와 규칙을 먼저 배우자

처음에 글짓기를 배울 때 우리는 자신이 쓰고자 하는 내용을 구상합니다. 그리고 구상이 끝나면 그것을 종이에 옮기게 되는데 첫 글자를 시작하는 순간 구상했던 내용과는 다르게 나타나는 경우를 경험한 사람이 있을 것입니다.

"나는 어제 시리도록 파란 하늘을 보며 어머니의 눈물이 담고 있는 슬픔을 떠올렸다" 이러한 내용을 생각하고 쓴 글이 때로는 "어머니의 눈물 속에는 시리도록 파란 하늘이 담겨 있다"라고 쓸 수도 있습니다. 그러면서 우리는 자신의 생각과 어딘가 다른 차이를 느끼지만 그 원인을 찾지 못하고 다시 시도하거나 또는 의도하지 않았던 내용을 끝까지 끌고 가면서 급기야는 돌이킬 수 없는 시간과 정열에 안타까워 하는 경우도 있습니다.

건축에서도 마찬가지입니다. 처음에 설계를 하기 전에 머리에 떠오르는 아름다운 영상들⋯⋯. 언덕 위의 하얀 집과 나무로 만들어진 울타리, 정원의 가운데에 서있는 오동나무에 매달린 그네 그리고 지붕의 굴뚝에 매달린 구름조각. 이러한 풍경이 머리를 가득채우고 그것을 표현하려 급히 연필을 들어 종이 위에 평면을 표현해 봅니다. 그러나 거실에 흔들의자를 그리기도 전에 언덕과 굴뚝에 달린 구름은 이미 어디론가 날아가 버리고 평면에서 헤어나지를 못합니다. 우리를 붙잡고 놓지 않는 것은 그 하얀 집을 아름답게 지탱해 줄 평면이 나오지 않는다는 것입니다. 이유는 무엇일까?

이는 느낌과 사고가 다르기 때문입니다. 여기에서 루이스 칸의 설명을 다시 빌려 봅니다. 그는 느낌에 의존하면 사고에서 멀어진다고 표현하였습니다. "우리가 창조하고 싶어하는 모든 것은 느낌에서 비롯한다. ⋯⋯ 그러나 느낌에 의지하여 사고에서 멀어지면 그 어떤 것도 만들지 못한다는 사실을 말해두고 싶다." 그는 또한 사고는 감각이며 질서의 현존이라고 설명하기도 하였습니다.

그의 설명을 또 한 구절 빌려 보겠습니다. "그 젊은 건축가는 말했다. ⋯⋯ 꿈에는 이미 존재하려는 의지와 그 의지를 표현하려는 욕망이 있습니다. 사고는 느낌과 분리될 수 없습니다. 그렇다면 어떤 방법으로 사고가 창조 안으로 들어가 이러한 정신적 의지에 더 가깝게 표현할 수 있습니까?"

이 설명은 우리가 생각한 것을 그대로 표현하기 어려운 상황을 잘 나타내고 있습니다. 느낌은 곧 창조적인 행위의 시작입니다. 그러나 그 느낌을 현실화하기 위하여 우리가 실행에 옮길 경우 제일 먼저 부딪히는 것이 정확한 표현에 대한 질서입니다. 표현은 많은 해석을 발생할 수 있으며 그 해석이라는 것이 이미 사용되고 있는 표현의 질서를 따릅니다. 예를 들어 정사각형과 사각형의 표현이 다르듯이 그 도형에 대한 표현의 질서가 이미 존재하기 때문에 내가 삼각형에 대한 느낌을 나타내려 한다면 그 질서를 따라야 합니다. 아마도 사고는 표현에 대한 질서와 규칙이 아닌가 생각됩니다. 그렇기 때문에 먼저 질서와 규칙을 익히라고 표현하고 싶습니다. 이것을 익히면 우리의 느낌은 사고와 좀더 가까워 질 수 있고 느낌을 표현하는 언어가 좀더 수월해 지지 않을까 합니다.

> 디자인은 질서 안에서 형태를 만드는 것이다.
> 형식은 구조 체계에서도 나타난다.
> 성장은 일종의 구성방식이다.
> 질서 안에 창조적인 힘이 있다.
> 　　　　　　　　　　　루이스 칸

표현에 대한 시작은 질서와 규칙이 먼저입니다. 이것을 숙달하고 나면 느낌으로부터 오는 사고에 대한 자유가 생깁니다. 즉 나의 느낌을 어떻게 창조적으로 실현 시킬 것인가에 대한 구체적인 계획을 세울 수 있습니다. 이것이 숙달되면 그 후는 응용에 대한 발전이 시작되는 것입니다.

개인적인 느낌을 질서와 규칙 안에 가두라는 이야기는 아닙니다. 자신의 느낌은 꿈을 꾸는 젊은이와 같이 무한대로 펼치어 나갑니다. 그리고 질서와 규칙을 또한 숙달하면서 그 느낌을 창조적인 모습으로 실현하는 연습을 하는 것입니다.

# CHAPTER 33

## 부엌의 두 번째 변화
### 프랑크푸르트 부엌(Frankfurt Kitchen)

건축물의 형태를 양식적으로 따져보면 너무도 다양합니다. 르코르뷔지에는 양식을 '귀부인의 머리에 꽂은 깃털과 같다'고 했습니다. 이는 양식이 큰 의미를 갖고 있지 않다는 뜻입니다. 그러나 건축형태뿐 아니라 디자인의 변화를 정의하려면 양식을 비교하지 않고는 말할 수 없으며 건축형태가 시대를 반영한다는 것을 설명하기 위해서는 양식을 사용할 수밖에 없습니다. 각 시대의 대표적인 양식을 나열해 본다면 고대는 3개, 중세도 3개 그리고 근세는 5개이며 근대는 그 숫자가 무수합니다. 이렇게 연대표 속에 다양한 양식이 등장하지만 사실 양식은 크게 두 가지만 존재합니다. 그것은 고대와 근대 두 가지뿐입니다. 중세와 근세는 사실상 고대를 원형으로 하여 그 틀 안에서 변형된 것입니다. 이것이 제1의 형태이고, 고대에서 근본적으로 벗어나기 시작한 것이 근대입니다. 이것이 제2의 형태입니다([그림 II-96] 참조). 제1의 형태는 형태주의와 감성적인 코드가 주라면 제2의 형태는 기능주의와 이성적인 시대였습니다. 건축물의 형태가 제1의 시대에는 하나의 테두리 안에 모든 공간이 집약된 구조였다면 제2의 시대는 기능별로 공간이 독립되는 시대였습니다. 특히 산업혁명과 시민혁명의 정신아래 삶의 형태와 신분의 구조도 수직적인 구조에서 수평적인 구조로 바뀌면서 사람들의 생활 형태에도 변화의 바람이 일었습니다. 그 변화 중 식생활과 도시 집중화는 새로운 시대의 주거 형태를 요구할 수밖에 없었습니다. 수평적인 신분제도는 무너진 귀족사회 대신 신흥 자본가와 독립적인 개인집단을 만들면서 이전에 없었던 사회 형태를 만들게 되었는데, 이 중의 하나가 바로 건축공간 중 부엌의 혁명이었습니다

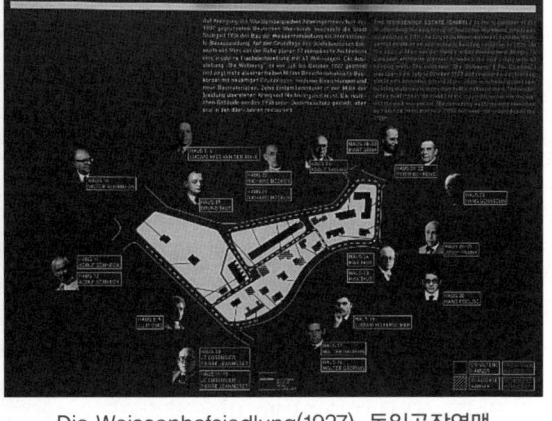

글라스고　　　　　Die Weissenhofsiedlung(1927), 독일공작연맹

　프랑스혁명을 성공적으로 이끈 계기는 여성의 참여였습니다. 사회생활의 변화 중 여성의 위치를 사회가 주목하기 시작했고 그 변화는 부엌에서 또 다시 일어난 것입니다. 그 계기가 된 것이 바로 1927년에 독일에서 있었던 바이센호프 주거단지(Die Weissenhof Siedlung)를 16명의 당대 유명한 건축가들로 구성하여 새로운 주택단지를 독일공작연맹이 조성한 일이었습니다. 산업혁명이 일어나면서 농촌에 있던 사람들이 도시로 몰려들어 주택에 대한 새로운 계획이 필요했고 농촌의 가정에서 가족이 모여 단란하게 음식을 먹던 모습은 도시에서는 빠른 일상생활에 맞추어 음식변화를 갖고 온 것입니다. 포화상태의 도시는 새로운 서민 주거형태로 아파트를 통하여 해결책을 내놓게 되었으며 주거의 작업장으로서 부엌을 변화의 주 포인트로 삼은 것입니다. 빠르게 움직이는 사회의 변화에 새로운 음식 또한 요구되어 새로운 주방기구 및 가구 디자인이 등장하는 데 영국에서는 이미 등장한 것이 바로 글라스고파의 사각디자인입니다. 요리를 위한 기능을 유지한 상태로 현대적인 디자인을 가미한 여성을 위한 디자인이 부엌에도 유입된 것입니다.

　에나 마이어(Erna Meyer)가 당시 주거에 대한 책에 쓴 글 "새로운 사람은 새로운 피부를 원한다(Der neue Mensch sucht seine neue haut!, 《Wohnungsbau und Hausführung》 1927, p89)"는 내용이 이러한 분위기에 상당히 영향을 미쳤습니다. 독일 슈투트가르트에 새로운 주거 형태를 선보이면서 다른 공간보다 부엌에 대한 현대화를 시도했으며, 이를 위하여 그 모티브를 기차의 식당차에서 갖고 왔습니다. 여성의 요리에 대한 노동력을 줄이고 이동동선을 효과적으로 하기 위하여 근접 거리에 모든 것을 배치하도록 시도했으며, 기차에서 사용되는 음식 이동 수단을 부엌으로 끌어 들였는데 이것이 그 유명한 프랑크푸르트의 부엌의 시작이 되었고 현재 부엌의 모태가 된 것입니다.

　여기에는 바우하우스의 영향이 큽니다. 바우하우스는 규격화된 주거 형태에서 부엌이 어떤 기능과 형태를 갖추어야 하는가 연구를 하였습니다. 어디서 먹고, 요리는 어디서 해야 하며, 잠은 어디와 어디에서 자야 하는가 하는 네 가지 기능을 아파트를 만드는 유틸리티로 생각한 것입니다. 이 계획에 결정적인 영향을 미친 주포인트가 바로 음식과 요리였습니다. 거실과 부엌의 연결관계, 부엌 문을 슬라이딩 도어로 그리고 주거에서 여성에게 변화가 요구되는 필수적인 공간으로 요리를 하는 부엌에 초점을 맞춘 것입니다. 이 때 비용절감이 높아지면 이 취지가 진행되지 못할 수 있다는 우려 때문에 아파트 시공 시 애초부터 부엌의 모든 가구를 붙박이(Built-in)로 해결하고 부엌가구 또한 동시에

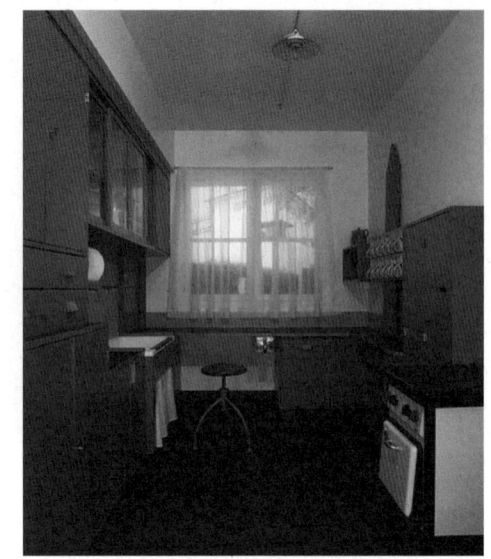

프랑크푸르트 부엌

설치하는 것으로 결정한 것입니다. 즉 부엌의 설치를 강제하여 임대료에 포함시킨 것입니다. 이 정책의 바탕에는 여성이 부엌에서 시간을 절약하게 하여 여성이 가족과 많은 시간을 갖게 하고 건강을 유지하는 데 있었습니다. 비엔나 건축가 마르가레테 슈트 리호 츠키가 1926년에 이를 설계하고 이 정책을 유지하고 지켜나가기 위하여 프랑크푸르트 정부와 프로그램을 만든 것입니다. 당시 주택의 변화와 함께 부엌이 달라지면서 모든 주방기구에 대한 현대화 바람도 일면서 요리 연료도 석탄에서 전기로 바뀌는 작업이 병행되었습니다.

    이러한 정책은 모든 생활의 변화를 가져오고, 활동이 가장 많은 주방에서 동선 체계를 설정하

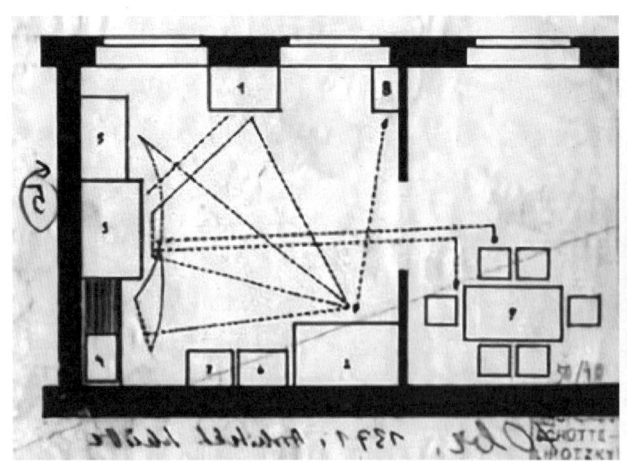

주부의 부엌공간에서의 동선

스토브_Die Weissenhofsiedlung(1927), 독일공작연맹

여 주방가구 역시 설치된 것입니다. 요리를 하는 중 아이들을 쉽게 관찰할 수 있게 유리문을 설치하고 방에서 요리 냄새가 나지 않는 통풍을 고려하여 발코니 등을 계획한 것입니다. 이것이 1927년 초기 현대식 요리를 위한 공간의 탄생입니다. 지금의 부엌 형태도 사실 그 때와 많이 다르지 않은데 이 모든 부엌의 원조는 '프랑크푸르트 부엌'인 것입니다. 건축가는 건축물을 설계하고 형태를 만드는 것이 전부라고 생각하는 사람들이 많습니다. 그러나 사실은 그렇지 않습니다. 건축물은 고유의 기능을 갖는 공간을 갖게 됩니다. 이 공간에 사용자가 들어와 머물면서 고유의 기능에 만족해할 때 건축물이 완성되는 것입니다. 부엌은 요리를 하는 곳이 아니고 모든 공간을 액티브하게 만드는 곳입니다. 건강한 요리는 건강한 환경에서 나옵니다. 마지막으로 르코르뷔지에가 한 말을 들어 보고자 합니다. "가정에서 일하는 여성이 요리 외에 새로운 삶을 기대한다는 것을 부정할 수는 없다. 그들은 더 이상 가족의 순교자가 아니다. '나는 행복해요', '정말 아름답네요'라는 영혼 깊숙한 곳에서 나오는 그들의 말을 들을 때 그것이 바로 건축예술이다."

현대의 부엌

## CHAPTER 34

# 시방서와 설방서

건축물을 짓는 데 필수적인 것 중의 하나가 바로 시방서입니다. 시방서는 '시공 방법 서술서'를 줄인 말로, 시공을 하는 데 다양한 공사방법을 서술한 것으로 예를 들면 타일을 붙이는 데 이에 대한 공사방법을 다음과 같은 것 중 하나를 서술해 놓았습니다.

1) 떠붙임 공법, 2) 압축공법, 3) 밀착공법(동시줄눈공법), 4) 접착공법, 5) 선부착 타일공법(타일 거푸집 선부착공법).

이렇게 서술해 놓으면 공사하는 사람은 이와 같이 시공을 해야 하는 것으로 시공 후에 올바르게 했는지 기준이 되는 것이 바로 이 시방서입니다. 이와 다르게 했으면 그것이 바로 잘못 시공한 것입니다. 왜냐하면 설계자는 설계 시 어느 방법이 여러 가지 면에서 가장 좋은 방법인지 심사숙고해서 이를 설명해 놓은 것이기 때문입니다. 특히 새로운 재료에 대한 시공방법은 필수적으로 이를 서술해 놓지 않으면 안 됩니다. 이렇게 시공방법을 서술하지 않으면 시공자는 자기의 경험대로 해야 하기 때문에 후에 문제가 생겼을 때 꼭 시공자의 잘못이라고 말할 수 없습니다. 그래서 어느 상황에서도 이 시방서가 기준이 되기 때문에 아주 중요합니다. 예를 들어 방수제를 칠하는 데 이에 대한 두께를 시방서에 3mm라고 해놓았으면 시공자는 반드시 이 두께를 유지해야 합니다. 이렇게 시방서는 도면에 표현하지 못한 것을 서술해 놓은 것으로 설계도면만큼 중요한 것입니다. 그래서 문제가 생겼을 때 시방서를 제일먼저 보아야 하는 데 아직도 시방서가 제대로 작성되지 않은 곳이 있거나 시공 중 문제가 생겨 시공서를 변경하였을 경우 이를 다시 작성하

지 않는 곳도 많이 있거나 서류로 남겨놓지 않기도 합니다. 그래서 추후에 문제가 생겼을 때 이를 건축주가 그대로 껴안고 가는 경우가 있습니다. 그러므로 건축주는 반드시 시공자처럼 시방서를 요구해야 합니다.

시방서는 건축뿐 아니라 건축물에 들어가는 기계 및 설비 부분에 대해서도 자재의 성격 및 내용 그리고 설치방법 등에 관하여 자세히 설명되어 있습니다. 그래서 건축에 관한 시방서는 '건축시방서' 그리고 앞의 모든 내용에 대하여는 그림과 같이 '건축기계설비공사 표준시방서'라고 이름을 붙여 놓은 겁니다. 이렇게 건축은 다양한 사람들이 모여서 합동으로 작업하고 다양한 재료들이 모여서 하나의 형태를 이루기 때문에 이에 대한 기준을 정하지 않으면 많은 혼란이 있을 수 있습니다.

건축물을 짓는 과정에는 3단계를 거칩니다. 먼저 건축주가 건축물을 지으려는 의지를 가져야 합니다. 여기서 건축주는 설계자가 될 수도 있고 또는 시공자가 될 수도 있지만 일반적으로 건축과는 무관한 사람일 경우가 많습니다. 건축주가 건물을 짓고자 하지만 그 후의 과정이나 기술적인 부분은 도움이 필요할 겁니다. 그래서 건축주는 먼저 설계자를 찾아 갑니다. 그러면 건축주와 설계자의 만남에서부터 본격적인 작업이 시작되는 겁니다. 여기서 건축주는 자신이 건축과는 무관한 사람이라는 착각을 하면서 온전히 설계자를 의지할 수도 있습니다. 이것은 큰 실수입니다. 건축주는 사용자 측면에서 전문가라는 것을 잊으면 안 됩니다. 그런데 자신은 건축에 문외한이라는 입지적인 착각을 하면서 건축주와 설계자 모두에게 좋지 않은 상황을 만들 수 있기 때문입니다. 우선 건축주는 자신의 의지를 설계자와의 대화에서 많이 삭제하게 되고 원하는 방향을 제대로 설정하지 못하기 때문에 추후에 후회를 할 수 있습니다. 설계자 또한 건축주의 충분한 요구를 설계에 담지 못하기 때문에 방향 설정하는 데 힘들 수 있고 자신의 전문적 의지대로 설계를 풀어가야 하기 때문에 더 어려울 수도 있습니다.

설계 내용은 크게 3가지로 구분하는 데 이에 따라 설계의 이름이 다릅니다. 계획설계도면, 기본설계도면 그리고 실시설계도면입니다. 이러한 구분에는 기준이 있습니다. 그것은 바로 대상입니다. 누구를 대상으로 도면을 그리는가에 따라 도면에 표현하는 내용이 다른 것입니다. 그런데

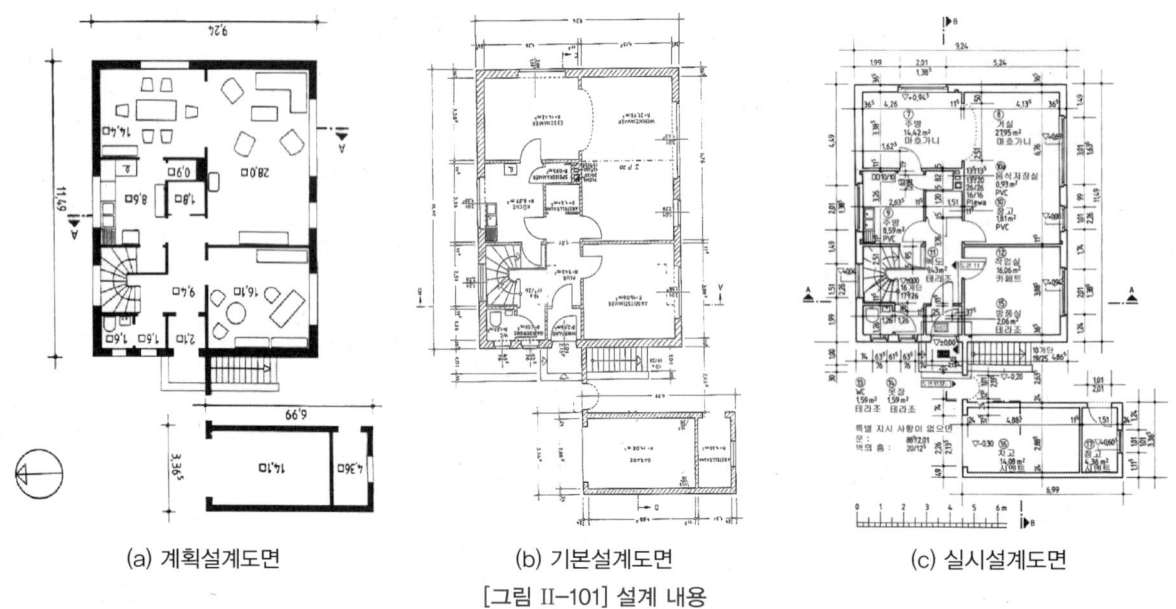

(a) 계획설계도면　　　(b) 기본설계도면　　　(c) 실시설계도면
[그림 II-101] 설계 내용

우리나라는 그 구분이 명확하지 않아 도면만을 보고 누구를 대상으로 작성했는지 알기가 어렵습니다.

　도면 표현에 있어서 대상이 중요한 이유는 그 대상에 맞게 내용을 표현하는 것이 좋기 때문입니다. 계획설계도면은 건축주를 대상으로 하는 것입니다. 건축주는 건축전문가가 아니기 때문에 복잡한 표현을 해도 내용을 다 이해할 수는 없습니다. 그렇기 때문에 건축주가 필요한 내용을 핵심적으로 나타내는 것이 중요합니다. 건축주가 필요한 내용이라는 것이 곧 건축주의 요구사항을 말합니다. 그렇기 때문에 계획설계도면은 사실상 건축설계도면이라기보다는 건축주와의 공감대를 나타내는 단순한 표현입니다. 이 도면은 다른 성격의 도면에 비하여 간단하지만 사실 이 단계가 아주 중요합니다. 이 단계에서 개괄적인 사항이 모두 결정이 나야 다음 단계로 넘어갈 수 있는 상황이 되기 때문입니다. 그래서 건축주와 설계자가 얼만큼 합의를 보는 가에 따라서 추가 작업이 적어지는 것입니다. 그렇기 때문에 이 과정에서 제일 많은 변경이 일어나기도 합니다. 즉 다음 단계는 두 집단의 합의가 이루어져야 하는 과정이기 때문에 건축주의 동의가 완전히 이루어지기 전까지는 어느 것도 결정되지 않은 상황입니다. 즉 변경이라는 과정을 수도 없이 반복될 수 있는 과정이기에 계획이라는 단어를 붙여 계획설계도면이라고 부른 것입니다.

　앞에서 시방서를 설명했는데 이는 설계자와 시공자의 이해를 돕기 위한 내용입니다. 그런데 건축주와 설계자 간의 이해를 돕기 위한 내용도 필요합니다. 사실 설계를 하는 과정에서 제일 어려운 부분 중의 하나가 바로 건축주와 대화입니다. 건축주는 전문가가 아니기 때문에 상황에 맞게 즉시 대처를 할 수 없기 때문에 추후에 요구사항이 발생하거나 변경을 원하는 경우가 있습니다. 그러나 설계자에게는 바로 변경을 한다는 것이 상황이나 비용 면에서 어려울 수가 있습니다. 그래서 초기에 건축주는 요구사항을 정리하고 그것이 가능한지 설계자와 충분히 회의를 하고 자신이 원하는 건축물이 어떤 것인지 의논을 하고 이를 수록하는 것이 좋습니다. 이를 저자는 설방서(설계 방법 서술서)라고 이름 붙였습니다.

대부분의 회의가 구두로 이루어지고 회의록이라는 것이 간단하게 명시되어 있어서 건축주가 이를 다 이해하기는 어렵습니다. 이를 정독하고 한 번 더 볼 수 있는 시간을 건축주에게 주어야 하며 건축주는 왜 설계자가 그러한 형태를 만들었으며 주차장의 위치를 서쪽에 설치하고 중정형의 마당을 만들었으며 정원을 건물의 앞이 아닌 뒤로 돌렸고 거실의 창을 동쪽으로 만들었는지 알 수 있게 설계자의 의도를 말로 들었을 때는 이해할 수 없었지만 기록물을 읽으면서 다시 한 번 생각하게 해주는 내용이 필요합니다. 그러면 건축주는 자신이 놓친 내용을 다시 한 번 살펴볼 수 있고 추후에 이를 검토할 수 있으며, 자신의 건축물이 어떠한 배경을 갖고 만들었는지 이해할 수 있으며, 다른 사람들에게도 설명할 수 있는 근거자료를 갖게 되어 건축주가 바뀌어도 이 건축물에 대한 내용은 계속 유지될 것입니다. 그러므로 설방서는 계획설계도면부터 작성이 되어야 하며 건축물의 준공 후 건축주에게 그 시공뿐 아니라 모든 과정 중 작성되어 제공되어야 합니다. 그렇다면 시공자도 이 설방서의 의도를 알고 시공과정에서 그 의도를 잘 살릴 수 있는 파트너로서 역할을 더 잘할 수 있으리라 봅니다.

계획설계도면이 건축주의 동의로 과정이 끝나면 이제 다음 대상은 공무원이 됩니다. 모든 건축물을 건축주가 준비되었다고 즉시 지을 수 있는 것은 아니며 허가를 받아야 합니다. 그래서 허가 주체인 공무원이 다음 단계가 되는 겁니다. 공무원이 도면에서 필요한 내용은 건축주와 동일하지 않고 그들이 원하는 것은 법규와 관련된 내용입니다. 설계자는 건축주와 회의 후 이를 공무원과 진행하면서 그들이 원한 내용을 도면에 표현하면 도면의 내용은 계획설계도면보다 당연히 많아집니다. 계획설계도면은 대상그룹이 하나입니다. 그러나 기본설계도면의 대상은 각 파트로 나뉘어 최소한 다섯개 이상이 될 수 있습니다. 그렇기 때문에 당연히 다섯 그룹이 원하는 내용을 표현하다 보니 기본설계도면이 계획설계도면보다 더 복잡해 지는 겁니다. 건축주는 개인적인 의견이 대부분 도면에 반영되지만 기본설계도면의 대상자인 공무원은 개인적인 의견을 갖고 도면을 보는 것이 아니고 객관적인 법규의 상황 아래서 도면을 파악하기 때문에 법규는 가장 기본적인 위치에서 도면을 판단해야 합니다. 그래서 공무원을 대상으로 작성되는 도면을 기본설계도면이라고 부르는 것입니다. 공무원이 도면 내에서 법규상 이상이 없으면 건축허가를 얻게 됩니다. 그러면 이제 시공을 할 수 있는 권한을 부여받게 되는 겁니다. 여기서 일반적으로 입찰을 통하여 시공사를 선정하게 되는데 그 입찰 방법은 발주처가 결정하게 됩니다.

   시공사가 결정되면 공사가 가능한 내용의 도면이 다시 작성되는데 이를 이제 공사를 실시하라는 의미로 실시설계도면라고 부릅니다. 도면 작성에 있어서 누구를 대상으로 그리는가 설정하는 것이 중요하다고 앞에서 설멸했습니다. 계획설계도면은 그 그룹이 하나이므로 도면 표현이 다른 것이 비하여 단순하고 기본설계도면은 대상이 많아져서 계획설계도면보다 좀더 내용이 복잡해지며 실시설계도면는 시공에 참여 하는 모든 분야가 필요한 내용이 도면에 표현되어야 합니다. 시공에 참여하는 분야는 개수를 말할 수 없을 정도로 상황에 따라서 그 숫자가 많습니다. 그래서 도면 중 가장 복잡한 것이 바로 실시설계도면입니다. 도면에 표현하는 내용이 남는 것은 문제가 되지 않습니다. 그러나 모자란 것은 언제나 문제가 됩니다. 그러므로 충분한 표현이 도면에 나타나는 것이 좋습니다. 설방서의 작성 단계는 건축물이 완공되는 순간까지 계속 발생되는 내용이 첨가되어 기록되어야 합니다. 이것이 그 건축물에 대한 정보로 남게 될 것입니다.

## CHAPTER 35

# 기억되는 것과 기억되지 못하는 것

　루이스 칸은 어느날 건축물에게 물었습니다. "건물아 네가 원하는 것이 무엇이니?" 단순하지만 당연한 물음입니다. 칸은 양식에 구애받지 않는 건축물 디자인을 했습니다. 로마네스크의 전통적인 디자인 기법을 주로 가르쳤던 파리의 전통적인 명문 건축학교인 보자르에서 교육을 받았지만 그는 모던에 대한 형태의 시도와 포스트모던에 대한 시도 또한 많이 했습니다. 그의 건축 형태를 양식적으로 분류하기는 어렵지만 그에게 나타나는 것은 깨달음을 전달하는 스타일이 그의 작품에 담겨 있는 그만의 양식입니다.

　전통적인 형태가 감성에 근거하고 모던이 이성에 근거를 두고 있다면 그는 이성적인 바탕에 감성적인 스타일을 담으려고 했던 것입니다. 그러나 그것이 그렇게 심오하거나 어렵다기보다는 그가 사용하는 빛을 통한 메시지는 오히려 누구에게나 전달되는 서민적인 시도였습니다. 형태를 보도록 하기보다는 형태를 느끼게 하는 것이 그의 시도였습니다. 왜냐하면 본다는 것은 피상적인 것이기에 그 본질을 놓칠 수 있기 때문입니다. 그러나 느낀다는 것은 내부에서 외부로 전달되는 메시지입니다. 이것은 감성에 기록되는 것입니다.

　그는 자신이 만든 형태가 피상적으로 읽히기보다는 내면의 모습을 찾아 이해하기를 바랬던 것입니다. 즉 공간 안에서 공간을 보지 않고 아직 공간의 이전 단계인 벽을 통하여 공간의 요소만 보기를 원하지 않았던 것입니다. 그 방법이 바로 깨달음입니다. 사각형은 그저 사각형으로 끝납니다. 그러나 깨달음은 하나의 요소에서 여러 메시지를 받을 수 있다는 것입니다.

루이스 칸의 건물을 볼 때 우리가 주의해야 할 것은 그의 세부적인 표현을 보아야 한다는 것입니다. 그의 건축물은 종합적으로 되어 있습니다. 서론, 본론 그리고 결론이 모여 하나의 문장을 이루고 바닥, 벽 그리고 지붕이 개별적으로 존재하며, 외부와 형태 그리고 공간이 모여 조화를 이루는 종합적인 구성을 보여주고 있습니다. 주어, 동사 그리고 목적어를 사용하여 메시지를 담고자 했으며, 1+1의 기능을 갖고 있습니다. 그는 형태를 만든 것이 아니고 형태 언어를 나타내고자 했던 것입니다. 전체적인 문장에 있어서 건축물은 하나의 단어로 존재를 하며 그의 작업은 언제나 종합적인 문장의 표현을 먼저 구성하여 그 구성을 형태로 표현하려고 했던 것입니다. 문장으로서 하나의 절이 완성되려면 최소한 주어와 동사가 존재를 해야 하는 것처럼 그의 건축물에는 형태가 주어로 존재하고 빛이 동사로서 작용을 하였습니다.

그는 건축물을 만듦에 설계자로서 역할을 하기보다는 건축물 정체성에 더 중점을 두려고 했던 것입니다. 그래서 그는 끝임 없이 건축물에게 물었던 것입니다. '건물아 건물아 네가 원하는 것이 무엇이니?' 이 물음의 근거는 설계작업의 주체 또는 형태 창조자의 출발을 건축물에게 두었다는 것입니다. '벽돌아 네가 원하는 것이 무엇이니?' 이 물음은 우리가 너무도 잘 알고 있습니다. '나는 아치가 되고 싶어요!' 마치 연예 소속사가 하나의 연예인을 만들기 위하여 소속사의 기준에 맞추지 않고 그 연예인이 가장 잘할 수 있는 것을 찾아내 데뷔시키는 것과 같습니다.

이 물음은 단순하지만 이 하나의 물음이 바로 그의 작업성격을 보여주는 단적인 내용입니다. 초기에 도움을 주지만 대뷔 후 영원히 살아남게 할 수 있는 방법이 무엇일까 그는 생각한 것입니다. 소속사의 이익을 위하여 본질과 다르게 교육시켜 소속사의 이익 창출 후 도태되는 무책임한 역할이 아니라 숨겨진 것을 찾아내어 계속적인 생명력을 만드는 것입니다. 그의 건축물은 그래서 픽쳐 윈도우(Picture Window)처럼 아주 넓은 부분에서, 자동차의 볼트처럼 가장 작은 디테일까지 살펴보아야 합니다. 물론 다른 건축가들도 루이스 칸과 크게 다르지 않습니다. 단지 차이점을 찾는다면 다른 건축가들은 기능과 기술의 장점을 살리는 데 그 출발을 두었다면 루이스 칸은 여기에 건축물의 정체성도 포함하여 출발했다는 것입니다. 그가 의상 디자인을 했다면 아마도 양복이면 양복 또는 한복이면 한복에 국한되어 디자인을 하지 않고 대상에게 어느 것이 가장 잘 어울리는가 먼저 찾아 그것을 디자인 했을 것입니다. 이렇게 그는 건축물 디자인 양식에 경계를 두지 않고 모든 분야를 다루었습니다. 그가 활동했던 시기가 근대가 주를 이루었던 시기라는 것을 감안한다면 아마도 흔들렸을 수도 있었습니다. 그러나 그는 자신의 작업에 기준을 두지 않고 건축물에 그 초점을 맞추었기 때문에 어느 양식이든 가능했던 것입니다.

그가 원했던 것은 물리적인 형태의 건축물이 아니라 형태와의 교감을 통한 깨달음입니다. 깨달음이라는 것이 한 번 알고 나면 마치 풀어버린 문제처럼 단순해 지게 되는데, 그는 이러한 것이 곧 건축물의 정체성을 무뎌지게 하는 원인이라고 생각하여 변함없이 건축물의 존재를 부각시킬 수 있는 요소를 찾아 낸 것이 바로 빛입니다. 굳어버린 덩어리를 무한하게 변화시키는 방법은 바로 빛의 작용입니다. 외부의 빛의 흐름에 따라 공간이 흐르는 효과로서 공간에 생명을 주었던 것입니다. 공간은 사용자의 의도에 따라 물리적인 변화를 갖고 올 수 있습니다. 이에 맞추어 빛은 또 다른 변화를 동일한 공간에 다시 갖고 오는 것을 사용한 것입니다. 그는 이것을 건축물이라는 문장이 갖고 있는 다양한 단어로 생각한 것입니다. 형태 문장 속에서 형태 단어가 바뀔 때마다 의미가 달라지는 것이 형태 효과입니다. 즉 그는 형태를 구성한 것이 아니라 형태를 쓰는 것입니다. 그에게 있어서 Realization은 확정된 것이 아니고 지금 보이고 있는 것입니다. 그러나 본질은 결코 변경하지 않는 것입니다. 사랑의 본질은 쌍방 간에 긍정적인 작용이 realization이지만 어느 경우에나 사랑의 존재는 다르게 나타날 수 있는 것과 같은 것입니다.

    루이스 칸은 그 경우의 수를 바로 빛으로 본 것입니다. 경사진 빛은 경사진 그림자를 보여주고 원형의 형태는 원형의 조망을 선사하며 벽이 갖고 있는 작은 틈새는 가능성을 의미하는 것입니다. 건축물은 필요에 의한 욕구에서 출발합니다. 그리고 그 필요를 충족시키는 하나의 목적을 두는 것이 일반적입니다. 그러나 루이스 칸은 한 발 더 나아가 필요라는 초기의 발생 초점을 두 가지로 바라본 것입니다. 하나는 건축물 필요에 의한 출발과 또 하나는 건축물 완성 후의 존재라는 건축물의 생명력 유지에도 작업 목적을 둔 것입니다.

루이스 칸_국회의사당(1962), 다카, 방글라데시

살아있는 것은 변화합니다. 그리고 우리는 그 변화를 통하여 그 존재를 인식하게 됩니다. 그래서 루이스 칸은 작업자의 목적에만 그 동기를 둔 것이 아니고 '건물아 건물아 네가 원하는 것이 무엇이니?'라고 먼저 묻고 건축물이 '저는 기억되기를 원해요.'라는 메시지를 우리에게도 전달해 준 것입니다.

## CHAPTER 36

# 존재와 부재

건축물의 형태를 이루는 요소들은 참으로 다양합니다. 우리가 의식적으로 인식하는 요소들이 있는가 하면 그렇지 않은 것들도 그 형태 안에 다양하게 존재하고 있습니다. 공간을 크게 나눈다면 3가지 바닥, 벽 그리고 지붕으로 되어 있습니다. 이 영역 안에는 우리가 인식할 수 있는 것도 있지만 그렇지 않은 것들도 숨어 있습니다. 보이지 않는다고 없는 것은 아닙니다. 이 보이지 않는 것들은 각자의 영역에서 기능을 하고 있습니다. 요소가 기능을 하기도 하지만 형태적인 요소로서 역할도 담당하고 있는 것입니다. 형태가 의미하는 것이 과연 무엇인가 생각해 볼 수 있습니다.

위의 3가지 요소를 우리는 엔벨롭(Envelop)이라고 부릅니다. 이 엔벨롭의 역할을 구체적인 것과 추상적인 것으로 다시 구분할 수 있습니다. 구체적인 것들은 기능과 직접적인 관계가 있습니다. 공간을 보호하고 아늑한 분위기를 만들며 내부와 외부의 단절을 물리적으로 나누며 자연적인 것과 인위적인 영역의 근본이 되는 객관적인 것입니다. 그러나 엔벨롭의 추상적인 역할은 상당히 개인적인 가치에 좌우가 됩니다. 물리적인 역할은 다분히 건축가의 역할이라기보다는 전문가로서 의무를 나타내야 하는 공통적인 성격이 강하지만 추상적인 것은 전문가의 역할보다는 취향과 추구하는 디자인의 성격을 더 많이 나타냅니다.

여기서 더 나간다면 바로 시간적인 개념이 추상적 역할에 동참하게 되는 것입니다. 현재는 존재하는 것이지만 과거와 미래는 부재하는 것입니다. 그러나 이 시간적인 역할은 언제나 고정적인 시각이 아닙니다. 동일한 사건이 세대간의 개념이 다른 것으로 IT가 IT세대에는 현재의 의미를 갖고 있지만 아날로그 세대에는 현재성이 없습니다. 즉 존재와 부재는 이해관계와도 연관이 되어 있는 것입니다. 아는 사람 또는 존재를 모르는 사람에게는 부재로 작용할 수 있는 것입니다.

많은 건축가들이 자신의 원리를 보여주려 하고 이를 이론가들이 정의하는 것도 부재의 요소를 존재로 끌어들이려는 시도인 것입니다. 단락 'I편 Chapter 13. 두 가지 형태를 다 표현한 내가 생각하는 가장 훌륭한 건축물'의 내용을 동의하지 않아도 됩니다. 이는 다분히 개인적인 의견으로서 그 필립 존슨의 건축물에 담겨진 내용을 부재한다는 의미로 다루기에는 그의 전체 건축물을 살펴 보았을 때 그 글래스하우스의 시도를 우리도 한 번쯤은 생각해 보자는 의미로 적은 것입니다. 포스트모더니즘 건축가로 찰스 젱스의 최고 찬사를 받은 그가 미스 반데어로에의 베를린 국립미술관을 떠올리게 하는 디자인을 했을 때 우리는 그 형태에 메시지가 있음을 알아야 합니다. 더욱이 건축가로서 자신의 집을 그렇게 설계했다는 것은 사라질 수도 있는, 존재하는 부재를 표현하기 바랐는지도 모릅니다.

존재하는 형태요소를 재현하는 것은 또 다른 조합입니다. 그러나 부재하지만 이미지로서, 느낌으로서, 앎에 의하여 그리고 상상할 수 있는 것들을 다루는 것은 아주 흥미로운 일입니다. 특히 이를 형상화한다는 것은 무한한 상상력을 동원하는 일입니다. 이를 우리는 초현실주의라고 부르기도 합니다. 달리는 정물화 대신 꿈을 형상화했기에 부재를 존재로 만들려고 시도한 것입니다. 이것이 다른 예술 분야에서는 건축보다 쉬울 수가 있습니다. 왜냐하면 건축물은 사람을 위한 공간이 존재해야 한다는 정의를 만족시켜야 하기 때문입니다.

중력의 거부할 수 없는 작용에 매여 있고 자연이라는 극복해야 하는 요소를 갖고 있기 때문입니다. 물리적인 개구부가 필수적이며 내부와 외부라는 영역의 구분이 명확해야 하는 존재의 덩어리로 시작해야 하기 때문에 부재에 대한 시도가 어렵습니다. 이 존재의 가장 명확한 요소가 바로 벽입니다. 장소성에 대한 의미로 바닥을 정의할 수 있지만 그러나 이 부분은 영역의 의미가 더 큽니다. 그리고 건축 영역을 이루는 가장 최소한의 요소로 지붕을 꼽지만 이는 우리의 시야보다 높게 있기 때문에 장소성으로 직접적인 영향을 주지는 않습니다. 그래서 우리는 때로 바닥을 벽으로 끌어올리고, 때로는 벽에 지붕과 연속성을 주는 시도를 하는 것도 벽이 갖고 있는 존재와 부재의 완충적인 역할을 담당하기 때문입니다. 시야가 더 이상 가지 못하는 그곳이 벽이라는 정의를 내리는 이유도 여기에 있습니다. 역사 속에서 건축이 지금까지 투쟁을 벌여 온 것은 곧 벽과의 싸움입니다. 바닥은 과거이며 지붕은 미래이고 벽이 곧 시각적인 현재입니다. 프랭크 게리

코이즈미 상요 건물

작품의 특성에서 그는 이 시간적인 차이를 극복하려는 시도가 보입니다.

그의 건축물에 있어서 이 엔벨롭의 구분은 명확하지 않습니다. 자하 하디드의 작품 또한 같은 성격을 갖고 있습니다. 우리는 이러한 이미지를 다이나믹하다고 말합니다. 즉 과거 현재 그리고 미래가 동시에 움직이는 것입니다. 넓게 본다면 이러한 이미지들은 아르누보의 발전입니다. 아르누보의 출발은 생명력에 그 근원을 두고 있습니다. 살아 있는 것은 현재 또는 존재의 의미입니다. 기능을 한다는 것은 모두 존재한다는 것입니다. 그러므로 부재의 의미로 작용하는 것들도 기능을 한다면 그것은 존재하는 것입니다. 그래서 피터 아이젠만의 베를린에 있는 유태인 추모공원이 그러한 의미이며, 일본에 있는 코이즈미 상요 건물이 이러한 존재와 부재 또는 시간의 동시 진행의 개념을 아주 잘 보여줍니다. 보이는 것은 존재이고 보이지 않는 것은 부재입니다. 그러나 없는 것은 아닙니다.

이러한 사고가 우리에게 어려움입니다. 포스트모더니스트들은 이를 퇴폐적이거나 부르주아의 어리석음, 또는 명확하지 않은 표현에 대하여 부정적인 견해를 갖고 있습니다. 그들은 명확하고 질서가 있으며 규칙적인 표현을 원합니다. 즉 존재의 의미만이 가치가 있는 것입니다. 이것이 역사주의가 원하는 디자인입니다. 포스트모더니스트들은 근대가 파괴적인 사고에 의하여 발생됐다고 보는데 이는 존재와 부재의 공존이 나타나는 네오모더니즘적 표현 때문입니다. 네오는 시간적인 파괴와 형태적인 파괴처럼 포스트들에게는 보이는 것입니다. 즉 기본적인 틀을 해체한 것으로 보는 것입니다. 그래서 해체주의입니다.

그러나 어느 것이 옳다는 주장은 그들의 기본적인 권리이며 선택은 관찰자가 하는 것입니다. 엄격히 구분한다면 역사주의는 부재이고 근대는 현재일 수도 있습니다. 그러나 그런 개념의 구분이 반드시 필요한 것은 아닙니다. 단지 형태가 우리의 사고를 풍부하게 해준다는 데 의미가 있을 수 있는 것입니다.

# CHAPTER 37

# 형태의 휴식과 휴식공간

건축형태의 흐름에도 잠깐의 휴식이 있었습니다. 모던 이전의 형태는 양식이라는 정의를 하기보다 그리스와 로마의 기본적인 형태 안에서 사실상 구성적 사실(지크프리트 기디온의 구성적 사실과 일시적 사실(p. 21) 참조)의 반복을 보여주고 있었습니다. 이러한 주기의 반복이 중단된 이유에는 많은 원인이 존재합니다. 고딕의 메시지를 인식하지 못한 르네상스가 고대로 향한 신인동형으로의 귀환은 New Time(근세)이라는 이름을 스스로 붙였음에도 시대가 원하는 New가 아니었습니다.

르네상스 자신은 새로운 시대를 열었음을 정당화하려고 고대와 중세를 신인동형(고대)과 기독교 시대(중세)라는 시대적 코드에 맞추어 이전 시대를 묶고 자신들은 새로운 시대라 정의하였습니다. 이러한 자기 정당화는 인본주의라는 시대적 코드 설정에는 타당했지만 내용 면에서는 주체의 탈바꿈을 보이는 시대 흐름을 정확히 인식하지 못했던 것입니다. 즉 세계 열강의 식민지화에 상인과 민중이라는 새로운 집단의 등장을 준비하지 못한 것입니다. 그 결과로 장기간 질주하던 특권세력은 역사의 뒤안길로 물러나야 했고 건축 분야에서도 이러한 현상이 나타난 것입니다.

휴식이라는 단어의 사전적 의미를 보면 '활동을 한 때 중단하여 서서히 하는 것을 가리키는 경우가 많으며, 수면을 하거나 활동을 일정 기간 쉬는 것을 합쳐 이르는 용어'라고 정의되어 있습니다. 여기서 휴식이 자의에 의한 것이냐, 타의에 의한 것이냐에 따라 휴식의 의미가 다릅니다. 모던의 시대적 코드는 기계라는 신기술에 의한 탈과거입니다. 상인과 시민에 의한 모던이 시작되면서 과거의 형태는 하루 아침에 역사의 그림자 속에서 타의적으로 휴식을 가져야 했습니다.

모던 이전의 형태는 정서적이고 모던은 이성적입니다. 역사주의나 신고전주의는 주로 교훈적인 수단을 위한 도구로 전락하였고, 역사적인 배경이 부족했던 미국과 같은 나라에서는 역사를 만드는(Art & Deco) 수단으로 필요할 뿐이었습니다. 영국의 수정궁을 시작으로 석재와 목재 같은 재료보다는 유리와 철과 같이 주물이 쉬운 재료가 그 자리를 대신하기 시작했습니다.

아르누보(New Art)는 직선이 주를 이루었던 과거를 생명력이 부족한 형태로 규정하고 곡선과 곡면을 등장시켰으며 형태주의와 기능주의와의 싸움에서 형태주의는 시대에 뒤떨어진 것으로 인식되고, 속도를 미(美)로 정의한 미래파는 인도와 차도의 분리를 주장하였습니다. 오랜 시간 달려온 역사주의는 원치 않는 형태의 휴식을 가져야 했습니다. 여기에 패트론체제(후원체제)가 무너지면서 예술가들이 새로운 시대를 받아들여 과거 형태의 휴식은 깊어만 갔습니다. 준비된 휴식이 아니었기에 모던의 흐름에 대처할 수 있는 방법이 과거에 속한 사람들에게는 없었습니다.

7000년 넘게 이어 온 흐름이 순간적으로 정지되면서 이들이 휴식에 대해 불만을 한 사건을 통하여 알 수 있습니다. 미국 미주리주 세인트루이스에 있는 일본계 미국인 야마자키 미노루(1912~1986)가 설계한 아파트 단지 '프루이트 이고(Pruitt Igoe)'가 정부에 의하여 1972년 7월 15일 철거되는 사건이었습니다. 이 사건이 발생하자 모두 문제점만을 바라보기 시작하였습니다. 모던에 속한 사람이든 아니든 사람들은 이제는 모던이 휴식을 취해야 하는 것처럼 말하기 시작했습니다. 이 중심에는 포스트모던 건축역사가인 찰스 젱스가 있었습니다. 그는 이날을 모던이 사망한 날로 규정하고 휴식을 취하고 있는 역사주의 건축가들을 포스트모던이라는 새로운 기치아래 깨어나기를 바랐던 것입니다. 그가 이렇게 하는 데에는 르코르뷔지에[26]라는 지독히도 싫어하는 건축가가 있었습니다. 모던의 선두 주자를 르코르뷔지에로 본 것입니다.

---

[26] **르코르뷔지에** Le Corbusier, 1887~1965
스위스 출신의 프랑스 건축가. 1920년대 건축가로서 본격적인 활동 시작. 국제주의 양식의 대표적인 건축가로 발돋움했다. 철근 콘크리트 골조를 근대건축의 표현 양식으로 발전시킨 점에서 그 위대성을 볼 수 있다. 정식 코스에 의한 건축교육을 받은 적은 없고, 유럽과 중동 일대를 여행하며 독자적으로 건축을 연구했다. 1917년 파리에 정착한 뒤 피카소, 브라크 등 입체파 화가와 교류를 가졌다. 장르를 넘어선 이 교류는 그가 철근 콘크리트 골조를 기반으로 내부와 외부 공간이 서로 연결되는 구조를 실현하는 데 영향을 미쳤다. 1920년대 잡지 〈에스프리 누보〉에 기고한 글들을 모아 《건축을 향하여》, 《도시계획》 등의 저작을 남겼다. "기하학은 인간을 위한 언어이며, 건축물은 인간들이 살아가는 실용적 도구"라고 말한 데서 알 수 있듯이 신선한 기계미학에 천착했다. 실제 작업은 주택 중심으로 이뤄졌는데, 가령 〈페사크 주택단지(1926)〉, 〈슈투트가르트 주택박람 회의 집(1927)〉, 〈가르셰의 주택(1927)〉, 그리고 푸아시의 〈사보아 주택(1930)〉 등이 있다. 그가 평생을 두고 정성을 기울였던 작업은 1928년 결성한 '근대건축국제회의'의 이념에 바탕을 둔 도시계획안을 만드는 일이었다. 1952년 마르세유의 거대 아파트단지 '유니테 다비타시옹'과 인도 찬디가르 신도시 건설 등이 대표적이다. 한국인 건축가 김중업이 그의 밑에서 공부한 적이 있다. 이채로운 점은 그가 건축물뿐만 아니라 미술과 조각작품도 많이 남겼다는 것이다.

또한 모던의 흔들림 속에 네오모던(Neo-modern)이라는 새로운 모던의 등장이 있었습니다. 레이트 모던에 이어 네오모던의 등장은 휴식에서 돌아 온 포스트모던에 강한 불안감을 조성할 수 있다고 생각했던 것입니다. 사실 모던 이전에 산업혁명과 시민혁명이 있었습니다. 찰스 젱스는 모던의 원인을 바로 산업혁명의 주역인 부르주아에서 시작한 것입니다. 그래서 그는 '부르주아의 다리 몽둥이를 분질러라'라는 표현을 썼고 시민혁명의 연장선에 니체를 지적하며 '네가 사랑하는 모든 것을 불태워라'라는 《짜라투스트라는 이렇게 말했다》라는 책의 구절을 인용해 모던이 파괴적 창조자로 등장했다고 하였습니다.

모더니스트들이 정신분열적 증상과 병리학적 현상을 갖고 있는 것을 그는 이해할 수 있다고 한 것이 바로 이 인용문을 근거로 한 것입니다. 아돌프 루스의 장식을 배제한 국제 양식에 대해서도 찰스 젱스는 기능에 근거하고 외모에 무심한 묵묵하기로 유명한 영국 극장의 집사 같다고 하였습니다. 특히 르코르뷔지에가 1922년 300만 명 주민을 위한 '현대 도시(Ville Contemporaine)' 아파트 계획안 자체를 도시의 혼돈으로 본 것입니다. 프루이트 이고의 파괴는 절호의 기회였습니다. 사실 프루이트 이고의 파괴는 건축가 단독의 책임은 아니었습니다. 그러나 이러한 강렬한 표현들은 아마도 원치 않는 휴식을 다시는 갖지 않으려는 의지로 보입니다.

형태의 휴식은 자연적이어야 합니다. 형태주의와 기능주의가 서로 공존한다면 도시민들은 훨씬 다양한 형태를 경험하게 될 것입니다. 사람들은 형태를 본다고 생각하는 데 형태는 듣는 것입니다. 형태는 이미지가 아니고 Story telling이기 때문입니다. 여기에는 논리가 있어야 하고 그 형태가 감동을 줄 때 형태의 휴식은 용납되지 않을 것입니다. 건축가 없는 건축물은 없지만 Story telling이 없는 건축물은 많습니다. 찰스 젱스가 극찬한 뉴욕의 소니(AT&T) 빌딩 설계자인 필립 존슨은 퇴폐적인 건축가라고 찰스 젱스가 언급하는 프랭크 게리를 좋아합니다. 진정한 형태의 휴식은 이렇게 다른 스타일이 공존할 수 있을 때 가치가 있는 것입니다.

도시라는 개념이 구체화된 것은 산업화 이후입니다. 우리의 예상보다 더 빠른 속도로 도시의 스프롤(Sprawl) 현상을 갖고 오면서 인간이 만든 도시에 맞추어 가야 하는 현상이 나타났습니다. 산업화가 준 혜택은 많습니다. 인류의 삶이 윤택해지고 개선하는 데 큰 몫을 하였습니다. 그러나 그에 반하여 우리는 잃어야 할 것도 많았는데 환경 파괴, 인간성 상실에 의한 범죄율 증가와 빈부의 차이에서 오는 사회갈등과 같은 문제들입니다. 이 문제들 바탕에는 우리의 삶이 점차 타의에 의하여 영향을 받는다는 것입니다. 농경사회처럼 계절에 따라 나의 작업내용과 시기를 맞추다가 산업화에 맞추다 보니 삶의 스케줄이 다른 시스템에 의하여 작성이 되었습니다. 이것이 새로운 시대의 큰 이슈로 등장하기 시작한 것입니다. 모든 전문 분야에서 이를 우려하기 시작했고 건축도 이에 대한 해결책을 내놓기 시작한 것입니다.

　도시의 구성 조건은 각 나라마다 그 기준이 다르지만 특별한 기능에 의하여 발생이 된 것입니다. 이 기능을 영역별로 나누면 개인(주거) 영역과 산업 영역으로 나눌 수 있습니다. 이들을 연결하는 것이 바로 도로입니다. 도시에서 도로의 조건은 중요합니다. 그러나 이 두 영역이 직접적으로 만나는 것은 좋은 도시의 형태가 아닙니다. 이에 대하여 르코르뷔지에는 인구집중화에서 벌어지는 도시 주택문제를 해결하기 위하여 300만 인구를 위한 '빛나는 도시'라는 계획을 발표하기도 합니다. 이러한 도시를 위한 휴식 공간 틀을 3가지로 구분할 수 있는데 물리적 영역(rest), 심리적 영역(repose) 그리고 정신적 영역(experience)과 같은 틀입니다. 이 영역의 기본 틀은 개인적 공간, 공적 공간 그리고 휴식 공간에 대한 분리입니다. 그러나 이 3가지 중 다른 영역은 스프롤 현상 같은 작용으로 확장되고 있지만 휴식 공간은 오히려 다른 영역에 의하여 감소되는 경향을 보이고 있어 이를 의도적으로 유지하려고 하는 것입니다.

　물리적 영역의 휴식 공간으로 취지는 바로 제로 영역, 제로 시간 그리고 제로 계획입니다. 즉 숫자로 말하면 ±0이 되는 것입니다. 어디에도 속하지 않으면서 모순적으로 어디에도 속하는 것입니다. 다르게 부른다면 비무장지대 같은 비기능 영역이 되는 것입니다. 이를 우리는 완충 영역이라 부르기도 합니다. 좋은 도시일수록 이러한 영역을 갖고 있습니다. 즉 우리가 알고 있는 유명한 도시는 이러한 영역을 반드시 갖고 있는데 이를 공원이라고 부르기도 하며 이 영역이 하는 기능이 바로 도시의 휴식 공간입니다. 로마에는 Villa Doria Pamphili, 뉴욕에는 Central Park 그리고 런던에는 Hyde Park 등이 있습니다. 공원의 개념이 계획적으로 등장한 것은 근세로 볼 수 있으며 프랑스식 정원과 영국식 정원입니다. 공원이 갖어야 하는 기능 중 하나가 바로 다른 영역으로부터 시각, 청각 그리고 물리적 분리입니다. 이것이 지켜지지 않으면 휴식 공간으로서 올바른 기능을 한다고 볼 수 없습니다. 예로 들수 있는 것이 바로 서울로 7017입니다. 고가도로를 공원화 한 아이디어는 참으로 좋은 발상입니다. 그러나 아쉬운 것이 있다면 앞에서 말한 분리의 조건 중 분리가 부족하다는 것입니다. 비교할 수 있는 것이 이와 유사한 뉴욕의 The High Line입니다.

　시각적 영역이 물리적으로 분리가 되어야만 휴식 공간으로 기능을 만족할 수 있기 때문입니다. 이러한 기능이 건축공간에도 존재합니다. 예를 들어 주택 같은 경우 개인 공간으로 room이 있고 준 개인 공간으로 화장실 같은 것이 있지만 공용 공간으로 거실을 만드는 데 이 공간의 경우 다른 공간에 비하여 더 신경을 쓰는 이유가 휴식 공간이기 때문입니다. 거실 같은 경우에 큰 유리벽을 설치하기도 하는 데 이를 Picture Window라고 부릅니다. 이는 공간에 다른 물리적 느

서울로 7017　　　　　　　　　　　　　　　The High Line, New York City

낌을 연출하려는 의도가 있기 때문입니다. 그러나 Picture Window를 통하여 좋은 환경을 제공받지 못하는 경우가 있기 때문에 요즘은 대형 TV를 평소에 Picture Window처럼 사용하도록 제조하고 있습니다.

　물리적 영역은 인간을 위한 휴식 공간이기도 하지만 이는 녹지로서 자연의 동식물에게는 삶의 터전입니다. 그래서 이 녹지는 반드시 서로 간에 연결되어 있어야만 인간과 동식물에게 가치가 있는 것입니다. 심리적 공간으로서 휴식과 유사한 상황이 바로 고요함입니다. 고요함은 정막의 뜻으로 볼 수도 있지만 다른 의미로 공격적이지 않은 다른 소리로 볼 수도 있습니다. 그래서 휴식 공간은 타 영역과 청각적으로 분리가 되도록 시도합니다. 공원과 같은 경우 경계선으로 나무를 사용하여 방음벽처럼 사용하기도 하지만 자연의 소리나 분수와 같은 수공간을 사용하여 소리를 중화시키는 방법을 사용하기도 합니다. 소리는 곧 집중을 유도하기 하기 때문에 휴식 공간에서 청각의 작용은 중요한 요소입니다. 휴식 공간에 구성원들 모두 각자의 방향을 선택할 수 있는 환경이 중요하기 때문입니다. 이것이 건축공간에도 설계 시 적용이 됩니다.

　공간 배치를 할 때 이러한 공간들은 다른 공간의 사이에 두거나 층배치를 다르게 하여 보호합니다. 중정을 설치하여 외부 공간으로부터 분리하고 일본 건축가 안도 타다오 같은 경우는 수공간을 큰 유리벽 앞에 두어 벽의 개념을 잘 활용한 예도 있습니다. 정신적 영역으로서 휴식 공간은 경험입니다.

　윌리엄 카우텔은 공간의 경험 방법으로 육체, 감정 그리고 지성의 방법 3가지를 소개했습니다. 육체적인 경험은 가장 기본적인 것으로 이를 먼저 만족시켜야 합니다. 그리고 감정적인 경험은 상식을 동반하는 경험으로 미술관이나 박물관 같은 공간으로서 이를 통하여 우리는 감정적인 휴식을 얻을 수 있습니다. 지성적인 경험은 지식을 요구하는 경험입니다. 자신이 갖고 있는 전문적인 지식을 통한 휴식의 방법이 있기 때문입니다.

우리가 휴식을 취한다는 것은 단순히 육체적인 방법에 의한 것만이 아니고 이렇게 3가지를 만족할 수 있는 환경이나 공간을 제공하려는 의도를 갖고 있기 때문에 스스로가 선택할 수 있는 환경을 기본으로 하여 작업을 하는 것입니다. 휴식은 스스로가 선택할 수 있는 것에서 출발합니다. 훌륭한 건축가는 물리적인 방법을 통해서만 작업을 하는 것이 아니라 건축이 인간을 위한 심리학이라는 것을 알고 있기에 공간에서 어떠한 방법이든 의도적인 휴식을 얻을 수 있도록 초점을 맞추어 작업합니다. 그것이 바로 완충영역의 성격을 갖고 있는 제로 영역입니다. 독일의 newage 밴드 매들린 쉴러(Madeline Schiller)는 '최고의 행운은 가슴 속의 외로움을 통하여 종종 나타난다'고 휴식을 음악(SCHILLER// „Ruhe" // Official Video-YouTube)으로 표현했습니다.

# CHAPTER 38

## 전문가의 철학과 능력

안다는 것은 정말 즐거운 일입니다. 안다는 것은 음식으로 배를 채우는 일과 같습니다. 그러나 그 음식이 단순히 배를 채우는 수단만이 아니고 그 음식이 맛있고 영양가 있으면 더 좋습니다. 한 분야의 전문가는 원하는 자리를 얻게 되면 거기서 끝나는 경우가 많습니다. 특히 좋은 자리를 얻기 위하여 공부한 사람들일수록 이러한 현상이 많습니다. 그래서 자신의 분야만 파고들거나 아니면 자신의 분야도 다 모르면서 지위를 지키려고 사는 전문가들도 많습니다. 그러나 그들은 진정한 의미로 아직 완성된 전문가가 아닙니다.

우리 주변에 있는 모든 전문 분야의 끝은 인간을 위한 것이어야 합니다. 그래서 50대부터는 자신의 이데올로기와 인생 철학이 고정되었다는 말도 안 되는 정의를 갖고 스스로의 개발이 멈춘 것을 정당화시키는 정지된 전문가들이 많습니다. 그렇지 않습니다. 젊은 시절처럼 분야를 파고들고 연구하는 열정이 뜨겁지는 않더라도 노련한 전문가는 자신의 전문 분야가 인간의 정신적인 삶을 윤택하게 할 수 있는 방법이 무엇인가 그 노력을 멈추지 말아야 합니다. 젊은이의 속도조절의 미숙함과 빠른 판단에 따른 결과에 대한 예측 능력이 있는 경륜과 지식의 징검다리를 다음 사람을 위하여 놓는 자세를 멈추지 말아야 합니다.

모든 분야는 전문성이라는 분야에서 시작하지만 결말은 모두 한 곳에서 만납니다. 그것이 인간을 위한 유익함입니다. 학자가 끝없이 책을 쓰고 논문을 발표하는 이유가 바로 여기에 있습니다. 그 분야의 발전에 기여하기 위한 목적이 있지만 궁극적으로는 모든 분야에 전문성을 개방하면서 상호간에 도움이 되기 위한 방법입니다. 여기에서 전문가에게 요구되는 자질이 바로 다른 것을 수용하는 오픈 마인드입니다. 소위 전문가는 자신의 분야가 아니면 받아들이기 힘들어 하는 경우도 있습니다. 이것은 능력 있는 전문가가 아닙니다. 획일적 사고와 편협된 시야를 갖고 있는 전문가는 거기까지 입니다.

  우리가 알고 있는 인류를 위하여 긍정적인 업적을 남긴 사람 대부분은 하나의 분야만 바라본 사람은 없습니다. 이들은 다양한 분야의 융복합적인 작업과 사고를 갖고 일을 한 것이며 50대 넘어서도 자신의 시야를 넓히도록 노력한 것을 알 수 있습니다. 소위 지식이라는 내용은 그 분야의 전문적인 내용을 말합니다. 그러나 그 분야의 내용만 갖고 인류의 진보적인 발걸음을 떼어 놓는 데 결코 도움이 된 적이 없습니다.

  전문 분야의 내용 외에 앎을 상식이라고 합니다. 상식은 지식을 자유롭게 하는 능력이 있습니다. 상식은 지식의 폭을 넓히고 지식의 가능성을 제시하며 지식의 미래를 제시하는 능력이 있습니다. 즉 상식이 없이 지식의 폭 넓은 시도가 어렵다는 것입니다. 과거에도 위대한 사람들의 시도가 광범위했지만 그 때는 분야의 깊이가 지금보다 다양하지 않았기 때문에 관심의 의지에 따라 시도가 가능했습니다. 그러나 지금은 IT라는 분야의 무한한 가능성으로 인하여 한 분야의 지식만으로는 풍부한 결과물을 보여주기 힘듭니다. 진정한 전문가는 자신의 위치를 스스로 대변하지 않습니다. 무한한 가능성은 무한한 조건에서 나오는 것이 아니고 무한한 시도에서 나오는 것입니다.

  실패는 성공의 어머니라고 위로를 하지만 실패는 곧 무한한 가능성 중 하나를 시도한 것입니다. 실패해보지 못한 전문가는 철이 덜 들은 전문가입니다. 그 전문가가 진정한 전문가인지 판단하는 것이 바로 일반인의 수준입니다. 진정한 전문가는 일반인의 의문에 답해주는 것입니다. 일반인도 알고 있는 지식을 조금 더 안다고 전문가가 아닙니다. 올바른 전문가의 설명은 처음 들어도 이해가 갑니다. 그러나 가짜 전문가의 말은 아무리 들어도 이해가 가지 않습니다. 왜냐하면 틀린 말이거나 속이는 말이기 때문입니다. 이해와 설득은 절대 같은 말이 아닙니다. 설득 당하면 안 되고 이해가 되어야 합니다. 전문가의 철학은 모두를 유익하게 하는 능력이 있습니다. 그러나 비전문가의 철학은 일부만 유익하게 하는 결과를 낳습니다. 전문가의 능력은 대화 당시에는 관찰자의 개인적인 욕심 때문에 불만일 수 있어도 결과적으로 좋습니다. 그러나 비전문가의 능력은 처음부터 끝까지 애매합니다. 전문가의 능력은 미래지향적인 성격을 갖고 있습니다. 전문가의 철학은 인문학적입니다. 건축에서 전문가의 작업은 현재 최상의 것을 포함하며 자신의 작업 철학과 발주처의 철학이 담겨있습니다. 그러나 미숙한 건축가는 현재의 것도 수용할 수 없으며 자신의 철학은 더더욱 작품 속에 존재하지 않으며 기존의 것을 반복하는 습관에 따라 움직입니다.

이를 알아보는 방법 중의 하나가 바로 그의 작품이 갖고 있는 철학을 들어 보는 것입니다. 교과서적인 내용과 구조적인 내용 그리고 알아들을 수 없는 내용으로 가득하다면 그의 작품은 껍데기거나 다른 작품을 옮겨 놓은 것과 같습니다. 그러한 것에 투자하기에 건축물은 비용이 많이 드는 작업입니다. 앞에서도 언급하였지만 설계도를 그리고 형태를 표현하는 것은 능력도 아니고 철학도 아닙니다. 그것은 단순히 기술을 습득한 것으로 기술은 자신의 철학과 능력을 구성하는 데 사용하라고 배운 것입니다. 그러나 소위 자격증을 소유한 전문가라고 하는 사람들 중에는 이렇게 자신의 기술만 갖고 있거나 그 기술도 완벽하지 않은 자격증만 있는 전문가도 있습니다.

전문가라고 하는 것은 이 기술을 사용하여 형태를 만드는 것이 아니고 형태를 구성하는 것입니다. 모든 창조적인 작업에는 탄생의 비밀이 있어야 하며 그 탄생의 비밀이 언제나 광범위하고 신비스럽다거나 환상적일 필요는 없습니다. 단지 그 창조물이 그냥 태어난 것이 아니라 창조주의 계획과 의도가 먼저 작성되어 그 의도대로 구성이 되어 표현하는데 그 갖고 있는 기술을 사용하여 표현하는 것입니다. 그러므로 기술과 창조는 별개의 것입니다.

프로는 언행일치입니다. 그래서 창조물은 그 작업자의 의도를 먼저 듣거나 읽어 보고 그 의도대로 표현이 됐는가 보는 것입니다. 의도가 표현과 일치한다면 그는 훌륭한 창조자입니다. 즉 창조물 자체가 우리에게 아무런 메시지를 전달해 주지 않는다면 그것은 그냥 형태입니다. 그래서 창조자에게 작업 의도가 매우 중요한 이유가 여기에 있는 것입니다.

형태 자체가 우리에게 감동을 주지는 않습니다. 형태가 반드시 감동을 주어야 할 필요는 없지만 형태의 존재 이유는 필요합니다. 그것이 바로 작업 의도인데 전문가의 작업의도가 담겨 있지 않은 창조물은 존재하지만 존재 이유가 없는 것입니다. 작업 의도가 전문가의 철학인데 그것이 그 전문가의 가치관을 나타냅니다. 이 철학은 전문가의 삶의 철학에서 시작할 수도 있고 직업적인 가치관에서 나올 수 있는 것으로 어떤 목적을 갖고 의도적으로 만들 필요는 없는 것으로 자연스럽게 나옵니다.

배고픈 전문가가 자신의 철학과 능력을 유지하면서 작업하기에는 힘든 세상입니다. 그러나 배부른 전문가가 자신의 철학과 능력을 유지하면서 살기에는 더 힘든 세상입니다. 그래도 작은 카페지만 자신의 철학과 능력을 간직하며 만든 건축물이 아직 나타나는 것에 우리는 기뻐합니다.

CHAPTER 39

# 형태와 Story Telling

건축가는 건축물을 디자인 하는 경우 많은 디자인 소스를 찾습니다. 그 소스는 건축가 자신의 디자인 스타일이 될 수도 있고 새로운 시도를 적용할 수도 있으며 건축주의 의도를 반영하기도 하며 주변과의 작용을 콘셉트에 적용하기도 합니다. 즉 형태를 만드는 것이 아니고 공간을 위한 다양한 시도를 한다는 것입니다. 이러한 방법이 진행되면서 형태는 자연적으로 만들어집니다. 이 작업에는 건축가 스스로 고민에 빠지기도 하지만 자신의 스타일을 새롭게 나타낸다는 즐거움도 있습니다. 형태를 먼저 만들고 여기에 공간 배치를 하는 것은 오히려 더 어려운 상황을 만들 수 있습니다. 형태라는 제한된 테두리 안에서 공간 배치를 해야 하는 어려움이 있기 때문입니다.

그러나 설계자가 설정한 요소들을 논리에 적용하면서 공간을 배치한다

스토리 만들기

II. 제1과 제2의 건축형태에 영향을 주는 요인들

면 형태는 설계자 자신도 예상하지 못했던 결과를 얻게 되는 경우가 있습니다. 물론 이 방법의 밑 바탕에는 설계자의 스타일을 적용하는 경우가 많습니다. 자연스럽게 형태요소를 얻는 경우도 있지만 어느 한 부분도 설계자의 의도를 적용하지 않는 경우는 없습니다. 만일 있다면 설계자는 이를 검토하고 분석하면서 그 결과가 타당한지 결정해야 합니다. 하지만 그 부분은 그렇게 크지 않습니다. 작품이 완성된 후 설계자는 어떤 과정과 작업의도가 적용되어 그러한 결과물이 나오게 됐는지 설명하면서 그 설명과 형태가 일치함을 보여줍니다. 그러면 관찰자는 그 설명을 통하여 그 형태를 이해하는 것입니다. 즉 설계자의 Story와 형태는 일치해야 하는 것입니다. 이것이 형태작업에 대한 Story Telling입니다. 이 스토리를 알아야 우리는 그 형태를 이해하고 하나가 되는 것입니다. 즉 형태를 우리 가슴에 간직하는 것이 아니라 스토리를 간직하는 것입니다.

 스토리 없는 형태는 없습니다. 혹자는 우연 발생적으로 형태의 탄생을 정당화할 수도 있지만 여기서 말하는 것은 명품을 말하는 것입니다. 명품은 스토리 없는 형태가 없습니다. 스토리가 콘셉트이며, 스토리가 그 형태의 분석이며, 스토리가 형태를 보이게 하는 것입니다. 즉 스토리 없이 우리는 형태를 볼 수 없습니다. 그것은 그냥 물질을 보는 것입니다. 형태에게 생명을 주는 방법이 바로 스토리를 바탕으로 만드는 것입니다. 왜냐하면 형태는 공간으로 구성되어 있고 그 공간 안에는 살아 있는 생명체가 올바른 공간 경험을 해야 하기 때문입니다. 스토리 있는 영화가 흥미롭고 스토리 있는 그림이 전해지며 스토리 있는 소설이 책의 마지막 장까지 인도하듯이 건축형태는 건축가의 스토리가 집약된 표현이기 때문입니다.

 사람들은 건축물을 바라봅니다. 그런데 '무엇을 보는가?' 보기만 하기 때문에 단순한 것입니다. 건축물은 그 스토리를 경험하는 영화이며, 소설이며, 그림인 것입니다. 스토리는 형태에 대한 오해를 막고 스토리는 형태에 대한 흥미를 일으키며 스토리는 그 건축가를 이해하게 합니다. 루이스 칸의 '건축물에는 건축이 없다'에서 건축이 바로 스토리입니다. 즉 건축물에는 스토리가 없다라는 말이 아니라 스토리 없는 건축물은 없으므로 건축물만 바라보아서는 스토리를 알 수 없다는 것입니다. 그러므로 스토리를 들어야 그 건축물을 이해한다는 의미입니다.

 형태만 바라보아서는 건축을 알 수 없습니다. 그 건축물의 건축을 이해하려면 스토리를 들어야 하는 것입니다. 그러므로 형태는 그리는 것이 아니라 구성하는 것입니다. 사실 형태에 있어서 스토리의 필요성은 그 형태의 존재에 대한 오리지널을 증명하는 근거가 될 수도 있는 것입니다. 스토리 없이 물론 형태를 만들 수도 있습니다. 그러나 그것은 정당성이 부족하며 그 형태에 대한 근거를 증명하지 못하는 것입니다.

 TV에 요리 프로를 보면 요리사가 재료를 선택할 때 아무거나 결정하지는 않습니다. 그 프로에서 요리를 하는 시간은 그렇게 길지 않습니다. 그러나 한 시간이나 그 프로가 진행되는 내용을 보면 요리사가 요리재료를 선택하는 데 재료에 대한 설명과 재료를 선택하는 과정에서 일어난 에피소드, 재료의 색감, 재료의 영양가치, 자신이 그 음식이 갖고 있는 흥미와 선택 이유, 때로는 그 재료와 상극인 재료에 대한 설명, 요리 중 불의 온도에 관한 주의 사항, 맛을 도와 줄 소스나 양념에 관한 사항, 음식에 관한 재미난 에피소드나 역사적인 이야기 등이 그 프로의 주를 이루고 마지막에 나오는 음식은 접시에 담긴 소박하고 간결한 모습입니다. 이러한 내용들이 뒤받침되지 않으면 결코 그 방송을 시간에 맞추어 끌고 갈 수가 없습니다. 바로 이것이 이 음식에 대한 Story Telling입니다. 방송에서는 그 음식을 시식하지만 시청자는 그럴 수 없습니다. 그러나 그 음식의 탄생에 대한 내용을 간직하며 이후 그러한 음식을 먹으면서 이 이야기를 떠 올릴 것입니다.

학교는 학생들에게 이러한 과정을 가르쳐야 합니다. 그 학생이 만든 건축물의 형태는 결과입니다. 그러나 그 결과가 어떠한 과정을 통하여 만들어졌는지 이를 알려야 하는데 한 학기의 5분의 4는 이 Story Telling을 구성하는 것을 가르쳐야 합니다. 그러나 다수의 공모전에서 이를 힘들게 하고 학생들의 작업 방법을 방해하고 있습니다.

어떤 지역 공모전에서 300여개의 작품을 각 학교에서 오후 6시까지 제출하고 학생들이 제출했다고 연락이 오기도 전 오후 6시 30분에 결과가 팩스로 오는 것을 보고 경악을 금치 못했습니다. 그곳에서 심사를 위하여 수고한 분들께 하나도 고맙지 않았습니다. 제출된 작품에 대한 설명만 5분씩 읽어도 25시간이 걸릴 것입니다. 5명의 심사자가 나누어 읽어도 5시간이 걸립니다. 실로 놀라운 일입니다. 스토리 없이 형태를 읽는 것은 위험한 일입니다.

어떤 아이가 사과를 훔쳤습니다. 사람들은 모두 그 아이를 범죄자로 취급하여 신고해야 한다고 말합니다. 그러나 그 중 한 사람이 그 아이에게 왜 사과를 훔쳤는지 묻자 그 아이가 설명하길 "엄마가 집에서 병으로 돌아가실 것 같은데, 마지막 소원이 사과를 하나 먹고 싶다"는 것입니다. 그 아이는 돈도 없고 사과를 훔치는 일은 범죄라는 것을 알지만 엄마의 마지막 소원을 들어드리고자 사과 하나를 훔칠 계획을 세운 것입니다. 이 아이의 행동은 범죄 맞습니다. 그러나 아마도 그 이야기를 들은 사람 중에는 다양한 생각이 만들어 질것입니다. '당신은 어떻게 할 것인가?' 이렇게 내용을 들으면 결과는 다양하게 발생할 수 있습니다.

Story Telling 이후 형태가 다시 보이는 것을 스스로 경험하기를 바랍니다.

# CHAPTER 40
# 기준과 명분

[그림 II-102]의 그림만 보았을 때 남자가 샴푸를 고르는 기준은 아주 단순합니다. '정말 그럴까요?' 아닙니다. 사실 저 선택의 기준에는 샴푸 또는 그것을 만든 회사에 대한 신뢰를 갖고 있기 때문입니다. 무엇인가를 결정할 때는 그에 대한 기준이 있어야 합니다. 이 기준은 모두에게 동일한 상태를 말합니다. 다르게 말하면 기본이라고 할 수도 있습니다. 이 기준이 어떤 것이냐에 따라 결과가 달라지는 중요한 요소입니다. 수학의 10 + x = y에서, x 또는 y의 값에 따라 결과가 달라지는 것과 같은 것입니다.

[그림 II-102]에서 남자는 선택의 기준을 신뢰로 보았기 때문에 일반적으로 샴푸라는 아이템

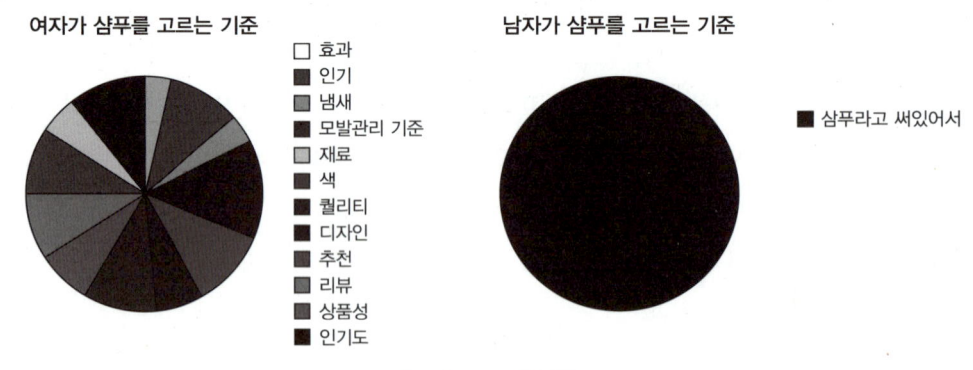

[그림 II-102] 샴푸

을 선택한 것입니다. 여자보다 선택의 기준이 단순해 보이는 것 같지만 사실은 더 복잡한 상황을 바탕에 갖고 있는 것입니다. 이 바탕의 내면에는 심리적인 고도의 강제성이 깔려 있습니다. 신뢰를 주었기 때문에 이를 무너트리면 엄청남 파장을 오히려 갖고 올 수 있기 때문입니다. 여자는 디테일한 상황을 보면서 선택하였기 때문에 그 선택의 오류는 개인적인 취향이 될 수도 있습니다.

[그림 II-103]의 모습은 건축물이 만들어지는 데 적용되거나 적용하는 요소들을 적어 본 것입니다. 이는 마치 안정된 육면체를 맞추는 작업처럼 하나라도 빠

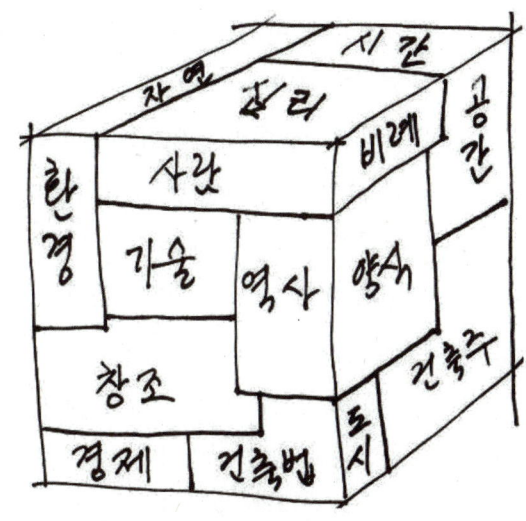

[그림 II-103] 건축물의 적용 요소

지면 올바른 형태를 유지할 수 없는 것처럼 가능한 다양한 요소를 적용했을 때 완전한 육면체를 얻는다는 것을 보여주는 그림입니다. [그림 II-103]의 그림을 기준으로 판단하여 일반인이 건축물을 의뢰할 때 이 모든 것을 알 수는 없습니다. 설계자의 능력과 작업 방법을 신뢰하면서 의뢰할 수밖에 없는 것입니다. 그런데 이 신뢰를 인식하지 못하고 설계자가 작업하면서 적용하지 못하는 부분이 있으면 이는 큰 문제로 나중에 나타날 수 있습니다. 하지만 언제나 이를 적용할 수 있는 것은 아닙니다. 그러나 적용하지 못할 경우에는 반드시 그에 대한 명분이 있어야 합니다.

명분은 결과적인 상황을 긍정적으로 변경하는 역할을 합니다. 이는 능력과는 다른 차원입니다. 명분은 쌍방 간에 합의가 있어야 하며 제3자도 이를 이해할 수 있어야 합니다. 그러나 명분 없이 경험의 부족이나 전문적인 지식의 부족으로 작업에 수행되어야 하는 요소를 놓쳤을 경우에는 실로 전문성에 있어서 신뢰를 잃게 되는 것입니다. 그래서 먼저 작업을 할 때는 기본적인 상황을 검토하고 이에 대한 특이 상황과 그렇지 않은 것을 분류하는 것이 중요합니다.

여기에 공통적으로 적용되는 것이 바로 기준입니다. 기준은 결과를 다르게 만들 수 있는 조건이라고 앞에서도 언급하였듯이 기준이 한 곳을 바라보게 하는 성격이 있습니다. 전문가가 된다는 의미는 곧 기준을 만든다는 뜻과 같습니다. 아마추어는 기준이 없습니다. 아니 기준이 개인적인 경우가 많습니다. 그래서 아마추어들은 하나의 상황에 대한 답이 다양하게 만들어지며 성급합니다. 그러나 전문가들은 기준이 나오기 전까지 결정을 하지 못하기에 오히려 아마추어보다 결정을 하는 데 있어서 빠르지 않습니다. 그러나 전문가들은 만족할 만한 기준을 얻게 되면 다양한 답이 나오지 않고 일반적으로 동일한 결과를 제시합니다. 그래서 아마추어는 하나의 상황

에 성급하게 반응하지만 전문가들은 원하는 기준이 나올 때까지 반복해서 피드백과 같은 과정을 거치며 결과를 만들어 냅니다.

여기서 기준이라는 의미는 경우의 수를 말합니다. 우리가 학교에서 배우는 것은 그 많은 경우의 수 중 가장 빈번한 것을 배우는 것이지 단지 학교에서 배운 것만 있다는 의미는 아닙니다. 다시 말해 최소한의 경우의 수에 대한 정의와 가능성을 말하는 것이지 그것이 전부는 아니라는 것입니다. 이 최소한의 경우의 수에는 명분이라는 것이 없습니다. 왜냐하면 그것은 명분을 반영하면 안 되는 최소한의 경우의 수이기 때문입니다. 그러나 사회에서 일어나는 경우의 수는 그 범위를 제한할 수 없으며 무궁무진합니다. 그래서 우리는 약속이라는 명분 아래 가이드라인을 만들어 놓으려고 하는 것입니다. 기준은 시작점입니다. 여기에 경우의 수가 적용되지 않으면 모든 시작은 동일합니다. 그러나 어떤 경우의 수가 적용하느냐에 따라 결과가 다르기 때문에 기준에서 시작하여 다양한 결과가 나오는 것을 예측하는 것입니다.

기준과 명분은 아주 객관적이며 이는 수긍할 수 있는 수준으로 진행되어야 하는 것입니다. 시작할 수 있는 기준이 명확하게 정해진 사회는 혼란이 적지만 여러 가지 요인에 의하여 기준이 난무하는 사회는 역사 속에서 냉정한 평가를 받게 되어 있습니다. 그래서 시작하는 기준은 언제나 공개되어야 하며 객관적인 명분 속에서 진행되어야 하는 것입니다.

# CHAPTER 41

# 파시즘 건축

안토니오 가우디의 건축을 보면 의문이 들 때가 있습니다. 근대의 모토는 탈과거이며, 탈과거의 요소에는 과거의 건축물과 장식을 탈피하는 데 그 목적이 있습니다. 그런데 그의 건축을 보면 다분히 과거의 형태들이 있으며, 특히 장식에 대한 그의 집착을 볼 수 있지만, 이는 그의 건축물을 형태라는 단순한 요소만을 보는 오해일 수도 있습니다. 그가 과거의 건축물에 대한 애착을 버릴 수 없었던 것은 이해가 가는 측면도 있는데, 그가 살아온 시대와 그 시기가 그러한 과도기였기 때문입니다.

그는 중세 건축이 갖고 있던 건축의 정직성을 표현하려고 애썼으며, 과거의 건축을 새로운 구조와 표현으로 재창조하려는 의도가 분명히 보이는데, 즉 아르누보의 자연적인 흐름을 구조에 담으려고 했고 새로운 근대가 선보인 세공 재료를 과거의 건축물에 적용하려는 그의 의도가 엿보인다는 것입니다. 건축물 자체를 하나의 조형물로서 자연에 공헌하려는 그의 의도가 분명하게 보인다는 것이 그의 작품을 뛰어나게 하는데, 즉 그는 토속적인 전통을 바탕으로 자신의 의도를 분명하게 보여주려는 순수한 의도가 그를 뛰어난 건축가로 보이게 하는 것입니다. 여기서 중요한 것이 바로 건축가의 순수한 의도이며, 우리는 이를 높이 평가해야 하는 것입니다.

건축가는 사람을 위한 공간을 창조하는 사람입니다. 여기서 사람을 위한다는 의미는 단순히 육체적인 부분만을 말하는 것이 아닙니다. 사람은 복잡한 육체의 구조뿐 아니라 정신적인 구조도 갖고 있으며, 사람을 위한다는 것은 정신적인 부분도 말하는 것입니다. 어느 전문가든 한 시대를 뛰어 넘고 미래지향적이 되려면 순수해야 합니다. 특히 자신의 분야에 있어서 겸손함과 인간에 대한 순수한 의도를 결코 잃어버리지 말아야 하며 반드시 전문성에 있어서 정직과 결백을 지켜야 하는 것입니다. 따라서 대중에게 책임을 느껴야 하며 그 분야의 긍정적인 메시지를 담고 있어야 하고 출세지향적인 사람들에게 따끔한 교훈도 남길 수 있어야 합니다.

가우디는 모두가 근대의 형태를 쫓고 있었지만 자신은 꿋꿋하게 스스로의 철학과 전문성을 잃지 않고 본인이 의도하는 방향을 흔들림 없이 표현한 것이 실로 존경스럽습니다. 우리에게도 이러한 건축가가 있는데 그가 바로 건축가 김중업입니다. 그는 '건축'이라는 전문적인 작업을 흔들림 없이 보여준 좋은 예라고 할 수 있습니다. 그의 작품 대부분에 등장하는 지붕의 수평 요소는 수직적인 흐름을 중화시키는 역할을 하는 작용으로 이미지가 나타나지만 그의 작품에서 훌륭한 것은 절제된 표현과 일관된 표현입니다.

초보자들은 난해하고 방향성이 없으며 일관되지 못한 경향을 보이는 경우가 많은데 그 이유는 아직 자신의 이론과 경험이 정립되지 않았고, 가장 큰 이유는 자신의 전공에 대한 정확한 이해가 실무에 적용될 만한 자신감과 경험이 부족하기 때문입니다. 좋게 말하면 다양한 시도를 통하여 자신의 스타일을 찾아가는 과정이라고 볼 수 있습니다. 자신의 스타일을 갖는다는 것은 대단한 자신감이 아닐 수 없습니다. 이는 전공에 대한 이해와 경험을 바탕으로 하지 않고서는 갖고 싶어도 가질 수 없는 능력인데, 김중업이 이렇게 다양한 시도와 설계 방법을 나타낼 수 있는 능력이 있었음은 그의 작품을 보면 알 수 있습니다. 그러나 그의 작품에서 보이는 스타일은 말 그대로 절제력과 메시지가 담겨 있음을 알 수 있습니다.

성숙한 전문가는 자신의 작업에 대한 책임감을 갖고 있어야 하며, 이러할수록 더 조심스럽고 심혈을 기울이는 이유입니다. 특히 건축은 한 번 짓고 나서 의도한대로 나타나지 않았다고 취소하고 다시 시작할 수 있는 것도 아닙니다. 따라서 성숙한 건축가일수록 건축물이 단순히 물질적인 메스가 아니고 도시의 한 부분이며, 더 나아가 도시민의 정신적인 영역도 담당한다는 것을 누구보다 잘 알고 있습니다. 그래서 더 조심스럽고 자신의 의지를 더욱더 갈고 닦아 표현하게 되는 것입니다. 의식 있는 전문가와 알려진 전문가 일수록 자신의 작품이 그와 같은 작품을 하는 사람들과 후배에게 어떤 영향을 미칠 것인지 또 한 번 생각하게 됩니다.

건축물은 준공 후부터 평가를 받게 됨으로써 준공 전 설계 초기부터 이를 검토하고 분석하여 더욱더 책임감 있는 작업을 하게 되는 것입니다. 정치나 경제 그리고 시민의 삶은 다른 영향에 의하여 후퇴할 수는 있지만, 예술이나 정신적인 내용들은 결코 후퇴하지 않습니다. 이는 역사 속에서 증명된 것입니다. 왜냐하면 정치나 경제와 같은 것들은 사람이 하는 일이기 때문에 후퇴라는 단점을 갖고 있을 수밖에 없습니다. 그러나 예술과 정신적인 분야는 사람 이상의 작업이며, 따라서 어떤 상황에도 후퇴는 일어나지 않는 경향이 있습니다. 그래서 이러한 작품들은 미래지향적인 메시지를 담고 있는 것은 살아남고, 후손들에게 좋은 평가를 받게 되며 그것이 다음 단계를 향한 도움을 주게 되지만, 그렇지 않은 것들은 사라지게 됩니다.

그런데 진보적인 교훈을 주지 못하는 것이 사라지지 않고 남게 된다는 것은 문제가 있거나 아직도 그러한 내용을 그 시민들이 인식하지 못하는 경우인데, 특히 파시즘적인 내용들은 그 시대에만 적용됩니다. 이는 기회주의자들이나 하는 행위입니다. 이는 전문가의 지성이나 양심을 갖고는 할 수 없는 행위이며, 정상적인 방법을 통하여 자신의 입지를 나타낼 수 없는 사람들이 하는 행위입니다. 역사적인 인식도 없으며 자신을 정당화하기 위하여 자기도취에 서서히 빠져드는 이들은 내면적으로 자신의 작품을 고민하고 잡은 기회를 통하여 인정받을 수 있는 작품을 만들기 위해 많은 노력을 합니다. 그러나 시작에서 잘못되었다는 것을 인식하지 못하기 때문에 해결책 역시 찾지 못합니다. 그래서 이러한 사람들의 특징은 매번 보여주는 작업이 다양한 것이며, 이러한 것이 바로 그들의 고뇌를 보여주는 것입니다.

즉 시작에 있어서 작업의 목적이 자신의 전문성에서 출발한 것이 아니고 다른 배경이나 파시즘적인 후광의 주문과 의도가 담겨 있을 뿐 자신은 기술만 제공하는 입장에서 작업을 한 것이며, 이것이 바로 창의적인 내용이 전혀 없다는 것입니다. 사실 이들을 전문가라고 할 수 없으며, 단지 주문에 의한 기술라고 할 수 있습니다. 그래서 이들의 작품은 안 좋은 사례로서의 예(例) 외에는 사용하지 못합니다. 물론 전문가의 작품이 언제나 좋은 결과를 갖고 온다는 것은 아니지만, 전문가의 순수한 입장에서 시도한 실패는 실패가 아닙니다. 이것은 오히려 좋은 예로 발전을 향한 깨우침을 전달할 수 있습니다.

우리의 주변에는 이렇게 파시즘적인 건축물들이 아직도 많이 존재하고 있으며, 더욱 안타까운 것은 이 건축가가 우리 세대에서 존경을 받고 있다는 것입니다. 이러한 것이 우리의 수준을 대변하는 것이거나, 아니면 그의 작품보다 그의 성공을 더 선망하며 바라보는 것일지도 모릅니다. 거대한 것이 언제나 아름다운 것이 아닌 것처럼 작은 것이 언제나 초라한 것도 아닙니다. 중요한 것은 규모에 상관없이 그 작품이 미래를 향한 튼튼한 징검다리로 남아주어야 한다는 것입니다.

훌륭한 작품은 스스로 말하지만 그렇지 않은 작품은 스스로 부끄러움으로 어떠한 말도 못하게 됩니다. 그 분야에 성공한 사람은 기회가 왔을 때 그 분야를 한 단계 앞당기는 사람입니다.

## CHAPTER 42

# 헤르만 무테지우스와 앙리 반 데 벨데

18세기 유럽은 격동의 세월이었습니다. 상류계급과 상인계급으로 급부상한 부르주아가 전면에 등장하면서 갈등이 시작되었고, 주변의 풍부한 식민지 자원에 따른 원료의 공급과 수요에 대한 불균형이 일어나면서 새로운 시대를 요구하는 시기였으며, 사회적 지위에 따른 변화는 혁명이 일어나고 새로운 사회구조에 대처하는 그런 시대였습니다. 직물에 대한 대량생산과 이에 따른 기계의 발달은 이전에 가능하지 않았던 것이 일어나면서 새로운 계급이 사회에 등장하는 시기였습니다. 바다를 장악한 나라들이 세계를 무대로 식민지 쟁탈전이 한창이었으며, 각 식민지에서 수탈한 원료를 재생산하여 수요와 공급을 맞추기 위한 직물기계의 발달과 이에 다른 수력 발전기와 증기기관차의 등장은 생동감 있는 유럽 사회를 일깨워 산업혁명이라는 새로운 시대를 열고 있었습니다.

이러한 시기에 미국의 독립이 있었고, 이를 지원한 프랑스는 재정난과 왕비인 마리 앙뚜와네뜨의 '목걸이 사건' 등으로 혼란스러운 파리의 시민사회는 혼란스러운 시기였던 반면, 영국은 '동인도 사건'으로 승승장구하게 됩니다. 그러나 아직 독일은 내부적으로 안정된 상태가 아니어서 유럽의 이러한 상황에 동참하지 못하고 있었습니다. 1769년 영국의 산업혁명 이후 독일은 식민지도 다른 나라에 비하여 넉넉하지 못하였고 강대국들의 변화되는 모습을 지켜만 보아야 했습니다. 그러나 내부가 안정되자 독일은 나라를 재정비하여 주변국들의 변화되는 모습에 눈을 돌리게 됩니다. 이것은 영국의 산업혁명이 시작된 지 거의 100여 년이 흐른 뒤인 1898년에서야 독일은 비로소 공방을 설립하게 됩니다. 이것이 뮌헨공방과 드레스덴공방인데, 이러한 공방 등을 통해 예술가와 제조업체의 협력체계를 만들었으며, 이 또한 산업화를 목적으로 조성하려는 의도였습니다. 그러나 이 공방에는 기술이 누락되어 있었으며 아직 과거의 형태를 갖고 있었습니다.

독일이 본격적으로 산업화에 동참하게 되는 계기에는 중요한 인물이 등장하는데 그가 바로 독일 건축가 헤르만 무테지우스입니다. 그는 먼저 산업혁명의 주역을 이루었던 영국으로 건너가 거의 7년간 머물면서 영국의 산업화를 관찰하기 시작합니다. 장시간 산업화에 대하여 분석을 마친 그는 독일로 돌아와 4년 후 독일공작연맹(Deutsche Werkbund, DWB)이라는 단체의 존재를 환영하며 공방을 연합하게 됩니다. 이는 그 시대의 첨단인 기계에 근거한 단체로서 대량생산과 대량소비라는 취지 아래 조성한 독일의 산업혁명의 시작이었습니다. 여기에는 기본적으로 상품의 질을 높이기 위하여 규격화와 산업체를 홍보하는 데 국가가 박람회라는 시스템을 만들어 도와주어야 한다는 그의 계획이 담겨 있었는데, 이것이 지금 독일의 산업규격화 DIN(Deutsche Industie Norm)의 기초가 된 것입니다. 그러나 그의 계획이 순조롭게 진행된 것만은 아니었습니다. 그의 계획은 보수적 수공업자들에게 부딪혔는데, 특히 예술가이자 건축가인 반 데 벨데의 반대에 자신의 주장을 일부 철회해야만 했습니다. 반 데 벨데도 초기에는 공장연맹의 중심 멤버였지만, 규격화라는 주장에 그는 연맹의 존재에 회의를 갖게 됩니다.

독일공작연맹 포스터(1914)

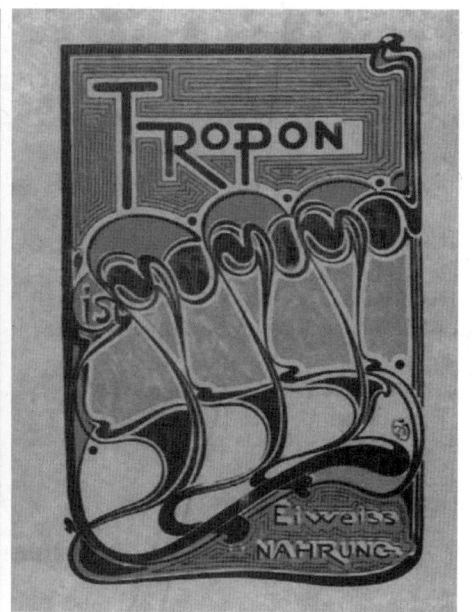

앙리 반 데 벨데_아르누보(1987)

두 사람의 논쟁은 쌍방 간에 어느 정도 이해는 되지만, 세월이 지난 지금 두 가지를 결론적으로 생각해 볼 수 있습니다. 첫 번째는 황당한 의견일 수도 있지만, 무테지우스의 주장이 지금 시대에 있었다면 어떨까 하는 생각입니다. 지금 독일의 이미지는 규격화입니다. 정확하고 제품의 규격이 오차 범위에 들어 있으며 국가 브랜드가 갖고 있는 이미지는 신뢰성을 바탕으로 하고 있습니다. 격동의 세월에 아마도 무테지우스뿐만 아니라 그 외에도 많은 사람들이 변화를 위한 의견이 있었을 것이라 예상됩니다. 그러나 지금 무테지우스에게만 그 공로가 돌아가고 있습니다. 두 번째는 반 데 벨데의 의견인데, '산업규격화'에 대한 그의 반발도 옳은 면도 있습니다. 예술의 기본은 창의성이며, 창의적인 행위에는 자유로움이 당연히 따르게 됩니다. 그래서 그는 그러한 의견을 굽히지 않았을 것입니다. 만일 독일이 산업혁명 참여에 실패하였다면 반 데 벨데의 의견이 더 부각되었을 것입니다. 그렇다고 그의 의견이 옳지 않다는 것은 아닙니다. 그가 바우하우스의 기원이 된 공예학교는 지금도 독일의 자랑스러운 역사로 남아있으며, 그의 의견은 산업혁명에 성공한 지금의 독일을 보아도 소신 있는 주장이었던 것입니다.

하나의 주장이 성공하는 데는 몇 가지 도움이 필요합니다. 첫 번째는 시대의 흐름을 읽어야 한다는 것입니다. 위 두 사람의 의견이 진행되는데 당시 흐름이 선진국의 산업혁명이라는 데 그 초점이 있었습니다. 이는 항상 흐르는 물결은 아니지만 시대적 흐름을 갖고 있던 이 거대한 물결의 편승에 대한 선택은 당사자가 하는 것입니다. 독일이 이 물결에 올라 탈 것인지 말 것인지는 스스로가 결정했다는 것입니다. 당시 산업혁명의 물결을 타지 않은 유럽국가가 독일만 있었던 것은 아니었습니다. 물론 독일처럼 아직국내 사정이 이를 받아들일만한 준비가 되지 않았던 것이 대부분이었지만, 독일도 단기간에 이를 선택한 것은 아니었습니다. 그러나 장기간에 걸쳐 이어졌던 예술이라는 거대한 물결에 변화를 줄 수 있었던 것은 바로 그러한 파워를 갖고 있었던 임팩트 강한 물결이 있었기 때문이며, 무테지우스는 이를 본 것입니다.

두 번째는 조력자가 있었다는 것입니다. 무테지우스의 의견은 일어날 일에 대한 주장이었고, 그렇기에 이를 설득시키는 데는 무엇인가 증명해주어야 힘을 얻게 되는데 이 부분에서 피터베렌스라는 화가가 있었습니다. 그는 AEG사의 터빈 공장을 통하여 무테지우스의 주장을 증명해주었으며 도시 다름슈타트의 유겐트 스틸(Jugend Stil, 아르누보)을 통하여 마틸덴훼헤에(Ⅱ편 Chapter 08. 문화유산 참조)라는 곳에 주택을 선보인 것입니다.

베렌스의 기술과 예술의 통합된 작품은 보수적인 수공업자들에게도 어느 정도 설득력을 얻을 수 있게 되었으며 박람회를 통한 독일 제품의 홍보는 늦게 시작된 산업혁명이었지만 차별화된 제품이 살아남는 계기가 된 것입니다. 박람회는 프랑스와 영국이 원조가 있었지만, 독일은 지금 세계적으로 유명한 박람회를 1년 내내 거의 모든 도시에서 개최할 정도로 박람회 국가로 성장하였고, 이것은 독일 제품을 세계에 알리는 데 큰 역할을 했습니다. 그렇다고 지금 독일에서 반 데 벨데의 의견이 무시된 것은 아닙니다. 독일은 현대 예술의 선두를 달리고 있으며, 이것은 그의 예술에 대한 창의력과 자유로움이 아직도 독일 국민들에게 살아 있기 때문입니다.

결론적으로 옳은 것은 실패해도 옳고, 옳지 않은 것은 성공해도 옳지 않다는 것입니다. 무테지우스와 반 데 벨데의 의견 대립은 지금에 와서 둘러보면 당연한 것이었습니다. 옛것과 새로운 것은 언제나 대립되지만 새로운 것은 대의적인 흐름을 타야 하는 것입니다. 무테지우스의 주장에는 대의적인 내용이 담겨 있었기 때문에 옳은 방향으로 흘러 갈 수 있었던 것입니다. 21세기 초의 전세계는 거대한 흐름을 앞에 두고 있습니다. 당시 유럽 상황처럼 이 흐름을 인지조차 못하고 있는 나라가 있는 반면, 아직 이 물결을 탈 수 있는 능력조차 없는 나라도 있습니다. 즉, 이러한 흐름에 대하여 이미 영국처럼 선도적인 국가가 있는가 하면 이 흐름을 어떻게 받아들여야 하는지 아직 파악조차 못한 나라도 있는 것입니다. 우리는 다행히 이 흐름을 알고 있습니다. 모든 분야에서 이 ICT라는 흐름의 영향을 받는 것처럼 건축도 예외는 아닙니다. 이 거대한 파도를 어떻게 받아들여야 하는지 독일처럼 논쟁이 있을 수 있고 있어야 만합니다. 그래서 무테지우스처럼 미래에 긍정적인 평가를 받을 수 있어야 하며, 대의적인 흐름을 읽을 수 있는 사람이 필요합니다. 협소하고 편협한 안목으로 자신의 지위가 마치 모든 것을 결정하는 능력을 나타낸다는 착각을 갖고 있는 사람 또는 객관적이지 못하고 당파, 학맥, 인맥 그리고 지맥과 같은 사고를 공정하게 하지 못한 사람들이 이제는 선두에서 물러서는 시대가 우리에게는 필요합니다. 이 시대 우리의 젊은이는 우리가 생각하는 것보다 그러한 사람들 이상으로 훨씬 뛰어나기 때문입니다.

## CHAPTER 43

# 건축에서 수직적인 요소와 수평적인 요소

 건축물을 이루는 형태를 크게 구분한다면 수직적인 것과 수평적인 요소로 구분할 수 있습니다. 이 요소들이 필요한 이유는 외부와의 차단을 위해서 기본적으로 필요하지만 이것은 기능적인 부분이고 공간을 형성하는 데 필요한 이유도 있는데 이것은 구조적인 부분입니다. 그런데 우리가 공간을 필요로 하는 이유는 초기 건축물이 발달하는 데 능숙하지 못한 기술로 인하여 이러한 초점에서 시작을 했지만 지금은 그 때보다 더 기술이 발달하여 더 높은 차원의 목적을 바라보고 있습니다. 이는 바로 정신적인 부분과 심리적인 부분입니다. 공간은 인간의 육체적인 만족을 주는데 기본적인 목적이 있지만 어떤 질의 공간을 갖고 있느냐에 따라서 우리가 받는 영향은 그 보다 더 큽니다. 건축물의 형태를 인식할 때 외부에서 바라보는 시각적인 위치가 있지만, 내부는 건축물의 형태 인식의 목적이라기보다는 우리 삶에 더 직접적인 영향을 미칩니다. 이러한 영향 때문에 형태보다 공간의 마감 상태에 더 노력을 합니다. 어떤 색, 재질, 밝기 그리고 높이 등 영향을 미치는 요소는 다양합니다. 그러나 공간에서 우리에게 가장 직접적으로 영향을 끼치는 부분은 바로 벽입니다.

 건축은 벽(빛과 구조)과의 싸움입니다. 벽을 어떻게 처리하는가에 따라 공간 인식에 대한 영향은 많이 달라 집니다. 공간을 이루는 요소는 바닥과 지붕이 수평적인 요소이고 벽과 기둥이 수직적인 요소입니다. 책의 전반부(II편 Chapter 36. 존재와 부재)에서 이를 엔벨롭(Envelop, 공간구분의 3요소 바닥, 벽, 지붕)이라고 언급했습니다. 근대 이전의 과거에는 대부분의 건축물이 하나의 테두리 안에 전체 공간을 수용하는 형태를 취했는데 근대 이후로 엘리시즈키의 프로운 연작처럼 러시아 구성주의 영향으로 공간이 기능별로 독립적인 형태로 분산되기 시작했습니다. 이는 더 많은 벽이 생겼다는 것입니다(I편 Chapter 03. 4. 제2의 원형에 속하는 건물의 예 참조). 심지어 요즘은 벽과 지붕의 구분이 어려울 정도로 두 영역이 하나로 되어 있는 건축물의 형태도 있습니다. 그러나 기본적으로 공간은 수직적인 요소와 수평적인 요소를 바탕으로 구성합니다.

아날로그 시대에는 많은 시간을 외부에서 보냈지만 디지털 시대에는 상대적으로 내부에서 보내는 시간이 많아졌습니다. 그래서 내부 공간의 중요성이 더 커진 것입니다. 안락한 분위기를 만들어 내고 휴식 공간으로서 역할을 하던 내부가 작업환경을 갖어야 하는 기능을 추가로 부여받은 것입니다. 휴식 공간의 성격에서는 외부와의 차단을 중요한 요소로 꼽을 수 있지만 작업환경으로서는 외부와의 소통이 필요합니다. 그러나 이러한 기능을 추가하게 되면 개방된 영역만큼 공간의 물리적 성격은 줄어들게 되어 그만큼 보호받지 못하게 될 가능성이 있습니다. 이를 위하여 추가되는 것이 바로 IT의 역할입니다.

자동제어 시스템이 공간의 쾌적한 환경유지를 위한 관리를 하게 되어 수직과 수평의 변화에 대한 요소로 작용하게 되는 것입니다. 예를 들어 수직적 요소인 벽이 개방될수록 그만큼 내부의 에너지 손실을 가져 올 수 있는데 이를 위하여 시스템 창호가 창의 기능을 유지하면서 벽의 차단 기능도 하게 되며 빛의 조절을 센서가 측정하여 차양막 같은 부수적인 시설의 작동을 하는 것입니다. 내부의 온도와 습도를 자동 체크하여 이를 쾌적하게 유지시키는 것입니다. 그렇기에 일부 구조에 능한 건축가들에게는 수직적인 요소와 수평적인 요소의 명확한 분리가 무의미하게 생각되며 이에 대한 통합적인 구조를 제안하기도 합니다.

건축물은 공간을 만드는 작업입니다. 그러므로 이러한 두 개의 요소는 공간 구성에 있어서 가장 기본적인 작업요소입니다.

# CHAPTER 44

# 건축이야기

　건축물을 지을 대지를 건축주로부터 지정 받고 건축주와 대화에 많은 시간을 할애하면서 그가 필요한 공간에 대한 상상력을 스케치로 나타내면서 점차 공간에 대한 계획을 구체화시킵니다. 여기에 부족한 부분을 주변 환경의 분석 속에서 새로 받들어질 건축물이 주변과의 조화 속에서 어울림이 있도록 다듬어 나가며 남향에 대한 의지를 유지하려고 하면서 에너지 절약을 위한 방법으로 공간의 배치를 효율적으로 시도하고 작업의 효율성과 프라이버시를 지켜나가기 위한 배치로 층별 공간 배치를 해 나갑니다.

　작업의 진행 상황에 따라서 건축주와 계속적인 상담을 통하여 그가 만족할만한 공간을 창출하고, 때로는 건축주가 이해하지 못하는 부분을 많은 이론적인 자료와 설득을 통하여 하나의 형태 구성을 위한 작업을 이어 나갑니다. 때로는 건축주의 요구사항에서 예상치 못한 예산과 법규 문제가 발생할 경우 이를 서로 의논해가며 해결해 나갑니다. 간단하지 않은 작업이지만 하나씩 해결되는 부분에 긍지를 느끼고 특히 설계자의 스타일을 살리는 부분에서는 보람도 느끼는 작업이 진행됩니다.

　설계는 참으로 인내와 지식을 요구하는 작업이지만 서서히 윤곽을 드러내는 모습에 긍지를 갖는 작업이기도 합니다. 설계가 완성된 후 건설현장에 인부들이 모여 공사를 하는 모습은 정말

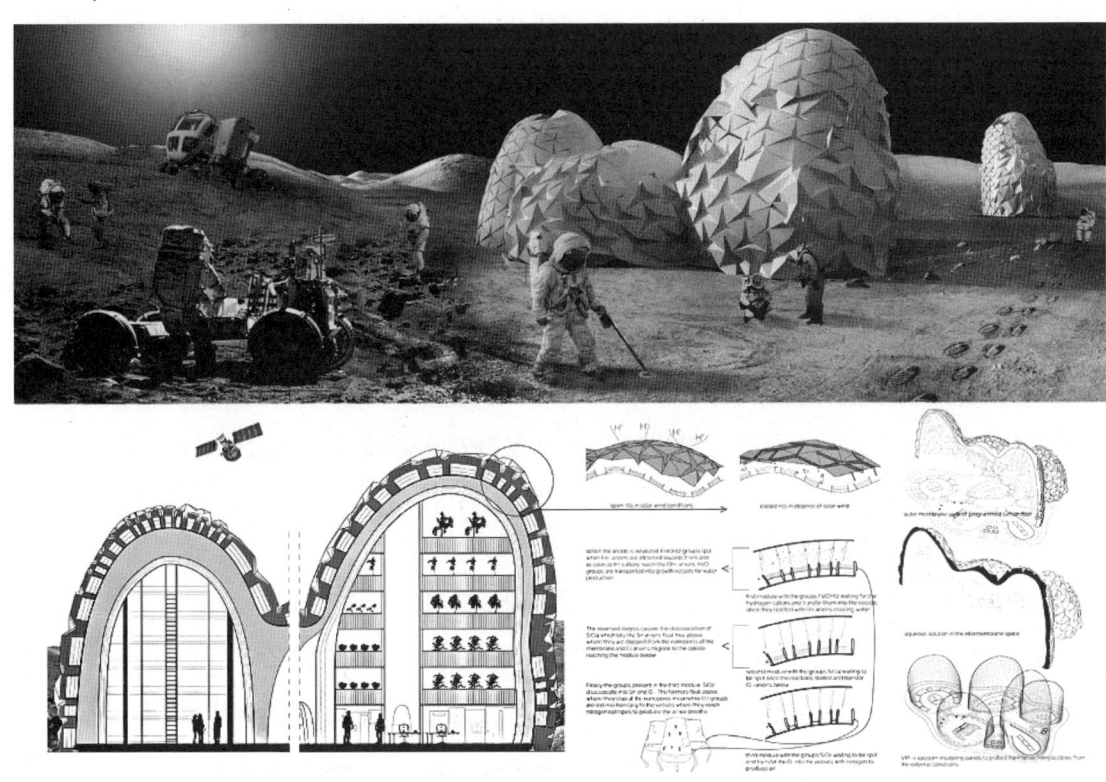

moontopia.2016

장관입니다. 그런데 2014년 노만 포스터[27]의 루나 헤비테이션의 발표는 잠시 멍한 느낌이 드는 기분입니다. 그는 달나라에 우주 기지를 짓는 계획안을 발표했는데 3D와 로봇으로 기지를 건설하는 획기적인 방법을 선보인 것입니다. 기지는 수소로 물과 산소를 만드는 방법으로, 벽은 여러 겹의 코쿤(cocoon, Kokon)방식으로 만드는 것입니다.

이 방법에 놀란 것이 아니고 앞에서 설명한 여러 과정이 굳이 필요한가라는 생각을 한 것입니다. 건축은 인간을 가장 중요한 목적으로 생각하여 무에서 공간을 창조하는 행위이며, 엔벨롭을 시스템화시켜 공간이라는 새로운 영역을 만드는 행위입니다. 그러나 달나라 기지 건설의 가장

---

[27] **노만 포스터** Norman Foster, 1935~
영국의 건축가. 맨체스터대학에서 건축과 도시설계를 공부했다. 1961년 졸업 후 예일대학에서 석사학위를 받았으며 1967년, 웬디 포스터와 함께 '포스터사(지금의 노만 포스터 앤 파트너스)'를 설립하여 450명의 스태프과 함께 일하고 있다. 1983년에는 Royal Gold Medal for Architecture를, 1990년에는 여왕으로부터 기사작위를 수여받았다. 런던뿐만 아니라 각국 도시에 그의 작품이 있으며, 주요 작품으로는 입스위치에 있는 〈윌리스 메이버 앤 뒤마 사무소〉, 〈홍콩 상하이 은행〉, 〈스탠스 테드 국제공항〉, 님스의 〈카레 예술문화센터〉, 〈첵랍콕 신공항〉 등이 있다.

중요한 요소는 자재를 지구에서 운반하는 데 대략 1kg당 2억 원 정도가 소요되는 비용문제를 해결하고 그곳에서 3D프린터로 기지를 만드는 일이었습니다. 물론 이것이 가장 시급한 문제이기 때문에 이를 해결하고 추후 이러한 문제들이 사라지면 아마도 좋은 공간 환경을 만들기 위하여 앞에서 언급한 작업방법을 다시 밟을 수도 있지만 과연 그러한 방법을 굳이 밟아야 하는가 하는 의문입니다.

그렇다면 그 기지 안에서 생활하는 사람들이 겪게 될 공간에 대한 정의는 모두 무시되거나, 공간 사용자들이 특이한 상황이므로 참고 지내야 하는가하는 의문입니다. 만일 설비나 IT에 의한 모든 조건이 좋아서 참을만하다면 지구에서도 그러한 건축공간을 지어도 되는 것이 아닌가 생각합니다. 굳이 사람들이 지금의 공간에 만족하지 못하거나 과하다고 생각할 수도 있는데 이렇게 어려운 과정을 거쳐야 하는가 생각하게 하는 사건입니다.

사람에게는 공간에 적응하는 본능이 있습니다. 역사를 보면 인간을 포함한 모든 생물이 오랜 세월을 거치면서 적응하며 살아 왔습니다. 그러나 대부분의 생물은 과거 그대로의 생활 습관을 유지하면서 살고 있습니다. 그러나 인간은 어떤가요? 우리는 주어진 환경에 반응하면서 살기에는 갖고 있는 생물학적인 구조가 빈약합니다. 그래서 지금은 IT와 같은 시스템의 도움을 받으면서 갖고 있는 생물학적 단점을 보완하려고 합니다. 조금 있으면 제4차 산업혁명의 일환인 AI(인공지능)의 도움(도움인지 아닌지 아직은 모르지만)으로 지금보다 더 많은 작업 분담이 있을 것입니다. 특히 설계가 끝난 후 장관을 이루는 시공현장의 다이나믹한 움직임은 3D라는 기계가 대체될 것이고 건축의 개념이 많이 바뀔 것입니다.

지난 역사를 되돌아 보면 형태주의에서 기능주의로 그리고 이제는 기술주의로 가는 경향을 보여주고 있습니다. 형태는 인간의 감성을 유도하는 방식으로 아름다움에 대한 미적 감각을 높이기 위하여 기본적인 형태에 장식을 추가하면서 미를 더하는 방식을 취하는 것이었습니다. 그러나 근대에 들어 형태보다는 기능에 초점이 맞추어지면서 장식에 쏟아 부었던 관심이 어떻게 기능을 높이는가에 대한 목적으로 바뀌면서 공간에 대한 연구가 관심을 갖게 된 것입니다.

물론 근대에도 기계라는 보조 도구가 이러한 관심을 우리의 생활을 도와주는데 큰 역할을 하였지만 지금에 와서는 IT의 발달로 기능적인 부분을 더 세밀하고 디테일하게 도와주고 있었지만 이는 육체적인 부분이었습니다. 그러나 이에 더하여 인간의 욕망은 그 보다 더한 것에 관심을 갖게 되었고 이제는 정신적인 부분까지 IT의 도움인지 아닌지는 아직 모르지만 이 영역까지 역할을 하게 되면서 기술이 우리의 계획에 대한 초점으로 바뀌고 있습니다. 다시 말해 형태적인 부분이든 기능적인 부분이든 이를 기술적으로 해결할 수 있다면 기술이 가능하고, IT가 해낼 수 있다면 기술이 해낼 수 있는 것에 우리의 많은 부분을 포기해야 하는 단계에까지 왔습니다.

건축도 마찬가지입니다. 계획단계에서 추출해낸 결과에 맞추어서 설계를 진행하고 있었지만 이제는 이를 기술로 해결할 수 있는가에 대한 의문이 추가되면서 계획을 변경해야 하는 단계에 도달하였고 IT가 데이터의 결과에 의하여 제시하는 방향으로 공간을 만들어 가지 않을까 하는 의문입니다. 물론 여기에는 경제적인 문제라는 넘지 못할 상황을 기술이 제시하기 때문입니다. 즉 인간에게 안락한 공간환경이라는 가장 중요한 초점이 기계가 해내는 경제의 저렴함에 안락한 공간을 포기해야 할 지도 모릅니다. 이러한 문제가 생길지도 모른다는 우려가 있을 수도 있지만 역사를 보면 흐름이라는 거대한 시대적 상황이 늘 이겼습니다. 예를 들어 독일의 무테지우스와 반 데 벨데가 예술의 규격화에 대하여 논쟁을 벌일 때 사람들은 예술의 자유로움을 인정하였지만 삶에 대한 질과 대중이라는 요소에 이전 것을 포기해야 하는 상황을 받아들여야 했습니다.

특히 경제성은 인간이 만들어낸 가장 큰 장점이면서 단점이기에 궁극적으로 이것이 결과를 결정하는 데 가장 큰 요인으로 작용하기 때문입니다. 지금까지 무엇인가 만들어 낼 때 가장 많은 부분을 차지하였던 인건비의 요소를 IT라는 기술이 해결한다면 우리는 경제성에 다른 것을 포기해야 하는 슬픈 상황이 분명히 올 것입니다. 그러나 다음 세대는 이 두 개를 비교할만한 경험이 없기 때문에 이를 자연스럽게 받아들일 것입니다. 즉 골목길을 모르는 아파트 세대에게 골목길은 그저 이해할 수 없는 이름으로 남을 뿐입니다. 연대기의 발달코드를 보면 점차 빨라지고 있음을 알 수 있습니다. 시대적 코드는 근세의 인본주의 이후 인간이 주축으로 등장하지 못하고 있습니다. 시대적 기간은 과거보다 빠르게 진행되고 있으며 일생 동안 하나의 코드를 맞이하기도 힘들었던 시대에서 이제는 변화하는 여러 코드를 맞이하는 시대가 되었습니다. 이것이 세대 간의 불안감으로 작용할 수도 있거나 아니면 직면한 시대 변화에 무감각해지는 현상으로 나타날 수도 있게 되었습니다.

건축은 특히 우리의 삶에 직접적인 영향을 주는 것으로 변화하는 시대가 긍정적으로 작용하기를 바라는 알 수 없는 기대감이 있는지 막연하기도 합니다. 과거에는 모든 분야가 시대적 변화에 적응해야 하는 것은 아니었습니다. 그러나 지금의 ICT(Information and Communications Technologies)는 거부할 수 없는 물결로 모든 분야에 다가오고 있습니다. IT는 그래도 인간이 주체로서 프로그래머의 위치에서 수동적인 작업이 가능했지만 이제 ICT는 주체 위치가 서서히 바뀌어 가는 불안감을 갖고 있습니다. 사물이 능동적으로 상황에 대처하는 상황으로 이러한 환경이 긍정적으로 작용하는 것은 좋은 기대이지만 그렇지 않고 문제가 생겼을 경우 대처할 수 있는 한계가 점차 인간으로부터 멀어질 수 있다는 불안감도 존재할 수 있기 때문입니다.

건축은 공간을 만드는 작업입니다. 여기서 주체는 인간입니다. 그러나 스프롤(Sprawl) 현상(도시가 급격하게 발전하면서 주변으로 무질서하게 확대되는 현상)처럼 우리가 기대하지 않은 결과가 초래되면서 오히려 이를 수습해야 하는 상황이 발생할 수 도 있는 것입니다. 지금까지 새로운 시대에 대하여 인간은 잘 적응해 왔습니다. 그러나 ICT와 다른 것이 있다면 지금까지 시대적 주체는 인간이었다는 것입니다. 인공지능의 시대가 되어 각 개인의 조건보다 앞으로 데이터에 의한 결과 치에 적응해야 된다면 이는 참으로 안타까운 일입니다. 장식과 기능은 선택의 여유가 있었습니다. 그러나 사물의 지능은 점차 우리의 고도화된 영역을 침범하는 것으로 이에 대한 대처가 반드시 필요할 것입니다. 건축물을 짓는 방법은 과거보다 많이 간단해지고 있지만 기능은 오히려 높아지고 있습니다. 근세를 경계선으로 그 이전은 신과 인간의 주도권 경쟁이었습니다. 그러나 그 이후는 인간과 기계의 경쟁으로 역사 속에서 힘겹게 주체가 되었던 인간의 주도적인 위치를 위협받고 있는 것입니다. 흐름이 언제나 우리의 바람대로 가지는 않습니다. 그 승자의 결정에 공동의 바램과 공동의 결정이 주도적인 역할을 하는 것이 아니고 소수에 의하여 결정이 될 수도 있습니다. 예를 들어 결정을 하는 데 있어서 미래적인 안목을 바탕에 깔고 결정하기보다는 현재의 바람과 편리함이 승자가 될 수도 있는 것입니다.

국가의 이익이 개인의 이익보다 우선적일 수 있으며 다수의 결정이 소수의 의견을 덮어버리는 경우도 있습니다. 이것이 어느 한편이 언제나 옳고 틀리다는 형태를 취하는 것이 아니라 경우에 따라 다를 수 있다는 것인데, 이를 주도하는 집단이 데이터에 앞세워 흐름을 바꾸어 놓거나 아니면 미래의 영향보다는 현재의 이익과 실리를 앞세워 주장한다면 이를 막을 방법은 없습니다. 그것이 바로 미래라는 성격이 갖고 있는 특징입니다. 특히 자신의 인생을 10년 이내로 바라보는 사람과 후손의 미래까지 계산하는 지도자의 성향에 우리의 판단은 더욱더 객관적인 자세를 취해야 합니다.

근대 이전 건축의 특징은 외부적인 성향이 강했습니다. 그러나 근대 이후 건축은 공간이라는 내부에서 출발하게 되었고 이 흐름은 마치 새로운 열쇠인 것처럼 그렇게 작업을 하고 있었습니다. 그러나

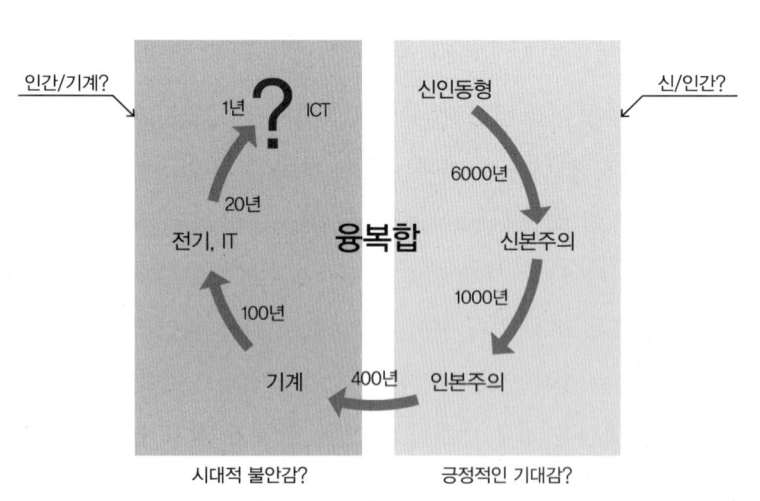

[그림 II-104] 시대적 코드

여기에는 차이가 있습니다. 외부의 성격은 곧 보여주는데 그 목적이 강했던 것입니다. 당시는 권위적이고 수직적인 사회신분 체제가 강했기에 이러한 성격의 건축형태가 주를 이루었으나 근대 이후에는 민주적인 사회구조가 자리를 잡으면서 외부 내부가 동등한 가치를 갖게 된 것입니다.

미래는 데이터와 컴팩트한 성격의 공간이 전개될 확률이 큽니다. 이는 석재나 목재에서 철과 유리라는 건축재료의 변경에서 오는 영향도 컸습니다. 이러한 상황을 비추어 볼 때 미래에는 3D라는 새로운 시스템에 맞추어 이에 대한 기준이 주를 이루고 설비가 나머지 부족한 부분을 채워 나가는 방식으로 전개되면서 인간은 이에 적응해야 될지도 모릅니다. 연대기를 살펴보면 새로운 시대코드를 얻는데 참으로 많은 사건들이 있었습니다. 이는 진보와 보수의 의견 대립만 존재한 것이 아니라 때로는 세 번째 인자가 누구 편에 서느냐에 따라 달라지는 경우도 있었습니다. 즉 진보나 보수의 의도대로 흘렀다기보다는 세 번째 인자의 의도가 시대적 코드를 바꾸어 놓았다는 것입니다. 이를 인식하지 못했을 때 인류는 혹독한 대가를 치루기도 했습니다. 세 번째 인자가 긍정적인 미래를 암시했을 때는 경우가 달랐습니다. 첫 번째나 두 번째 인자는 세 번째 인자보다 더 많은 분석과 시뮬레이션을 하는 경우가 많습니다. 그러나 세 번째 인자와 손을 잡을 경우는 그 때부터 순수하지 못한 경우로 흐를 경우가 종종 있었습니다. 그것이 바로 십자군 전쟁입니다.

이 전쟁의 실패원인 중 가장 큰 것이 바로 다양한 목적으로 시작했다는 것입니다. 손을 잡는다는 의미는 그만큼 순수성을 버린다는 것과 같은 것입니다. 세 번째 인자의 중요성이 바로 그것입니다. 십자군 전쟁에서 그래도 주목할 부분을 찾는다면 바로 상인조합 길드입니다. 십자군 전쟁에서 첫 번째 인자와 두 번째 인자가 바로 정치와 종교였습니다. 길드가 바로 세 번째 인자입니다. 그래도 다행스러운 것이 이 세 번째 인자가 결과적으로 후에 로코코를 이끌고 산업혁명의

[그림 II-105] 제4차 산업혁명

주역이 되었으며, 이것이 시민혁명으로 연결되었다는 것은 그렇게 나쁜 결과는 아닙니다. 세 번째 인자는 없는 것보다는 필요 요소입니다.

    연대기를 보면 빠르게 산업혁명이 발달하고 있음을 알 수 있습니다. 제1차 산업혁명은 기계이고, 다음은 전기 그리고 제3차 산업은 컴퓨터㈜입니다. 이제 제4차 산업혁명을 맞이하고 있는 인류가 이를 어느 정도 이해하고 있는가 입니다. 이를 우려하는 이유는 그 진행속도가 너무도 빠르다는 것입니다. 어느 분야이든 독자적으로 발달하는 경우는 없습니다. 건축도 마찬가지입니다. 사람과 공간이라는 두 요소의 흐름 속에서 미래의 건축은 분명히 3의 요소에 의하여 긍정적이던 부정적이던 영향을 분명히 받게 될 것입니다. IT와 ICT가 미래에 모든 분야뿐 아니라 인간을 위한 건축에 긍정적인 미래를 선사하기를 바라는 것입니다.

## CHAPTER 45 놀이공간의 변화와 광장

　고대 도시의 형태는 아주 단순했다. 그 이유는 도시의 기능이 단순했다는 의미와도 통한다. 지금처럼 다양한 기능을 도시가 갖고 있지 않았기에 도시구조도 단순해질 수밖에 없었던 것이다. 사회적 지위와 역할도 그만큼 단순했다는 것이다. 수직적인 지위 형태로 지배층과 비 지배층이 주를 이루었다. 그러한 이유로 도시를 구성하는 건축물의 종류도 지배층을 위한 것과 그렇지 않은 것으로 도시가 구성되었다. 예를 들면 궁전과 일반인들의 주거지가 대부분이었다.
　이러한 도시의 구성은 곧 삶의 형태도 단순했다는 것을 의미한다. 단순한 삶은 생활 자체가 놀이였다. 즉 생활과 놀이가 명확하게 구분되지 않았던 것이다. 그렇기에 어디나 생활의 터전이면서 놀이터가 될 수 있었던 것이다. 그래서 놀이방법도 다양할 필요가 없었다. 어린아이들은 부모의 곁에서 놀거나 집 근처가 바로 놀이터였다. 또한 이 시기에는 건축물의 내부가 그렇게 중요한 시기가 아니었다. 지금처럼 구조나 인테리어에 대한 관심이 적었기에 명확하게 공간이 구분이 되어 있지 않았고 내부라는 의미가 크지 않았다. 그래서 대부분의 사람들은 외부에서 활동을 하였다.
　도시에서 광장이라는 영역은 아주 중요한 역할을 하였다. 지금처럼 미디어가 발달하지 않아 광장은 도시의 정보를 교환하는 장소이며 생산한 농산물을 파는 시장으로 사용되었으며 도시의 가장 큰 놀이터로 사용되기도 하였다. 시즌이 되면 놀이시설을 갖춘 장사꾼들이 광장에 시설을 설치하여 일정기간 동안 운영하면서 여러 도시를 순회하던 것이 지금까지 이어져 오고 있다.

[그림 II-106] 브루겔_어린이 유희(Kinderspiele), 1560년

이것이 놀이동산의 시초이다. 로마는 12개의 언덕에 도시를 건설한 이유가 광장의 사용을 활성화할 수 있는 좋은 조건이 되기 때문이었다.

중세가 되면서 이 광장은 변화하여 위치가 교회 앞으로 옮겨 왔다. 모든 도시는 교회를 갖게 되었고 도시의 형태도 교회를 중심으로 발달하기 시작한 것이다. 영국은 중세에 도시의 조건으로 교회의 유무로 결정했다. 대부분의 교회 앞 광장들이 마치 팔을 벌리는 모습을 띄고 있는 이유가 포옹하는 이미지를 갖고 있기 때문이다. 당시 건축물에 대한 세금은 일반인만 납부하고 건축물의 정면 면적을 산정하여 부과하였기 때문에 일반인들은 건물 앞 광장을 갖기가 힘들었다. 그래서 아무리 작은 도시라도 교회를 갖고 있고 이 앞의 광장에 모여 놀이가 이뤄진 것이다. 특히 교회는 많은 놀이 방법을 연구하여 광장에 아이들을 모이게 하였고 로마네스크에 들어서 중정 형식의 건축물이 생기면서 마당으로 놀이장소로 사용되기도 하였다. 아직 다양한 놀이가 만들어지지 않았던 시기였기에 대부분의 놀이는 짝을 이뤄 영웅이 적을 무찌르는 놀이가 대부분이었기에 이러한 마당은 적격이었다.

근세에 들어서면서 봉건제도가 자리를 잡게 되고 이 광장의 형태는 시청과 같은 공관 앞으로 옮겨지게 된다. 그러나 아직 종교적인 시대가 끝난 것은 아니었기 때문에 공관과 교회는 서로 마주보면서 배치되는 경우가 많았다. 이 두 건물 사이에는 분수를 두어 두 영역의 중심이 분수가 되며 두 개의 타원형 광장은 마치 경쟁하듯이 대치하는 형태이다. 도시의 가장 큰 대로는 이 두 개의 광장에서 끝나게 설계가 되어 있어 도시의 모든 사람들이 모여 놀이를 즐기는 장소로 여전히 존재하였다. 레오나르도 다빈치가 파티에 선보였던 불꽃놀이도 대부분 이러한 광장에서 이뤄졌다. 광장은 남녀노소 구분 없이 사용하던 도시의 놀이터로서 도시에서 가장 핵심적인 영역이었다.

봉건제도는 왕에게 충성하는 영주의 탄생에서 시작되었지만 반대로 영주라는 독립 개체가 탄생하는 제도이기도 했다. 광대한 영토를 점유하던 영주들은 자신들의 존재감이 이제 왕으로부터 의존도가 떨어지면서 스스로 다양한 시도를 하게 된다. 이러한 것을 만족시켜 주는 부류가 바로 상인이었다. 상인들은 이미 십자군전쟁 때 길드라는 상인조합을 만들어 독립적으로 부상하고 있었던 것이다. 이들은 권력대신 부를 차지하면서 스스로 자신들을 위한 건축물을 꾸미기 시작한다. 이때가 바로 로코코 시대이다.

[그림 II-107] heidelberg_시청과 교회 중간 광장

건축물의 내부가 꾸며지고 상인들이 여러 나라를 다니면서 수입한 놀이 방법이 전해지면서 광장의 놀이터가 점차 내부로 옮겨지기 시작한 것이다. 그러나 이는 일부 계층을 위한 것으로 서민들은 아직도 광장이 최대의 놀이터이다. 이 때까지만 해도 놀이라는 성격이 계층에 크게 다르지 않았다. 남녀노소 누구나 같이 즐길 수 있는 것으로 단순하지만 대중을 위한 친목수단이었다. 그러나 사회가 점차 변화가 오고 민심의 주체가 커지면서 권력층은 대중을 위한 소통이 필요했는데 이를 위한 방법으로 선택한 것 중의 하나가 바로 놀이였다. 특히 상업조합 길드가 귀족

은 아니지만 상류층임에도 불구하고 귀족층과 서민층 사이에서 연계가 잘 되어 있고 서민들이 귀족층에 갖고 있는 불만에도 불구하고 상인들과는 잘 어울리는 이유를 광장 주변에 설치되어 있는 서민과 소통하는 길드 하우스로 본 것이다. 그래서 상류층에서 시민을 위한 놀이 공원을 만들게 된다. 최초의 놀이동산 덴마크의 뒤어하우스바켄(Dyrehavsbakken. 1583, Klampenborg, Denmark)과 티볼리 가든(Tivoli Gardens, Copenhagen, 1843, Denmark)이 그 시작이다. 건축가이며 음악가인 게오르크 카르스텐센(Georg Carstensen)의 제안으로 시작된 이 공원은 지금의 놀이공원의 원조로서 널리 알려지게 된다. 이러한 놀이 공원의 등장으로 광장놀이라는 기능이 점차 소멸된다. 상류층은 사실 광장에 모이는 시민의 모습이 좋지만은 않았기 때문에 이러한 변화가 장려되었다.

근대에 들어서 제1차 산업혁명인 기계의 발달은 다양한 놀이기구를 집안으로 끌어들이는 역할을 하며 놀이는 점차 공간 안으로 들어오기 시작한다. 산업의 대량화로 시작된 혁명이지만 거대한 놀이기구의 단순화는 곧 공간의 필요성에 대한 변화에도 영향을 준 것이다. 놀이기구를 설치하기 위하여 반드시 필요했던 넓은 광장이 기계의 발달로 수직으로 올라갈 수 있는 가능성이 생기고, 곧 소형화에도 발전을 갖고와 마당에 설치할 수 있는 그네나 어린이용 자동차 같은 것이 만들어지면서 놀이기구에도 혁신을 갖고오게 된 것이다.

2차 산업혁명인 전기의 발달은 모터나 발전기에도 영향을 주어 놀이기구의 단순화가 더욱 가능해졌다. 인력의 힘으로 가동되던 기구들이 이제는 전기의 힘을 빌려 움직이게 되면서 전기기차 등 다양한 놀이기구가 개발되고 이제는 마당에서 집안으로 놀이기구가 배치될 수 있는 가능성이 커지면서 놀이마당 역시 영역이 점차 좁아진 것이다. 이는 곧 사람의 움직임이 그만큼 작아지게 된 것이고 육체적인 놀이에서 정신적인 또는 신체가 전체적으로 요구되는 놀이에서 일부만 사용하게 되는 놀이로 변화하게 된 것이다.

3차 산업혁명인 IT의 발달은 세대 간의 놀이를 더욱 분리시키고 놀이동산은 일정한 세대를 위한 영역으로 광장의 기능을 단순화시킨다. IT는 이제 놀이를 위한 영역의 필요성마저 의심하게 되었으며 점차 가상공간으로 그 영역이 옮겨지는 신호탄이 된 것이다. 놀이를 위한 공간은 더 협소해졌지만 놀이는 더 다양해지고 있으며 가상현실이라는 무한한 영역이 펼쳐지고 있는 것이다. 이 가상현실은 광범위한 가능성을 포함하고 있지만 이제는 현실과 상상이라는 구분에 있어서 착각마저 일으키는 문제를 야기하며 신체의 일부만 발달할 수 있다는 우려를 만들기 까지 했다. 오히려 놀이라는 의미가 과거와 많이 달라지고 있는 것이다.

제4차 산업혁명 ICT는 이제 사물 간의 인터넷이 가능해지면서 사람 간의 직접적인 소통이 더 적어지게 되었고 놀이의 차원을 크게 변화시키게 될 것이다. 초기 놀이를 통하여 사람 간의 소통과 협동심을 갖게 되는 부수적인 일들이 이제는 어렵게 된 것이다. ICT는 코쿤족(Cocoon族)이라는 광장과는 먼 개인놀이의 부류까지 만들어 냈다.

현대는 과거와 달리 여러 세대가 다양한 산업혁명을 경험 하면서 놀이 영역을 공유하고 있지만 지금을 기억 못하는 미래세대에는 놀이영역이 사라질 것이다. 대인관계라는 단어가 지금보다 더 중요한 시대가 올 것이며 이것이 학습이나 반드시 행해져야 하는 학교의 과목 중의 하나로 만들어 질지도 모르는 상황이 되버렸다. 현대에는 Game과 Play의 구분이 명확하지 않지만 미래에는 이것이 명확히 나뉘어질 것이다. 이를 위하여 미래에는 놀이광장이 물리적 영역에서 추상적 영역으로 사이버 속에 존재하게 되며 자발적 놀이가 필수 조건으로 부상하여 운동장이 체육관이 되고 다시 스마트 공간이 되는 것처럼 미래 공간이 감안해야 하는 또 하나의 분야로 등장할 것이다.

## CHAPTER 46

# 유명한 도시에는 아름다운 것이 있다.

유명하다는 단어가 사실은 유치합니다. 왜냐면 처음부터 유명하다는 이야기는 없기 때문입니다. 그러나 유명하게 된 이유에는 그 원인이 반드시 존재합니다. 어느 도시나 긍정적인 측면에서 유명하기를 바랄겁니다. 왜냐하면 그 유명세로 인하여 도시가 얻는 이익이 크기 때문입니다. 그러나 유명하기를 바라고 시작하는 도시는 사실 없습니다. 도시는 도시민을 위한 것에서 먼저 시작합니다. 즉 그 도시민을 위한 목적이 타당하게 되면 그 도시는 모두를 위한 것으로 알려지기 때문입니다. 알려지게 되는 이유에는 여러 원인이 있습니다. 이 원인으로 인하여 그 도시를 방문하게 되는데 아마도 가장 큰 원인은 그 이유를 알기 위한 것입니다. 내가 살고 있는 도시가 갖지 못한 분위기와 환경에 대한 간접적인 만족일 수 있습니다. 그래서 아름다운 도시를 갖고 있는 시민들은 행운입니다.

그런데 이러한 도시를 만드는 것은 도시건축가일까 아니면 정치일까 생각해 봅니다. 도시건축가라고 생각할 수도 있습니다. 맞습니다. 그러나 도시건축가는 2차적입니다. 먼저 정치입니다. 이것이 건축가가 갖고 있는 어려움입니다. 건축가가 작업의 시작이 아니고 건축의 시초에는 건축주라는 동기가 있습니다. 이들이 먼저 건축물에 대한 욕구를 발생시켜야 건축 작업이 시작되는 것입니다. 건축가는 작업의 시작을 이들의 의지에서 시작하기 때문입니다. 물론 건축가의 전문적인 지식과 방향으로 이들을 설득하여 작업의 방향을 끌고 나갈 수도 있지만 도시는 먼저 도시정책이라는 큰 방향이 있습니다. 이것이 미래지향적이거나 논리적이지 못할 경우 건축가의 선택은 좁아집니다. 그래서 도시의 경우는 정치의 방향이 먼저입니다. 그렇다고 건축가의 책임이 없다는 것은 아닙니다. 사실 전적으로 건축가의 책임으로 볼 수도 있습니다. 그러나 이 바탕에는 작업의 성격을 전적으로 건축가에게 맡긴다는 전제 조건이 있을 경우에 적용할 수 있는 것입니다. 건축가의 창조성을 도시나 건축주가 허용한다면 아름다운 도시를 갖지 못하는 것은 건축가의 책임입니다. 특히 전문성 없는 전문가를 말하는 것입니다.

도시를 구성하는 데는 크게 세 가지로 구분이 되는데 경제 영역, 주거 영역 그리고 휴식 영역입니다. 여기서 주거 영역이 비중을 많이 차지하는 경우 주거도시라고 부릅니다. 경제 영역이 많은 비중을 차지하는 도시를 산업도시라고 부릅니다. 그리고 휴식 영역이 많은 도시를 휴양도시라고 부릅니다. 주거 도시 근처에는 반드시 산업도시들이 있습니다. 대체로 주거도시가 더 많고 산업도시들이 적은 편입니다. 이 두 도시들은 녹지로 경계 영역을 만듭니다. 그런데 이 주거와 경제가 같이 있는 도시들이 있습니다. 이러한 도시들이 일반적입니다. 이는 도시의 주이익을 창조하는 세금 때문에 그렇습니다. 이러한 도시에는 휴식 공간으로 주거와 산업 영역을 구분하거나 아니면 도로를 두어 경계선으로 만드는 경우가 있습니다. 우리가 아름다운 도시라는 것은 바로 이 휴식 공간이 주를 이루는 것입니다. 물론 아름다운 건축물이 가득한 산업 영역이 있을 수도 있지만 아름답다고 말하기에는 다른 차원입니다. 아름다운 도시를 만들기 위한 목적으로 이 휴식 공간이 조성되는 것은 아닙니다. 휴식 공간은 도시의 여유입니다. 휴식 공간은 아무런 목적이 없는 영역입니다. 휴식 공간은 재충전의 기회를 주는 공간이기도 합니다. 특별한 목적이 없기에 다양한 시도를 할 수 있는 공간이라서 아름다운 것입니다. 아름다운 것의 의미가 바로 여기에 있는 것입니다. 일정한 목적을 갖게 되면 작업의 방향은 그 목적을 이루기 위한 제한된 이유로 하나의 방향으로 흐르게 되는데 휴식 공간은 모든 목적이 있는 곳이기도 하고 아무런 목적이 없는 곳이기도 합니다. 즉 모든 사람들을 위한 영역이 되기 때문에 아름다운 것입니다.

도시는 국가에서 출발합니다. 그래서 국가는 시민을 위한 영역을 확보하여 시민을 위하여 제공해야 합니다. 얼마나 많은 영역이 시민을 위하여 제공되었는가에 따라서 그 도시의 여유가 보이는 것입니다. 어떤 도시는 많은 세금을 걷기 위하여 많은 영역을 이러한 목적으로 사용합니다. 이러한 도시는 흉측한 도시입니다. 물론 모든 영역을 도시민을 위하여 사용해서는 안 됩니다. 어느 영역은 사람들로부터 보호받아야 합니다. 그런데 이러한 영역마저 사람들에게 내주는 도시도 있습니다. 어리석은 목적과 이익만을 바라보기 때문입니다. 이러한 영역은 미래를 위한 구역으로서 반드시 보호를 받아야 하는 데 그렇지 못하면 후손들에게 막대한 악영향을 끼친다는 것을 모르는 사람들 때문입니다. 어리석은 후손은 어리석은 선조를 가졌기 때문입니다. 그러나 아

Siena,Italy

름다운 후손은 아름다운 선조 때문입니다. 아름다운 도시는 아름다운 생각을 가진 사람들이 많거나 지도자가 있었기 때문입니다.

아름답다는 것은 무한한 가능성을 말하는 것이며, 모든 세대를 위한 준비를 하는 것입니다. 그러나 아름답지 못하다는 것은 특정한 목적에 눈이 어두워졌거나 지금의 상황만을 바라보고 결정했기 때문에 그 결정이 어떤 결과를 갖고 오게 될지 판단능력이 없는 사람들이 있다는 의미입니다. 아름다운 결정은 효과가 바로 보입니다. 그러나 아름답지 않은 결정은 언제나 그 결과가 후에 나타나 속는 경우가 많습니다. 아름다운 것은 결정의 부류가 큰 경우가 많고 아름답지 않은 경우는 그 부류가 아주 세밀한 경우가 많습니다. 아름다운 도시에는 아름다운 것이 있습니다. 이 아름다운 가치는 육체적인 것이 아니고 정서적이거나 정신적이 경우입니다. 왜냐하면 육체적인 것은 짧은 기억으로 남지만 정신적인 것은 오랜 추억처럼 간직되기 때문입니다.

아름다운 도시에는 아름다운 공원이 꼭 있습니다. 아름다운 것을 만들고 싶은 도시들은 그것이 무엇인지 잘 모르기 때문에 모두를 위한 공간을 만들기 때문입니다. 그러나 아름다운 것을 진짜 모르는 사람들은 특정한 목적만을 위한 공간을 만들기 때문에 아름답지 못한 것입니다. 아름다운 도시는 선택의 여유가 있습니다. 정지하고 싶을 때 정지하고 걷고 싶을 때 걷고, 뛰고 싶을 때 뛸 수 있는 선택의 조건이 있습니다. 그러나 아름답지 않은 도시는 선택의 폭이 좁습니다.

## CHAPTER 47 경력과 이론

전문적인 일을 하는 사람에게는 네 가지 타입이 있습니다. 경력만 많은 사람, 이론만 많은 사람, 두 가지 다 있는 사람 그리고 둘 다 조금씩 있는 사람입니다.

첫 번째, 경력만 많은 사람은 창의적인 부분이 부족합니다. 일의 진행에 있어서 습관과 관례에 따라 일을 진행할 뿐 그 외의 일의 진전이나 발전 그리고 변경에 있어서 두려움을 갖고 있습니다. 그래서 작업함에 있어서 융통성이 부족합니다. 특히 어떤 상황이 벌어졌을 때 그에 대한 대처가 자신의 경험 밖일 경우 전개가 힘듭니다. 그래서 일방적이고 독선적인 경우가 많습니다.

두 번째, 경험이 없고 이론만 많은 사람은 환상적입니다. 현실감이 떨어진다는 것입니다. 이러한 사람들은 경험만 많은 사람과 아주 대조적으로 어떤 상황에도 대처를 합니다. 그러나 부정적인 경우가 많습니다. 일단 나타난 상황에 대하여 안 될거라는 인식으로 시작합니다. 그리고 새로운 자신의 생각을 주입시키려는 성향이 있습니다. 그러나 이러한 방법으로 주변 사람을 힘들게 하는 경우가 많고 용두사미 격으로 흐지부지되는 경우가 많습니다. 왜냐하면 이론은 그럴듯한데 실질적으로 어려운 경우이거나 현실에 맞지 않는 경우가 많기 때문입니다. 그러나 들어보면 가능할 것도 같아서 주변사람들이 시도를 합니다. 그리고 이 사람은 이 작업에서 어느날 보면 빠집니다.

세 번째, 두 가지 다 없는 사람은 모두를 힘들게 합니다. 그러나 이러한 사람이 전문직에 있으면, 특히 결정권을 갖고 있으면 거의 자신의 목적만을 위하여 일을 진행합니다. 얻고자 하는 것

II. 제1과 제2의 건축형태에 영향을 주는 요인들

Waermemessung

이 있는데 스스로 능력이 되지 않기 때문에 주변 사람을 이용하는 것입니다. 이러한 사람들은 높은 자리를 좋아합니다. 그래서 높은 자리의 사람들에게 잘하고 낮은 자리의 사람들을 우습게 압니다. 그리고 높은 자리에 올라가면 경력만 있는 사람보다 몇 배 독선적입니다. 이러한 사람들은 타이틀을 좋아합니다. 자신의 이론과 경력의 부족함을 가리기 위해 타이틀을 많이 갖고 있으려고 합니다. 그러나 사실은 이것도 타이틀을 취득하려고 공부한 것이지 경력도 이론도 풍부한 것은 아닙니다. 그래서 짧은 경력과 이론으로 마치 모든 것을 아는 것처럼 행동합니다. 왜냐하면 짧은 이론과 경력은 모든 것이 가볍게 보이게 하는 능력을 갖고 있기 때문입니다. 그러나 이러한 부류는 일의 진행에 있어서 결과는 실망스러운 것을 제시하는 경우가 많습니다.

네 번째, 이론·경력 모두 풍부하게 갖고 있는 사람은 겸손합니다. 그 많은 이론과 경력 속에서 이러한 사람들은 가능성의 무한함과 분석능력을 키웠고 나타날 결과에 대한 가능성에 대하여 자신의 능력이 얼마나 작은지를 경험했기 대문입니다. 이러한 사람들은 최선을 다합니다. 그것이 모든 가능성을 만들어내는 데 최선의 방법이라는 것을 알기 때문입니다.

이러한 전문가의 네 가지 타입의 구분은 개인적인 생각은 전문적인 일을 하는 사람들을 분류한 것입니다. 일반인의 경우는 예외입니다. 왜냐하면 전문가는 일의 결과를 제시해야 하기 때문입니다. 우리에게도 많은 전문가가 있습니다. 그리고 많은 건축가도 있습니다. 그런데 우리는 왜 젊은이가 롤 모델로 삼을만한 건축물이 없는지 생각해보고 위와 같은 생각을 해 본 것입니다.

한국인은 뛰어난 능력이 있음이 이미 인정된 바입니다. 그런데도 우리의 주변에는 그 뛰어난 결과물이 많지 않음에 아마도 우리 주변에 있는 전문가의 네 가지 집단을 분석해 본 것입니다. 아마도 이론과 경력 두 가지를 갖춘 전문가가 일을 하기에 그렇지 못한 전문가들이 너무 많은 것이 아닌가 걱정이 되어 분석해 본 것입니다. 학벌 위주의 사회를 이미 경험했고 독선적인 지도자의 결과를 보았으며 학맥, 인맥, 그리고 지맥 등 객관적인 판단에 의한 결정이 아니고 오류를 갖고 있는 판단이 아닌 진정한 전문가가 일을 할 수 있는 사회가 이제는 왔다는 생각에 분석해 본 것입니다.

## CHAPTER 48

# 언어와 형태

우주에는 다양한 생물체가 존재합니다. 아마도 우리가 알지 못하는 우주에는 지구보다 더 많은 생명체가 존재할지도 모릅니다. 그러나 아직 우리가 알고 있는 생물체 중 가장 고등 생물체는 인간입니다. 그 이유는 다양하게 있지만 하나를 꼽으라면 아마도 언어가 아닌가 합니다. 언어를 마치 의사소통을 위한 수단으로만 생각하는 사람들도 있습니다. 그렇지 않습니다. 언어는 지혜를 나타냅니다. 다시 말해 지혜가 없는 생물체일수록 언어가 다양하지 않습니다. 우리가 대화 속에서 다양한 언어를 구사하는 사람들에게 흥미를 얻는 이유는 우리의 뇌는 다양한 언어를 좋아하기 때문입니다. 다양한 언어구사력이 바로 사고력의 척도를 보이는 것입니다.

사고력이 풍부하지 않은 사람은 절대 다양한 언어구사력을 보이지 않고 있습니다. 여기서 다양한 언어구사력이란 논리적인 문장력이 포함됩니다. 다양한 단어의 나열만을 말하는 것이 아닙니다. 인간은 유사한 의미를 나타내는 단어도 다양하게 상세한 표현력을 보이고 있습니다. 이는 상상력이 상세하고 섬세하다는 것입니다. 언어의 발달은 문화의 발달과도 관계가 있습니다. 문화가 발달할수록 언어도 세밀해지고 다양한 표현으로 발달합니다. 즉 고도의 문화를 갖고 있다는 것은 고도의 표현을 갖고 있다는 것입니다.

$$H_2O = 수소\ 2개와\ 산소\ 하나 = Water$$

언어는 단순히 문장을 구성하는 단어만 있는 것이 아니라 기호도 포함됩니다. 과학에는 과학을 돕는 기호가 있고 예술은 예술을 표현하는 단어가 있고 음악에는 소리라는 전문 단어도 있습니다. 이러한 분야가 발달할수록 다양한 단어나 기호 또한 발달하여 그 분야를 나타내는 데 도움을 줍니다. 마치 각 나라의 언어가 다양하게 존재하듯이 각 분야의 언어가 존재하는 것입니다.

건축에도 건축나라의 언어가 있습니다. 그것이 바로 형태입니다. 다른 나라의 언어를 공부하면 그 나라 사람들을 이해할 수 있듯 건축나라를 이해하려면 건축나라의 언어 형태를 공부하면 되는 것입니다. 형태는 우리가 사용하는 언어를 이미지로 바꾼 것입니다. 그 이미지는 설계자의 어린 시절을 나타낸 것도 있고, 시대를 반영한 것도 있고, 자신의 좋아하는 스타일을 번역한 것도 있고, 시대의 변화를 사명을 갖고 메시지를 나타내려고 자신의 의사를 형태로 나타낸 것도 있습니다. 그러나 이를 우리의 언어로 이해하려면 건축나라의 언어를 공부해야 합니다. 그렇지 않으면 오해할 수도 있습니다. 그래서 정확하게 알기 전까지는 정확하게 이해할 수 없는 것과 같습니다.

다른 나라 사람의 언어에는 단순히 언어체계만 있는 것이 아니고 그 나라 사람의 문화도 담겨 있습니다. 언어가 곧 문화입니다. 그렇듯이 언어를 이해하지 못하고 그 나라 사람의 문화도 이해할 수 없습니다. 우리는 때로 다른 나라 사람과 대화할 때 그 나라 사람의 말은 이해하지만 대화 중 내 문화와 연결하여 이해하는 경우가 있어 오해를 불러 일으킬 때가 있습니다. 이는 언어를 언어로만 보았기 때문입니다. 언어도 오랜 역사 속에서 변화하며 발달해 온 것입니다. 그래서 단어의 뜻을 분석할 수 있다면 더 잘 이해할 수 있는 것입니다. 예를 들어 달력이라는 단어는 달의 움직임과 중국에서 들어온 단어입니다. 그러나 영어는 calendar, 독일어는 Kalender입니다. 둘 다 서양인데 스펠링이 틀린 것은 라틴어에서 유래했지만 발음상의 차이이고 태양의 움직임과 계산의 의미에 기초하고 있습니다. 그래서 우리는 이를 양력이라 부리기도 합니다.

이렇게 동일한 사물이지만 각기 갖고 있는 의미가 다르듯이 건축도 마찬가지입니다. 사각형을 예를들면 우리는 수학적인 의미에 그 바탕을 두고 있지만, 서양 및 비잔틴에서는 사각형을 서양의 형태, 원을 동양의 형태로서 이해하였고, 르네상스시절 Alberti는 사각형을 인간의 형태, 원을 신의 형태라고 의미를 주었습니다. 즉 사각형을 그대로 네모난 형태로 이해해도 되지만 비잔틴이 왜 원형을 도입했으며 르네상스의 원형과 사각형을 이해하려면 그들만이 갖고 있고 사각형의 의미를 알아야 정확한 이해를 할 수 있는 것입니다. 그렇지 않으면 정확한 이해를 할 수 없는 것입니다. 즉 비잔틴 시절에 사각형이라는 단어와 르네상스에 사각형이라는 단어는 다른 뜻을 갖고 있다는 것입니다. 그리고 우리와도 건축나라에서는 다릅니다. 물론 르네상스와 비잔틴

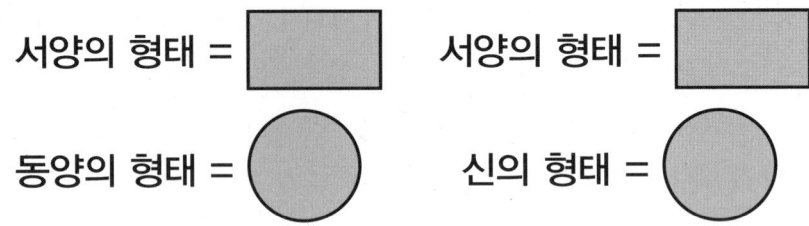

시대의 그 나라 조차도 건축나라와는 다른 의미를 갖고 있던 것입니다. 왜냐하면 건축 나라는 형태를 언어로 다루는 또 하나의 나라이기 때문입니다. 즉 새로운 분야는 다른 언어를 사용하는 새로운 나라입니다. 따라서 분야가 발달할수록 가상의 나라가 많이 생겨서 언어가 많아지는 것입니다.

이러한 이유로 과거보다 우리가 각 분야를 이해하기 어렵게 된 이유가 바로 새로운 언어가 생겨나기 때문입니다. 다시 말해 어떤 나라에 가려면 그 나라의 언어를 배워야 하듯이 한 분야를 이해하려면 그 분야의 언어를 이해해야 하는 것입니다. 우리는 이 언어를 전공단어라 부르기도 합니다. 모국어로 전공 책을 읽어도 이해하지 못하는 가장 큰 이유는 내용을 이해하지 못하는 것이 아니라 먼저 그 전공단어를 이해하지 못하기 때문에 머리 속에서 문장이 끊어져 연결이 되지 못하기 때문입니다. 그러므로 먼저 전공단어에 대한 이해에 노력해야 합니다. 그러면 내용이 훨씬 쉽게 됩니다. 건축의 형태는 다양한 방법으로 얻게 됩니다. 이렇게 다양한 방법으로 형태 언어를 구성하려면 다양한 시각을 가져야 합니다.

건축물 형태는 지상 위에 놓입니다. 그렇기 때문에 어떤 설계자는 형태를 구성하는 공간만을 바라보지만 어떤 설계자는 대지에서부터 시작합니다. 대지의 조건과 상태에서 많은 아이디어를 얻고 주변이 갖고 있는 조건과 상황을 파악하면서 형태 언어를 구성하는 데 풍부한 아이디어를 얻으려고 노력합니다. 왜냐하면 단어는 직접적인 표현도 있지만 생각하게 하는 단어도 있기 때문입니다. 예를 들어 잡초는 농부나 정원을 가꾸는 사람에게는 귀찮은 식물이지만 인생에서 포기하지 않고 꿋꿋하게 살아가기를 바라는 용기를 심어주고 싶은 시인에게는 생명력 강한 식물로 자주 등장합니다.

형태 언어도 마찬가지입니다. 보이는 그대로 만드는 것이 아니라 설계자는 의미를 형태로 바꾸어 감동을 주기를 바라는 마음에서 작성하기도 하고 부정적인 것을 긍정적으로 바꾸고 잊혀진 것을 살려 나타내기도 하며 자신의 메시지를 담아 보여주기도 하며 자신의 철학을 형태로 형상화하여 나타내기도 합니다. 이 작업의 경계는 없습니다. 중요한 것은 자신이 말하고자 하는 내용을 문장으로 표현하는 시인처럼 설계자도 자신의 의도를 형태로 나타내기도 합니다. 즉 훌륭한 건축가는 이렇게 아무 말이나 하는 것이 아니고 자신이 표현하고자 하는 아이디어를 형상화하여 나타내는 능력을 갖고 있어야 합니다. 단어를 나열할 때 문법적인 구조를 갖고 있기만 하면 그것은 그냥 문장의 형태를 취한 글입니다. 그러나 우리가 문장을 읽거나 들을 때 제일 먼저 받아들이는 부분이 눈이거나 귀입니다. 이 신체기관은 받아들이는 역할만 합니다. 이 글이 언어가 되려면 머리로 전달되어 가슴으로 읽혀야 합니다. 그러나 머리나 가슴으로 전달되지 못하면 그것은 언어가 아닙니다.

형태도 마찬가지입니다. 보기는 하지만 그 형태의 구성을 들을 수 없다면 그것은 그냥 형태이지 형태 언어가 아닙니다. 문법적인 문장 구조가 우리를 이해시키는 것이 아니고 그 문장 안에 있는 단어가 우리를 이해시킵니다. 즉 타당한 단어를 선택해야 한다는 것입니다. 다시 말해 형태에는 설계자의 의도가 형태로 변형되어 잘 표현되어야 하는 것입니다. 그래서 건축물에는 형태 언어가 잘 표현된 건축물과 그렇지 않은 건축물이 있는 것입니다.

표현은 논리입니다. 형태에도 논리가 있어야 합니다. 그러기 위하여 책을 많이 읽어 논리적인 표현능력을 키워서 이를 형태로 바꾸는 훈련을 끝없이 시도해야 하는 것입니다.

 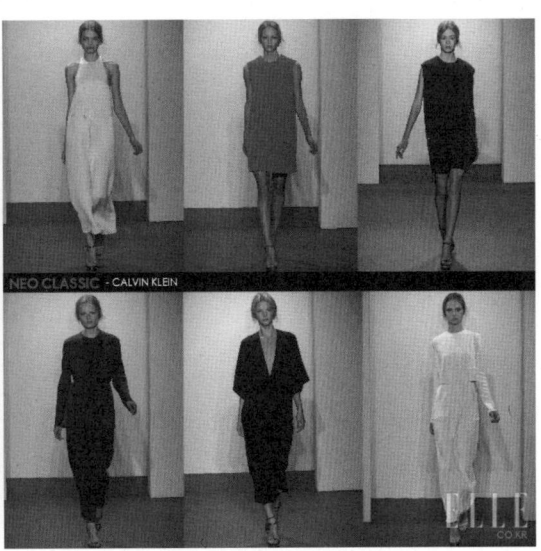

(a) 네오모더니즘을 표현한 패션   (b) 미니멀리즘을 표현한 패션

[그림 II-108] 표현 언어가 다른 패션쇼

# CHAPTER 49

# 변화

## 1. 산업혁명

변화의 목적은 무엇일까요? 그 배경에는 인간의 삶을 현재보다 더 긍정적인 상황으로 만드는 데 있습니다. 그래서 변화의 주체가 인간이 되어야 함을 당연시 합니다. 그런데 세계사를 살펴보면 인간이 주체가 되었던 시기는 근세뿐이었습니다. 고대는 신인동형 시대였고, 중세는 신본주의 시대였으며, 근세는 인본주의가 시작되었지만 그 바탕에는 고대의 신본주의가 자리하고 있었기 때문입니다. 더욱이 근세는 '기계'가 모든 변화의 주제어가 되었는데, 이것이 바로 제1차 산업혁명입니다.

산업혁명이 시작되면서 기계의 발달로 물질의 풍족함이 생겨 인간의 삶이 나아질 줄 알았지만 자본가와 노동자라는 새로운 신분이 만들어졌을 뿐 실질적으로 혜택을 보는 부류는 많지 않았습니다. 이후 전기의 발명에 의한 제2차 산업혁명이 시작되면서 국가의 능력이 곧 군사력으로 결정되던 시대에서 경제적인 수준으로 바뀌고, 선진국과 개발도상국이라는 국가간의 격차는 더욱 벌어지게 된 것이다. 특히 지하자원 전쟁은 식민지까지 만들어내면서 세계 경제대국이 패권을 잡는 시대가 도래하게 된 것입니다.

그러나 이제 제3차 산업혁명 IT(컴퓨터)의 발달은 경제뿐 아니라 지하자원 하나 없는 한국도 기술력을 갖춘 나라가 되어 선진국으로 갈 수 있는 계기를 만들어주었습니다. 이 시기까지 그래도 시간 차가 길어 허리 띠를 졸라매면 나라의 경제력을 갖출 수 있는 기회가 주어졌었습니다.

그러나 제4차 산업혁명 IoT 또는 ICT(사물 인터넷)가 시작되면서 그 변화의 시간차가 너무 짧고 IT가 준비되지 않은 나라들은 감히 시도하기 어려운 국가간 빈익빈 부익부의 미래가 예상되고 있습니다.

### 2. 생활의 변화

이렇게 사회가 급변하면서 생활방식도 영향을 받게 되었습니다. 근대 초기에는 건축 디자인의 관심이 탈과거였기에 생활방식은 큰 변화를 보이지 않았습니다. 모든 지역에 통용되는 국제양식이라는 건축형태가 등장하면서 토속적 건축물을 탈피하고 세계는 하나의 건축형태를 갖게 된 것입니다. 이것은 단지 형태 변화가 아니고 생활방식, 식생활, 의복, 세대 간의 가치관 그리고 대인관계까지 변화를 갖고 온 것입니다. 특히 우리나라처럼 아파트가 주류를 이루는 나라는 마당, 안방, 사랑방 그리고 마루라는 영역을 포기해야만 했습니다. 이 공간들은 우리에게 단순한 물리적 영역이 아니라 특수한 대인관계와 정신적인 부분을 형성하는 곳이었습니다.

한국의 최초 아파트의 시작은 1958년에 중앙산업이 시공한 '종암아파트'였습니다. 이때 2층도 드물었던 주거 형태에서 4층 규모의 아파트를 보면서 사람들은 어떻게 사람 위에 사람이 사는가 하고 의아해 하기도 했었습니다. 당시만 해도 공동체적인 영역이 있었고 과거의 생활 습관을 적용해보려고 노력한 흔적이 엿보입니다. 그러나 지금은 아파트 공화국뿐 아니라 단지 공화국이라는 명칭까지 얻게 되었습니다. 도시뿐 아니라 농촌도 구조 형태도 바뀌면서 우리 생활 습관은 서양식도 아니고 우리의 전통적인 방식도 아닌 스타일로 바뀌게 되었습니다.

주택수요에 대한 문제가 완전히 해결된 것은 아니지만 아파트에서 점차 전원주택단지 형태로 관심이 옮아가고 있습니다. 이는 변화에 우리가 주체가 되지 못하고 급변하는 흐름과 건설사가 주체가 되어 만들어진 주거변화에 문제가 있었음을 의미합니다.

서양은 거의 7000년에 걸쳐 지속적인 변화를 거쳐서 현재까지 왔지만 우리의 변화는 사실 그렇게 오래된 것은 아니었습니다. 이제 과거 우리의 삶을 닮은 주거 형태와 단아하고 검소한 인테리어가 서서히 등장하고 있는데, 놀라운 것은 과거를 알지 못하는 젊은 건축가들에게서 이 변화가 시작되고 있다는 것입니다. 이러한 변화가 의미하는 것은 이것이 본래 우리 삶의 형태였으며 그러한 생활형태를 무의식 속에 간직하고 있었으며, 과거는 우리가 변화의 주체가 되지 못하였으나 이제 우리가 만들어 가고 있다는 것입니다. 그 대표적인 예가 인테리어 디자이너 양태오입니다. 그의 디자인을 보면 현재 우리의 삶을 과거처럼 완전히 바꿀 수는 없지만 현대적인 공간에 우리의 분위기를 접목한 좋은 예가 될것입니다.

### 3. 도시의 변화

서울에 관한 책을 쓰던 중 과거 1750년대 한양지도를 본 적이 있었습니다. 과장된 상상일 수 있지만 이 지도를 통해 손가락 지문을 떠 올렸습니다. 지문이란 손가락 끝 피부에 있는 땀샘의 입구가 융기한 선에 따라 만들어지는 모양이라는 사전적 의미가 있습니다. 이 시기의 서울의 영역은 한강 이북에 위치하고 있었는데, 지금의 강북입니다. 산이 감싸고 있어 요새처럼 보이고, 그 안에 마을이 있고 중심부에 궁궐이 위치하고 있습니다.

모든 사람의 지문이 다른 것은 자연 발생적으로 생겨났기 때문입니다. 당시 서울의 지도 또한 현대적인 도시 계획은 아니지만 자연스러운 흐름을 기초로 만들어진 것입니다. 도시 계획은 초기 도로의 형태가 기초가 되어 시대가 변하면서 여러 요인에 의하여 세분화되어 갑니다. 그런데 그 변화의 주체가 일정하고, 연속적일 때 그러한 반복을 통하여 더 좋은 방향으로 이끌어 나갈 수 있는 것입니다. 우리는 일제 시대에 주체가 바뀌었고, 6.26 전쟁을 통하여 변화가 중단되었다가 우리가 아닌 외국의 주도로 다시 변화되기 시작한 것입니다. 땀샘은 몸의 열기에 따라 개폐를 자동으로 하게 되지만, 자연스러운 반응이 억제되면 이상이 발생하게 됩니다. 이처럼 도시 역시 자연스러움 없이 인위적으로 만들어진 구조는 흐름에 무리를 주어 많은 문제가 발생할 수 있는 데, 이는 단순히 물리적인 문제만을 의미하는 것이 아니라 문제들이 쌓여서 도시민의 정신적인 스트레스가 되어 사회문제로 대두되게 됩니다.

　세계 유명도시를 보면 강이 있는 도시가 많습니다. 우리에게도 서울에 한강이 있는데 마치 어머니의 가슴처럼 생겼다고 말하면 괴변일까요? 어머니가 젖을 먹인다는 것은 곧 성인이 되어 스스로의 독립체로 성숙하기를 바라는 어머니의 바램이 담겨 있는 것입니다. 한국의 건축도 이제는 우리의 건축을 스스로 결정하여 우리의 삶을 닮은 성숙한 공간을 만들 수 있기를 기대해 봅니다.

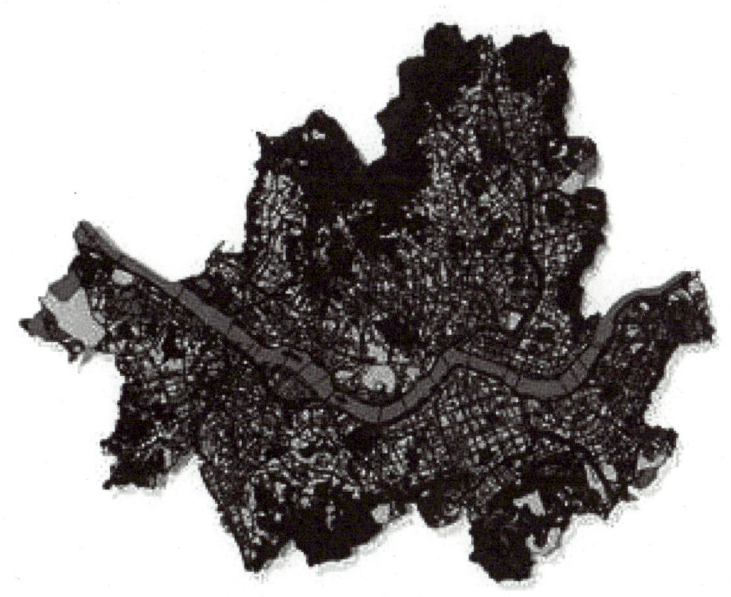

서울과 한강

II. 제1과 제2의 건축형태에 영향을 주는 요인들

## CHAPTER 50

# 기억을 만드는 건축가

### 1. 기억은 3차원 공간이다

건축은 언어를 공간으로 바꾸어 장소를 만들고 이를 이미지로 번역하는 작업을 합니다. UC Berkeley의 건축 교수 Donlyn Lyndon은 《건축과 조경 안의 기억》이라는 저서에서 "'장소'는 내가 기억할 수 있는 공간, 우리가 상상할 수 있는 공간, 마음속의 공간을 의미 한다"고 설명하고 있습니다. 즉 내가 기억할 수 없으면 그것은 장소로서 역할을 하지 못한다는 것입니다. 기억은 무엇인가를 떠올리는 것이며 연상은 그 떠올린 것에 중첩시키는 것입니다. 성인이 되어 과거에 다니던 초등학교를 방문하면 그 규모가 기억보다 작음에 놀라는 경험을 한 사람들이 많을 것입니다. 이는 기억과 현실의 차이에서 오는 격차 때문입니다. 우리는 기억을 과거의 차원으로 이해하고 있지만 사실은 현재와 미래에 강하게 연결되어 있으며, 현재와 부딪히지 않으면 기억은 작용하지 않습니다.

영국 BBC One에서 방영된 드라마 《셜록》에서 홈즈는 스칼렛 연구서에 나오는 '정신궁전'이라는 단어를 인용하며 "사람의 두뇌는 원래 비어있는 다락방과 같은 3차원이다. 이를 당신이 갖고 있는 가구(기억)로 채우는 것이다."라고 표현하며 사건을 재구성합니다. 동일한 상황이라도 어떤 기억을 배치하는가에 따라 받아들이는 것이 다름을 의미하고 있는 것입니다. 여기서 궁전은 긍정적인 의미로 기억의 무한한 요소를 의미하는데, Lyndon은 "좋은 장소는 잘 기억되며, 그것을 유지하도록 도와준다."라고 말했습니다. 즉 기억하려고 노력해야 한다면 그것은 진정한 장소가 아라는 것이며, 이러한 부분이 곧 건축가가 고려해야 할 사항입니다. 각 장소를 의도적으로 기억에 남는 작품으로 만들지 말고, 장소에 참여하게 만들어야 합니다.

기억에 반하는 행위나 강제적인 기억 만들기는 독재국가나 제국주의 시대에 많이 발생합니다. 그래서 Freud는 1930년 에세이 《문화의 불행》에서 거주지가 부각되지 않았고 지배자의 공간으로 주를 이루는 로마의 공간과 건축의 부조리를 지적하며, 결과적으로 로마제국의 멸망이라는 역사가 왔다고 지적했습니다. 이렇게 기억은 현재와 미래에 영향을 주고 있습니다. 우리 주변에도 법원종합청사 같은 건축물이 바벨탑처럼 강제적인 기억으로 작용하며, 도시의 권위적인 역할을 담당하고 있습니다. 이러한 건축물이 도처에 자리를 잡아 도시에 대한 기억 공간의 문화적 역할이 약해지고, 결과적으로 나의 기억 속에서 공간의 실종으로 이어져 기억의 네트워크 축이 무너지면서 이는 잘못된 정체성이 사회에 만연해지고, 행복 지수가 낮아지는 현상으로 나타나게 됩니다. 기억은 과거를 현재로 번역하는 시간 축을 통해 공간의 차원을 행복의 차원으로 바꾸려고 하는데 그렇지 않으면 역으로 행동하기 때문입니다.

## 2. 기억을 표현한 건축

라스베가스에 가면 베니스의 모습을 만들어 놓은 호텔이 있습니다. 이 호텔은 이를 내부에 만든 이유가 외부에서 보이는 풍경이 오히려 진짜 베니스에 대한 부정적 기억으로 작용할 수 있다고 생각했기 때문입니다. 기억에 등장하는 것이 바로 스키마(Schema) 이론입니다. 이것이 우리가 갖고 있는 기억 네트워크인데 공간의 연결구조와 흡사한데, 이것은 개인의 기억에 대한 시나리오를 만드는 형태로 가져와 점으로 연결되어 있기 때문입니다.

나는 어린 시절 제기3동에서 자랐습니다. 그래서 그곳을 떠 올리면 개천과 공동우물 그리고 고려대학교의 시위 장면이 떠오릅니다. 그러나 지금 그곳에서 자란 아이들은 전혀 다른 기억을 갖고 있을 것입니다. 미국의 건축가 라이트는 미국인의 기억을 형상화하기 위하여 주택 설계 시 벽난로를 설치합니다. 이는 개척 시대에 미국의 가족들이 마지막 밤을 보낸 기억을 되살리기 위해서 입니다.

사실 기억은 개인의 것이 아니라 우리가 속한 그룹의 집합적 기억이 더 많으며, 그래서 이를 공유하기 위해 노력하는 것입니다. 건축가 프랭크 게리(Frank Gehry)는 어린 시절 또래와 어울리지 못해 집안에서 욕조에 물을 받아 물고기와 함께 놀거나, 그의 아버지가 운영하는 철물점에서 시간을 보냈습니다. 그는 아버지가 하는 철물점의 쇳조각을 보고 건축물을 디자인한다고 말하지만 실은 그의 작품을 보면 물고기의 유선형 움직임과 물고기의 비늘 같은 외부의 마감들에서 어린 시절 물고기의 기억이 작용하고 있음을 알 수 있습니다. 또한 리베스킨트(Daniel Liebeskind)라는 건축가도 어린 시절의 기억이 그의 작품에 영향을 미쳤음을 알 수 있습니다. 그는 원래 훌륭한 음악가였는데 건축을 한 것입니다. 우리는 건축물은 수직과 수평이라는 구조라고 기억하는데 그의 다른 기억이 차별화된 작품을 만든 것입니다. 그의 기억에는 음악의 소리처럼 모든 것이 떠다니는 '부유'라는 개념으로 무중력을 연상하였으며, 그래서 그의 건축 작품은 대각선으로 표현되고 있는 것입니다. 이렇게 개인의 기억이 특정 사회나 문화 집단의 공동 스키마로 연관성을 갖게 되면 우리는 그의 기억에 동참하게 되고 그의 지지자가 되는 것이다.

### 3. 진정한 건축

기억은 쉽게 변하지 않습니다. 주의, 일정한 틀의 작용, 통합, 검색 그리고 편집과 같은 다섯 가지 작용을 모두 거치지 않고서는 기억의 변화는 어려우며, 그래서 우리는 가치관을 쉽게 바꾸지 못하는 것입니다. 우리는 눈을 통해 형태나 이미지를 보지만 이는 기억의 작용에서 모두 언어로 바뀌게 됩니다. 그래서 풍부한 어휘력을 갖고 있지 않으면 상상력이 부족하고 이를 기억하는 데 어려움을 겪게 되는 것입니다. 이를 기억력의 부족이라고 말합니다.

상상력이 풍부하다는 것은 스키마의 가지가 다양하게 뻗어있다는 의미이며, 사회는 다음 세대가 좋은 기억을 갖도록 도와야 하는 것입니다. 앞에서 좋은 환경만이 장소로 기억된다고 했는데, 역으로 획일화 된 환경은 부정확한 기억을 갖게 해줍니다. 그래서 건축가는 인문학을 공부해야만 합니다. 좋은 기억을 만들고 장소의 중요성을 알기 위하여 다양한 역사적, 사회적 그리고 정치적 견해를 갖고 장소의 흔적을 읽을 수 있어야 하며 건축에 타당한 미학적 지식이 있어야 합니다. 건축가도 흔적에 관한 자신만의 기억이 있기 때문에 디자인에 의미를 부여할 수 있는 능력과 자유가 있어야 하는 것입니다. 건축물이 갖고 있는 개인뿐 아니라 사회적 양면성을 자극적인 기억으로 인식될 수 있도록 작업할 때 그것이 진정한 건축인 것입니다.

CHAPTER 51

# 건축의 모험은 벽과의 싸움이다

### 1. 고딕은 건축형태의 첫 번째 모험이다.

건축의 형태적 모험은 매 시기에 등장하지만 이 중에서 가장 영향력 있는 것 두 가지를 꼽는다면 단연 고딕과 르코르뷔지에의 돔이노 시스템입니다. 각 시대 양식의 이름을 보았을 때 가장 추악한 이름을 갖고 있는 것이 바로 고딕인데 그 의미는 '흉측하다', '혐오스럽다'라는 뜻입니다. 이 이름은 르네상스가 붙인 것인데, 고딕은 중세의 마지막 시기로 기독교 시대가 절정에 이르기도 하였지만 가장 정체성이 불안했던 시기였습니다. 기독교가 비잔틴의 동방정교회와 로마의 서방정교회로 분리가 되고 교황의 든든한 후원자였던 로마 제국이 미천하게 여겼던 게르만 민족에게 멸망하자 교황청도 불안에 떨게 되었으며, 성지 예루살렘이 이슬람에 점령당하자 이를 회복하기 위하여 십자군을 파견하였으나 번번이 실패하여 기독교의 위상은 점점 바닥을 향하고 있었습니다. 더욱이 유럽이 3개의 프랑크 왕국으로 나뉘고 심지어 게르만족이 유럽을 평정하자 교황청은 기독교 시대의 유지를 위하여 그에게 도움을 청하고 새로운 로마 황제의 왕관을 씌워주며 갖고 있던 많은 영토를 그에게 바치게 됩니다. 이러한 중세의 종교적 불안감이 지속되자 교황청은 급기야 모험적인 결단을 내리는데 그것이 바로 상징적인 심벌을 만드는 것이었습니다. 그것이 바로 고딕 양식의 교회 건축물입니다.

중세 건축물이 다른 시대와 차이점이 있다면 그것은 바로 수직형 건축물입니다. 다른 시대의 건축물은 대부분 수평적인 구조를 갖고 있었으나 기독교가 공인된 이후 좀 더 강력한 위치를 확

II. 제1과 제2의 건축형태에 영향을 주는 요인들

보하고자 기독교는 다른 종교의 존재를 부정하고 상징적인 건축물로서 소망을 나타내는 교회건축물을 중점적으로 확장하기 시작합니다. 중세에 영국에서는 교회 건물이 없으면 도시로 인정하지 않았는데, 이러한 배경 속에서 성장한 교회건축물은 종교적인 안정을 위하여 신앙적인 교리를 교회건축물에 담기 시작했던 것입니다. 예를 들어 초기 기독교(비잔틴)는 지상의 인간이 하늘을 향해 기도한다는 내용을 내세워 교회건축물에 수직적인 이미지를 담았고, 로마네스크는 하나님이 지상에 계신다는 의미를 형태에 적용하면서 지붕을 하늘처럼 둥그렇게 만들었습니다. 여기까지는 잘 진행되는 듯 했으나, 앞에서 언급한대로 유럽의 권력구조가 바뀌면서 교황청은 불안감을 갖고 좀 더 강력한 상징적 형태가 필요했던 것입니다. 그래서 비잔틴과 로마네스크의 모양을 합쳤고 이에 하늘에서 지상으로 끌고 내려오는 것으로 형태 모험을 시작하게 된 것입니다. 그런데 하나님이 지상에 계시고, 하늘도 지상에 있는 형태를 나타내기에는 건축물의 천장이 너무 낮았으며, 교회는 도시 어디서나 교회건축물을 보며 경건함을 유지할 수 있는 상징적인 형태를 갖기를 원했습니다. 그래서 지상으로 내려오는 하늘을 향해 인간도 가까이 가는 형태 모험을 시도한 것입니다. 그러나 벽의 두께가 문제였습니다.

고딕 이전까지의 건축물들은 벽이 매우 두꺼웠습니다. 이 두꺼운 벽을 유지하며 높이 올라가는 것은 무리였던 것입니다. 그래서 고딕 시대의 건축가들은 무게를 줄이기 위하여 벽의 두께를 줄이기 시작합니다. 이에 따라 벽을 얇게 하였지만 얇아진 벽에 불안감을 느끼게 되고, 이를 보완하기 위해 측벽을 세워 구조적인 보강을 하는데 이것이 바로 플라잉 버트레스입니다. 그러나 이것은 구조적인 해결책일 뿐 더 높이 올라가는 데 완전한 것이 아니었습니다. 그래서 외부의 모든 벽면에 조각을 하여 무게를 줄이는 방법을 시도한 것이다.

이 모험은 성공적이었습니다. 중세 파리의 가장 높은 건축물로 노트르담 성당이 등장하고, 독일에는 쾰른 성당이 상징적으로 도시의 가장 높은 건축물로 자리 잡으면서 기독교의 자존심으로 자리 잡게 됩니다. 그러나 이전의 건축물만 보던 사람들에게 온몸에 문신을 새긴 고딕의 형태는 익숙하지 않았습니다. 르네상스 특히 조르지오 바사리(Giorgio Vasari, 1511~1574)는 고딕을 아주 경멸스러운 건축물로 간주하고 고딕을 흉측하고 혐오스럽다고 부르기 시작했습니다. 이러한 관점은 1773년 독일의 문호 괴테는 《독일의 건축》이라는 저서에서 고딕에 대한 재평가를 하여 '돌로 이렇게 아름다운 건축물을 지을 수 있는가'라는 긍정적인 평가가 나오면서 200년간 지속되었던 인식이 긍정적으로 바뀌게 됩니다.

## 2. 두 번째 모험은 돔이노(dom-ino)이다

두 번째 건축형태의 모험은 바로 르코르뷔지에의 돔이노(dom-ino) 시스템입니다. 건축에서 형태라 함은 벽이 차지하는 부분이 많으며, 훌륭한 건축가일수록 벽을 잘 다룹니다. 건축가들은 이 벽을 갖고 오랫동안 고민해 왔는데, 근대 건축 3대 대가 중 한 사람인 르코르뷔지에가 이러한 질문을 던지게 됩니다. '벽이 왜 필요한가?' 그리고 '하중은 기둥으로 대치해도 되지 않은가?'

몇 천 년을 이어 온 벽에 대한 고정관념을 깨고 새로운 시도를 하는 것은 건축가들에게도 엄청난 모험입니다. 이러한 모험을 두려워하는 이들에게 그는 돔이노 시스템을 선보입니다. 이는 어느 양식에도 속하지 않고 모든 지역, 기후 또는 조건에도 적합한 해결책으로 하중에 묶여 있던 벽을 건축형태에서 자유롭게 하는 충격적인 제안이었던 것입니다. 이는 아인슈타인의 '상대성 원리'에 버금가는 위대한 발명이며, 전세계가 사용하는 양식으로 우리는 이를 국제 양식이라고 부르게 됩니다. 지금 우리 동네에 있는 대부분의 주택들은 이러한 방식으로 지어졌습니다.

II. 제1과 제2의 건축형태에 영향을 주는 요인들

## 3. 시야가 더 이상 가지 못하는 그곳에 벽이 있다

스위스 건축가 기디온은 그의 저서인 《시간, 공간 그리고 건축》의 '일시적 사실과 구성적 사실'이라는 단락에서 '모든 예술 행위가 살아남는 것이 아니다'라고 했습니다. 시간이 지난 후 양식으로 남는 것과 유행이 되는 것으로 구분된다고 서술하였는데, 처음에는 누구나 양식으로 남기를 바라며 시도했을 것입니다. 그러한 시도 안에는 늘 벽이 있었습니다. 벽의 정의는 시야(생각, 행동, 사고)가 더 이상 가지 못하는 곳을 말합니다. 건축에서 벽은 인간이 공간에서 탈출하기 위한 모험의 대상이 되어 왔습니다. 두꺼운 벽에서 돔이노 시스템으로로 그리고 유리벽으로 진화하는 것을 보면 아마도 인간이 벽을 넘어가는 모험의 끝이 멀지 않았음을 느끼게 됩니다.

## CHAPTER 52

# 건축가의 증언

### 1. 과거의 건축가

　미국 건축의 거장 프랭크 로이드 라이트(Frank Lloyd Wright,1867~1959)가 젊은 시절 증인으로 법정에 출두한 적이 있습니다. 판사는 그에게 "당신의 직업은 무엇입니까?"라고 물었습니다. 이에 그는 "나는 최고의 건축가입니다."라고 답변했습니다. 그 후 친구들이 어떻게 그렇게 자신 있게 말할 수 있냐고 물었습니다. 그러자 라이트는 "나는 내 자신에게 최고의 건축가가 되겠다고 맹세했어. 그래서 그렇게 말할 수밖에 없었어."라고 말했습니다. 라이트는 후에 미국뿐 아니라 전세계에 영향을 주는 위대한 건축가가 되었습니다.

　최고의 건축가란 무엇을 의미하는지에 대해 다시 한 번 생각해봅니다. 전문분야로서 건축가라는 직무가 명확하게 구분된 것은 오래되지는 않았습니다. 건축가라는 이름이 명확하게 등장하는 초기 건축가는 성경의 구약(출 35:11)에 성소 건축가 브살렐이 등장하고 있으며, 이집트에는 피라미드 건축가 이모텝이 있었습니다. 그 시대 건축가 직무라는 것이 지금과 차이가 있다면 건축주 요구에 맞추어 만들면 그것이 능력이었습니다. 이러한 추세는 근세 말 신고전주의까지 지속됩니다. 고대에는 권력의 입김이 강했고 중세에 들어와 종교 지도자들의 취향을 맞추어야 했습니다. 인본주의 초기에는 고대의 것이 등장하기는 하였고, 다빈치나 미켈란젤로 같은 건축가들의 개인적인 미적 감각이 등장하기는 했지만 고전적인 이미지가 다시 중시된 신고전주의 시대에는 건축주들의 취향을 충족시키는 것이 건축가들에게 중요한 방향이었습니다. 이 시대에는

Ⅱ. 제1과 제2의 건축형태에 영향을 주는 요인들

산업혁명의 조짐을 보이기는 했지만 역사 만들기에 앞장선 미국이 신고전주의 형태를 추구하고 유럽은 기득권에서 자신들이 고대 그리스나 로마의 정통성을 갖고 있는 것처럼 나타내려는 의도로 고전을 추구하면서 새로운 기술을 건축에 적용해 보려 했지만 건축에 악영향을 준다는 인식이 사회적으로 팽배해 건축가 스스로 새로운 것에 등을 돌리는 입장을 취할 수밖에 없었습니다. 그래서 이 시기에는 괴테나 베토벤과 같은 역할을 하는 그 시대적 건축가가 등장하지 않습니다. 즉 건축가가 자신의 창작 활동을 자유롭게 할 수 없었고 사회적으로 인정받지 못한 시대였으며, 건축가로서의 자존감에 상처를 입은 시대였던 것입니다.

## 2. 근대 건축가

시대가 바뀌고 산업혁명이 일어나면서 대량생산에 따른 현상이 사회에 등장하기 시작하면서 자본주의가 새롭게 등장하는데 이 시기에 걸 맞는 공장, 창고, 오피스, 백화점 등 새로운 건축물의 수요가 나타나기 시작합니다. 이 건축물들은 건축주의 의견에 의존하기 보다는 기능에 더 초점을 맞추는 것이었습니다. 특히 만국박람회는 생산과 소비에 직접적으로 연결되는 자본주의 산물이었습니다. 만국박람회는 건축가의 기량을 마음껏 발휘할 수 있는 좋은 기회로서 이 시대를 대표하는 대형 건축물들이 등장하고, 건축가의 입지가 중요시 되는 계기가 되었습니다. 때맞춰 이 시기에 새로운 건축 재료도 등장하면서 이를 해결하는 건축가와 기술자라는 직무가 등장하게 되었는데 이것이 지금까지 이 둘의 업무구분을 혼동하는 계기가 되었습니다.

구조가 다양한 건축물이 나타나면서 건축가 양성에 대한 필요성을 느끼고 19세기 중반에 공업학교와 공과대학이 등장하게 되었습니다. 이렇게 건축가 양성의 필요성을 사회가 요구하였지

만 양식이라는 개념이 분명하지 않았고, 대부분이 과거의 디자인을 답습하고 있었습니다. 그러나 자본주의에서 시작한 형태들은 과거 형태와 달랐고, 또한 과거 양식은 건축가들이 자존감을 갖고 실행 했다기보다는 건축주의 요구에 의한 형태들이었습니다. 예를 들어 프랑스의 보자르 건축학교에서 가르치는 건축형태는 대부분이 신고딕이나 로마네스크 양식이었으나 박람회장 같은 대형 건축물에는 아치 외에는 이를 적용하기 힘들었습니다. 1890년대에 진보주의자들은 근대건축의 독자적인 양식이 있어야 한다는 주장을 제기하게 됩니다. 이는 근대 양식에 대한 필요성을 나타내는 것이기도 했지만 그 내면에는 건축가들의 독자적인 사회적 지위에 대한 상승을 시도하기 위함도 있었던 것입니다.

근대가 시작되면서 니체의 자연주의가 퍼지고 기득권에 대한 반발심도 있었지만 그로 인하여 건축가들의 입지도 좁아질 수도 있었습니다. 왜냐하면 니체는 속박과 규제에서 벗어나 자연으로 돌아가자고 외치면서 과거 권력의 상징이었던 건축도 이에 포함하여 '건축은 일종의 강력한 강박관념'이라고 표현하였기 때문입니다. 그러나 사회가 변화하면서 건축가의 사회적 지위에 대한 명확한 입지도 필요함을 깨닫고, 1923년 6월 23일 이탈리아에서 법안 한 개가 통과되는데, 유럽에서 건축가도 법으로 보호받는 전문직으로 인정되어 전문 집단으로서 최초로 인정받게 된 것입니다. 이로 인하여 건축의 활동 범위가 정해지는데, 이것이 지금까지 이어지면서 건축의 범위는 점차 넓어져 본격적으로 대학에서 전문가 교육을 받게 된 것이다.

### 3. 지금의 건축가

'자연이 인간에게 편안함을 제공했었다면 사람들이 건축물을 발명하지 않았을 것'이라고 영국의 극작가 오스카 와일드의 주장과 '건축의 목적은 인간과 직접적으로 관련이 있습니다.'라고 미국의 건축가 리처드 마이어는 말하였습니다. 또한 일본 건축가 이소자키 아라타는 '건축은 현대 철학의 기초가 되어야 한다'라고 말하였습니다. 이러한 표현들은 사회가 발달하면서 건축의 범위와 의무가 한층 넓어지고 있음을 의미합니다. 건축은 궁극적으로 인간을 위한 행위이며, 건축은 계속 발전하여 인간의 심리적 영역을 바라보는 단계까지 도달하였습니다. IT의 발달과 함께 인간성이 소외되어 가는 사회에서 인간의 자존감은 중요한 요소입니다.

    건축가의 자존감은 자존감 있는 인간에서 시작됩니다. 서두에서 라이트가 최고의 건축가를 꿈꾸었다고 말하였습니다. 여기에서 최고라는 것은 건축가로서 성공하여 스스로 존귀함을 느끼는 것이 아니라 건축가는 자신이 설계한 건축물에서 자연이 제공하지 못한 편안함을 사용자에게 제공하고, 그 안에서 인간으로서의 자존감을 갖게 하는 능력을 의미하는 것이라고 봅니다.

# III
## 형태 만들기도 두 가지뿐이다

# 형태 디자인하기

## 1. 시작

디자인의 개념은 역사 속에서 많은 변화를 해 왔습니다. 19세기 이후 디자인은 패션디자인의 범주에서 이해가 되었으며 이 영역에서 주로 다루는 것으로 인식되었습니다. 그 후 다양해진 사회에 교통표지판과 간판 같은 요소가 생기면서 시각디자인의 필요성이 등장하게 되었고 사회의 변화는 도로와 교량 같은 요소들을 필요로 하면서 디자인의 개념은 다양해집니다. 20세기의 등장은 조형미술의 시작을 알리는 시간이었습니다. 이렇게 다양한 디자인의 발생과 함께 사회는 더욱 더 다양해지고 세분화되면서 이들의 통합을 필요로 하게 되었습니다. 인간을 디자인하고 도시를 디자인하며 이후로는 지구를 디자인하는 상황이 되었습니다. 세분화되어 가는 분야는 스스로의 영역을 발전시키기는 하였지만 이것이 지구전체에 단점으로 영향을 주는 파장이 커져 궁극적으로 종합적인 디자인의 필요성을 느끼게 된 것입니다. 특히 산업디자인은 인간의 편리함에 그 목표를 두고 발전하여 그 파생되는 요소들이 지구에 주는 영향을 뒤로하고 발전한 것입니다.

20세기 시작과 함께 르코르뷔지에의 '건축은 기계와 같다'라는 표현은 당시의 전환점을 필요로 했던 분야에 많은 영향을 주었으며 이는 기능주의가 득세를 하는 좋은 계기가 되었습니다. 일반적으로 새로운 것이 만들어지기 위해서는 3개의 과정을 거쳐야 성공할 수가 있습니다. 문제가 있음을 알리는 신호, 이 문제를 파괴하는 사람 그리고 새로운 것에 대한 대안을 제시하는 파트가 존재해야 변화를 만들어 낼 수 있습니다. 기능주의가 득세를 하게 되었다는 것은 곧 그 이전의 다지인이 기능주의가 아니라는 것을 의미합니다. 르코르뷔지에는 바로 위의 세 번째 파트에 속한 사람이었습니다. 이것이 모던의 시발점이 된 것입니다. 고대, 중세 그리고 New time의 등장은 형태에 대한 발전과 이것이 극에 달해 새로운 변화를 요구하는 자연스러운 결과였습니다. 형태주의가 ― 이 단어 자체가 존재의 필요성에 의미가 없었던 시대 ― 자연스럽게 발전하던 시대가 갖고 있는 단점은 귀족계급이 독점을 하고 있었던 것입니다. 스폰서에 의한 창작 활동에서 대부분의 작품은 배고프지 않았으며 일부 계층을 위한 결과물에서 우리는 다양한 정신세계를 공유할 수 없었던 것입니다. 이 시대의 형태는 곧 표면적인 것을 나타내는 데 많은 부분을 차지했습니다. 기능에 있어서 모두가 공유할 수 있었던 시대가 아니었습니다. 즉 지금의 기능의 의미와는 많이 달랐습니다. 귀족계급이 아닌 부류는 자연에 더 가까웠습니다. 수동적이었으며 자연현상에 따라서 적응하는 삶을 영위하였던 것입니다.

모던의 시작은 형태주의 독주에 제동을 거는 것이었습니다. 고대, 중세 그리고 New time의 연속성 속에서 사실상 그 배경에는 두 부류(귀족계급과 평민)의 심리적인 갈등이 지속적으로 작용하고 있었습니다. 이것이 시민혁명의 발단이 되었으며 인간존엄성에 대한 표현으로 표출된 것입니다. 이 시대에 기능적인 부분이 배제된 것은 아니지만 형태에 대한 욕구가 시대적인 역할로 중요한 요소이기도 했습니다. 장식의 확대는 점차 본질을 인식 하는 데 어려움을 겪게 되고 은유법이 주를 이루는 상황 속에서 형태 언어로서 문법적인 구조 속에서 주 기능이 아닌 부사나 형용사 같은 역할이면서 점차 장식이 주를 이루는 문장 속에 갈등이 쌓이게 된 것입니다. 이는 일반인들에게 혼란스러운 표현이 되고 사회의 일원으로서 존재에 대한 부 정확성이 발달하여 사회변화의 필요성을 갖게 된 것입니다. 이 경향은 모던의 후발대인 독일에서 무테지우스와 반 데 벨데의 대립에서 잘 나타나고 있었습니다.

모던은 과거와 미래를 향한 갈등을 하던 시대였습니다. 모던의 시작과 함께 1970년대까지 쏟아져 나온 모던의 형태들은 그 시간적 공간으로 따진다면 짧은 시간에 많은 시도를 보였습니다. 본격적인 모던의 모습을 1900년도 전후를 그 시작으로 본다면 겨우 70년을 조금 넘었을 뿐입니다. 이 전의 역사와 비교했을 때 매우 짧은 시간입니다. 그러나 모던의 범주에 넣을 수 있는 종류는 이에 반하여 그 다양함이 무수합니다. 이 당시에 등장한 형태들은 사실상 공격적이고 직설적인 표현들이 많았습니다. 이는 형태주의에 가려진 표현에 대한 자유로움에 대한 메시지를 전달하려는 의도가 있기 때문입니다. 그것은 바로 기능과 구조입니다. 모던에 있어서 미에 대한 기준은 그 이전과 달랐습니다. 기능주의와 구조주의가 자유를 얻는 시기였지만 실질적으로는 형태주의에 대한 반발로 모던의 시작을 알린 것입니다. 모던에 있어서 형태주의는 낭비와 거짓으로 보일 수도 있었기 때문입니다. 모던 이전에 주를 이루었던 가치는 실리적인 것보다는 형태에서 만족으로 얻으려고 했으나 이는 곧 시민혁명과 사회의 주축이 달라지면서 현실적인 가치에 그 의미를 더 찾으려 했던 것입니다.

## 2. 기능

건축물이 다양하기 때문에 그 기능을 열거하기란 쉽지 않습니다. 그러나 디자인이라는 의미를 형태적인 요소로만 국한하지 않고 기능이라는 관점에서도 본다면 그 평가는 많이 달라질 것입니다. 기능과 형태(미), 이 둘을 분리하지 않고 공존해야 한다면 어느 부분에 더 많은 역할을 배정할 것인가 아니면 균등하게 줄 것인가 이러한 것에 대하여 고민해 봐야 합니다. 그리고 먼저 결정되어야 하는 것이 무엇인가라는 것도 중요한 요소입니다. 극단적인 상황에서 '기능은 훌륭하지만 형태가 호감을 주지 않는 것'과 '기능은 훌륭하지 않지만 형태가 호감을 주는 것'에서 선택을 해야 한다면 어느 경우일까? 형태주의와 기능주의의 우월함을 나누려는 것은 아닙니다. 중요한 것은 현대 사회에서는 둘 다 공존해야 상품가치가 있다는 것입니다.

사람 얼굴의 미적인 가치를 황금비례로 만들어 본 사람이 있습니다. 이 황금비례는 자연에 흔하게 존재하는 비례관계로 가장 자연스러운 배치라고 합니다. 이 배치는 균등한 배열과 좌우 대칭의 완벽함, 얼굴이라는 공간 안에서의 영역 구분, 높낮이 그리고 크기의 일치일 것입니다. 물론 여기에는 색의 조화도 중요한 역할을 합니다. 이 사진에서 머리카락을 제외시킨 것은 고정적인 요소가 아니기 때문입니다. 눈 안에는 눈동자의 모양이 들어 있습니다. 코는 얼굴에서 수직적인 요소로 너무 선적이거나 면의 모양을 갖고 있어도 안 됩니다. 입은 눈의 위치와 함께 코의 상하로 위치해 있어서 수평적인 요소로 작용을 합니다. 이 배치는 움직이지 않고 어떠한 표정도 만들어지지 않을 때 가장 정확한 배치를 만들어 낼 수 있습니다. 이 얼굴을 만들어 내는 요소에는 고유의 기능이 있다. 이렇게 모든 조건을 만족하는 배열에도 불구하고 각 요소가 기능을 하지 못한다면 미의 가치에는 의미가 없습니다. 즉 기능의 가치가 얼마나 중요한가 제시하려고 이 예를 들어 본 것입니다. 미의 가치가 중요하지 않다는 것이 아니라 기능이 우선적인 가치로 자리매김을 해야 한다는 것입니다.

눈은 내부 외부를 연결시키는 역할을 하고, 코는 몸에 산소를 공급하는 역할을 하며, 입은 음식을 통하여 몸을 만듭니다. 이것은 고유의 기능입니다. 여기서 눈은 여러 감정을 만들어 내고 코는 냄새를 맡으며 입은 의사전달의 소리를 만들어 내는 부가적인 기능이 있습니다. 이 외에도 다른 기능을 만들어 낼 수 있는데 그 배치의 움직임에 따라서 전체적으로 긍정적이거나 부정적

인 이미지를 만들어 내는데 그것이 표정입니다. 우리가 밝은 표정에 긍정적인 가치를 주는 것은 밝은 표정은 확산되는 이미지를 갖고 있고, 화내거나 어두운 표정은 중심으로 모여지는 이미지를 갖고 있기 때문입니다. 이러한 이미지(형태)의 배열이 건축에는 어떻게 작용하는지를 살펴볼 수도 있습니다.

건축도 우리의 얼굴과 많이 다르지 않습니다. 즉 건축물을 형성하는 각 영역이 정상적으로 작동하도록 기능적인 부분에 역점을 두는 것이 우선입니다. 건축물을 이루는 각 요소를 부분적으로 보면 바닥, 벽, 지붕, 문, 창, 기둥 그리고 처마의 기능을 볼 수 있습니다. 이 영역들은 고유의 기능을 갖고 있습니다. 형태가 영향을 줄 수도 있지만 우선적으로 기능이 정상적으로 작동하지 못한다면 형태는 의미가 없습니다. 그래서 우선적으로 기능입니다. 바닥은 지열과 직접적으로 역할을 합니다. 벽은 수평적인 외부의 영향에 대하여 반응해야 합니다. 그리고 지붕은 내·외부를 나누는 가장 기본적인 요소이므로 건축물의 하자가 가장 많이 발생하는 영역이다. 개구부를 통하여 문과 창은 내·외부를 연결하므로 이곳의 기능은 아주 중요합니다. 이렇게 각 부분에서는 기능이 우선적으로 정상적인 작용을 해야 하며, 이 기능을 방해하지 않는 한도 내에서 형태가 완성되어야 합니다. 그래서 기능 디자인은 형태 디자인에 앞서서 작업이 이루어져야 하며, 이 두 개가 적용되어야 디자인을 했다고 말할 수 있습니다. 그러나 형태를 크게 분석해 보면 사실상 사칙연산 방법과 축을 이용한 방법 두 가지로 크게 나눌 수 있습니다.

III. 형태 만들기도 두 가지뿐이다

## 3. 기본 형태

모든 형태를 마지막까지 분석한다면 아래와 같이 가장 기본적인 형태를 얻게 됩니다. 이것은 형태 중 가장 순수한 것으로 이들의 변형이 다양한 형태를 만들어 내는 것입니다.

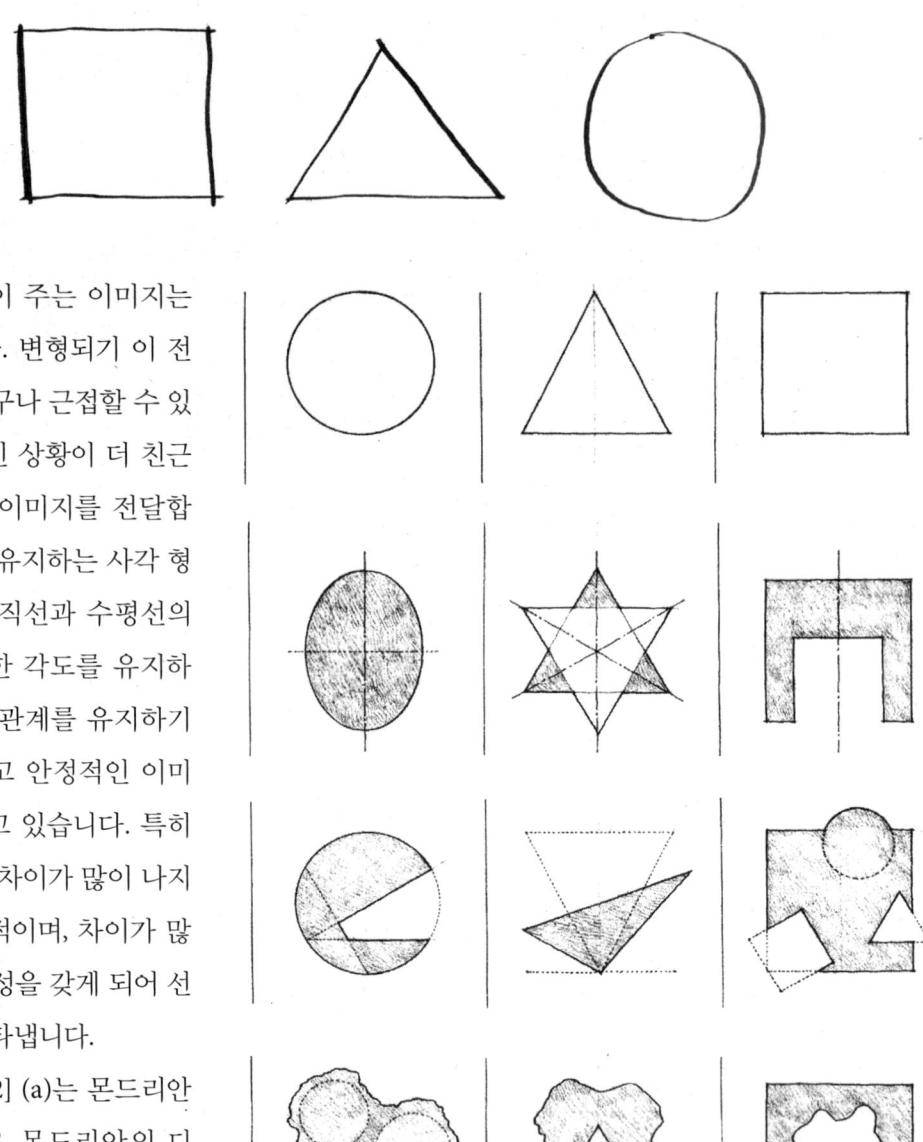

이 형태들이 주는 이미지는 안정감입니다. 변형되기 이 전의 것으로 누구나 근접할 수 있다는 심리적인 상황이 더 친근하고 세련된 이미지를 전달합니다. 90도를 유지하는 사각 형태의 경우 수직선과 수평선의 만남에 완벽한 각도를 유지하면서 균등한 관계를 유지하기 때문에 강하고 안정적인 이미지를 내포하고 있습니다. 특히 두 변의 길이 차이가 많이 나지 않을수록 내적이며, 차이가 많이 나면 방향성을 갖게 되어 선의 성격을 나타냅니다.

[그림 III-2] (a)는 몬드리안 쉬뢰더주택은 몬드리안의 디자인을 적용한 쉬뢰더주택으로 몬드리안의 수직선과 수평선을 적용하여 사각형으로 형

[그림 III-1] 사각형, 삼각형, 원의 변형

(a) 몬드리안_쉬뢰더주택　　　　　　　(b) 윌 아랫스_AZL연금본사 그래픽

[그림 III-2] 사각형

성된 형태를 잘 보여주고 있습니다.

　[그림 III-2] (b)의 건물은 윌 아랫즈의 AZL 연금본사 그래픽으로 사각면을 강조한 것이 보입니다.

　[그림 III-3]의 건물들은 삼각형을 주 형태로 시작한 건물로 I.M.Pei의 작품들이 주를 이루고 있습니다. 사각형과 다르게 안정적인 이미지를 더 나타내며 상징성에 있어서도 많이 사용되는 형태이기도 합니다.

　[그림 III-4] (a)의 건물은 파리 근교 신도시 라데팡스에 있는 구형 건물이며, (b)의 사진은 퐁피드 옆의 분수에 있는 조형물입니다. 원은 시작과 끝을 갖고 있지 않으며, 모서리를 내포하는 형태들에 비하여 운동력을 보이고 각 면에 대한 구분을 명확하게 하지는 않으나 일체적인 이미지를 보여주고 있습니다.

　언어학상 기하학적 형태들은 기호로서의 '의미하는 것'과 '의미되는 것'의 이중적 코드로서 표현 당시 사상의 기초를 이루었던 신플라톤 학파에 의하면 사각형은 인간, 대지를 구체화한 것이

(a) 루브르박물관의 피라미드　　　　(b) Aerial view East Building of the National Gallery of Art

[그림 III-3] 삼각형

(a) 파리 라데팡스 　　　　　　　　　　(b) 퐁피드 옆의 분수에 있는 조형물

[그림 III-4] 원

며, 원은 정방형과는 대립되는 것으로서 자연, 하늘을 표현하는데, 알버티에 의하면 원은 평면에 가장 이상적입니다. 원은 완전한 신을 의미하는데 지구, 해, 달, 별, 동물과 새들의 집 등 모든 것이 원형입니다. 그리하여 원에서부터 정사각형, 정 6각형, 정 8각형, 10, 12각형을 이루고 또한 정사각형에서 직사각형이 유래된다고 말하였습니다.

## 4. 기본적인 형태의 기능

일반적으로 기능의 의미를 우리는 물리적인 차원에서 생각할 수도 있습니다. 그러나 좀더 범위를 넓힌다면 그 형태가 갖는 의미에서부터 그 기능의 폭을 넓혀 볼 수도 있습니다. 여기서 잠깐 형태에 대하여 생각해보자. 사실 형태라는 것은 빛에 의하여 그

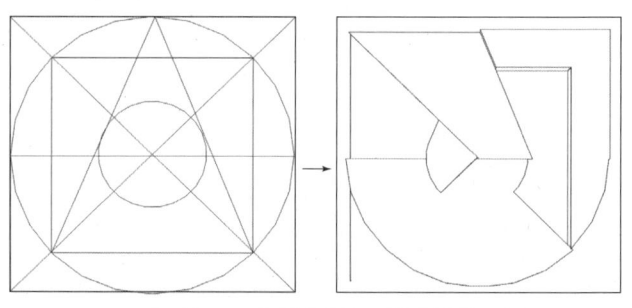

[그림 III-5] 규칙적인 도형의 변화

모양새가 나오는 것입니다. 즉 하나의 형태라고 우리가 규정지은 것은 빛에 의하여 존재하는 수많은 형태 중 하나일 뿐입니다. 형태의 선택에는 여러 가지 이유가 있습니다. 사실상 우리가 선택한 하나의 원은 사각형일 수도 있으며, 그것이 삼각형 또는 사각형으로 변화될 수 있는 가능성을 갖고 있습니다.

두 개 이상의 형태끼리 관계를 갖고 있는 경우 두 개의 배열에 규칙이 존재하고, 형태의 변형을 주는 경우에도 규칙을 갖고 한다면 어떠한 변형에도 결과물은 훨씬 더 질서적이고 무리하지

않은 형태를 유지할 수 있습니다. 여기서 규칙이란 본인의 콘셉트나 다른 요소 또는 형태상의 본질적인 성질을 사용하여도 됩니다.

[그림 III-6] (a)의 형태는 무수한 가능성을 보여주는 것입니다. 그리고 (b)의 형태는 (a)에서 뽑아 낼 수 있는 무수한 가능성에서 하나를 만들어 본 것입니다. 그러나 여기에는 규칙이 있습니다. 여기서 적용한 규칙은

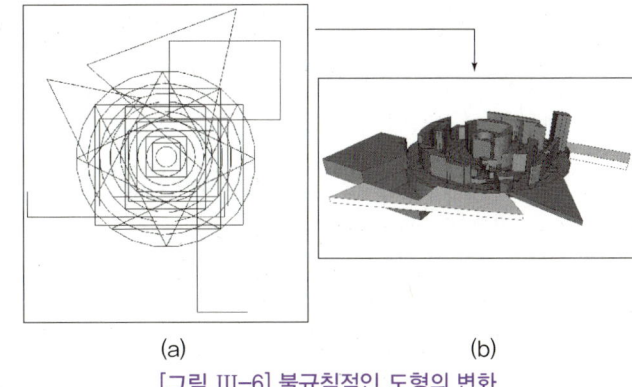

(a)　　　　　　　　　　(b)
[그림 III-6] 불규칙적인 도형의 변화

왼편의 존재하는 하나의 형태를 정해서 그 형태가 갖고 있는 선을 기준으로 만들어 본 것입니다.

형태 작업을 할 경우 일반적으로 형태를 구성한다고 1차적으로 생각을 합니다. 그러나 엄격히 말한다면 형태 간의 관계를 명확하게 하는 것이 먼저입니다. 대지는 주변과의 관계를 갖고 있고 대지 내의 건물은 대지와의 관계 또는 대지환경과의 관계를 정립해야 합니다. 그리고 건물을 공간과의 관계를 정립해야 하는 것입니다. 전체적으로는 기능이 중요한 역할을 합니다.

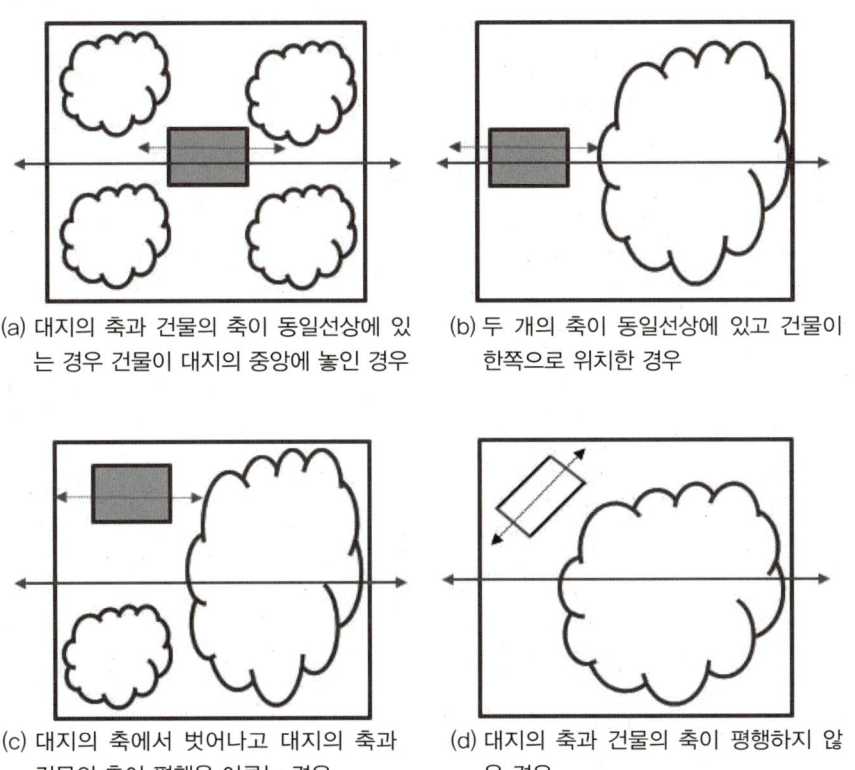

(a) 대지의 축과 건물의 축이 동일선상에 있는 경우 건물이 대지의 중앙에 놓인 경우
(b) 두 개의 축이 동일선상에 있고 건물이 한쪽으로 위치한 경우
(c) 대지의 축에서 벗어나고 대지의 축과 건물의 축이 평행을 이루는 경우
(d) 대지의 축과 건물의 축이 평행하지 않은 경우

[그림 III-7] 대지와 건물 축의 관계

III. 형태 만들기도 두 가지뿐이다

[그림 III-7]의 네 가지는 경우에 따라서 건물의 배치가 결정되고 방향과 형태에 영향을 줍니다. 대지와 건축물과의 관계가 성립되면 대지 내의 구성요소와 건축물의 관계도 정립을 해야 합니다. 긍정적인 부분과 부정적인 요소인 건물의 내부와 외부적인 관계, 공간의 확장성 및 시각적인 범위 그리고 벽의 정의 등 형태를 구성하는 것은 주요인이 외부적인 원인으로 인하여 결정되는 경우가 많습니다.

기본적인 세 도형이나 불규칙적인 도형의 관계는 그 도형이 갖고 있는 본질을 이용하여 관계 정립에 형태구성을 적용한다면 훨씬 더 구성적인 작업을 할 수 있습니다.

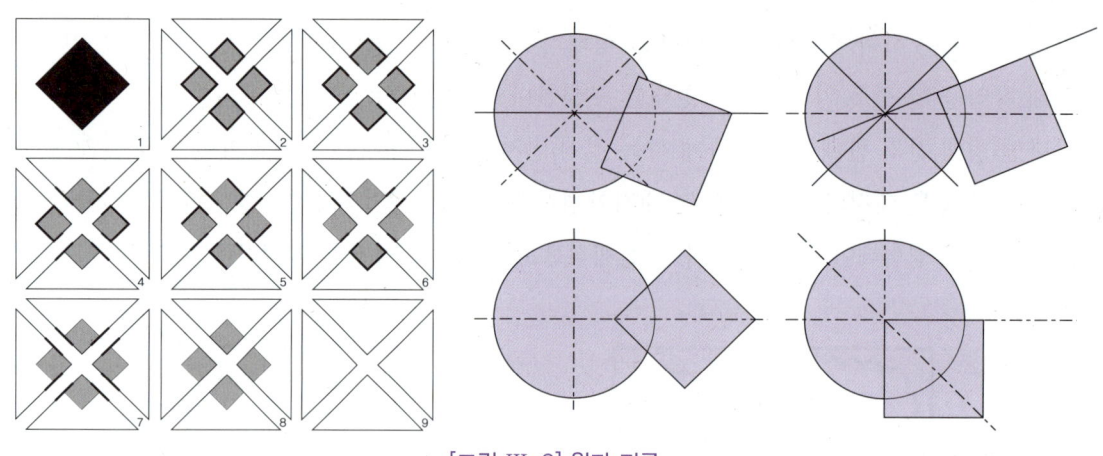

[그림 III-8] 원과 지름

[그림 III-8]의 경우 원의 지름과의 관계에서 주작업이 이루어지고 있음을 볼 수 있습니다.

# CHAPTER 02

# 형태를 만들어 보기

## 1. 사칙연산

형태를 구성하거나 이해하는 데 가장 일반적인 방법으로 사칙연산에 대한 구성을 이해한다면 더 흥미로울 것입니다. 의미 그대로 본래의 형태를 기준으로 다른 형태를 더하기, 감하기, 곱하기 그리고 나누기를 한다고 이해하면 됩니다. 물론 이 방법에도 작업에 대한 타당한 작업의 이유가 존재한다면 명분이 있는 작업이 될 것입니다.

## 2. 더하기

우리의 생활 속에서 흔하게 볼 수 있는 형태 속에는 기본적인 형태들의 조합이 들어 있는 것을 알 수 있습니다. 그러나 이들의 조합은 우연적인 구성관계보다는 의도적인 작업을 통하여 구성되어 있음을 알 수 있습니다. 이 작업의 의도에는 전체적인 형태를 어떻게 결론지을 것인가 하는 구체적인 의도가 내포되어 있어야 하며, 그 의도에 맞추어서 기계적인 방법이든 순수한 작업방식이든 구성에 대한 공식이 숨겨져 있다는 것입니다. 형태배치에 있어서 작은 형태와 큰 형태는 무게감을 나타낼 수도 있으며 이 형태들이 집합하여 전체적인 이미지를 형성하는 것입니다.

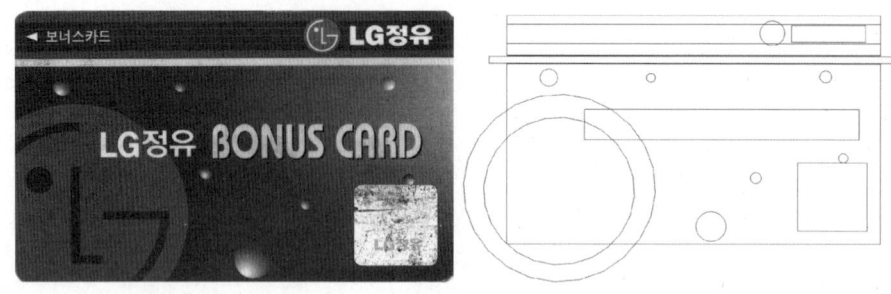

황금분할_신용카드

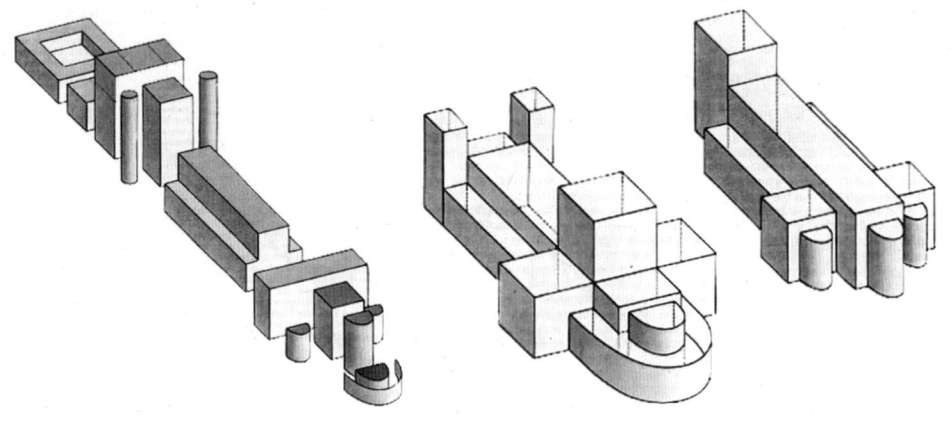

형태 더하기가 가장 활발하게 있었던 때가 중세입니다. 로마의 멸망 후 정치의 불안감은 건축물에도 그 배치로 상황을 나타냈습니다. 건축물에서 가장 중요하게 여기는 공간이 부수적인 공간에 보호를 받는 배치 형태가 나타난 것입니다. 특히 건물 외벽 바깥으로 서 있는 반원 형태의 수직원뿔은 정세의 불안을 나타내는 성의 초소에서 그 유래를 찾을 수 있습니다.

중세의 시작은 기독교의 인정과 함께 역사 속에 등장합니다. 그래서 기독교 건물이 당시의 주 배치를 잘 보여주고 있습니다. 특히 수직적인 형태가 중세에 주를 이루었으며 이는 당시 시대적 코드를 잘 보여주는데, 수직은 소망의 방향성을 나타내는 것입니다. 중세 이전의 왕정 시대에는 그 권력의 흐름이 곧 모든 분야에서 반영이 되던 시기로 건축물의 형태에도 그대로 반영이 되었습니다.

직선 형태의 건축평면이 주를 이루는 고대에 로마의 아치는 새로운 이미지를 주는 데 성공을 했고, 이는 공간 확장과 다양한 형태를 만들어 지금까지도 영향을 주고 있습니다. 화산재가 풍부했던 로마는 조적식 구조를 통하여 이집트나 그리스와는 다른 공간창출을 하는 데 그 역할이 컸습니다. 이러한 형태가 발달하여 돔과 볼트구조를 만들어 낼 수 있었고 형태의 발달에 자신감을 준 것입니다.

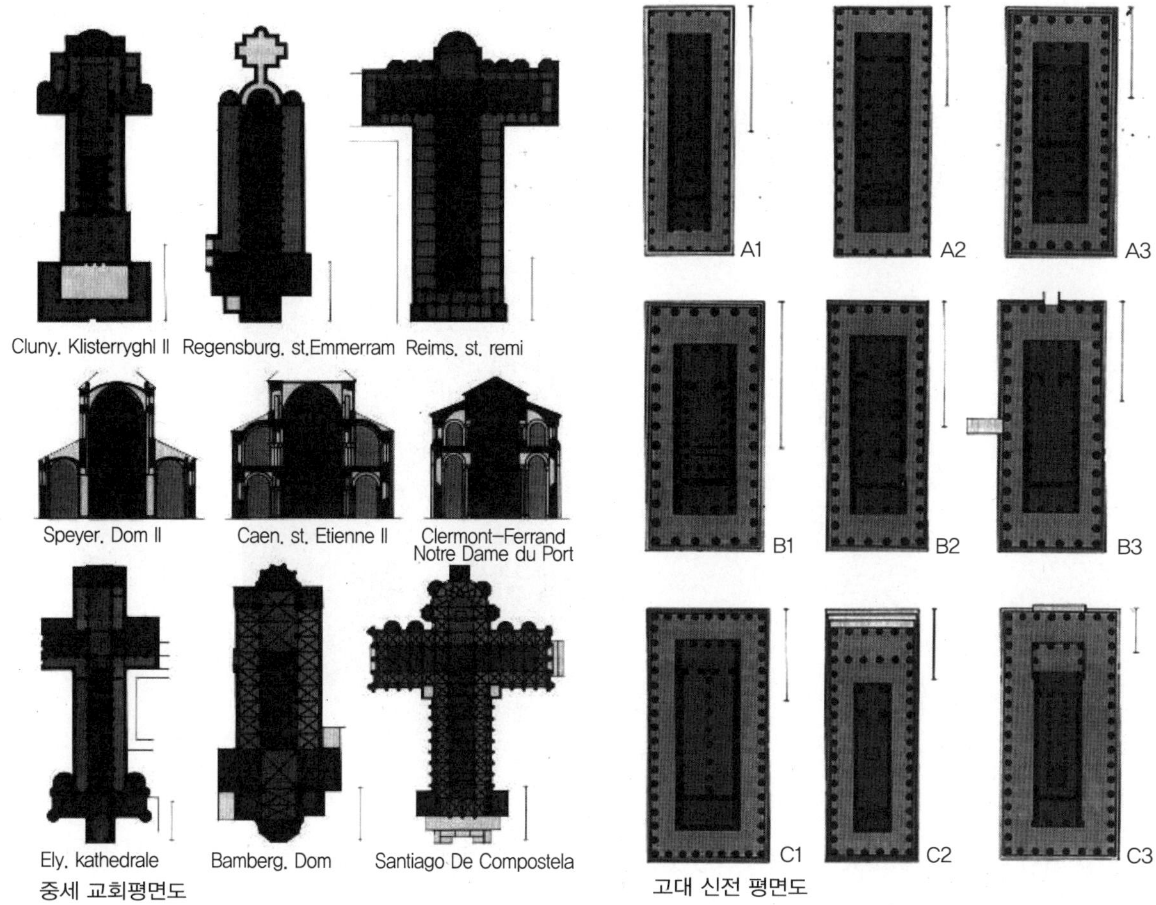

(a) 중세 교회 평면도

(b) 로마 아치

[그림 III-9]

III. 형태 만들기도 두 가지뿐이다

### 3. 규칙적인 형태와 규칙적인 형태의 조합

형태의 크기는 면적과 강조의 의미를 가질 수 있다. 형태를 조합한다는 것은 곧 다른 영역을 만드는 것과 같습니다. 다른 영역은 다른 기능을 가질 수 있으며 이러한 의도가 반영되는 조합을 만들어야 합니다.

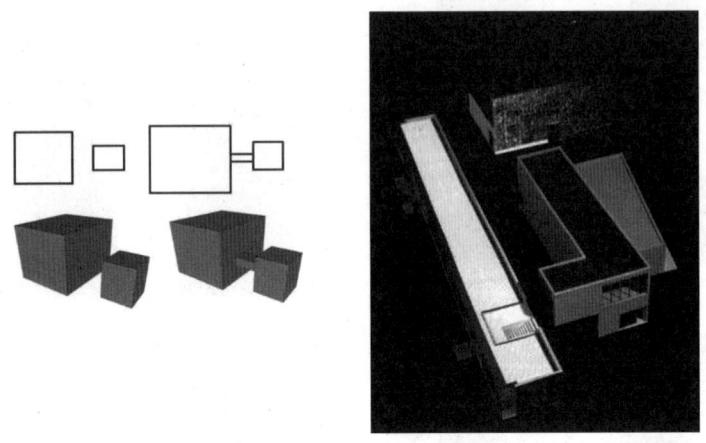

[그림 III-10] 분리된 형태 조합

두 개의 조합은 두 개의 영역을 만들 수 있으나 분리되어 하나의 전체적인 기능을 가져야 할 경우 연결 부분을 필요로 합니다. 연결 부위가 존재하지 않는다면 이는 두 개를 하나의 형태로 보기가 어렵습니다.

[그림 III-11]의 평면도는 Otto Steidle이 1982~1985년에 베를린에 그린하우스를 설계한 것으로 주택건물입니다.

크게 두 개의 사각 형태가 가운데 화장실 공간을 두어 마치 3개의 사각형이 인접한 것처럼 보입니다. 이것은 가운데 공간이 독립적인 기능을 하면서 양쪽에 속해 있는 형태로 많이 사용하는 디자인입니다.

상황에 따라서 2개 이상의 공간이 서로 일정구역을 공유하면서 맞물리는 경우가 있습니다. 공유된 공간은 [그림 III-12, 13]의 경우처럼 3가지로 나누어 볼 수가 있습니다. 이러한 경우에 공유된 공간은 서로 공유하는 형태, 한 공간에 공유공간이 속한 상황, 공유공간이 독립적으로 존재하는 등 기능에 따라서 여러 가지로 해석이 되는데 구조적으로도 명확해야 하지만 구역의 정의를 구분할 필요가 있습니다.

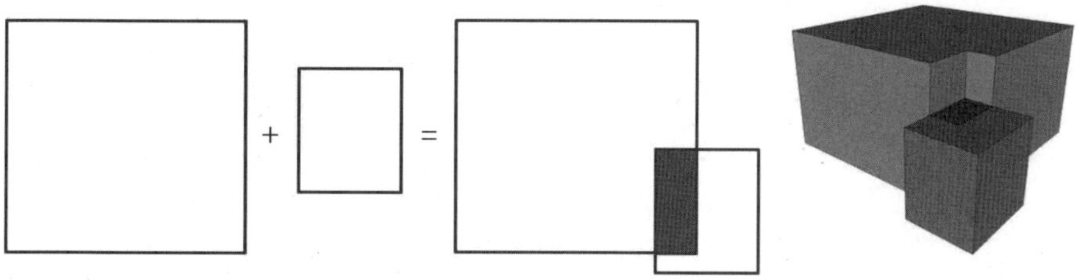

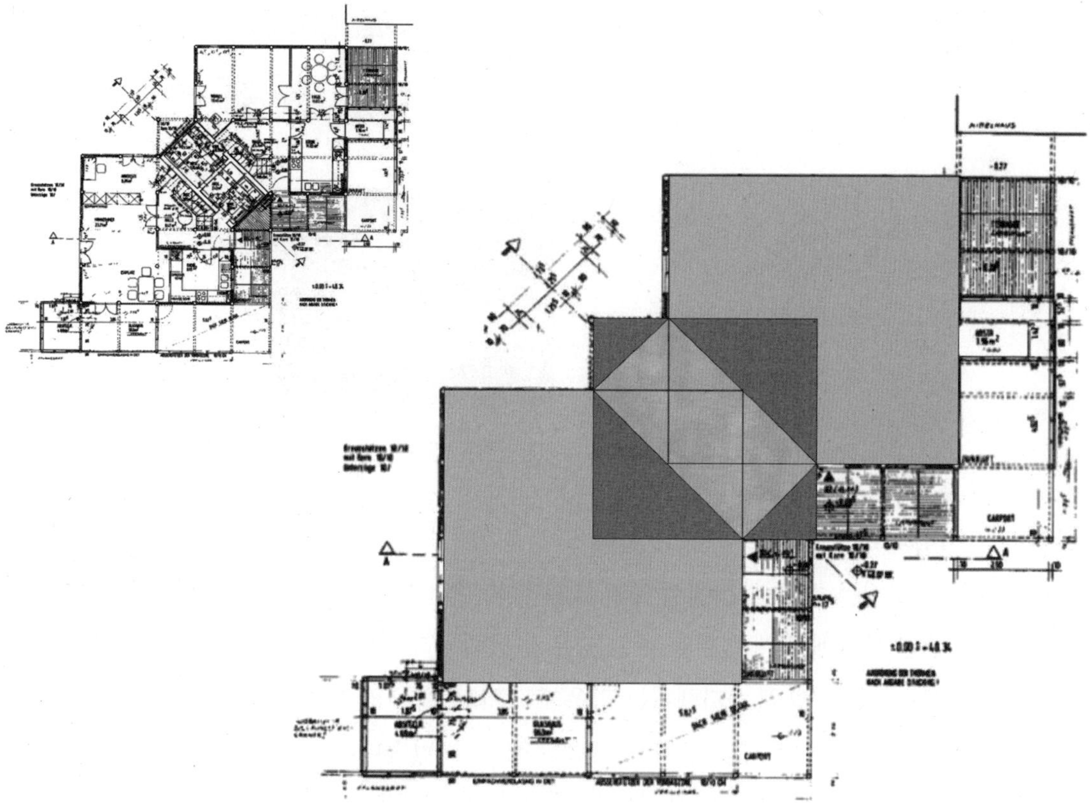

[그림 III-11] Otto Steidle_그린하우스(1982~1985), 베를린

[그림 III-12] 더하기_공유

III. 형태 만들기도 두 가지뿐이다

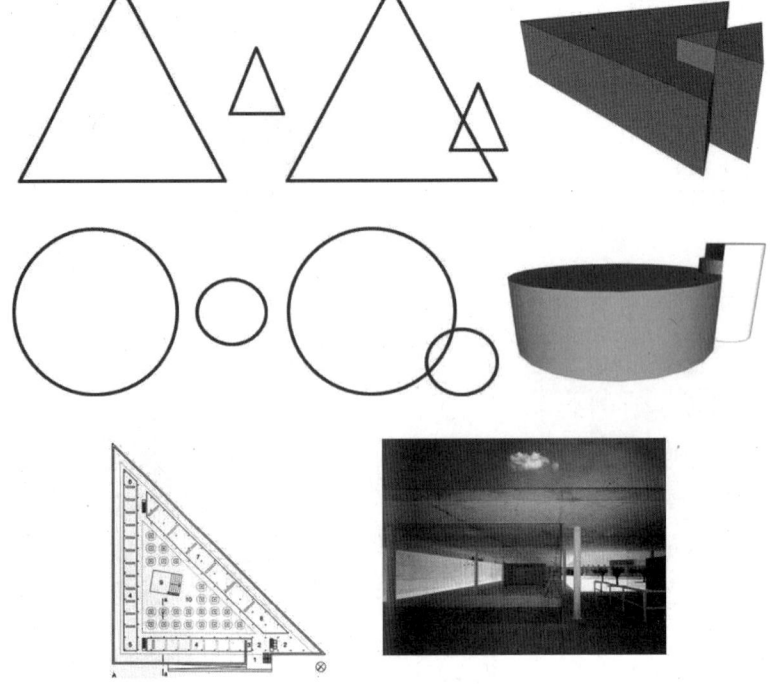

[그림 III-13] 삼각형과 원

[그림 III-14]의 그림들은 동일한 형상 속에서 변형되거나 새로운 조직을 형성하는 원리입니다. 일반적으로 설계를 하는 과정에서 예기치 않았던 조건들이 발생하면서 계획하지 않았던 변경이나 또는 주변 상황에 맞게 변형을 하는 경우가 있습니다. 예를 들어 분할되는 형태는 지형학적 또는 건축법규상 변경이 불가피해지는 경우에 생기고, 형상의 추가조직은 건축에서 일반적으로 사용되는 예로 목적한 바 기능을 원하는 경우 생길 수 있습니다. 그리고 형상의 첨가 또는 침투와 같은 작업은 외부와 내부간에 생기는 갈등의 결과로서 발생되는 경우도 많습니다. 이 많은 원리를 암기하여 머리 속에 넣으려는 노력을 할 필요는 없습니다. 그러나 여기에서 공통적인 것을 찾아 보면 변형과 첨가 그리고 공간의 침투가 일어났어도 본래의 형상을 우리가 읽을 수 있

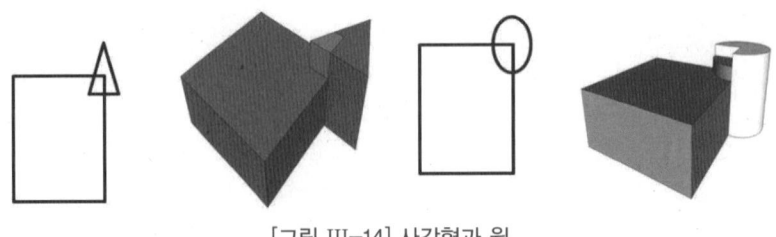

[그림 III-14] 사각형과 원

다는 것입니다. 바로 이 본래의 형상이 작업의 근본이며 여기에서 출발했다는 것입니다. 우리가 다른 설계자의 작품을 살펴볼 경우 디자인의 출발이 어느 형상을 기초로 하여 시작하였으며 어느 변형이 있었고 또한 왜 이러한 변형을 갖고 왔는가를 읽을 수 있다면 훨씬 더 재미있고 자신의 설계를 하는 과정에서 형태가 우연적으로 생기지 않았다는 것을 염두해 두게 될 것입니다.

[그림 III-15]는 Salzburg에 있는 Gustav Peichl의 ORF 방송국 평면도와 모형입니다. 이 형태를 보면 원과 사각형이 접합하여 전체 형태를 이룬 것으로 사각형의 한 모서리가 원의 중심과 일치하며, 세분화된 원의 중심들이 하나의 점에서 일치하며, 원이 여러 개로 세분화되는 형태를 취하고 있고 원의 호가 각기 다양한 위치에 인접하며 각 세분화된 원의 레벨이 다양하게 있는 것을 볼 수 있습니다. 이 형태는 두 개 이상의 형태가 접합한 좋은 예로서 전체를 이루는 두 개의 사각형과 원 자체도 스스로 세분화되는 작업을 보이면서 형태 구성에 좋은 예가 됩니다.

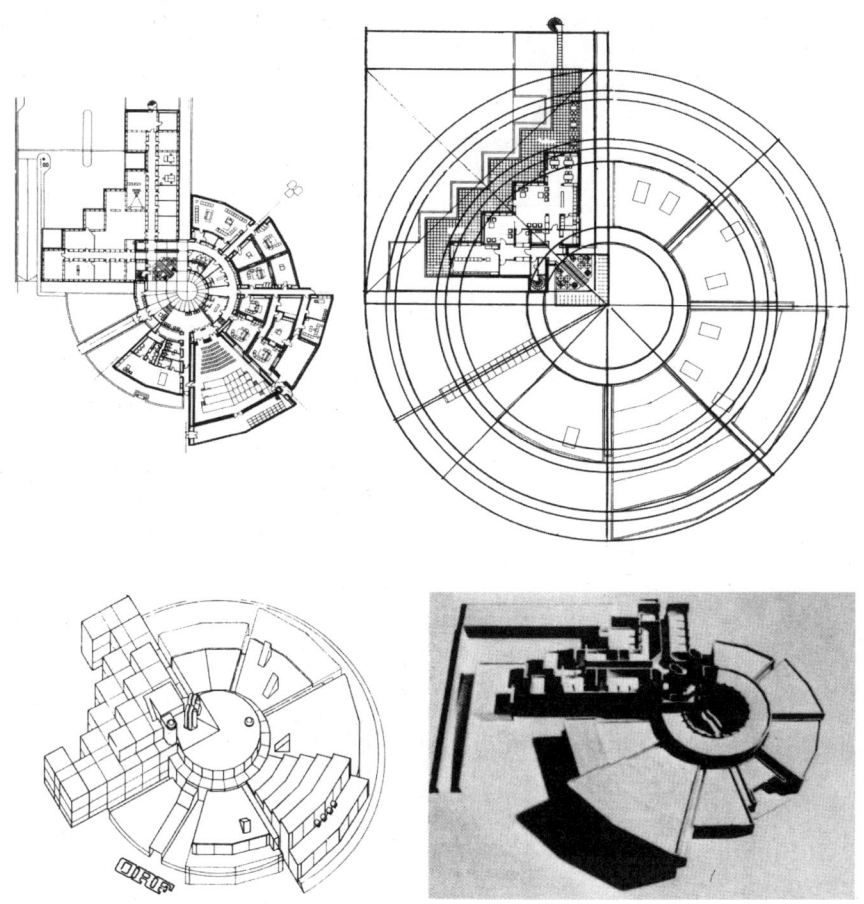

[그림 III-15] Gustav Peichl_ORF Studio(1969~1972), Salzburg

[그림 III-16]은 두 개 이상의 형태가 인접하는 경우 작은 형태는 입구로 많이 사용이 됩니다. 이는 전체 형태에 연속성을 차단시켜 포인트적인 이미지로 암시적인 의미를 가지려고 하기 때문입니다.

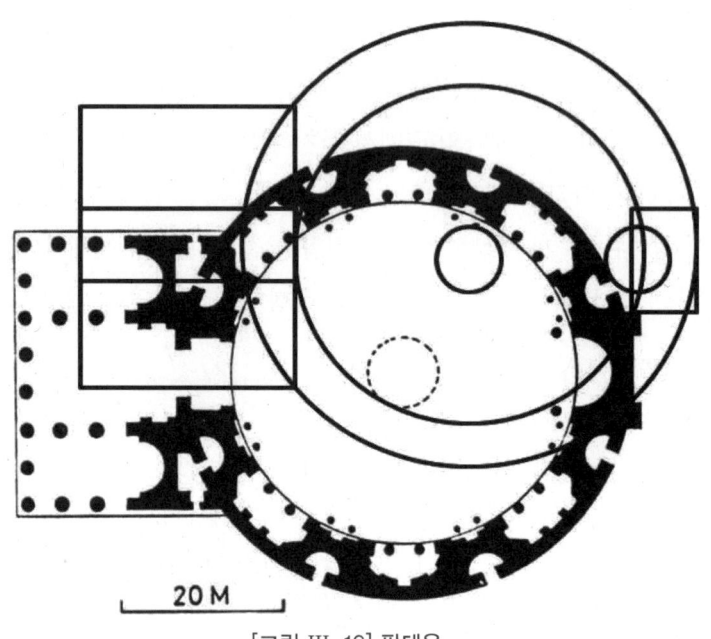

[그림 III-16] 판테온

[그림 III-17]의 경우에는 각 공간이 다른 형태를 개별적으로 갖고 있으면 인접하는 사이 공간은 공용공간의 의미로, 각 공간에 기능을 배분하는 역할을 할 수도 있습니다. 4개의 유닛트로 개별적인 아파트로서 가운데 복도를 통하여 각 유닛트로 분배되는 형식을 취하고 있습니다.

[그림 III-18]은 필요에 따라서 주형태에 하나의 형태가 첨가되기도 하지만 그 외에 몇 개의 형태를 더 첨가하여 목적을 달성하기도 합니다. 주변에 다른 형태를 첨가할 수도 있고 또는 '형태

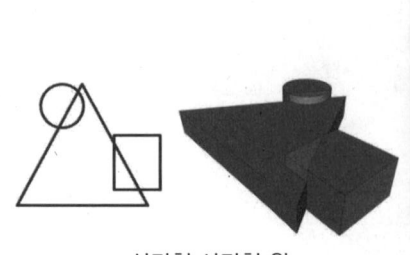
삼각형 사각형 원

프랑스 아파트

[그림 III-17]

건축인문학

안에 형태'를 만들 수도 있습니다. 그 내부에 들어간 형태는 때로 코아가 될 수도 있고 아니면 특수한 기능을 수행하는 공간이 될 수도 있습니다.

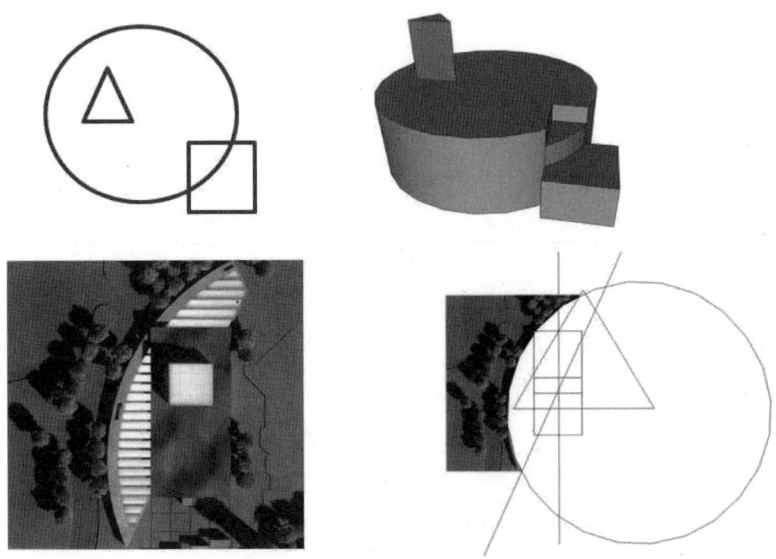

[그림 III-18] 리차드 마이어

[그림 III-19]는 수평성이 강한 전체 형태에 한 쪽 영역은 높낮이가 다른 수직적인 요소를 접합시켜 전체적으로 무게감을 달리하였으며, 다이나믹한 형상을 취하고 있으면서 집합과 분배라는 상반된 이미지를 보여주는 것입니다.

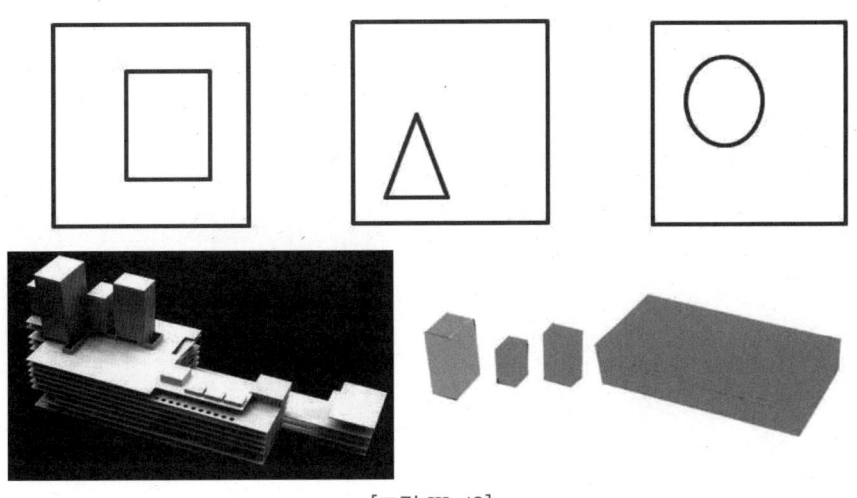

[그림 III-19]

[그림 III-20]은 일반적으로 하나의 형태에 다른 형태가 접합이 된 경우는 외형적이거나 외부 이용자와 밀접한 관계를 가질 수 있지만 내부에 다른 형태가 놓여질 경우는 구조적으로 안정된 성격을 가지려고 하거나 특별한 공간적 해결을 위한 방법으로 이용되는 경우가 많습니다.

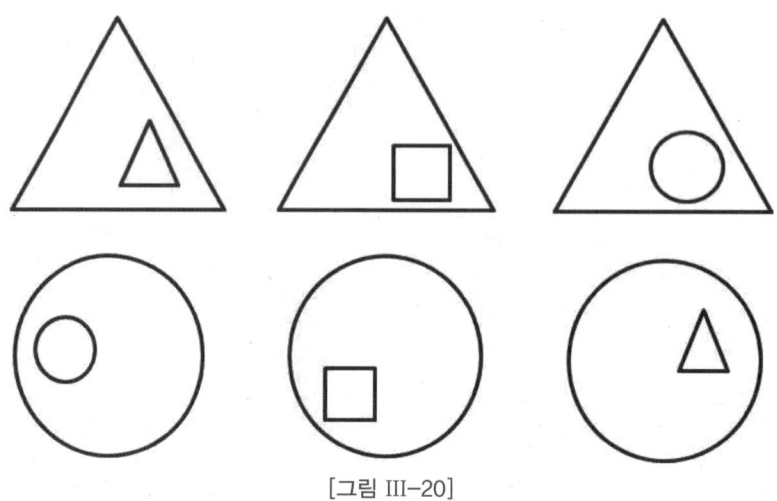

[그림 III-20]

[그림 III-21]의 원형 평면도는 1999년 레기스 지방의 소년원에 대한 건물 공모전에 출품된 작품 중 하나로 원은 양 쪽의 사각 건물과 공유공간을 갖고 있으며 중앙에 위치한 사각건물도 H 모양의 형태를 취하면서 이미지적인 구조를 꾀하고 개별적인 형태를 취하면서 각자 독립적인 공유공간을 형성하고 있습니다.

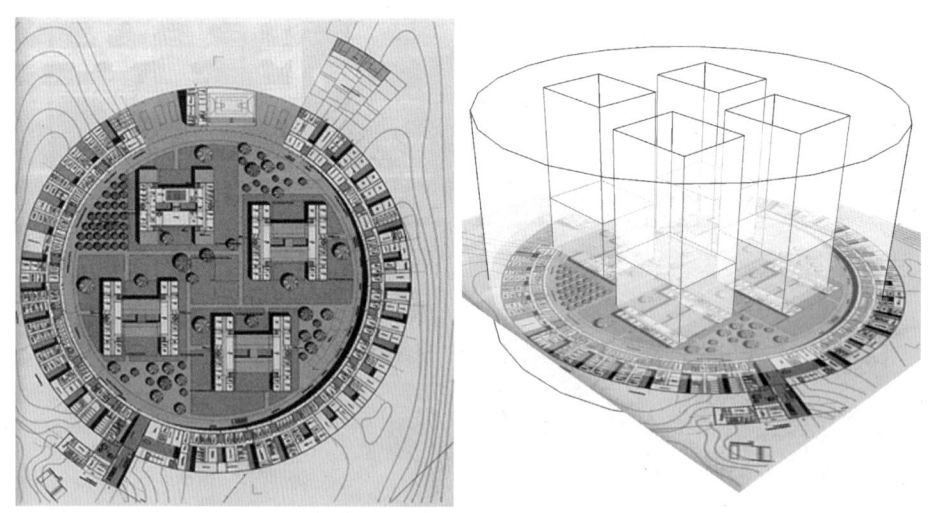

[그림 III-21] 레기스 지방의 소년원(1999년)

## 4. 불규칙적인 형태와 규칙적인 형태 조합

불규칙적인 형태와 규칙적인 형태의 만남은 중성적인 형상 이미지를 노리는 것으로 안정감과 다이나믹이 합쳐져 상반됨의 결과를 만들어 보려는 데 그 의도가 있습니다. 여기서 불규칙적인 형태가 내부 · 외부 또는 주형태 · 부속적인 형태 등 각각의 공간이 역할을 담당하면서 어떤 성격

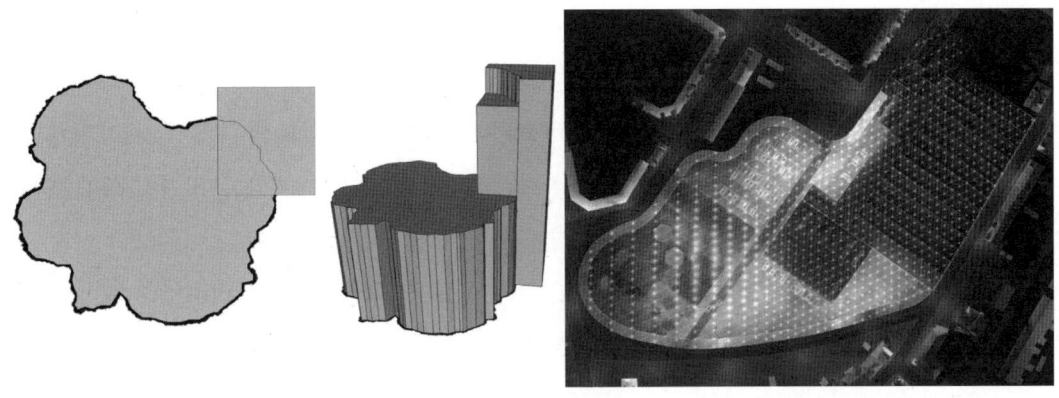

[그림 III-22]

[그림 III-23]

III. 형태 만들기도 두 가지뿐이다

을 갖는가에 따라서 그 이미지는 합쳐지는 상황에서도 다르게 나타날 수 있습니다.

[그림 III-22] 형태의 경우 불규칙적인 형태 안에 규칙적인 형태가 배열도 규칙적으로 보여 안정된 이미지를 보여주고 있습니다. 즉 규칙적인 형태가 내부에 존재하는 것이 외부에 테두리로 존재하는 것 보다는 전체적인 배열에 안정감을 줍니다.

[그림 III-23]은 불규칙적인 형태 안에 규칙적이든 아니든 여러 형태가 존재하는 경우에는 그렇지 않은 경우보다 더 다이나믹한 이미지를 줍니다. 이러한 경우에는 내부에 존재하는 여러 개의 형태 배열이 중요한 요소로 작용을 합니다.

규칙적인 형태가 주형태가 되고 불규칙적인 형태가 인접했거나 내부에 들어간 부속 형태일 경우 그 반대의 경우처럼 포인트적인 역할을 하는 것처럼 보입니다. 그러나 규칙적인 형태가 주형태일 경우가 더 안정되고 불규칙적인 형태를 더 돋보이게 할 수 있습니다.

형태가 인접하여 있는 경우 [그림 III-24] (a)는 형태가 내부에 있는 경우 (b)보다 그 독립성이 강하지만 부수적인 공간으로서 역할을 하는 경우가 많습니다.

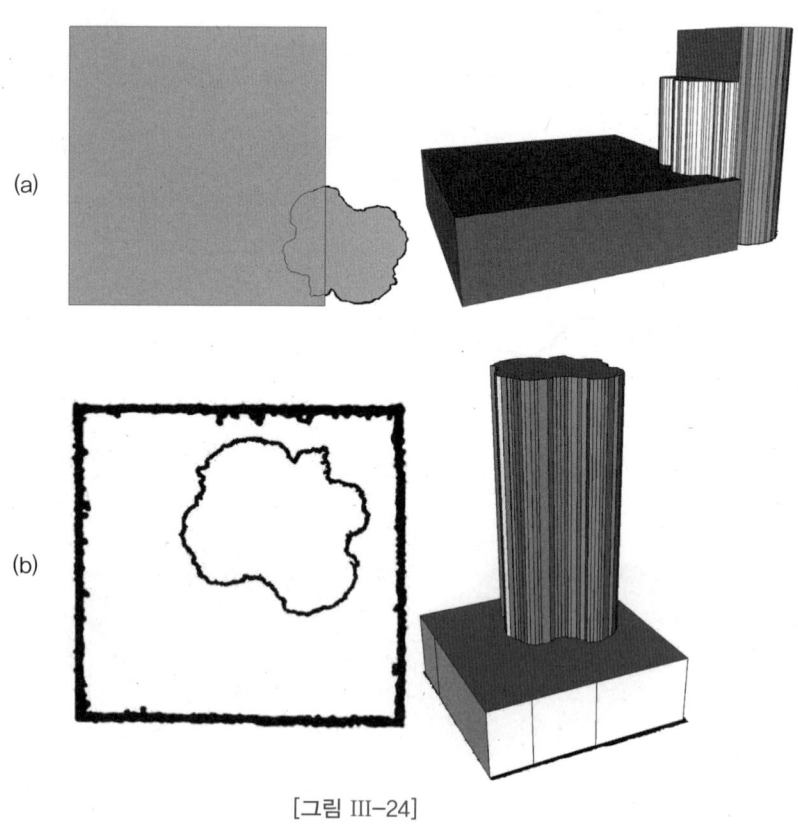

[그림 III-24]

## 5. 불규칙적인 형태와 불규칙적인 형태 조합

불규칙적인 형태의 조합은 어느 형태보다도 상당히 다이나믹하고 쉽게 읽히지 않은 형태의 특성을 갖고 있습니다. 모든 형태의 구성이 그렇듯이 이 형태가 나오게 된 배경에는 다이나믹한 콘셉트를 시작으로 했기 때문입니다. 수직과 수평은 안정된 형태를 만들게 되는 특성이 있는 반면 다른 각도를 만드는 선들은 예상되는 방향을 나타내지 않기 때문에 훨씬 더 이미지적으로 운동력있는 형태로 보이는 것입니다.

[그림 III-25]처럼 이렇게 불규칙적인 형태의 조합에는 공간활용을 신경을 써야 합니다. 그러나 공간의 흐름과 공간의 연결에 있어서 내부적으로도 기억되는 형태를 만드는 데 유리한 장점이 있습니다. 이러한 형태의 발생은 일반적으로 주어진 요건에서 발생한다기 보다는 추상적이고 비 시각적인 차원에서 출발하는 경우가 일반적입니다.

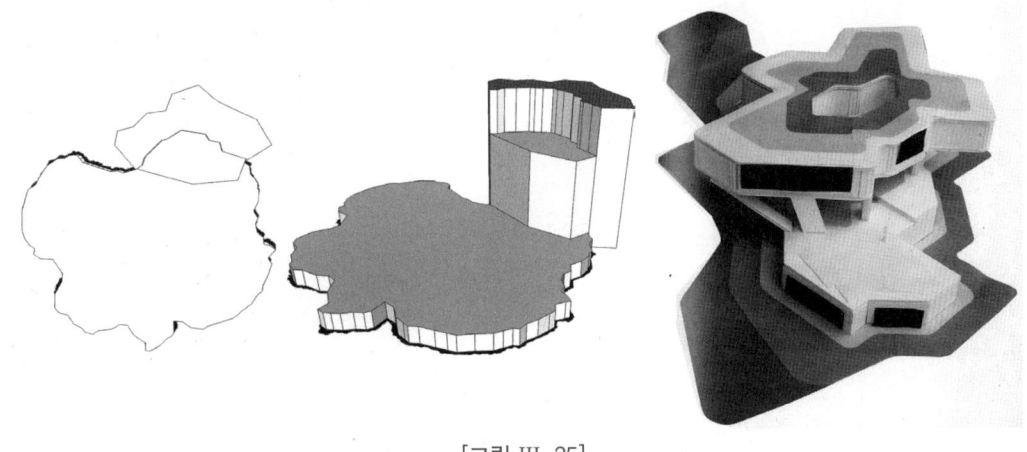

[그림 III-25]

III. 형태 만들기도 두 가지뿐이다

[그림 III-26]의 조형은 학생들이 형태를 더하는 연습을 위하여 진흙으로 작업하는 것입니다. 규칙을 두지 않고 자신의 감각에 맞추어서 자연스러운 구성을 해 나가는 것입니다. 형태를 구성할 때 일정한 축 또는 질서를 두지 않고 형태를 첨가하며 자연스러운 구성을 만들어 보는 것입니다. 이것이 형태구성의 더하기입니다.

일반적으로 과거에는 형태들이 외벽을 경계선으로 하여 대부분이 내부에 존재하였습니다. 외형적으로 형태를 변화시키는 방법으로 장식을 사용했으며 이는 형태를 더한 것이 아니고 장식을 첨가하는 방식이었기에 3차원적인 형태로 보기는 어렵습니다.

[그림 III-26]

그러나 일부 건축가들은 외벽에 숨겨진 그 형태들을 찾으려고 노력을 하였습니다. 사실 그 외벽으로 가려진 형태 뒤에는 다양한 요소가 있음을 알고 그 숨겨진 형태가 본질이라는 의식을 갖게 된 것입니다. 그래서 박스의 형태와 같은 껍데기를 벗겨버리는 시도를 하게 되었고 벗겨 버린 외부 껍데기 안에서 그 내부 형태를 찾을 수 있었던 것입니다. 이는 곧 더하기의 반대 방법을 말하는 것입니다. 이것이 바로 [그림 III-27] 라이트의 '해체시킨 박스'입니다. 박스의 본질은 박스의 형태가 아닌 그 안에 담겨져 있는 그 내용 곧 공간입니다.

형태를 구성하는 데 있어서 규칙이란 없습니다. 설계 콘셉트가 영향을 많이 주고 때로는 설계자의 의도가 주된 작업 의도로 작용합니다. 그러나 내부적으로 자유로운 형태가 가능한 상태인

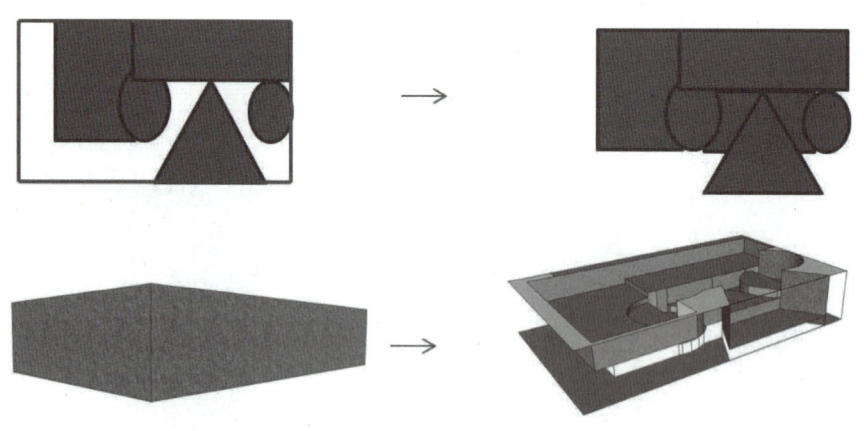

박스 안에 모든 형태가 가려져 있다.     박스를 제거하여 내부 형태가 개방되었다.

[그림 III-27] 클래식과 모던의 형태 차이

데 평소 작업 버릇처럼 모든 형태를 외곽선 테두리에 가두어서 형태구성에 대한 자율적인 반응을 막을 수도 있습니다.

[그림 III-28]은 반구축에 대한 예로서 모든 형태의 자율적인 모습을 강조한 것입니다. 당시의 시대상황이 비일상적 기하학의 형태 언어의 구성주의를 보여주는 상황에서 모든 공간이 자율적인 조직과 형태를 유지하면서 존재를 했습니다. 이 내용의 초기에 사칙연산 중 더하기라고 이름 붙였지만 사실상 이러한 구조 형태를 이해시키기 위한 단어 선택으로 구성에 대한 반구축과 구축에 대한 작업을 설명하려고 여기까지 온 것입니다.

[그림 III-28] 반구축

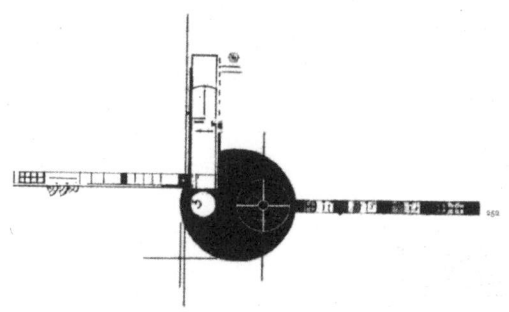

이반 레오니도프_레닌 인스티튜느(1927)

[그림 III-29]의 형태를 관찰하면 관찰자가 무엇을 먼저 보거나 어느 형태를 인식하게 되는가 의문을 가져보기도 합니다. 우리가 하나의 형태를 보면서 동일한 사고를 가져야 하는 것은 아닙니다. 그러나 시작과 설계자의 의도가 동일해야 한다고 생각합니다. 거기서 출발하여 진전되는 사고는 다양한 형태를 만들어야 할 것입니다.

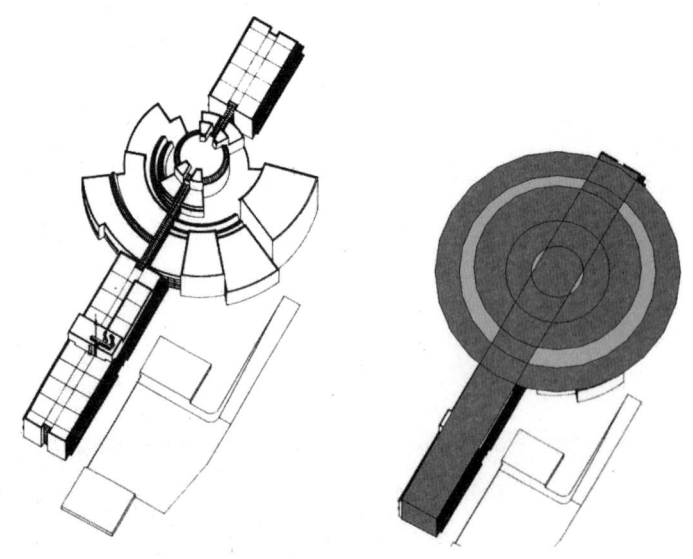

[그림 III-29] 분해 2

[그림 III-30]의 형태에서 우리는 초기 작업의 다양한 형태를 상상해 볼 수 있습니다.

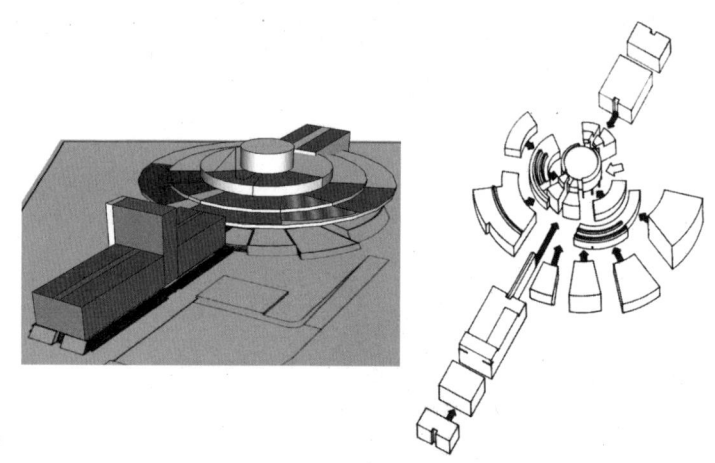

[그림 III-30] 분해 1

원본의 형태에서 형태를 분해하여 얻을 수 있는 분해 1과 2를 나타내 보았습니다. 그러나 [그림 III-30]의 형태 분해도를 보면 훨씬 설득력이 있다는 것을 느끼게 됩니다. 이 형태 더하기라고 이름 붙여진 방법을 연습하는 이유는 바로 정확한 형태 읽기와 구성을 하는 데 도움이 되기 때문에 시도해 보는 것입니다.

## 6. 더하기 샘플 도면

[그림 III-31]의 도면을 살펴보면 좌우로 놓여 있는 두 개의 사각형(위 그림에서 작은 도면)을 수평 띠 형태의 직사각형으로 연결하였으며, 이 띠의 위 아래로 다시 두 개의 원이 공용공간을 형성하고 있습니다.

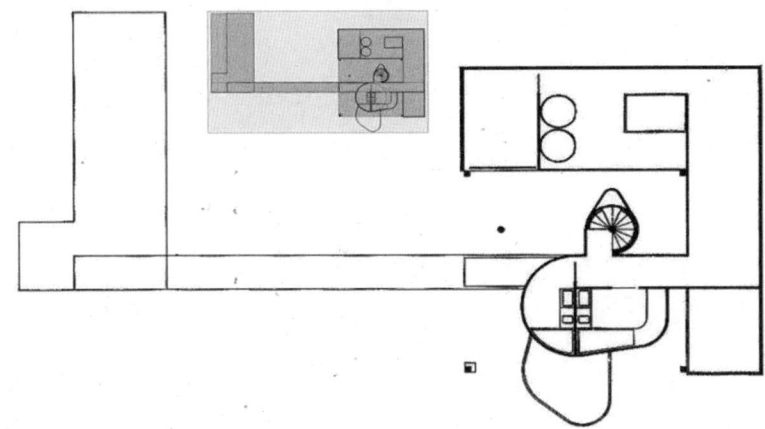

[그림 III-31] John Hejduk_Fred Trevisano House

[그림 III-32]의 경우 기본적인 도형인 사각형, 삼각형 그리고 원 3개를 모아서 전체 형태를 만들고 각 형태의 중심을 이루는 부분이 서로 마주보게 만들었으며 전체적인 테두리를 만들어 보면 형태는 정사각형의 영역 안에 들어차는 테두리를 만들면서 작업이 이루어졌습니다.

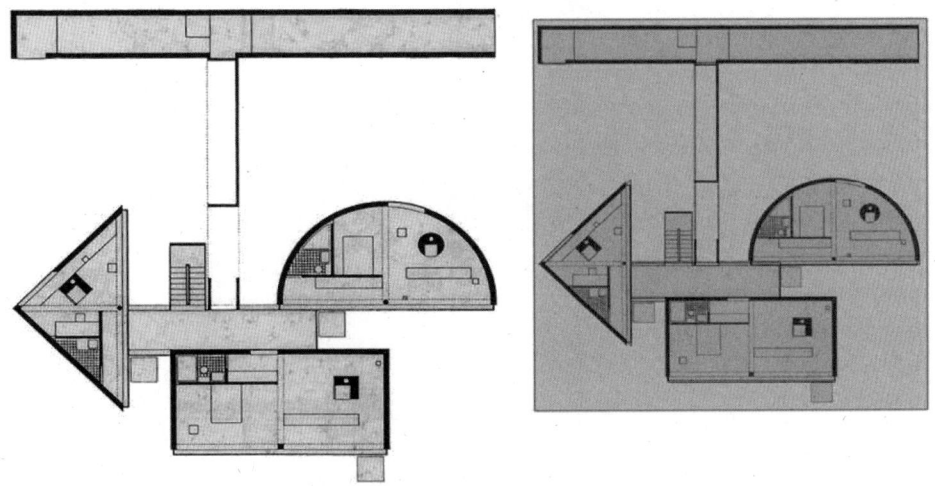

[그림 III-32] J.Hejduk_One-half House(1966)

[그림 III-33] (a)의 그림은 하나의 전체 형태에서 설계작업 중 내부의 여러 형태의 변화를 통하여 공간 구성이가능하다는 것을 보여주기 위하여 위아래로 배열해 보았습니다. 좌측의 공간은 두 개 크기의 원을 중심으로 공간 형성을 하고 있고 오른편은 작은 원이 사라지고 다른 형태

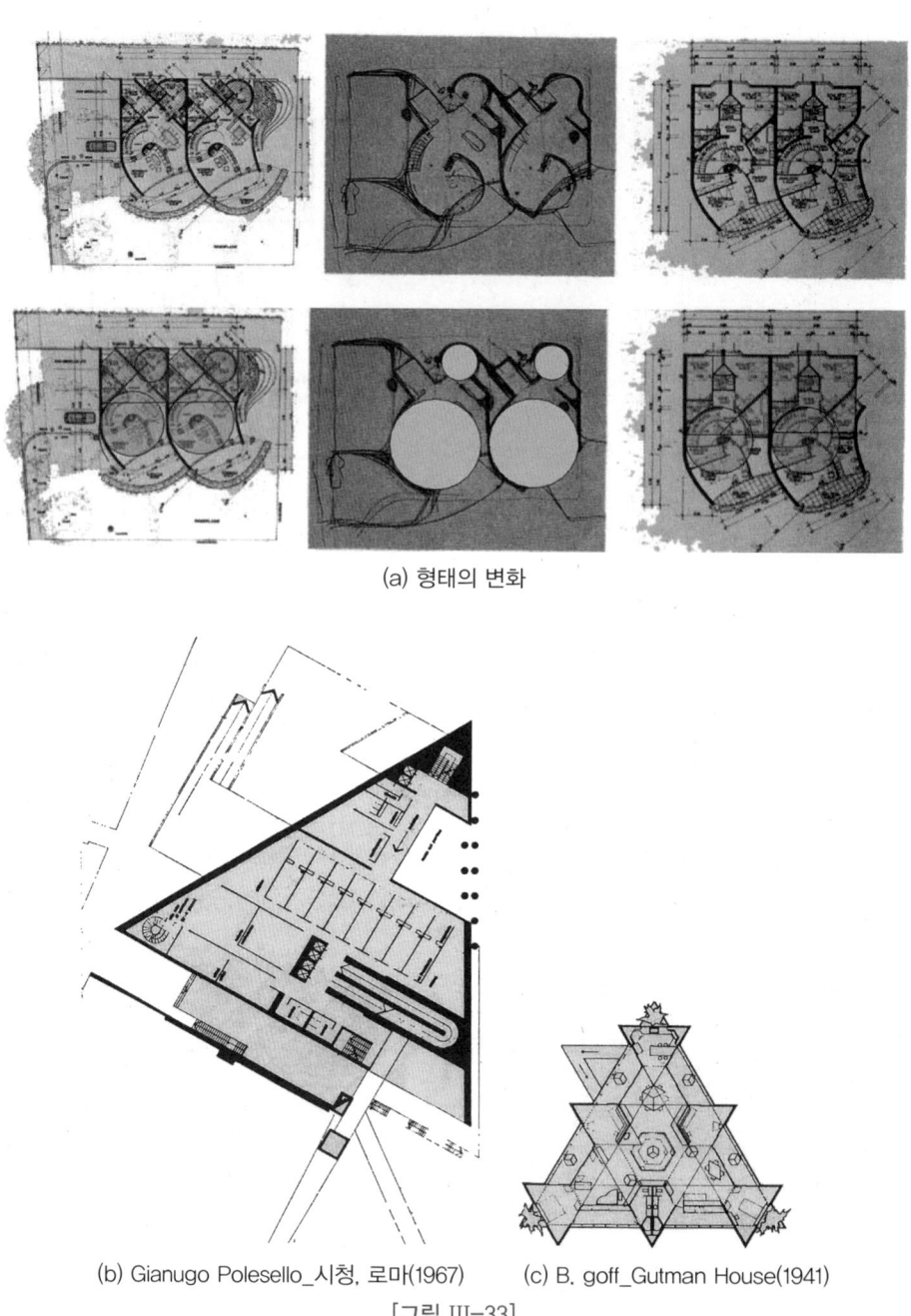

(a) 형태의 변화

(b) Gianugo Polesello_시청, 로마(1967)   (c) B. goff_Gutman House(1941)

[그림 III-33]

를 이용하여 공간 구성을 하고 있습니다. 이렇게 공간의 형태에 따라서 벽체의 구성이 달라지지만 실질적으로는 구조와 많은 관계가 있습니다.

[그림 III-33] (b), (c)의 도면에서 굵은 선은 구조체를 보여주는 것으로 사실상 공간의 형태는 시각적으로 비 내력벽도 만들고 있지만 설계상 내력벽의 배치 위치가 공간 형태를 이루는 주 구성입니다. 그렇기 때문에 두 개 이상의 형태가 관계를 갖게 되면 구조체의 위치에 따라서 공유면적, 한 공간에 속한 면적 또는 독립적인 공간 등이 구분되는 것입니다

Franco Fonatt는 삼각형으로 평면을 구성할 때 효율적인 방법을 [그림 III-34]와 같이 제시해 보기도 하였습니다. 이는 삼각형이라는 형태의 특성을 분석하여 그에 따른 특성에 따라서 작업해 본 것이지만 이 작업의 배경에는 다른 요소가 영향을 준다는 것을 보여주고 있는 것입니다.

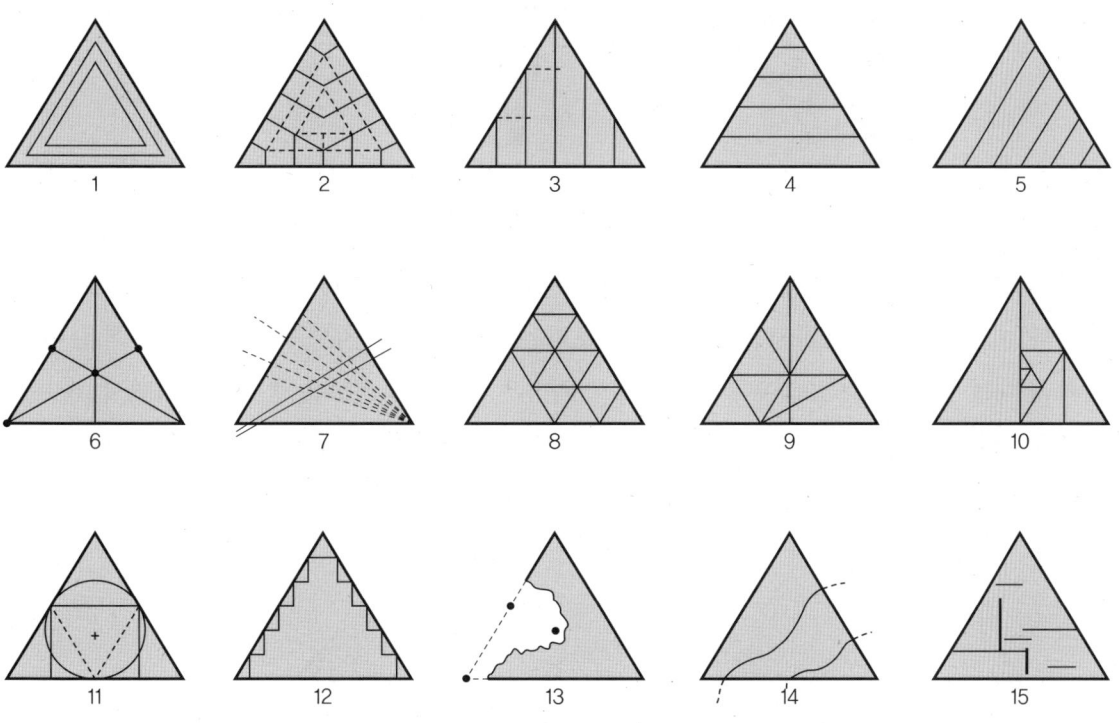

[그림 III-34] Franco Fonatti_삼각형의 평면방법(1980)

[그림 III-35]의 그림에서 Aldo Loris Rossi는 공간의 다기능 형태를 다양한 형태의 조합을 통하여 구성되는 것을 보여준 것입니다. 이렇게 다양한 형태의 조합에는 가능한 주기능을 하는 형태의 크기가 중심이 되어 나머지 공간은 기능에 따라 배열하는 것이 좋습니다.

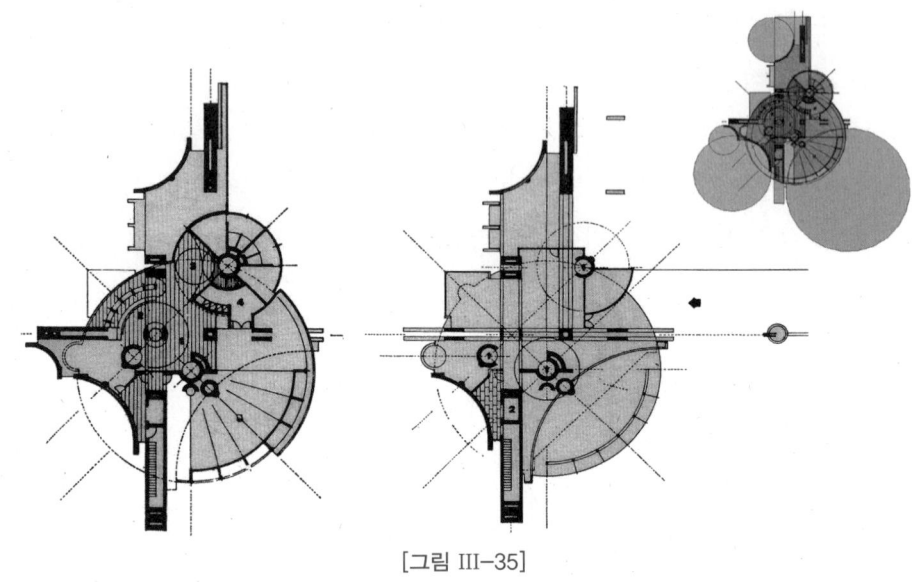

[그림 III-35]

앞에서는 불규칙적인 형태라고 이름을 붙였으나 자유로운 형태라고 부르는 것이 더 호감을 줍니다. 이러한 형태들은 마치 인공적인 형태보다는 동굴과 같이 자연의 형태에 더 가까운 이미지를 준다는 것을 알 수 있습니다. 일반적으로 외형은 이렇게 자유로운 형태를 취하면서 내부는 구조의 틀을 맞추려고 규칙적인 형태를 유지하기도 하는 데 자유로운 형태가 콘셉트라서 가능하다면 내부도 그러한 형태를 유지하여 불규칙적인 공간 구성을 유지하는 것도 자연스럽게 보입니다.

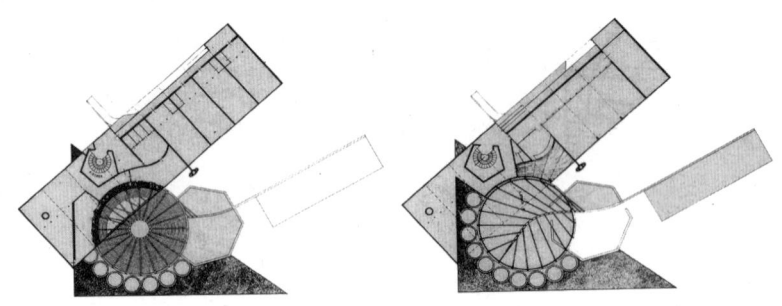

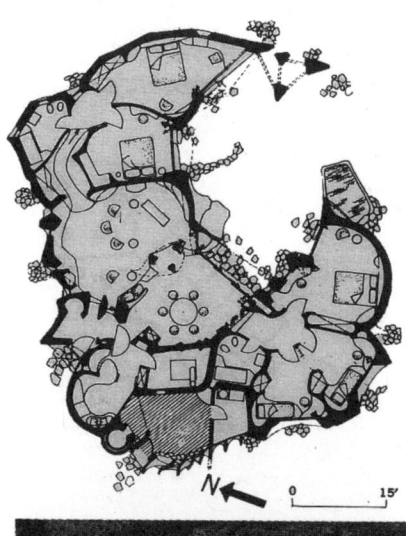

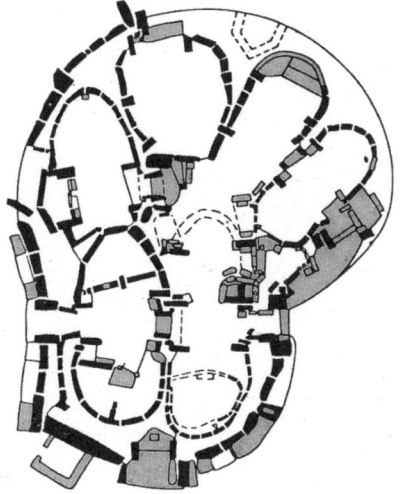

Gian Simonetti, House      Tumulus von Hagar Qim auf Malta

III. 형태 만들기도 두 가지뿐이다

CHAPTER 03

빼기

앞 장에서 다룬 것처럼 하나의 형태에 다른 형태를 부가시켜 만드는 작업이 있습니다. 그러나 이와는 반대로 하나의 형태를 다양한 형태로 변화시키는 방법으로 일부분을 제거하면서 작업하는 방법 또한 존재합니다.

형태에서 빼기라는 작업 방법이 더하기 방법과 구분이 어려울 수도 있습니다. 그러나 빼기의 작업방법은 외부의 테두리를 연결하면, 원형을 그대로 유지하지 않으면서 원형을 찾을 수 있는 형태 작업을 말합니다. 이 작업방법이 다양하기도 하지만 여기에도 규칙이 있는 것이 좋습니다. 특히 형태나 대지 또는 어디선가 일정한 축을 만들어 와서 그 축을 기본으로 형태 빼기를 한다면 복잡한 방법이라도 기본적인 틀을 벗어나지 않고 작업을 진행할 수 있어서 오히려 읽히는 작업이 됩니다.

[그림 III-36]의 형태는 학생들이 수업 중 형태 빼기를 연습하기 위하여 진흙을 사용하여 만들어 본 것입니다. 외곽의 선을 연결해 보면 우리는 이 형태를 통하여 학생이 어떤 초기

[그림 III-36]

형태를 시작으로 하여 이 결과를 얻게 되었는지 알 수 있습니다. 이 작업은 직육면체에서 시작하여 대각선 대칭을 이루어가며 형태가 서서히 감해진 것입니다.

[그림 III-37]의 그림 또한 전체적인 형태를 만들고 이에 따라 형태를 영역별로 구분하면서 빼기를 통하여 형태 구성하는 연습을 해본 것입니다. 이렇게 형태구성에 있어서 빼기라는 것은 더하기와 반대로 본래 형태에서 부분적으로 감해지면서 완전한 형태를 이루지는 않지만 우리는 외곽선의 흐름을 통하여 전체 형태를 찾아낼 수 있는 것입니다.

빼기의 형태는 본래 어떤 형태가 변형된 것인가 알 수도 있지만 반대로 어떤 형태에 의하여 변경이 됐는지도 알 수 있습니다. 원형이 되는 주체에서 빼기를 할 경우 [그림 III-38] (a) 그룹의 그림처럼 다른 형태를 빼는 경우와 [그림 III-38] (b) 그룹의 그림들처럼 동일한 형태를 빼는 경우 보여주는 이미지는 다르게 나타납니다. 빼는 양과 형태의 선택을 결정하는 것은 여러 가지 요인에 영향을 받겠지만 면적에 가장 많은 영향을 주기 때문에 작업 전 여러 가지 시도를 해보는 것이 좋습니다. 그러나

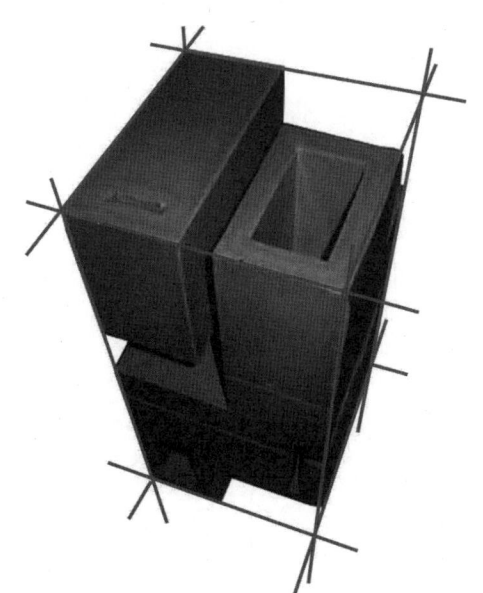

[그림 III-37] 콘크리트 모형 연습

작업방법에 굳이 규칙을 둘 필요는 없지만 처음에는 일정한 방법으로 연습을 하고 이에 따른 감각을 키우면서 형태 변화를 이해하는 것도 좋습니다.

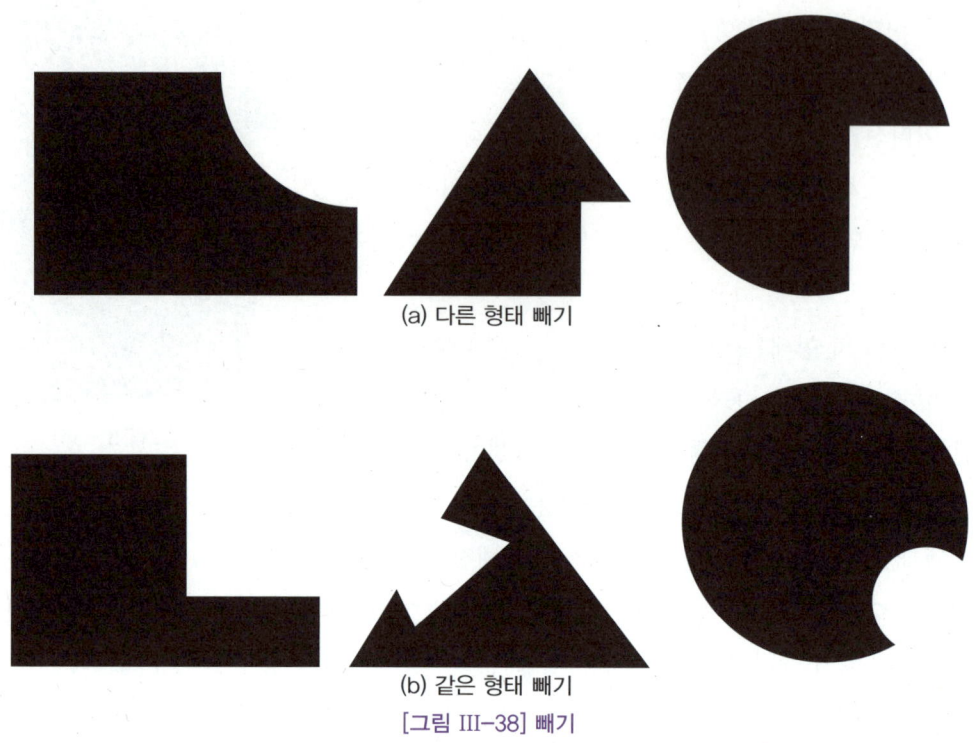

[그림 III-38] 빼기

[그림 III-39]의 그림들은 더하기 부분에서 대지의 축과 건축물 축의 관계를 응용하여 배치상태를 보여준 것입니다. 설계 작업에 있어서 형태구성에 영향을 주는 요인은 많습니다. 그런데 대지의 축이나 건축물의 축은 이 영향 중에서 매우 중요한 역할을 합니다. 특히 형태와 축은 곧 하나라고 볼 수 있습니다. 형태가 없는 것은 축도 없으며, 축이 있다는 것은 곧 형태가 있다는 것입니다. 대지의 축은 곧 대지의 형태를 말합니다. 이 부분에서 대지의 축을 다루는 부분에서 한 번 언급해 보기로 합니다.

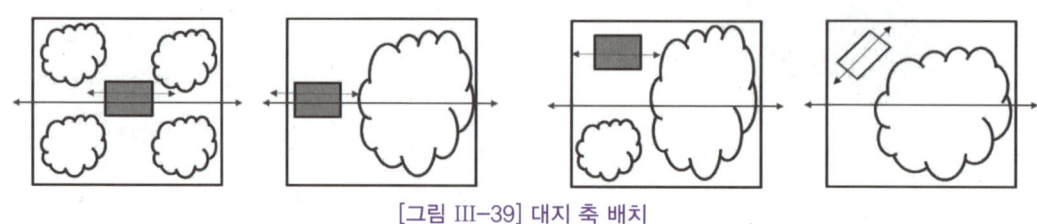

[그림 III-39] 대지 축 배치

[그림 III-40]의 그림에서 대지의 축을 찾았다는 것은 대지의 형태를 인식했다는 것입니다. 대지를 하나의 공간으로 보았을 때 그 안에 놓여지는 형태가 영향을 받게 되는데 이 작업의 경우 건물의 형태에 대지의 축을 기준으로 빼기 변형을 해 보는 것입니다. 형태에서 가장 짧은 동선은 축입니다. 축이 가장 짧기 때문에 복도와 같은 이동 공간의 축으로 사용하면 효율적입니다.

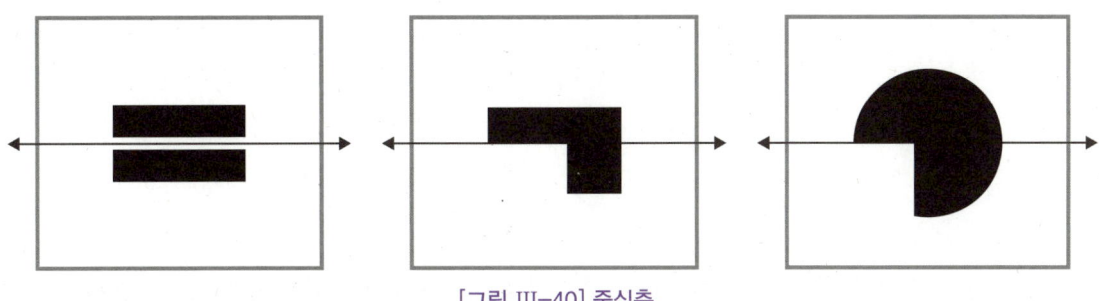

[그림 III-40] 중심축

축이 눈에 보이지는 않지만 우리의 무의식은 축에서 만들어지는 형태의 위치를 알고 있습니다. 그렇기 때문에 축을 통하여 형태 정렬의 위치 평가를 판단할 수 있는 것입니다. 그 평가의 바탕에는 보이지 않는 축의 흐름이 있기 때문입니다. [그림 III-41] 그림처럼 축의 범위 안에 건물의 형태가 자리잡고 있을 때 안정감이 있다고 말합니다. 이러한 바탕에서 형태 변화도 축을 기본으로 변화하는 것이 안정감을 유지할 수 있으며 안정적인 형태위치 작업이 진행될 수 있는 방법입니다.

축이 두 개 이상의 경우에도 마찬가지로 형태의 변화를 줄 경우에 그 축을 벗어나지 않는 범위 내에서 작업을 한다면 변경이 많은 경우에도 전체적인 형태가 흐트러지지 않은 모양을 유지할 수 있습니다. 물론 이 방법을 제시하는 것은 가장 기본적인 변형 방법으로 이 방법을 이해하

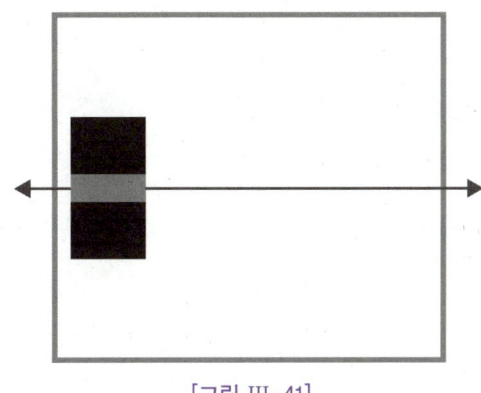

[그림 III-41]

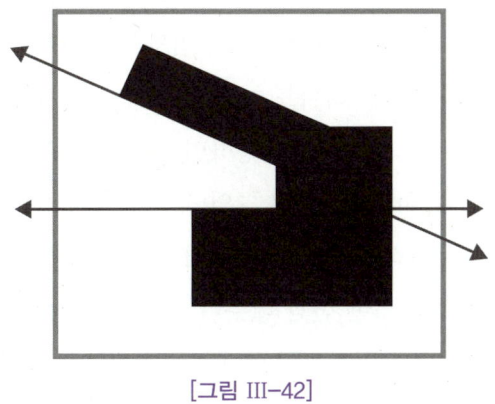

[그림 III-42]

였다면 안정적인 형태를 벗어나기 위하여 그 축을 의도적으로 벗어나서 할 수도 있습니다. 후에 설명하겠지만 이 축이 바로 포스트해체주의 또는 네오모던과 같은 형태의 구분에 중요한 기준이 된다는 것을 알게 될 것입니다.

[그림 III-43] (a)의 건물은 I. M. Pei의 현대 갤러리 동관입니다. Pei는 삼각형 형태를 주로 다루는 건축가입니다. 정면으로 봐서는 삼각형의 형태가 나타나지는 않지만 평면적으로 삼각형의 빼기를 한 형태입니다. [그림 III-43] (b)의 그림에서 평면의 각 모서리 면을 연결하여 중심부에 다시 삼각형을 만들어 내는 형태로 각 변에서 다시 삼각형의 형태를 빼기한 작업의 의도를 볼 수가 있습니다. 지붕 부분에 천창을 이루는 프레임도 삼각형의 형태를 의도적으로 만들어 낸 것을 볼 수 있습니다.

(a)

(b)

[그림 III-43] I.M.Pei_현대갤러리 동관(1976년)

[그림 III-44]의 그림은 리차드 마이어의 2000년 교회입니다. 리차드 마이어가 형태를 채우지 않고 여러 개의 외피를 구성하면서 void와 solid의 공존을 나타내고자 하는 그의 작업 의도가 돋보입니다. 그는 백색을 통하여 형태의 비움과 채움을 교차시켜 형태 또한 면과 테두리를 사용하여 이미지적인 형태를 만들고 있습니다. 외피로 쓰이고 있는 그의

[그림 III-44] (a) 리차드마이어_2000년 교회

곡선 벽을 연장하면 이 형태가 원에서 출발했다는 것을 알 수 있을 겁니다. 곡선은 원에서 왔고 원의 사이에 면이 존재함을 보여주고 있습니다. 그의 스타일이 잘 나타나는 건물로 그는 대체적으로 백색의 마술사이기도 하지만 꼭 외피적인 이미지 요소를 사용하는 것을 이 형태에서 알 수 있습니다.

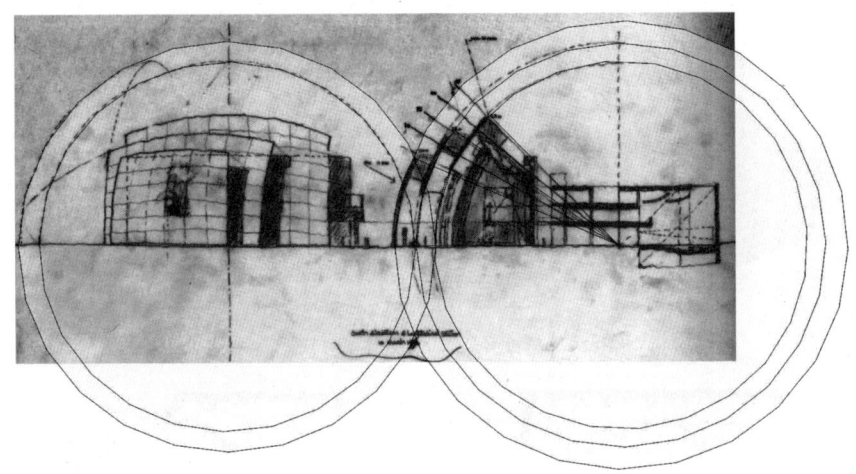

[그림 III-44] (b) 리차드마이어_2000년 교회

이 2000년 교회에서 보면 리차드 마이어는 원래 형태에서 취한 것보다 버린 것이 더 많다는 것을 알 수 있습니다. 버린 것이 더 많다는 의미는 원형과는 이미지가 멀다는 것입니다. 그러나 그 원형이 갖고 있는 것을 잃어 버릴만큼 버리는 것은 의미가 없습니다. 그래서 원형에서 빼기를 하여 나머지를 취할 때 최소한 원형을 추측할 수 있을 만큼 남겨 놓아야 합니다.

[그림 III-45]의 형태가 더하기를 한 것인지 빼기를 한 것인지 현재 상태로는 정의하기 어렵습니다. 더하기를 하였다면 주된 형태에 부가적인 형태가 있을 것이며 빼기를 하였다면 주된 형태에 부족한 영역의 존재를 찾을 수 있을 것입니다. 그러나 빼기를 하였을 경우 그 영역은 형태에서 사라지는 것이지 기능적으로 사라지는 것은 아닙니다. 즉 빼기 이전 원래 형태의 테두리 안에서 그 사라진 영역이 다른 기능으로 추가된다는 의미입니다. 그래서 작업의 의도를 반드시 남겨놓아야 할 이유는 없지만 공간의 배치를 보면 어떤 작업이 행하여졌는지 추측할 수도 있습니다.

[그림 III-45] 형태 보기

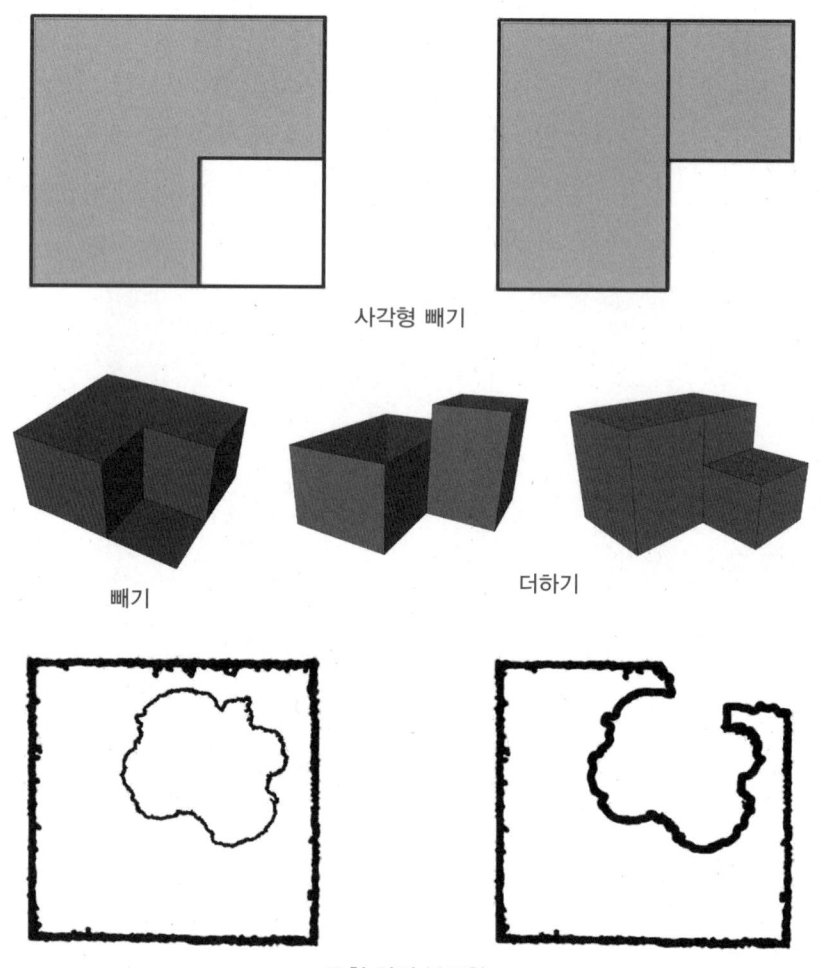

사각형 빼기

빼기　　　더하기

규칙 안의 불규칙

　[그림 III-46]의 형태에서 (c) 그룹이 빼기를 한 것인데 형태적인 변화만 있을 뿐 그 영역이 기능면에서 사라진 것은 아님을 알 수 있습니다. 우선적으로 형태의 방법을 구분하기 위하여 빼기는 전체적으로 하나의 형태가 일반적이며 테두리의 연속성이 끊깁니다. 그러나 더하기의 경우는 최소한 두 개의 형태가 존재를 하며 형태 외곽선의 흐름이 연속적입니다. 이는 후속 작업에서 기능적으로 첨가적인 형태가 생겼다는 것을 의미합니다. 그리고 빼기 형태는 외곽선의 흐름이 중단되어 보이는 것을 알 수 있습니다. 그러나 더하기는 모든 형태의 외곽선이 일반적으로 존재함을 알 수 있습니다. (a) 그룹의 그림은 마치 형태 빼기를 한 것처럼 보이나 이는 더하기에 가깝습니다. 솔리드 형태에 보이드를 더하기 한 것입니다. 즉 형태 변화에서 더하기인지 빼기인지 구분하는 기준으로 외곽선의 흐름이 있음을 알 수 있습니다.

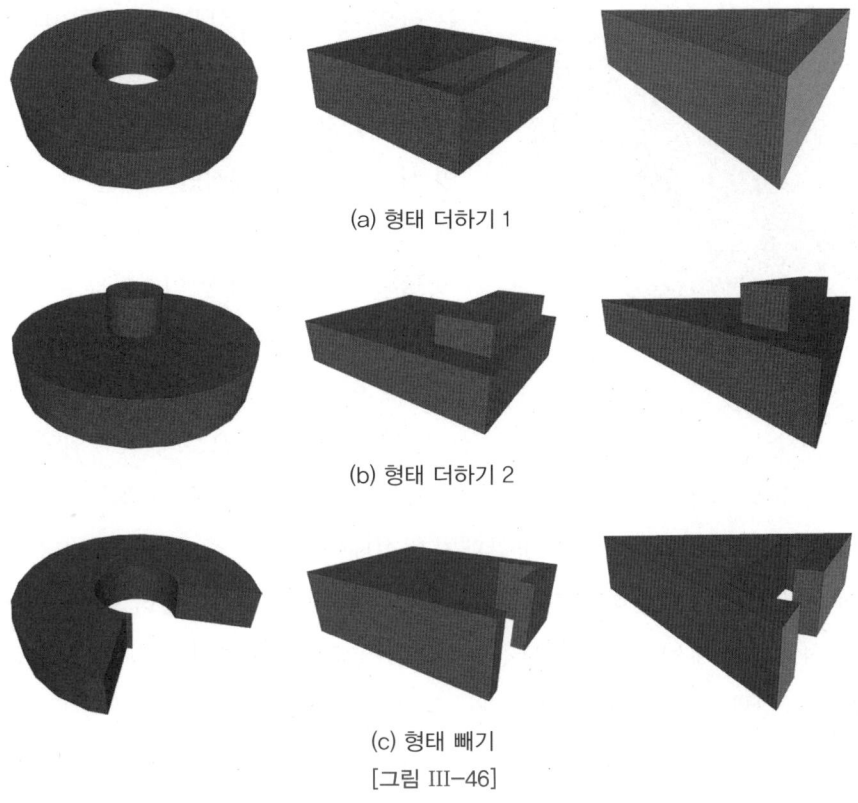

(a) 형태 더하기 1

(b) 형태 더하기 2

(c) 형태 빼기
[그림 III-46]

[그림 III-47]의 건물은 마리오 보타의 Losone 주택입니다. 원형 평면을 기본으로 하여 형태 빼기를 한 것으로 쉽게 어느 형태에서 출발했는지 인식할 수 있을 정도로 기본적인 형태를 다루

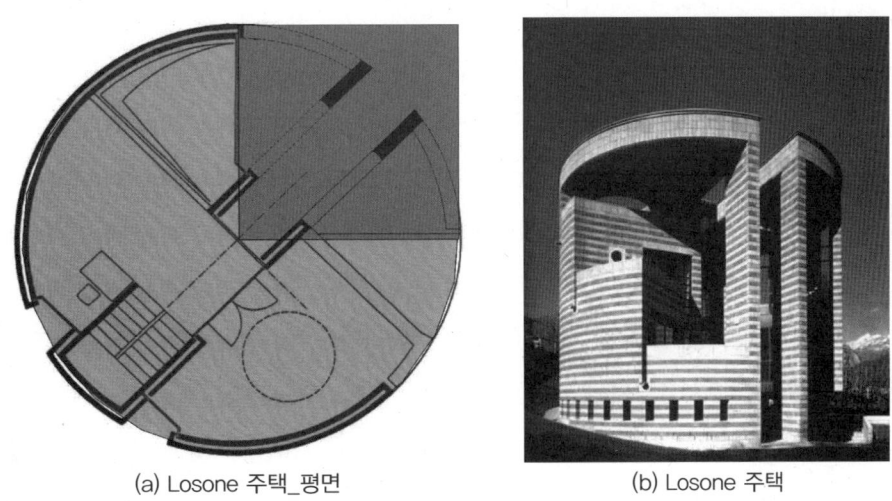

(a) Losone 주택_평면      (b) Losone 주택
[그림 III-47] 마리오 보타

III. 형태 만들기도 두 가지뿐이다

[그림 III-48] PROPOSAL

는 그의 순수성이 잘 나타난 작품입니다.

[그림 III-48]의 작품은 육각형, 사각형이 갖고 있는 강하고 독단적인 이미지를 잘 살려서 규칙적인 사각형과 불규칙적인 배치를 잘 사용하여 형태 빼기를 시도한 예시 안입니다. 사각형의 규칙적이며 명확한 배열에 대한 이미지를 불규칙적으로 크기와 배치에 대한 방법으로 반대적으로 보이면서 크기와 흐름을 파격적으로 시도하였습니다.

형태의 작업방법으로 건축물의 입면이나 평면을 기준으로 할 수 있으나, 일반적으로 이 둘은 서로 영향을 주는 연관 관계를 갖고 있습니다. 평면의 시작이 곧 형태의 시작입니다. 즉 공간배치가 형태에 영향을 준다는 것입니다. 그렇기 때문에 공간을 배치하는 것은 단순히 공간에만 의미를 두는 것이 아니라 물리적인 환경에서 심리적인 환경, 구체적인 환경에서 추상적인 환경까지 모두 고려하는 작업입니다. 그러므로 형태를 구성할 때 이것이 공간배치에도 영향을 미친다는 것을 알고 있어야 합니다.

형태 빼기에도 규칙적인 형태와 불규칙적인 형태의 관계가 성립됩니다. 본래의 형태에서 형태 변화를 한다는 것은 주형태에 다른 운동력을 주는 것과 같은 뜻입니다. 이는 변형되기 전의 형태는 우리에게 흐름에 대한 연속적인 기대를 담고 있는데 이 흐름이 변형된다는 것은 심리적인 긴장감을 유도하며 형태의 다변화를 통하여 동선의 변화를 만들게 됩니다. 특히 불규칙적인 형태라는 것은 곧 시각적인 규칙이 일정하지 않다는 것으로 상당히 긴장감을 유도하는 공간을 만들어 내기도 합니다.

사실상 형태를 작업하기 위해서 역사적인 배경과 지식이 있으면 많은 도움이 됩니다. 건축에서 고대, 중세, new time, 모던 그리고 현대에 이르기까지 시대의 구분에서 건축적인 형태의 다양성을 보이는 이유가 있을 것입니다. 이 시대의 구분은 기원전, 기원후 그리고 기원전의 복원, 기술과 재료의 시대 그리고 복합적인 시대로 다시 나누어 볼 수 있습니다. 시대가 변하지만 여기서 계속적으로 등장하며 다루어지는 것이 공간입니다. 공간의 정체성이 어떠한가에 따라서 시대적으로 나누어지고 이것은 곧 구조에 막대한 영향을 줍니다. 공간을 탄생시키기 위하여 기본적으로 구조가 해결되어야 했던 것입니다.

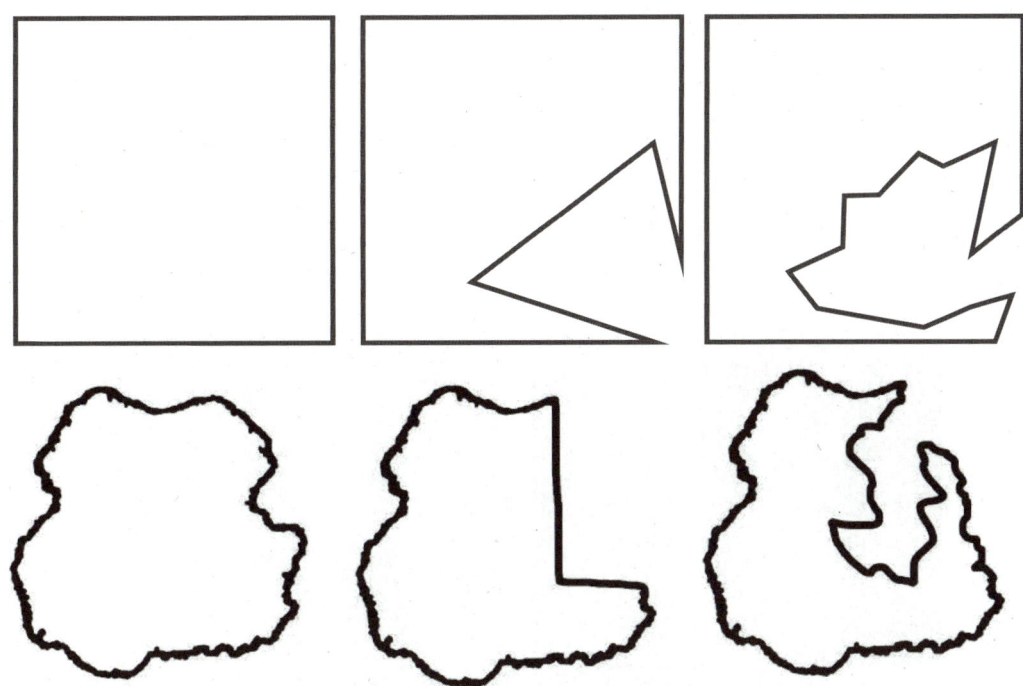

[그림 III-49] 형태 빼기_ 규칙적인 것과 불규칙적인 것

[그림 III-50] (a) 같이 기원전은 공간의 개념이 중요하지 않았습니다. 오히려 건축물의 외형이 전달하는 언어의 중요한 요소로 건축물에서 작용을 했습니다. 그러나 (b)와 같이 시대가 변하면서 내부 공간의 의미가 만들어지고 외부·내부라는 2중적인 작업방식이 존재를 하게 됩니다. 그리고 (c) 모던의 시대에 와서 내부와 외부의 경계를 제거하려고 시도하게 됩니다. 즉 초기의 공간은 외부가 외부로, 그 다음은 외부는 외부로 내부는 내부로의 성격을 가졌으며, 그 후 마지막으

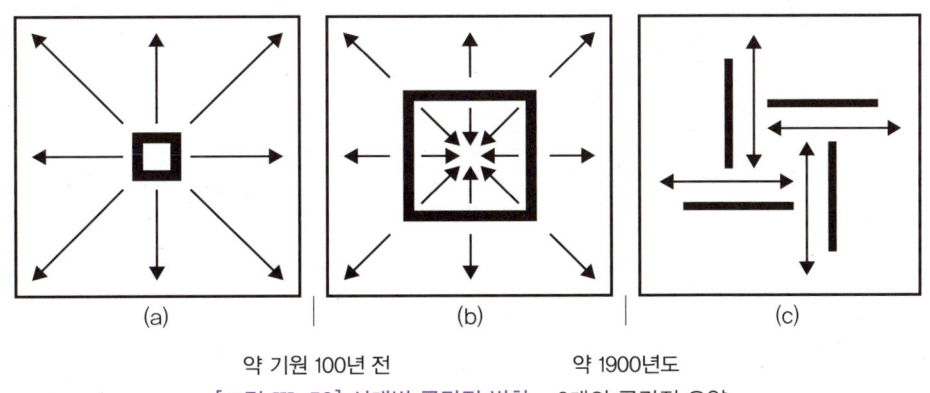

약 기원 100년 전      약 1900년도

[그림 III-50] 시대별 공간적 변화 _ 3개의 공간적 요약

III. 형태 만들기도 두 가지뿐이다

로 내부가 외부로 나가려는 시도가 진행되면 형태 변화가 진행된 것입니다. 외부가 외부로 나가려는 기원전 시대의 건축물에는 순수한 단일 형태가 주를 이루었습니다. 중세에 들어오면서 수직을 이루면서 더하기 형태의 시초가 되었고 모던 이후에 형태의 중요성이 강조되고 구조에 대한 자신감이 증가되면서 더하기와 빼기 등의 형태 작업에 속도가 빨라졌습니다. 이를 모두 정리하면 구조에 대한 지식이 발달하면서 공간의 진행도 달라지게 되었다는 것입니다.

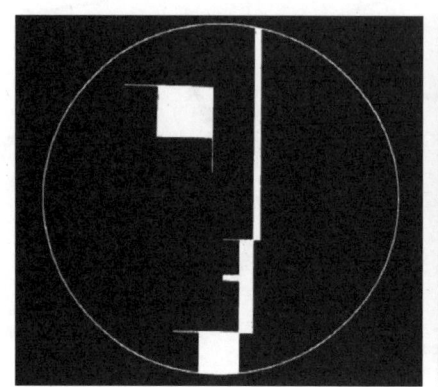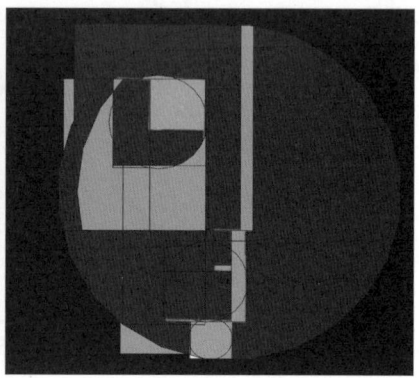

Bauhaus_logo

건축형태라는 것이 건축기능을 잘 수행하는 데 그 목적이 있어야 합니다. 형태가 어느 정도 기능에 대한 적응을 감안한다고 해도 엄격히 선택을 해야 한다면 기능이 우선입니다. 기능의 원활함이 수반되지 않으면서 형태라는 것이 작용하면 그것은 단순히 조각 또는 조형물과도 같은 것입니다. 건축이 조각과 다른 점이 바로 기능입니다. 그렇기에 건축물에서 어떤 형태나 공간 나누기를 한다고 해도 우선적으로 고려해야 하는 것이 기능입니다. 그 기능이라는 것 또한 세분화시킬 수 있습니다. 물리적인 기능, 자연적인 기능 그리고 심리적인 기능으로 나누어 볼 수 있습니다. 첫 번째, 물리적인 기능은 곧 건축물의 고유적인 기능입니다. 그리고 두 번째, 자연적인 기능은 빛, 바람과 같은 자연의 요소와의 관계에서 이를 쾌적하게 사용할 수 있는 기능입니다. 세 번째, 심리적인 기능은 안간에게 중점을 둔 것입니다. 인간은 공간의 조건과 형태에 의하여 공통적으로 그 상황에는 호감을 주지 않습니다. 이 기능이 사실상 가장 어려운 부분입니다. 그런데 이 심리적인 기능이 형태와의 관계에 가장 밀접한 관계를 준다고 할 수 있습니다. 그래서 이 심리적인 기능은 기능과 형태(미)의 경계선에 놓인 기능이라고 말할 수 있습니다.

우리가 형태 작업을 할 때 이러한 기능과 미의 관계를 잘 정립하여 기능을 절대적으로 유지하는 범위 내에서 미(형태)를 작업해야 합니다. 일시적인 요소라면 때로는 기능을 무시하고 미에 더 영역을 치중할 수도 있지만 기능보다 형태에 더 중점을 주는 이러한 경우에는 불편함을 감수한다는 의견이 공통적으로 받아들여집니다. 즉 형태와 기능은 서로 상호관계에서 출발하여 그 역할을 유지하면서 만들어져야 한다는 것입니다.

### 1. 빼기 샘플도면

1) Paolo Portoghesi and V. Gigliotti_Cultural center(1970), Avezzano. Italy

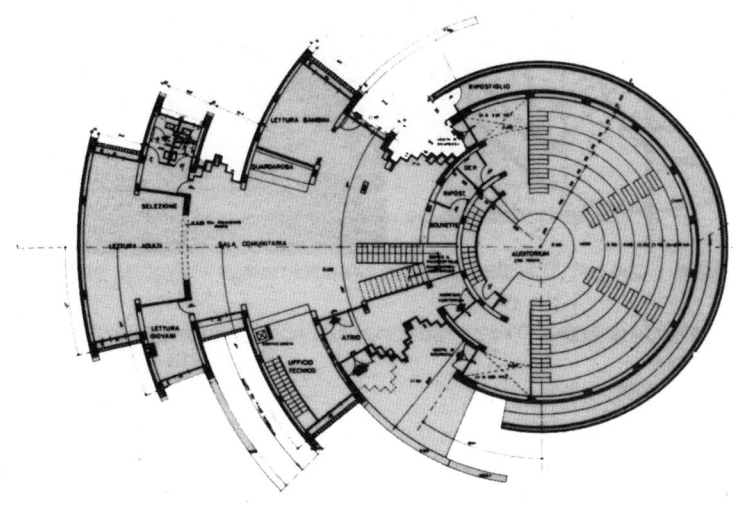

[그림 III-51] Paolo Portoghesi and V. Gigliotti_Cultural center(1970), Avezzano. Italy

이 형태는 하나의 중심을 갖고 있지만 지름의 크기가 다양한 여러 개의 원에서 출발하였습니다. [그림 III-51]의 도면을 살펴보면 무대를 장식하는 주 공간에 원의 성격을 그대로 유지하고, 특히 중앙의 계단이 원의 형태로 남아 있는 것이 인상적입니다. 중심을 갖고 있는 원의 고유 성격을 고려하고 유지하면서 전체적인 형태에 원의 형태를 전체에서 우측으로 배치하고 원에서 파생된 직선의 형태를 좌측에 배치하였

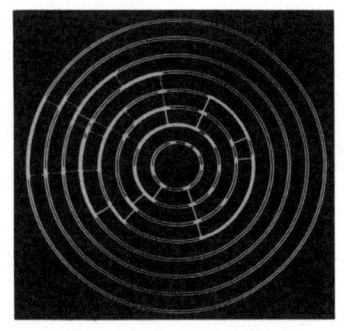

습니다. 특히 원과 직선영역의 경계선으로 보이는 영역에는 선의 파생이 급진적으로 발생하면서 더 긴장감을 보여주고 있습니다. 좌측 영역에는 로비의 영역이 여유롭게 자리하면서 이 건물의 공간적인 특성을 무리하지 않게 풀어나가는 것이 보입니다. 입구에서 홀까지 가는 동안 동선이나 곡선의 벽이 짧은 특성으로 직선의 성격을 띠는 것처럼 구성하여 내부로 들어 갔을 때 오는

로비의 기억의 충격효과를 통하여 무대의 원형 벽에 대한 강한 충격을 유도하는 성격이 그대로 보입니다. 곡선의 연속성과 곡선이 직선화되어 가는 곡선의 길이를 보여주면서 그 연결부위에 급진적인 선의 파장이 돋보이며 원을 감추면서 보여주는 상반된 표현이 돋보입니다.

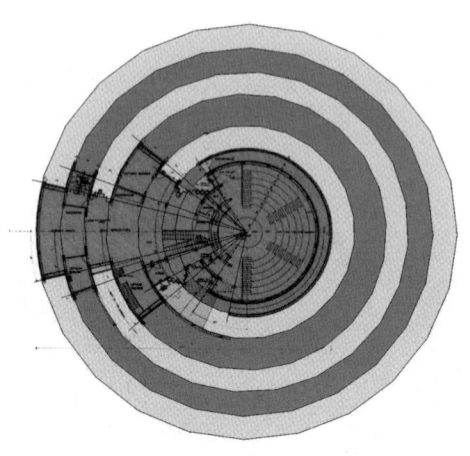

2) Morphosis

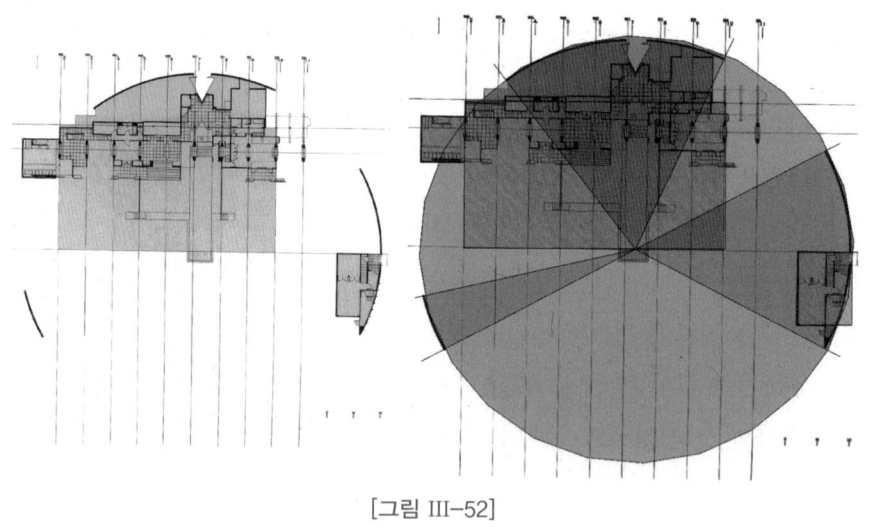

[그림 III-52]

다른 건축가에게도 그런 특성을 볼 수 있지만 모포시스의 작품에서는 선의 연속성과 중단을 통하여 형태 존재에 대한 강한 인상을 받습니다. 그의 작품만 꼭 그렇다고 말할 수는 없지만 우리가 강한 인상을 받는 작품들은 예상하는 형태에 일반적 반응과 다르게 나타나기 때문입니다.

그의 작품이 바로 그렇습니다. 일반적으로 다른 건축가의 이러한 작품 성격을 보면 주형태가 공간의 기능을 유도하고 부수적인 형태가 주형태를 돕는 그런 공간구조로 형태의 조직이 형성되어 있습니다. 여기서 주형태라는 것이 규모나 완전함 또는 강조되는 형태를 말합니다. 그러나 모포시스의 작품에서는 규모나 강한 개성을 나타내는 형태는 부수적인 기능을 갖고 있으며 주기능을 하는 형태는 마치 첨가적인 요소로 작용을 보여주고 있습니다. [그림 III-52]의 형태에서 외부 테두리를 연장한 원은 전체적인 영역을 표현하고 그 영역의 일부로서 존재하는 영역이 주기능을 하는 영역입니다. 원의 테두리가 연속되지 않고 단절되어 있으나 전체적인 형태를 상상하는 데 전혀 어렵지 않는 것은 원에 대한 상상이 희미해지려는 부분에서 다시 나타나는 강한 표현을 보여주고 있습니다. 그러면서 원은 선의 형태로 존재하지만 주기능의 영역을 매스처럼 처리하여 강하게 표현하면서 전체적으로 중성적인 이미지를 나타낸 것을 알 수 있습니다. 특히 [그림 III-52]의 그림 좌측에서 주기능을 이루는 공간의 일부가 원의 테두리 밖으로 나가게 보이는 것은 원의 크기에서 오는 중압감을 벗어버리는 것으로 통일성을 벗어버리려거나 단순함을 제거하여 포인트를 주는 방법으로 다른 건축가도 자주 쓰는 표현입니다.

3) 마리오 보타_Ransila 1 building in Lugano.

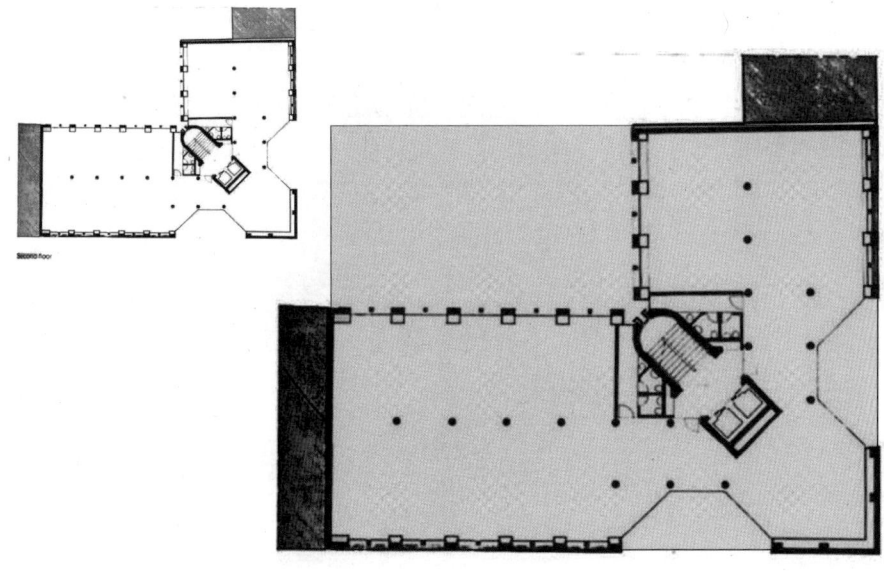

[그림 III-53] 마리오 보타_Ransila 1 building in Lugano.

마리오 보타에게 형태구성에 있어서 사칙연산은 필수적입니다. 특히 더하기와 빼기는 그가 자주 사용하는 방법입니다. 그의 작품 대부분에 이러한 구성을 찾는 것은 어렵지 않습니다. [그림 III-53]의 작품은 그가 자주 사용하는 대칭을 조금 벗어났지만 그 틀은 유지하고 있는 것을 볼 수 있습니다. 공간 내에 존재하는 기둥의 숫자는 6개와 7개로 1개의 차이이지만 공간의 길이는 그 보다 훨씬 더 차이가 있어 보입니다. 조적식, 3단 구성, 수평선의 반복 그리고 대칭 등이 그의 작품에 등장하는 형태구성의 주 요소들입니다. 특히 그는 각 층에 등장하는 창의 형태를 달리하여 로마네스크의 이미지를 나타내고 있습니다.

4) 마리오 보타_Casa Rotunda in Stabio

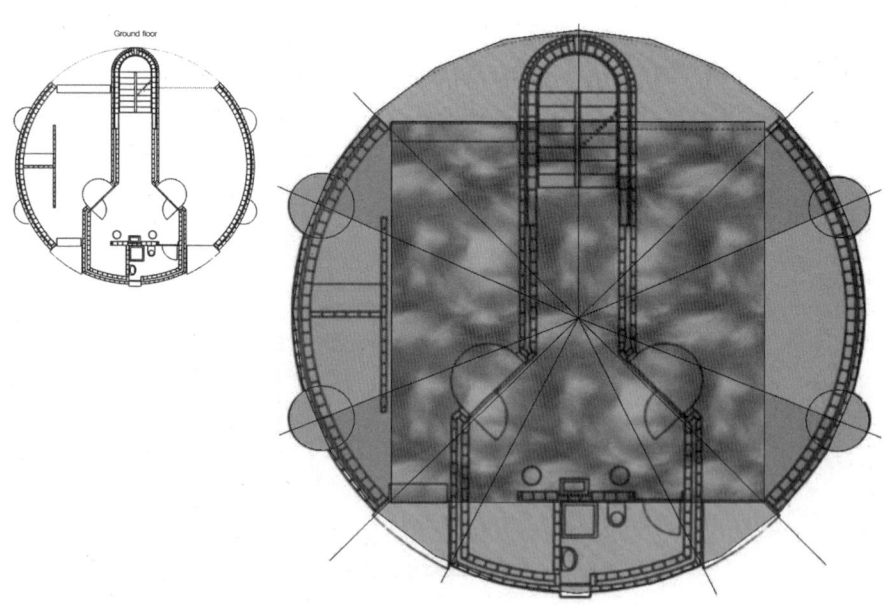

모포시스가 형태의 축을 벗어난 자유로운 배치를 우리에게 보여준다면 마리오 보타는 체계적이고 균등한 빼기를 통해서 예상되는 구성을 통하여 형태를 구성합니다. 이것이 모포시스의 형태보다 공격적인 이미지가 약하고 안정감 있는 형태를 보여주고 있습니다. 포스트모더니즘 이미지를 잘 나타내어 기능적인 형태구성보다는 안정적인 형태의 이미지를 잘 나타내고 있는 것입니다. 특히 대칭의 형태가 예상할 수 있는 형태 안정감을 강조하여 전달하고 있는 것입니다.

원의 곡선에서 좌우 출입구를 위한 사각의 보이드는 경직된 형태를 완화시키고 전체적인 흐름에서 내부를 통하여 예상하지 못한 흐름을 외부와 내부에 전개시키고 있는 것을 알 수 있습니다.

[그림 III-54] 마리오 보타_Casa Rotunda in Stabio

탑 라이트의 의도가 평면에 그대로 나타나는데 이는 더욱더 안정적인 이미지를 강조하는 것으로 원형의 형태가 정사각형의 형태를 품으면서 이 두 개의 중심에 삼각형이 구심점으로 작용하며 내부 공간이 구성되어 있는 것입니다.

5) NL Architects, Stuttgart._Sky Cemetery NT., Germany

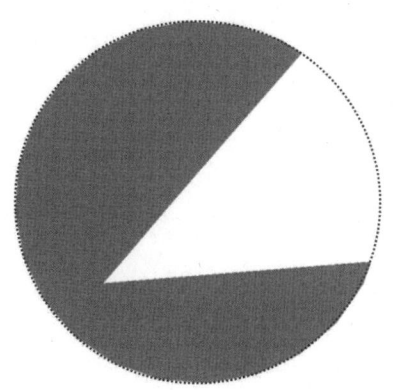

형태라는 것이 원래 읽히는 것이 먼저입니다. 그래서 우리는 그것을 알기에 이 작업에 먼저 참여하게 되고 그 작업에 대한 평가를 하고 싶어지는 것입니다. 그런데 간혹 흐름의 방향을 틀어서 예상했던 곳으로 흐르지 않고 전혀 다른 이미지를 만들어 내는 경우도 있습니다. 이는 형태적 충격 요법으로서 단순함 속에서 강조하는 것입니다. 그러나 그 예상하지 못하던 부분이 오히려 많아진다면 그 또한 하나의 예상으로 작용하면서 또 하나의 흐름이 될 수 있습니다. 그러므로 하나의 규칙 속에 맞추어 흐르다 간혹 다른 흐름이 나오게 된다면 이를 우리는 포인트라고 볼 수도 있습니다.

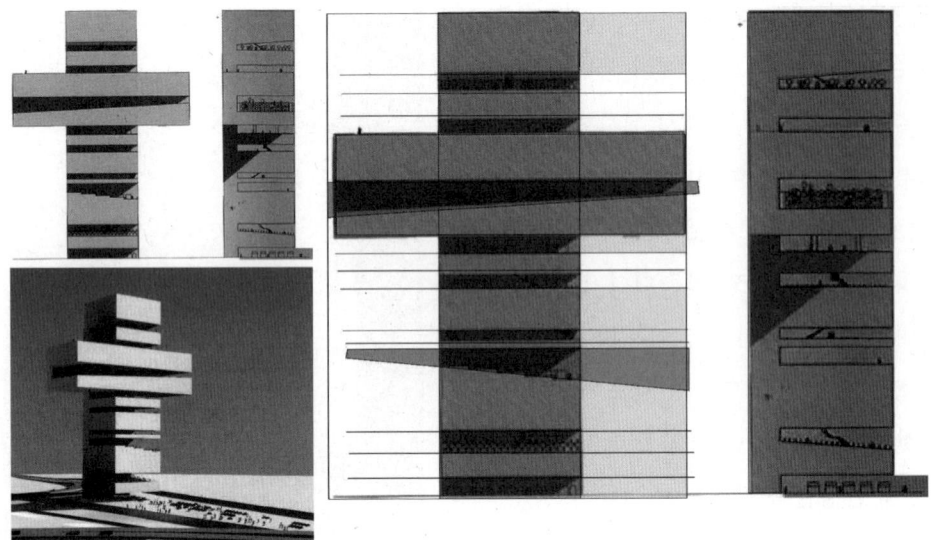

# CHAPTER 04

## 곱하기

사칙연산 중 세 번째인 곱하기를 살펴보기로 합니다. 앞에서 보여준 더하기와 빼기는 사실상 수직과 수평에 기준을 둔 것입니다. 곱하기는 이와 반대로 사선이 있는 형태를 기준으로 출발해 본 것입니다.

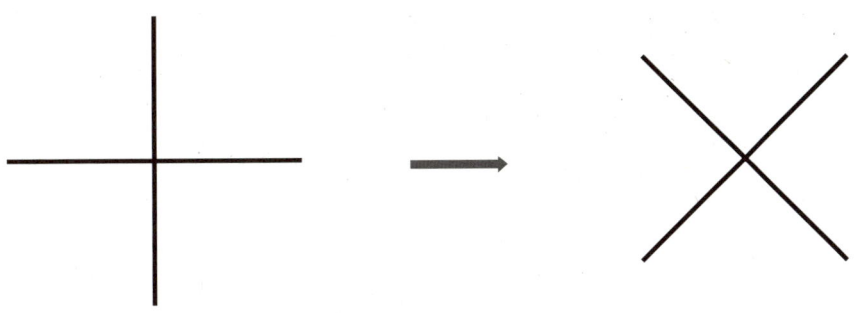

III. 형태 만들기도 두 가지뿐이다

각도를 다르게 한다는 의미는 방향성이 달라지는 것으로 형태의 방향성이 달라지는 것을 말합니다. 이 경우에 방향을 다르게 한다는 기준은 대지의 축, 건물의 축 또는 메인 형태의 축과 다른 각을 갖는 다는 의미가 될 수 있습니다. 이는 곧 메인 시각의 방향을 말하는 것으로 각각의 형태의 방향성이 다른 공간이 존재함을 말합니다.

[그림 III-55]의 도면에서 (a)의 도면은 공간의 전체적인 배열이 수직과 수평의 축을 기준으로 배치가 되어 있습니다. 즉 모든 형태 축이 동일한 방향을 갖고 있다는 의미입니다. 동일한 축을 기준으로 공간 배치가 되어 있다는 것은 공간의 인식이나 배치에 있어서 흐름을 용이하게 한다는 것입니다. 그리고 전체적인 형태 구성에 있어서 원활한 인상을 줍니다. 그러나 (b)의 평면처럼 두 개 이상의 다른 성격을 갖고 있는 축이 형성될 때 우리는 더 active한 이미지를 얻게 됩니다. 이는 전체적인 형태의 흐름에 순응하지 않는 이미지로서 포인트적인 요소를 더할 때 사용하기도 합니다.

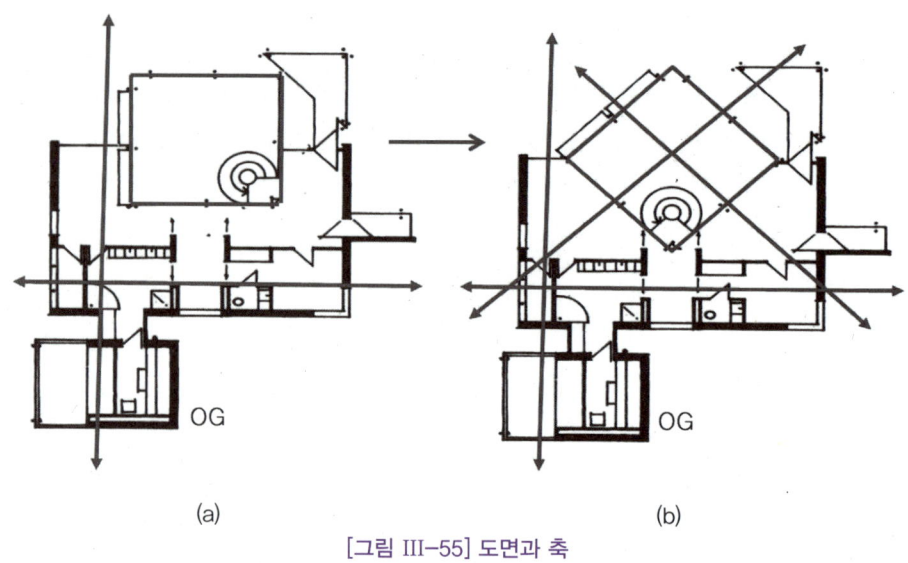

[그림 III-55] 도면과 축

[그림 III-56]의 빌라 로텐다는 팔라디오의 작품 중 그 진가를 인정받는 작품입니다. 그의 작업에 사용되는 비례와 간결하고 명확한 배치는 그가 석공으로 일했던 당시의 그의 작업 경향을 볼 수가 있습니다. (c)의 도면을 보면 그의 작업에 사용되는 섬세함과 의도가 명확하고 그가 정확한 배치를 중요시함을 알 수 있습니다. (a)의 평면도에서 우리는 사각형의 형태가 주를 이루고 있음을 알 수 있습니다. (c)의 평면도에 중심부를 보면 형태의 출발은 원에서 시작 했음을 추측해 볼 수 있습니다. 르네상스는 원을 중요한 형태 요소로 사용했기 때문입니다.

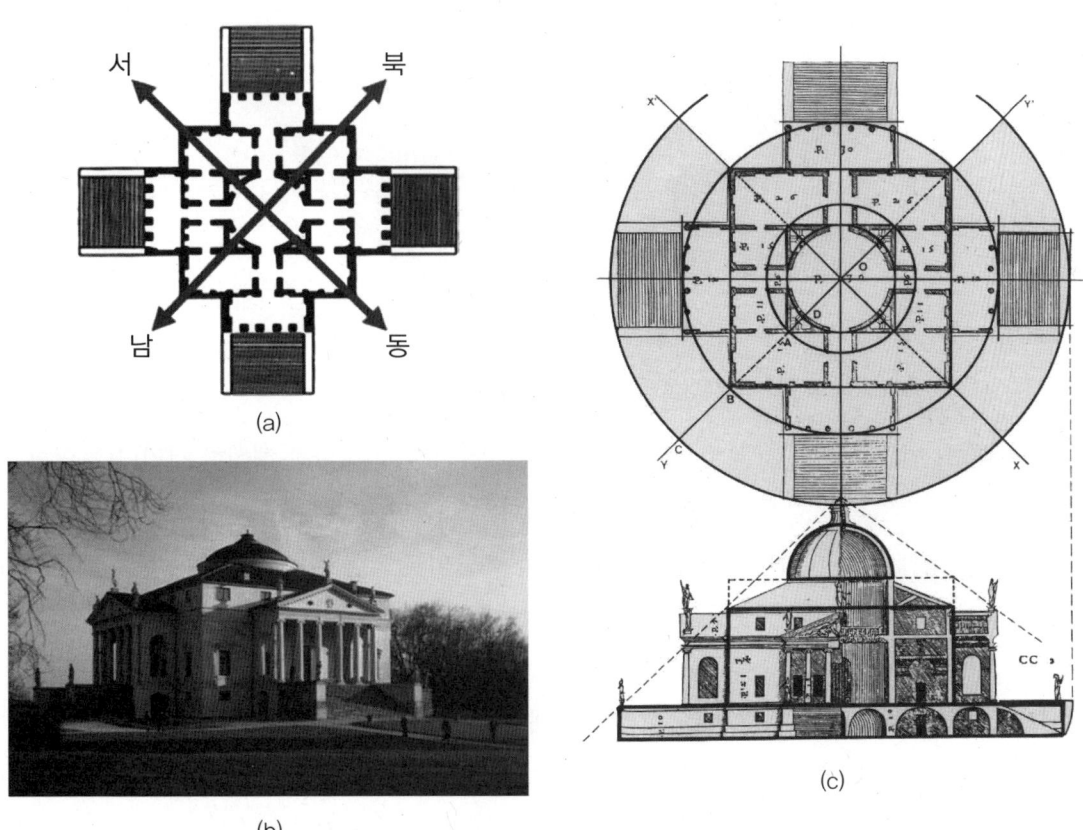

[그림 III-56] 안드레아 팔라디오_빌라 로텐다(1570년), 비첸차, 이태리

그리고 원의 범주 안에서 사각형이 발전되었음을 볼 수 있습니다. 이는 그가 얼마나 주도 면밀하게 형태구성에 있어서 처음부터 끝까지 그 긴장감을 잃지 않고 했는가 엿볼 수 있는 부분입니다. 그러나 (a)의 도면에서 방위와 도면이 45도의 각을 갖고 틀어져 있음을 알 수 있는데 이는 그가 주변의 정원을 건물 내부로 끌어들이려는 의도로 정원의 방향으로 건축물의 축을 변경한 것입니다. 빛이 내부로 중단되지 않고 유입되게 하기 위하여 방향을 틀었다고 하지만 본 대지의 성격이나 건물의 구성([그림 III-56] (c)의 그림)으로 보았을 경우 단지 빛의 내부 유입을 위한 방위에 대한 방향 전환보다는 축을 벗어난 왜 그가 방위의 축과 건물의 축을 45도 다르게 했는지 팔라디오만의 의도를 생각해 볼 수 있습니다. 권력이 주를 이루던 그 시대에 축을 유지한다는 것은 많은 의미를 갖는다고 할 수 있는 것으로 이 건축물이 매너리즘으로 가는 과정임을 알 수 있는 부분입니다.

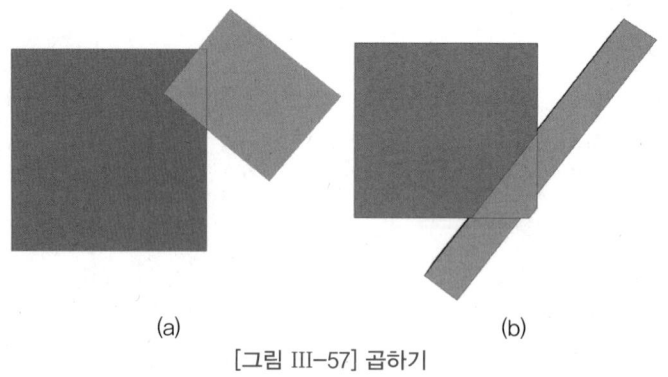

(a)          (b)

[그림 III-57] 곱하기

곱하기라고 이름을 붙인 것은 두 형태의 축이 서로 틀어진 것을 확장 해석한 것입니다. 앞에서 언급하였듯이 같은 축은 같은 시각적 방향을 의미하기도 한다고 말했습니다. [그림 III-57]의 그림과 같이 주형태에 다른 하나의 형태가 다른 축을 45도의 각도를 갖고 있는 경우도 있고, (b)의 그림과 같이 독립적인 형태를 만들어 가는 경우도 있다.

[그림 III-58]의 스케치는 설계를 위한 형태를 구체화하기 전 어떻게 시작했는지 알 수 있는 콘셉트를 보여주는 작업입니다. 물론 이러한 형태를 만들기 위하여 참고로 삼은 그 대지나 여러 가지 요인을 살펴보아야 하겠지만, 일단은 이 작업 단계부터 살펴보기로 합니다. [그림 III-58]의 스케치는 아직 구체화된 형태가 아니기 때문에 그 방향을 잡기는 쉽지 않습니다. 그러나 이것이 이 작업의 장점이 될 수도 있습니다. 이 형태에서 우리는 [그림 III-59]의 그림처럼 두 개의 축을

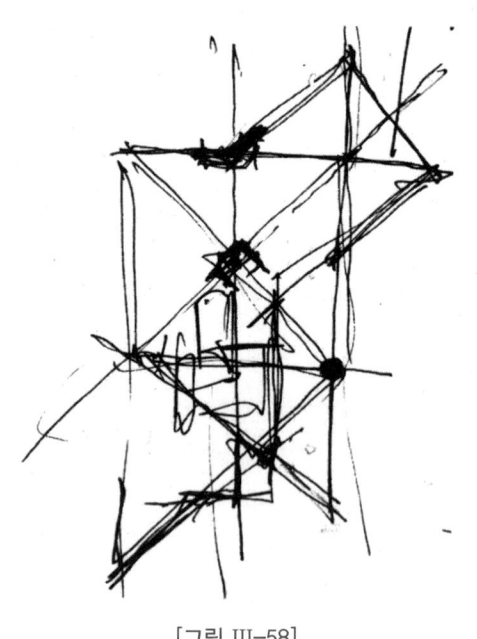

[그림 III-58]

볼 수 있습니다. 이 축에 대해서는 후반에 다시 다루겠지만 축이 바로 형태라는 것을 보여주는 과정입니다. [그림 III-58]의 도면에서 건축가의 의도가 담겨 있지만 그 의도를 아직은 정확히 알 수 없습니다. 우리가 접하는 것은 이 작업의 결과물인 [그림 III-59]의 도면뿐이기 때문입니다. 그러나 처음의 의도가 지속적으로 변하지 않는 부분이 있다면 이는 두 개의 축이 다른 각도를 갖고 작업이 계속적으로 진행하고 있다는 것입니다.

[그림 III-60] 세 개의 평면이 바로 이 작업의 결과물입니다. 그러나 우리가 이 결과물에서 추측해 낼 수 있는 사전의 과정은 사실상 너무도 많은 가

능성을 추측할 수 있는 것입니다. 그렇기에 공통적으로 얻을 수 있는 공간성격을 작업콘셉트로 보는 것이 타당하다고 생각합니다. 즉 축이 계속적으로 유지되며 공간이 형성되는 곱하기의 콘셉트가 가장 타당하고 논리적인 것으로 볼 수 있다는 것입니다.

　이 작업의 방법을 추측해 볼 때 [그림 III-60의] 도면 (a)의 경우에는 수직적인 메인 공간에 다른 방향을 갖는 공간이 적용되며 일단 큰 공간을 형성하는 것으로 보이고, (b)의 경우에는 모든 공간이 3개의 영역으로 균등하게 분할되어 2개가 연속되어 있고 하나가 부수적인 역할을 하는 것처럼 보입니다. (c)의 경우에는 (a)와는 다르게 사선의

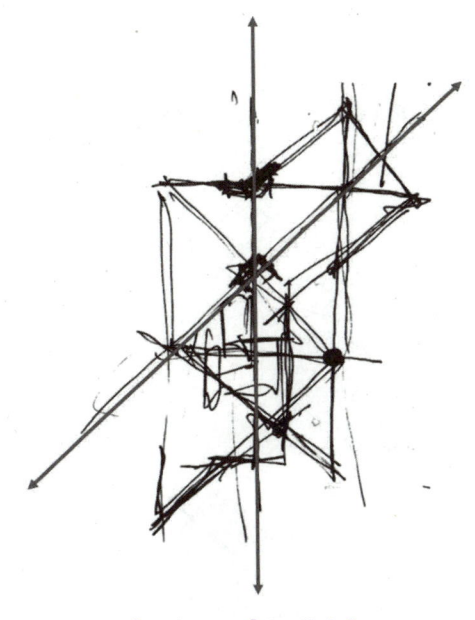

[그림 III-59] 두 개의 축

각을 갖는 공간이 주를 이루는 것으로 보이며 수직적인 공간이 세분화되어 그 주공간의 보조역활로 돕는 것으로 보입니다. 그러나 공통적으로 각 공간의 축은 동일하게 유지되며 구성이 되어 있고 그 흐름을 유지하며 공간 내부를 구성하는 방법이 적용되고 있음을 알 수 있습니다.

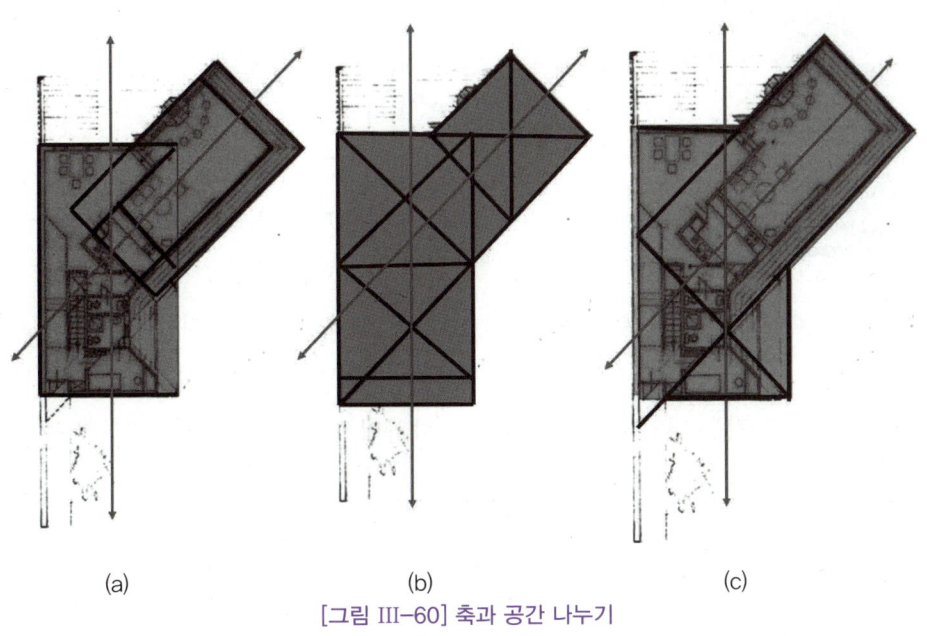

(a)　　　　　　　　　(b)　　　　　　　　　(c)
[그림 III-60] 축과 공간 나누기

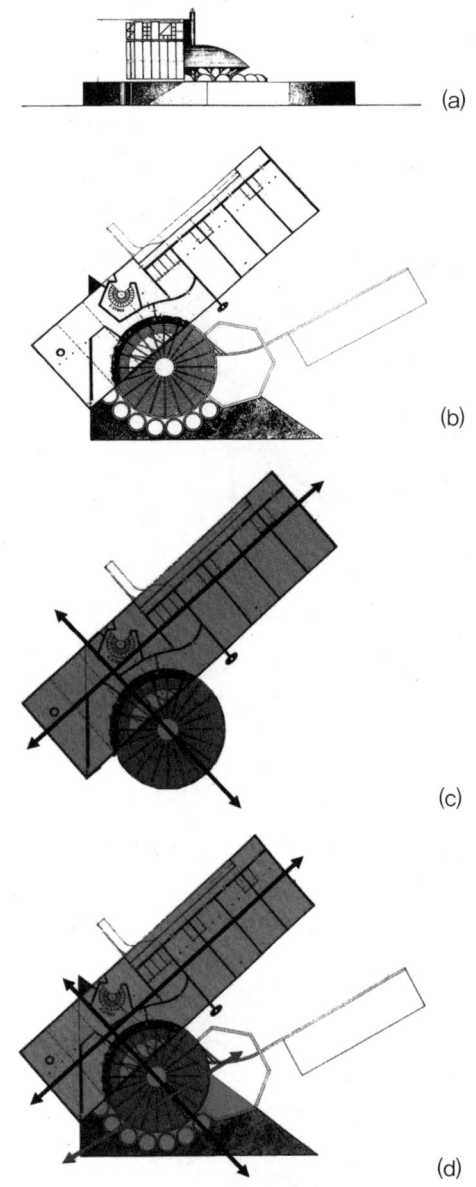

[그림 III-61] Gerhard ullreich_공동주택(1981년)

[그림 III-61]의 건물은 Gerhard Ullreich의 1981년도에 설계한 공동주택입니다. 각 실을 주 공간 축에 배치하고 공용공간을 한 쪽으로 붙여서 공간적인 포인트를 주려고 한 것이 보입니다. 공간의 개방성을 살려 구조 또한 트러스구조로 만들었습니다. (a)의 그림처럼 입면도에서도 수직적인 배치가 중앙을 벗어나 대칭적인 이미지를 탈피하여 부담없는 무게감을 시도하는 이미지를 갖도록 만들었습니다. 특히 바닥에 삼각형을 사용하여 단 위에 놓인 것과 같은 형태를 취한 것이 인상적입니다.

이 도면에서 직사각형의 공간과 원의 형태로만 보아서는 오히려 더하기 콘셉트에 더 적합할 수도 있습니다. 그러나 삼각형을 이루는 조경의 형태를 본다면 가장 기본적인 형태 세 가지가 존재를 하고 새로운 축이 등장하면서 전체적인 도면은 곱하기의 이미지를 갖게 된다는 것을 알 수 있습니다. 곱하기의 형태를 갖는 다는 것은 곧 평행하지 않은 축의 관계가 형태 안에 등장한다는 것을 의미 합니다.

원과 직사각형의 형태는 거의 직각을 이루면서 더하기의 형태로서 보이고 있습니다. 그러나 삼각형이 등장하면서 삼각형 축의 흐름도 원의 중심과 벗어나 전체 이미지에서 자유로운 구성을 만들어 내고 앞의 원과 사각형의 긴장된 모습을 유연하게 만들어 주고 있는 것입니다. 이렇듯이 곱하기의 형태는 긴장된 형태의 전체 관계를 부드럽게 해 주는 역할로 사용되기도 하는 것입니다.

[그림 III-62] 평면은 두 개의 영역으로 구분이 되며 메인 공간이 중앙에 배치되고 모든 동선의 교차점이 한 곳에서 만나게 작업하였으며 주공간과 부수적인 공간의 영역을 명확하게 구분하여 각각의 축을 교차시켜 공간 배치를 명확하게 분리시켰습니다.

루이스 칸의 공간에 대한 분리와 기능의 부여가 명확하게 나타나는 작품으로 모든 공간에 빛의 유입이 독립적으로 작용하여 쾌적함을 유지시키고 공간의 유기적인 기능이 돋보이는 작품으로 루이스 칸의 빛과 공간의 관계를 잘 보여준 작품입니다.

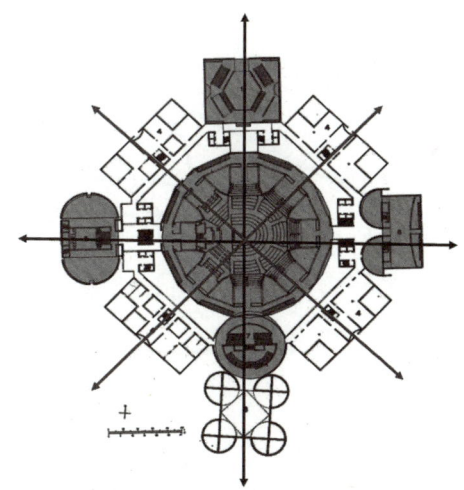

[그림 III-62] 원과 축

[그림 III-63]의 형태는 크게 두 개의 영역으로 나뉘어졌지만 구성이 자유롭고 각 영역도 다시 여러 세분화된 영역으로 다시 구분되는 것을 볼 수 있습니다. 그리고 두 개의 큰 영역은 각을 갖고 서로 틀어진 배치로 위치를 잡으며 구성되어 있습니다. [그림 III-63]의 그림에서 아래 공간은 이동 영역이 좁고 공간 간에 밀집된 관계를 보이고 있는 반면, 위의 평면은 각 세분화된 공간이 독립적인 배치를 하고 있으며 공간의 배치에서도 여유로운 공용공간을 형성하고 있는 것이 보입니다.

이를 다시 분석해 보면 전체적인 형태는 왼편과 같이 크게 두 개의 영역으로 나눌 수 있으며, 이 두 개의 영역은 서로 인접한 두 개의 공간 사이에 새로운 영역을 만들어서 연결되어 있습니다. 옆의 도면에서 작은 아래의 평면은 전체가 하나로 되는 축약된 이미지를 만들어서 이 것이 곧은 축을 떠올리게 배치되어 있고, 여기에 인접한 위의 평면은

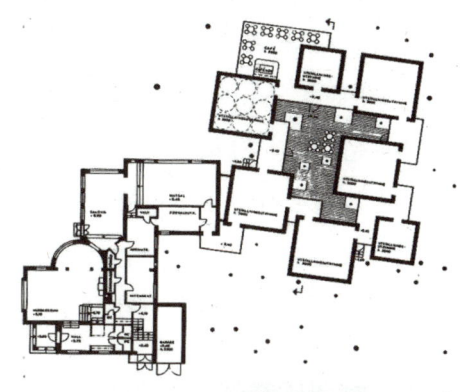

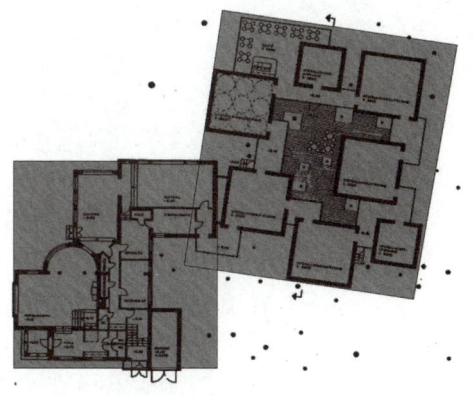

[그림 III-63]

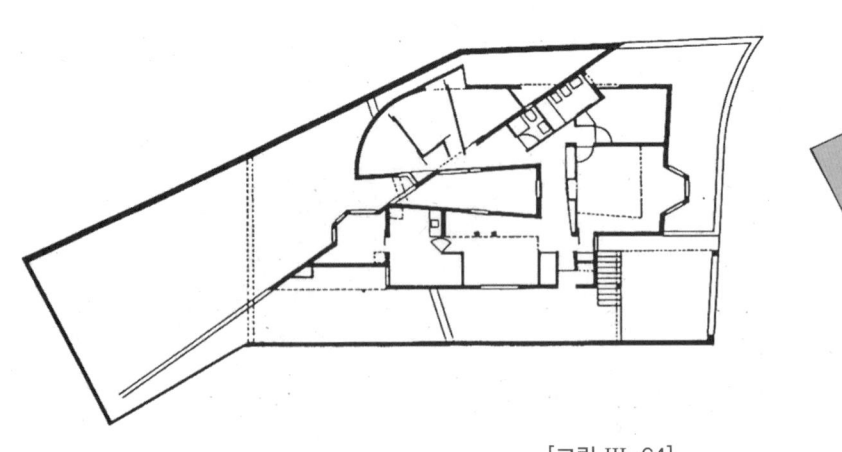
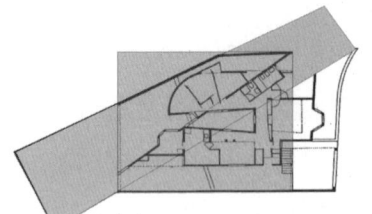

[그림 III-64]

자유로운 배치에 개별적인 공간의 구성으로 그 이미지에 순응하여 축 또한 경직되지 않은 각도를 형성하고 있는 것입니다.

[그림 III-64]의 평면은 명확하게 한 눈에 들어 오지 않는 불규칙한 공간 구성을 갖고 있습니다. 이는 내부를 구성하는 형태들이 대칭을 이루지 않으며 각 영역에 다양한 형태들이 자유롭게 보이기 때문입니다. 특히 공간의 배치에서 축을 찾기 어렵기 때문에 더 복잡한 공간의 구성처럼 보입니다. 그러나 내부의 구성이 아니라 전체적인 형태를 먼저 찾아 본다면 두 개의 큰 이미지 형태로 나누어 볼 수 있습니다. 바탕이 되는 사각형에 가로질러서 사선으로 놓인 형태가 존재함을 알 수 있습니다. 이 두 개의 형태가 융합하여 세분화되어 만들어진 것이기 때문에 우리 눈에 쉽게 읽히지 않았다는 것입니다.

[그림 III-65]의 건물은 일본에 있는 피터 아이젠만의 코이즈미상요 건물의 외부 입면과 내부 모습입니다. 이 건물의 각각의 형태들은 위의 도면처럼 각각 고유의 배치를 갖고 있으며 자체적인 축을 형성하고 있습니다. 왜냐하면 피터 아이젠만에게는 하나의 축은 이미 다른 축에 식상된 형태입니다. 그의 작업 특징이 그렇습니다.

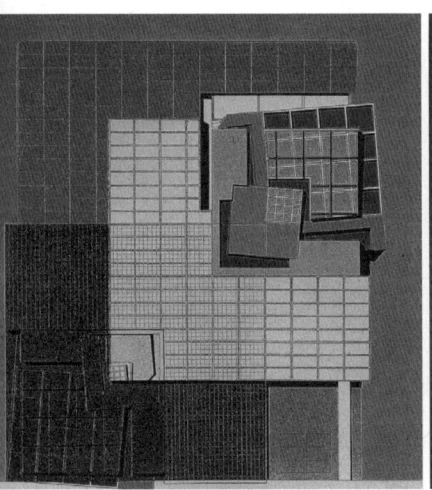

(a) 남측 입면　　　　　(b) 내부
[그림 III-65] 피터 아이젠만 _ 코이즈미상요 빌딩(1988년), 도쿄, 일본

 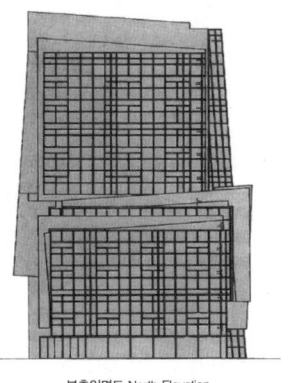 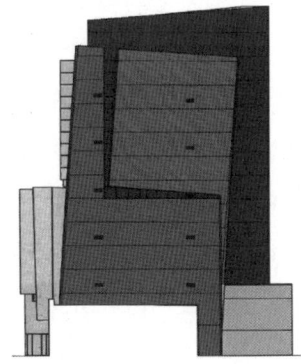

(a) 쿠퍼 유니온 학생기숙사      (b) 단면

[그림 III-66] 피터 아이젠만

[그림 III-66]의 건물은 피터 아이젠만의 쿠퍼 유니온 학생기숙사입니다. 이 작품에서 형태를 이루는 각 요소들이 각기 다른 축을 형성하고 있고, 형태 속에 사선의 경사를 이루는 것을 볼 수 있습니다. 해체주의자들에게 사선들은 곧 부유를 의미하는 것으로 이는 무중력의 의미를 갖고 있습니다. 즉 안정되지 않은, 이미 무중력은 식상한 방법으로 이들은 고정된 관념을 해체하려고 시도하는 것입니다.

[그림 III-67]의 그림은 안도 타다오의 작품으로 그의 작품에서도 안정된 이미지와 긴장된 이미지가 공존하는 것을 볼 수 있는데 여기서 긴장감을 만들어 내는 것이 바로 곱하기 방법을 사

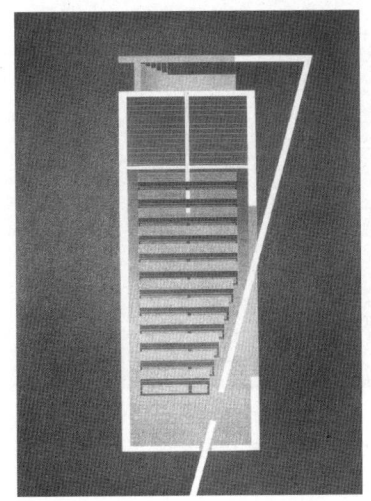 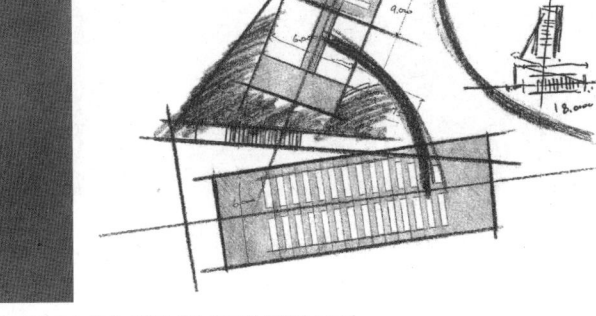

[그림 III-67] 안도 타다오의 빛의 교회

III. 형태 만들기도 두 가지뿐이다

용하는 것입니다. 사칙연산 중 곱하기 형태는 존재하는 형태 속의 축이 서로 조화를 이룬다기 보다는 개별적인 영역과 기능을 만들기 위한 방법으로 사용한다고 볼 수 있습니다. 이것이 안정된 형태를 선호하는 사람들에게는 조화를 이루지 않는 것처럼 보일 수도 있지만 때로 수평과 수직만 있는 형태보다는 더 개성적이고 존재감을 줄 수도 있는 이미지를 나타낼 수도 있습니다.

　[그림 III-68]의 건물은 다니엘 리베스킨트가 외형 디자인을 한 삼성동의 I-park 현대사옥입니다. 일반적으로 해체주의자들이 자주 사용하는 것 중의 하나가 선이며 특히 리베스킨트는 사선으로 마무리하는 디자인을 선호합니다. 선들은 배열규칙을 갖고 있지 않으며 자유롭게 배치가 되어 있는데, 이는 중력을 의미하는 것으로 수평·수직으로 나타낸 형태들과 대조되는 표현입니다. 이 건물은 특히나 한 부분에 선이 많이 밀집되어 규칙적으로 표현되었는데, 이는 그의 작품 전체를 보았을 살펴보았을 때 조금 의외이긴 합니다. 그러나 이렇게 전체적인 선의 배치를 보면 자유분방한 표현에서 곱하기의 디자인 의미를 볼 수 있습니다. 특히 선의 연장성을 차단하는 원의 테두리((b)의 그림은 변경해 본 것임)는 절제미와 체제의 한계(해체의 의미)를 느끼게 하는 디자인입니다. 그러나 두 개의 그림과 비교해 보았을 때 어딘가 그의 평소 스타일과 맞지 않은 표현으로 선이 원 밖으로 나간다면 아마도 칸딘스키의 원이라는 작품을 떠올리게 하는 이미지로 약간은 이해가 가지 않는 표현이기도 합니다.

(a)　　　　　　　　　　　　　　(b)

[그림 III-68] 다니엘 리베스킨트 _ 아이파크 현대사옥, 삼성동

# CHAPTER 05

## 나누기

**나누기**

본디
하나였는데
두 개가 되고

본디
하나였는데
세 개가 되고

본디
하나였는데
다시 하나가 되고자 하고

본디
하나였는데
또 다른 하나가 된다.

하나는
나뉘면서
다시 하나가 된다.

사칙연산 중 네 번째로 나누기를 해봅니다. 이것은 말 그대로 공간을 나누어 보는 것입니다. 공간이 나뉜다는 것은 기능을 분리시킨다는 의미이기도 합니다. 그러나 그것은 기본적인 것이고 나눈다는 것은 나누는 요소(공간)가 개입된다는 의미이기도 합니다. 그 요소는 순전히 설계자의 의도가 될 수도 있고 자연 발생적으로 생겨난 것을 포기하지 않고 표현하는 것일 수도 있다는 것으로 무엇인가 설계자의 의도가 담겨 있어야 합니다.

나뉜다는 것은 두 개 이상의 요소가 존재를 해야하고, 그 두 개 이상의 영역 사이에 또 하나의 영역을 만들어 가는 것입니다. 이는 부수적이면서 중점적인 요소에 영향을 주기 때문에 중요도가 떨어지기도 하지만 나누기를 하는 절대적인 원인이 되어야 합니다. 이 원인이 동선이 될 수도 있으며 공용 공간, 코아, 디자인의 포인트, 외부의 내부 침투 등이 원인이 될 수 있습니다. 이러한 요소들을 그대로 사용하여 정체적인 흐름에 묶어두는 것이 아니라 이를 의도적으로 디자인의 한 요소로 부각하여 사용한다면 긍정적인 요소로 보일 수도 있는 것입니다. 특히 전체적인 디자인의 성격을 중화시키거나 반대적인 이미지를 만들어 넣는다면 지루하지 않은 디자인을 만들어 볼 수도 있습니다. 예를 들면 전체적으로 긴장된 표현에 자연스러운 요소를 첨가하여 형태를 나누면서 전체 이미지 분위기에도 포인트를 주면서 작업할 수 있는 것입니다.

규칙적인 도형에 규칙적인 요소는 전체적인 분위기를 더하기 보다는 오히려 감소시키는 역할을 할 수 있습니다. 그러나 공간의 흐름이나 형태를 인식하는 데는 이러한 구성이 유리할 수 있습니다. 특히 권위적이거나 그와 같은 목적을 갖고 있는 유사한 디자인은 이러한 클래식 형태가 유용하게 쓰입니다.

[그림 III-69] (a)의 이미지처럼 규칙적인 도형인 원에 대조적으로 불규칙적인 형태(b~e)가 가

로지르거나 참가되면 오히려 첨가된 불규칙 형태가 시각적인 비중을 많이 차지하거나 포인트처럼 되는 효과를 나타낼 수 있습니다. 이러한 경우는 (a)의 규칙적인 형태의 조합보다 영역의 구분에 있어서 기능적으로 더 분리가 되는 성격을 갖게 됩니다. 여기서도 균등하게 분리가 되지 않으면 영역의 큰 부분이 중요도가 더하게 되는 이미지로 작용하는 경향이 있습니다.

규칙적인 형태에 수평을 이루지 않는 요소가 전체 형태를 분리하는 경우((b)~(e))에 그 분리 요소는 기울어진 곳으로 방향성을 갖게 되고, 전체적인 형태에 흐름이라는 이미지를 부여하게 됩니다. 이는 마치 고정된 형태에 흐름이나 부유적인 성격을 갖는 두 개의 조합으로 보일 수도 있는 것입니다. 특히 바탕을 이루는 형태가 원과 같이 중심에서 동일한 거리를 갖지 않고 (b) 또는 (c)의 그림처럼 방향성을 갖는 형태일 경우 영역의 표시는 더 명확해지는 것입니다.

전체적인 형태가 나누는 요소에 의하여 분리되면서 큰 형태가 서로 엇갈리게 되는 경우 이는 본래의 성격을 잃게 되고 새로운 형태 (d) 또는 (e), (f)가 만들어집니다. 이 새로운 형태는 완벽한 공간 분리와 두 개의 형태 생성이 만들어지면서 독립적인 공간을 의도하게 되고 마치 세 개의 형태가 더하기 한 것처럼 보여질 수도 있습니다. 중앙의 나누기한 형태는 두 영역을 연결하는 매개체로서 다양한 기능으로 사용되며 연결공간이 되는 중요한 역할을 담당하게 됩니다.

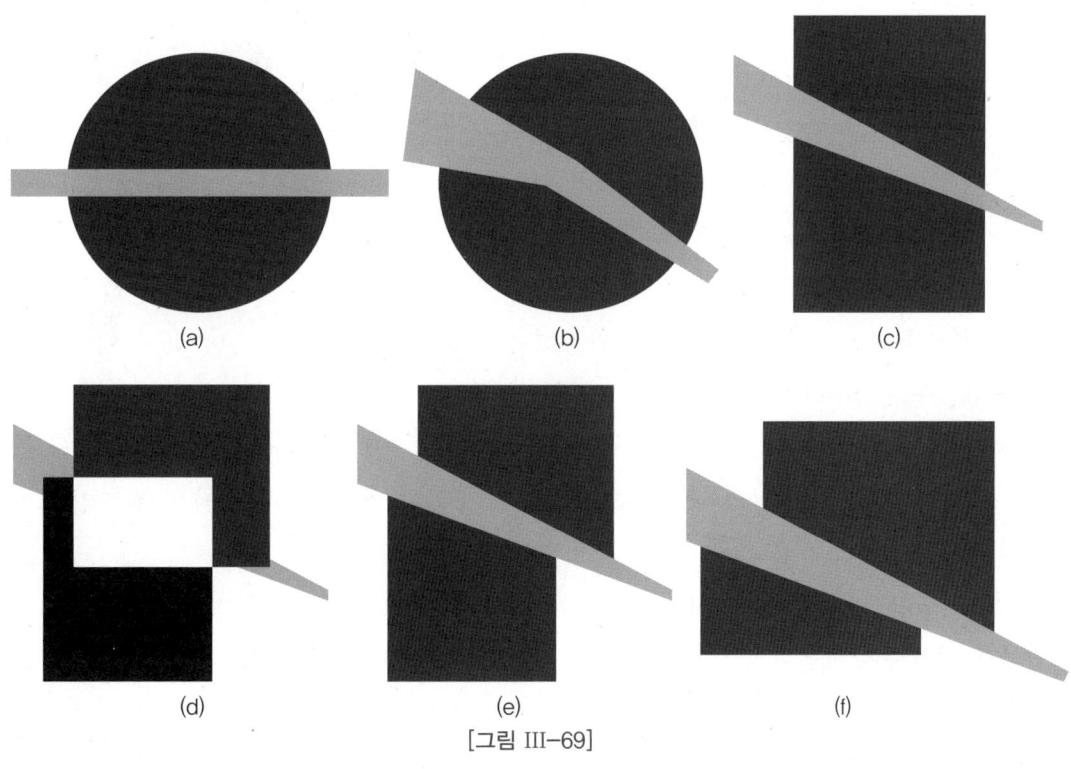

[그림 III-69]

이 경우는 전체의 영역이 나누기한 요소에 의하여 면적이 균등하게 분리되지 않고 영역의 크기에 차이를 보이면서 분할되는 모습입니다. 이러한 경우 메인과 서브의 기능적인 분리가 명확하며 형태와 기능적인 다양성을 만들어 갈 수 있습니다.

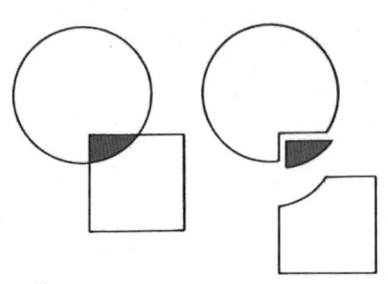

원과 사각형 나누기

나누기는 더하기의 일종으로 볼 수도 있습니다. 더하기의 경우 두 개의 영역과 공통된 영역으로 나누어 볼 수 있는데 이를 개별적인 공간으로 본래의 형태에서 분리하여 놓을 수도 있는 것입니다. 나누기의 방법은 독립적인 영역을 명확하게 하려는 경우에 나타나는 방법으로 완전한 초기 형태에서 오는 지루함을 없애보려는 의도 또한 있음을 알 수 있습니다.

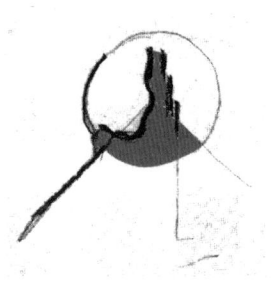 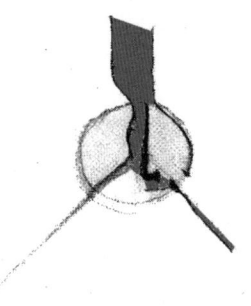 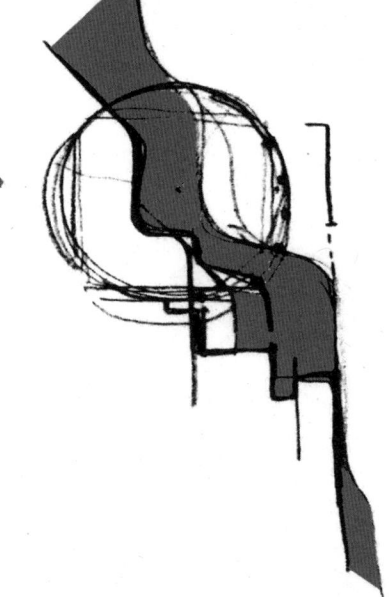

나누기라는 방법은 사실상 본래의 형태 또는 주를 이루는 형태에서 출발하여 첨가된 요소가 포인트로 작용하게 하거나 기능을 첨가하면서 본래의 영역을 지역적으로 구분하려는 의도 또한 내포하고 있습니다. 첨가된 요소는 주 영역을 관통하여 분리하거나 또는 침투하여 완전한 분리가 아닌 형태를 유지하기도 하며 때로는 첨가된 요소가 더 과장된 모습으로 추가된 기능을 보이기도 합니다. 어느 경우가 되었든 공간의 영역은 분리와 구분이 되고 이를 통하여 형태와 흐름의 조합이 만들어지게 되는 것입니다.

[그림 III-70]의 건물은 1985년 Gerkan에 의하여 설계된 Hamburg에 있는 6층 규모의 모퉁이 집입니다. 지상층은 모퉁이의 지리적인 긍정적인 조건을 살려 상가로 계획되고 2층부터 주거공간으로 설계되었습니다. 도시계획적인 차원에서 건물의 외곽선은 모퉁이를 이루는 연장선 차원

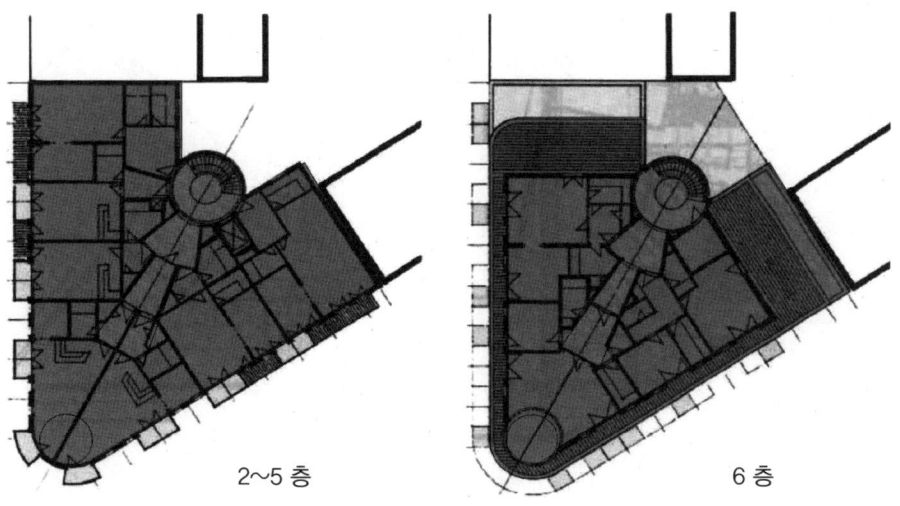

2~5 층　　　　　　　　　　6 층

에서 설계가 되었고 두 선이 만나는 부분에서 두 개의 영역으로 분리되어 양방향을 향하는 형태가 만들어졌습니다. 모서리 안쪽 부분에서 상층으로 연결되는 수직 동선인 원형 계단이 배치되었고, 이를 통하여 좌우로 분리된 주거공간으로 연결이 되도록 계획된 것입니다. 지상층에서 5층까지는 수직적으로 외부가 연속되고, 6층에서 평면 형태가 안쪽 방향으로 후퇴하면서 사용면적이 감소되며 공간의 외부 방향으로 발코니가 형성이 되었습니다. 상층으로 가면서 점차 내부로 공간이후퇴하는 형태가 더 안정적인 이미지를 갖게 되는 것입니다.

[그림 III-71]의 평면은 일반주택의 평면으로서 2층 구조로 되어 있고 수직 대칭의 형태로 중앙에 통로를 만들어 공간을 양분하면서 전체적으로 2등분되는 형태를 취하고 있습니다. 상층으로 진입하는 동선을 배려하여 아래층에 침실을 배치하고 위층에 공용공간을 배치한 것이 주택에서 보이는 일반적인 공간구조와

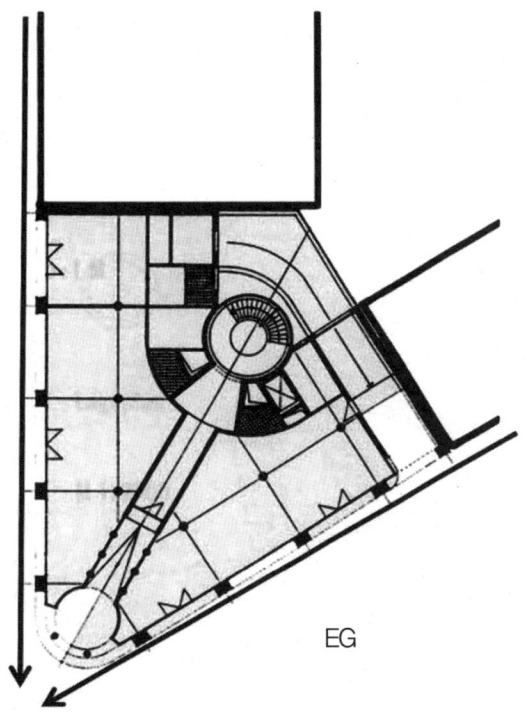

[그림 III-70] Gerkan_모퉁이 집(1985), Hamburg, 독일

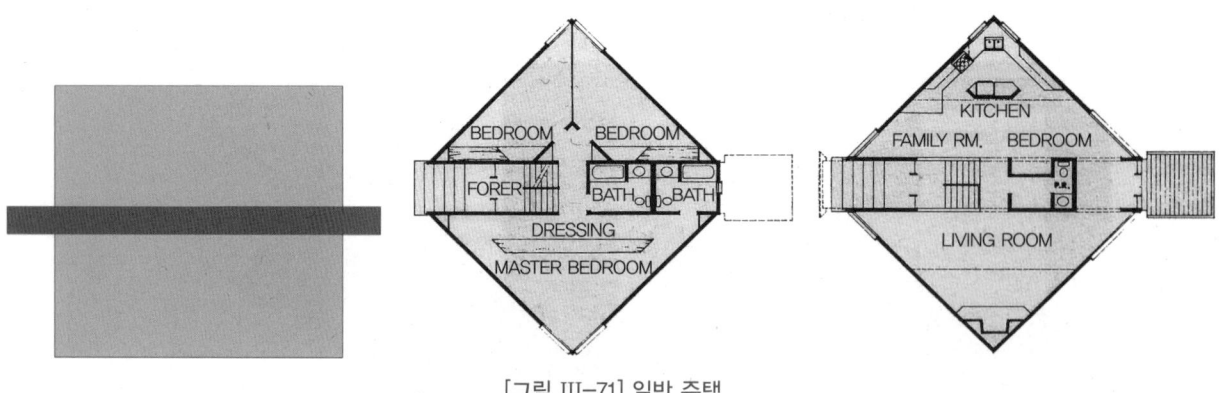

[그림 III-71] 일반 주택

차이를 보이고 있습니다. 아래층의 경우 두 개의 침실을 평행하게 배치하고 통로를 경계로 주 침실을 dressing으로 막아놓았으며 2층에는 가족공간과 거실이 통로에 의하여 분리된 것이 보입니다. 또한 입구에는 2개의 층을 위아래로 오픈시켜 빛과 커뮤니케이션에 자유를 준 것이 보입니다.

[그림 III-72]의 평면은 워싱턴에 있는 I. M. Pei의 national갤러리입니다. 그는 삼각형 형태를 잘 다루는 건축가로 여기에서도 그가 보여주는 스타일처럼 형태 속에 연속하여 삼각형의 형태가 등장하는 것을 볼 수 있습니다. 전체적인 형태를 분할하는 통로도 삼각형이 갖고 있는 각을 이용하여 분할하고 있습니다. 트러스 구조는 두 개의 삼각형을 연결하는 더하기의 역할을 하는 또 하나의 삼각형으로 나타나고 있습니다.

형태를 구성한다는 것은 형태를 단순히 보여준다는 의미보다 더 많은 것을 의미합니다. 그러나

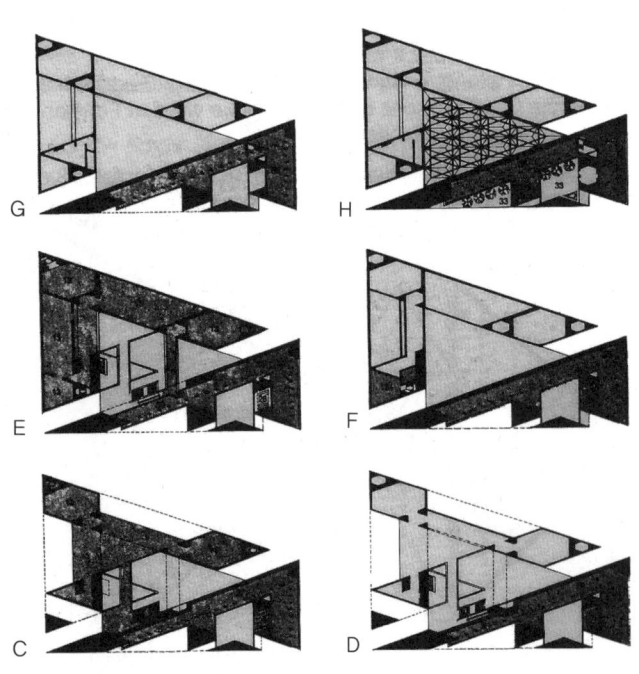

[그림 III-72] I. M. Pei_national gallery(1978년), 워싱턴

다양한 형태

분명한 것은 형태의 시작은 하나라는 것입니다. 그리고 그것을 단순히 변형하거나 더하는 것만을 말하는 의미가 아닙니다. 여기에는 분명한 작업 이유가 존재를 해야 관찰자가 이해할 수 있습니다. 그것이 추상적이든 구체적이든 그 이유는 타당해야 하는 것이며 필요에 의한 것이어야 합니다. 이를 위해서 형태 작업 출발이 구체적인 방법 속에서 진행된다면 정리가 되며 작업을 진행하는 데 과정 속에서 문제를 해결하는 데 많은 도움이 될 것입니다. 그러한 취지를 나타내기 위하여 형태를 만드는 두 가지 큰 틀에서 첫 번째로 사칙연산이라는 이름을 붙여서 정리를 해 본 것입니다. 이 작업 방법에 따른 형태 구성에 대한 명칭은 개인에 따라 변경이 얼마든지 가능하며 그 취지만 이해가 된다면 다른 각도에서 콘셉트를 바라 볼 수도 있는 것입니다. 사칙연산이라는 단어는 친숙한 단어이기에 이 방법에 이름을 붙인 것이며 또한 작업 내용을 알리는데 그 이해도가 높을 것이라 생각하여 우선적인 방법으로 소개를 해 본 것이지 사실 이 방법이 쉬운 것이라 단언하는 것은 아닙니다.

III. 형태 만들기도 두 가지뿐이다

# CHAPTER 06

# 축

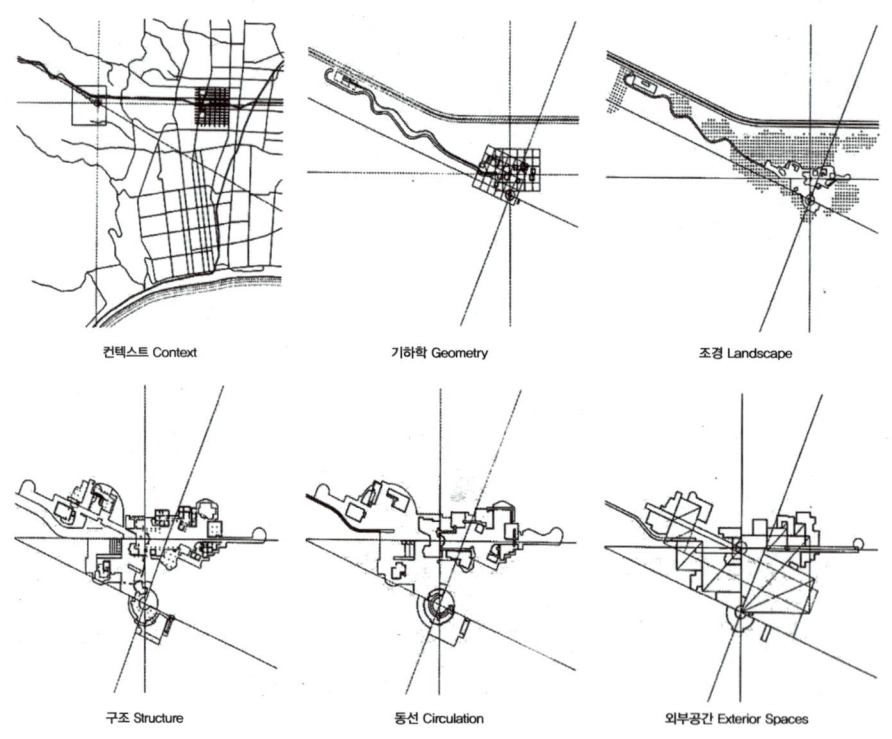

컨텍스트 Context     기하학 Geometry     조경 Landscape

구조 Structure     동선 Circulation     외부공간 Exterior Spaces

[그림 III-73] 리차드 마이어_The Getty Center(1997년), 산타모니카, 미국

리차드 마이어의 Getty Center는 산타모니카 산맥에서 브렌우드 주택가를 향해 남쪽으로 돌출된 독특한 구릉지에 자리잡고 있습니다. 리차드 마이어는 이 건물의 설계에 있어서 7개의 구성요소를 하나의 일관성 있는 통합체로 엮는 동시에 각각 지니고 있는 개별적 특성을 살리기 위한 시도가 있었음을 엿볼 수 있습니다. 이 건물들은 면적 110에이커에 달하는 두 개의 자연 둔덕을 따라 배치되어 있습니다. 여기에서 그는 두 개의 쌍둥이 축을 작업에 사용한 것을 그림에서 볼 수 있습니다. 두 개의 쌍둥이 축이 22.5도로 교차하면서 로스엔젤레스 거리가 갖고 있는 그리드를 벗어나 북쪽으로 휘어지는 센디에고 고속도로의 만곡부와 일치하게 만들었습니다. 그림이 보여주듯 리차드 마이어가 게리센터를 작업하는 데 공통적으로 적용하여 사용한 것이 22.5도로 설정된 축입니다. 축은 몸의 척추와 같은 역할을 하는 것으로 축이 주는 영향은 공간 배치와 구성에 있어서 절대적입니다. 축은 설계작업에 있어서 대부분을 결정한다고 볼 수 있을 정도로 중요하며 이것은 어떠한 공간 구성을 만들어 낼 것인가 암시하는 암호이기도 합니다. 축은 건축물에서 구조형성에 영향을 미치기도 합니다. 이것은 다양한 사조에서도 적용되는 결코 변경될 수 없는 형태 콘셉트의 중요한 요소로 작용을 해 온 것입니다. 설계를 시작하기 전 우리가 환경도 중요한 요소로 선택하는 이유는 건축물이 홀로 존재하는 것이 아니라 주변환경과 조화를 이루기 때문입니다. 이러한 이유로 건축물의 콘셉트를 잡기 전 그 건축물이 들어 설 주변환경에 대한 충분한 조사를 통하여 과거, 현재 그리고 미래에 대한 철저한 준비를 하는 것이 좋습니다. 물론 분석을 하는 방법이 여러 가지 있지만 여기서는 우선적으로 대지의 축과 건축물의 축에 따라서 표현되는 이미지를 비교해 보도록 하겠습니다.

[그림 III-74]와 [그림 III-75]는 대지의 축과 건축물의 축이 다른 각도를 갖고 있습니다. [그림

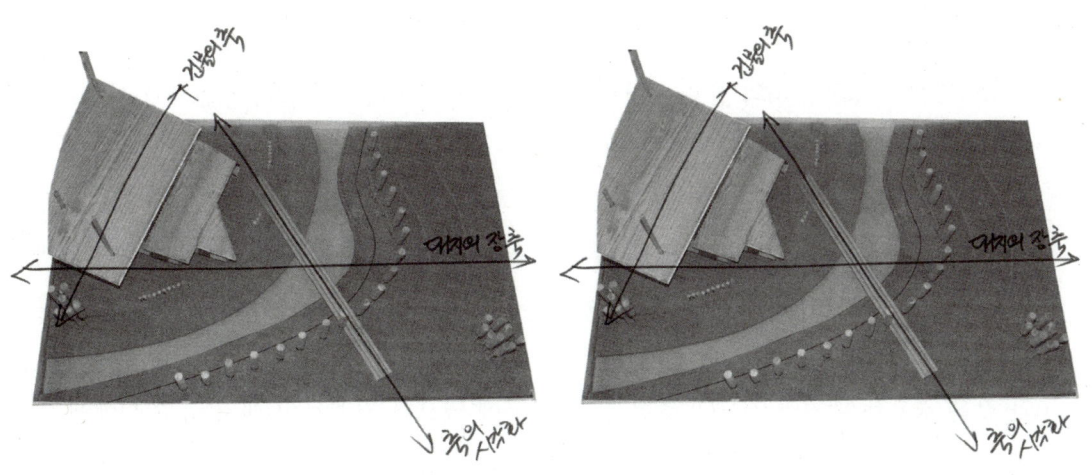

[그림 III-74] 목조건축, 학생작품1   [그림 III-75] 목조건축, 학생작품2

III. 형태 만들기도 두 가지뿐이다

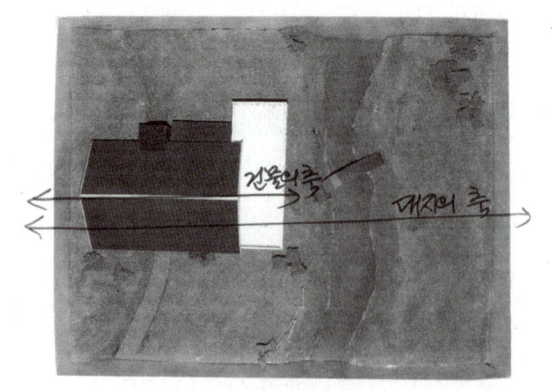

[그림 III-76] 목조건축. 학생작품3

III-76]은 대지의 축과 건물의 축이 하나로 되어 있는 것을 알 수 있습니다. 여기에서 건물의 축과 대지의 축이 같은 경우 긴장되고 일관된 이미지를 주는 것을 볼 수 있습니다.

이렇게 건물의 축이 대지의 선상에 놓이는 경우 대지는 명확하게 구분이 되며 자유로운 시각 보다는 경직된 시야를 요구하고 있는 것을 알 수 있습니다. 이러한 축은 대체로 권위와 공공적인 콘셉트에 많이 사용이 됩니다. 언어로 적용한다면 직설적인 표현일 수도 있습니다.

[그림 III-74]와 [그림 III-75]는 대지의 축과 건물의 축을 분리하면서 시야에 자유로운 선택을 주었고 전체적으로 경직된 이미지를 벗어 나고 있습니다. 축이라는 것이 추상적인 이미지로 때로는 이것을 명확하게 구체화시키는 작업으로 축을 시각화하여 대지에 놓아 보았습니다. 이렇게 함으로써 대지의 축과 건물의 축 그리고 시각화된 축 등 3개의 축이 건축물 배치에 영향을 주게 되는 것입니다. 물론 여기서 시각화라는 것이 도로 또는 다리가 될 수도 있습니다. 그러나 그것을 구체적으로 보여줄 필요는 없습니다. 전체적인 이미지가 구체화된 건물의 축과 추상적인 대지의 축이 만나는 것이라면 여기에 두 개의 상반된 개념을 갖고 있는 시각을 구체화시킨 축이 작용을 하는 것에 큰 의미를 둘 필요는 없다는 것입니다. 이유는 이것은 디자이너의 몫이라기 보다는 관찰자의 몫으로 돌리는 것도 훌륭한 배려이기 때문입니다. 아래 그림에서 대지와 건물의 위치 관계를 4가지로 비교 구분해 보았습니다.

[그림 III-77]에서 (a)와 (b)의 경우는 건축물과 대지의 축이 하나의 선에 놓인 예로서, (a) 같은 경우 대지는 건축물에 의하여 4부분으로 나뉩니다. 이러한 위치를 점유하게 되면 4 방향의 시각적인 우위를 차지하게 되고 대지를 지배하는 형태로 이미지가 형성됩니다. 일반적으로 신전이 대지에서 이러한 위치를 많이 점유하며 유럽의 구 도시를 보면 성당이나 공공 건물 같은 지배적인 건축물에 많이 보이는 위치입니다. 각 방위에 좋은 전망이 있는 경우 이러한 콘셉트를 사용하는 것도 좋습니다.

(b)와 같은 경우는 대지와 건물의 축은 동일 선상에 있으나 건축물이 대지 축의 선에서 좌우 한 방향으로 몰려 있는 경우입니다. 그리고 대지를 건축물을 중심으로 양분하게 되며 이러한 것

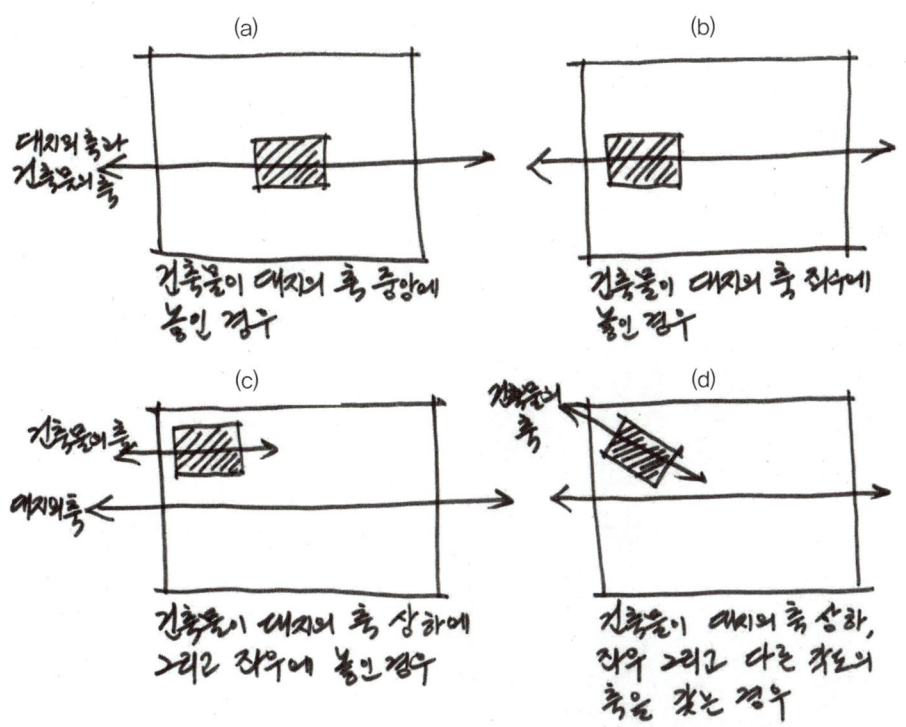

[그림 III-77] 대지와 건축물 축의 관계

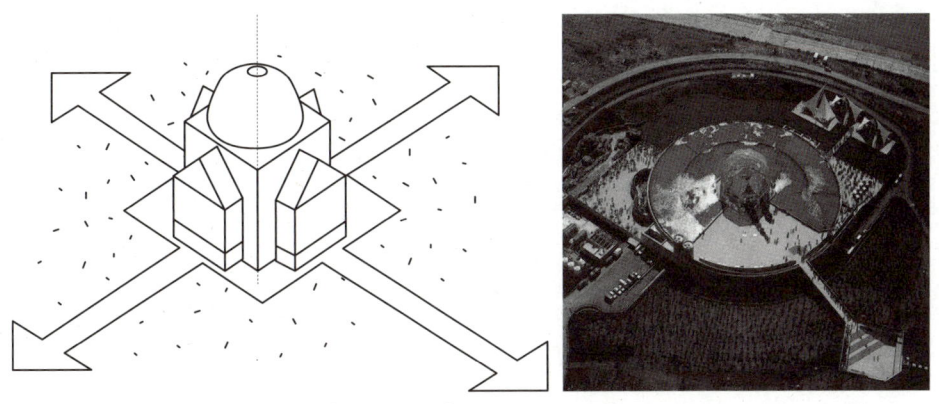

[그림 III-78] 대지와 건물의 축

은 대립의 형태로 프랑스의 궁전의 배치에서 많이 볼 수가 있습니다. 이러한 구조는 대조의 발달된 관계로서 건물은 어떠한 경우에도 환경에 적대적으로 작용하게 됩니다. 즉 이들은 대화를 서로 하기는 하지만 같은 의견을 갖고 있지는 않은 것처럼 보이는 것입니다. 이 부분이 잘 표현된 것이 바로 하나의 축을 서로 공유한다는 것입니다.

III. 형태 만들기도 두 가지뿐이다

[그림 III-77]에서 (c)는 대지의 축을 벗어 나면서 어느 정도의 양보를 보이고 있습니다. 그러나 대지의 축과는 평행선을 그리면서 대지의 흐름에 어느 정도 관여를 하는 형태를 취하고 있습니다. 그림에서 (d)와 같은 경우는 대지의 축을 벗어나고 다른 각도의 축을 개별적으로 갖는 것입니다. 이것도 그림에서 B와 같은 대립의 형태를 이루기는 하지만 개별적인 축을 형성한다는 것이 다른 형태 보다는 훨씬 자유롭고 독립적인 형태를 유지하는 것입니다. 이와 같이 동일한 대지에서 동일한 건축물로 다양한 배치 표현의 가능성이 존재함을 알 수 있습니다.

[그림 III-79] 바티칸 성국

[그림 III-79]는 로마 속의 바티칸 성국으로서 강렬한 이미지와 응집된 형태를 나타내기 위하여 대지와 건물의 축이 완벽하게 하나가 되는 형태를 취하고 있다. 광장은 대지의 축만이 아니라 원형의 다양한 축을 취하면서 구심적인 것과 원심적인 성격을 취하기도 한다. 이는 바티칸의 세계관과 이교도에 대한 전도 의지를 보여 주는 것으로 중심에 놓인 오벨리스크에 와서 그 절정을 이루고 있습니다. 이와 같이 축은 건물의 외형에서 나오는 성격뿐 아니라 전체적인 이미지에 상당한 영향을 미치고 있음을 알 수 있습니다.

[그림 III-80]은 르네상스 후기(매너리즘 초기) 시대 안드레아 팔라디오의 로텐다 빌라입니다. 이 빌라의 성격을 분석해 보면 중앙부의 둥근 부분을 로텐다라 부르는데 이를 보고 빌라 로텐다라 이름을 붙인 것입니다. 빌라(Villa)라는 의미는 귀족들의 전원생활을 위해 건설되는 전원주거이며, 도시에 있는 주거 형태는 팔라조(Palazzo)라고 부릅니다. 언덕의 정점에 건물의 주요부인 응접실과 식당 층을 위치해 놓았고 건물의 4면은 독립된 전망을 갖기 위하여 축의 개념인 대지의 축 방향과 건물의 축이 45도로 엇갈려 8개의 축 방향을 형성(상징성 강조)하였습니다. 중심을 점유하는 원과 건물의 실체를 결정하는 윤곽으로서 정사각형을 잡은 것입니다.

이 건물이 갖고 있는 기본도형의 상징적 의미는 기하학적 형태가 갖는 기하학적 성질과 그에 따른 상징의미를 찾으려고 시도했습니다. 언어학상 기하학적 형태들은 기호로서 '의미하는 것'과 '의미되는 것'의 이중적 코드로 표현하는 데 당시 사상의 기초를 이루었던 신플라톤 학파에 의하면 사각형은 인간과 대지를 구체화한 것이며 원은 정방형과는 대립되는 것으로서 자연, 하늘을 표현하는 것으로 되어 있습니다. 팔라디오가 여기에서 건물의 축을 45도로 위치해 놓은 것은 그의 알버티의 건축 4서에서 기인한 것이며 그는 이를 시도하려 나타낸 것입니다. 이 빌라 로텐다는 20세기 초에 이르러 과거의 건축양식이나 서양의 근대건축의 근원을 찾으려는 시도에서 중요한 의미를 갖고 있다고 할 수 있으며 정원의 의미를 나타내는 것으로 내부와 외부의 연결을 시도한 것이며 이전 건축이

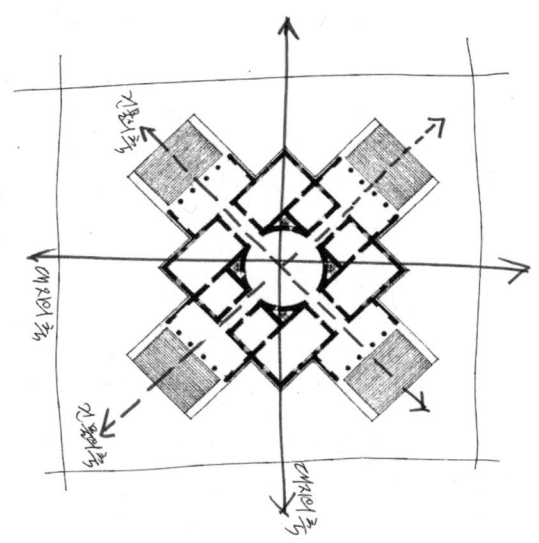

[그림 III-80] 안드레아 팔라디오 _ 빌라 로텐다

폐쇄적인 성격을 띠었다면 로텐다는 개방적인 시도를 보여준 건축물로 정원에 대한 관심이 르네상스 후기에 있었음을 나타내는 건축물입니다.

    일반적으로 축이라는 의미는 흐름의 주류를 말합니다. 그런데 팔라디오가 여기에서 대지의 축을 기준으로 45도 방향으로 틀었다는 것은 아주 중요한 의미가 있습니다. 그것은 기존의 상황에 대한 새로운 시도를 보여주는 것으로 시각적인 해결과 대지의 조건을 감안했다고는 하지만 건축 4서 자체가 새로운 것에 대한 정립을 증명해 보이는 것입니다. 르네상스는 사실상 과도기의 시기였습니다. 급진적인 발달의 흐름이 건축에서도 예외일 수는 없었으며 인본주의라는 개념은 권위와 신에 대한 45도 각도를 의미할 수도 있습니다. 비록 그 원본이 로마의 것이라는 출발이 조금은 아쉽기는 했지만 그것은 당시의 상황으로서는 당연한 결과로 볼 수도 있으며 45도라는 것은 어느 축에도 근접하지 않은 가장 가운데의 위치를 의미합니다. 그것이 신과 권력일수도 있고 귀족과 농노일 수도 있으며 과거 왕족의 건축물이 주를 이루던 것과는 다르게 빌라는 왕족이 아닌 귀족이 사용하는 건물의 출현이 의미가 있습니다.

    그는 건축의 축만이 아니라 역사의 흐름을 건축물에 담은 것입니다. 그가 정치적인 건축가이든 그렇지 않든 그의 이러한 암호는 시간 속에서 그의 건축물을 바라보게 하였으며 이것은 근대의 혁명가들에게 의문으로 작용을 하고 엘 리스츠키의 대각선과 일맥상통한다고 볼 수 있습니다. 축의 개념은 이렇게 다양한 역할로 대지라는 무대에서 우리에게 작용을 합니다. 축은 곧 모든 공간을 묶어 버리는 그물과도 같습니다. 축에 의해서 대지는 성격을 달리하고 주장을 하는

것입니다. 건축물의 형태를 만약 끝까지 분해 할 수 있다면 궁극적으로 남는 것은 축입니다. 이것이 바로 개념과 사상을 같이 갖고 있는 방향을 의미합니다. 그러므로 축을 설정한다는 것은 대지 내의 건축물을 어떻게 설정할 것인가 하는 성격을 우선적으로 만들어 내는 것이므로 설계에 있어서 우선적으로 선행되어야 하는 행위입니다.

## 1. 대지의 축과 건물의 축이 하는 역할

건축설계에 있어서 대지의 선정이 1차적으로 행해져야 함은 누구나 아는 사실입니다. 이것은 공통된 사항이고 개인적인 행위에 속하지 않고 객관적인 사항이기 때문에 가볍게 다룰 수 있는 부분이 아닙니다. 그러나 설계의 시작은 이미 이전부터 — 대지가 놓인 환경 — 시작이 되었으며 그 환경의 조건에서 대지는 수동적인 결과를 가질 수도 있는 것입니다. 설계자 자신이 능동적으로 건축물에 줄 수 있는 요소는 사실 그렇게 많지 않습니다. 여기에는 많은 외부적인 환경 요소들이 — 법규, 경제, 교통, 안전 그리고 구조 — 우선적으로 작용을 하고 설계자는 이를 우선적으로 해결하여야 하는 의무가 있습니다. 이 의무가 건축의 자유를 제한하지만 이 제한에도 불구하고 Piere Luigi Nervis가 한 말을 기억해 둘 필요가 있습니다. "만일 그가 진정한 예술가라면 그의 창작물은 모든 기술적인 압박에서 진정한 예술품으로 거듭날 수 있는 자유가 있다는 것을 알고 있어야 한다."

100%의 영역에서 그에게 주어진 부분이 단 1%라 할지라도 진정한 프로는 그 1%를 위해서 혼신을 쏟는 것입니다. 아마도 Nervis가 한말은 이 1%라도 그것이 진정한 자유이며 이러한 자유라도 있다는 것을 기뻐할 수 있으며 이것을 놓치지 말아야 함을 의미하는지도 모릅니다. 모든 것이 자유롭게 주어진 환경 속에서의 작업은 얼마나 이상적인가? 정말 모든 것이 자유롭다면 그것이 진정 기뻐할 일인가요? 그렇다면 전문가의 영역이 우리에게 필요한가 물어보지 않을 수 없습니다.

앞쪽 [그림 III-77]의 그림은 설계대지가 갖고 있는 환경을 보여 주는 것입니다. 이러한 배치도에서 우리가 취할 수 있는 부분은 많지 않습니다. 오히려 주어진 환경 속에서 어떻게 능동적으로 조화를 이루어야 하는지 상황을 살펴볼 필요가 있는 것입니다.

건물은 의도적으로 환경에 적대적이 될 수밖에 없습니다. 즉 건물과 환경이 대화는 하되 이미 다른 의견, 즉 다른 결과를 갖고 대화를 시작하기 때문입니다. 그렇기 때문에 건축가는 가능한 서로의 입장에서 객관적이고 중간적인 역할을 하면서 가장 타당한 결과를 갖고 올 수 있도록 조정을 하는 조정자의 역할이라는 의무를 잊어서 안 됩니다.

[그림 III-77]의 배치도에서는 주변의 교통상황은 중요한 역할을 합니다. 그리고 주변의 건축

물의 높이와 기능 또한 설계를 하는 과정에서 잊어서는 안 되는 부분입니다. 이러한 상황을 살펴볼 때 대지의 진입로는 어느 정도 결정이 나게 됩니다. 그렇게 되면 건물의 위치는 가능한 대지의 진입로와의 관계를 고려해야 하고 이 또한 건축가가 풀어야 할 의무입니다. 건물의 위치가 확정되면 정면을 생각하고 대지와 건물의 관계에서 건축가는 또한 다른 외부적인 요소를 만족하는가 살펴보아야 합니다. 그리고 모든 외부적인 요소가 해결되었다고 생각할 때 온전한 우리의 개념이 적용되는 것입니다. 물론 외부적인 요소를 해결하는 과정에서도 우리는 순간순간 우리의 개념을 그곳에 적용을 하게 되지만 많은 제약을 피해 갈 수는 없습니다. 그러나 이러한 제한된 상황을 부당하다고 생각할 필요는 없습니다. 진정한 건축가는 이러한 문제를 해결하면서 자신의 가치를 나타내는 좋은 기회로 긍정적으로 생각해 볼 수 있기 때문입니다. 대지와 환경의 관계는 그 상황에 따라서 다양합니다. 그렇기 때문에 건물의 존재 가치를 위해서는 어떠한 상황이 잘 어울리는가 늘 고려해야 함을 잊지 말고 작업해야 합니다.

다음에서는 환경과의 관계를 해결하였다고 생각하고 다음 단계인 대지와 건축물의 관계를 살펴 보기로 하겠습니다. 이 부분에서도 다양한 현상이 나타날 수 있지만 크게 4가지로 압축해서 살펴 보도록 하겠습니다.

1) 건물의 축이 대지의 축 안에 놓이고, 대지의 주축 가운데 있는 경우

[그림 III-81]의 그림은 대지의 축과 건물의 축이 동일선 상에 놓여 있으며 건물이 대지의 가운데 놓여 있는 경우입니다. 이것은 대지의 형태가 직사각형으로 놓여 있지만 다른 형태에도 마찬가지로 대지 내에서 건물 주변의 남은 영역은 4방향이 모두 동일합니다. 이것은 곧 다른 기능

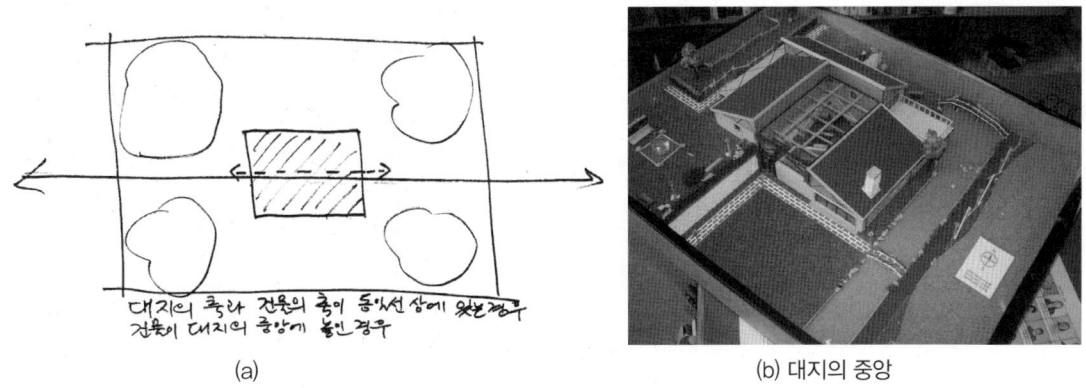

(a)                 (b) 대지의 중앙

[그림 III-81] 건물의 중앙에 있는 경우

을 선택하는 데 동일한 가능성이 있다는 것을 의미하는 것입니다. 건축물에서 각 모서리의 꼭지점을 연결할 경우 동일한 거리의 값을 갖습니다. 이러한 배치는 안정되고 시각적으로 우위를 정하지 않는 경우 사용할 수 있습니다. 또한 대지에 대한 건축물의 역할이 우선적이며 건물이 대지에 대하여 그 주장이 명확하다고 볼 수 있습니다.

건물 주변에 다른 영역을 배치하는 데 있어서 선택권이 많지 않으며 특히 주변의 상황이 다양하지 않은 경우에 기능적인 구역을 정하는 데 오히려 자유로움이 있습니다. 그러나 건물 주변의 영역이 상이한 기능을 갖는 형태를 갖는 경우 오히려 혼란스러울 수 있습니다. 그래서 건물의 존재를 명확하게 하려면 그 주변의 영역이 정확하게 구획이 되어야 하는 것을 염두해 두어야 합니다. 이러한 배치를 전체적으로 살펴본다면 마치 좌우대칭과 같은 형상을 취하고 있는데, 이는 주변의 배치도 그러한 형태를 쫓는 것이 이러한 상황을 계속적으로 이끌고 가려는 취지를 살릴 수 있습니다. 그렇지 않다면 오히려 처음의 의도를 살릴 수 없을 뿐더러 건축물이 주변 상황에 가려서 주객이 전도되는 상황과 혼란스러운 전체이미지가 될 수도 있기 때문입니다.

주변 환경이 단순하고 외적인 요인이 적다면 이러한 배치를 하여도 건물의 존재가치를 살릴 수 있습니다. 그러나 대지를 지배하려는 의도가 강하고 현대적인 상황에서는 이러한 배치가 쉽지는 않습니다.

2) 건물의 축이 대지의 축에 있지만, 대지 주축의 한 쪽으로 밀려난 경우

[그림 III-82]의 그림은 대지의 축과 건물의 축이 동일선상에 놓여 있지만 건물의 배치가 중앙이 아닌 대지 주축의 한 쪽으로 치우쳐 놓여 있는 경우입니다. [그림 III-81]의 경우와 비교하였을 경우 대지 내에서 건축물이 차지하는 면적을 제외한 대지의 면적의 합은 동일합니다. 그러나

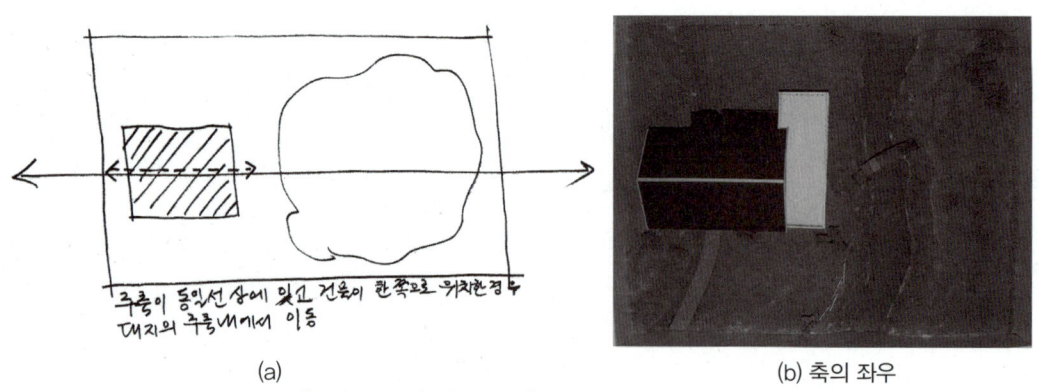

[그림 III-82] 건물이 주축의 한 쪽에 있는 경우

대지는 양분되고 대립의 관계를 갖게 되는 모양으로 이것은 건물이 진정으로 대립의 관계를 유지하려는 의도보다는 대지 내에서 서로 간의 기능의 역할을 분명히 하려는 의도가 명확하게 보여주는 것입니다. 한편으로 건물이 물러서면서 분할된 주변 대지를 한 쪽으로 몰아서 강조시키는 것입니다. 이러한 경우 건물의 정면은 의도적으로 오른쪽으로 향하여 대립의 관계를 분명하게 표현하고 대지의 나머지 부분에 그 외의 부수적인 기능을 배치하기도 합니다. 또한 그림 (a)의 경우 분할된 대지의 영역만으로 부수적인 기능을 충족시키지 못하는 경우 이러한 배치를 사용하여 해결하기도 합니다.

3) 건물이 대지의 축 안에 놓이지는 않으나 대지의 주축과 건물의 주축이 평행을 이루는 경우

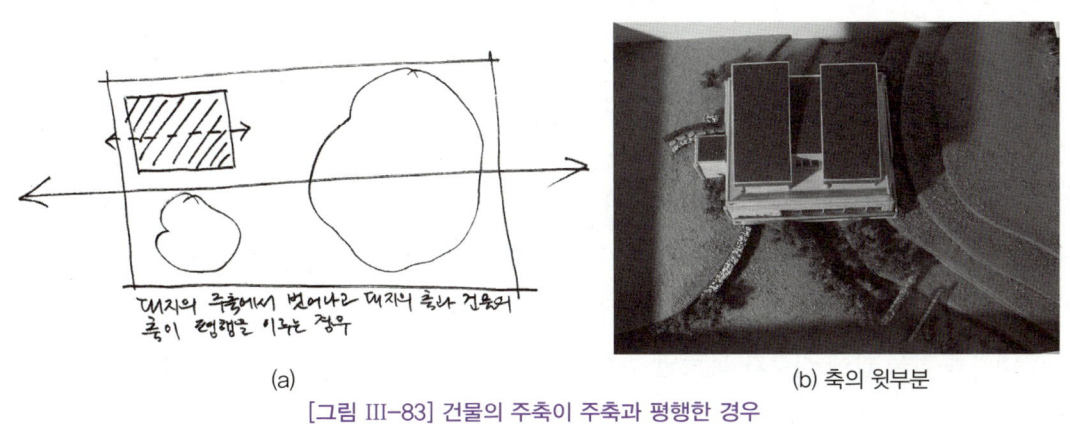

(a)          (b) 축의 윗부분

[그림 III-83] 건물의 주축이 주축과 평행한 경우

이러한 형태에서는 건물의 위치가 대지에 대하여 종속적으로 변합니다. 대지는 건물의 위치에 따라서 양분되고 기능적으로도 구분이 되어지는 형태를 보여줍니다. 그러나 이러한 경우에도 건물의 정면은 일정한 방향을 갖지 못하고 주변 상황에 따라서 선택적인 요소로 남게 되는 것입니다. 아직도 건물의 주축과 대지의 축은 평행을 그리고 있으며 규칙과 정렬이라는 이미지는 그대로 남게 됩니다. 그러나 앞의 그림들과 비교를 했을 때 작업을 하는 데 선택을 하게 되는 영역의 폭은 더 넓어지게 되고 훨씬 더 여유를 갖게 되기도 합니다. 여기에도 부득이한 선택은 존재하지만 위의 그림에서 건물의 정면을 오른쪽 방향으로 잡게 되면 그림에서 건물의 아래쪽은 자연적으로 숨기고 싶은 기능이 올 수밖에 없는 것입니다. 이렇기 때문에 작업을 하기 전에 대지 내에서의 기능의 종류를 큰 분류로 먼저 구분해 보는 것도 중요합니다.

4) 건물이 대지의 축 안에 놓이지 않으며 대지의 주축과 건물의 주축이 평행을 이루지 않는 경우

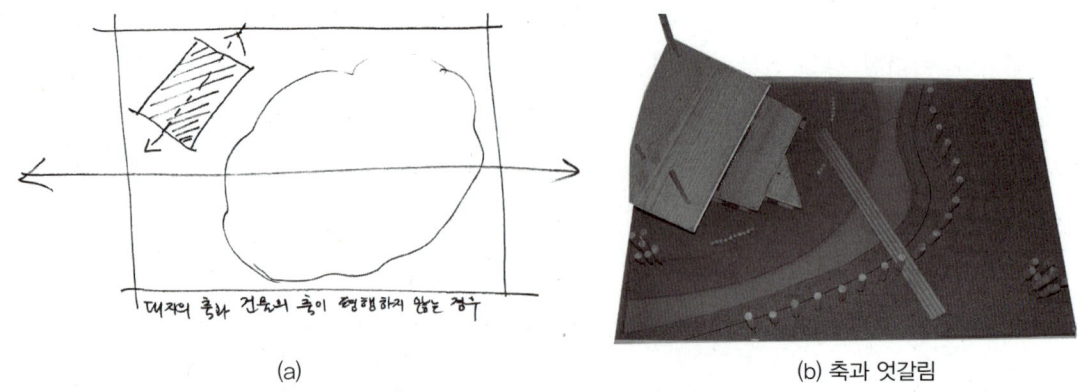

(a)             (b) 축과 엇갈림
[그림 III-84] 건물과 대지의 주축이 평행하지 않은 경우

르네상스의 빌라 로텐다([그림 III-80])의 건물을 보면 팔라디오는 대지의 축과 건물의 축이 45도의 각도로 틀어져 있는 것을 볼 수가 있습니다. 이는 그가 전망의 다양함을 연출하기 위한 시도를 보여준 것이며 그 당시의 일반적인 콘셉트로 보았을 때 그렇게 대지의 축을 벗어난 것은 아주 드문 경우입니다. [그림 III-84]의 그림에서도 마찬가지입니다. 건물이 대지의 축과 평행하지 않으면서 건물이 바라보는 시각은 다양해지며 이러한 배치는 좀 더 자유로운 이미지를 갖고 있고 대지와 건물 간에 서로가 독립된 주장을 보여주고 있습니다. 물론 위의 배치에서 건물은 대지 내에서 다양한 배치를 점유할 수 있지만 대지가 갖고 있는 고유의 축 방향에서 벗어나서 배치하도록 유지를 해 봅니다.

"건축을 만드는 것은 표준화된 조건에 흡수되지 않고 저항하는 능력에 있다. 흡수에 대한 저항을 나는 현재성이라고 부른다" 이것은 아이젠만이 자신의 작품들을 설명하면서 나타낸 표현입니다. 위에서 대지의 축을 표준화된 것으로 본다면 대지의 축을 벗어나게 건물이 놓이는 것을 흡수에 대한 저항으로 볼 수도 있습니다. '흡수라는 단어 그 자체는 추상적인 의미를 내포할 수도 있지만 이 단어의 범위를 어디까지 보아야 하는가?' 이것을 정의하기는 쉽지 않습니다. 그러나 굳이 한계를 둔다면 축을 그 방향으로 볼 수도 있습니다. 여기에서 아이젠만의 말을 인용한 것은 그의 단어 중에 '현재성'이라는 의미를 축에서 벗어난, 즉 축은 진행형으로 볼 수가 있기 때문입니다. 그러나 축에서 벗어난다는 것은 시간에 대한 의미를 부여할 수 없는, 즉 축의 이동에 의해서 점차로 발생할 수 있는 가능성을 미리 보여주는 이미지를 갖고 있다고 할 수 있습니다. 아마도 상반된 개념 또한 여기에 포함시킬 수가 있다고 봅니다. 현재라는 것은 곧 과거 미래

가 존재하기에 뚜렷해질 수 있기 때문입니다. 구체적으로 대지가 선별되고 대지의 어느 위치에 건물이 놓이는가에 따라서 그 이미지는 다양하게 보여질 수가 있는 것입니다.

물론 위에서 예로 들은 4가지의 경우 외에 더 많은 경우가 발생할 수 있습니다. 이것은 분석적 큐비즘의 이론에 따른 현재의 상황을 나누어서 본 것으로 하나의 대지에서 얼마나 다양한 경우를 만들어 볼 수 있는가는 직접적으로 시도해보면 더 잘 알 수 있습니다.

"건축가이기 위해서는 비평적인 프로젝트를 만들어야 한다"는 아이젠만의 표현입니다. 여기에서 비평적이라는 말은 부정적인가 아니면 긍정적인가 하는 흑백논리보다는 위에서 언급한대로 현재성을 갖고 있는, 즉 새로운 발견이나 또는 창조적인 것을 나타내야 한다는 말과 일맥상통합니다. 왜냐하면 새로운 것은 늘 비판의 범주 안에 있기 마련입니다. 좀 더 다르게 표현한다면 현실에 대한 새로운 제시로서 교훈적이고 논쟁의 대상이 될 수 있는 것을 의미하는지도 모릅니다. 이미 표준화되어 있다는 것은 시각적으로 익숙하며 이것은 현실성보다는 조건에 순응하는 전혀 비평의 도마에 오를 가치가 없는 평범한 것을 의미할 수도 있다는 말입니다.

## 2. 기능별 공간 군에 따라 형태 만들기

과일가게나 야채가게를 가보면 풍성함을 느낄 수 있습니다. 그리고 그 풍성함 속에는 한 종류만 있을 수 있지만 대부분이 여러 묶음과 종류가 공존하고 있습니다. 이를 정리하고 파는 상인은 그들의 존재를 기억하며 작업하기보다는 우선적으로 종류별로 묶어서 진열하여 그들의 존재를 인식하는 방법을 갖고 있습니다. 이러한 방법이 훨씬 기억하기에 유리하며 정리하는 데 도움을 주기 때문입니다. 곡물, 채소, 과일 그리고 생선 등을 나열함에 있어서 규칙이 존재할 수도 있습니다. 이 규칙에는 그 요소가 갖고 있는 특성이 영향을 줄 수도 있지만 상인의 작업방법도 중

[그림 III-85] 영양 피라미드

요한 이유가 될 것입니다. 어떤 기준을 정하는가에 따라서 배열의 방법은 다르게 나타날 수 있습니다. 위의 그림은 과일의 종류에 따라서 나열하였지만 [그림 III-85]의 그림은 영양가의 기준에 따라서 나열 시켜본 것입니다.

공간의 나열도 그 특성과 기능에 따라서 배열방법이 다를 수 있습니다. 한 건물 안에 존재하는 공간은 개인적인 공간, 공용 공간 그리고 중간 영역(준 개인 공간 또는 준 공용 공간) 등 크게 3가지로 나누어 볼 수 있습니다. 주택의 경우 방 같은 경우는 개인 공간, 거실과 부엌은 공용 공간 그리고 화장실 같은 경우는 준 공용 공간으로 분류할 수 있습니다. 이들의 배치는 이 성격에 영향을 받는 것이 당연합니다. 다른 건물도 마찬가지입니다. 이러한 성격을 잘 활용하여 배치한다면 훨씬 기능적인 공간배치를 얻을 수 있기 때문입니다.

[그림 III-86]에서 하나의 형태는 여러 가지 요소로 구성되어 있습니다. 이 요소의 종류가 어떤 성격을 갖고 있든 이 집합은 사각형이라는 전체 형태 안에 있습니다. 그러나 이 요소들이 반드시 사각을 이루어야 하는 의무는 없습니다. 이 요소가 존재한다면 어떠한 형태를 이루든 상관이 없다는 뜻입니다. 즉 큐비즘의 종합적 큐비즘의 성격을 가질 수도 있다는 것입니다. 또한 각 요소의 기능이 파괴되지 않는 이상 그 형태의 조합은 자유로운 성격을 갖고 놓일 수 있는 것입니다.

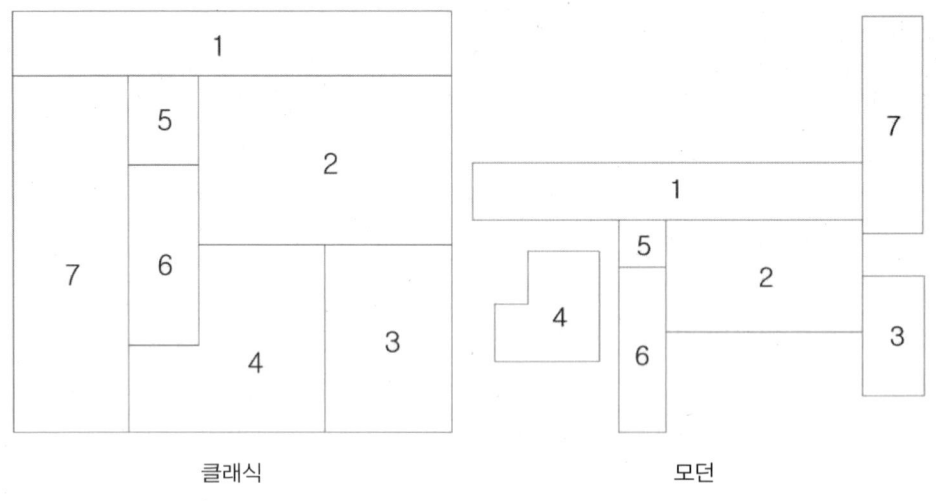

클래식　　　　　　　　　　　모던

[그림 III-86] 형태 구성하기

[그림 III-86]의 그림은 수없이 많은 구성 가능성 중의 하나를 보여준 것입니다. 전체적인 형태를 구성하는 각 요소가 어떻게 배치되는가에 따라서 우리는 다양한 형태를 얻을 수 있습니다. 물론 이 구성 방법에는 일정한 규칙을 적용하는 것이 좋습니다. 여기서 소개하고자 하는 것은 기능에 따라서 각 공간을 묶어 배치하는 것을 보이려고 합니다. 건물의 공간은 다양합니다. 그러나 이들을 묶어 본다면 개인 공간, 공용 공간 그리고 준 개인(공용) 공간이 있습니다. 물론 이외에도 예외적으로 기계실과 같은 기능성 공간 군을 만들어 볼 수 있습니다.

이러한 공간에 대한 배치의 생각은 이미 중세부터 발전되어 오기 시작하였습니다. 든든한 배경으로 자리를 잡았든 로마 황제의 몰락은 로마 자체의 몰락뿐 아니라 유럽 전체의 변화를 갖고 왔습니다. 구심점이었으며 권력의 중심부였든 로마의 존재는 건축물에도 기능적인 역할은 물론 대외적인 역할이 더 중요하게 작용하여 변화하기 시작하였습니다. 그러나 로마 황제의 위치가 동서로 갈리고 새로운 권력으로 부상하는 교황 세력의 확장은 건축물에도 변화를 불러 온 것입니다. 봉건제도가 시작되면서 중세에 왕의 권력이 약화되면서 지방 세력은 자체적인 방어와 경계태세를 갖게 되면서 울(울타리, 영역)에 대한 범위를 재정비하게 되는데, 이것이 건축물에 공간의 구분과 함께 수직적인 요소로 나타난 것입니다. 과거 서양 평면의 변화는 이 세력의 변화와 무관하지 않습니다. 과거 서양의 사각평면 바실리카에 변화가 생기면서 부수적인 공간이 첨가되며 변화가 온 것입니다.

권력의 분할과 정치의 다양성은 바실리카에서도 잘 나타나고 있습니다. 옆의 평면은 로마 시대의 바실리카로서 내부 공간의 배치가 단순하고 획일적인 배치 구성을 보여주고 있습니다. 외부 형태적으로도 다양함을 보이지 않으며 일관된 모습을 보이고 있습니다. 이는 곧 정치의 안정과도 연결된다고 할 수 있습니다. 공간의 배치가 획일적이고 일방적인 구조를 갖고 있다는 것은 정치 또한 안정적이란 의미입니다. 왼편의 (a) 평면의 경우가 전형적인 로마 평면의 모습으로 로마가 추구했던 절도 있는 사각형의 형태가 주를 이루고 있습니다. 중앙통로와 회랑은 계속 유지가 되어가고 있는 것이 보입니다. 그러나 전실은 넓어지고 법정이 아치 형태로 변하는 것을 볼 수

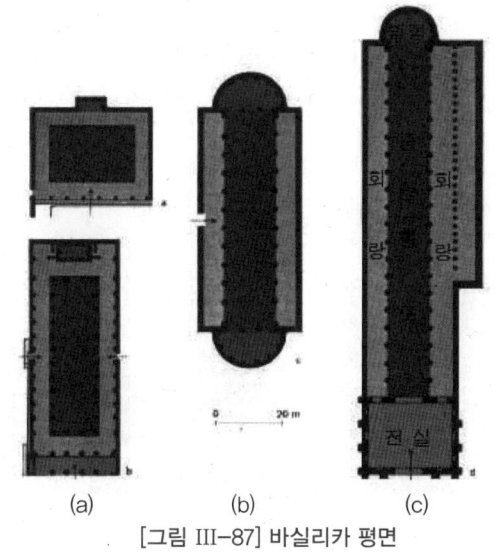

[그림 III-87] 바실리카 평면

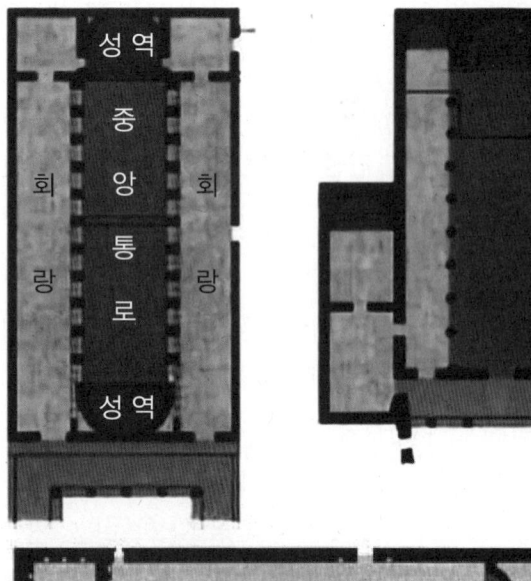

[그림 III-88] 서양건축사

있습니다. 로마인들에게 원은 우주와 같은 의미로 그 신성함을 나타내려는 의도가 보입니다.

그러나 로마의 정치적인 불안정으로 콘스탄틴 대제의 등장과 기독교의 승인으로 서로마는 과거의 영광을 역사 속으로하고 콘스탄틴대제의 비잔틴으로의 동로마 이동은 유럽의 불안정을 그대로 반영하고 있었습니다. 이것이 건축에서도 바실리카의 변화를 보여주고 있었습니다. 서양의 도형인 사각형과 동양의 도형인 원의 만남은 새로운 비잔틴 건축을 선보이는데, 서로마 시대보다 기능적으로 공간의 배치가 달라지고 있음을 보여주고 있는 것입니다. 로마에서 법정으로 사용되었던 반원형의 공간은 성스러운 영역으로 그 자리를 내어주게 됩니다. 그리고 내부 영역은 로마 시대보다 더 보호받게 되며 복잡한 형태로 변화되어 가고 있습니다. 이는 건축물이 변화되어야 하는 정치 또는 심리적인 외부적인 요소가 존재하고 시대적인 상황을 반영함을 의미하는 것입니다.

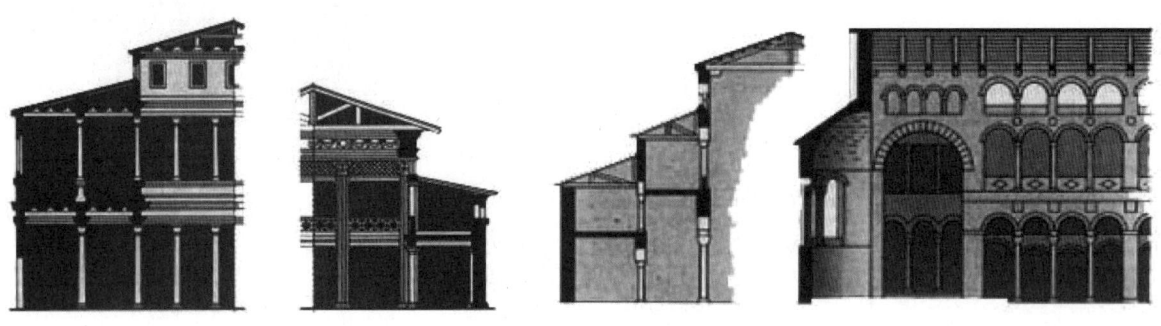

(a) 로마           (b) 비잔틴

[그림 III-89] 로마와 비잔틴 입면 비교

로마 시대보다 중세는 기능적으로 더 복잡한 역할을 건축물이 요구받고 있음을 나타내는 것입니다. 기능적으로 더 복잡해짐은 곧 공간의 세분화를 의미하며 이는 기능별로 시대적 상황에 유익한 공간의 기능을 요구받는 것입니다. 건축물 내부의 변화는 외부에도 그대로 적용이 되어 평면에서 2개의 영역으로 구분된 것이 입면에서도 나타나는 로마 시대와는 달리 입면에서 3개의 층으로 비잔틴에서도 구분을 보이고 있으며, 과거와는 다른 기능이 요구되는 수직적인 요소가 등장하고 있습니다.

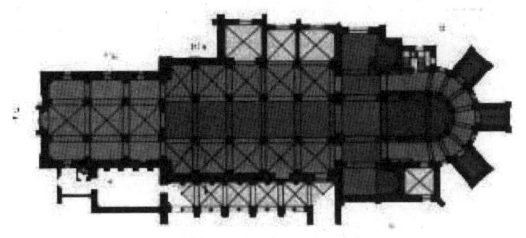

로마네스크에 와서는 그 평면이나 형태가 더 복잡해지고 세분화되는 것을 보여주고 있습니다. 이는 사회의 세분화되는 현상을 건축이 반영하는 것이고 정치의 변화에서 영향을 받고 또한 신인동형의 사회에서 기독교로 전환되는 과정에서 그 사회가 건축물에 영향 주는 것을 잘 보여주고 있습니다. 즉 획일화된 사회체제에서의 건축물의 형태 또한 그 단순성을 따라가고 복잡하고 다기능적인 사회에서는 건축물 또한 이를 반영하여 보여준다는 것입니다. 인간과 인간, 또는 인간의 영역과 신의 영역이 구분되었던 로마 시대의 건축물은 이를 반영하려고 노력을 하였으나 인간과 신이 한 공간에서 만나는 기독교 시대의 공간 구조는 훨씬 더 복잡해지고 이를 기능별로 나누어야 하

는 숙제를 안고 있었던 것입니다. 건축물은 외세의 침략으로부터 보호하는 역할을 수행해야 했으며, 신을 모시고 이를 집행하는 역할 그리고 신을 만나는 장소로서 다양한 기능을 부여 받은 건축물은 점차 공간이 세분화되고 형태 또한 다양해 진 것입니다.

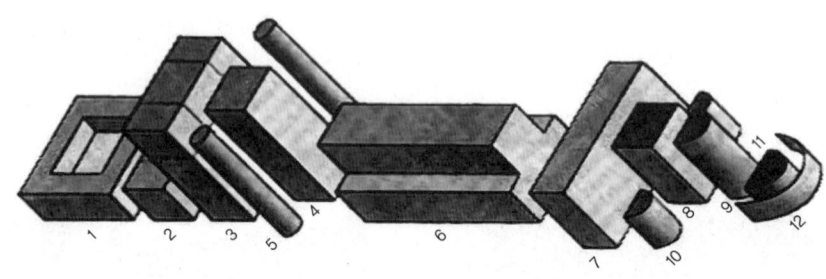

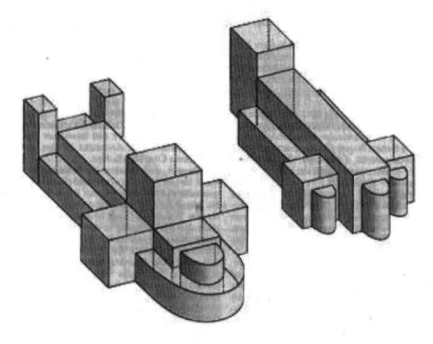

사각형의 공간으로 모든 기능을 수행했었던 로마 시대의 바실리카의 형태와 비교한다면 이 공간의 분리는 많은 의미를 나타냅니다. 공간의 세분화, 즉 정치와 세력의 세분화를 반영한 건축의 변화는 곧 공간의 변화를 먼저하고 형태를 바꾸는 것이었으며, 이것은 바로 내부의 변화가 곧 외부의 변화인 것입니다. 즉, 기능의 변화를 이루고 형태를 변화시키는 것입니다. 이러한 변화가 연속되면서 근세(Newtime)를 거치고 건축의 변화는 사회의 변화를 요구하는 과정 속으로 빠지게 됩니다. 그리고 모던에 들어서면서 또 다른 기능건축의 변화를 맞이하

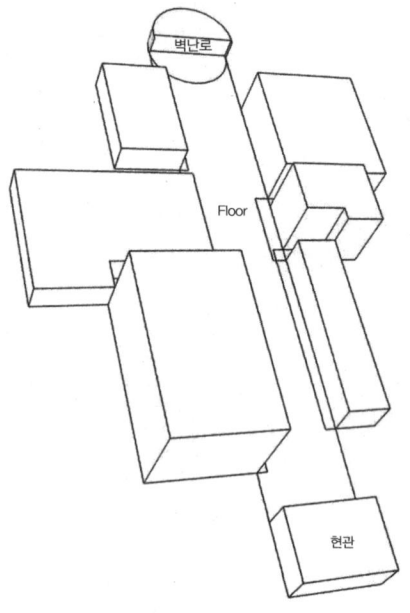

[그림 III-90] Robie_House

게 되는 것입니다.

라이트의 플로링 시스템은 옆에서 본 중앙통로의 개념과 크게 다르지 않습니다. 라이트는 floor를 공간의 축으로 만들어 현관과 벽난로의 두 점을 연결하였으며, 이를 기준으로 공간이 배열되는 구조로 공간배치를 시도한 것입니다. 그의 건축형태에 있어서 기능은 필수적인 요소로서 공간 구성을 하는 데 필수적인 요소로 작용한 것입니다. Floor를 중심으로 건축물 내의 모든 영역을 거쳐가는 형태는 외부적으로 다양한 이미지를 주고 있지만 척추와도 같은 floor 축에서 모든 공간들이 정보를 제공받고 있었던 것입니다. 여기에는 기능별로 공간 군을 만들고 이들을 다시 배열하는 과정이 있었던 것입니다. 중앙 공간이라는 영역을 축으로 기능별로 공간을 배열하는 것이 New time에 와서 다시 주춤하게 됩니다. 이는 시대가 변하고 신본주의에서 다시 고대의 신인동형론적인 시대가 오면서 자연스럽게 건축물도 변화를 갖게 되었던 것입니다. 이렇게 라이트의 flooring 또는 풀어헤친 박스의 콘셉트가 나오게 되는 데는 그 배경이 있었던 것 입니다.

모던과 중세 사이에 New time이 존재하지 않았다면 기능 별로 공간을 구성하는 것이 계속되었을 것입니다. 천년제국 로마는 정치적으로 안정된 시대였습니다. 이들에게 보금자리의 의미가 장소성만 갖고 있지는

architectural-models-frank-lloyd-wright-fallingwater-model

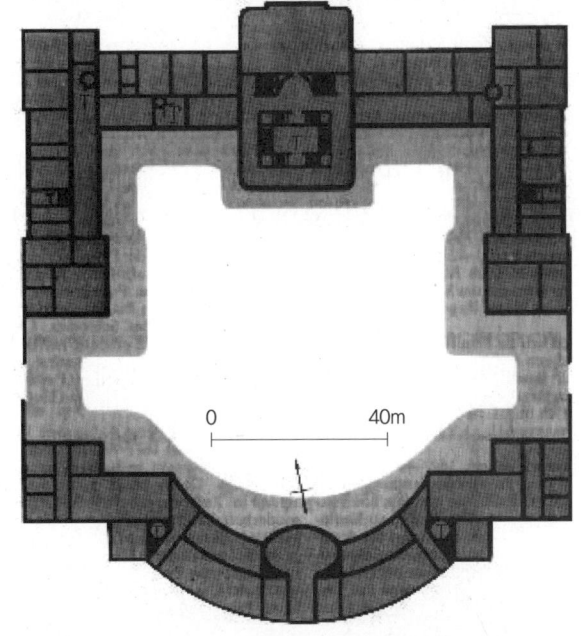

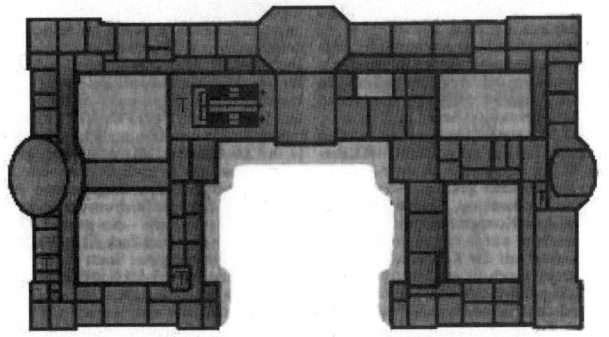

않았습니다. 울이라는 개념보다는 영역의 의미로 더 커져 갔던 것입니다. 영역의 차이만 있다면 이들에게는 그곳이 다른 곳으로 인식되었을 겁니다. 그러나 정세가 불안하면서 울의 필요성을 느끼고 다수가 하던 기능이 각 개인의 몫으로 돌아오면서 이것이 건축물에 직접적으로 적용이 되었습니다.

로마라는 거대 조직은 로마제국 자체를 하나의 공간으로서 보았기 때문에 그 안에 모든 기능이 존재할 수 있었습니다. 그러나 이제 로마의 부실은 개인적인 기능을 더 필요로 하게 된 것입니다. 그렇게 기능을 하는 건축물로 발전하게 된 신본주의 시대는 이제 막을 내리고 인본주의가 시작되면서 이들의 대상은 자연이라는 새로운 존재가 등장하고 건축물은 자연으로부터 보호와 친근함이라는 두 개의 기능을 갖는 건축물을 필요로 하게 되었습니다. 그리하여 다시 기능적으로 세분화된 형태보다는 덩어리로서 뭉치게 되고 인간의 감각기능을 주제로 하는 형태가 주를 이루게 되는 것입니다.

건축물의 형태는 수직성을 보여 주었던 중세에서 근세로 넘어 오면서 고대의 평면성이 다시 등장하게 됩니다. 신인동형으로 새롭게 시작된 중세의 동기는 자연 앞에서 약해지고, 고독감을 느낀 인간은 스스로의 만족을 얻기 위하여 인간의 모순을 장식을 통하여 위로 받게 됩니다. 이는 형태라기 보다는 외피적이고 2차적인 작업으로서 고대처럼 기능보다는 형태적인 만족을 추구하게 되며, 기능을 추구하는 부류에게 부담을 주기 시작하고 급기야 기능이 우선이라는 다수에게 모든 것을 내주는 모던의 시기를 맞게 됩니다. 모던의 정체성은 바로 기능주의입니다. 그러나 초기 모던은 New time과 크게 다르지 않았습니다. 단지 추구하는 내용의 차이일 뿐 초기 근대의 방향에 있어서는 틀을 크게 바꾸지는 못했던 것입니다.

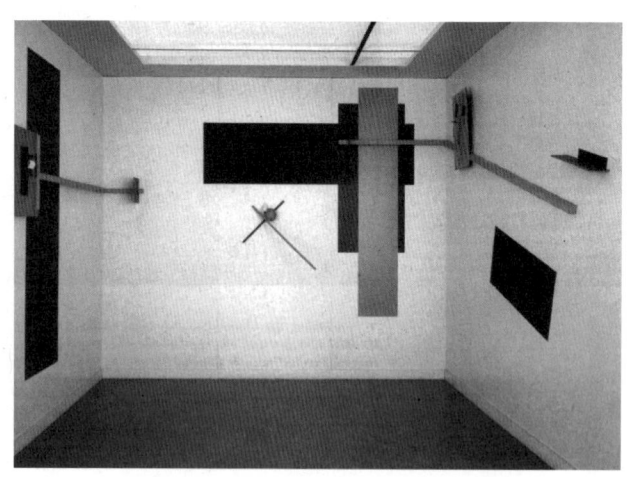

[그림 III-91] El Lissitzky _ 프로운(1923)

1차원적이고 2차원적인 문제로 초기 모던이 방황하고 있을 때 등장한 것이 큐비즘입니다. 이 과정에서 등장한 미래파는 러시아에 큐빅 미래파를 만들어 내고 이것이후에 절대주의(supermatism)에 영향을 받은 엘 리스즈키의 프로운입니다. 고대가 new time에 와서 다시 반복된 것이라면 중세는 모던에 와서 그 다양한 형태를 반복하며 기능을 앞세워 부활하는 것입니다. 절대주의는 기술과 예술의 중간에 그 위치를 잡았습니다. 기술이 뒷받침 되어 자신감을 얻은 모던은 또한 예술의 분야도 포기할 수는 없었습니다. 그리하여 구조주의라는 이 둘의 경계에 있는 자들이 등장하게 됩니다.

[표 III-1] 중요 구조주의자

| 이름 | 생몰 연도 |
|---|---|
| Kasimir Malewitsch | 1878 – 1935 |
| Wladimir Tatlin | 1885 – 1954 |
| El Lissitzky | 1890 – 1941 |
| Alexander Rodtschenko | 1891 – 1956 |
| Warwara Stepanowa | 1894 – 1958 |
| Naum Gabo | 1890 – 1977 |
| Antoine Pevsner | 1886 – 1962 |
| Konstantin Melnikow | 1890 – 1974 |
| Alexander Wesnin | 1883 – 1959 |

재료가 주는 자유로움과 그것을 다루는 기술은 새로운 예술을 창조하게 됩니다. 구조주의에 속한 사람들은 과거와는 다른 예술표현을 보이면서 신선한 충격을 주는데 여기에는 자유로움이 내재되어 있습니다. 그렇지만 여기에도 규칙은 있습니다. 그것이 바로 교량 형태입니다. 형태가 분해되고 독립적으로 분리되면서 이 분리된 메스를 연결하는 매개체

[그림 III-92] Wladimir Taltin _ comer counter(1915)

로 교량이라는 요소를 사용하게 되는 것입니다. 엘 리스즈키의 프로운은 바로 건축과 예술을 연결하는 교량을 보여주는 것입니다.

형태는 전체적인 하나의 테두리 안에만 존재하는 것이 아니라 원래 각각의 테두리를 갖고 있으며 각각의 기능에 따라서 우선적으로 그 위치와 역할을 독립적으로 갖는 것입니다.

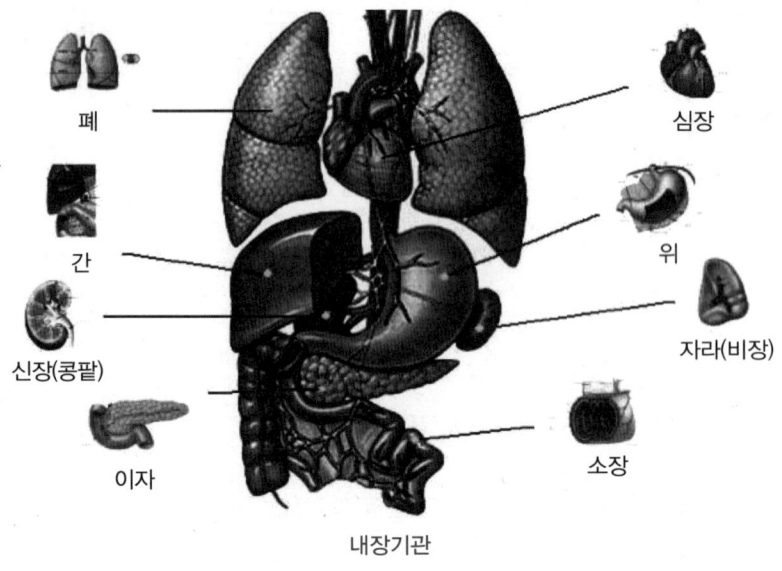

내장기관

우리 몸 안에 있는 내장들은 각기 독립적인 기능을 갖고 있습니다. 이러한 것을 늘 몸 안에 갖고 있지만 실질적으로 인식하지도 볼 수도 없었던 것입니다. 그러나 우리 전체적인 몸은 이러한 기관들의 집합이며, 이들의 독립성을 부여할 수도 있는 것입니다. 이러한 관점에서 등장한 '개별 기능은 개별 영역 또는 공간을 갖는다'는 이론이 바로 아방가르드입니다.

아방가르드의 시작은 기존의 예술방법에서 좀 더 시민에 적극적이고 이미지를 통하여 이해력을 높이기 위하여 메시지의 특징을 부각시키는 시각적인 내용을 시작으로 발생하였던 것입니다. 아방가르드의 개념을 바탕으로 출발한 분야는 상당히 많습니다. 이들의 특징은 '기능의 세분화'입니다. 하나의 테두리 안에 그 기능적 요소를 가두지 않고 테두리 모두를 개방하여 보여주는 것입니다.

라이트의 해체된 상자의 개념이 이를

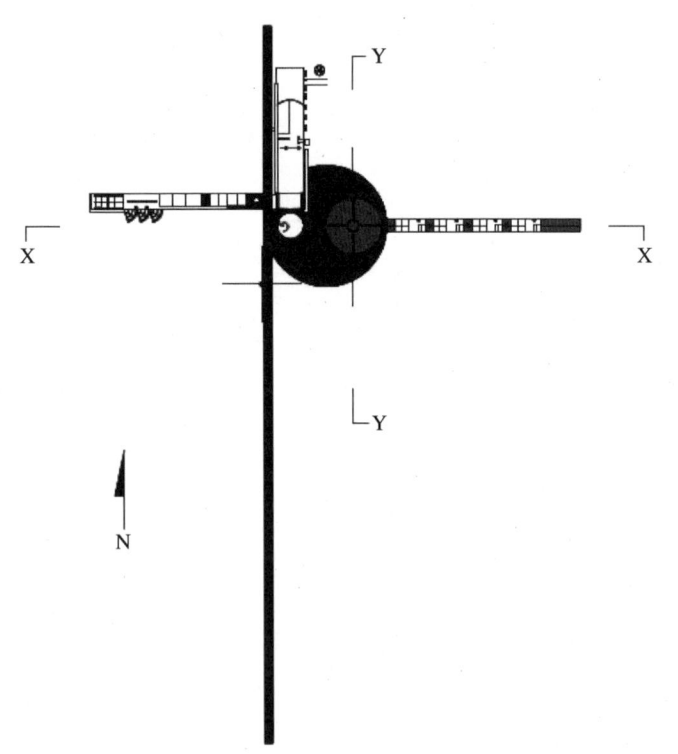

레닌연구소 평면

잘 설명해주고 있습니다. 그리고 지금에 와서 피터 아이젠만의 작품에서도 그의 실험적인 시도를 볼 수 있습니다. 하나의 테두리 안에 모든 것을 묶지 않고 각 요소의 자유로운 형태가 독립적으로 나타나 있는 것입니다.

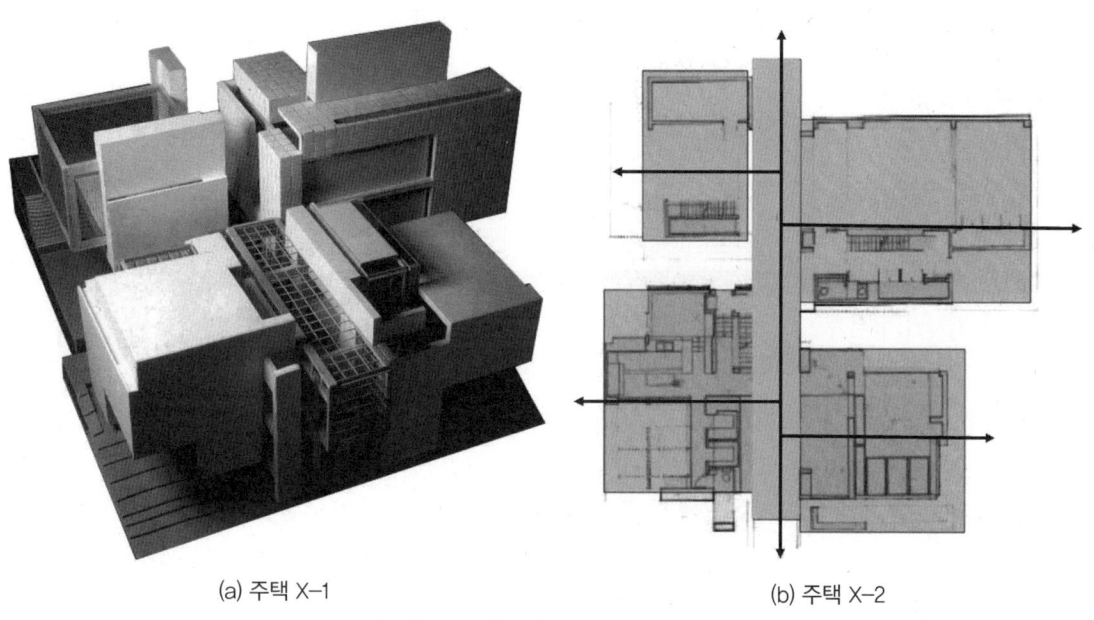

(a) 주택 X-1　　　　　　　　　(b) 주택 X-2

[그림 III-93] 피터 아이젠만의 주택 X

아이젠만의 주택 X를 보면 통로로 사용된 전체 형태의 축을 매개체로 각 공간이 연결되어 있고 기능적인 목적에 따라 영역을 구분하였습니다. 각 개별적인 공간들은 독립적인 형태를 유지하고 있으며 개별적인 외부를 갖고 있기도 합니다.

일반적으로 주축을 이루는 중앙복도 형식을 축으로 하여 각 공간들이 배치가 되고 전체적인 구조형식에 따라서 공간 영역을 구분하는 것이 면적을 얻는 방법에는 유익하다는 것은 누구나 압니다. 그러나 이는 시공을 하는 환경과 현실적으로도 많은 이점이 있으나 빛의 유입과 환기를 위한 공간구조로는 설비적인 해결책이 요구됩니다. 이러한 공간구조가 에너지 또는 면적에 대한 이점은

주 축

있지만 너무 기능적으로 공간의 폭을 다양하게 못하는 단점도 있습니다.

이러한 구성을 몇 가지로 나누어 볼 수도 있습니다. 우선 선적인 배열, 방사형 배열, 면적인 배열 그리고 그 중간의 형태 등으로 만들어 볼 수 있습니다.

[그림 III-94]의 그림은 축의 형태를 유지하고 점(공간)과 점(공간)을 연결하는 요소로서 공간의 연속적인 배열을 잘 보여주고 있습니다. 이러한 구성에는 복도 같은 동선 등이 축을 이루며 영역으로 작용하여 이러한 축의 형태에 공간이 붙어서 다양하게 움직입니다.

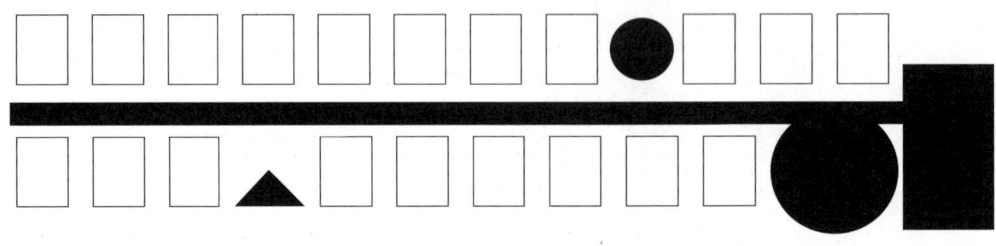

[그림 III-94] 선형구조

[그림 III-95]의 건물은 Arizona에 있으며 1998년도에 완성된 건물입니다. 가운데 긴 축을 이루는 통행로를 중심으로 공간 배치가 되어 있습니다. 대지의 특성에 따라, 그리고 건축가의 의도에 이러한 형태가 나왔으나 이러한 배치는 빛의 내부 유입과 공간의 흩어지는 성격이 잘 드러나는 콘셉트입니다.

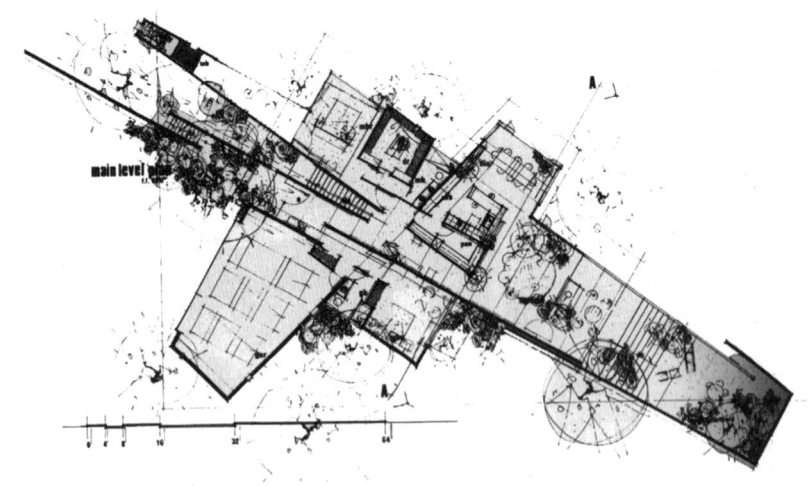

[그림 III-95] Byrne _ Byne 주택(1998), 아리조나, 미국

[그림 III-96]의 건물은 덴마크에 있는 Bang & Olufsen 건물로서 1999년도에 완성된 건물입니다. 전체적인 형태가 3개의 영역으로 구분되어 각각의 영역은 자체적인 수직동선을 갖고 있으며 독립적인 기능을 하는 데 적합한 구성입니다.

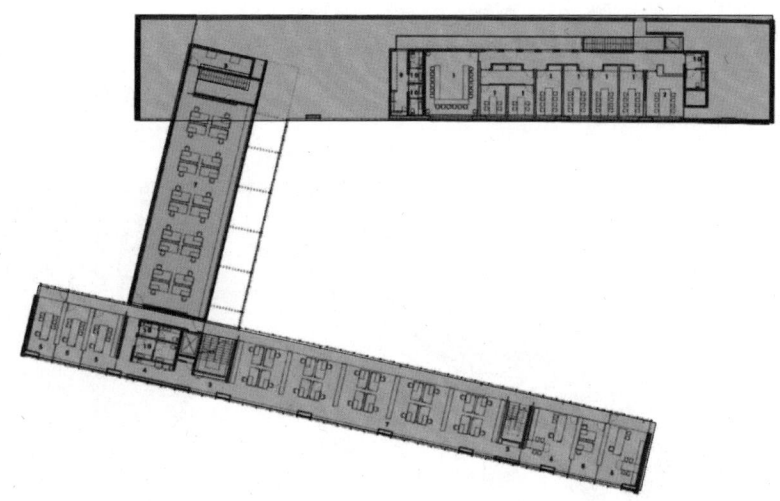

[그림 III-96] Bang Olufsen(1999), 덴마크

미국 오하이오 주에 있는 건물로서 1999년도에 완성된 건물입니다. I 자 통로 주변으로 각 공간들을 배치시켰습니다. 이는 선형보다는 집합형에 가까운 배치로서 축을 기점으로 배치된 형태입니다.

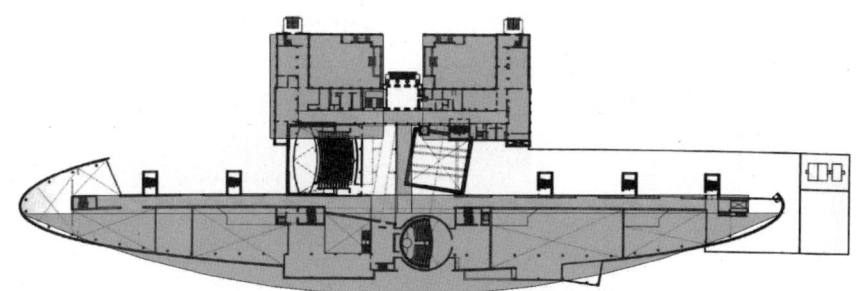

[그림 III-97] NL건축 _ 필림박물관(1999), 오하이오 주, 미국

## 3. 구체적인 축과 추상적인 축
### 1) 구체적인 축

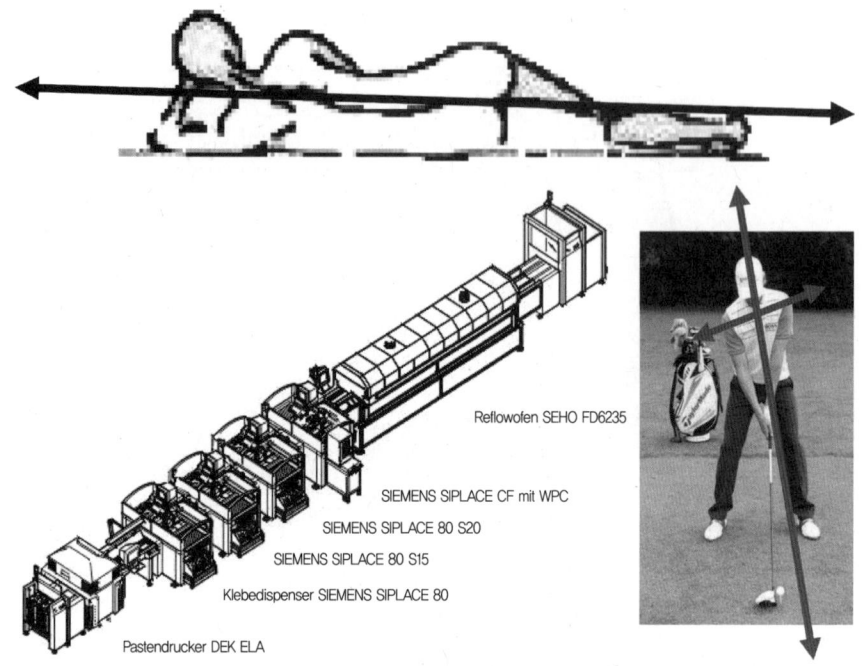

모든 형태에는 축이 있습니다. 즉 축이 없다는 것은 형태도 없다는 것입니다. 그렇기 때문에 형태를 이해하려면 축을 이해하는 데 많은 도움이 됩니다. 그러나 형태는 다양하지만 축은 형태보다 그 다양함이 적을 수 있습니다. 이유는 다양한 형태들이 동일한 축을 갖고 있기 때문입니다.

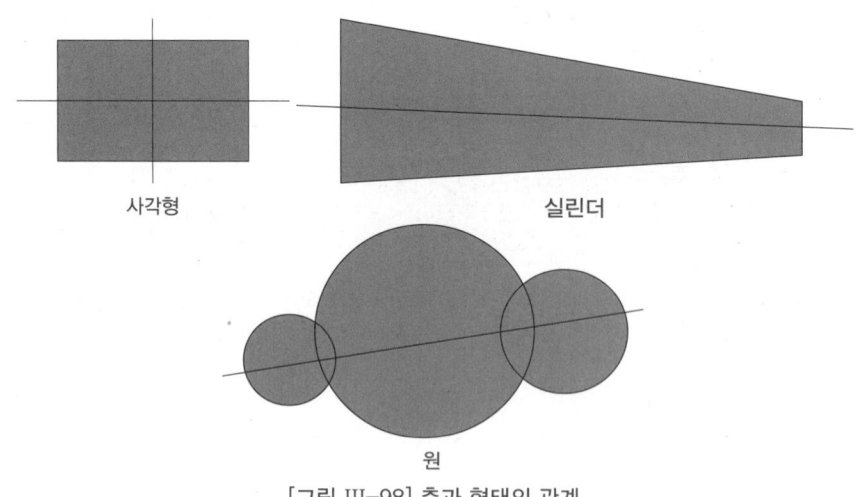

[그림 III-98] 축과 형태의 관계

[그림 III-98]의 형태들은 긴 장축을 동일하게 갖고 있습니다. [그림 III-99]의 그림처럼 형태를 제외시키고 축만 남긴다면 긴 형태를 얻을 수 있습니다.

---

[그림 III-99]

축은 무엇을 의미하는가? 축은 곧 형태의 기본적인 흐름입니다. 그래서 [그림 III-100]의 그림처럼 여러 형태가 동일한 축의 형태를 나타낼 수 있습니다. 축은 무게중심 또는 형태의 중심을 찾을 수 있는 근거이기도 합니다. 두 개 이상의 축이 만나는 곳에 그 형태의 무게중심이 존재합니다.

[그림 III-100]의 그림처럼 삼각형, 사각형 그리고 원과 같은 정형의 형태는 동일한 축을 갖고 있으며, 무게중심이 하나만 존재한다는 것을 알 수 있습니다.

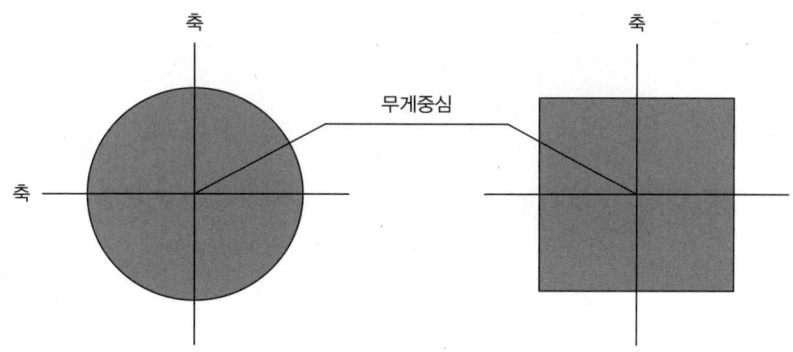

[그림 III-100] 무게중심

[그림 III-101]의 그림처럼 비정형의 형태에는 정형의 형태와는 다르게 여러 개의 무게중심이 존재를 합니다. 이는 비정형의 형태는 여러 개의 정형이 모여서 이루어진 형태이기 때문입니다. 그래서 축을 얻으려면 먼저 비정형의 형태를 정형으로 분해해야 축을 얻을 수 있습니다.

축은 배열을 나타내고, 축은 형태를 나타내고 축은 위치를 나타냅니다. 축의 배치를 안다는 것은 일정한 형태를 만들어 낼 수 있다는 뜻입니다.

형태의 위치는 크게 두 가지로 구분할 수 있습니다. 하나는 축에 놓여 있는 것과 두 번째는 축에서 벗어나 있는 것입니다.

형태가 그렇게 보인다는 것은 곧 축이 그렇게 놓여 있다는 것입니다. 굴곡이 있는 형태는 축이 굴곡이 있다는 것이며 각을 갖고 있는 형태는 축이 각을 이루고 있다는 것입니다.

III. 형태 만들기도 두 가지뿐이다

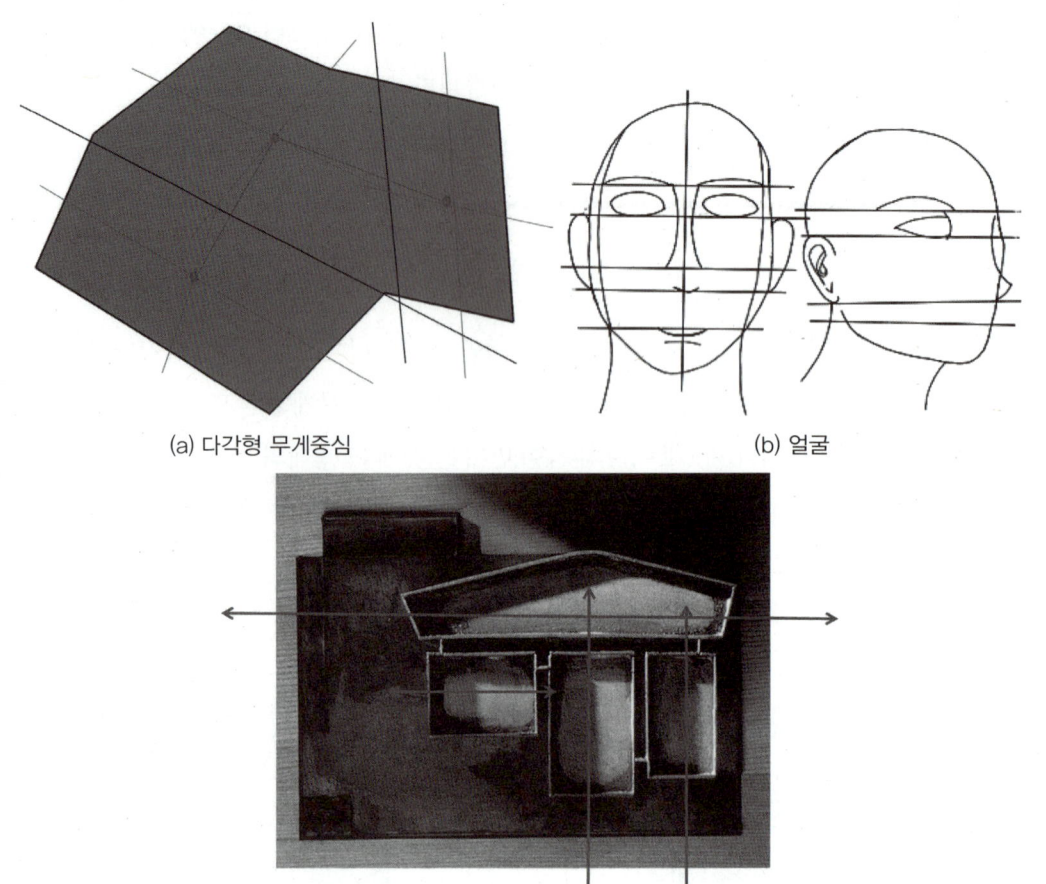

(a) 다각형 무게중심  (b) 얼굴

(c) 아파트 축

[그림 III-101] 비정형의 무게중심

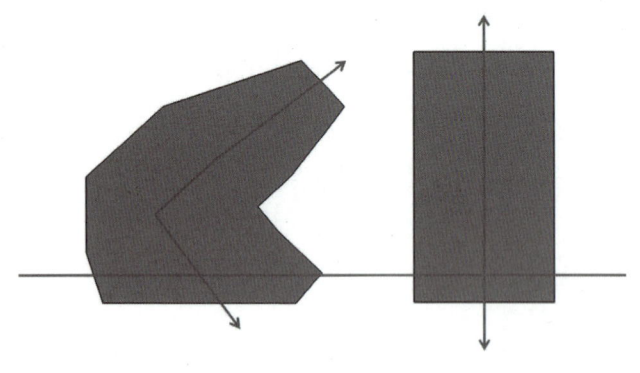

곧은 축과 기울어진 축

축은 형태 안에 숨겨져 있고 그 축을 중심으로 구성되어져서 형태를 이루는 것입니다. 또한 곧게 서있는 것은 축이 곧은 것이며, 기울어진 것은 축이 기울어졌다는 것입니다.

축으로 인하여 그 형태의 올바른 위치가 정해질 수도 있습니다. 즉 바닥과 수평한 축은 형태도 수평하게 놓이는 것이 편안하고 수직의 축은 형태를 수직적으로 놓이게 합니다.

축의 형태

건축물에서 축이 곧 동선이며 축이 가장 짧은 동선을 찾는 데 도움을 주기도 합니다. 축을 기준으로 공간을 구성하는 데, 그 축이 복도가 될 수도 있고 구조체의 위치가 될 수도 있는 것입니다.

[그림 III-102]에서 평면의 형태는 가운데 긴 축을 중앙복도로 배치하여 좌우로 공간을 형성하였습니다. 이 형태를 축만 남기고 형태를 제거한다면 [그림 III-103]과 같습니다.

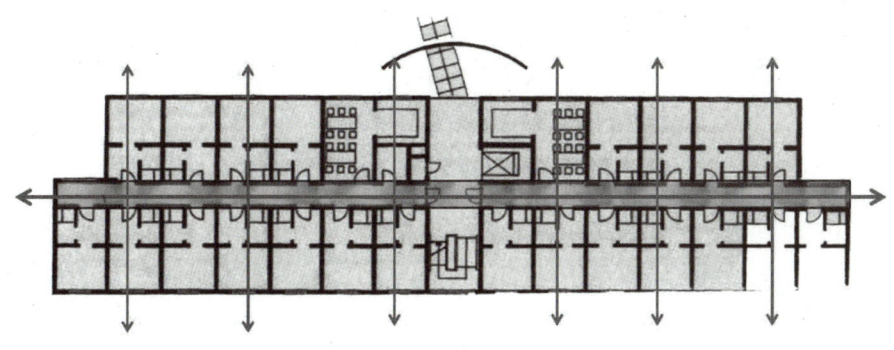

[그림 III-102] 축과 동선

III. 형태 만들기도 두 가지뿐이다

477

실질적으로 형태는 우리 눈에 보이고 위와 같은 축은 보이지 않기 때문에 축을 찾아내는 것이 쉽지는 않습니다. 그러나 이를 연습한다면 우리는 더 많은 형태를 상상해 낼 수도 있습니다. [그림 III-103]의 축에서 우리는 다른 형태를 만들어 볼 수도 있습니다.

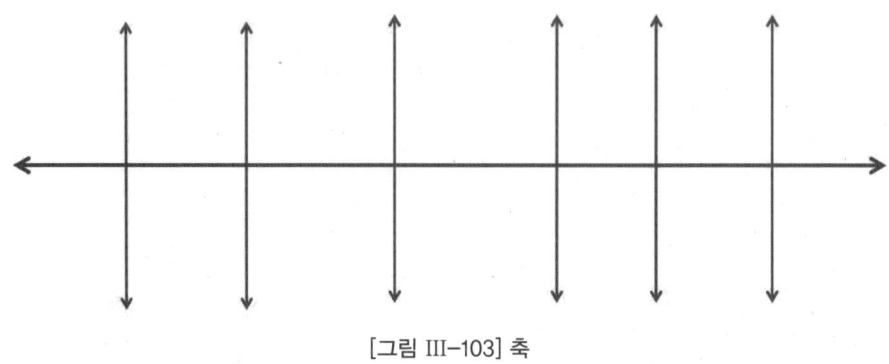

[그림 III-103] 축

[그림 III-104]의 그림은 처음의 형태와는 약간 다르지만, 그 틀이 많은 차이를 보이지는 않는다는 것을 알 수 있습니다. 즉 우리가 축을 알고 있으면 그 조직에 속하는 유사한 형태 조직을 찾아낼 수 있다는 것입니다. 이러한 형태의 특징은 가운데 축을 기준으로 좌우로 공간이 배치되었다는 것입니다.

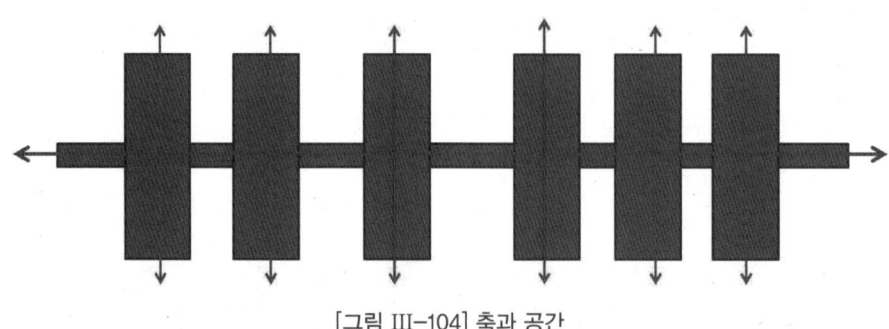

[그림 III-104] 축과 공간

[그림 III-105]의 형태는 축(복도)이 한 쪽으로 쏠려 있고 공간이 그 축을 기준으로 하여 한 방향으로 배치되어 있습니다.

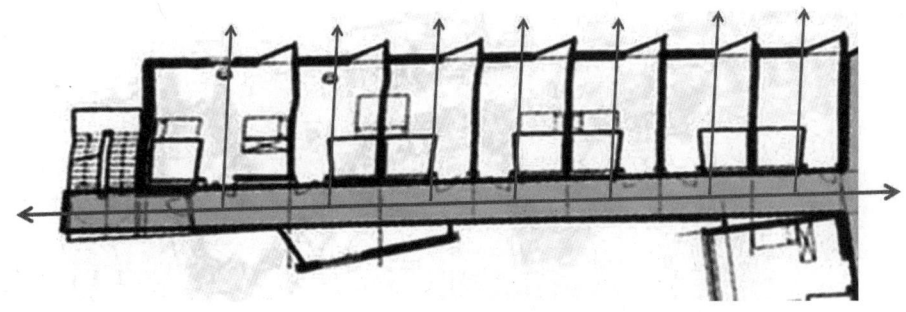

[그림 III-105] 축과 공간_예 1

[그림 III-105]에서 형태를 삭제하면 [그림 III-106]과 같은 축과 공간에 대한 동선만이 남는다는 것을 알 수 있습니다. 이 축이 어디서 왔는지 정확하게 알지 못한다 해도 우리는 다양한 형태를 이 축으로부터 다시 상상할 수 있습니다.

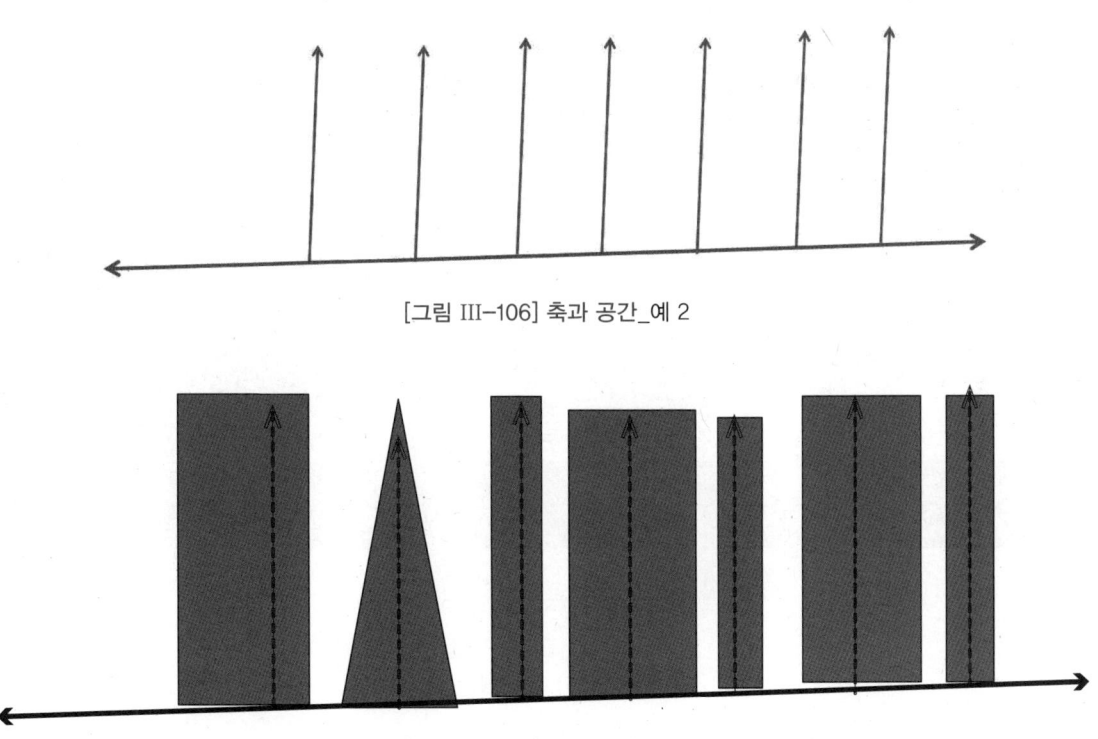

[그림 III-106] 축과 공간_예 2

[그림 III-107] 축과 공간_예 3

이 상상으로 얻은 형태가 원본과 동일하지는 않지만 그 원리가 같다는 것을 알 수 있습니다. 즉 동일한 원리의 공간배치나 형태는 동일한 축을 갖고 있다는 것입니다.

III. 형태 만들기도 두 가지뿐이다

[그림 III-108]의 형태는 앞의 형태들보다 그 배열이 복잡한 조직을 갖고 있지만 이 형태 또한 기준 축을 먼저 찾고 나머지 축을 연결하면 됩니다.

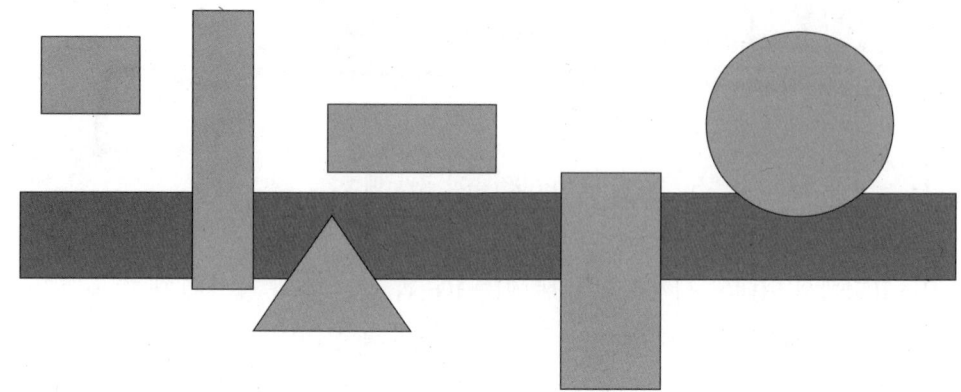

[그림 III-108] 축과 공간_예 4

이 다양한 형태 조합은 이미 시각적으로도 운동력을 갖는 동선과 축이 존재함을 상상할 수 있습니다. 그러나 이 형태에 축과 동선을 직접적으로 나타내보면 [그림 III-109]와 같습니다.

이렇게 화살표로 축과 동선을 얻을 수 있으며, 축을 시각화하면 [그림 III-109]와 같이 그 운동력이 더 활성화됨을 알 수 있습니다.

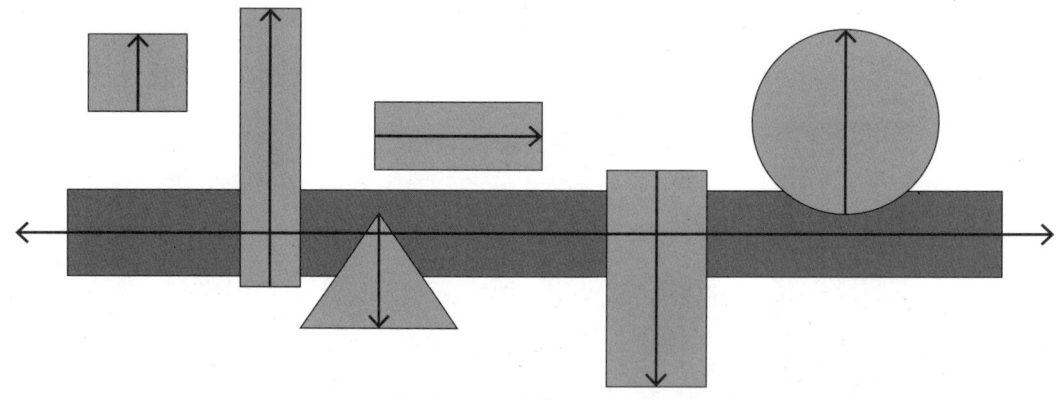

[그림 III-109] 축과 공간_예 4

이제 형태를 제거하고 화살표만 남긴다면 [그림 III-110]과 같습니다. 이 그림이 어디서 왔는지 우리는 이미 알고 있습니다. 그러나 이전의 그림을 우리가 알지 못한다면 이 화살표만 갖고 원래의 형태를 찾는 것이 쉬운 일은 아닙니다. 그러나 반대로 이 화살표에서 우리는 다양한 형태를 상상하는 즐거움도 있다는 것입니다. 이렇게 하나의 형태에서 우리가 축과 동선을 만들어 낼 수 있다면 그 선으로 더 많은 형태를 다시 만들 수 있다는 것을 알게 됩니다. 그러므로 형태를 만들기 전 먼저 이러한 축과 동선을 만들어 보고 그 위에 형태 작업을 한다면 다양한 공간조직을 얻을 수도 있습니다. 즉 형태를 먼저 만들 수 있지만 그 보다 먼저 축을 만들어 그 축을 기준으로 다양한 공간을 시도해 보는 것도 형태를 얻는 데 도움이 된다는 뜻입니다. 축이 있다는 것은 곧 형태 조직을 구성하는 기본적인 정리가 되었다는 것입니다.

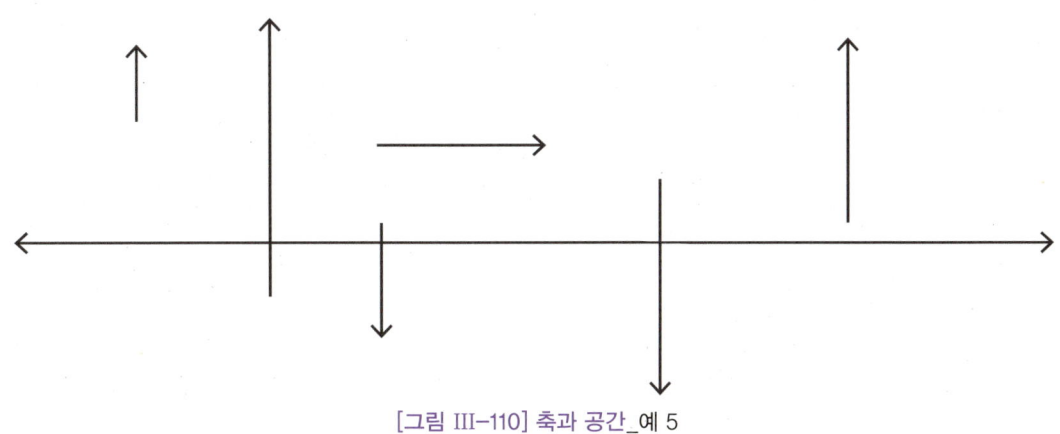

[그림 III-110] 축과 공간_예 5

## 4. 추상적인 축

앞에서 다룬 내용들을 정리하면 모든 형태에는 축이 있다는 것입니다. 그 축을 찾아내기 위하여 우리는 형태를 알아야 합니다. 다시 말해 형태를 볼 때 그 형태에 현혹되지 말고 그 형태의 축을 먼저 읽는 연습을 하면 다양한 형태의 시도를 할 수 있는 것입니다. 모양을 일컫는 단어에는 '형태 그리고 형성'의 이 두 가지 단어가 있습니다. 여기서 형상은 내용이 없는 테두리를 일컬으며 형태는 내용을 포함한 것입니다. 즉 축은 무질서한 요소들을 형상에서 형태로 가면서 공간적이고, 기능적이고, 무게중심적이며, 내부적인 구조적 조직화하는 출발점입니다. 축을 얻고 그 다음에 이루어지는 작업이 곧 공간적인 경계선을 구성하는 것입니다. 이 구성하는 작업이 바로 형태를 구체화시키는 것입니다. 구체화된다는 것은 곧 물질화되고, 정형화되며, 조직적인 형태로 만들어지는 것을 의미합니다. 그러나 축은 이렇게 물질적이며 구체적인 형태에만 단순히 존재하는 것은 아니고 추상적인 상황에서도 상상할 수 있습니다. 예를 들어 사랑하는 사람이 떨어져 있다면 그리워하는 마음이 두 사람을 기점으로 발생합니다.

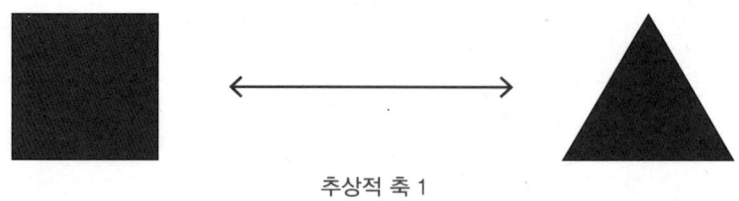

추상적 축 1

앞에서는 형태 안에 축을 만들었는데 이 축은 그와는 다르게 구체화된 것이 아닙니다. 두 사람의 그리워하는 마음에 따라서 그 굵기가 달라질 수도 있습니다. 두 사람의 떨어진 거리의 변화에 따라서 그 길이도 달라질 수 있습니다. 이렇게 다양한 성격을 갖고 있는 축을 우리는 얼마든지 만들 수 있습니다. 두 사람의 통화는 인공위성을 통하여 연결이 되지만 통화 수에 따라서 그 속도와 질이 달라질 수 있습니다. 이러한 현상들이 우리에게 그 실체를 보여주지 않지만 우리는 일반적으로 추측하고 예상할 수 있는 것입니다.

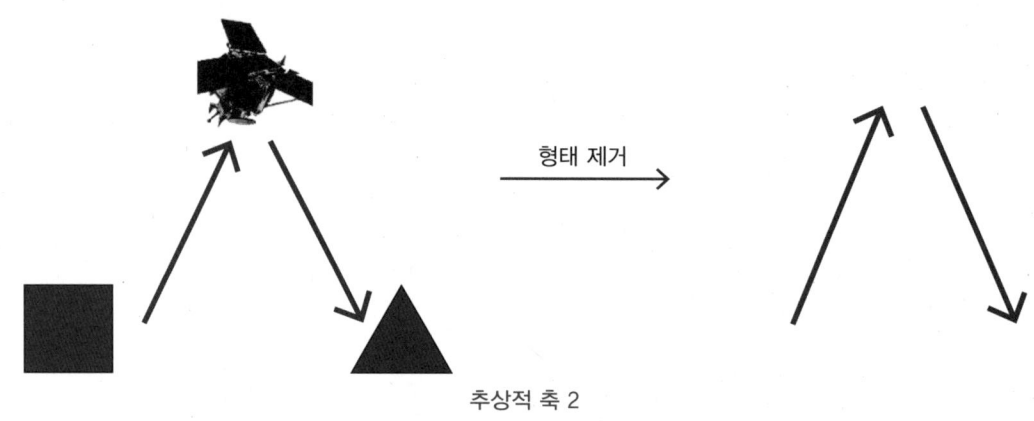

추상적 축 2

Aubrey Beardsley_Beardsley-peacockskirt-
The Peacock Skirt(1892)

Haeckel_Discomedusae_8(1893)

빅토르 호르타_오뗄 반 에벨데(1897), 브뤼셀, 벨기에

 이 그림들의 내용에는 공통점이 있습니다. 곡선이 존재하고 내용이 화면에 가득하며 선의 길이에 비하여 선의 굵기는 가늘다는 것입니다. 이 작업의 의도에는 생동감 또는 생명력을 표현하려는 것입니다. 과거의 직선적인 형태가 주를 이루던 콘셉트에 반하여 나온 것으로 생명력 있는 것을 모티브로 만든 것입니다. 그래서 자연의 요소 또는 여성의 긴 머리결과 같은 요소가 많이 등장하는 것입니다. 이렇게 시대가 바뀌면서 디자인의 방향은 서서히 구체적인 것에서 추상적인 부분으로 옮겨가기 시작했습니다. 이는 심리적인 영역으로 인간의 정체성에 대한 의문에서 벗어

Alfons Mucha_Maude Adams(1909)

나고자 시도하는 것입니다. 보이지 않는 것을 보이게 만드는 작업, 이러한 작업을 우리는 심리의 3차원적인 요소라고 볼 수 있습니다. 추상적인 것을 구체적으로 만들고 심리적인 것을 시각적으로 만들어 내는 것이 필요하게 된 것입니다.

[그림 III-111]의 작품은 아르누보와 요셉 마리아의 작품으로 건물 대부분의 영역에 곡선이 적용되었음을 알 수 있습니다. 특히 창문 프레임 모서리 곡선처리는 건물을 더욱 생동감있게 보이도록 시도한 것이며 면의 파동은 아르누보의 콘셉트를 잘 보여주고 있습니다. 이는 자연의 생동감을 형태에 보여주려는 의도로 단순히 안정과 구조적인 안정감을 주려는 과거의 구체적인 디자인에서 진보한 작업으로 3차원적인 작업방식의 발전으로 볼 수 있습니다.

구체적인 작업에서 추상적인 작업의 흐름으로 바뀌는 것을 보면 생동감을 보여주려고 면이 선으로 바뀌는 것을 볼 수 있습니다. 즉 선 작업의 중요한 요소로 등장을 하는데, 이는 형태 안에 내재하고 있는 무엇인

[그림 III-111] 안토니오 가우디_카사밀라 공동주택(1905~1910), 바르셀로나, 스페인

가의 생동감을 나타내는 데 선보다 면이 더 둔탁한 느낌을준다고 생각하는 모양입니다.

육체적이고 물리적이며 구체적인 것보다는 정신적이고 심리적이며 추상적인 것이 더 운동력이 있어 보일 때도 있습니다. 자유롭고, 처음과 끝의 의미가 명확하지 않으며 또한 눈으로 보는 것이 아니라 마음으로 본다는 이러한 작업들의 단점은 심리적인 상황에 따라서 결과가 다를 수 있다는 것입니다.

[그림 III-112]의 그림을 비교하면 큰 차이는 없습니다. 단지 선의 모서리 부분을 각지거나 곡선처리 했다는 것인데 이 부분만 다르게 해도 우리가 얻는 이미지 느낌은 많이 다릅니다. 약간의 차이이지만 전체적인 느낌이 다르다는 것을 알 수 있을 겁니다. 이것이 바로 형태 작업의 시작입니다. 사실은 이 그림이

자하 하디드_링콩 이코노믹 공원(2014), 상하이, 중국

먼저 나온 것이 아니고 생각이 먼저이며 사고가 먼저 이 느낌을 알고 있었던 것입니다. 그래서 우리 눈에 하나의 사물이 다르게 보이고 다르게 느껴지는 것은 그것을 보는 우리의 생각이 먼저 작용하고 다르게 느끼기 때문입니다. 즉 어떤 사물이 어떤 형태를 갖고 있다는 것은 그 사물이 그러한 형태를 원래 갖고 있는 것이 아니라 그렇게 생각하고 그렇게 보았기 때문입니다. 그것을 만드는 이가 그것을 알기에 그렇게 작업한 것입니다. 이를 시각심리학이라고 합니다.

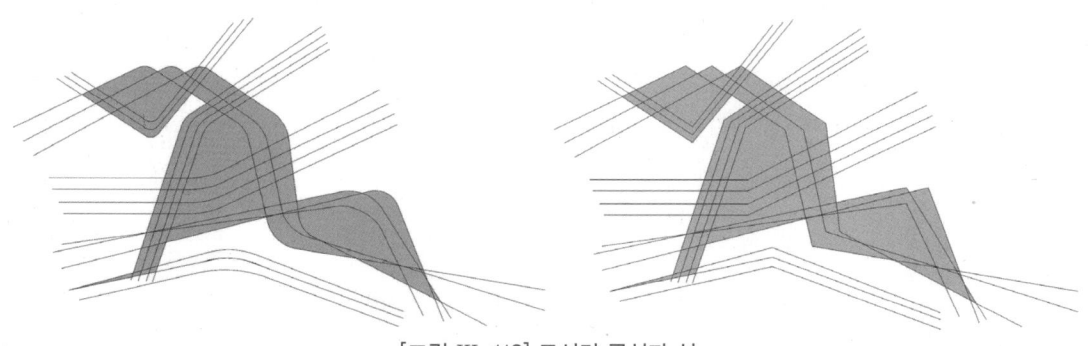

[그림 III-112] 모서리 곡선과 선

여기에 건물들이 있습니다. [그림 III-113]의 그림에서 '?' 자리에 또 하나의 건물을 디자인하려고 합니다. 이를 위한 디자인을 작업을 위하여 다양한 방법으로 디자인 소스를 얻으려고 노력하는데, 한 예로 스카이라인을 시도하여 보겠습니다.

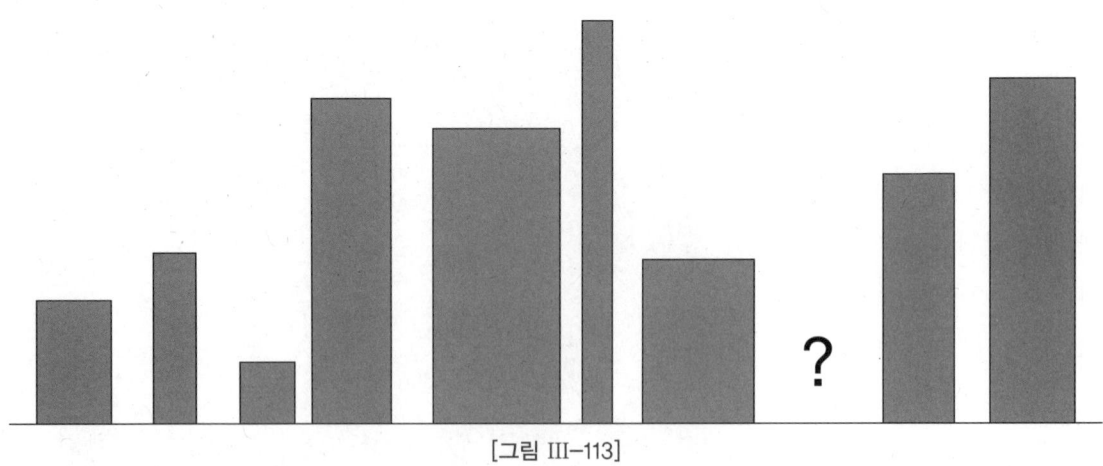

[그림 III-113]

일반적으로 [그림 III-114]의 그림처럼 건물의 모양을 따라 스카이라인을 만들어 내는 경우가 대부분입니다. 그것은 보이는 건물의 형태를 단순히 직선적인 요소로 보았기 때문입니다. '누가 그렇게 보라고 했는가?' 자신이 무의식적으로 결정한 것입니다. 스스로가 자신의 경력과 습관과 교육 형태에 따라서 그 습관을 쫓아 작업을 하게 된 것입니다. 이후에 [그림 III-115]의 그림과 같은 선을 얻게 됩니다. 이것이 위의 작업을 통하여 얻은 스카이라인의 축입니다.

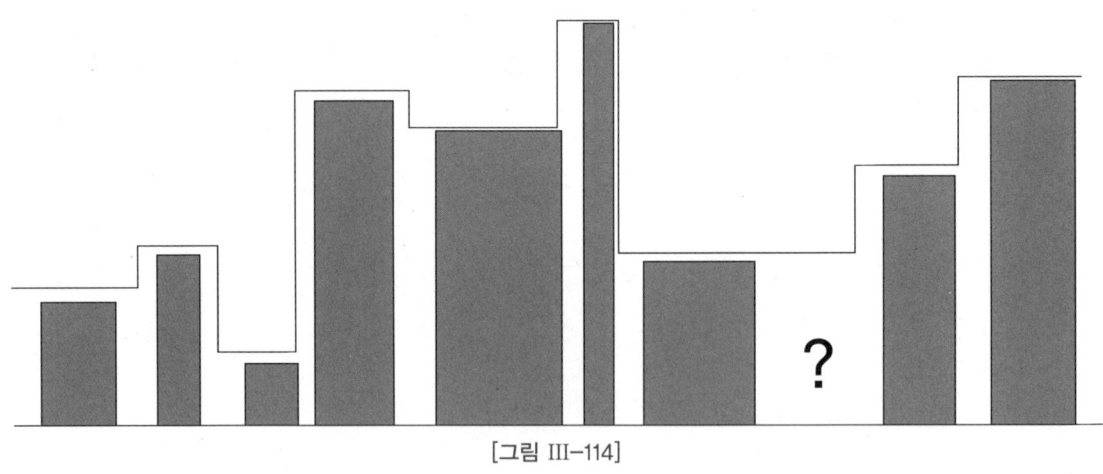

[그림 III-114]

이는 스카이라인을 형성하는 초기 단계에서 직선적인 선을 사용하여 작업하였기 때문에 다음 단계인 '?' 위치에 형태를 만들 때도 직선적인 형태가 만들어지는 것이 이미 예견되어진 것입니다. 그래서 초기 단계에 어떻게 시작하는가에 따라 결과는 작업성격이 결정되는 것입니다. 이는 다양한 방향을 얻는 데 좋은 습관이 아닙니다. 그런데 다시 초기 단계로 돌아가서 만일 운동력 있는 형태를 얻기 원한다면 그러한 이미지가 곡선이라는 것을 알기에 이를 의도적으로 이용하는 것입니다.

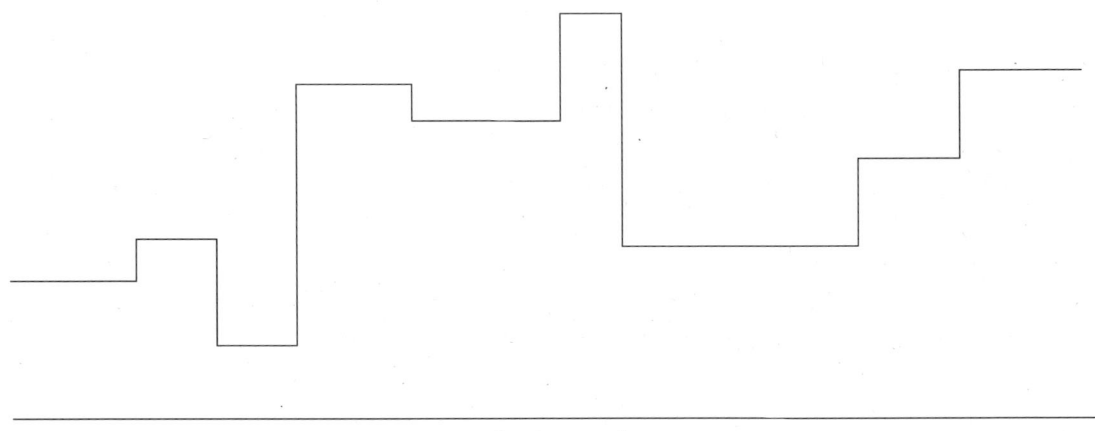

[그림 III-115]

그렇게 하여 [그림 III-116]의 그림처럼 모서리가 곡선을 이루는 선이 만들어진다면 이전의 직선보다는 훨씬 부드럽거나 또는 운동력 있는 도시의 형태를 볼 수가 있는 것입니다.

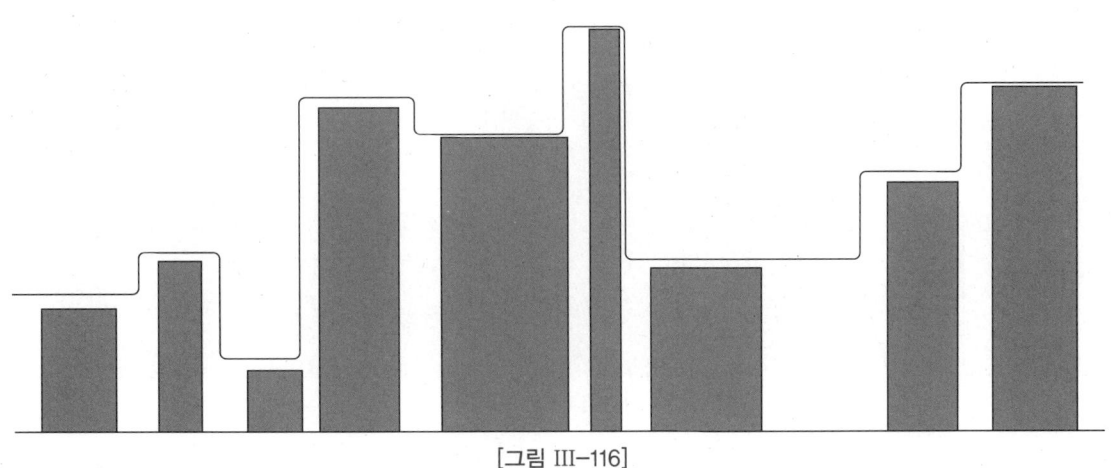

[그림 III-116]

[그림 III-117]의 그림은 스카이라인을 만들어 보는 다른 방법으로 이 또한 직선을 모티브로 하였기 때문에 도시의 형태가 훨씬 질서있게 정렬되어 있으며 공격적인 이미지를 만들어 냅니다.

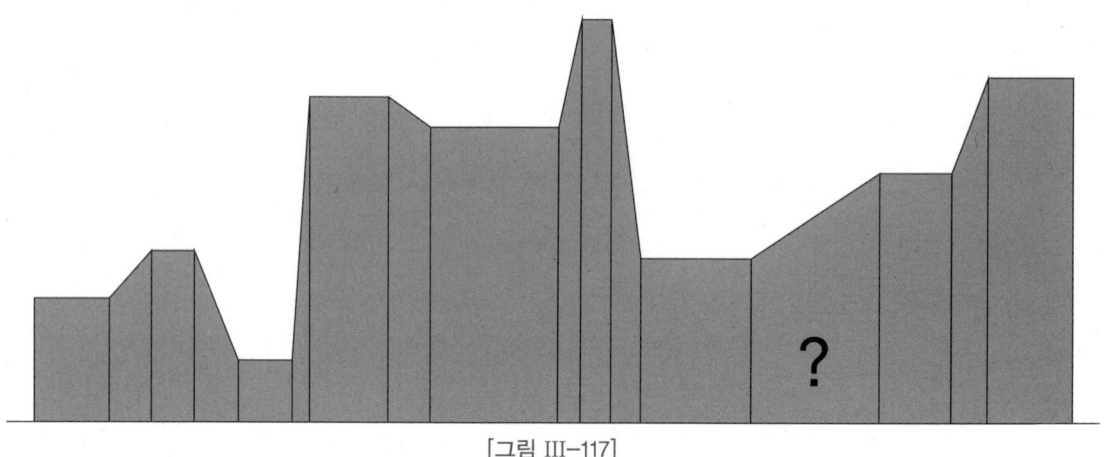

[그림 III-117]

그러나 [그림 III-118]의 그림 같은 경우는 같은 도시의 스카이라인을 만들었지만 이전의 그림과 다른 이미지를 만들어 줍니다. 훨씬 동적이며 생동감 있는 이미지를 얻을 수도 있는 것입니다.

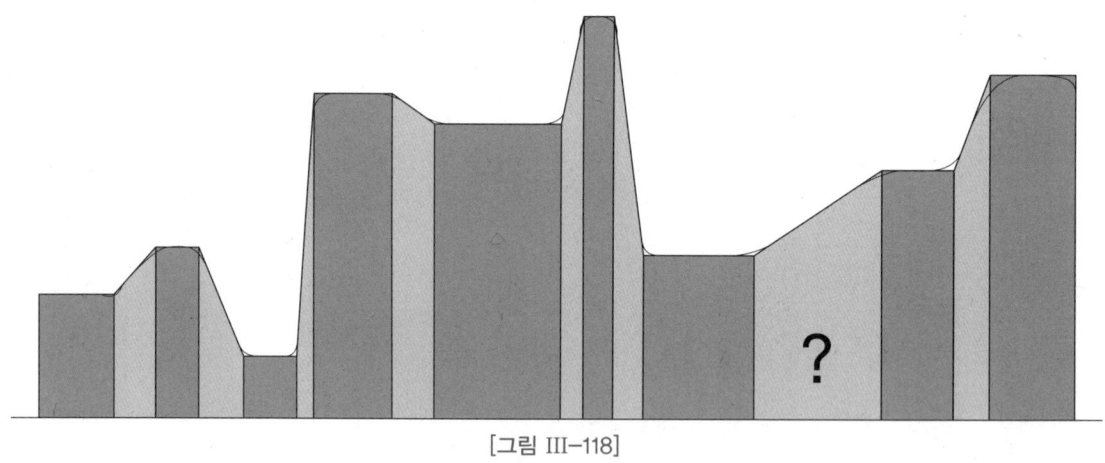

[그림 III-118]

이와 같이 우리가 보는 형태들은 모두 결과물이지만 초기에 어떻게 작업을 하는가에 따라서 결과물은 많이 다르게 나타날 수 있습니다. 즉 역동적인 형태는 시작을 그렇게 보고 작업을 했기 때문에 역동적으로 보인다는 것입니다.

[그림 III-119]의 사진은 자하 하디드의 싱가포르 원노스 마스터플랜입니다. 도시는 일반적으로 직선의 차량동선과 직선이 주를 이루는 건물로 이뤄진 곳입니다. 그러나 이 건축가에게는 역동적이고 생명력 가득한 도시로 보였으며 이 도시에 드러나지 않은 추상적인 힘의 흐름도 보였던 것입니다. 아니 그렇게 보려고 했기 때문에 이 역동성이 내재되어 있는 흐름을 찾을 수 있었던 것입니다. 만일 이러한 관점에서 바라보지 않았다면 자하 하디드는 결코 이러한 역동적인 도시의 축을 찾을 수 없었으며 그녀의 어떤 작업에서도 이러한 역동성을 볼 수 없었을 것이다. 이 건축가는 모든 것을 역동적으로 보는 의지가 있었기 때문입니다.

[그림 III-119] 자하 하디드_원노스 마스터플랜, 싱가포르 1

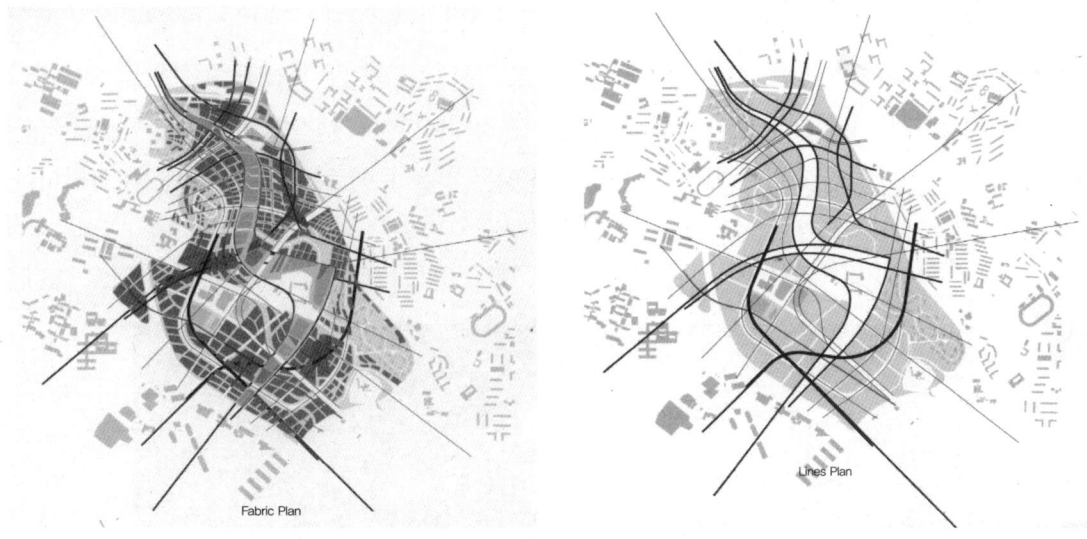

[그림 III-120] 자하 하디드_원노스 마스터플랜, 싱가포르 2

자하 하디드는 이 도시에 잠재되어 있는 역동적인 흐름을 시각적으로 찾아내려 시도하였습니다. 이 도시의 많은 구성원들은 보이는 것에 주로 의존하였으며 보이지 않는 요소들을 소홀히 하였지만, 자하 하디드는 그들이 놓친 그 흐름 안에 살아 있는 축을 시각화하고 이 도시의 에너지를 알았던 것입니다.

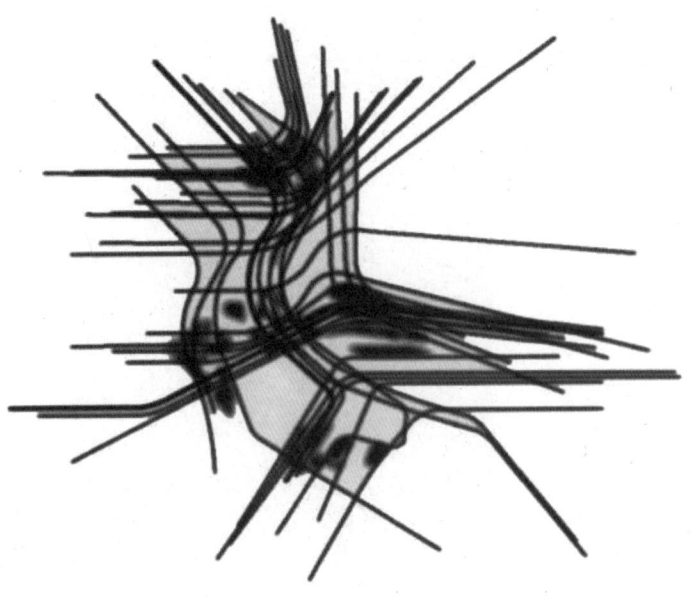

[그림 III-121] 자하 하디드_원노스 마스터플랜, 싱가포르 3

[그림 III-121]의 그림은 그녀가 이 도시를 바라보며 얻은 최종적인 축입니다. 이 축은 보이지 않고 잠재해 있는 축으로 이 축을 보려고 하는 사람과 이 축이 존재한다고 생각하는 사람들에게만 보이는 선입니다. 이러한 축을 자하 하디드가 찾았다는 것은 그녀가 이러한 관점에서 작업을 하겠다는 방향이며 콘셉트입니다.

[그림 III-122]가 그녀의 마스터플랜 결과물입니다. '어떻게 해서 이러한 마스터 플랜이 나왔는가?' 간단히 말하면 그녀는 처음부터 이러한 시각에서 작업을 했기 때문입니다. 만일 자하 하디드가 직선적인 선을 사용하여 마스터 플랜을 만들었다면 그 결과는 당연히 이와는 다를 것입니다. 결론은 작업 초기 어떤 콘셉트로 작업을 하는가에 따라서 형태는 다르지만 그 유형은 이미 정해졌다는 것입니다. 즉 '생각이 다르면 보는 것도 다르고 결과물도 다르다.' 프로는 자신의 머리 속에 있는 것을 보여주는 능력이 있는 사람입니다. 즉 언행일치를 지키는 사람입니다.

[그림 III-122] 자하 하디드_원노스 마스터플랜, 싱가포르 4

1) 계단

여기에 계단을 촬영한 사진 하나가 있습니다. 우리는 계단을 사용하면서 계단의 길이, 난간의 높이와 길이, 계단의 개수 그리고 층고에 익숙해지고 그것이 차이가 주는 결과를 당연하게 받아들이면서 사용해 왔습니다. 그러나 이 길이와 높이에 있는 치수는 설계자의 의도에 의하여 정해진 것으로 수없이 많은 가능성 중 하  나를 결정한 것입니다. 즉 얼마든지 다른 치수와 형태가 나올 수 있었다는 것입니다.

그래서 원래의 내용을 찾기 위하여 지금 있는 형태를 분해하면 다시 선이 남습니다. 첫 번째 사진에서 선을 찾기 위하여 면을 제거하여 보았습니다. 면을 제거하면 선이 어디서 끝났는지 쉽게 알 수 있습니다. 선은 원래 무한대로 뻗어간 것이지만 형태를 구성하기 위하여 어느 지점에서 절단해 봅니다. 우리가 새로운 형태를 얻기 위하여 각 선들을 다시 연장하여 보기로 합니다.

    선을 연장하는 방법은 다양하게 만들 수 있지만 일단은 보이는 선을 선택한 것입니다. 이 선들이 바로 우리의 공간에 원래부터 존재하고 있었던 것입니다. 모든 공간에는 본래 이렇게 수많은 선들이 존재하고 있었습니다. 그런데 우리는 보이지 않는 것은 모두 버리고 익숙한 형태에서 선을 끊어 보게 된 것입니다. 이렇게 선을 연장하면 원래 있었던 형태들이 공간에 존재하는 것을 알게 됩니다. 우리는 의식과 무의식을 갖고 있습니다. 의식은 교육과 경험에 의하여 절제된 시야(사고)를 갖고 있지만 무의식은 무한한 상상력을 갖고 시야를 확보하고 있습니다. 의식은 약속이지만 무의식은 모든 것에 대한 자유입니다. 무의식적인 사고를 의식적인 영역으로 끌고 오는 연습을 한다면 흥미로운 결과를 얻게 될 수도 있습니다.

    위에서 얻은 원래의 선들을 찾아 이들을 다시 재구성하여 연장된 선들은 새로운 면(형태)이 다시 생성됨을 알게 됩니다. 이 면들 또한 어떻게 연결하느냐에 따라서 다양한 면을 얻을 수 있

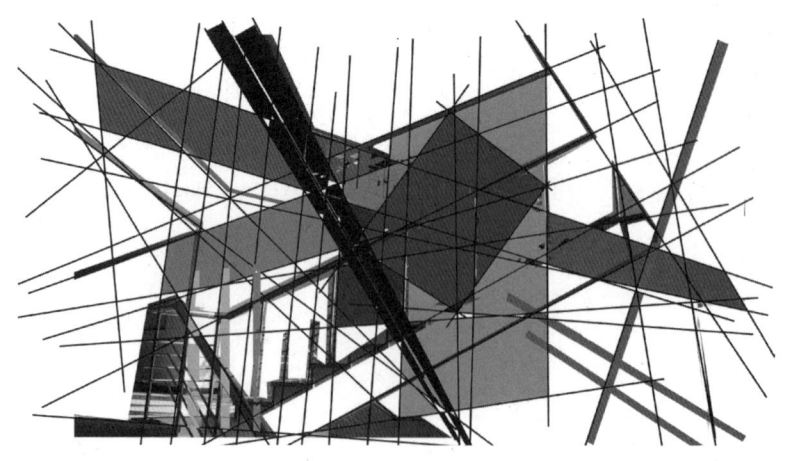

습니다. 우리가 도시를 계획하고 공간계획을 할 경우 시작점이 아주 중요합니다. 어떤 콘셉트와 어떤 성격을 이 계획에 부여할 것인가 먼저 결정하는 것이 전체적인 방향과 결과를 얻는 데 중요한 요소라는 것을 말하려는 것입니다. 이 방향은 계획을 해 나가는 과정에서 일어나는 어떤 문제에도 좌충우돌하지 않는 이정표가 될 수 있고 여러 가지 요인이 발생하거나 의견이 대립될 경우 선택과 포기에 대한 결정력을 갖게 되는 기준이 될 수 있습니다. 사실상 결과물은 이미 작업 초기에 나왔다고 해도 과언이 아닙니다. 이 방향이 목적이기 때문에 이를 향하여 논리를 만들어 가는 것입니다. 방향 또는 목적이 없다면 문제도 없습니다. 그 결과물에 대하여 타당성을 부여하는 것이 옳기 때문에 작업에 대한 방향을 정하고 여러 요소를 모으고 분석하고 종합하여 만드는 것입니다. 때로는 앞에서 언급한대로 무의식이라는 틀 없는 영역에서 시작하여 자유로이 그러나 자신의 콘셉트를 따라 의식적으로 만들어 볼 수도 있다는 것입니다.

## 2) 지적도

형태를 만들어 내기 위한 작업을 하면서 그 작업이 반드시 필요한 것인가 의심해 보기도 합니다. '형태를 만들기 위한 작업을 하지 않고 단순히 형태를 만들 수 있을까? 그렇다면 그 형태의 정체성은 필요 없는 것인가?' 디자인은 기능과 미를 함께 접목한 것이라 봅니다. 여기에서 기능은 물리적인 것이요, 미는 정신적인 것입니다. 이 정신적인 행위는 추상적일 수 있기 때문에 반드시 설명되어져야 합니다. 설령 그 결과가 황당하고 터무니 없는 것이라도 다음 단계를 위하여 작업의 명분이 주어져야 합니다. 작업은 설계자의 의도에 많이 좌우됩니다. 설계자가 어떤 시각을 갖고 있는가에 따라서 작업의 방향이 달라지고 결과도 그 성격을 달리할 수 있습니다.

[그림 III-123]의 지적도에서 사선으로 만들어진 선들은 사이트 주변의 여러 요인으로 발생할 수 있는 작용 또는 현상들을 선으로 시각화한 것인데 이를 Network이라고 이름 붙여 봅니다. 이 Network을 만들 때, 예를 들면 도시의 소음과 지역간의 교류 등 추상적인 가능성을 시각화해 본 것입니다. 이러한 시도에 대한 목적을 묻는다면 그 대답은 명확하지 않을 수도 있습니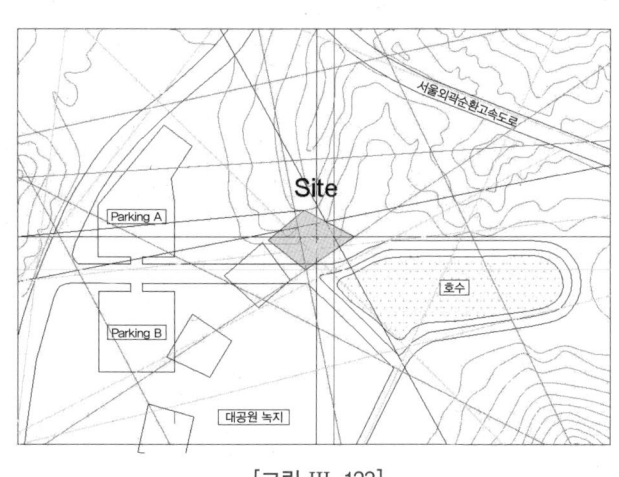

[그림 III-123]

다. 우리가 명확한 형태를 얻기 위한 그 작업과정에 대한 제한을 굳이 둘 필요가 없다고 봅니다. 설계자의 목적과 기준에 따라서 형태를 얻기 위한 작업 방법과 종류는 무한하고 다양하다고 생각하기 때문입니다. [그림 III-123]의 그림에서 시각적으로 보이지 않는 선의 종류는 설계자의 작업 성격에 따라서 얼마든지 만들어 낼 수 있습니다. 예를 들면 소음의 종류, 그 지역이나 전체적인 사회적 요소의 분석, 문화적인 요소, 경제적인 요소, 날씨, 친환경적인 요소, 지역적인 또는 지질학적인 요소, 계획하고자 하는 영역의 재료적인 요소, Sky line과 같은 그 지역이 갖고 있는 경제적으로 역동적인 움직임의 시각화와 같은 line의 형성 그리고 그 계획에 적용해 보고자 하는 설계자의 목적 또는 의도를 직선 또는 곡선으로 표현하여 구체적인 선으로 만들어진 이 Network이 대지를 지나는 선을 따로이 확대하여 이를 작업의 초기단계에 적용해 보기로 합니다.

　도시계획적인 방법으로 시작하여 site에 대한 분석을 하여 옆의 그림과 같은 결과를 얻었습니다. 이렇게 얻어진 많은 대지 내의 선들이 향후 형태를 얻는 가능성을 나타내는 것입니다. 그러나 여기서 전체 site에 대한 배치가 형태를 구성하는 데 영향을 준다는 것도 염두해 두어야 합니다.

　[그림 III-124] 그림의 북서와 남서에 조경 및 다른 계획이 있다고 가정하면 건축물의 배치는 그 외의 영역으로 제한되고 주어진 선을 통하여 만들어진 형태를 아래와 같이 다양하게 얻을 수도 있습니다.

　이것은 축을 통하여 형태를 얻는 한 예를 보여주는 것입니다. 여기에는 형태를 얻는 데 많은 방법이 있습니다. Zaha hadid와 같이 역동적인 축을 이 도시에서 발견하면 형태는 그에 상응하게 만들어질 것입니다. 즉 결론적인 형태를 보기 때문에 그 결과에 대하여 의문을 가질 수 있지만 사실상은 그러한 형태가 나오게 작업을 유도했기에 그러한 결과를 얻었다고 말할 수도 있습니다. 다른 작업에 비하여 건축은 설계자의 의도가 상당히 중요한 요소로 작용하며 이 설계자의 의도가 우연히 발생한 것이 아닌 논리적인 작업을 통하여 만들어진 결과라는 것을 증명하기 위한 것이라고 볼 수도 있습니다. 이 논리는 설득력을 가져야 하고 우연발생적일 때 더 자연스러운 결과를 보여줄 수 있습니다. 또한 건축물의 높이를 결정하는 것도 이러한 방법을 사용한다면 가능합니다.

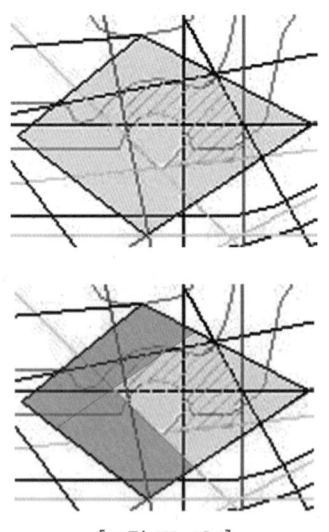

[그림 III-124]

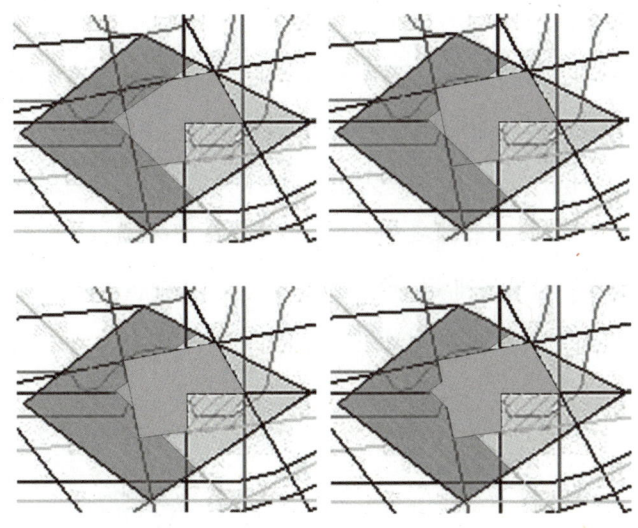

### 3) 단면도

이 등고선은 건축하는 사람에게는 낯설지 않은 도면입니다. 일반적으로 도면 작업을 할 경우 건축물에 대한 평면도, 입면도 그리고 단면도를 작성하는 데 대지에 대한 정확한 분석을 위하여 대지에 대한 평면도, 입면도 그리고 단면도를 작성하는 것이 옳습니다. 아니 모든 작업에 최소한 이 3가지 이상의 작업이 수반되어야 합니다.

대지의 단면도는 대지의 레벨과 경사도 그리고 그 외의 많은 정보를 포함하고 있기 때문에 평면도와는 다른 성격을 갖고 있습니다. 즉 대지 단면도를 통하여 건축물의 수직적인 성격과 분석에 대한 자료를 얻을 수 있는 것입니다. 건축물의 정체성은 도시계획에서 시작이 됩니다. 그렇기 때문에 도시계획에서부터 자료를 얻고 그것을 분석하여 그 결과를 디자인에 반영하는 훈련을 하여야 합니다. 물론 이 작업의 바탕에는 설계자 고유의 디자인 콘셉트가 큰 틀로 테두리를 만들어 유도합니다. 그러나 그 자료의 범위는 개인적이기 보다는 객관적인 방법으로 수집을 하는 것이 옳습니다.

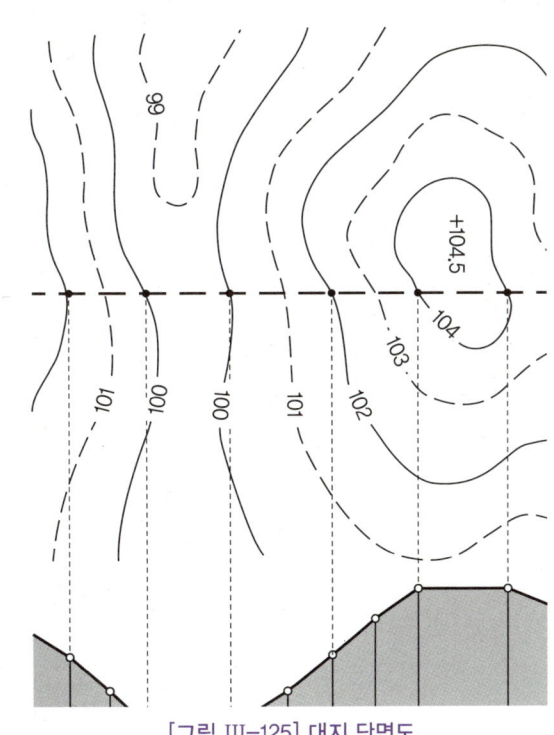

[그림 III-125] 대지 단면도

4) Network축

[그림 III-126]의 그림은 계획 사이트 주변에 존재하는 sky line, 녹지의 축, good view 축, 소음의 축, 도시 발전단계의 축, 빛의 축 그리고 휴양을 위한 축 등 추상적인 network 축을 모두 모아서 그 축이 만들어 낸 형태를 찾아내려는 것입니다. 이 축은 직선으로 만들어 졌기 때문에 형태 또한 직선의 성격을 띄게 될 것을 앞에서 언급했습니다. 만일 이 축을 곡선으로 형성한다면 형태 또한 아르누보적인 형태로 선보이게 될 것입니다. 이 선의 형태를 결정하는 것은 설계자의 의도에 달렸다고 봅니다. 여기에서 몇 개를 선보이도록 해 보겠습니다.

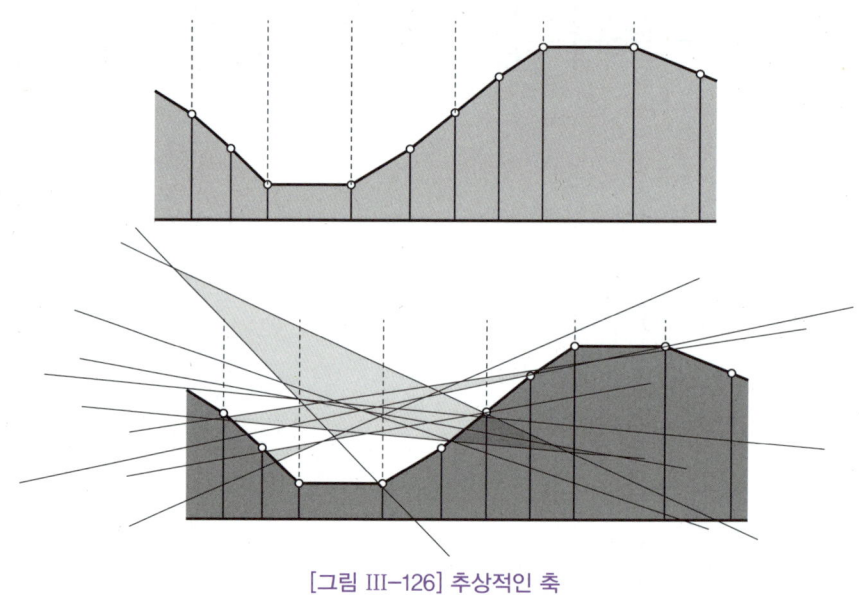

[그림 III-126] 추상적인 축

이 형태는 지하를 계획하고 있으며 산의 정상보다 낮은 건축물을 나타내게 될 것이고 network의 다양한 방향처럼 시야도 다양한 건축물을 만들어 내게 될 것입니다.

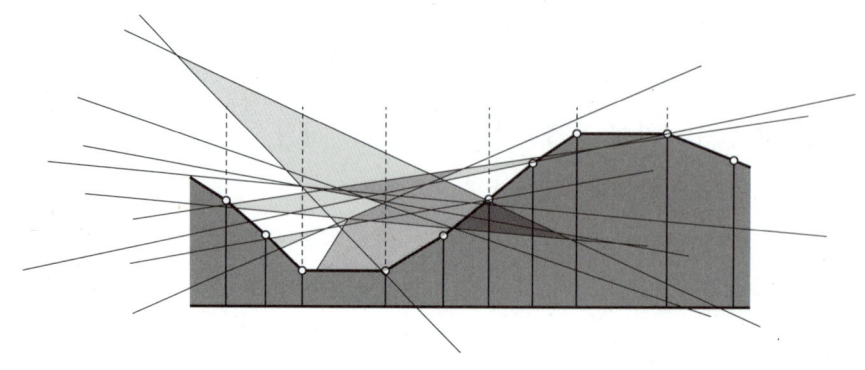

이 건축물은 대지의 경사에 순응하는 입면을 가질 수 있도록 의도한 것이며, 계곡의 시야를 방해하지 않으려는 것도 보입니다.

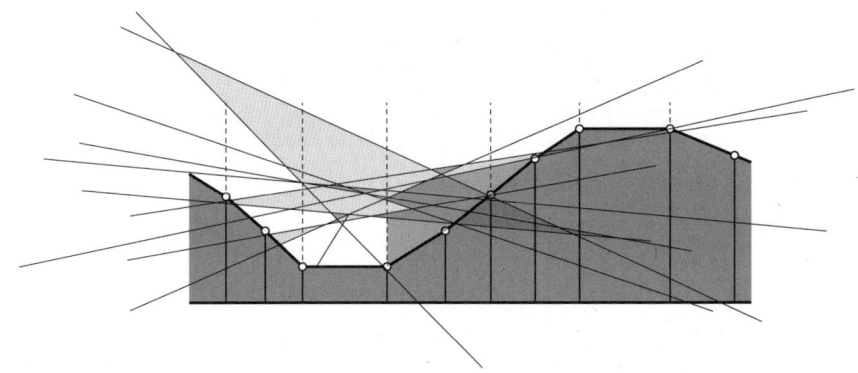

미래파 디자인처럼 상당히 공격적인 디자인을 계획하고 있는 것이 보이며 피터 아이젠만 또는 리베스 킨트의 콘셉트를 보여주고 있기도 합니다. 동적인 형태의 이미지가 강하며 특히 두 개의 축이 메인 형태를 잡은 것이 아주 강렬하게 작용하고 있습니다.

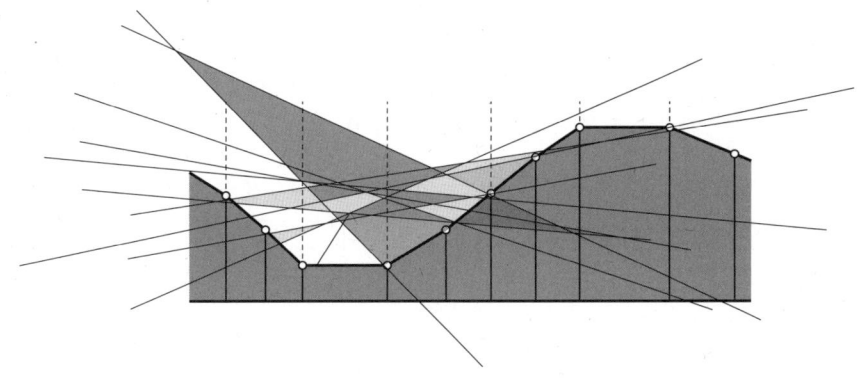

위의 그림은 대지의 경사를 놓지 않고 있고 계곡의 흐름을 막지 않으며 또한 좌우 두 개의 대지를 묶으면서 시각적으로 빈 곳을 채우려는 의도가 보입니다. 이는 대지가 크지 않은 경우에 가능하고 수동적인 입면을 갖고 있다고 볼 수 있습니다.

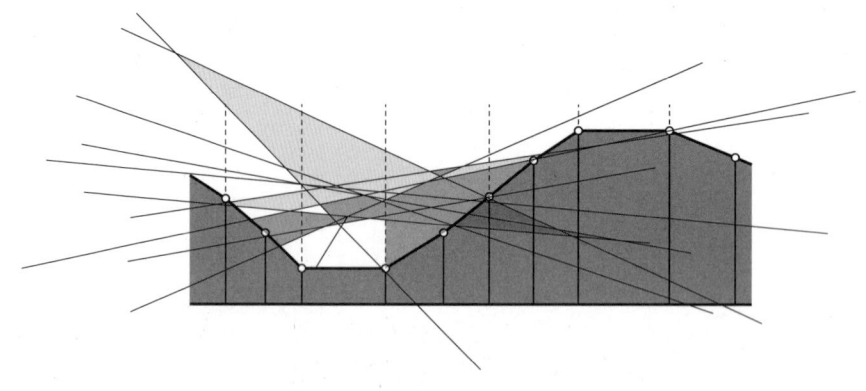

　　축으로 형태를 만들어 낸다는 것이 쉬운 일은 아닙니다. 사실은 건축작업 모두 쉬운 일은 아닙니다. 특히 추상적인 축을 사용하여 작업하는 것이 더더욱 개인적인 취향이 강할 수도 있습니다. 그러나 이를 관찰하고 객관적인 정보를 수집하여 분석하고 이를 적용하는 훈련을 한다면 어려운 일도 아닙니다. 어느 경우에도 초기 작업의 시작은 물리적·육체적으로 시작을 합니다. 이 초기 작업에는 고도의 훈련과 지식을 필요로 하지 않아도 이해하기 쉽고 적용하기도 쉽습니다. 그러나 이러한 작업의 결과물은 우리에게 쉽게 지루함을 주고 공감대를 형성하기에 그 교류가 짧은 것입니다. 작업의 질이 레벨업 된다는 것은 곧 물리적·육체적인 상황에서 정신적 그리고 심리적·추상적인 단계로 넘어가는 것을 말합니다. 물리적이고 육체적인 작업은 곧 하나의 형태를 다른 형태로 바꾸는 형태가 형태로 가는 변경작업일 뿐입니다. 그러나 추상적인 작업의 의미는 보이지 않는 형태를 찾아내어 존재하게 만드는 작업입니다. 여기에는 그래서 시작 단계에서 논리와 타당성이 바탕이 되는 것이 좋습니다. 우리가 진정으로 마음 속에 기쁨으로 담는 것은 정신적인 것을 육체적인 것으로 변형할 수 있기 때문입니다.

# IV
# 마무리

건축물의 형태를 만들 때 초기에는 감각에 의존하여 작업하는 사람들이 많습니다. 건축물의 형태를 감상할 때도 개인적인 취향에 따라서 결론을 내리는 사람들도 많습니다. 모두 문제가 되지 않습니다. 왜냐하면 궁극적으로는 이렇게 형태라는 것이 감각적인 영감이 필요하기 때문입니다. 그런데 사실 이 영감이라는 것이 너무 무의식 속에 갇혀 있으면 그 재능을 다 발휘하지 못합니다. 그래서 우리가 교육을 통하여 이를 의식으로 발전시키고 표현하는 기술을 배우는 것입니다. 작업 초기에 어떤 방향으로 나갈 것인가 정하는 것이 좋습니다. 학생 때는 아직 초기 단계이므로 사고를 구체화하는 방법과 기술을 익혀야 하기 때문에 일정한 양식과 같은 방향 없이 작업을 하지만 실무는 그렇지 않습니다.

실무는 자신의 작업 방법과 표현에 대한 성격이 있어야 하며 무엇을 나타낼 것인지 이에 대한 구체적인 설정이 정해져야 합니다. 그것이 바로 작업자의 스타일입니다. 그런데 자신의 작품이 무엇을 표현한 것인지 구체적으로 알지 못하고 마무리 짓는 건축가가 아직도 많이 있습니다. 그런 작품을 어떻게 일반인이 '구체화시킬 수 있을까?' 모순은 이렇게 태어난 작품도 어느 형태 기준에 반드시 포함된다는 것입니다. 그만큼 이 시점에서 형태에 대한 종류가 다양하게 존재하고 세분화되어 있다는 것입니다.

어느 형태에 속할 바에는 이를 의식적으로 작업하는 것이 이롭습니다. 반드시 어느 양식에 속할 필요는 없는 것입니다. 반드시 어느 형태의 틀을 갖고 할 필요도 없습니다. 여기서 말하는 것은 어느 형태를 만들 것인지 초기에 방향을 잡으라는 것입니다. 그것이 기존에 존재하는 제1형태 또는 제2 형태 안에 속하는 것이든 아니면 어느 것에도 속하지 않는 새로운 형태이든 상관 없습니다. 혹자는 작업하다 이런 형태가 나왔다고 말할 수도 있지만 그렇지 않습니다. 이러한 방법으로 나온 것은 일반적으로 작업자의 취향의 지배를 받는 경우가 많습니다. 또한 그럴 수도 있습니다. 그러나 그것이 반복될 수는 없습니다. 그리고 이렇게 나온 것은 결코 감동을 주지도 못합니다. 그리고 이런 방법으로 나온다고 해도 기본적인 능력이 있는 사람과 그렇지 않은 사람의 결과는 완전히 다릅니다. 먼저 기본적인 능력을 갖추고 작업하는 버릇을 키워야 합니다.

건축형태가 두 가지라고 말하면 이에 대한 의문이나 반문을 갖는 사람들도 있을 것입니다. 그러면 반론을 제시하면 됩니다. 그러나 더 좋은 방법으로 건축형태 종류를 나눌 수 있으면 나도 배울 것입니다. 전문 영역이 굳이 일반인들의 반응을 신경쓸 필요는 없습니다. 그러나 전문가 집단만의 방법으로는 결코 옳은 발전을 할 수 없습니다. 일반인들도 사용자 측면에서 전문가 집단입니다. 미술이나 음악처럼 정서적인 차원에서 교류하는 것이 아니고 건축은 준공 후 그들의 건물이 되기 때문입니다. 이해하지도 못하는 단어나 양식을 남발하여 일반인들이 혼란함을 갖지 않게 해야 됩니다.

　명품은 전문가가 아니더라도 알아봅니다. 명품은 시대가 지나도 그 가치가 유지됩니다. 명품은 시대가 지나도 담고 있는 메시지의 소리가 작지 않습니다. 제1의 형태가 존재하기에 제2의 형태도 존재의 의미가 있으며 그 반대도 마찬가지입니다. 명품은 국가적, 시대적이지 않고 개인적이지도 않습니다. 그것이 명품입니다. 우리 작업에는 건축주라는 분명한 역할이 습니다. 이들의 자금과 시간을 빌렸기 때문에 충분한 설명과 선택에 대한 설득력 있는 타당한 이유가 있어야 합니다. 이 타당한 이유에는 건축가의 철학과 탁월한 감각이 반드시 따릅니다. 작업에는 분명이 그에 타당한 이익이 분배되어야 함을 인정해야 합니다. 그러나 건축은 그 이상의 작업입니다. 인간을 위한 행위라는 위대한 목적과 도시를 구성하는 커다란 스케일을 갖고 있습니다. 여기에는 전문가적인 책임과 사람을 위하는 인문학적인 소양이 반드시 있어야 합니다. 그 어느 분야보다 작품의 개방성이 뛰어나며 의식주 중의 하나를 맡고 있다는 책임은 긍지를 가져도 되는 분야입니다. 전 세계가 무대이고 모든 도시가 우리의 작품에서 달라진다는 사명은 실로 위대한 업적입니다. 그러나 이렇게 거대한 사명을 갖고 있지 않아도 우리의 작업은 실로 숭고한 영역입니다.

　디자인은 보는 것이 아니고 듣는 것입니다. 아름다운 소리가 가득한 청각적인 도시를 구성한다는 것은 너무도 흥미로운 일입니다. 그러나 때로 침묵으로 가득한 도시가 되고 웅성거리는 소리로 가득한 도시로 만들 수 있다는 것도 우린 생각해 보아야 합니다. 건축물은 연구용이 아닙니다. 그러므로 안전하고 쾌적한 환경을 담은 인간의 공간을 만들어야 합니다. 그러나 단지 이러한 이유에 주눅들어 다양한 형태 실험에 주눅들 필요는 없는 것입니다. 다양한 형태는 다양한 상상력과 다양한 공간을 표현하는 데 아주 좋은 수단입니다. 이러한 목적을 달성하기 위하여 먼저 지금까지 행해진 다양한 형태에 대한 연구와 지식이 반드시 필요합니다. 그러나 구조나 안전에 관한 것이 아니고 단순히 형태라는 범위만 생각해 보았을 때 그 연구와 지식은 더 자유롭고 창조적인 예술의 분야에 가까워야 합니다.

　클래식하든 아니면 모던의 극치를 보여주는 형태라 해도 그 다양성은 시도가 되어야 합니다. 과학의 발달로 오히려 다른 기술에 의하여 형태의 시도가 단순해지고 이 두 가지의 복합적인 형태가 합해지는 경향이 나오면서 완전히 다른 시대가 시작될 지라도 새로운 것에 대한 인간의 욕구는 만족을 향하기 때문에 새로운 시도가 만족할만한 것이 아니라면 지금까지 다양한 시도가 이루어진 것처럼 반드시 다른 형태가 또 시도될 것입니다. 기디온의 일시적 사실과 구성적 사실은 끊임없이 시도될 것이며 형태에 대한 욕구가 바로 우리의 예술에 대한 의지임을 보여줄 것입니다. 3D의 발달로 새로운 방법에 의한 형태가 등장하겠지만 이는 시작일 뿐입니다. 모던 이전의 것이 클래식이 되어 포스트모던으로 재등장하고 모던이 레이트모던으로, 이것이 네오모던으로 전개가 되었듯이 포스트 3D가 반드시 등장할 것입니다. 새로운 시도는 두려움과 기대감을 동시에 수반하고 나타납니다.

 한 세대가 이렇게 여러 산업혁명을 동시에 경험하면서 살았던 시대는 이제까지 없었습니다. 그 속도가 너무도 빨라 이전 산업혁명을 이해하기도 전에 새로운 산업혁명이 등장하는 시기에 두려움은 너무도 당연한 것이거나 아니면 새로운 산업혁명을 인식하지도 못한 사람들은 오히려 두려움 조차도 느끼지 못하는 시대입니다. 그러나 분명한 것은 이전 세대는 다음 세대에게 긍정적인 미래를 준비해야 하는 것이 옳습니다.

 시대가 바뀌고 있고 그 시대가 어떤 미래를 갖고 오는지 알지도 못하는 지도자도 있습니다. 심지어 어떤 국가는 새로운 산업혁명이 새로운 제국 시대를 열지도 모른다는 것조차 인식하지도 못하고 있습니다. 그만큼 시간의 흐름이 빠르게 진행되거나 따라갈 수도 없는 시대가 온 것입니다. 과거 로마제국이 무너지고 신성로마제국이 생긴 후 유럽은 이탈리아, 프랑스 그리고 독일 3개의 프랑크 왕국으로 나뉘었습니다. 이것이 단순히 지난 역사를 의미하는 것이 아니고 미래에는 아마도 이렇게 역사가 꺼꾸로 흘러 다시금 기술적인 봉건시대가 올지도 모른다는 생각이 듭니다. 제1의 산업혁명은 시기의 차이가 있었지만 후발 국가가 얼마든지 따라갈 수 있는 상황이었습니다. 그러나 이제 ICT는 고도화된 기술로 인하여 이마저 힘들게 될 지도 모릅니다.

 건축의 형태도 마찬가지입니다. 이제는 이러한 제4차 산업혁명의 성격으로 인하여 건축형태의 차이도 보일 것입니다. 그러나 진정 인간을 위한 건축물이란 무엇인가 생각해 보았을 때 인간성의 변화는 각 나라가 다르지 않고 선택의 폭이 존재한다면 진정 행복한 건축공간이 기술에 의존할 필요는 없다고 보기에 건축으로만 보았을 때는 미래를 크게 걱정할 필요는 없습니다. 우주에 건축물을 지어도 인간의 존재와 가치는 여전히 동일하기 때문입니다.

**양용기**

독일 건축가이자 건축학 교수. 독일 다름슈타트 대학/대학원을 졸업하고, 연세대학교 박사, 독일 호프만 설계사무소, (주)쌍용건설 등을 거쳐 현재는 안산대학교에서 건축디자인과 교수로 재직 중이다.
저서로는 「탈문맥」(건축소설), 「건축설계입문」, 「건축학 개론」, 「작품분석」, 「기숙사 건축문화」, 「건축물에는 건축이 없다」, 「건축설계 Atlas」, 「디자인=기능+미」, 「철학이 있는 건축」, 「건축, 인문의 집을 짓다」, 「건축의 융복합」 등 다수의 책이 있다.
《칼럼, 생각, 인문360°》(http://inmun360.culture.go.kr)에 건축 분야 칼럼을 게재하고 있으며, 매년 70회 이상 전국을 무대로 건축에 관련된 강의를 하고 있다. 이 외에 《오 마이 스쿨》에 동영상 강좌가 있다.

# 건축인문학

**정가** | 18,000원

지은이 | 양 용 기
펴낸이 | 차 승 녀
펴낸곳 | 도서출판 건기원

2018년 5월 10일 인쇄
2018년 5월 15일 발행

주소 | 경기도 파주시 산남로 141번길 59(산남동)
전화 | (02)2662-1874~5
팩스 | (02)2665-8281
등록 | 제11-162호, 1998. 11. 24.

• 건기원은 여러분을 책의 주인공으로 만들어 드리며 출판 윤리 강령을 준수합니다.
• 본서에 게재된 내용 일체의 무단복제·복사를 금하며 잘못된 책은 교환해 드립니다.

ISBN 979-11-5767-323-0 (03610)